Koch / Stämpfle

Mathematik für das Ingenieurstudium
Aufgaben und Lösungen

Jürgen Koch
Martin Stämpfle

Mathematik für das Ingenieurstudium

Aufgaben und Lösungen

HANSER

Über die Autoren:
Prof. Dr. Jürgen Koch hält Vorlesungen zur Mathematik an der Hochschule Esslingen.
Prof. Dr. Martin Stämpfle hält Vorlesungen zur Mathematik an der Hochschule Esslingen.

MIX
Papier | Fördert gute Waldnutzung
FSC® C016368

Print-ISBN: 978-3-446-47863-3
E-Book-ISBN: 978-3-446-47885-5

Bibliografische Information der Deutschen Nationalbibliothek:
Die Deutsche Nationalbibliothek verzeichnet diese Publikation in der Deutschen Nationalbibliografie; detaillierte bibliografische Daten sind im Internet unter http://dnb.d-nb.de abrufbar.

Vilshofener Straße 10 | 81679 München | info@hanser.de
www.hanser-fachbuch.de
Lektorat: Dipl.-Ing. Natalia Silakova-Herzberg
Coverkonzept: Marc Müller-Bremer, www.rebranding.de, München
Covergestaltung: Max Kostopoulos
Titelmotiv: © adobe.stock.com/Who is Danny
Satz: Martin Stämpfle
Druck: Elanders Waiblingen GmbH, Waiblingen
Printed in Germany

Vorwort

Die Lösungen der Aufgaben aus unserem Lehrbuch Mathematik für das Ingenieurstudium stellen wir Ihnen mit diesem Aufgabenbuch separat zur Verfügung. Der Umfang und die Qualität der Lösungswege ist seit dem Erscheinen des Lehrbuchs stetig gewachsen. Sowohl das Lehrbuch als auch das Aufgabenbuch gibt es nun in gedruckter und in elektronischer Form. Damit möchten wir die Nutzerfreundlichkeit weiter erhöhen.

Die Aufgaben sind in die Kategorien Verständnis und Kompetenz, Rechnung und Training sowie Anwendung unterteilt. Insbesondere zwischen Verständnis- und Rechenaufgaben ist der Übergang teilweise fließend. Wir haben uns dennoch bemüht, jede Aufgabe entsprechend ihrem Hauptcharakter einzuordnen. Bei den Anwendungsaufgaben haben wir versucht, ein möglichst breites Spektrum abzudecken.

Die Anzahl der Sterne beschreibt den Schwierigkeitsgrad einer Aufgabe: Aufgaben mit einem oder zwei Sternen sind eher leicht. Die Lösungen sollten ohne größeren Aufwand selbstständig zu finden sein. Die Komplexität ist niedrig und der Rechenaufwand gering. Aufgaben mit drei Sternen sind mittelschwer. Zur Lösung ist unter Umständen das Heranziehen von weiteren Lernmaterialien erforderlich. Aufgaben mit vier oder fünf Sternen sind relativ schwer. Zur Lösung ist mehr Zeit, Ausdauer oder Kreativität erforderlich. Uns ist bewusst, dass diese Einschätzung teilweise subjektiv sein kann. Dennoch soll sie den Studierenden als Orientierung und Möglichkeit zur Selbsteinschätzung dienen. Die Anordnung der Aufgaben ist themenbezogen, daher sind die Schwierigkeitsgrade bunt gemischt und nicht aufsteigend sortiert.

Die allermeisten Aufgaben sind ohne Taschenrechner lösbar und sollen ausdrücklich auch ohne Taschenrechner gelöst werden. Es gibt jedoch einige wenige Aufgaben, bei denen der Einsatz eines Taschenrechners sinnvoll ist. Dies betrifft insbesondere numerische Berechnungen.

Auch bei diesem Buch richtet sich unser Dank in erster Linie an unsere Studierenden. Gute didaktische Darstellung kann nur in einem iterativen Feedback-Prozess entstehen. Ebenfalls bedanken möchten wir uns bei unserem Kollegen Herrn Prof. Dr. Andreas Helfrich-Schkarbanenko, der uns kontinuierlich auf Tippfehler aufmerksam macht und jede Menge inspirierende Ideen einbringt. Ein Dank geht auch an das Team vom Carl Hanser Verlag für die Möglichkeit, dieses Buchprojekt zu realisieren. Unser besonderer Dank gilt unseren Familien, die uns wertvolle Zeit zur Erstellung dieses Buchs zugestanden haben.

Wir wünschen viel Spaß mit den Aufgaben und einen nachhaltigen Lernerfolg!

Esslingen, im März 2025

Jürgen Koch
Martin Stämpfle

Inhaltsverzeichnis

1 Grundlagen

Dieses Kapitel adressiert grundlegende mathematische Kompetenzen und Fertigkeiten. Viele der Themen sollten aus der Schulmathematik bekannt sein. Erfahrungsgemäß bereiten gerade diese Grundkenntnisse Studierenden oft Schwierigkeiten. Die weiteren Kapitel bauen auf dieses Kapitel auf. Möchte man etwa eine komplizierte Differenzialgleichung lösen und kennt im Prinzip auch den Lösungsweg, so scheitert man dann möglicherweise aber bei der elementaren Teilaufgabe, die Nullstellen eines Polynoms zu bestimmen.

Aufgaben zur Logik machen den Unterschied zwischen Implikation und Äquivalenz deutlich. Was in der Alltagssprache oft ähnlich klingt oder vermischt wird muss mathematisch getrennt und mit Präzision formuliert werden. In der Mathematik hat man es oft mit sogenannten notwendigen und hinreichenden Bedingungen zu tun. Auch diese Begriffe müssen sauber unterschieden weden.

Im Bereich der Zahlen sollen die Aufgaben den Umgang mit Zahlen unterschiedlicher Art und Darstellungsform festigen. Brüche und Dezimalzahlen kommen in der Praxis gleichermaßen vor und müssen häufig ineinander umgerechnet werden.

Algebraische Umformungen sind gewissermaßen die Fingerübungen der Mathematik. Um fortgeschrittene Methoden der Mathematik anwenden zu können, ist ein sicherer Umgang mit mathematischen Ausdrücken und Termen unumgänglich. Zu den Kernthemen zählen Potenzgesetze, Wurzeln und die binomischen Formeln.

Elementare Aufgaben zur Trigonometrie enthalten die Umrechnung zwischen dem Grad- und dem Bogenmaß. Die Kenntnis von Sinus- und Kosinuswerten zu einigen wichtigen Winkeln sind ein absolutes Muss. Ingenieurinnen und Ingenieure sollten diese Werte zu jeder Zeit auswendig parat haben.

Das Lösen von Gleichungen ist eine zentrale Aufgabenstellung in der Mathematik. Hierbei sind sowohl Kompetenz als auch Rechenfertigkeit gefragt. Eine gegeben Gleichung muss zunächst klassifiziert werden. Elementar sind etwa lineare, quadratische oder biquadratische Gleichungen. Auch Gleichungen mit höheren Potenzen oder Wurzelgleichungen treten häufig auf. Bei Wurzelgleichungen wird manchmal quadriert und dabei übersehen, dass so zusätzliche Lösungen entstehen können. Stolpersteine sind Gleichungen mit Beträgen. Hier sind Fallunterscheidungen notwendig, die den Lösungsweg häufig beschwerlich machen. Große Schwierigkeiten bereiten meist auch jede Art von Ungleichungen.

Dieses Kapitel enthält auch ein paar Aufgaben zur Beweistechnik. Auch wenn Beweise nicht zu den zentralen Themen der angewandten Mathematik zählen, so schulen sie doch das logische Denken und das Verallgemeinern von Zusammenhängen.

1.1 Aufgaben

1.1.1 Verständnis und Kompetenz

Aufgabe 1.1 (Zahlenmengen) ★

Welche der Zahlen 0, -2, 0.815, $\sqrt{2}$, $\frac{51}{17}$, $-\frac{47}{11}$ gehören zu folgenden Mengen?

a) Reelle Zahlen b) Rationale Zahlen c) Ganze Zahlen d) Natürliche Zahlen

Aufgabe 1.2 (Ordnung) ★★

Ordnen Sie die Zahlen $\frac{1}{3}$, $\frac{5}{14}$, $\frac{11}{30}$, $\frac{12}{35}$, $\frac{23}{70}$, $\frac{34}{105}$ der Größe nach, ohne Taschenrechner.

Aufgabe 1.3 (Dezimalzahlen) ★★★

Stellen Sie die rationalen Zahlen $\frac{1}{9}$, $\frac{7}{9}$, $\frac{1}{3}$, $\frac{1}{99}$, $\frac{5}{11}$, $\frac{4711}{9999}$ als Dezimalzahlen dar. Verwenden Sie dabei keinen Taschenrechner.

Aufgabe 1.4 (Intervallschreibweise) ★★

Geben Sie die Zahlenmenge mit folgender Beschreibung in Intervallschreibweise an.

a) Alle reellen Zahlen außer der 7.

b) Alle reellen Zahlen, aber nicht die Zahlen zwischen -3 und 2 einschließlich.

c) Alle reellen Zahlen, die kleiner oder gleich 6 oder größer als 8 sind.

d) Alle reellen Zahlen größer gleich -3, aber nicht zwischen 3 und 4 ausschließlich.

Aufgabe 1.5 (Einfache Ausdrücke) ★★

Berechnen Sie den Wert der folgenden Ausdrücke.

a) $2\cdot(-3)$ b) $-2\cdot(-3)$ c) $(-2)\cdot(-3)$

d) -3^2 e) $(-3)^2$ f) $-(3^2)$

g) $(-2)+(-5)\cdot(-1)$ h) $3\cdot(-5)-6\cdot(-4)$ i) $(-5)^2-2^3+(-2)^3+12$

Aufgabe 1.6 (Wurzelumformungen) ★★★

Richtig oder falsch? Der Wurzelausdruck $\sqrt{a^2-b^2}$

a) ist nicht definiert,

b) kann zu $a-b$ vereinfacht werden,

c) kann zu $|a-b|$ vereinfacht werden,

d) kann zu $|a|-|b|$ vereinfacht werden,

e) kann zu $\pm|a-b|$ vereinfacht werden,

f) wird niemals negativ.

Aufgabe 1.7 (Lösungen einer Wurzelgleichung) ★★★

Richtig oder falsch? Die Gleichung $\sqrt{(-x)^2}=2$

a) ist nicht definiert,

b) besitzt keine reelle Lösung,

c) hat die Lösung $x=-2$,

d) hat nur eine Lösung, nämlich $x=-2$,

e) besitzt die Lösungen $x=\pm\sqrt{2}$,

f) ist nicht eindeutig lösbar.

1.1.2 Rechnung und Training

Aufgabe 1.8 (Zusammengesetzte Zahlenmengen) ★☆☆☆☆

Gegeben sind die folgenden Zahlenmengen:

$$A = (-2, 1], \quad B = \{x \in \mathbb{R} \mid x \geq -1\}, \quad C = \mathbb{R} \setminus \{2\}, \quad D = \{x \in \mathbb{R} \mid x^2 \geq 2\}.$$

Bestimmen Sie die folgenden zusammengesetzten Mengen.

a) $(A \cup B) \cap C$ b) $(A \cap B) \cap C$ c) $A \cup D$

Aufgabe 1.9 (Faktorisierung) ★★☆☆☆

Klammern Sie möglichst viele gemeinsame Faktoren aus.

a) $8x - 4z$
b) $6x + 12y - 3z$
c) $10x^2y + 5xy^2$
d) $12x^3y^4 - 3xy^2$
e) $9x^3yz^2 - 12x^2y^3z + 3xy^2z^3$
f) $6x^5z^4 - 12x^2y^2z^3 + 72x^2y^2z^2$

Aufgabe 1.10 (Summenschreibweise und binomischen Formeln) ★★★☆☆

Multiplizieren Sie mithilfe der binomischen Formeln aus und fassen Sie zusammen.

a) $(x - y^3)^2$
b) $(x^2 + 2y)^2$
c) $(x + y)^2 - (x - y)^2$
d) $(4x + 2y)^2 - (4x - 2y)^2$
e) $(2y - x^2)^2 - (x^2 + y)^2$
f) $(x^3 - y^2)^2 + (x^2 - 2y^3)^2$

Aufgabe 1.11 (Faktorisierung und binomische Formeln) ★★★☆☆

Formen Sie die Terme mithilfe der binomischen Formeln um.

a) $x^2 + 2x + 1$
b) $9y^2 + 6y + 1$
c) $4x^2 - 8x + 4$
d) $9x^2 - 24xy + 16y^2$
e) $16x^2 - 4y^2$
f) $-(x^2 - 1)(4x - 9x^3)$

Aufgabe 1.12 (Mehrfache Potenzen) ★★☆☆☆

Welche rationalen Zahlen werden durch die folgenden Terme dargestellt?

a) $(2^2)^3$ b) $(-2^2)^3$ c) $((-2)^2)^3$
d) $(2^{-2})^3$ e) $(-2^{-2})^3$ f) $(2^2)^{-3}$

Aufgabe 1.13 (Potenzen und Brüche) ★★★☆☆

Vereinfachen Sie folgende Brüche mit Potenzen.

a) $\frac{x^5}{x^2}$ b) $\frac{x^5}{x^{-2}}$ c) $\frac{x^{-5}}{x^2}$

d) $\frac{(a+b)^2}{(a+b)}$ e) $\frac{(a+b)}{(a+b)^3}$ f) $\frac{(a+b)^{-2}}{(a+b)}$

g) $\frac{x^{n+2}}{x^{n-2}}$ h) $\frac{x^{2n}}{x^n}$ i) $\frac{x^n}{x^{3n-3}}$

Aufgabe 1.14 (Potenzgesetze) ★★★★☆

Vereinfachen Sie folgende Ausdrücke durch Ausklammern und anschließendes Anwenden der Potenzgesetze.

a) $\dfrac{26 \cdot 5^n - 5^n}{5^{n+2}}$ b) $\dfrac{x^n + 2x^{n-1}}{x^{n-2} + 2x^{n-3}}$ c) $\left(\dfrac{a^2\,b}{c\,d^3}\right)^3 \cdot \left(\dfrac{c^2\,d^2}{a\,b^2}\right)^4$

Aufgabe 1.15 (Wurzeln) ★★☆☆☆

Berechnen Sie folgende Wurzeln.

a) $\sqrt{7^2}$ b) $\sqrt{3} \cdot \sqrt{27}$ c) $(\sqrt{7} - \sqrt{2})(\sqrt{7} + \sqrt{2})$

Aufgabe 1.16 (Teilweises Wurzelziehen) ★★★☆☆

Vereinfachen Sie folgende Wurzelterme durch teilweises Wurzelziehen.

a) $\sqrt{4\,x^2\,y}$ b) $\sqrt{\dfrac{2x^2}{36}}$ c) $\sqrt{x(4x^2 - 4x + 1)y}$

Aufgabe 1.17 (Winkelmaße umrechnen) ★☆☆☆☆

Rechnen Sie folgende Winkel vom Gradmaß in das Bogenmaß um.

a) $\alpha = 30\,°$ b) $\alpha = -150\,°$ c) $\alpha = 270\,°$

Aufgabe 1.18 (Trigonometrische Werte) ★★☆☆☆

Bestimmen Sie die Werte der trigonometrischen Ausdrücke für die gegebenen Winkel.

a) $\sin\left(\dfrac{\pi}{4}\right)$ b) $\sin\left(\dfrac{\pi}{6}\right)$ c) $\sin\left(\dfrac{5\,\pi}{6}\right)$ d) $\tan\left(\dfrac{\pi}{4}\right)$

e) $\cos\left(\dfrac{\pi}{6}\right)$ f) $\cos\left(\dfrac{\pi}{3}\right)$ g) $\cos\left(\dfrac{\pi}{4}\right)$ h) $\tan\left(\dfrac{\pi}{3}\right)$

Aufgabe 1.19 (Winkelwerte) ★★☆☆☆

Bestimmen Sie die Winkel α zwischen $0\,°$ und $90\,°$ für die gegebenen Werte.

a) $\sin\alpha = \dfrac{\sqrt{3}}{2}$ b) $\sin\alpha = \dfrac{1}{2}$ c) $\sin\alpha = \dfrac{\sqrt{2}}{2}$ d) $\tan\alpha = \sqrt{3}$

e) $\cos\alpha = \dfrac{1}{2}$ f) $\cos\alpha = \dfrac{\sqrt{3}}{2}$ g) $\cos\alpha = \dfrac{\sqrt{2}}{2}$ h) $\tan\alpha = \dfrac{\sqrt{3}}{3}$

Aufgabe 1.20 (Quadratische Gleichungen) ★☆☆☆☆

Bestimmen Sie die Lösungsmengen der folgenden quadratischen Gleichungen.

a) $x^2 + x - 2 = 0$ b) $2\,x^2 - 12\,x + 18 = 0$ c) $-3\,x^2 + 12\,x - 15 = 0$

Aufgabe 1.21 (Biquadratische Gleichungen) ★★☆☆☆

Bestimmen Sie die Lösungsmengen der folgenden biquadratischen Gleichungen.

a) $x^4 - 13\,x^2 + 36 = 0$ b) $-2\,x^4 - 6\,x^2 + 8 = 0$ c) $3\,x^4 - 24\,x^2 + 48 = 0$

Aufgabe 1.22 (Wurzelgleichungen) ★★★☆☆

Bestimmen Sie die Lösungsmengen der folgenden Wurzelgleichungen.

a) $1 - \sqrt{2x+3} = x$ b) $\sqrt{3x\,(x-2)} + 2 = x$ c) $\sqrt{x+1} + \sqrt{1-3x} = 2$

Aufgabe 1.23 (Betragsfreie Darstellung) ★★☆☆☆

Schreiben Sie den Term $\left|-3x^2 + 3x + 6\right|$ durch Fallunterscheidung ohne Betragszeichen.

Aufgabe 1.24 (Betragsgleichungen) ★★☆☆☆

Bestimmen Sie die Lösungsmengen der folgenden Gleichungen:

a) $|2 - 5x| = 3$ b) $|2 + x| = 4x - 1$ c) $|x^2 - 4| = 5$

Aufgabe 1.25 (Lineare Ungleichungen) ★★★☆☆

Bestimmen Sie die Lösungsmengen der folgenden linearen Ungleichungen.

a) $3x < 5$ b) $-4x > 2x - 2$ c) $8(x-2) > -3(x+1)$

Aufgabe 1.26 (Quadratische Ungleichungen) ★★★★★

Bestimmen Sie die Lösungsmengen der folgenden quadratischen Ungleichungen.

a) $3x^2 < 12$ b) $-4x^2 \geq 2x - 2$ c) $8(x-2) > -2(x+1)^2$

d) $x^2 - x < 20$ e) $x^2 + 8x \leq -16$ f) $10x^2 + 21 < 41x$

Aufgabe 1.27 (Verschachtelte Beträge) ★★★☆☆

Bestimmen Sie die Lösungsmenge der Ungleichung $\big||x| - 1\big| < x$.

Aufgabe 1.28 (Summen) ★★★☆☆

Berechnen Sie die folgenden Summen:

a) $\sum\limits_{k=1}^{5} k^2$ b) $\sum\limits_{k=-1}^{3} 2^{k-1}$ c) $\sum\limits_{k=0}^{3} \frac{(-1)^k}{k+1}$ d) $\sum\limits_{k=1}^{3} \frac{(k+1)}{k^2}$

Aufgabe 1.29 (Beweise für Summenformel) ★★★★☆

Wir betrachten die Summen der geraden Zahlen

$$2 + 4 = 6, \quad 2 + 4 + 6 = 12, \quad 2 + 4 + 6 + 8 = 20, \quad 2 + 4 + 6 + 8 + 10 = 30, \quad \ldots$$

Ermitteln Sie eine einfache Formel für die Summe der geraden Zahlen und beweisen Sie diese Formel auf möglichst viele unterschiedliche Arten.

Aufgabe 1.30 (Beweis für Teilbarkeit) ★★★★☆

Wenn man eine natürliche Zahl hoch drei nimmt und davon diese natürliche Zahl abzieht,

$$2^3 - 2 = 6, \quad 3^3 - 3 = 24, \quad 4^3 - 4 = 60, \quad 5^3 - 5 = 120, \quad \ldots$$

dann fällt auf, dass das Ergebnis durch 3 teilbar ist. Beweisen Sie auf möglichst viele unterschiedliche Arten, dass das für alle natürlichen Zahlen richtig ist.

1.1.3 Anwendung

Aufgabe 1.31 (Parallelschaltung von Widerständen) ★★

Bei der Parallelschaltung der Widerstände R_1 und R_2 gilt für den Gesamtwiderstand R_{ges}

$$\frac{1}{R_{\text{ges}}} = \frac{1}{R_1} + \frac{1}{R_2}.$$

Lösen Sie die Formel nach R_{ges} auf. Welchen Gesamtwiderstand erzeugt eine Parallelschaltung mit den beiden Widerständen $R_1 = 2\,\Omega$ und $R_2 = 3\,\Omega$?

Aufgabe 1.32 (Oldtimer) ★★★

Drei Oldtimerfans fahren bei einer Ausfahrt hintereinander, sie schauen nur nach vorn. Alle drei wissen nur, dass sie einen Oldtimer fahren, von dem noch genau 5 Fahrzeuge existieren: Zwei mit einer silbernen und drei mit einer schwarzen Heckklappe. Nun wird der hintere Fahrer gefragt, ob er die Farbe seiner Heckklappe kenne. Er antwortet „Nein". Dann wird der mittlere Fahrer dasselbe gefragt. Auch er sagt „Nein". Schließlich wird der vordere Fahrer gefragt. Was antwortet er?

Aufgabe 1.33 (Parkpilot) ★★★

Ein Parkassistenzsystem eines Fahrzeugs besteht aus zwei Ultraschallsensoren im vorderen Stoßfänger, die einen Abstand d zueinander haben. Ultraschallsensoren bestimmen aufgrund ihres Messprinzips nur den radialen Abstand, also die Entfernung zu einem Hindernis, nicht aber die Richtung. Wie groß ist der Abstand a zwischen einem punktförmigen Hindernis, das sich vor dem Fahrzeug befindet und dem vorderen Stoßfänger, wenn die beiden Sensoren die radialen Abstände a_1 und a_2 messen?

Aufgabe 1.34 (Rohr) ★★★★

Zwischen zwei zylindrische Rohre mit den Durchmessern $d_1 = 30$ cm und $d_2 = 20$ cm wird ein Reduzierstück in Form einer Kegelstumpfoberfläche mit der Höhe $h = 10$ cm eingesetzt. Das Reduzierstück wird aus einem ebenen Stück Blech geschnitten und anschließend geformt. Der Blechzuschnitt hat die Form eines Kreisringsegments. Die Blechdicke wird für den Zuschnitt vernachlässigt.

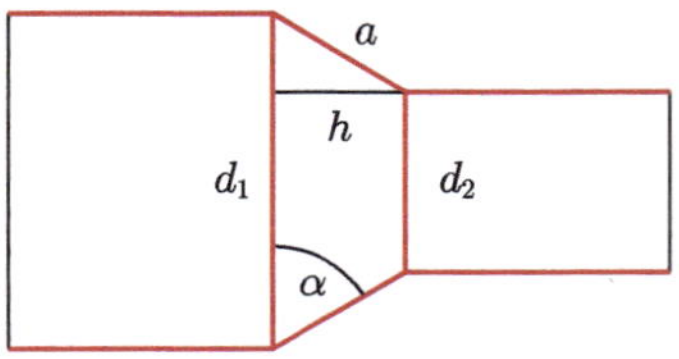

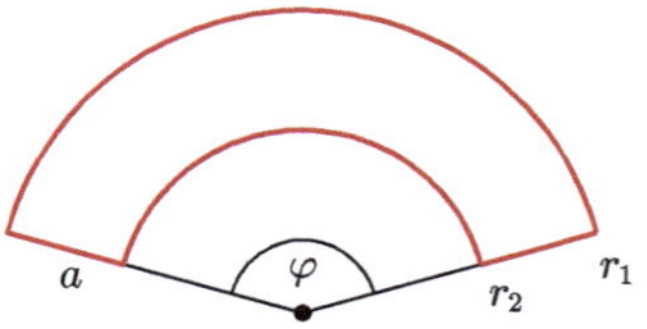

a) Bestimmen Sie den äußeren Radius r_1, den inneren Radius r_2, die Höhe a und den Winkel φ des Kreisringsegments.

b) Bestimmen Sie den Winkel α, der die Steigung des Reduzierstücks beschreibt.

c) Für welchen Grenzwinkel α_0 hat das Kreisringsegment den Öffnungswinkel $\varphi_0 = \pi$?

d) Welche Oberfläche hat das Reduzierstück?

1.2 Lösungen

1.2.1 Verständnis und Kompetenz

Lösung 1.1 (Zahlenmengen)

Die Zuordnung zu den Zahlenmengen ergibt folgendes Ergebnis:

a) Alle angegebenen Zahlen sind reelle Zahlen: 0, -2, 0.815, $\sqrt{2}$, $\frac{51}{17}$, $-\frac{47}{11}$.

b) Alle Zahlen, außer $\sqrt{2}$, sind rationale Zahlen: 0, -2, 0.815, $\frac{51}{17}$, $-\frac{47}{11}$. Die Dezimalzahl 0.815 kann als Bruch $\frac{815}{1000}$ geschrieben werden und ist deshalb eine rationale Zahl.

c) Da sich der Bruch $\frac{51}{17} = 3$ kürzen lässt, stellt er auch eine ganze Zahl dar: 0, -2, $\frac{51}{17}$.

d) Unter den angegebenen Zahlen sind 0 und $\frac{51}{17} = 3$ natürliche Zahlen.

Lösung 1.2 (Ordnung)

Der Trick besteht darin, alle Brüche auf denselben Nenner zu erweitern. Der kleinste passende Nenner ist 210, da die Zahlen 3, 14, 30, 35, 70 und 105 Teiler von 210 sind:

$$\frac{34}{105} = \frac{68}{210} < \frac{23}{70} = \frac{69}{210} < \frac{1}{3} = \frac{70}{210} < \frac{12}{35} = \frac{72}{210} < \frac{5}{14} = \frac{75}{210} < \frac{11}{30} = \frac{77}{210}.$$

Damit ist der Vergleich und die Anordnung der Zahlen einfach.

Lösung 1.3 (Dezimalzahlen)

Durch Überlegen oder auch durch eine kurze schriftliche Division erhält man

$$\frac{1}{9} = 0.11111111\dots.$$

Daraus lassen sich die Darstellung

$$\frac{7}{9} = 7 \cdot \frac{1}{9} = 7 \cdot 0.11111111\dots = 0.77777777\dots$$

und auch die Darstellung

$$\frac{1}{3} = 3 \cdot \frac{1}{9} = 3 \cdot 0.11111111\dots = 0.33333333\dots$$

erzeugen. Ganz analog erhalten wir die Dezimalzahl

$$\frac{1}{99} = 0.01010101\dots$$

und damit die Dezimalzahldarstellung

$$\frac{5}{11} = \frac{45}{99} = 45 \cdot \frac{1}{99} = 45 \cdot 0.01010101\dots = 0.45454545\dots.$$

Dieses Prinzip lässt sich auf größere Nenner verallgemeinern:

$$\frac{4711}{9999} = 4711 \cdot \frac{1}{99999} = 4711 \cdot 0.00010001\dots = 0.47114711\dots.$$

Wegen der speziellen Gestalt der Nenner ist die Umwandlung hier relativ einfach.

Lösung 1.4 (Intervallschreibweise)

Wir formulieren einzelne Beschreibungsteile der Lösungsmenge mit Intervallen und verknüpfen diese anschließend. Einzelne, disjunkte Intervalle können vereinigt werden, oder aber man schließt Teilintervalle von einer Gesamtmenge wieder aus.

a) $\mathbb{L} = (-\infty, 7) \cup (7, \infty) = \mathbb{R} \setminus \{7\}$
b) $\mathbb{L} = (-\infty, -3) \cup (2, \infty) = \mathbb{R} \setminus [-3, 2]$
c) $\mathbb{L} = (-\infty, 6] \cup (8, \infty) = \mathbb{R} \setminus (6, 8]$
d) $\mathbb{L} = [-3, 3] \cup [4, \infty) = [-3, \infty) \setminus (3, 4)$

Lösung 1.5 (Einfache Ausdrücke)

Wir beachten die Reihenfolge der Operationen: Klammern binden am stärksten, danach kommen Potenzen, danach Produkte und schließlich Summen.

a) $2 \cdot (-3) = -6$
b) $-2 \cdot (-3) = 6$
c) $(-2) \cdot (-3) = 6$
d) $-3^2 = -(3 \cdot 3) = -9$
e) $(-3)^2 = (-3) \cdot (-3) = 9$
f) $-(3^2) = -(3 \cdot 3) = -9$
g) $(-2) + (-5) \cdot (-1) = -2 + 5 = 3$
h) $3 \cdot (-5) - 6 \cdot (-4) = -15 + 24 = 9$
i) $(-5)^2 - 2^3 + (-2)^3 + 12 = 25 - 8 - 8 + 12 = 21$

Lösung 1.6 (Wurzelumformungen)

Der Wurzelausdruck ist definiert, falls $a^2 - b^2$ nicht negativ ist. Wenn der Wurzelausdruck definiert ist, dann wird er niemals negativ. Steht unter der Wurzel eine Summe, so kann niemals die Wurzel aus den einzelnen Summanden gezogen werden.

a) falsch
b) falsch
c) falsch
d) falsch
e) falsch
f) richtig

Lösung 1.7 (Lösungen einer Wurzelgleichung)

Die Wurzelgleichung hat die beiden Lösungen $x_1 = 2$ und $x_2 = -2$, deshalb gilt:

a) falsch
b) falsch
c) richtig
d) falsch
e) falsch
f) richtig

1.2.2 Rechnung und Training

Lösung 1.8 (Zusammengesetzte Zahlenmengen)

Zur Veranschaulichung können wir die gegebenen Mengen auf der Zahlengeraden skizzieren. Wir unterscheiden dabei, ob die Intervallgrenzen jeweils zur Menge gehören oder nicht. Dies kann man durch einen kurzen senkrechten Strich andeuten. Sind einzelne Zahlen ausgenommen, so verwendet man dazu gern einen kleinen Kreis. Wir bilden dann die angegebene Vereinigung bzw. den angegebenen Durchschnitt.

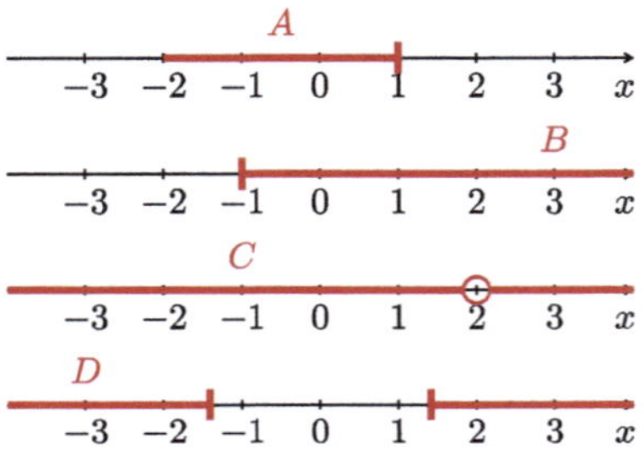

a) Die Mengen A und B überlappen sich. Die Zahl 2 wird ausgenommen:

$$M_1 = (A \cup B) \cap C = (-2, \infty) \setminus \{2\}$$

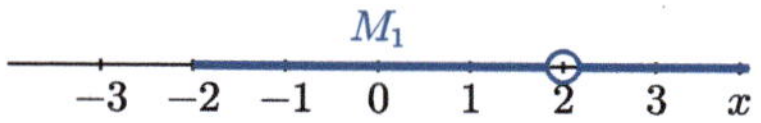

b) Der Schnitt von A und B ist das Intervall $[-1, 1]$. Der Schnitt mit C ändert nichts:

$$M_2 = (A \cap B) \cap C = [-1, 1]$$

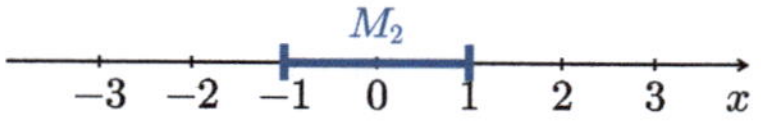

c) Durch die Vereinigung von A mit D ist nur das Intervall zwischen 1 und $\sqrt{2}$ ausgenommen:

$$M_3 = A \cup D = \mathbb{R} \setminus (1, \sqrt{2})$$

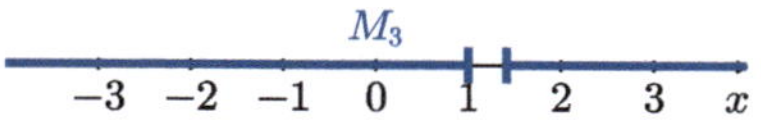

Lösung 1.9 (Faktorisierung)

Wir suchen nach gleichen Teilen in der einzelnen Summanden. Bei Zahlen wird nach dem größten gemeinsamen Teiler gesucht. Bei Variablen wird nach Variablenkombinationen gesucht, die in allen Termen vorkommen.

a) $4\,(2\,x - z)$

b) $3\,(2\,x + 4\,y - z)$

c) $5\,x\,y\,(2\,x + y)$

d) $3\,x\,y^2\,(2\,x\,y - 1)\,(2\,x\,y + 1)$

e) $3\,x\,y\,z\,\left(3\,x^2\,z - 4\,x\,y^2 + y\,z^2\right)$

f) $6\,x^2\,z^2\,\left(x^3\,z^2 - 2\,y^2\,z + 12\,y^2\right)$

Lösung 1.10 (Summenschreibweise und binomischen Formeln)

Wir wenden einmal oder mehrfach die binomischen Formeln an. Außerdem verwenden wir zum Zusammenfassen der Hochzahlen die Potenzgesetze.

a) $\left(x - y^3\right)^2 = x^2 - 2\,x\,y^3 + y^6$

b) $\left(x^2 + 2\,y\right)^2 = x^4 + 4\,x^2\,y + 4\,y^2$

c) $(x + y)^2 - (x - y)^2 = (x^2 + 2\,x\,y + y^2) - (x^2 - 2\,x\,y + y^2) = 4\,x\,y$

d) $(4\,x + 2\,y)^2 - (4\,x - 2\,y)^2 = (16\,x^2 + 16\,x\,y + 4\,y^2) - (16\,x^2 - 16\,x\,y + 4\,y^2) = 32\,x\,y$

e) $\left(2\,y - x^2\right)^2 - \left(x^2 + y\right)^2 = (4\,y^2 - 4\,x^2\,y + x^4) - (x^4 + 2\,x^2\,y + y^2) = 3\,y^2 - 6\,x^2\,y$

f) $$\begin{aligned}\left(x^3 - y^2\right)^2 + \left(x^2 - 2y^3\right)^2 &= (x^6 - 2\,x^3\,y^2 + y^4) + (x^4 - 4\,x^2\,y^3 + 4\,y^6)\\ &= x^6 + x^4 - 2\,x^3\,y^2 - 4\,x^2\,y^3 + 4\,y^6 + y^4\end{aligned}$$

Lösung 1.11 (Faktorisierung und binomische Formeln)

Man kann die binomischen Formeln rückwärts von rechts nach links anwenden.

a) Wir wenden das erste Binom rückwärts an und erhalten $(x + 1)^2$.

b) Wir wenden das erste Binom rückwärts an und erhalten $(3\,y + 1)^2$.

c) Wir wenden das zweite Binom rückwärts an und erhalten $4\,(x - 1)^2$.

d) Wir wenden das zweite Binom rückwärts an und erhalten $(3\,x - 4\,y)^2$.

e) Wir wenden das dritte Binom rückwärts an und klammern zweimal 2 aus und erhalten

$$16\,x^2 - 4\,y^2 = (4\,x)^2 - (2\,y)^2 = (4\,x - 2\,y)\;(4\,x + 2\,y) = 4\;(2\,x - y)\;(2\,x + y)\;.$$

f) Wir klammern zunächst aus der zweiten Klammer x aus und wenden dann zweimal das dritte Binom rückwärts an. Wir erhalten

$$-\left(x^2 - 1\right)\left(4\,x - 9\,x^3\right) = (x - 1)\;(x + 1)\;x\;(3\,x - 2)\;(3\,x + 2)\;.$$

Nach dem Erstellen des Klammerausdrucks machen wir die Probe durch Ausmultiplizieren. Es muss sich wieder der ursprüngliche Ausdruck ergeben.

Lösung 1.12 (Mehrfache Potenzen)

Wir berechnen zunächst die Potenz in der Klammer und berücksichtigen danach den zweiten Exponenten. Alternativ können wir den Ausdruck mit den Potenzgesetzen vereinfachen und danach den Zahlenwert berechnen.

a) $(2^2)^3 = 4^3 = 64$ b) $(-2^2)^3 = (-4)^3 = -64$ c) $((-2)^2)^3 = 4^3 = 64$

d) $(2^{-2})^3 = \left(\frac{1}{4}\right)^3 = \frac{1}{64}$ e) $(-2^{-2})^3 = \left(-\frac{1}{4}\right)^3 = -\frac{1}{64}$ f) $(2^2)^{-3} = 4^{-3} = \frac{1}{64}$

Lösung 1.13 (Potenzen und Brüche)

Der Kehrwert einer Potenz wird gebildet, in dem man das Vorzeichen des Exponenten ändert. Mithilfe der Potenzgesetze können wir die Ausdrücke zusammenfassen.

a) $\frac{x^5}{x^2} = x^{5-2} = x^3$ b) $\frac{x^5}{x^{-2}} = x^{5-(-2)} = x^7$ c) $\frac{x^{-5}}{x^2} = x^{-5-2} = \frac{1}{x^7}$

d) $\frac{(a+b)^2}{(a+b)} = a + b$ e) $\frac{(a+b)}{(a+b)^3} = \frac{1}{(a+b)^2}$ f) $\frac{(a+b)^{-2}}{(a+b)} = \frac{1}{(a+b)^3}$

g) $\frac{x^{n+2}}{x^{n-2}} = \frac{x^n \cdot x^2}{x^n \cdot x^{-2}} = x^4$ h) $\frac{x^{2n}}{x^n} = \frac{x^n \cdot x^n}{x^n} = x^n$ i) $\frac{x^n}{x^{3n-3}} = \frac{x^n}{x^n \cdot x^{2n-3}} = x^{3-2\,n}$

Lösung 1.14 (Potenzgesetze)

Wir suchen nach gemeinsamen Teilausdrücken, klammern diese anschließend aus und können dann gegebenenfalls kürzen.

a) $\frac{26 \cdot 5^n - 5^n}{5^{n+2}} = \frac{5^n\,(26-1)}{5^n \cdot 5^2} = 1$ b) $\frac{x^n + 2x^{n-1}}{x^{n-2} + 2x^{n-3}} = \frac{x^{n-3}\,x^2}{x^{n-3}} = x^2$

c) $\left(\frac{a^2\,b}{c\,d^3}\right)^3 \cdot \left(\frac{c^2\,d^2}{a\,b^2}\right)^4 = \frac{a^6\,b^3}{c^3\,d^9} \cdot \frac{c^8\,d^8}{a^4\,b^8} = \frac{a^6\,b^3\,c^8\,d^8}{c^3\,d^9\,a^4\,b^8} = \frac{a^2\,c^5}{b^5\,d}$

Lösung 1.15 (Wurzeln)

Wir fassen die Audrücke zunächst zusammen und ziehen anschließend die Wurzel ganz oder auch nur teilweise.

a) $\sqrt{7^2} = 7$ b) $\sqrt{3} \cdot \sqrt{27} = \sqrt{3 \cdot 27} = \sqrt{81} = 9$

c) $\left(\sqrt{7} - \sqrt{2}\right)\left(\sqrt{7} + \sqrt{2}\right) = \left(\sqrt{7}\right)^2 - \left(\sqrt{7}\right)^2 = 7 - 2 = 5$

Lösung 1.16 (Teilweises Wurzelziehen)

Wir suchen nach quadratischen Teilausdrücken unter der Wurzel. Diese können geeignet vor die Wurzel gezogen werden. Dabei ist $\sqrt{x^2} = |x|$ zu beachten!

a) $\sqrt{4\,x^2\,y} = 2\,|x|\,\sqrt{y}$

b) $\sqrt{\frac{2x^2}{36}} = \frac{\sqrt{2}\,|x|}{6}$

c) $\sqrt{x(4x^2-4x+1)y} = \sqrt{x\,y\,(4x^2-4x+1)} = \sqrt{x\,y}\,\sqrt{(2x-1)^2} = \sqrt{xy}\,|2x-1|$

Lösung 1.17 (Winkelmaße umrechnen)

Wir benutzen die Umrechnungsformel vom Gradmaß in das Bogenmaß.

a) $x = 30\,°\cdot\frac{\pi}{180\,°} = \frac{\pi}{6}$

b) $x = -150\,°\cdot\frac{\pi}{180\,°} = -\frac{5\,\pi}{6}$

c) $x = 270\,°\cdot\frac{\pi}{180\,°} = \frac{3\,\pi}{2}$

Lösung 1.18 (Trigonometrische Werte)

Wir können in einer Tabelle mit speziellen trigonometrischen Werten nachsehen. Diese Werte werden sehr häufig gebraucht. Am besten, man kennt sie auswendig!

a) $\sin\left(\frac{\pi}{4}\right) = \frac{\sqrt{2}}{2}$

b) $\sin\left(\frac{\pi}{6}\right) = \frac{1}{2}$

c) $\sin\left(\frac{5\,\pi}{6}\right) = \frac{1}{2}$

d) $\tan\left(\frac{\pi}{4}\right) = 1$

e) $\cos\left(\frac{\pi}{6}\right) = \frac{\sqrt{3}}{2}$

f) $\cos\left(\frac{\pi}{3}\right) = \frac{1}{2}$

g) $\cos\left(\frac{\pi}{4}\right) = \frac{\sqrt{2}}{2}$

h) $\tan\left(\frac{\pi}{3}\right) = \sqrt{3}$

Lösung 1.19 (Winkelwerte)

Eine Tabelle mit speziellen trigonometrischen Werten ist hier hilfreich. Diese Winkelwerte werden sehr häufig gebraucht. Deshalb prägen wir uns diese gut ein!

a) $\alpha = 60\,°$ b) $\alpha = 30\,°$ c) $\alpha = 45\,°$ d) $\alpha = 60\,°$

e) $\alpha = 60\,°$ f) $\alpha = 30\,°$ g) $\alpha = 45\,°$ h) $\alpha = 30\,°$

Lösung 1.20 (Quadratische Gleichungen)

Wir verwenden die Mitternachtsformel zur Lösung der Gleichungen und achten dabei darauf, dass die Terme in der Gleichung richtig angeordnet sind. Abhängig von der Diskriminante gibt es keine, eine oder zwei Lösungen.

a) Mit der Mitternachtsformel gilt

$$x^2 + x - 2 = 0 \implies x_{1,2} = \frac{-1 \pm \sqrt{1^2 - 4\cdot 1\cdot(-2)}}{2\cdot 1} = \frac{-1\pm\sqrt{9}}{2} = \frac{-1\pm 3}{2} = 1, -2\,.$$

Die quadratische Gleichung hat also die beiden Lösungen $x_1 = 1$ und $x_2 = -2$.

b) Wir teilen die Gleichung zunächst durch 2. Dann gilt

$$x^2 - 6\,x + 9 = 0 \implies x_{1,2} = \frac{6 \pm \sqrt{6^2 - 4\cdot 1\cdot 9}}{2\cdot 1} = \frac{6\pm\sqrt{0}}{2} = \frac{6\pm 0}{2} = 3\,.$$

Die quadratische Gleichung hat also nur $x_1 = 3$ als (doppelte) Lösung.

c) Wir teilen die Gleichung zunächst durch -3. Dann gilt

$$x^2 - 4x + 5 = 0 \implies x_{1,2} = \frac{4 \pm \sqrt{4^2 - 4 \cdot 1 \cdot 5}}{2 \cdot 1} = \frac{4 \pm \sqrt{-4}}{2}.$$

Die quadratische Gleichung hat also keine (reelle) Lösung.

Lösung 1.21 (Biquadratische Gleichungen)

Bei einer biquadratischen Gleichung führen wir zunächst immer die Substitution $u = x^2$ durch. Danach lösen wir die resultierende quadratische Gleichungen mit der Variablen u. Schließlich bestimmen wir alle Lösungen x aus der Substitution $x^2 = u$. Ist eine Lösung u negativ, so gibt es dazu keine reellen Lösungen x.

a) Mit der Substitution $x^2 = u$ gilt

$$x^4 - 13x^2 + 36 = 0 \implies u^2 - 13u + 36 = 0.$$

Mit der Mitternachtsformel erhalten wir

$$u_{1,2} = \frac{13 \pm \sqrt{13^2 - 4 \cdot 1 \cdot 36}}{2 \cdot 1} = \frac{13 \pm \sqrt{25}}{2} = \frac{13 \pm 5}{2} = 9, 4.$$

Schließlich substituieren wir zurück:

$$x_{1,2} = \pm\sqrt{9} = \pm 3, \quad x_{3,4} = \pm\sqrt{4} = \pm 2.$$

Diese Gleichung hat also die vier Lösungen $x_1 = 3$, $x_2 = -3$, $x_3 = 2$ und $x_4 = -2$.

b) Um kleinere Zahlenwerte zu bekommen, teilen wir die Gleichung zunächst durch -2 und substituieren anschließend mit $x^2 = u$:

$$-2x^4 - 6x^2 + 8 = 0 \implies x^4 + 3x^2 - 4 = 0 \implies u^2 + 3u - 4 = 0.$$

Mit der Mitternachtsformel erhalten wir

$$u_{1,2} = \frac{-3 \pm \sqrt{3^2 - 4 \cdot 1 \cdot (-4)}}{2 \cdot 1} = \frac{-3 \pm \sqrt{25}}{2} = \frac{-3 \pm 5}{2} = 1, -4.$$

Nur $u_1 = 1$ können wir zurück substituieren:

$$x_{1,2} = \pm\sqrt{1} = \pm 1.$$

Diese Gleichung hat also die beiden Lösungen $x_1 = 1$ und $x_2 = -1$.

c) Auch hier enthalten alle Koeffizienten einen gemeinsamen Faktor. Wir teilen die Gleichung daher durch 3 und substituieren mit $x^2 = u$:

$$3x^4 - 24x^2 + 48 = 0 \implies x^4 - 8x^2 + 16 = 0 \implies u^2 - 8u + 16 = 0.$$

Mit der Mitternachtsformel erhalten wir

$$u_{1,2} = \frac{8 \pm \sqrt{(-8)^2 - 4 \cdot 1 \cdot 16}}{2 \cdot 1} = \frac{8 \pm \sqrt{0}}{2} = \frac{8 \pm 0}{2} = 4.$$

Schließlich substituieren wir u_1 zurück:

$$x_{1,2} = \pm\sqrt{4} = \pm 2.$$

Diese Gleichung hat also die beiden (doppelten) Lösungen $x_1 = 2$ und $x_2 = -2$.

Lösung 1.22 (Wurzelgleichungen)

a) Wir isolieren die Wurzel und quadriereren:

$$1-\sqrt{2x+3}=x \quad\Longrightarrow\quad \sqrt{2x+3}=1-x \quad\Longrightarrow\quad 2x+3=(1-x)^2 .$$

Dies ist eine quadratische Gleichung mit zwei Lösungen:

$$x^2-4x-2=0 \quad\Longrightarrow\quad x_{1,2}=\frac{4\pm\sqrt{24}}{2}=\frac{4\pm 2\sqrt{6}}{2}=2\pm\sqrt{6} .$$

Wir machen die Probe und setzen $x=2-\sqrt{6}$ ein:

$$1-\sqrt{2(2-\sqrt{6})+3}=2-\sqrt{6} \quad\Longleftrightarrow\quad \sqrt{7-2\sqrt{6})}=\sqrt{6}-1 .$$

Beide Seiten der Gleichung sind positiv. Wir quadrieren und bestätigen $x=2-\sqrt{6}$ als Lösung. Für $x=2+\sqrt{6}$ wird die rechte Seite negativ und wir erhalten einen Widerspruch. Es ist also $\mathbb{L}=\{2-\sqrt{6}\}$.

b) Wir isolieren die Wurzel und quadriereren:

$$\sqrt{3x\,(x-2)}+2=x \quad\Longrightarrow\quad \sqrt{3x\,(x-2)}=x-2 \quad\Longrightarrow\quad 3x\,(x-2)=(x-2)^2 .$$

Dies ist eine quadratische Gleichung mit zwei Lösungen:

$$2x^2-2x-4=0 \quad\Longrightarrow\quad x_{1,2}=\frac{2\pm\sqrt{36}}{4}=\frac{2\pm 6}{4}=2,-1 .$$

Wir machen die Probe. Nur $x=2$ erfüllt die Gleichung. Es ist $\mathbb{L}=\{2\}$.

c) Wir isolieren zunächst eine Wurzel und quadriereren:

$$\sqrt{1-3x}=2-\sqrt{x+1} \quad\Longrightarrow\quad 1-3x=4-4\sqrt{x+1}+(x+1) .$$

Hierbei ist Vorsicht geboten. Es wäre falsch, die beiden Summanden 2 und $\sqrt{x+1}$ einzeln zu quadrieren! Stattdessen wenden wir die zweite binomische Formel an. Nun isolieren wir die zweite Wurzel und quadrieren erneut:

$$4\sqrt{x+1}=4x+4 \quad\Longrightarrow\quad 16(x+1)=16x^2+32x+16 .$$

Dies ist eine quadratische Gleichung mit zwei Lösungen:

$$16x^2+16x=0 \quad\Longrightarrow\quad x(x+1)=0 \quad\Longrightarrow\quad x_{1,2}=0,-1 .$$

Wir machen die Probe. Beide Werte erfüllen die Gleichung. Es ist $\mathbb{L}=\{0,-1\}$.

Lösung 1.23 (Betragsfreie Darstellung)

Entscheidend für die betragsfreie Darstellung sind die Lösungen der Gleichung

$$-3x^2+3x+6=0 \quad\Longrightarrow\quad x_{1,2}=\frac{-3\pm\sqrt{9+72}}{-6}=-1,2 .$$

Damit erhalten wir zwei Fälle:

$$\left|-3x^2+3x+6\right|=\begin{cases} -3x^2+3x+6 & \text{für } -1\le x\le 2 \\ 3x^2-3x-6 & \text{sonst} . \end{cases}$$

Dabei haben wir beachtet, dass der Ausdruck für x-Werte im Intervall zwischen -1 und 2 nicht negativ ist. Dort können wir die Betragsstriche weglassen.

Lösung 1.24 (Betragsgleichungen)

a) Alle Lösungen erhält man aus den beiden Fällen

$$2-5x \geq 0 \iff x \leq \frac{2}{5}: \quad 2-5x=3 \implies -1=5x \implies x=-\frac{1}{5}$$

$$2-5x < 0 \iff x > \frac{2}{5}: \quad 2-5x=-3 \implies 5=5x \implies x=1.$$

Unter Berücksichtigung der Fallbedingungen lautet die Lösungsmenge $\mathbb{L}=\left\{-\frac{1}{5},1\right\}$.

b) Durch Fallunterscheidung ergibt sich

$$2+x \geq 0 \iff x \geq -2: \quad 2+x=4x-1 \implies 3=3x \implies x=1$$

$$2+x < 0 \iff x < -2: \quad 2+x=-4x+1 \implies 5x=-1 \implies x=-\frac{1}{5}.$$

Unter Berücksichtigung der Fallbedingungen lautet die Lösungsmenge $\mathbb{L}=\{1\}$.

c) Auflösen des Betrags ergibt

$$x^2-4 \geq 0 \iff |x| \geq 2: \quad x^2-4=5 \implies x^2=9 \implies x=\pm 3$$

$$x^2-4 < 0 \iff |x| < 2: \quad x^2-4=-5 \implies x^2=-1.$$

Die letzte Gleichung hat keine reellen Lösungen. Unter Berücksichtigung der Fallbedingungen lautet die Lösungsmenge $\mathbb{L}=\{-3,3\}$.

Lösung 1.25 (Lineare Ungleichungen)

Wir bringen alle Terme mit x auf die linke Seite und alle anderen Terme auf die rechte Seite. Anschließend fassen wir die Terme zusammen.

a) $\mathbb{L}=\left\{x \in \mathbb{R} \,\middle|\, x < \frac{5}{3}\right\}$ b) $\mathbb{L}=\left\{x \in \mathbb{R} \,\middle|\, x < \frac{1}{3}\right\}$ c) $\mathbb{L}=\left\{x \in \mathbb{R} \,\middle|\, x > \frac{13}{11}\right\}$

Lösung 1.26 (Quadratische Ungleichungen)

Wir betrachten zunächst anstelle der Ungleichung die entsprechende quadratische Gleichung und lösen diese. Anschließend entscheiden wir, welche Intervalle zwischen diesen Lösungen zur Lösungsmenge der Ungleichung gehören und welche nicht. Bei quadratischen Ungleichungen genügt dazu eine einzige Punktprobe.

a) Durch eine Punktprobe zwischen -2 und 2, etwa bei 0, ergibt sich die Lösungsmenge:

$$3x^2=12 \implies x=-2,2, \quad 3\cdot 0^2 < 12 \implies \mathbb{L}=(-2,2)\ .$$

b) Durch eine Punktprobe etwa bei 0 können wir die Lösungsmenge festlegen:

$$-4x^2=2x-2 \implies x=-1,\frac{1}{2}, \quad -4\cdot 0^2 > 2\cdot 0-2 \implies \mathbb{L}=\left[-1,\frac{1}{2}\right].$$

c) Eine Punktprobe zwischen -1 und 7, etwa bei 0, ergibt $8(0-2) < -2(x+1)^2$:

$$8(x-2)=-2(x+1)^2 \implies x=-1,7 \implies \mathbb{L}=(-\infty,-7)\cup(1,\infty)\ .$$

d) Eine Punktprobe etwa bei 0 ergibt, dass 0 in der Lösungsmenge liegt:

$$x^2-x=20 \implies x=-4,5, \quad 0^2-0 < 20 \implies \mathbb{L}=(-4,5)\ .$$

e) Diese Gleichung hat nur eine Lösung, die Lösungsmenge besteht aus einem Punkt:

$$x^2+8x=-16 \implies x=-4, \quad 0^2+8\cdot 0>-16 \implies \mathbb{L}=\{-4\}\,.$$

f) Eine Punktprobe etwa bei 1 ergibt, dass 1 in der Lösungsmenge liegt:

$$10x^2+21=41x \implies x=\frac{3}{5},\frac{7}{2}, \quad 10\cdot 1^2+21<41\cdot 1 \implies \mathbb{L}=\left(\frac{3}{5},\frac{7}{2}\right).$$

Lösung 1.27 (Verschachtelte Beträge)

Jeder Betrag kann durch eine Fallunterscheidung aufgelöst werden. Da die Ungleichung zwei Beträge enthält, ergeben sich insgesamt vier Fälle. Innerhalb eines Falls werden alle auftretenden Bedingungen mit einem logischen Und verknüpft. Die einzelnen Fälle werden dann mit einem logischen Oder verknüpft. Wir beziehen im Folgenden die erste Bedingung auf den inneren Betrag und die zweite auf den äußeren:

$$\begin{aligned}
&\text{Für } x\ge 0 \text{ und } x\ge 1 : && x-1<x \iff x \text{ beliebig} && \implies \mathbb{L}_1=[1,\infty)\\
&\text{Für } x\ge 0 \text{ und } x<1 : && -(x-1)<x \iff x>\tfrac{1}{2} && \implies \mathbb{L}_2=\left(\tfrac{1}{2},1\right)\\
&\text{Für } x<0 \text{ und } x\le -1 : && -x-1<x \iff x>-\tfrac{1}{2} && \implies \mathbb{L}_3=\varnothing\\
&\text{Für } x<0 \text{ und } x>-1 : && -(-x-1)<x \iff \text{kein } x && \implies \mathbb{L}_4=\varnothing
\end{aligned}$$

Die Lösungsmenge ist schließlich $\mathbb{L}=\mathbb{L}_1\cup\mathbb{L}_2\cup\mathbb{L}_3\cup\mathbb{L}_4=\left(\frac{1}{2},\infty\right)$.

Lösung 1.28 (Summen)

a) Es werden 5 Quadratzahlen addiert:

$$\sum_{k=1}^{5} k^2 = 1^2+2^2+3^2+4^2+5^2 = 1+4+9+16+25=55.$$

Das Ergebnis ist 55.

b) Wir setzen für k der Reihe nach die Werte $-1,0,1,2,3$ ein:

$$\sum_{k=-1}^{3} 2^{k-1} = 2^{-2}+2^{-1}+2^0+2^1+2^2 = \frac{1}{4}+\frac{1}{2}+1+2+4=\frac{31}{4}.$$

Anschließend schreiben wir die Summanden als Brüche mit dem gemeinsamen Nenner 4 und fassen diese dann zusammen.

c) Die Summe läuft für k von 0 bis 3:

$$\sum_{k=0}^{3}\frac{(-1)^k}{k+1} = \frac{(-1)^0}{1}+\frac{(-1)^1}{2}+\frac{(-1)^2}{3}+\frac{(-1)^3}{4} = 1-\frac{1}{2}+\frac{1}{3}-\frac{1}{4}=\frac{7}{12}.$$

Durch Addieren der Brüche mit wechselndem Vorzeichen erhalten wir das Ergebnis.

d) Die Summe besteht aus 3 Summanden:

$$\sum_{k=1}^{3}\frac{(k+1)}{k^2} = \frac{2}{1^2}+\frac{3}{2^2}+\frac{4}{3^2} = 2+\frac{3}{4}+\frac{4}{9}=\frac{115}{36}.$$

Bei dieser Summe wachsen die Zähler linear und die Nenner quadratisch.

Lösung 1.29 (Beweise für Summenformel)

Die folgende Formel ist zu beweisen:

$$2+4+6+8+10+12+\ldots+2n=n(n+1)\,.$$

Wir führen den Beweis auf zwei unterschiedliche Arten:

1) Ein direkter Beweis ergibt sich aus der Summenformel von Gauß

$$2\big(1+2+3+4+5+6+\ldots+n\big)=2\,\frac{n(n+1)}{2}=n(n+1)\,.$$

Durch Ausklammern des gemeinsamen Faktors 2 entsteht die Summe der natürlichen Zahlen. Darauf können wir die Summenformel anwenden.

2) Die Behauptung lässt sich auch durch vollständige Induktion beweisen. Für $n=0$ ist der Induktionsanfang erfüllt:

$$2\cdot 0=0\,(0+1)\,.$$

Beim Induktionsschritt gehen wir davon aus, dass die Behauptung für n gilt und betrachten die Behauptung für $n+1$:

$$\underbrace{2+4+6+8+10+12+\ldots+2n}_{\text{Behauptung für } n}+2(n+1)=\underbrace{n(n+1)}_{\text{Behauptung für } n}+2(n+1)=(n+2)(n+1).$$

Durch Einsetzen der Behauptung für n und anschließendes Zusammenfassen haben wir den Induktionsschritt durchgeführt.

Lösung 1.30 (Beweis für Teilbarkeit)

Die Behauptung lautet, dass n^3-n für alle natürlichen Zahlen n durch 3 teilbar ist. Wir führen den Beweis auf zwei unterschiedliche Arten:

1) Wenn wir geschickt umformen

$$n^3-n=n(n^2-1)=n(n-1)(n+1)=(n-1)n(n+1),$$

dann sieht man, dass man die Behauptung direkt beweisen kann. Denn

$$(n-1)n(n+1)$$

ist ein Produkt von drei direkt aufeinander folgenden natürlichen Zahlen. Mindestens eine dieser Zahlen ist ein Vielfaches von 3. Somit ist auch das Produkt durch 3 teilbar.

2) Die Behauptung lässt sich auch durch vollständige Induktion beweisen. Für $n=0$ ist der Induktionsanfang

$$0^3-0=0$$

erfüllt, denn 0 ist auch ein Vielfaches von 3. Beim Induktionsschritt gehen wir davon aus, dass die Behauptung für n gilt und betrachten die Behauptung für $n+1$:

$$(n+1)^3-(n+1)=n^3+3n^2+3n+1-n-1=\underbrace{n^3-n}_{\text{Vielfaches von } 3}+\underbrace{3(n^2+n)}_{\text{Vielfaches von } 3}\,.$$

Dabei haben wir die binomische Formel für die Hochzahl 3 angewendet.

1.2.3 Anwendung

Lösung 1.31 (Parallelschaltung von Widerständen)

Zunächst bringt man die rechte Seite der Formel auf den gemeinsamen Nenner $R_1 R_2$ und bildet anschließend den Kehrwert:

$$\frac{1}{R_{\text{ges}}} = \frac{R_2 + R_1}{R_1 R_2} \quad \Longrightarrow \quad R_{\text{ges}} = \frac{R_1 \cdot R_2}{R_1 + R_2}, \quad R_{\text{ges}} = \frac{2\,\Omega \cdot 3\,\Omega}{2\,\Omega + 3\,\Omega} = \frac{6\,\Omega^2}{5\,\Omega} = \frac{6}{5}\,\Omega\,.$$

Durch Einsetzen der konkreten Zahlenwerte ergibt sich der gesuchte Gesamtwiderstand. Bei Formeln mit physikalischen Größen kann man die Richtigkeit einer Formel auch anhand der Einheiten plausibilisieren.

Lösung 1.32 (Oldtimer)

Wenn der hintere Fahrer mit Nein antwortet, muss eines der beiden vorderen Fahrzeuge eine schwarze Heckklappe haben. Ansonsten wären die beiden vorderen Heckklappen silber und der hintere Fahrer könnte mit Ja antworten. Wenn der mittlere Fahrer mit Nein antwortet, muss das vordere Fahrzeug eine schwarze Heckklappe haben. Ansonsten wäre die vordere Heckklappe silber und der mittlere Fahrer könnte mit Ja antworten. Die Antwort lautet also: „schwarz".

Lösung 1.33 (Parkpilot)

Wir teilen den Abstand $d = d_1 + d_2$ der beiden Sensoren, wie in der Abbildung dargestellt, in zwei Abschnitte d_1 und d_2 auf. Mit dem Satz des Pythagoras erhält man in den beiden rechtwinkligen Dreiecken

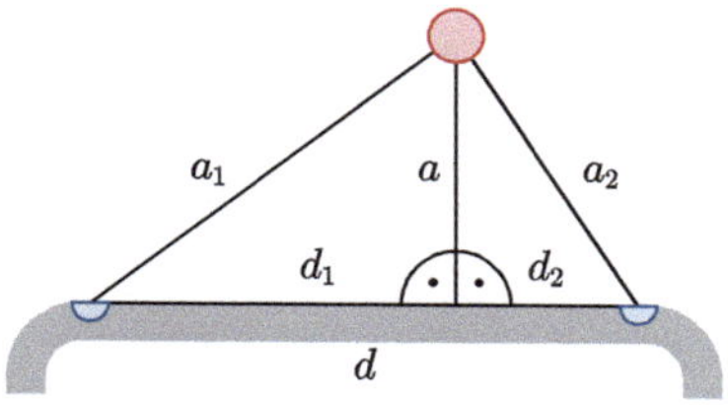

$$a^2 + d_1^2 = a_1^2\,, \quad a^2 + d_2^2 = a_2^2\,.$$

Durch Auflösen der beiden Gleichungen nach a^2 und Gleichsetzen ergibt sich:

$$a_1^2 - d_1^2 = a_2^2 - d_2^2\,.$$

Mit $d_2 = d - d_1$ folgt dann

$$a_1^2 - d_1^2 = a_2^2 - d^2 + 2dd_1 - d_1^2 \quad \Longleftrightarrow \quad a_1^2 = a_2^2 - d^2 + 2dd_1\,.$$

Wir lösen nach d_1 auf und erhalten

$$d_1 = \frac{a_1^2 - a_2^2 + d^2}{2d}\,.$$

Daraus folgt wegen $a = \sqrt{a_1^2 - d_1^2}$ aus dem Satz des Pythagoras die Formel

$$a = \sqrt{a_1^2 - \frac{(a_1^2 - a_2^2 + d^2)^2}{4d^2}} = \sqrt{a_2^2 - \frac{(a_2^2 - a_1^2 + d^2)^2}{4d^2}}\,.$$

Den zweiten Ausdruck erhalten wir aus Symmetriegründen ganz analog.

Lösung 1.34 (Rohr)

Das Reduzierstück hat die Form eines Kegelstumpfes.

a) Zunächst gilt

$$r_1 = r_2 + a\,, \quad a^2 = h^2 + \left(\frac{d_1 - d_2}{2}\right)^2 \quad \Longrightarrow \quad a = 5\sqrt{5} \approx 11.18\,.$$

Der Zusammenhang zwischen Kreisumfang und Radius ist gegeben durch

$$\pi d_1 = \varphi r_1\,, \quad \pi d_2 = \varphi r_2 \quad \Longrightarrow \quad r_1 = \frac{d_1}{d_2} r_2 \quad \text{und} \quad r_2 = \frac{d_2}{d_1} r_1\,.$$

Durch Einsetzen von $r_2 = r_1 - a$ bzw. $r_1 = r_2 + a$ erhält man

$$r_1 = \frac{a d_1}{d_1 - d_2} = 15\sqrt{5} \approx 33.54 \quad \text{und} \quad r_2 = \frac{a d_2}{d_1 - d_2} = 10\sqrt{5} \approx 22.36\,.$$

Wir lösen $\pi d_1 = \varphi r_1$ nach φ auf und erhalten

$$\varphi = \frac{\pi d_1}{r_1} = \frac{\pi(d_1 - d_2)}{a} = \frac{2\pi}{\sqrt{5}} \approx 2.81 \approx 161^\circ$$

für den Winkel des Kreisringsegments.

b) Im rechtwinkligen Dreick mit den Katheten h und $\frac{d_1 - d_2}{2}$ gilt

$$\alpha = \arctan\left(\frac{2h}{d_1 - d_2}\right) = \arctan(2) \approx 1.11 \approx 63^\circ\,.$$

Damit ist der Steigungswinkel α bestimmt.

c) Soll speziell $\varphi_0 = \pi$ gelten, so folgt mit der Formel aus Aufgabenteil a)

$$\pi = \frac{\pi\,(d_1 - d_2)}{a} \quad \Longrightarrow \quad d_1 - d_2 = a\,.$$

Damit ergibt sich dann aus dem rechtwinkligen Dreieck mit der Hypothenuse a und der Kathete $\frac{d_1 - d_2}{2}$ der Wert

$$\alpha_0 = \arccos\left(\frac{d_1 - d_2}{2a}\right) = \arccos\left(\frac{1}{2}\right) = \frac{\pi}{3} = 60^\circ$$

für den gesuchten Grenzwinkel.

d) Für den Flächeninhalt eines Kreissektors gilt $\frac{\varphi r^2}{2}$. Damit erhalten wir

$$A = \frac{\varphi r_1^2}{2} - \frac{\varphi r_2^2}{2} = \frac{\varphi(r_1^2 - r_2^2)}{2} = 125\sqrt{5}\,\pi \approx 878\,.$$

Dies ist die Oberfläche des Reduzierstücks.

2 Lineare Gleichungssysteme

Die Aufgaben in diesem Kapitel beziehen sich auf den Umgang mit linearen Gleichungssystemen. Verständnis und Rechenfertigkeiten sind hier gleichermaßen wichtig. Das Lösen von linearen Gleichungssystemen geht heute mit Taschenrechnern oder Computern schnell und einfach. Und dennoch: Das handschriftliche Lösen von kleinen Gleichungssystemen steigert das Verständnis über die Struktur der Gleichungen enorm.

Bei den Kompetenzaufgaben geht es meist um das Erkennen und Einordnen des Typs eines Gleichungssystems. Das beginnt bei der Größe eines linearen Gleichungssystems, die durch die Anzahl der Unbekannten und die Anzahl der Gleichungen festgelegt wird. Unterbestimmte, überbestimmte und redundante Gleichungssysteme sollen unterschieden werden können. Zu den Kompetenzen gehört auch, herauszufinden, welche Dimension die Lösungsmenge eines linearen Gleichungssystems hat.

Bei linearen Gleichungssystemen mit zwei Unbekannten kann man sich der Lösung auch grafisch nähern. Jede Gleichung lässt sich anschaulich als Gerade in der Ebene skizzieren. Gesucht sind dann die Schnittpunkte der Geraden. Ganz analog lässt sich jede Gleichung eines linearen Gleichungssystemens mit drei Unbekannten als Ebene im Raum interpretieren. Ebenenschnitte sind dann Geraden. Nur wenn sich alle Schnittgeraden in einem gemeinsamen Schnittpunkt treffen, gibt es eine eindeutige Lösung.

Zu den handwerklichen Fertigkeiten in diesem Kapitel gehört in erster Linie das Durchführen des Gauß-Algorithmus in seiner Basisversion. Drei Äquivalenzumformungen von linearen Gleichungssystemen sind dazu notwendig und sollten beherrscht werden. Didaktisch sehr wertvoll ist dabei, dass im Laufe der Vorwärtselimination der jeweilige Typ des Gleichungssystems sichtbar wird. Ein großer Vorteil ist die immer gleiche systematische Vorgehensweise. Bei den Rechenbeispielen in diesem Kapitel wird darauf geachtet, dass die Zahlen einfach bleiben, dass also im Lauf der Rechnung keine komplizierten Brüche oder Dezimalzahlen entstehen.

Das Lösen von linearen Gleichungssystemen mit Parametern gehört zu den fortgeschrittenen Rechenaufgaben. Dabei treten häufig Fallunterscheidungen auf. Äquivalente Zeilenumforungen mit Ausdrücken, in denen Parameter enthalten sind, werden als abstrakt empfunden. Außerdem sind die damit verbundenen Rechenschritte relativ aufwendig.

Da beim Gauß-Algorithmus viele Berechnungen hintereinander ausgeführt werden und aufeinander aufbauen, wirken sich kleine Rechenfehler oft ungünstig aus. Oftmals verschlimmert sich die Situation, wenn krumme Zahlen entstehen. Nur mit Sorgfalt und Konzentration ergeben sich zuverlässig die richtigen Lösungen.

2.1 Aufgaben

2.1.1 Verständnis und Kompetenz

Aufgabe 2.1 (Grafische Lösung mit zwei Gleichungen) ★

Berechnen Sie die Lösung des folgenden linearen Gleichungssystems. Bestimmen Sie die Lösung außerdem auch grafisch in der Ebene.

$$\begin{aligned} x - 3y &= -1 \\ 3x + y &= 7 \end{aligned}$$

Aufgabe 2.2 (Grafische Lösung mit drei Gleichungen) ★★

Bestimmen Sie die Lösungen der linearen Gleichungssysteme rechnerisch und grafisch.

a) $$\begin{aligned} 2x - 3y &= 6 \\ 3x + y &= 3 \\ 4x + 4y &= 3 \end{aligned}$$

b) $$\begin{aligned} 2x - 3y &= 9 \\ x + 2y &= 4 \\ x - 5y &= 5 \end{aligned}$$

2.1.2 Rechnung und Training

Aufgabe 2.3 (Fallunterscheidung mit Parameter) ★★

Für welche Werte des reellen Parameters b besitzt das lineare Gleichungssystem Lösungen? Bestimmen Sie in diesem Fall die Lösungsmenge.

$$\begin{aligned} 9x - 6y &= b \\ -6x + 4y &= 2 \end{aligned}$$

Aufgabe 2.4 (Lineare Gleichungssysteme mit drei Unbekannten) ★★★

Berechnen Sie die Lösungen der linearen Gleichungssysteme:

a) $$\begin{aligned} x_1 - x_2 + x_3 &= 2 \\ x_1 - x_2 + 3x_3 &= 3 \\ x_1 + x_2 - 2x_3 &= 0 \end{aligned}$$

b) $$\begin{aligned} 3x_1 - 4x_2 + 5x_3 &= 1 \\ x_1 - 3x_2 + 2x_3 &= 1 \\ 2x_1 + 2x_2 + x_3 &= 1 \end{aligned}$$

Aufgabe 2.5 (Lineares Gleichungssystem mit drei Parametern) ★★★

Unter welchen Bedingungen ist das folgende lineare Gleichungssystem lösbar?

$$\begin{aligned} 2x_1 - x_2 + 3x_3 &= p \\ -x_1 + 2x_2 - 2x_3 &= q \\ x_1 + 4x_2 &= r \end{aligned}$$

Aufgabe 2.6 (Lineare Gleichungssysteme mit Parameter) ★★★★

Für welche Parameterwerte p haben die linearen Gleichungssysteme genau eine Lösung, unendlich viele Lösungen oder gar keine Lösung?

a) $$\begin{aligned} px_1 - x_2 + 2x_3 &= 0 \\ 2x_1 + px_2 - x_3 &= 3 \\ px_2 + x_3 &= 1 \end{aligned}$$

b) $$\begin{aligned} x_1 + x_2 + px_3 &= 1 \\ x_1 + px_2 + x_3 &= p \\ px_1 + x_2 + x_3 &= p^2 \end{aligned}$$

Aufgabe 2.7 (Lineares Gleichungssystem mit vier Unbekannten) ★★★★☆

Berechnen Sie die Lösungen des folgenden linearen Gleichungssystems:

$$\begin{array}{rcrcrcrcr} x_1 & - & x_2 & + & x_3 & + & x_4 & = & -2 \\ 2x_1 & + & x_2 & - & 2x_3 & - & x_4 & = & 1 \\ x_1 & - & 2x_2 & + & x_3 & - & 2x_4 & = & 3 \\ -x_1 & + & x_2 & & & + & x_4 & = & 1 \end{array}$$

Aufgabe 2.8 (Homogene lineare Gleichungssysteme) ★★★☆☆

Lösen Sie folgende homogene lineare Gleichungssysteme:

a) $$\begin{array}{rcrcr} x_1 & + & x_2 & = & 0 \\ x_2 & + & x_3 & = & 0 \\ x_1 & - & x_3 & = & 0 \end{array}$$

b) $$\begin{array}{rcrcr} x_1 & + & x_2 & = & 0 \\ x_2 & + & x_3 & = & 0 \\ x_3 & + & x_4 & = & 0 \\ x_1 & - & x_4 & = & 0 \end{array}$$

c) $$\begin{array}{rcrcr} x_1 & + & x_2 & = & 0 \\ x_2 & + & x_3 & = & 0 \\ x_3 & + & x_4 & = & 0 \\ x_4 & + & x_5 & = & 0 \\ x_1 & - & x_5 & = & 0 \end{array}$$

2.1.3 Anwendung

Aufgabe 2.9 (Vater und Sohn) ★★☆☆☆

Vater und Sohn sind zusammen 62 Jahre alt. Vor sechs Jahren war der Vater viermal so alt wie damals der Sohn. Wie alt ist jeder? Verwenden Sie für das Alter von Vater und Sohn zwei Unbekannte x und y und lösen Sie das Problem mithilfe eines linearen Gleichungssystems.

Aufgabe 2.10 (Interpolationsparabel) ★★★☆☆

Durch drei Punkte, die nicht auf einer Geraden liegen, kann man eine Parabel $y = a\,x^2 + b\,x + c$ legen. Bestimmen Sie a, b und c so, dass die Parabel durch folgende Punkte geht und skizzieren Sie die Parabel:

$$P_1(-1\,|\,2)\,, \quad P_2(1\,|\,-2)\,, \quad P_3(2\,|\,-1)$$

Durch Einsetzen der drei Punkte in die Gleichung ergibt sich ein lineares Gleichungssystem mit drei Gleichungen und den drei Unbekannten a, b und c.

Aufgabe 2.11 (Temperaturverteilung) ★★★★☆

Die Temperatur einer quadratischen Metallplatte beträgt am unteren Rand 20 °C und an den anderen Rändern 0 °C. Zur näherungsweisen Bestimmung der Temperaturverteilung gibt es 12 Messpunkte am Rand und 4 im Inneren der Platte. Für jeden inneren Messpunkt gilt, dass sein Temperaturwert gleich dem Mittelwert der Temperaturwerte der 4 Nachbarpunkte links, rechts, unten und oben ist. Stellen Sie ein lineares Gleichungssystem für die Temperaturwerte T_k der 4 inneren Punkte auf und lösen Sie es.

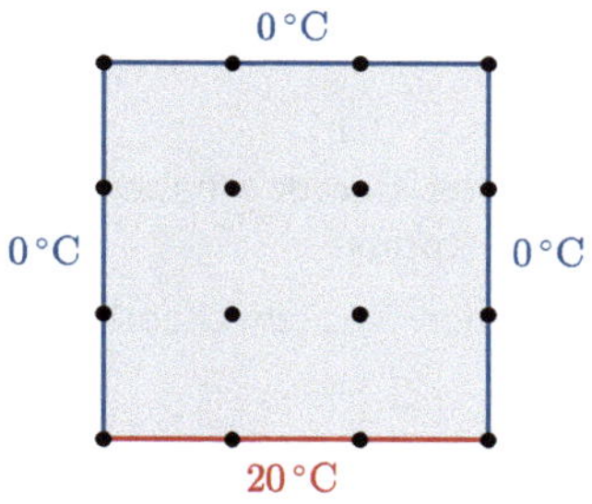

2.2 Lösungen

2.2.1 Verständnis und Kompetenz

Lösung 2.1 (Grafische Lösung mit zwei Gleichungen)

Mit dem Rechenschema ergibt sich

$$\begin{array}{rr|rl} 1 & -3 & -1 & |(-3) \\ 3 & 1 & 7 & \end{array} \quad , \quad \begin{array}{rr|r} 1 & -3 & -1 \\ 0 & 10 & 10 \end{array}$$

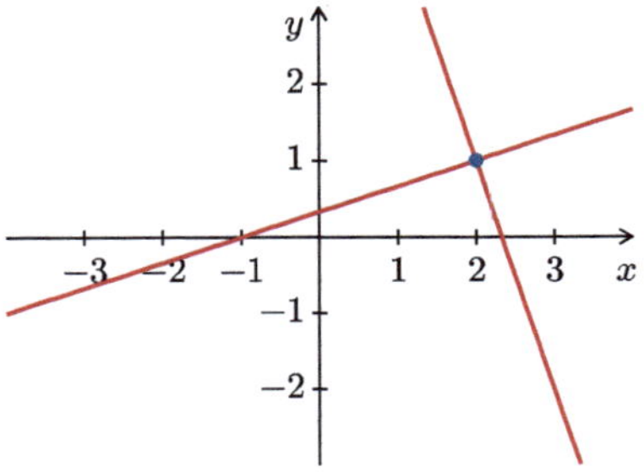

und daraus die Lösung $x = 2$, $y = 1$. Löst man die Gleichungen nach y auf

$$\begin{aligned} y &= \frac{1}{3} + \frac{1}{3}x \\ y &= 7 - 3x \end{aligned}$$

und bestimmt den Schnittpunkt der beiden Geraden, so erhält man die Lösung grafisch.

Lösung 2.2 (Grafische Lösung mit drei Gleichungen)

a) Mit der Schreibweise als Rechenschema liefert der Gauß-Algorithmus

$$\begin{array}{rr|rl} 2 & -3 & 6 & \\ 3 & 1 & 3 & |(2) \\ 4 & 4 & 3 & \end{array} \quad , \quad \begin{array}{rr|rl} 2 & -3 & 6 & |(-3)(-2) \\ 6 & 2 & 6 & \\ 4 & 4 & 3 & \end{array} \quad , \quad \begin{array}{rr|rl} 2 & -3 & 6 & \\ 0 & 11 & -12 & \\ 0 & 10 & -9 & |(11) \end{array}$$

und weiter

$$\begin{array}{rr|rl} 2 & -3 & 6 & \\ 0 & 11 & -12 & |(-10) \\ 0 & 110 & -99 & \end{array} \quad , \quad \begin{array}{rr|r} 2 & -3 & 6 \\ 0 & 11 & -12 \\ 0 & 0 & 21 \end{array} .$$

An der untersten Zeile ist ablesbar, dass das Gleichungssystem keine Lösung besitzt. Für die grafische Bestimmung der Lösungsmenge lösen wir die Gleichungen nach y auf:

$$\begin{aligned} y &= -2 + \frac{2}{3}x \\ y &= 3 - 3x \\ y &= \frac{3}{4} - x . \end{aligned}$$

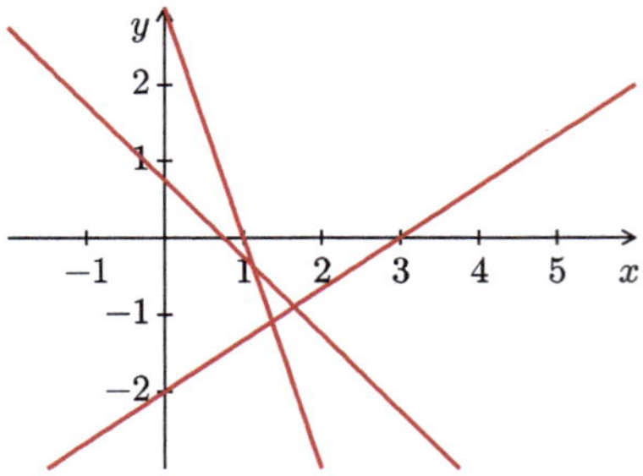

Die drei Geraden haben keinen gemeinsamen Schnittpunkt.

b) Mit dem Rechenschema ergibt sich

$$\begin{array}{rr|r} 2 & -3 & 9 \\ 1 & 2 & 4 \\ 1 & -5 & 5 \end{array} \quad , \quad \begin{array}{rr|rl} 1 & 2 & 4 & |(-2)(-1) \\ 2 & -3 & 9 & \\ 1 & -5 & 5 & \end{array} \quad , \quad \begin{array}{rr|rl} 1 & 2 & 4 & \\ 0 & -7 & 1 & |(-1) \\ 0 & -7 & 1 & \end{array} .$$

Dabei haben wir zunächst die erste und zweite Zeile vertauscht.

Im letzten Schritt erhalten wir

$$\begin{array}{cc|c} 1 & 2 & 4 \\ 0 & -7 & 1 \\ 0 & 0 & 0 \end{array} .$$

Die dritte Gleichung ist redundant und wir erhalten die Lösung

$$x = \frac{30}{7}, \quad y = -\frac{1}{7}.$$

Für die grafische Berechnung der Lösung lösen wir die Gleichungen nach y auf:

$$\begin{aligned} y &= -3 + \frac{2}{3}x \\ y &= 2 - \frac{1}{2}x \\ y &= -1 + \frac{1}{5}x . \end{aligned}$$

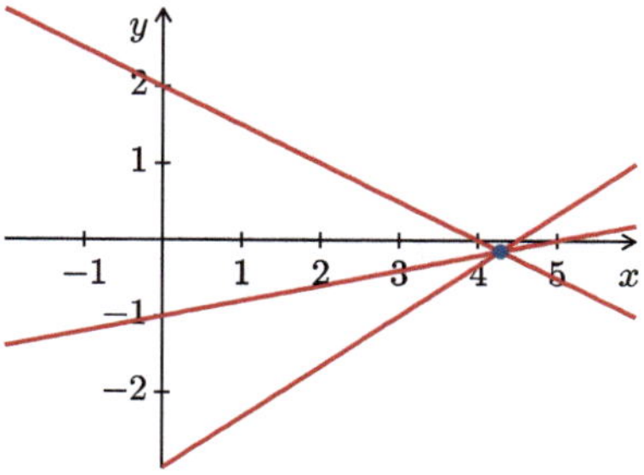

Die drei Geraden haben genau einen gemeinsamen Schnittpunkt.

2.2.2 Rechnung und Training

Lösung 2.3 (Fallunterscheidung mit Parameter)

Mit dem Gauß-Algorithmus ergibt sich

$$\begin{array}{cc|l} 9 & -6 & b \\ -6 & 4 & 2 \end{array} \;|(2) \quad , \quad \begin{array}{cc|l} -6 & 4 & 2 \\ 18 & -12 & 2b \end{array} \;|(3) \quad , \quad \begin{array}{cc|r} -6 & 4 & 2 \\ 0 & 0 & 2b+6 \end{array} .$$

Für $b = -3$ gibt es unendlich viele Lösungen

$$y = t, \quad x = \frac{2}{3}t - \frac{1}{3}.$$

Für $b \neq -3$ gibt es keine Lösungen.

Lösung 2.4 (Lineare Gleichungssysteme mit drei Unbekannten)

a) Durch Anwenden des Gauß-Algorithmus erhalten wir

$$\begin{array}{ccc|l} 1 & -1 & 1 & 2 \\ 1 & -1 & 3 & 3 \\ 1 & 1 & -2 & 0 \end{array} \;|(-1)(-1) \quad , \quad \begin{array}{ccc|r} 1 & -1 & 1 & 2 \\ 0 & 0 & 2 & 1 \\ 0 & 2 & -3 & -2 \end{array}$$

und weiter

$$\begin{array}{ccc|r} 1 & -1 & 1 & 2 \\ 0 & 2 & -3 & -2 \\ 0 & 0 & 2 & 1 \end{array} .$$

Damit haben wir die Zeilenstufenform vollständig hergestellt.

Daraus läßt sich durch Rückwärtseinsetzen

$$x_1 = \frac{5}{4}, \quad x_2 = -\frac{1}{4}, \quad x_3 = \frac{1}{2}$$

die eindeutige Lösung bestimmen.

b) Das Eliminationsverfahren von Gauß führt auf

$$\begin{array}{rrr|l} 3 & -4 & 5 & 1 \\ 1 & -3 & 2 & 1 \\ 2 & 2 & 1 & 1 \end{array} \quad , \quad \begin{array}{rrr|l} 1 & -3 & 2 & 1 \\ 3 & -4 & 5 & 1 \\ 2 & 2 & 1 & 1 \end{array} \quad |(-3)(-2)$$

und weiter auf

$$\begin{array}{rrr|rl} 1 & -3 & 2 & 1 & \\ 0 & 5 & -1 & -2 & \\ 0 & 8 & -3 & -1 & |(5) \end{array} \quad , \quad \begin{array}{rrr|rl} 1 & -3 & 2 & 1 & \\ 0 & 5 & -1 & -2 & |(-8) \\ 0 & 40 & -15 & -5 & \end{array}$$

und schließlich auf

$$\begin{array}{rrr|r} 1 & -3 & 2 & 1 \\ 0 & 5 & -1 & -2 \\ 0 & 0 & -7 & 11 \end{array} \, .$$

Durch Rückwärtseinsetzen ergibt sich

$$x_1 = 2, \quad x_2 = -\frac{5}{7}, \quad x_3 = -\frac{11}{7}$$

und damit die eindeutige Lösung.

Lösung 2.5 (Lineares Gleichungssystem mit drei Parametern)

Zunächst schreibt man mithilfe des Rechenschemas

$$\begin{array}{rrr|l} 2 & -1 & 3 & p \\ -1 & 2 & -2 & q \\ 1 & 4 & 0 & r \end{array} \quad , \quad \begin{array}{rrr|l} 1 & 4 & 0 & r \\ 2 & -1 & 3 & p \\ -1 & 2 & -2 & q \end{array} \quad |(-2)(1)$$

und weiter

$$\begin{array}{rrr|cl} 1 & 4 & 0 & r & \\ 0 & -9 & 3 & p-2r & |(2) \\ 0 & 6 & -2 & r+q & \end{array} \quad , \quad \begin{array}{rrr|cl} 1 & 4 & 0 & r & \\ 0 & 6 & -2 & r+q & |(3) \\ 0 & -18 & 6 & 2p-4r & \end{array}$$

und schließlich

$$\begin{array}{rrr|r} 1 & 4 & 0 & r \\ 0 & 6 & -2 & r+q \\ 0 & 0 & 0 & 2p+3q-r \end{array} \, .$$

Somit ist das Gleichungssystem genau dann lösbar wenn $2p + 3q - r = 0$.

Lösung 2.6 (Lineare Gleichungssysteme mit Parameter)

a) Für $p = 0$ lautet das Gleichungssystem

$$\begin{array}{rrr|l} 0 & -1 & 2 & 0 \\ 2 & 0 & -1 & 3 \\ 0 & 0 & 1 & 1 \end{array} \quad , \quad \begin{array}{rrr|l} 2 & 0 & -1 & 3 \\ 0 & -1 & 2 & 0 \\ 0 & 0 & 1 & 1 \end{array}$$

und ist damit eindeutig lösbar.

Für $p \neq 0$ liefert die Vorwärtselimination

$$\begin{array}{ccc|cl} 2 & p & -1 & 3 & |(-p) \\ 2p & -2 & 4 & 0 & \\ 0 & p & 1 & 1 & \end{array} \quad , \quad \begin{array}{ccc|c} 2 & p & -1 & 3 \\ 0 & -p^2-2 & p+4 & -3p \\ 0 & p & 1 & 1 \end{array}$$

und weiter

$$\begin{array}{ccc|cl} 2 & p & -1 & 3 & \\ 0 & p & 1 & 1 & |(\frac{p^2+2}{p}) \\ 0 & -p^2-2 & p+4 & -3p & \end{array} \quad , \quad \begin{array}{ccc|c} 2 & p & -1 & 3 \\ 0 & p & 1 & 1 \\ 0 & 0 & 2p^2+4p+2 & -2p^2+2 \end{array} .$$

Für die beiden letzten Ausdrücke gilt:

$$2p^2+4p+2=0 \quad \text{falls} \quad p=-1 \quad , \quad -2p^2+2=0 \quad \text{falls} \quad p=\pm 1 .$$

Somit gibt es unendlich viele Lösungen, falls $p = -1$, und genau eine Lösung, falls $p = 1$. Zusammen mit dem Fall $p = 0$ lautet das Gesamtergebnis: Es gibt eine eindeutige Lösung für $p \neq -1$ und unendlich viele Lösungen für $p = -1$.

b) Für den Spezialfall $p = 0$ lautet das Gleichungssystem

$$\begin{array}{ccc|c} 1 & 1 & 0 & 1 \\ 1 & 0 & 1 & 0 \\ 0 & 1 & 1 & 0 \end{array} \quad , \quad \begin{array}{ccc|c} 1 & 1 & 0 & 1 \\ 0 & -1 & 1 & -1 \\ 0 & 1 & 1 & 0 \end{array} \quad , \quad \begin{array}{ccc|c} 1 & 1 & 0 & 1 \\ 0 & -1 & 1 & -1 \\ 0 & 0 & 2 & -1 \end{array}$$

und ist damit eindeutig lösbar. Für $p \neq 0$ liefert die Vorwärtselimination

$$\begin{array}{ccc|cl} 1 & 1 & p & 1 & |(-1)(-p) \\ 1 & p & 1 & p & \\ p & 1 & 1 & p^2 & \end{array} \quad , \quad \begin{array}{ccc|cl} 1 & 1 & p & 1 & \\ 0 & p-1 & 1-p & p-1 & |(1) \\ 0 & 1-p & 1-p^2 & p^2-p & \end{array}$$

und weiter

$$\begin{array}{ccc|c} 1 & 1 & p & 1 \\ 0 & p-1 & 1-p & p-1 \\ 0 & 0 & -p^2-p+2 & p^2-1 \end{array} .$$

Für die beiden letzten Ausdrücke gilt:

$$-p^2-p+2=0 \quad \text{falls} \quad p=-2,1 \quad , \quad p^2-1=0 \quad \text{falls} \quad p=\pm 1 .$$

Somit gibt es eine eindeutige Lösung, falls $p = -1$, und unendlich viele Lösungen, falls $p = 1$. Im Fall $p = -2$ gibt es keine Lösung. Zusammen mit dem Spezialfall $p = 0$ ergibt sich folgende Gesamtsituation: Es gibt eine eindeutige Lösung für $p \neq -2$ und $p \neq 1$ und unendlich viele Lösungen für $p = 1$. Für $p = -2$ ist das Gleichungssystem unlösbar.

Lösung 2.7 (Lineares Gleichungssystem mit vier Unbekannten)

Der Gauß-Algorithmus erzeugt die Schemata

$$\begin{array}{cccc|cl} 1 & -1 & 1 & 1 & -2 & |(-2)(-1)(1) \\ 2 & 1 & -2 & -1 & 1 & \\ 1 & -2 & 1 & -2 & 3 & \\ -1 & 1 & 0 & 1 & 1 & \end{array} \quad , \quad \begin{array}{cccc|c} 1 & -1 & 1 & 1 & -2 \\ 0 & 3 & -4 & -3 & 5 \\ 0 & -1 & 0 & -3 & 5 \\ 0 & 0 & 1 & 2 & -1 \end{array} .$$

In der ersten Spalte sind die Nullen erzeugt.

Weiter entsteht, zunächst durch Vertauschen der zweiten und dritten Zeile,

$$\begin{array}{rrrr|rl} 1 & -1 & 1 & 1 & -2 & \\ 0 & -1 & 0 & -3 & 5 & |(3) \\ 0 & 3 & -4 & -3 & 5 & \\ 0 & 0 & 1 & 2 & -1 & \end{array}\;, \qquad \begin{array}{rrrr|r} 1 & -1 & 1 & 1 & -2 \\ 0 & -1 & 0 & -3 & 5 \\ 0 & 0 & -4 & -12 & 20 \\ 0 & 0 & 1 & 2 & -1 \end{array}$$

und in einem letzten Schritt, ebenfalls zunächst mit einem Zeilentausch,

$$\begin{array}{rrrr|rl} 1 & -1 & 1 & 1 & -2 & \\ 0 & -1 & 0 & -3 & 5 & \\ 0 & 0 & 1 & 2 & -1 & |(4) \\ 0 & 0 & -4 & -12 & 20 & \end{array}\;, \qquad \begin{array}{rrrr|r} 1 & -1 & 1 & 1 & -2 \\ 0 & -1 & 0 & -3 & 5 \\ 0 & 0 & 1 & 2 & -1 \\ 0 & 0 & 0 & -4 & 16 \end{array}\;.$$

Die eindeutige Lösung lautet $x_1 = 2$, $x_2 = 7$, $x_3 = 7$, $x_4 = -4$.

Lösung 2.8 (Homogene lineare Gleichungssysteme)

a) Durch Vorwärtselimination ergibt sich

$$\begin{array}{rrr|rl} 1 & 1 & 0 & 0 & |(-1) \\ 0 & 1 & 1 & 0 & \\ 1 & 0 & -1 & 0 & \end{array}\;, \qquad \begin{array}{rrr|rl} 1 & 1 & 0 & 0 & \\ 0 & 1 & 1 & 0 & |(1) \\ 0 & -1 & -1 & 0 & \end{array}$$

und weiter

$$\begin{array}{rrr|r} 1 & 1 & 0 & 0 \\ 0 & 1 & 1 & 0 \\ 0 & 0 & 0 & 0 \end{array}\;.$$

Das Gleichungssystem hat unendlich viele Lösungen $x_1 = t$, $x_2 = -t$, $x_3 = t$. So entsteht etwa für $t = -2$ die spezielle Lösung $x_1 = -2$, $x_2 = 2$, $x_3 = -2$.

b) Wiederum durch Vorwärtselimination ergibt sich

$$\begin{array}{rrrr|rl} 1 & 1 & 0 & 0 & 0 & |(-1) \\ 0 & 1 & 1 & 0 & 0 & \\ 0 & 0 & 1 & 1 & 0 & \\ 1 & 0 & 0 & -1 & 0 & \end{array}\;, \qquad \begin{array}{rrrr|rl} 1 & 1 & 0 & 0 & 0 & \\ 0 & 1 & 1 & 0 & 0 & |(1) \\ 0 & 0 & 1 & 1 & 0 & \\ 0 & -1 & 0 & -1 & 0 & \end{array}$$

und weiter

$$\begin{array}{rrrr|rl} 1 & 1 & 0 & 0 & 0 & \\ 0 & 1 & 1 & 0 & 0 & \\ 0 & 0 & 1 & 1 & 0 & |(-1) \\ 0 & 0 & 1 & -1 & 0 & \end{array}\;, \qquad \begin{array}{rrrr|r} 1 & 1 & 0 & 0 & 0 \\ 0 & 1 & 1 & 0 & 0 \\ 0 & 0 & 1 & 1 & 0 \\ 0 & 0 & 0 & -2 & 0 \end{array}\;.$$

Das Gleichungssystem besitzt nur die triviale Lösung $x_1 = 0$, $x_2 = 0$, $x_3 = 0$, $x_4 = 0$.

c) Eine erneute Vorwärtselimination liefert zunächst

$$\begin{array}{rrrrr|rl} 1 & 1 & 0 & 0 & 0 & 0 & |(-1) \\ 0 & 1 & 1 & 0 & 0 & 0 & \\ 0 & 0 & 1 & 1 & 0 & 0 & \\ 0 & 0 & 0 & 1 & 1 & 0 & \\ 1 & 0 & 0 & 0 & -1 & 0 & \end{array}\;, \qquad \begin{array}{rrrrr|rl} 1 & 1 & 0 & 0 & 0 & 0 & \\ 0 & 1 & 1 & 0 & 0 & 0 & |(1) \\ 0 & 0 & 1 & 1 & 0 & 0 & \\ 0 & 0 & 0 & 1 & 1 & 0 & \\ 0 & -1 & 0 & 0 & -1 & 0 & \end{array}$$

für die Nullen in der ersten Spalte.

Der Gauß-Algorithmus generiert weiter

$$\begin{array}{ccccc|c} 1 & 1 & 0 & 0 & 0 & 0 \\ 0 & 1 & 1 & 0 & 0 & 0 \\ 0 & 0 & 1 & 1 & 0 & 0 \\ 0 & 0 & 0 & 1 & 1 & 0 \\ 0 & 0 & 1 & 0 & -1 & 0 \end{array} \;|(-1) \quad , \quad \begin{array}{ccccc|c} 1 & 1 & 0 & 0 & 0 & 0 \\ 0 & 1 & 1 & 0 & 0 & 0 \\ 0 & 0 & 1 & 1 & 0 & 0 \\ 0 & 0 & 0 & 1 & 1 & 0 \\ 0 & 0 & 0 & -1 & -1 & 0 \end{array} \;|(1)$$

und schließlich

$$\begin{array}{ccccc|c} 1 & 1 & 0 & 0 & 0 & 0 \\ 0 & 1 & 1 & 0 & 0 & 0 \\ 0 & 0 & 1 & 1 & 0 & 0 \\ 0 & 0 & 0 & 1 & 1 & 0 \\ 0 & 0 & 0 & 0 & 0 & 0 \end{array} .$$

Es ergeben sich unendlich viele Lösungen $x_1 = t$, $x_2 = -t$, $x_3 = t$, $x_4 = -t$, $x_5 = t$.

2.2.3 Anwendung

Lösung 2.9 (Vater und Sohn)

Wir bezeichnen mit x das Alter des Vaters und mit y das Alter des Sohnes. Dann lauten die beiden Beziehungen zwischen x und y

$$\begin{aligned} x + y &= 62 \\ (x - 6) &= 4(y - 6) . \end{aligned}$$

Als Rechenschema erhält man

$$\begin{array}{cc|c} 1 & 1 & 62 \\ 1 & -4 & -18 \end{array} \;|(-1) \quad , \quad \begin{array}{cc|c} 1 & 1 & 62 \\ 0 & -5 & -80 \end{array} .$$

Hieraus folgt $y = 16$ als Alter des Sohnes und daraus $x = 46$ als Alter des Vaters.

Lösung 2.10 (Interpolationsparabel)

Durch Einsetzen der Punkte P_1, P_2 und P_3 in die Parabel $y = ax^2 + bx + c$ erhält man das lineare Gleichungssystem

$$\begin{array}{rcrcrcr} a & - & b & + & c & = & 2 \\ a & + & b & + & c & = & -2 \\ 4a & + & 2b & + & c & = & -1 . \end{array}$$

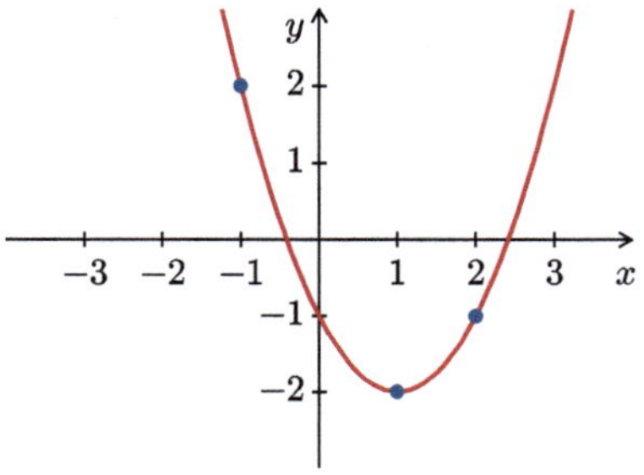

Mithilfe des Gauß-Algorithmus entsteht die Dreiecksform. Daraus folgt zunächst $c = -1$, dann $b = -2$ und schließlich $a = 1$:

$$\begin{array}{ccc|c} 1 & -1 & 1 & 2 \\ 1 & 1 & 1 & -2 \\ 4 & 2 & 1 & -1 \end{array} \quad , \quad \begin{array}{ccc|c} 1 & -1 & 1 & 2 \\ 0 & 2 & 0 & -4 \\ 0 & 6 & -3 & -9 \end{array} \quad , \quad \begin{array}{ccc|c} 1 & -1 & 1 & 2 \\ 0 & 2 & 0 & -4 \\ 0 & 0 & -3 & 3 \end{array} .$$

Die gesuchte Parabel ist also $y = x^2 - 2x - 1$.

Lösung 2.11 (Temperaturverteilung)

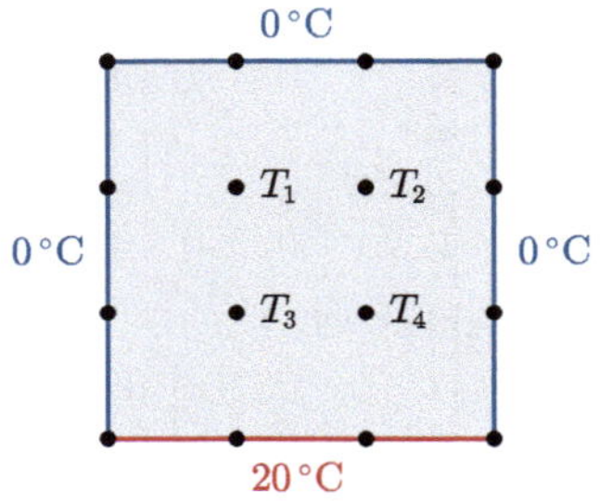

Wir bezeichnen mit T_1 den inneren Punkt oben links, mit T_2 den inneren Punkt oben rechts, mit T_3 den inneren Punkt unten links und mit T_4 den inneren Punkt unten rechts. Die Bedingung über den Mittelwert der Temperaturwerte ergibt das Gleichungssystem

$$\begin{aligned} 4T_1 &= 0+0+T_2+T_3 \\ 4T_2 &= 0+0+T_1+T_4 \\ 4T_3 &= 0+20+T_1+T_4 \\ 4T_4 &= 0+20+T_2+T_3\,. \end{aligned}$$

Wir bringen alle Terme mit T_k auf die linke Seite und die Absolutwerte auf die rechte Seite. Dann ergibt das Eliminationsverfahren

$$\begin{array}{rrrr|r} 4 & -1 & -1 & 0 & 0 \\ -1 & 4 & 0 & -1 & 0 \\ -1 & 0 & 4 & -1 & 20 \\ 0 & -1 & -1 & 4 & 20 \end{array}\;, \qquad \begin{array}{rrrr|rl} -1 & 4 & 0 & -1 & 0 & |(4)(-1) \\ 4 & -1 & -1 & 0 & 0 & \\ -1 & 0 & 4 & -1 & 20 & \\ 0 & -1 & -1 & 4 & 20 & \end{array}$$

und danach

$$\begin{array}{rrrr|r} -1 & 4 & 0 & -1 & 0 \\ 0 & 15 & -1 & -4 & 0 \\ 0 & -4 & 4 & 0 & 20 \\ 0 & -1 & -1 & 4 & 20 \end{array}\;, \qquad \begin{array}{rrrr|rl} -1 & 4 & 0 & -1 & 0 & \\ 0 & -1 & -1 & 4 & 20 & |(-4)(15) \\ 0 & -4 & 4 & 0 & 20 & \\ 0 & 15 & -1 & -4 & 0 & \end{array}$$

und zuletzt

$$\begin{array}{rrrr|rl} -1 & 4 & 0 & -1 & 0 & \\ 0 & -1 & -1 & 4 & 20 & \\ 0 & 0 & 8 & -16 & -60 & |(2) \\ 0 & 0 & -16 & 56 & 300 & \end{array}\;, \qquad \begin{array}{rrrr|r} -1 & 4 & 0 & -1 & 0 \\ 0 & -1 & -1 & 4 & 20 \\ 0 & 0 & 8 & -16 & -60 \\ 0 & 0 & 0 & 24 & 180 \end{array}\,.$$

Hieraus folgt die Lösung $T_1 = T_2 = 2.5$ °C und $T_3 = T_4 = 7.5$ °C. Erwartungsgemäß sind die beiden Werte T_1 und T_2 und auch die beiden Werte T_3 und T_4 jeweils gleich. Verwendet man ein feineres Gitter mit etwa 10 Punkten in jeder Richtung, so erhält man eine höhere Auflösung für die Temperaturverteilung, siehe Abbildung. Das Gitter enthält dann 36 Randpunkte und 64 innere Punkte. Das lineare Gleichungssystem hat somit 64 Gleichungen mit 64 Unbekannten.

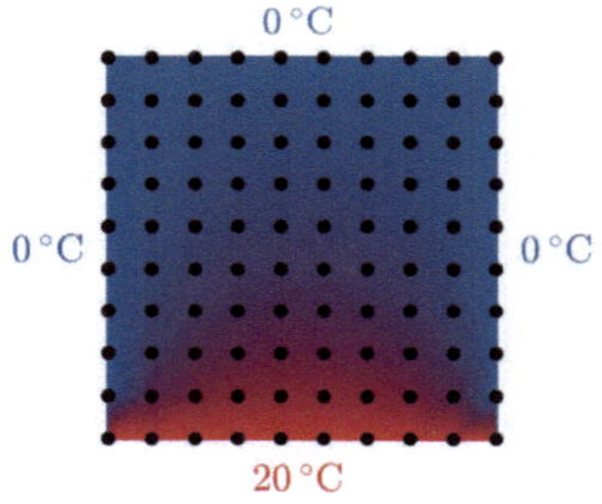

3 Vektoren

Im Umgang mit Vektoren unterscheiden wir ganz bewusst zwischen einer koordinatenfreien Darstellung und einer mit Koordinaten. In der Schule werden Vektoren meist mit Zahlenspalten gleichgesetzt. Der Begriff des Vektors ist jedoch viel allgemeiner. Auch wenn wir hier nicht auf Vektorräume eingehen, so ist die Darstellung ohne Koordinaten doch eine gute Voraussetzung um später darauf aufbauend die Struktur und Eigenschaften allgemeiner Vektorräume einzuführen.

Bei der Vektorrechnung ohne Koordinaten stehen eher Verständnis und Kompetenz im Vordergrund. Insbesondere das Anwenden der Rechenregeln bei Ausdrücken mit koordinatenfreien Vektoren, siehe Anhang A.1, bereitet anfangs erfahrungsgemäß Schwierigkeiten. Hierzu gehört beispielsweise auch, dass es eine Division bei Vektoren gar nicht gibt. Beim Vektorprodukt kommen wir vermutlich erstmals an eine Stelle, bei der die von den reellen Zahlen gewohnte Kommutativität nicht mehr gilt. Beim Vertauschen der Faktoren ändert sich das Vorzeichen. Diese Besonderheit ist neu und verschärft sich bei der Multiplikation von Matrizen nochmals.

Zum kompetenten Umgang mit Vektoren gehört auch das Erkennen von speziellen Konstellationen, etwa die der Orthogonalität oder Parallelität von Vektoren. Ein weiterer zentraler Begriff der modernen Mathematik ist die lineare Unabhängigkeit von Vektoren. Auch dieses Konzept ist universell und kann später sogar auf Funktionen übertragen werden. Stehen Vektoren senkrecht aufeinander, so bilden sie ein Orthogonalsystem. Für Anwendungen sind Orthogonal- oder Orthonormalsysteme besonders wertvoll, etwa beim Wechsel von Koordinatensystemen. Es lohnt sich also, den Umgang mit koordinatenfreien Vektoren zu üben.

Bei der Vektorrechnung mit Koordinaten geht es meist um Rechenaufgaben. Zu den Kernfertigkeiten gehört das Berechnen von Skalar- und Kreuzprodukten. Insbesondere die Berechnung eines Kreuzprodukts ist anfangs ungewohnt und muss geübt werden. Dafür kann es dann unmittelbar zur Bestimmung von Flächeninhalten von Dreiecken und Parallelogrammen im Raum angewendet werden. Verknüpft man Skalar- und Kreuzprodukt zum sogenannten Spatprodukt, so kann auch das Volumen eines Tetraeders im Raum relativ einfach berechnet werden. Nach der Einführung von Determinanten bei Matrizen wird das Spatprodukt damit sehr elegant verknüpft.

Eine sehr anschauliche Anwendung der linearen Algebra ist der Umgang mit Punkten, Geraden und Ebenen. Das Arbeiten mit den verschiedenen Darstellungsformen sollte trainiert werden. Mithilfe der Vektorrechnung fällt die Berechnung von Abständen und Winkeln zwischen diesen Objekten leicht.

3.1 Aufgaben

3.1.1 Verständnis und Kompetenz

Aufgabe 3.1 (Addition von Vektoren) ★

Die drei abgebildeten Vektoren $\boldsymbol{a}$, $\boldsymbol{b}$ und $\boldsymbol{c}$ liegen in einer Ebene. Skizzieren Sie den Vektor

$$\boldsymbol{d} = \boldsymbol{a} + 2\,\boldsymbol{b} - \boldsymbol{c}$$

und bestimmen Sie mithilfe einer Skizze die Faktoren λ_1 und λ_2 so, dass gilt $\boldsymbol{a} = \lambda_1 \boldsymbol{b} + \lambda_2 \boldsymbol{c}$.

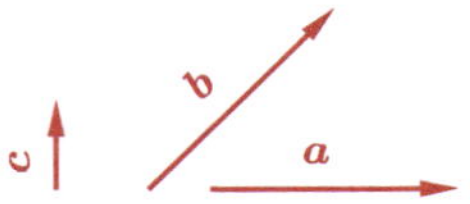

Aufgabe 3.2 (Vektorkoordinaten und Länge) ★

Welche z-Koordinate hat ein Vektor mit x-Koordinate 2, y-Koordinate -3 und Länge 7?

Aufgabe 3.3 (Ausdruck mit Vektoren ohne Koordinaten) ★★

Vereinfachen Sie den Ausdruck $(\boldsymbol{a} \cdot \boldsymbol{b})^2 + (\boldsymbol{a} \times \boldsymbol{b})^2$ für zwei beliebige Vektoren $\boldsymbol{a}$ und $\boldsymbol{b}$.

Aufgabe 3.4 (Eigenschaften von Vektoren ohne Koordinaten) ★★★

Was folgt für die Vektoren $\boldsymbol{a}$ und $\boldsymbol{b}$ aus den folgenden Aussagen?

a) $\boldsymbol{a} \times \boldsymbol{b} = \boldsymbol{0}$ und $\boldsymbol{a} \cdot \boldsymbol{b} = 0$ b) $|\boldsymbol{a} \times \boldsymbol{b}| = \boldsymbol{a} \cdot \boldsymbol{b}$ c) $(\boldsymbol{a} \cdot \boldsymbol{b})^2 = \boldsymbol{a}^2 \cdot \boldsymbol{b}^2$

Aufgabe 3.5 (Spat ohne Koordinaten) ★★★

Die Vektoren $\boldsymbol{a}_1$, $\boldsymbol{a}_2$ und $\boldsymbol{a}_3$ spannen einen Spat mit Volumen V auf. Welches Volumen hat der Spat, der von den Vektoren $\boldsymbol{b}_1 = -2\,\boldsymbol{a}_1 + \boldsymbol{a}_2 + \boldsymbol{a}_3$, $\boldsymbol{b}_2 = \boldsymbol{a}_1 - 2\,\boldsymbol{a}_2 + \boldsymbol{a}_3$ und $\boldsymbol{b}_3 = \boldsymbol{a}_1 + \boldsymbol{a}_2 - 2\,\boldsymbol{a}_3$ aufgespannt wird?

Aufgabe 3.6 (Lage zweier Ebenen) ★★★

Die Ebene E_1 ist in Parameterform gegeben durch

$$E_1: \quad \boldsymbol{x} = \boldsymbol{x}_0 + \lambda\,\boldsymbol{x}_1 + \mu\,\boldsymbol{x}_2, \qquad \lambda, \mu \in \mathbb{R}.$$

Die Ebene E_2 geht durch den Punkt P und hat den Normalenvektor $\boldsymbol{n}$. Welche Bedingungen müssen $\boldsymbol{x}_0$, $\boldsymbol{x}_1$, $\boldsymbol{x}_2$, $\boldsymbol{n}$ und P erfüllen, damit die beiden Ebenen

a) parallel sind b) identisch sind c) senkrecht zueinander sind?

Aufgabe 3.7 (Satz von Thales) ★★★★

Beweisen Sie den Satz von Thales mithilfe der Vektorrechnung: Jeder Winkel $\angle APB$ auf einem Halbkreisbogen ist ein rechter Winkel. Drücken Sie dazu die Vektoren $\boldsymbol{a}$ und $\boldsymbol{b}$ durch die Vektoren $\boldsymbol{r}$ und $\boldsymbol{s}$ aus und verwenden Sie die Beziehung $|\boldsymbol{s}| = |\boldsymbol{r}|$, siehe Abbildung. Was gilt für das Skalarprodukt aus $\boldsymbol{a}$ und $\boldsymbol{b}$?

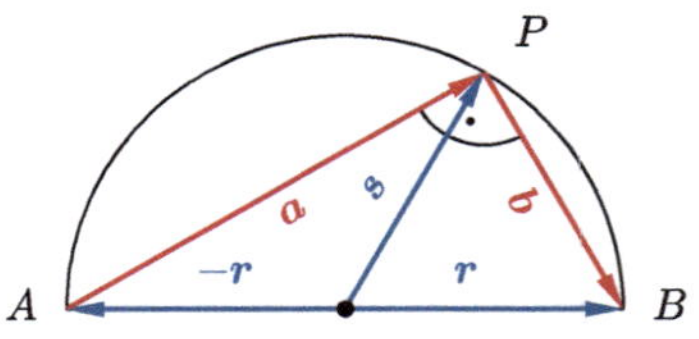

3.1.2 Rechnung und Training

Aufgabe 3.8 (Länge und Winkel von Vektoren in der Ebene) ★★☆☆☆

Gegeben sind die Vektoren

$$\boldsymbol{a} = \begin{pmatrix} 2 \\ 3 \end{pmatrix}, \quad \boldsymbol{b} = \begin{pmatrix} 5 \\ 4 \end{pmatrix}, \quad \boldsymbol{c} = \begin{pmatrix} 3 \\ -1 \end{pmatrix}.$$

a) Welche Länge haben die Vektoren?

b) Berechnen Sie die Winkel zwischen den Vektoren.

c) Welche Winkel schließen die Vektoren mit den Koordinatenachsen ein?

d) Bestimmen Sie die Einheitsvektoren, die senkrecht auf dem Vektor $\boldsymbol{a} - \boldsymbol{b} + 3\,\boldsymbol{c}$ stehen.

e) Kontrollieren Sie alle Berechnungen zeichnerisch.

Aufgabe 3.9 (Orthogonale Vektoren) ★★★☆☆

Gegeben sind drei Vektoren $\boldsymbol{a}$, $\boldsymbol{b}$ und $\boldsymbol{c}$. Der Faktor λ soll so bestimmt werden, dass die Summe $\boldsymbol{a} + \lambda \cdot \boldsymbol{b}$ auf dem Vektor $\boldsymbol{c}$ senkrecht steht. Gehen Sie dazu folgendermaßen vor:

a) Bestimmen Sie λ für die Vektoren

$$\boldsymbol{a} = \begin{pmatrix} 6 \\ 1 \\ 1 \end{pmatrix}, \quad \boldsymbol{b} = \begin{pmatrix} 0 \\ 3 \\ -1 \end{pmatrix}, \quad \boldsymbol{c} = \begin{pmatrix} -2 \\ 3 \\ 5 \end{pmatrix}.$$

b) Leiten Sie eine möglichst einfache Formel her, mit der man den Faktor λ aus den beiden Skalarprodukten $\boldsymbol{a} \cdot \boldsymbol{c}$ und $\boldsymbol{b} \cdot \boldsymbol{c}$ berechnen kann, und überprüfen Sie die Formel mit dem Ergebnis aus Aufgabenteil a). Wann ist das Problem nicht lösbar?

Aufgabe 3.10 (Würfel) ★★★★☆

Wir betrachten einen Würfel mit Seitenlänge a.

a) In jeder Würfelecke schneiden sich zwei Flächendiagonalen zweier aneinandergrenzender Würfelflächen. Welchen Winkel schließen die beiden Flächendiagonalen ein?

b) Alle Raumdiagonalen des Würfels schneiden sich in einem einzigen Punkt. Berechnen Sie den Winkel, unter dem sich die Raumdiagonalen schneiden.

Aufgabe 3.11 (Projektion im Raum) ★★★☆☆

Gegeben sind die beiden Vektoren

$$\boldsymbol{a} = \begin{pmatrix} -2 \\ -1 \\ 2 \end{pmatrix}, \quad \boldsymbol{b} = \begin{pmatrix} -5 \\ 3 \\ 4 \end{pmatrix}.$$

a) Bestimmen Sie den Einheitsvektor in Richtung von $\boldsymbol{b}$.

b) Berechnen Sie die Projektion von $\boldsymbol{a}$ in Richtung von $\boldsymbol{b}$ und zerlegen Sie damit den Vektor $\boldsymbol{a}$ in eine Parallel- und eine Normalkomponente von $\boldsymbol{b}$.

c) Welche Winkel schließen die Vektoren $\boldsymbol{a}$ und $\boldsymbol{b}$ mit den Koordinatenachsen ein?

Aufgabe 3.12 (Dreieck) ★★☆☆☆

Gegeben sind die drei Punkte $A(2|0|-1)$, $B(0|2|-1)$ und $C(0|0|1)$. Bestimmen Sie die Koordinaten der Mittelpunkte M_{AB} zwischen A und B, M_{AC} zwischen A und C und M_{BC} zwischen B und C. Welchen Flächeninhalt hat das Dreieck, das aus den Punkten M_{AB}, M_{AC} und M_{BC} gebildet wird?

Aufgabe 3.13 (Tetraeder) ★★★☆☆

Wie groß sind die Oberfläche und das Volumen des von den folgenden drei Vektoren aufgespannten Tetraeders?

$$\boldsymbol{a} = \begin{pmatrix} 1 \\ 1 \\ 0 \end{pmatrix}, \quad \boldsymbol{b} = \begin{pmatrix} 0 \\ 1 \\ 1 \end{pmatrix}, \quad \boldsymbol{c} = \begin{pmatrix} 1 \\ 0 \\ 1 \end{pmatrix}.$$

Aufgabe 3.14 (Spat ohne Koordinaten) ★★★★★

Ein Spat wird von drei Vektoren $\boldsymbol{a}$, $\boldsymbol{b}$ und $\boldsymbol{c}$ mit den Längen $|\boldsymbol{a}| = 3$, $|\boldsymbol{b}| = 5$ und $|\boldsymbol{c}| = 2$ aufgespannt. Die Winkel zwischen den Vektoren betragen $\angle(\boldsymbol{a}, \boldsymbol{b}) = 120°$, $\angle(\boldsymbol{b}, \boldsymbol{c}) = 60°$ und $\angle(\boldsymbol{c}, \boldsymbol{a}) = 120°$.

a) Wie lange sind die Diagonalen des von $\boldsymbol{a}$ und $\boldsymbol{b}$ aufgespannten Parallelogramms?

b) Wie lang ist die Raumdiagonale $\boldsymbol{d} = \boldsymbol{a} + \boldsymbol{b} + \boldsymbol{c}$ des Spats?

c) Welche Winkel schließt die Raumdiagonale $\boldsymbol{d}$ mit den Vektoren $\boldsymbol{a}$, $\boldsymbol{b}$ und $\boldsymbol{c}$ ein?

d) Bestimmen Sie die Projektionen von $\boldsymbol{d}$ auf die drei Vektoren $\boldsymbol{a}$, $\boldsymbol{b}$ und $\boldsymbol{c}$.

Aufgabe 3.15 (Lineare Unabhängigkeit im Raum) ★★★☆☆

Sind die beiden Vektoren $\boldsymbol{a}_1$, $\boldsymbol{a}_2$ bzw. die drei Vektoren $\boldsymbol{b}_1$, $\boldsymbol{b}_2$, $\boldsymbol{b}_3$ linear abhängig?

$$\boldsymbol{a}_1 = \begin{pmatrix} 2 \\ -4 \\ -6 \end{pmatrix}, \quad \boldsymbol{a}_2 = \begin{pmatrix} -3 \\ 6 \\ 9 \end{pmatrix}, \quad \boldsymbol{b}_1 = \begin{pmatrix} 1 \\ -2 \\ -3 \end{pmatrix}, \quad \boldsymbol{b}_2 = \begin{pmatrix} -1 \\ 1 \\ 2 \end{pmatrix}, \quad \boldsymbol{b}_3 = \begin{pmatrix} -1 \\ -1 \\ 0 \end{pmatrix}$$

Aufgabe 3.16 (Ebene mit drei Punkten) ★★★★☆

Gegeben sind die drei Punkte mit den Koordinaten

$$P_1(-1|3|7), \quad P_2(-5|4|3), \quad P_3(6|-5|-4).$$

a) Bestimmen Sie die Gerade g, die durch die beiden Punkte P_1 und P_2 geht.

b) Welche Koordinaten hat der Mittelpunkt der beiden Punkte P_1 und P_2?

c) Welchen Abstand hat der Punkt P_3 von der Geraden g?

d) Berechnen Sie die Winkel im Dreieck, das durch die drei Punkte gebildet wird.

e) Wie groß ist der Flächeninhalt des Dreiecks durch die drei Punkte?

f) Bestimmen Sie die Ebene E, die durch alle drei Punkte geht.

g) Welche Gerade h geht durch den Schwerpunkt der drei Punkte und steht senkrecht auf der Ebene E?

Aufgabe 3.17 (Lage von Punkten im Raum) ★★★☆☆

Gegeben sind die vier Punkte $A(6|3|-5)$, $B(2|-1|3)$, $C(1|2|4)$ und $D(-7|4|-1)$. Liegen die Punkte A, B und C auf einer Geraden? Liegen die Punkte A, B, C und D in einer Ebene?

Aufgabe 3.18 (Schnitt und Winkel bei einer Geraden und Ebene) ★★★☆☆

Gegeben ist die Gerade g und die Ebene E:

$$g: \quad \boldsymbol{x} = \begin{pmatrix} 2 \\ 3 \\ -1 \end{pmatrix} + \lambda \begin{pmatrix} 2 \\ -3 \\ 1 \end{pmatrix}, \quad \lambda \in \mathbb{R}, \qquad E: \quad 3x_1 + 4x_2 - 2x_3 = 4.$$

a) Berechnen Sie den Schnittpunkt S der Geraden mit der Ebene.

b) Unter welchem Winkel schneidet die Gerade die Ebene?

c) Welche Gerade steht senkrecht auf der Ebene und geht durch den Schnittpunkt S?

d) Geben Sie eine Parameterdarstellung der Ebene E an.

Aufgabe 3.19 (Abstand und Normale bei einer Geraden und Ebene) ★★★☆☆

Die Ebene E geht durch den Punkt P mit den Koordinaten $P(0|3|1)$ und hat den Normalenvektor

$$\boldsymbol{n} = \begin{pmatrix} 2 \\ 3 \\ 1 \end{pmatrix}.$$

a) Bestimmen Sie eine Gerade g, die senkrecht auf der Ebene E steht und durch den Punkt $Q(6|5|2)$ geht.

b) Welche Koordinaten hat der Durchstoßpunkt S der Geraden g durch die Ebene E?

c) Welchen Abstand hat der Punkt Q von der Ebene E?

d) In welchen Punkten durchstoßen die Koordinatenachsen die Ebene E?

e) Bestimmen Sie die Schnittgeraden der Ebene E mit der x-y-Ebene, mit der x-z-Ebene und mit der y-z-Ebene.

Aufgabe 3.20 (Parallele Ebenen) ★★★☆☆

Wir betrachten für λ und μ aus $\mathbb{R}$ die beiden Ebenen

$$E_1: \boldsymbol{x} = \begin{pmatrix} 2 \\ 0 \\ 4 \end{pmatrix} + \lambda \begin{pmatrix} 2 \\ 3 \\ -1 \end{pmatrix} + \mu \begin{pmatrix} 1 \\ 3 \\ -2 \end{pmatrix}, \quad E_2: \boldsymbol{x} = \begin{pmatrix} 1 \\ 0 \\ 2 \end{pmatrix} + \lambda \begin{pmatrix} 1 \\ 1 \\ 0 \end{pmatrix} + \mu \begin{pmatrix} 0 \\ -1 \\ 1 \end{pmatrix}.$$

a) Zeigen Sie, dass die beiden Ebenen parallel sind.

b) Bestimmen Sie die Gerade g, die senkrecht zu beiden Ebenen durch den Koordinatenursprung verläuft.

c) Berechnen Sie die Schnittpunkte der Geraden g mit den beiden Ebenen.

d) Welchen Abstand haben die beiden Ebenen?

3.1.3 Anwendung

Aufgabe 3.21 (Verteilermast) ★★

An einem Verteilermast greifen vier Kräfte an, die alle in einer Ebene liegen. Die Beträge der Kräfte lauten

$$|\boldsymbol{F}_1| = 380\,\text{N}, \quad |\boldsymbol{F}_2| = 400\,\text{N},$$
$$|\boldsymbol{F}_3| = 300\,\text{N}, \quad |\boldsymbol{F}_4| = 440\,\text{N}.$$

Die Winkel sind in der Abbildung enthalten. Ermitteln Sie die resultierende Kraft zeichnerisch. Wie lautet das rechnerische Ergebnis?

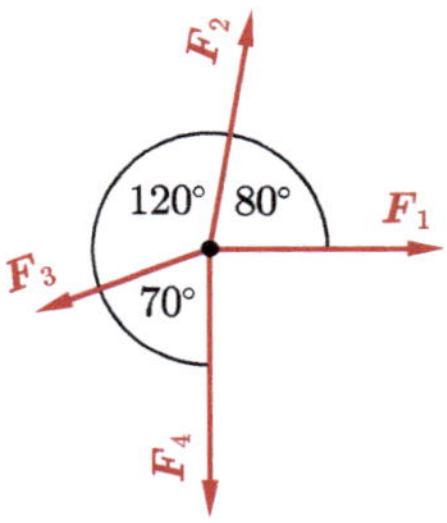

Aufgabe 3.22 (Zugkräfte an einem Gegenstand) ★★★

Ein Gegenstand soll mithilfe von Zugkräften an Seilen bewegt werden. Die erste Kraft $\boldsymbol{F}_1$ wirkt mit 700 N unter einem Winkel von 60° und die zweite Kraft $\boldsymbol{F}_2$ wirkt mit 600 N unter einem Winkel von −45° bezogen auf die Richtung $\boldsymbol{d}$.

a) Bestimmen Sie die Richtung, in welche sich der Gegenstand bewegt.

b) Mithilfe einer dritten Kraft $\boldsymbol{F}_3$ mit einem Betrag von 1000 N soll der Gegenstand in Richtung von $\boldsymbol{d}$ bewegt werden. Unter welchem Winkel α muss die Kraft $\boldsymbol{F}_3$ dann wirken?

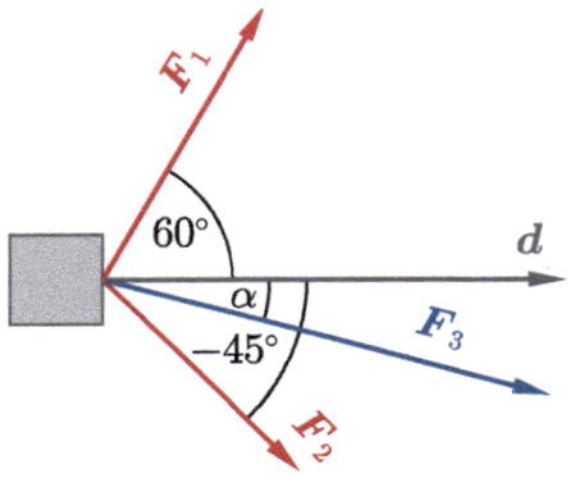

Aufgabe 3.23 (Hund im Fluss) ★★★★

Ein 100 Meter breiter Fluss hat an jeder Stelle dieselbe Strömungsgeschwindigkeit $0.4\,\frac{\text{m}}{\text{s}}$. Ein Hund durchschwimmt den Fluss mit der Eigengeschwindigkeit $0.6\,\frac{\text{m}}{\text{s}}$.

a) Wie weit wird der Hund abgetrieben, wenn er immer senkrecht zur Strömungsrichtung des Flusses schwimmt, und wie lange braucht er dabei für die Überquerung?

b) Unter welchem Winkel muss der Hund schwimmen, wenn er genau gegenüber dem Startpunkt zum anderen Ufer will? Wie lange braucht er jetzt für die Überquerung?

Aufgabe 3.24 (Ausleger) ★★★

Ein Ausleger besteht aus zwei Stäben. Der waagrechte Stab hat die Länge s_1 = 80 cm, der vertikale Abstand der Stäbe beträgt s = 50 cm. Im Punkt P greift eine Kraft $\boldsymbol{F}$ mit $|\boldsymbol{F}| = 20\,\text{kN}$ unter dem Winkel $\alpha = 30°$ gegen die Vertikale an. Welche Zug- oder Druckkräfte $\boldsymbol{F}_1$ und $\boldsymbol{F}_2$ wirken in den Stäben?

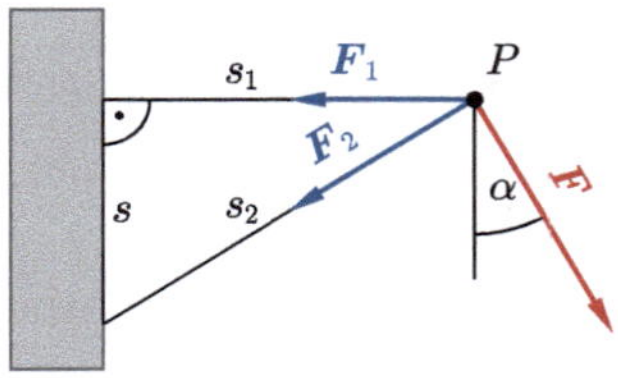

3.2 Lösungen

3.2.1 Verständnis und Kompetenz

Lösung 3.1 (Addition von Vektoren)

Der Vektor

$$d = a + 2b - c$$

ist in der Abbildung dargestellt. Aus der Skizze lassen sich die Faktoren ungefähr bestimmen:

$$\lambda_1 \approx \frac{4}{3} \quad , \quad \lambda_2 \approx -\frac{8}{3} .$$

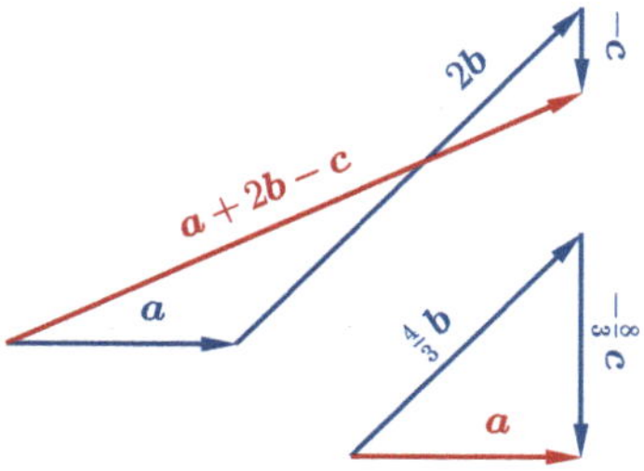

Dabei legt man die Richtung von $\boldsymbol{b}$ am Startpunkt des Vektors $\boldsymbol{a}$ an und die Richtung von $\boldsymbol{c}$ am Endpunkt. Die exakten Werte lassen sich durch eine Skizze nicht ermitteln.

Lösung 3.2 (Vektorkoordinaten und Länge)

Mit $x = 2$ und $y = -3$ lässt sich der Betrag des Vektors a folgendermaßen darstellen:

$$7 = |a| = \sqrt{x^2 + y^2 + z^2} = \sqrt{4 + 9 + z^2} .$$

Durch Quadrieren folgt eine Bedingung für z:

$$49 = 13 + z^2 .$$

Daraus ergeben sich die beiden Lösungen $z = \pm 6$.

Lösung 3.3 (Ausdruck mit Vektoren ohne Koordinaten)

Da $\boldsymbol{a} \times \boldsymbol{b}$ ein Vektor ist, kann man zunächst

$$(\boldsymbol{a} \cdot \boldsymbol{b})^2 + (\boldsymbol{a} \times \boldsymbol{b})^2 = (\boldsymbol{a} \cdot \boldsymbol{b})^2 + |\boldsymbol{a} \times \boldsymbol{b}|^2$$

schreiben. Mit der Definition des Skalar- und Vektorprodukts erhält man

$$(\boldsymbol{a} \cdot \boldsymbol{b})^2 + |\boldsymbol{a} \times \boldsymbol{b}|^2 = \big(|\boldsymbol{a}|\,|\boldsymbol{b}| \cos \angle(\boldsymbol{a}, \boldsymbol{b})\big)^2 + \big(|\boldsymbol{a}|\,|\boldsymbol{b}| \sin \angle(\boldsymbol{a}, \boldsymbol{b})\big)^2$$

und damit schließlich

$$(\boldsymbol{a} \cdot \boldsymbol{b})^2 + (\boldsymbol{a} \times \boldsymbol{b})^2 = |\boldsymbol{a}|^2\,|\boldsymbol{b}|^2\big(\sin^2 \angle(\boldsymbol{a}, \boldsymbol{b}) + \cos^2 \angle(\boldsymbol{a}, \boldsymbol{b})\big) = |\boldsymbol{a}|^2\,|\boldsymbol{b}|^2 .$$

Der Winkel $\angle(\boldsymbol{a}, \boldsymbol{b})$ taucht nur bei den Zwischenergebnissen auf.

Lösung 3.4 (Eigenschaften von Vektoren ohne Koordinaten)

a) Wenn beide Vektoren $\boldsymbol{a}$ und $\boldsymbol{b}$ ungleich dem Nullvektor wären, dann bedeutet die Bedingung $\boldsymbol{a} \times \boldsymbol{b} = \boldsymbol{0}$, dass die beiden Vektoren parallel oder antiparallel sind, und die Bedingung $\boldsymbol{a} \cdot \boldsymbol{b} = 0$, dass die beiden Vektoren senkrecht zueinander sind. Dies ist ein Widerspruch. Es folgt also $\boldsymbol{a} = \boldsymbol{0}$ oder $\boldsymbol{b} = \boldsymbol{0}$.

b) Es ist

$$|\boldsymbol{a} \times \boldsymbol{b}| = \boldsymbol{a} \cdot \boldsymbol{b} \quad \Longleftrightarrow \quad |\boldsymbol{a}|\,|\boldsymbol{b}| \sin \angle(\boldsymbol{a}, \boldsymbol{b}) = |\boldsymbol{a}|\,|\boldsymbol{b}| \cos \angle(\boldsymbol{a}, \boldsymbol{b}) \ .$$

Hieraus folgt $\boldsymbol{a} = \boldsymbol{0}$ oder $\boldsymbol{b} = \boldsymbol{0}$ oder $\angle(\boldsymbol{a}, \boldsymbol{b}) = 45°$.

c) Es ist zunächst

$$(\boldsymbol{a} \cdot \boldsymbol{b})^2 = \big(|\boldsymbol{a}|\,|\boldsymbol{b}| \cos \angle(\boldsymbol{a}, \boldsymbol{b})\big)^2 = |\boldsymbol{a}|^2\,|\boldsymbol{b}|^2 \cos^2 \angle(\boldsymbol{a}, \boldsymbol{b}) \ .$$

Damit lautet die Bedingung

$$(\boldsymbol{a} \cdot \boldsymbol{b})^2 = \boldsymbol{a}^2 \cdot \boldsymbol{b}^2 \quad \Longleftrightarrow \quad |\boldsymbol{a}|^2\,|\boldsymbol{b}|^2 \cos^2 \angle(\boldsymbol{a}, \boldsymbol{b}) = |\boldsymbol{a}|^2\,|\boldsymbol{b}|^2 \ .$$

Daraus folgt $\boldsymbol{a} = \boldsymbol{0}$ oder $\boldsymbol{b} = \boldsymbol{0}$ oder aber

$$\cos^2 \angle(\boldsymbol{a}, \boldsymbol{b}) = 1 \quad \Longleftrightarrow \quad \angle(\boldsymbol{a}, \boldsymbol{b}) = 0, 180° \ .$$

Im dritten Fall sind die Vektoren $\boldsymbol{a}$ und $\boldsymbol{b}$ also parallel oder antiparallel.

Lösung 3.5 (Spat ohne Koordinaten)

Für das Volumen gilt nach Definition

$$\hat{V} = |\boldsymbol{b}_1 \cdot (\boldsymbol{b}_2 \times \boldsymbol{b}_3)| \ .$$

Das Vektorprodukt kann man zunächst folgendermaßen schreiben:

$$\boldsymbol{b}_2 \times \boldsymbol{b}_3 = (\boldsymbol{a}_1 - 2\boldsymbol{a}_2 + \boldsymbol{a}_3) \times (\boldsymbol{a}_1 + \boldsymbol{a}_2 - 2\boldsymbol{a}_3) \ .$$

Mithilfe der Rechenregeln für das Vektorprodukt können wir den rechten Ausdruck ausmultiplizieren. Berücksichtigen wir, dass das Vertauschen der Faktoren beim Vektorprodukt das Vorzeichen umkehrt und dass das Vektorprodukt zweier gleicher Vektoren null ergibt, so erhalten wir zusammengefasst

$$\boldsymbol{b}_2 \times \boldsymbol{b}_3 = 3(\boldsymbol{a}_1 \times \boldsymbol{a}_2) - 3(\boldsymbol{a}_1 \times \boldsymbol{a}_3) + 3(\boldsymbol{a}_2 \times \boldsymbol{a}_3) \ .$$

Damit bekommen wir

$$\hat{V} = \Big|\big(-2\boldsymbol{a}_1 + \boldsymbol{a}_2 + \boldsymbol{a}_3\big) \cdot \big(3(\boldsymbol{a}_1 \times \boldsymbol{a}_2) - 3(\boldsymbol{a}_1 \times \boldsymbol{a}_3) + 3(\boldsymbol{a}_2 \times \boldsymbol{a}_3)\big)\Big| \ .$$

Wiederum durch Ausmultiplizieren und Zusammenfassen unter Berücksichtigung der Rechenregeln für das Skalar- und Spatprodukt erhalten wir schließlich

$$\hat{V} = \big|(-6 + 3 + 3)\boldsymbol{a}_1 \cdot (\boldsymbol{a}_2 \times \boldsymbol{a}_3)\big| = 0 \ .$$

Das Ergebnis ist unabhängig von $\boldsymbol{a}_1$, $\boldsymbol{a}_2$ und $\boldsymbol{a}_3$. Erstaunlich!

Lösung 3.6 (Lage zweier Ebenen)

a) Wenn die beiden Ebenen E_1 und E_2 parallel sind, bedeutet das, dass auch die beiden Normalenvektoren parallel oder antiparallel sind. Es ist also $\boldsymbol{x_1} \times \boldsymbol{x_2}$ parallel oder antiparallel zu $\boldsymbol{n}$. Die Bedingung

$$\boldsymbol{n} \times (\boldsymbol{x_1} \times \boldsymbol{x_2}) = \boldsymbol{0}$$

beschreibt diese Eigenschaft.

b) Die beiden Ebenen E_1 und E_2 sind identisch, wenn sie parallel sind und mindestens einen Punkt gemeinsam haben. Zur Bedingung aus Aufgabenteil a) kommt also noch die Bedingung hinzu, dass es Parameter λ und μ gibt mit

$$\boldsymbol{p} - \boldsymbol{x_0} = \lambda \boldsymbol{x_1} + \mu \boldsymbol{x_2} .$$

Dabei bezeichnet $\boldsymbol{p}$ den Ortsvektor des Punkts P. Diese zweite Bedingung lässt sich parameterfrei mithilfe des Spatprodukts formulieren. Insgesamt sind

$$\boldsymbol{n} \times (\boldsymbol{x_1} \times \boldsymbol{x_2}) = \boldsymbol{0} \quad \text{und} \quad [\boldsymbol{p} - \boldsymbol{x_0}, \boldsymbol{x_1}, \boldsymbol{x_2}] = 0$$

die Bedingungen für die gegebene Eigenschaft.

c) Sollen die beiden Ebenen E_1 und E_2 senkrecht zueinander stehen, so liegt $\boldsymbol{n}$ in der von $\boldsymbol{x_1}$ und $\boldsymbol{x_2}$ aufgespannten Ebene. Wir erhalten

$$[\boldsymbol{n}, \boldsymbol{x_1}, \boldsymbol{x_2}] = 0$$

als Bedingungen für die Lage der beiden Ebenen zueinander.

Lösung 3.7 (Satz von Thales)

Für die Vektoren $\boldsymbol{a}$ und $\boldsymbol{b}$ gilt

$$\boldsymbol{a} = \boldsymbol{r} + \boldsymbol{s} , \quad \boldsymbol{b} = \boldsymbol{r} - \boldsymbol{s} .$$

Mit den Rechenregeln für das Skalarprodukt gilt

$$\boldsymbol{a} \cdot \boldsymbol{b} = (\boldsymbol{r} + \boldsymbol{s}) \cdot (\boldsymbol{r} - \boldsymbol{s}) = \boldsymbol{r}^2 - \boldsymbol{s}^2 = |\boldsymbol{r}|^2 - |\boldsymbol{s}|^2 = 0 ,$$

d.h. die Vektoren $\boldsymbol{a}$ und $\boldsymbol{b}$ stehen senkrecht zueinander. Die Null ergibt sich, da die Vektoren $\boldsymbol{r}$ und $\boldsymbol{s}$ gleich lang sind. Ihre Länge ist nämlich gerade der Radius des Kreises.

3.2.2 Rechnung und Training

Lösung 3.8 (Länge und Winkel von Vektoren in der Ebene)

a) Für die Längen der Vektoren erhalten wir

$$\begin{aligned} |\boldsymbol{a}| &= \sqrt{2^2 + 3^2} &&= \sqrt{13} \\ |\boldsymbol{b}| &= \sqrt{5^2 + 4^2} &&= \sqrt{41} \\ |\boldsymbol{c}| &= \sqrt{3^2 + (-1)^2} &&= \sqrt{10} . \end{aligned}$$

Ganz offensichtlich haben die Vektoren unterschiedliche Längen.

b) Den Winkel zwischen $\boldsymbol{a}$ und $\boldsymbol{b}$ bestimmen wir mithilfe des Skalarprodukts zu

$$\angle(\boldsymbol{a}, \boldsymbol{b}) = \arccos\left(\frac{\boldsymbol{a} \cdot \boldsymbol{b}}{|\boldsymbol{a}|\,|\boldsymbol{b}|}\right) = \arccos\left(\frac{22}{\sqrt{533}}\right) \approx 17.6° ,$$

den Winkel zwischen $\boldsymbol{a}$ und $\boldsymbol{c}$ zu

$$\angle(\boldsymbol{a}, \boldsymbol{c}) = \arccos\left(\frac{\boldsymbol{a} \cdot \boldsymbol{c}}{|\boldsymbol{a}|\,|\boldsymbol{c}|}\right) = \arccos\left(\frac{3}{\sqrt{130}}\right) \approx 74.7° ,$$

und den Winkel zwischen $\boldsymbol{b}$ und $\boldsymbol{c}$ zu

$$\angle(\boldsymbol{b}, \boldsymbol{c}) = \arccos\left(\frac{\boldsymbol{b} \cdot \boldsymbol{c}}{|\boldsymbol{b}|\,|\boldsymbol{c}|}\right) = \arccos\left(\frac{11}{\sqrt{410}}\right) \approx 57.1° .$$

Die Näherungswerte für die Winkel bestimmen wir mit dem Taschenrechner.

c) Für die Winkel zwischen $\boldsymbol{a}$ und den Achsen erhalten wir

$$\alpha_1 = \arccos\left(\frac{a_1}{|\boldsymbol{a}|}\right) = \arccos\left(\frac{2}{\sqrt{13}}\right) \approx 56.3°$$
$$\alpha_2 = \arccos\left(\frac{a_2}{|\boldsymbol{a}|}\right) = \arccos\left(\frac{3}{\sqrt{13}}\right) \approx 33.7°\,,$$

für die Winkel zwischen $\boldsymbol{b}$ und den Achsen erhalten wir

$$\beta_1 = \arccos\left(\frac{b_1}{|\boldsymbol{b}|}\right) = \arccos\left(\frac{5}{\sqrt{41}}\right) \approx 38.7°$$
$$\beta_2 = \arccos\left(\frac{b_2}{|\boldsymbol{b}|}\right) = \arccos\left(\frac{4}{\sqrt{41}}\right) \approx 51.3°\,,$$

und für die Winkel zwischen $\boldsymbol{c}$ und den Achsen erhalten wir

$$\gamma_1 = \arccos\left(\frac{c_1}{|\boldsymbol{c}|}\right) = \arccos\left(\frac{3}{\sqrt{10}}\right) \approx 18.4°$$
$$\gamma_2 = \arccos\left(\frac{c_2}{|\boldsymbol{c}|}\right) = \arccos\left(\frac{-1}{\sqrt{10}}\right) \approx 108.4°\,.$$

d) Zunächst bilden wir den Vektor

$$\boldsymbol{a} - \boldsymbol{b} + 3\boldsymbol{c} = \begin{pmatrix} 6 \\ -4 \end{pmatrix}.$$

Zueinander senkrechte Vektoren haben ein Skalarprodukt gleich null. Für die beiden Vektoren senkrecht zu $\boldsymbol{a} - \boldsymbol{b} + 3\boldsymbol{c}$ erhalten wir

$$\boldsymbol{n}_1 = \begin{pmatrix} 4 \\ 6 \end{pmatrix},\ \boldsymbol{e}_1 = \frac{\boldsymbol{n}_1}{|\boldsymbol{n}_1|} = \frac{1}{\sqrt{13}}\begin{pmatrix} 2 \\ 3 \end{pmatrix},\ \boldsymbol{n}_2 = \begin{pmatrix} -4 \\ -6 \end{pmatrix},\ \boldsymbol{e}_2 = \frac{\boldsymbol{n}_2}{|\boldsymbol{n}_2|} = \frac{1}{\sqrt{13}}\begin{pmatrix} -2 \\ -3 \end{pmatrix}.$$

Wir erhalten die beiden Lösungsvektoren $\boldsymbol{e}_1$ und $\boldsymbol{e}_2$. Nur durch Zufall sind diese beiden Vektoren parallel und antiparallel zum Vektor $\boldsymbol{a}$.

e) In der Abbildung können alle Ergebnisse überprüft werden. Auch die Bestimmung von

$$\boldsymbol{a} - \boldsymbol{b} + 3\boldsymbol{c}$$

ist zeichnerisch möglich. Aus der Abbildung wird außerdem klar, dass es zu einem Vektor stets zwei dazu senkrechte Einheitsvektoren gibt. Diese beiden Einheitsvektoren sind antiparallel zueinander.

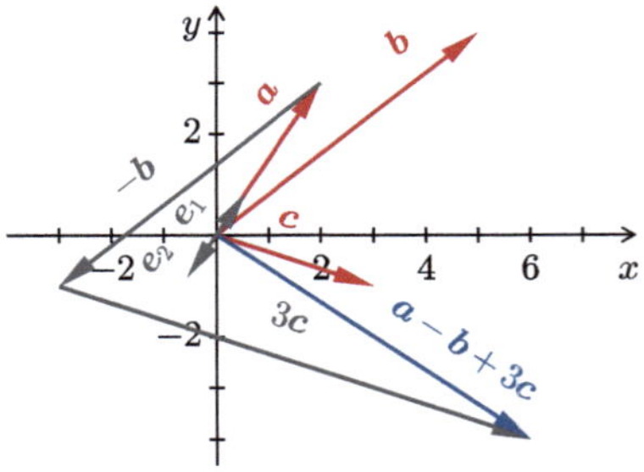

Lösung 3.9 (Orthogonale Vektoren)

a) Das Skalarprodukt von $\boldsymbol{a} + \lambda\boldsymbol{b}$ mit $\boldsymbol{c}$ muss null ergeben:

$$\boldsymbol{a} + \lambda\boldsymbol{b} = \begin{pmatrix} 6 \\ 1 + 3\lambda \\ 1 - \lambda \end{pmatrix} \implies (\boldsymbol{a} + \lambda\boldsymbol{b}) \cdot \boldsymbol{c} = -12 + 3(1 + 3\lambda) + 5(1 - \lambda) = 4\lambda - 4 = 0\,.$$

Hieraus folgt der Koeffizient $\lambda = 1$.

b) Die Bedingung lautet

$$(\boldsymbol{a}+\lambda\boldsymbol{b})\cdot\boldsymbol{c}=0 \quad\Longrightarrow\quad \boldsymbol{a}\cdot\boldsymbol{c}+\lambda\boldsymbol{b}\cdot\boldsymbol{c}=0 \quad\Longrightarrow\quad \lambda=-\frac{\boldsymbol{a}\cdot\boldsymbol{c}}{\boldsymbol{b}\cdot\boldsymbol{c}}\,.$$

Mit den Vektoren aus Aufgabenteil a) ergibt sich

$$\lambda=-\frac{-12+3+5}{0+9-5}=-\frac{-4}{4}=1\,.$$

Das Problem ist nicht lösbar, falls $\boldsymbol{b}\cdot\boldsymbol{c}=0$, falls also $\boldsymbol{b}$ senkrecht auf $\boldsymbol{c}$ steht.

Lösung 3.10 (Würfel)

a) Die Antwort kann ohne Rechnung gegeben werden: Drei geeignet ausgewählte Flächendiagonalen bilden aus Symmetriegründen ein gleichseitiges Dreieck. Deshalb beträgt der Winkel $\varphi=60°$.

Möchte man den Winkel tatsächlich berechnen, so kann man für zwei benachbarte Flächendiagonalen

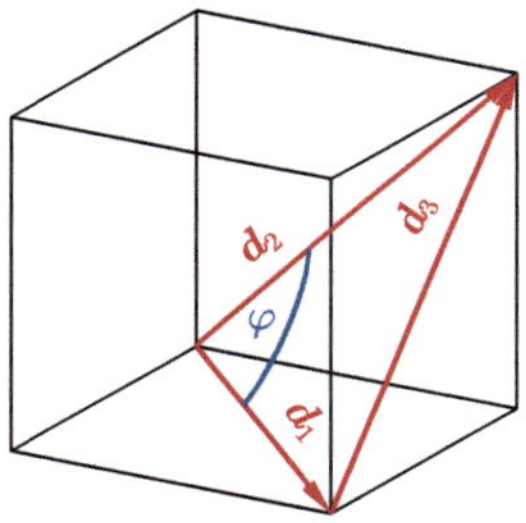

$$\boldsymbol{d}_1=a\begin{pmatrix}1\\1\\0\end{pmatrix},\quad \boldsymbol{d}_2=a\begin{pmatrix}0\\1\\1\end{pmatrix}$$

das Skalarprodukt ansetzen:

$$\cos\varphi=\frac{\boldsymbol{d}_1\cdot\boldsymbol{d}_2}{|\boldsymbol{d}_1|\,|\boldsymbol{d}_2|}=\frac{a^2}{(a\sqrt{2})(a\sqrt{2})}=\frac{1}{2}\,.$$

Auch hieraus folgt der Winkel $\varphi=60°$.

b) Man setzt zwei beliebige Raumdiagonalen an

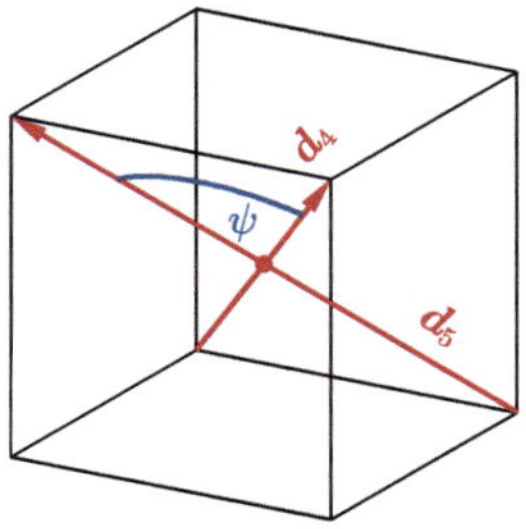

$$\boldsymbol{d}_4=a\begin{pmatrix}1\\1\\1\end{pmatrix},\quad \boldsymbol{d}_5=a\begin{pmatrix}1\\-1\\1\end{pmatrix}$$

und verwendet das Skalarprodukt:

$$\cos\psi=\frac{\boldsymbol{d}_4\cdot\boldsymbol{d}_5}{|\boldsymbol{d}_4|\,|\boldsymbol{d}_5|}=\frac{a^2}{(a\sqrt{3})(a\sqrt{3})}=\frac{1}{3}\,.$$

Hieraus folgt der Winkel $\psi\approx70.5°$. Aus Symmetriegründen ist dieser Winkel für je zwei beliebige Raumdiagonalen stets gleich.

Lösung 3.11 (Projektion im Raum)

a) Der Einheitsvektor in Richtung $\boldsymbol{b}$ ist

$$\boldsymbol{e}_b=\frac{1}{|\boldsymbol{b}|}\,\boldsymbol{b}=\frac{1}{5\sqrt{2}}\begin{pmatrix}-5\\3\\4\end{pmatrix}.$$

Wir erhalten ihn durch Normierung aus dem Vektor $\boldsymbol{b}$.

b) Für die Komponente von $\boldsymbol{a}$ parallel zu $\boldsymbol{b}$ gilt

$$\boldsymbol{a}_b = \frac{\boldsymbol{a}\cdot\boldsymbol{b}}{|\boldsymbol{b}|^2}\boldsymbol{b} = \frac{15}{50}\begin{pmatrix}-5\\3\\4\end{pmatrix} = \frac{1}{10}\begin{pmatrix}-15\\9\\12\end{pmatrix}$$

und für die Komponente normal zu $\boldsymbol{b}$

$$\boldsymbol{a}_n = \boldsymbol{a} - \boldsymbol{a}_b = \begin{pmatrix}-2\\-1\\2\end{pmatrix} - \frac{1}{10}\begin{pmatrix}-15\\9\\12\end{pmatrix} = \frac{1}{10}\begin{pmatrix}-5\\-19\\8\end{pmatrix}.$$

Die Vektoren $\boldsymbol{a}_b$ und $\boldsymbol{a}_n$ stehen senkrecht aufeinander.

c) Der Vektor $\boldsymbol{a}$ hat die Winkel

$$\alpha_1 = \arccos\left(\frac{-2}{3}\right) \approx 131.8^\circ\,,\; \alpha_2 = \arccos\left(\frac{-1}{3}\right) \approx 109.5^\circ\,,\; \alpha_3 = \arccos\left(\frac{2}{3}\right) \approx 48.2^\circ$$

mit den Koordinatenachsen. Ganz analog sind

$$\beta_1 = \arccos\left(\frac{-5}{\sqrt{50}}\right) \approx 135.0^\circ,\; \beta_2 = \arccos\left(\frac{3}{\sqrt{50}}\right) \approx 64.9^\circ,\; \beta_3 = \arccos\left(\frac{4}{\sqrt{50}}\right) \approx 55.6^\circ$$

die Winkel des Vektors $\boldsymbol{b}$ mit den Koordinatenachsen.

Lösung 3.12 (Dreieck)

Die Mittelpunkte sind gerade die arithmetischen Mittelwerte der Eckpunkte:

$$M_{AB}(1\,|\,1\,|-1),\quad M_{AC}(1\,|\,0\,|\,0),\quad M_{BC}(0\,|\,1\,|\,0)\,.$$

Der Flächeninhalt des Dreiecks ABC ist

$$A = \frac{1}{2}\left|(B-A)\times(C-A)\right| = \frac{1}{2}\left|\begin{pmatrix}4\\4\\4\end{pmatrix}\right| = 2\sqrt{3}\,.$$

Der Flächeninhalt des Dreiecks $M_{AB}M_{AC}M_{BC}$ ist ein Viertel davon, also $A_M = \frac{\sqrt{3}}{2}$. Dieses Ergebnis erhält man auch durch direkte Rechnung. Man erhält

$$A_M = \frac{1}{2}\left|(M_{AC}-M_{AB})\times(M_{BC}-M_{AB})\right| = \frac{1}{2}\left|\begin{pmatrix}-1\\-1\\-1\end{pmatrix}\right| = \frac{\sqrt{3}}{2}$$

für den Flächeninhalt des Dreiecks $M_{AB}M_{AC}M_{BC}$.

Lösung 3.13 (Tetraeder)

Die Oberfläche besteht aus den vier Dreiecksflächen

$$A_1 = \frac{1}{2}|\boldsymbol{a}\times\boldsymbol{b}| = \frac{\sqrt{3}}{2}\,,\quad A_2 = \frac{1}{2}|\boldsymbol{a}\times\boldsymbol{c}| = \frac{\sqrt{3}}{2}$$

$$A_3 = \frac{1}{2}|\boldsymbol{b}\times\boldsymbol{c}| = \frac{\sqrt{3}}{2}\,,\quad A_4 = \frac{1}{2}\left|(\boldsymbol{b}-\boldsymbol{a})\times(\boldsymbol{c}-\boldsymbol{a})\right| = \frac{\sqrt{3}}{2}$$

und hat damit den Wert $A = A_1 + A_2 + A_3 + A_4 = 2\sqrt{3}$.

Das Volumen kann mit dem Spatprodukt bestimmt werden:

$$V = \frac{1}{6}\left|\boldsymbol{a}\cdot(\boldsymbol{b}\times\boldsymbol{c})\right| = \frac{1}{6}\left|\begin{pmatrix}1\\1\\0\end{pmatrix}\cdot\begin{pmatrix}1\\1\\-1\end{pmatrix}\right| = \frac{1}{3}.$$

Das Volumen eines Tetraeders beträgt $\frac{1}{6}$ des Volumens des entsprechenden Spats.

Lösung 3.14 (Spat ohne Koordinaten)

a) Zunächst gelten für die Winkel

$$\alpha = \angle(\boldsymbol{b},\boldsymbol{c}),\ \beta = \angle(\boldsymbol{c},\boldsymbol{a}),\ \gamma = \angle(\boldsymbol{a},\boldsymbol{b})$$

die Werte

$$\cos\alpha = \frac{1}{2},\ \cos\beta = -\frac{1}{2},\ \cos\gamma = -\frac{1}{2}.$$

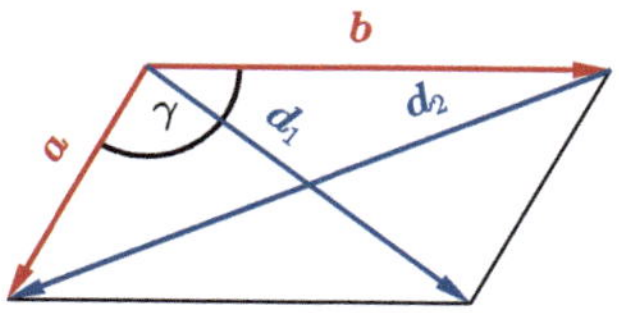

Das von $\boldsymbol{a}$ und $\boldsymbol{b}$ aufgespannte Parallelogramm ist in der Abbildung dargestellt. Mit der Formel

$$|\boldsymbol{u}| = \sqrt{\boldsymbol{u}\cdot\boldsymbol{u}}$$

erhält man die Länge von $\boldsymbol{d}_1$:

$$|\boldsymbol{d}_1| = |\boldsymbol{a}+\boldsymbol{b}| = \sqrt{(\boldsymbol{a}+\boldsymbol{b})(\boldsymbol{a}+\boldsymbol{b})} = \sqrt{\boldsymbol{a}^2+2\boldsymbol{a}\boldsymbol{b}+\boldsymbol{b}^2} = \sqrt{|\boldsymbol{a}|^2+|\boldsymbol{b}|^2+2|\boldsymbol{a}|\,|\boldsymbol{b}|\cos\gamma}\,.$$

Setzt man die gegebenen Zahlenwerte ein, so folgt $|\boldsymbol{d}_1| = \sqrt{19}$. Ganz analog bestimmen wir die Länge von $\boldsymbol{d}_2$:

$$|\boldsymbol{d}_2| = |\boldsymbol{a}-\boldsymbol{b}| = \sqrt{(\boldsymbol{a}-\boldsymbol{b})(\boldsymbol{a}-\boldsymbol{b})} = \sqrt{\boldsymbol{a}^2-2\boldsymbol{a}\boldsymbol{b}+\boldsymbol{b}^2} = \sqrt{|\boldsymbol{a}|^2+|\boldsymbol{b}|^2-2|\boldsymbol{a}|\,|\boldsymbol{b}|\cos\gamma}\,.$$

Hieraus folgt $|\boldsymbol{d}_2| = 7$.

b) Wir bezeichnen mit φ den Winkel zwischen $\boldsymbol{d}_1$ und $\boldsymbol{c}$. Für die Diagonale

$$\boldsymbol{d} = \boldsymbol{a}+\boldsymbol{b}+\boldsymbol{c} = \boldsymbol{d}_1+\boldsymbol{c}$$

gilt dann analog zur Vorgehensweise in Aufgabenteil a)

$$|\boldsymbol{d}| = \sqrt{(\boldsymbol{d}_1+\boldsymbol{c})(\boldsymbol{d}_1+\boldsymbol{c})} = \sqrt{\boldsymbol{d}_1^2+2\boldsymbol{d}_1\boldsymbol{c}+\boldsymbol{c}^2} = \sqrt{|\boldsymbol{d}_1|^2+|\boldsymbol{c}|^2+2|\boldsymbol{d}_1|\,|\boldsymbol{c}|\cos\varphi}\,.$$

Den Kosinuswert können wir mit dem Skalarprodukt berechnen und dabei anschließend $\boldsymbol{d}_1 = \boldsymbol{a}+\boldsymbol{b}$ berücksichtigen:

$$\begin{aligned}|\boldsymbol{d}| &= \sqrt{|\boldsymbol{d}_1|^2+|\boldsymbol{c}|^2+2|\boldsymbol{d}_1|\,|\boldsymbol{c}|\,\frac{\boldsymbol{d}_1\cdot\boldsymbol{c}}{|\boldsymbol{d}_1||\boldsymbol{c}|}}\\ &= \sqrt{|\boldsymbol{d}_1|^2+|\boldsymbol{c}|^2+2(\boldsymbol{a}\cdot\boldsymbol{c}+\boldsymbol{b}\cdot\boldsymbol{c})}\,.\end{aligned}$$

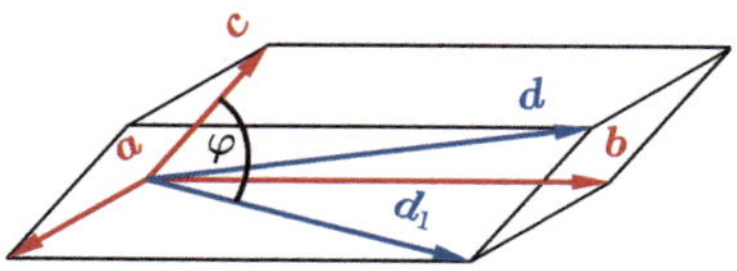

Durch Einsetzen der Definition des Skalarprodukts erhalten wir

$$|\boldsymbol{d}| = \sqrt{|\boldsymbol{a}|^2+|\boldsymbol{b}|^2+|\boldsymbol{c}|^2+2|\boldsymbol{a}|\,|\boldsymbol{b}|\cos\gamma+2|\boldsymbol{a}|\,|\boldsymbol{c}|\cos\beta+2|\boldsymbol{b}|\,|\boldsymbol{c}|\cos\alpha} = 3\sqrt{3}\,.$$

Dies ist eine schöne, symmetrische Formel für die Länge der Raumdiagonale!

c) Für den Kosinus des Winkels zwischen $\boldsymbol{a}$ und $\boldsymbol{d}$ gilt

$$\cos\delta_a = \frac{\boldsymbol{a}\cdot\boldsymbol{d}}{|\boldsymbol{a}|\,|\boldsymbol{d}|} = \frac{\boldsymbol{a}\cdot(\boldsymbol{a}+\boldsymbol{b}+\boldsymbol{c})}{|\boldsymbol{a}|\,|\boldsymbol{d}|} = \frac{|\boldsymbol{a}| + |\boldsymbol{b}|\cos\gamma + |\boldsymbol{c}|\cos\beta}{|\boldsymbol{d}|} = -\frac{1}{6\sqrt{3}} \,.$$

Daraus ergibt sich ein Winkel von $\delta_a \approx 95.5°$. Analog gilt für den Kosinus des Winkels zwischen $\boldsymbol{b}$ und $\boldsymbol{d}$

$$\cos\delta_b = \frac{\boldsymbol{b}\cdot\boldsymbol{d}}{|\boldsymbol{b}|\,|\boldsymbol{d}|} = \frac{\boldsymbol{b}\cdot(\boldsymbol{a}+\boldsymbol{b}+\boldsymbol{c})}{|\boldsymbol{b}|\,|\boldsymbol{d}|} = \frac{|\boldsymbol{b}| + |\boldsymbol{a}|\cos\gamma + |\boldsymbol{c}|\cos\alpha}{|\boldsymbol{d}|} = \frac{3}{2\sqrt{3}} \,.$$

Daraus ergibt sich ein Winkel von $\delta_b = 30°$. Und schließlich gilt für den Kosinus des Winkels zwischen $\boldsymbol{c}$ und $\boldsymbol{d}$

$$\cos\delta_c = \frac{\boldsymbol{c}\cdot\boldsymbol{d}}{|\boldsymbol{c}|\,|\boldsymbol{d}|} = \frac{\boldsymbol{c}\cdot(\boldsymbol{a}+\boldsymbol{b}+\boldsymbol{c})}{|\boldsymbol{c}|\,|\boldsymbol{d}|} = \frac{|\boldsymbol{c}| + |\boldsymbol{a}|\cos\beta + |\boldsymbol{b}|\cos\alpha}{|\boldsymbol{d}|} = \frac{1}{\sqrt{3}} \,.$$

Daraus ergibt sich ein Winkel von $\delta_c \approx 54.7°$.

d) Mit den Winkeln aus Aufgabenteil c) ist die Berechnung der Projektionen einfach:

$$\boldsymbol{d}_a = \frac{|\boldsymbol{d}|\cos\delta_a}{|\boldsymbol{a}|}\,\boldsymbol{a} = -\frac{1}{6}\,\boldsymbol{a}, \quad \boldsymbol{d}_b = \frac{|\boldsymbol{d}|\cos\delta_b}{|\boldsymbol{b}|}\,\boldsymbol{b} = \frac{9}{10}\,\boldsymbol{b}, \quad \boldsymbol{d}_c = \frac{|\boldsymbol{d}|\cos\delta_c}{|\boldsymbol{c}|}\,\boldsymbol{c} = \frac{3}{2}\,\boldsymbol{c} \,.$$

Es fällt auf, dass der Faktor bei $\boldsymbol{d}_a$ negativ ist. Die Projektion $\boldsymbol{d}_a$ verläuft also in der Gegenrichtung von $\boldsymbol{a}$.

Lösung 3.15 (Lineare Unabhängigkeit im Raum)

Wir beobachten, dass $\boldsymbol{a}_2 = -\frac{3}{2}\,\boldsymbol{a}_1$. Damit sind die beiden Vektoren $\boldsymbol{a}_1$ und $\boldsymbol{a}_2$ antiparallel und somit linear abhängig. Das Spatprodukt der drei Vektoren $\boldsymbol{b}_1$, $\boldsymbol{b}_2$ und $\boldsymbol{b}_3$ ist

$$[\boldsymbol{b}_1, \boldsymbol{b}_2, \boldsymbol{b}_3] = \boldsymbol{b}_1\cdot(\boldsymbol{b}_2\times\boldsymbol{b}_3) = \begin{pmatrix} 1 \\ -2 \\ -3 \end{pmatrix}\cdot\begin{pmatrix} 2 \\ -2 \\ 2 \end{pmatrix} = 0 \,.$$

Deshalb sind die drei Vektoren $\boldsymbol{b}_1$, $\boldsymbol{b}_2$ und $\boldsymbol{b}_3$ ebenfalls linear abhängig.

Lösung 3.16 (Ebene mit drei Punkten)

a) Eine mögliche Parameterform der Geraden g lautet

$$g:\ \boldsymbol{x} = \begin{pmatrix} -1 \\ 3 \\ 7 \end{pmatrix} + \lambda\begin{pmatrix} -4 \\ 1 \\ -4 \end{pmatrix} .$$

Dabei haben wir den Punkt P_1 und die Richtung $\overline{P_1P_2}$ eingesetzt.

b) Die Koordinaten des Mittelpunkts von P_1 und P_2 sind die arithmetischen Mittelwerte der Punktkoordinaten. Wir erhalten $M = \left(-3\,|\,\frac{7}{2}\,|\,5\right)$.

c) Mit der Formel für den Abstand eines Punkts von einer Geraden erhalten wir

$$d = \left|\begin{pmatrix} 6 \\ -5 \\ -4 \end{pmatrix} - \begin{pmatrix} -1 \\ 3 \\ 7 \end{pmatrix} - \frac{-28-8+44}{(-4)^2+(1)^2+(-4)^2}\begin{pmatrix} -4 \\ 1 \\ -4 \end{pmatrix}\right| .$$

Sämtliche Zahlenwerte sind hier bereits eingesetzt.

Durch Vereinfachung ergibt sich

$$d = \left| \begin{pmatrix} 7 \\ -8 \\ -11 \end{pmatrix} - \frac{8}{33} \begin{pmatrix} -4 \\ 1 \\ -4 \end{pmatrix} \right| = \frac{\sqrt{252714}}{33} \approx 15.23$$

für den gesuchten Abstand.

d) Für die Winkel im Dreieck definiert man zunächst die Vektoren

$$\boldsymbol{a} = \overline{P_1P_2} = \begin{pmatrix} -4 \\ 1 \\ -4 \end{pmatrix}, \quad \boldsymbol{b} = \overline{P_1P_3} = \begin{pmatrix} 7 \\ -8 \\ -11 \end{pmatrix}, \quad \boldsymbol{c} = \overline{P_2P_3} = \begin{pmatrix} 11 \\ -9 \\ -7 \end{pmatrix}.$$

Der Winkel an der Ecke P_1 ist dann gegeben durch

$$\angle(P_2, P_1, P_3) = \arccos\left(\frac{\boldsymbol{a} \cdot \boldsymbol{b}}{|\boldsymbol{a}|\,|\boldsymbol{b}|}\right) = \arccos\left(\frac{8}{\sqrt{7722}}\right) \approx 84.8^\circ ,$$

der Winkel an der Ecke P_2 durch

$$\angle(P_1, P_2, P_3) = \arccos\left(\frac{(-\boldsymbol{a}) \cdot \boldsymbol{c}}{|-\boldsymbol{a}|\,|\boldsymbol{c}|}\right) = \arccos\left(\frac{25}{\sqrt{8283}}\right) \approx 74.0^\circ$$

und der Winkel an der Ecke P_3 durch

$$\angle(P_1, P_3, P_2) = \arccos\left(\frac{(-\boldsymbol{b}) \cdot (-\boldsymbol{c})}{|-\boldsymbol{b}|\,|-\boldsymbol{c}|}\right) = \arccos\left(\frac{226}{\sqrt{58734}}\right) \approx 21.2^\circ .$$

Die Summe der drei Winkel ergibt gerade 180°.

e) Der Flächeninhalt des Dreiecks

$$A = \frac{1}{2}\,|\boldsymbol{a} \times \boldsymbol{b}| = \frac{1}{2} \left| \begin{pmatrix} -43 \\ -72 \\ 25 \end{pmatrix} \right| = \frac{\sqrt{7658}}{2} \approx 43.75$$

lässt sich über das Vektorprodukt berechnen.

f) Eine mögliche Parameterform der Ebene E lautet

$$E:\ \boldsymbol{x} = \begin{pmatrix} -1 \\ 3 \\ 7 \end{pmatrix} + \lambda \begin{pmatrix} -4 \\ 1 \\ -4 \end{pmatrix} + \mu \begin{pmatrix} 7 \\ -8 \\ -11 \end{pmatrix}.$$

Dabei haben wir den Punkt P_1 und die Richtungen $\overline{P_1P_2}$ und $\overline{P_1P_3}$ eingesetzt.

g) Die Koordinaten des Schwerpunkts sind gerade die arithmetischen Mittelwerte der Koordinaten der Ecken. Wir erhalten $S\left(0\,|\,\frac{2}{3}\,|\,2\right)$ mit Ortsvektor $\boldsymbol{s}$. Für die Richtung der Geraden bestimmen wir einen Normalenvektor $\boldsymbol{n}$. Die Gerade h lautet also

$$h:\ \boldsymbol{x} = \boldsymbol{s} + \lambda \boldsymbol{n}$$

und mit Zahlenwerten

$$\boldsymbol{n} = \boldsymbol{a} \times \boldsymbol{b} = \begin{pmatrix} -43 \\ -72 \\ 25 \end{pmatrix} \quad , \quad h:\ \boldsymbol{x} = \begin{pmatrix} 0 \\ \frac{2}{3} \\ 2 \end{pmatrix} + \lambda \begin{pmatrix} -43 \\ -72 \\ 25 \end{pmatrix}.$$

Dabei haben wir den Punkt S und die Richtung $\boldsymbol{n}$ eingesetzt.

Lösung 3.17 (Lage von Punkten im Raum)

Zunächst bilden wir die Vektoren

$$\boldsymbol{b} = \overline{AB} = \begin{pmatrix} -4 \\ -4 \\ 8 \end{pmatrix}, \quad \boldsymbol{c} = \overline{AC} = \begin{pmatrix} -5 \\ -1 \\ 9 \end{pmatrix}, \quad \boldsymbol{d} = \overline{AD} = \begin{pmatrix} -13 \\ 1 \\ 4 \end{pmatrix}.$$

Da $\boldsymbol{b}$ kein Vielfaches von $\boldsymbol{c}$ ist, liegen die Punkte A, B und C nicht auf einer Geraden. Da das Spatprodukt

$$\boldsymbol{b} \cdot (\boldsymbol{c} \times \boldsymbol{d}) = \begin{pmatrix} -4 \\ -4 \\ 8 \end{pmatrix} \cdot \begin{pmatrix} -13 \\ -97 \\ -18 \end{pmatrix} = 296$$

ungleich null ist, liegen die Punkte A, B, C und D nicht in einer Ebene.

Lösung 3.18 (Schnitt und Winkel bei einer Geraden und Ebene)

a) Durch Einsetzen der $\boldsymbol{x}$-Komponente der Geraden in die Ebenengleichung erhalten wir die Bedingung

$$3(2+2\lambda) + 4(3-3\lambda) - 2(-1+\lambda) = 4 \quad \Longleftrightarrow \quad 16 - 8\lambda = 0$$

und daraus den Parameterwert $\lambda = 2$. Eingesetzt in g ergibt sich der Schnittpunkt $S(6\,|\,-3\,|\,1)$.

b) Wir definieren zunächst den gegebenen Richtungsvektor $\boldsymbol{a}$ von g und einen Normalenvektor $\boldsymbol{n}$ von E:

$$\boldsymbol{a} = \begin{pmatrix} 2 \\ -3 \\ 1 \end{pmatrix}, \quad \boldsymbol{n} = \begin{pmatrix} 3 \\ 4 \\ -2 \end{pmatrix}.$$

Zur Bestimmung des Winkels

$$\varphi = \arcsin\left(\frac{|\boldsymbol{a} \cdot \boldsymbol{n}|}{|\boldsymbol{a}|\,|\boldsymbol{n}|}\right) = \arcsin\left(\frac{8}{\sqrt{406}}\right) \approx 23.4°$$

verwenden wir das Skalarprodukt aus $\boldsymbol{a}$ und $\boldsymbol{n}$.

c) Eine Parameterdarstellung der Geraden senkrecht zu E durch S ist

$$h: \quad \boldsymbol{x} = \begin{pmatrix} 6 \\ -3 \\ 1 \end{pmatrix} + \lambda \begin{pmatrix} 3 \\ 4 \\ -2 \end{pmatrix}.$$

Dazu haben wir den Punkt S und den Normalenvektor $\boldsymbol{n}$ eingesetzt.

d) Für eine Parameterdarstellung von E benötigen wir zwei Richtungsvektoren von E. Dazu machen wir einen möglichst einfachen Ansatz zweier Punkte P_1 und P_2 mit den zugehörigen Vektoren $\boldsymbol{p}_1$ und $\boldsymbol{p}_2$ in der Ebene:

$$\boldsymbol{p}_1 = \begin{pmatrix} 0 \\ y \\ 0 \end{pmatrix} \quad \Longrightarrow \quad 4y = 4 \quad \Longrightarrow \quad y = 1, \quad \boldsymbol{p}_2 = \begin{pmatrix} 0 \\ 0 \\ z \end{pmatrix} \quad \Longrightarrow \quad z = -2\,.$$

Eingesetzt in die Ebenengleichung erhalten wir die angesetzten Koordinaten.

Die gesuchten Richtungsvektoren sind damit $\overline{SP_1}$ und $\overline{SP_2}$ und wir erhalten

$$E: \quad \boldsymbol{x} = \begin{pmatrix} 6 \\ -3 \\ 1 \end{pmatrix} + \lambda \begin{pmatrix} -6 \\ 4 \\ -1 \end{pmatrix} + \mu \begin{pmatrix} -6 \\ 3 \\ -3 \end{pmatrix}$$

für eine mögliche Parameterdarstellung von E.

Lösung 3.19 (Abstand und Normale bei einer Geraden und Ebene)

a) Die Gerade g setzen wir in Punktrichtungsform an:

$$g: \quad \boldsymbol{x} = \begin{pmatrix} 6 \\ 5 \\ 2 \end{pmatrix} + \lambda \begin{pmatrix} 2 \\ 3 \\ 1 \end{pmatrix}.$$

Dabei haben wir den Punkt Q und den Normalenvektor $\boldsymbol{n}$ eingesetzt.

b) Zunächst setzen wir die parameterfreie Ebenengleichung an:

$$E: \quad 2x + 3y + z = d\,.$$

Durch Einsetzen des Punkts P in die Ebenengleichung erhalten wir $d = 10$. Nun werden die Komponenten der Geradendarstellung in die Ebenengleichung eingesetzt:

$$2(6 + 2\lambda) + 3(5 + 3\lambda) + (2 + \lambda) = 10\,.$$

Hieraus folgt

$$\lambda = -\frac{19}{14}, \quad S\left(\frac{46}{14} \,\middle|\, \frac{13}{14} \,\middle|\, \frac{9}{14}\right)$$

und damit der Durchstoßpunkt.

c) Wir normieren $\boldsymbol{n}$ und erhalten

$$\boldsymbol{n}_e = \frac{1}{\sqrt{14}} \begin{pmatrix} 2 \\ 3 \\ 1 \end{pmatrix}.$$

Der Abstand lässt sich nun durch Einsetzen von Q in die Hessesche Normalform berechnen:

$$d = \left| \frac{2 \cdot 6 + 3 \cdot 5 + 1 \cdot 2 - 10}{\sqrt{14}} \right| = \frac{19}{\sqrt{14}} \approx 5.08\,.$$

Wichtig dabei ist, dass $\boldsymbol{n}$ zunächst auf $\boldsymbol{n}_e$ normiert wird.

d) Die x-Achse schneidet die Ebene E unter der Bedingung

$$2\lambda + 0 + 0 = 10 \implies \lambda = 5 \implies S_x(5\,|\,0\,|\,0)\,.$$

Analog schneidet die y-Achse die Ebene E unter der Bedingung

$$0 + 3\lambda + 0 = 10 \implies \lambda = \frac{10}{3} \implies S_y\left(0 \,\middle|\, \frac{10}{3} \,\middle|\, 0\right)$$

und die z-Achse die Ebene E unter der Bedingung

$$0 + 0 + \lambda = 10 \implies \lambda = 10 \implies S_z(0\,|\,0\,|\,10)\,.$$

Die Ebene E schneidet also alle drei Koordinatenachsen.

e) Aus Aufgabenteil d) folgt die Schnittgerade in der x-y-Ebene:

$$g_{xy}: \quad \boldsymbol{x} = \begin{pmatrix} 5 \\ 0 \\ 0 \end{pmatrix} + \lambda \begin{pmatrix} -5 \\ \frac{10}{3} \\ 0 \end{pmatrix}.$$

Analog erhalten wir eine Parameterdarstellung der Schnittgeraden in der x-z-Ebene:

$$g_{xz}: \quad \boldsymbol{x} = \begin{pmatrix} 5 \\ 0 \\ 0 \end{pmatrix} + \lambda \begin{pmatrix} -5 \\ 0 \\ 10 \end{pmatrix}.$$

Eine Parameterdarstellung der Schnittgeraden in der y-z-Ebene lautet:

$$g_{yz}: \quad \boldsymbol{x} = \begin{pmatrix} 0 \\ 0 \\ 10 \end{pmatrix} + \lambda \begin{pmatrix} 0 \\ \frac{10}{3} \\ -10 \end{pmatrix}.$$

Bei allen drei Schnittgeraden haben wir die Schnittpunkte mit den Koordinatenachsen und die Verbindungsvektoren zwischen den Schnittpunkten eingesetzt.

Lösung 3.20 (Parallele Ebenen)

a) Wir berechnen Normalenvektoren $\boldsymbol{n}_1$ und $\boldsymbol{n}_2$ für die beiden Ebenen E_1 und E_2:

$$\boldsymbol{n}_1 = \begin{pmatrix} -3 \\ 3 \\ 3 \end{pmatrix}, \quad \boldsymbol{n}_2 = \begin{pmatrix} 1 \\ -1 \\ -1 \end{pmatrix}.$$

Die beiden Vektoren sind parallel, also sind es auch die beiden Ebenen.

b) Eine Parameterdarstellung der gesuchten Geraden g ist

$$g: \quad \boldsymbol{x} = \begin{pmatrix} 0 \\ 0 \\ 0 \end{pmatrix} + \nu \begin{pmatrix} 1 \\ -1 \\ -1 \end{pmatrix}.$$

Hierbei haben wir den Normalenvektor $\boldsymbol{n}_2$ aus Aufgabenteil a) eingesetzt.

c) Die Ebenen können parameterfrei geschrieben werden:

$$E_1: \quad -3x_1 + 3x_2 + 3x_3 = 6, \qquad E_2: \quad x_1 - x_2 - x_3 = -1\,.$$

Durch Einsetzen der Geradenkomponenten erhalten wir

$$-9\nu_1 = 6 \implies \nu_1 = -\frac{2}{3}, \qquad 3\nu_2 = -1 \implies \nu_2 = -\frac{1}{3}$$

und daraus die Schnittpunkte $S_1\left(-\frac{2}{3}\,\middle|\,\frac{2}{3}\,\middle|\,\frac{2}{3}\right)$ und $S_2\left(-\frac{1}{3}\,\middle|\,\frac{1}{3}\,\middle|\,\frac{1}{3}\right)$.

d) Für die Ebene E_1 erhalten wir einen normierten Normalenvektor und in die parameterfreie Darstellung von E_1 können wir den Punkt $P(1\,|\,0\,|\,2)$, der in E_2 liegt, einsetzen:

$$\boldsymbol{n}_e = \frac{1}{3\sqrt{3}} \begin{pmatrix} -3 \\ 3 \\ 3 \end{pmatrix}, \quad d = \left| \frac{-3 \cdot 1 + 3 \cdot 0 + 3 \cdot 2 - 6}{3\sqrt{3}} \right| = \frac{1}{\sqrt{3}} \approx 0.577\,.$$

Alternativer Weg: Der Abstand der Ebenen ist gerade der Abstand der beiden Schnittpunkte aus Aufgabenteil c).

3.2.3 Anwendung

Lösung 3.21 (Verteilermast)

Die vier Kräfte $\boldsymbol{F}_1$, $\boldsymbol{F}_2$, $\boldsymbol{F}_3$ und $\boldsymbol{F}_4$ wirken in vier Richtungen. Dies sind durch die folgenden Winkel gegeben:

$$\alpha_1 = 0^\circ,\ \alpha_2 = 80^\circ,\ \alpha_3 = 200^\circ,\ \alpha_4 = 270^\circ\,.$$

Ein Kraftvektor besteht aus einem Kosinusanteil und einem Sinusanteil. Wir können entsprechend zerlegen:

$$\boldsymbol{F}_k = \begin{pmatrix} |\boldsymbol{F}_k| \cos\alpha_k \\ |\boldsymbol{F}_k| \sin\alpha_k \end{pmatrix}.$$

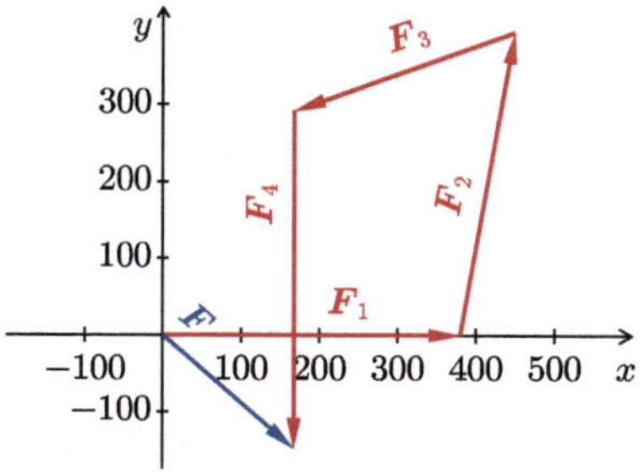

Wir erhalten also näherungsweise

$$\boldsymbol{F}_1 \approx \begin{pmatrix} 380 \\ 0 \end{pmatrix},\quad \boldsymbol{F}_2 \approx \begin{pmatrix} 69 \\ 394 \end{pmatrix},\quad \boldsymbol{F}_3 \approx \begin{pmatrix} -282 \\ -103 \end{pmatrix},\quad \boldsymbol{F}_4 \approx \begin{pmatrix} 0 \\ -440 \end{pmatrix}$$

und damit näherungsweise für die resultierende Kraft

$$\boldsymbol{F} = \boldsymbol{F}_1 + \boldsymbol{F}_2 + \boldsymbol{F}_3 + \boldsymbol{F}_4 \approx \begin{pmatrix} 167 \\ -149 \end{pmatrix},\quad |\boldsymbol{F}| \approx 224\ \mathrm{N},\quad \alpha \approx \arctan\left(\frac{-149}{167}\right) \approx -41.6^\circ\,.$$

Die resultierende Kraft ist die Summe der Einzelkräfte.

Lösung 3.22 (Zugkräfte an einem Gegenstand)

a) Die resultierende Kraft $\boldsymbol{F}$ setzt sich zusammen aus

$$\boldsymbol{F}_1 = 350\begin{pmatrix} 1 \\ \sqrt{3} \end{pmatrix},\quad \boldsymbol{F}_2 = 300\begin{pmatrix} \sqrt{2} \\ -\sqrt{2} \end{pmatrix}.$$

Damit ist also

$$\boldsymbol{F} = \boldsymbol{F}_1 + \boldsymbol{F}_2 \approx \begin{pmatrix} 774 \\ 182 \end{pmatrix},\quad |\boldsymbol{F}| \approx 795\ \mathrm{N},\quad \alpha \approx \arctan\left(\frac{182}{774}\right) \approx 13.2^\circ\,.$$

Die beiden Einzelkräfte werden dabei addiert.

b) Da der Gegenstand in Richtung $\boldsymbol{d}$ bewegt werden soll, gilt der Ansatz

$$\boldsymbol{F} = \boldsymbol{F}_1 + \boldsymbol{F}_2 + \boldsymbol{F}_3 = \begin{pmatrix} b \\ 0 \end{pmatrix}.$$

Die zweite Komponente dieses Gleichungssystems lautet

$$\sqrt{3}\cdot 350 - \sqrt{2}\cdot 300 + 1000\sin\alpha = 0\,.$$

Aufgelöst nach α ergibt sich

$$\alpha = \arcsin\left(\frac{\sqrt{2}\cdot 300 - \sqrt{3}\cdot 350}{1000}\right) \approx -10.5^\circ$$

für den gesuchten Winkel, unter dem die Kraft $\boldsymbol{F}_3$ wirken soll.

Lösung 3.23 (Hund im Fluss)

a) Es ist $d = 100$ m die Flussbreite, $\boldsymbol{v}_F$ die Strömungsgeschwindigkeit und $\boldsymbol{v}_{H1}$ die Eigengeschwindigkeit des Hundes. Wir erhalten damit

$$t = \frac{d}{|\boldsymbol{v}_{H1}|} = \frac{100\ \text{m}}{0.6\ \frac{\text{m}}{\text{s}}} \approx 166.7\ \text{s}$$

für die Überquerungszeit und

$$a = |\boldsymbol{v}_F|\, t \approx 0.4\ \frac{\text{m}}{\text{s}} \cdot 166.7\ \text{s} \approx 66.7\ \text{m}$$

für den Abtrieb.

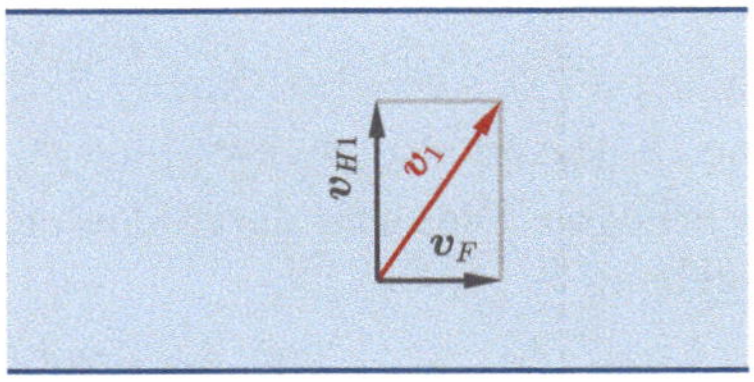

b) Wir bezeichnen die neue Eigengeschwindigkeit des Hundes mit $\boldsymbol{v}_{H2}$. Für die resultierende Geschwindigkeit $\boldsymbol{v}_2 = \boldsymbol{v}_F + \boldsymbol{v}_{H2}$ gilt

$$\boldsymbol{v}_2 = \begin{pmatrix} 0.4 \\ 0 \end{pmatrix} + 0.6 \begin{pmatrix} \cos\alpha \\ \sin\alpha \end{pmatrix} = \begin{pmatrix} 0 \\ b \end{pmatrix}.$$

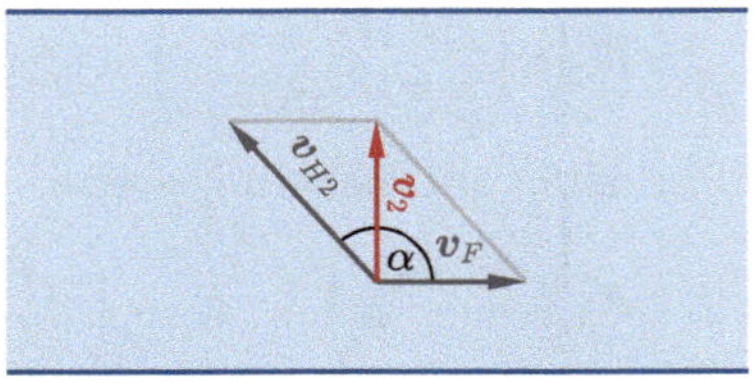

Aus der ersten Komponente folgt

$$\cos\alpha = -\frac{2}{3} \implies \alpha = \arccos\left(-\frac{2}{3}\right) \approx 131.8°.$$

Das entspricht einem Winkel von $131.8° - 90° = 41.8°$ gegen die Senkrechte zur Strömung. Für die zweite Komponente des Geschwindigkeitsvektors $\boldsymbol{v}_2$ ergibt sich

$$b = |\boldsymbol{v}_{H1}| \sin\alpha \approx 0.447\ \frac{\text{m}}{\text{s}} \implies t = \frac{d}{b} \approx 223.6\ \text{s}$$

und damit die neue Überquerungszeit. Dabei haben wir den Winkel α eingesetzt.

Lösung 3.24 (Ausleger)

Für die Kräfte setzen wir

$$\boldsymbol{F}_1 = \lambda_1 \begin{pmatrix} -s_1 \\ 0 \end{pmatrix}, \quad \boldsymbol{F}_2 = \lambda_2 \begin{pmatrix} -s_1 \\ -s \end{pmatrix}, \quad \boldsymbol{F} = |\boldsymbol{F}| \begin{pmatrix} \sin\alpha \\ -\cos\alpha \end{pmatrix}$$

mit zunächst unbekannten Faktoren λ_1 und λ_2 an. Das Kräftegleichgewicht $\boldsymbol{F} + \boldsymbol{F}_1 + \boldsymbol{F}_2 = \boldsymbol{0}$ ist ein lineares Gleichungssystem in λ_1 und λ_2:

$$\begin{aligned} s_1\lambda_1 + s_1\lambda_2 &= |\boldsymbol{F}| \sin\alpha \\ s\lambda_2 &= -|\boldsymbol{F}| \cos\alpha\,. \end{aligned}$$

Die Lösung lautet

$$\lambda_2 = \frac{-|\boldsymbol{F}| \cos\alpha}{s} \approx -34641, \quad \lambda_1 = \frac{|\boldsymbol{F}| \sin\alpha - s_1\lambda_2}{s_1} \approx 47141\,.$$

Diese Werte λ_1 und λ_2 setzen wir in den Ansatz der Kräfte ein:

$$\boldsymbol{F}_1 \approx \begin{pmatrix} -37712 \\ 0 \end{pmatrix}, \quad \boldsymbol{F}_2 \approx \begin{pmatrix} 27713 \\ 17321 \end{pmatrix}.$$

Damit ist $\boldsymbol{F}_1$ eine Zugkraft und $\boldsymbol{F}_2$ eine Druckkraft.

4 Matrizen

Neben Vektoren sind Matrizen ein weiteres wesentliches Strukturelement der linearen Algebra. Matrixelemente haben einen Zeilen- und einen Spaltenindex. Der Umgang mit zwei Indices ist für viele Studierende an dieser Stelle neu. Zu den Grundkompetenzen in diesem Kapitel gehört das Formulieren von linearen Gleichungssystemen mithilfe von Matrizen und Vektoren.

Das Rechnen mit Matrizen ist aus der Schule meist nicht bekannt. Sind die Addition und Subtraktion noch vergleichsweise einfach, so wird die Matrixmultiplikation oft zum Stolperstein. Die Reihenfolge der Faktoren ist entscheidend und für jedes Element eines Matrixprodukts muss ein Skalarprodukt berechnet werden. Auch der Unterschied zwischen dem Skalarprodukt und dem dyadischen Produkt ist nicht immer sofort klar. Verwirrung stiftet manchmal auch die Unterscheidung zwischen dem Transponieren und dem Invertieren einer Matrix. Einige Rechenregeln findet man in Anhang A.1.

Die Determinante einer Matrix kann als Kennzahl der Matrix aufgefasst werden. Zu den Kernkompetenzen in diesem Kapitel gehört der Umgang mit Determinanten. Die Regel von Sarrus ist leicht und beliebt. Viel wichtiger ist aber das Prinzip der Entwicklung von Determinanten. Dieses ist universeller und auf Matrizen beliebiger Größe anwendbar. Für Determinanten gibt es einige wichtige Rechenregeln.

Die Berechnung von inversen Matrizen ist ein heikles Thema. Abgesehen vom Anwenden einer einfachen Formel für $(2, 2)$-Matrizen, wächst der Aufwand bei handschriftlichen Berechnungen sehr schnell mit wachsender Matrixdimension. Dafür entsteht erneut ein Bezug zum Gauß-Algorithmus, der bei der Berechnung einer Inversen sogar zweifach angewendet wird. Ein lineares Gleichungssystem sollte in der Regel jedoch iterativ oder mithilfe des Gauß-Algorithmus und nicht über die inverse Matrix gelöst werden.

Einige Aufgaben adressieren das Bestimmen von Eigenwerten und Eigenvektoren bei quadratischen Matrizen. Eigenwerte spielen bei Differenzialgleichungen eine wichtige Rolle. Mit ihnen kann das Dämpfungs- und Schwingungsverhalten von Lösungen charakterisiert werden. Eine handschriftliche Berechnung der Eigenwerte und Eigenvektoren ist meist mit zumindest mittlerem Rechenaufwand verbunden. Sind komplexe Zahlen bekannt, siehe Kapitel 13, so können auch komplexe Eigenwerte und Eigenvektoren betrachtet werden. Dann greifen die Kompetenzen aus mehreren Kapiteln ineinander.

Eher anwendungsnah ist das Thema lineare Abbildungen. Es gibt Aufgaben zu Rotationen, Streckungen, Spiegelungen und Verschiebungen. Meist können die Ergebnisse dann mithilfe von Skizzen sehr schön veranschaulicht werden.

4.1 Aufgaben

4.1.1 Verständnis und Kompetenz

Aufgabe 4.1 (Reguläre Matrix) ★☆☆☆☆

Wahr oder falsch? Die Matrix $\boldsymbol{A}$ ist genau dann regulär, wenn a und b nicht null sind.

$$\boldsymbol{A} = \begin{pmatrix} 0 & a \\ b & 0 \end{pmatrix}$$

Aufgabe 4.2 (Determinante und Lösungmenge) ★☆☆☆☆

Wahr oder falsch? Wenn die Determinante der Matrix $\boldsymbol{A}$ null ist, dann hat $\boldsymbol{A}\,\boldsymbol{x} = \boldsymbol{0}$

a) keine Lösung, b) genau eine Lösung, c) mindestens eine Lösung.

Aufgabe 4.3 (Eigenwerte von Dreiecksmatrizen) ★★☆☆☆

Geben Sie für die folgenden Matrizen die Eigenwerte an:

a) $\boldsymbol{A} = \begin{pmatrix} 2 & 0 & 0 \\ 0 & -1 & 0 \\ 0 & 0 & 3 \end{pmatrix}$ b) $\boldsymbol{A} = \begin{pmatrix} -1 & 0 & 0 \\ 2 & \sqrt{3} & 0 \\ -3 & 1 & \sqrt{2} \end{pmatrix}$ c) $\boldsymbol{A} = \begin{pmatrix} \pi & 1 & -1 \\ 0 & 3\pi & 1 \\ 0 & 0 & -2\pi \end{pmatrix}$

Aufgabe 4.4 (Skalierung von Eigenwerten) ★★☆☆☆

Zeigen Sie, dass für eine beliebige reelle Konstante $c \neq 0$ folgendes gilt: λ ist Eigenwert der Matrix $\boldsymbol{A}$ genau dann, wenn $c\lambda$ Eigenwert der Matrix $c\boldsymbol{A}$ ist.

Aufgabe 4.5 (Summe und Produkt von Eigenwerten) ★★★★☆

Zeigen Sie zunächst für $(2,2)$-Matrizen und dann für $(3,3)$-Matrizen $\boldsymbol{A}$:

a) Die Summe der Eigenwerte ist gleich der Summe der Diagonalelemente von $\boldsymbol{A}$.

b) Das Produkt der Eigenwerte ist gleich der Determinante von $\boldsymbol{A}$.

Aufgabe 4.6 (Transponierte und Diagonalmatrix) ★★☆☆☆

Bestimmen Sie den Parameter a so, dass $\boldsymbol{A}\,\boldsymbol{A}^{\mathrm{T}}$ eine Diagonalmatrix ist:

$$\boldsymbol{A} = \begin{pmatrix} 1 & 2 \\ -2 & a \end{pmatrix}.$$

Aufgabe 4.7 (Determinante und lineares Gleichungssystem) ★★★☆☆

Schreiben Sie das lineare Gleichungssystem

$$\begin{array}{rcrcrcl} px_1 & - & x_2 & + & 2x_3 & = & 0 \\ 2x_1 & + & px_2 & - & x_3 & = & 3 \\ & & px_2 & + & x_3 & = & 1 \end{array}$$

in Matrixform $\boldsymbol{A}\,\boldsymbol{x} = \boldsymbol{b}$ und berechnen Sie die Determinante der Matrix $\boldsymbol{A}$. Für welche Werte des Parameters p ist das lineare Gleichungssystem eindeutig lösbar?

4.1.2 Rechnung und Training

Aufgabe 4.8 (Matrixprodukte) ★★☆☆☆

Gegeben sind vier Matrizen unterschiedlicher Dimensionen. Berechnen Sie alle möglichen Produkte aus jeweils zwei der Matrizen:

$$\boldsymbol{a} = \begin{pmatrix} 1 & 2 & 3 \end{pmatrix}, \quad \boldsymbol{b} = \begin{pmatrix} 2 \\ 1 \\ 3 \end{pmatrix}, \quad \boldsymbol{C} = \begin{pmatrix} 2 & 1 & 1 \\ 3 & 0 & 1 \end{pmatrix}, \quad \boldsymbol{D} = \begin{pmatrix} 2 & 2 & 3 \\ 1 & -1 & 0 \\ -1 & 2 & 1 \end{pmatrix}.$$

Aufgabe 4.9 (Matrixpotenzen) ★★☆☆☆

Berechnen Sie $\boldsymbol{A}^2$, $\boldsymbol{A}^3$ und $\boldsymbol{A}^4$ und stellen Sie eine Formel für $\boldsymbol{A}^n$ auf:

$$\boldsymbol{A} = \begin{pmatrix} a & 1 & 0 \\ 0 & a & 1 \\ 0 & 0 & a \end{pmatrix}.$$

Aufgabe 4.10 (Matrixgleichungen) ★★★☆☆

Bestimmen Sie die Matrizen $\boldsymbol{A}$ und $\boldsymbol{B}$ so, dass die beiden Gleichungen erfüllt sind:

$$2\boldsymbol{A} - 2\boldsymbol{B} = \begin{pmatrix} 1 & 0 \\ 0 & 1 \end{pmatrix}, \qquad 4\boldsymbol{A} + \boldsymbol{B} = \begin{pmatrix} 2 & 3 \\ -1 & 0 \end{pmatrix}.$$

Aufgabe 4.11 (Determinanten von (2,2)-Matrizen) ★★☆☆☆

Berechnen Sie folgende Determinanten:

a) $\begin{vmatrix} -4 & 1 \\ -9 & -2 \end{vmatrix}$ b) $\begin{vmatrix} \sin\alpha & \cos\alpha \\ -\cos\alpha & \sin\alpha \end{vmatrix}$ c) $\begin{vmatrix} a+b & a-b \\ a-b & a+b \end{vmatrix}$

Aufgabe 4.12 (Determinanten von (3,3)-Matrizen) ★★★☆☆

Berechnen Sie die folgenden Determinanten:

a) $\begin{vmatrix} 1 & 2 & 5 \\ 3 & -4 & 7 \\ -3 & 12 & -15 \end{vmatrix}$ b) $\begin{vmatrix} 12 & 6 & -4 \\ 6 & 4 & 4 \\ 3 & 2 & 8 \end{vmatrix}$ c) $\begin{vmatrix} 1 & 2 & 3 & 4 \\ 8 & 7 & 6 & 5 \\ -2 & 0 & 4 & 1 \\ 3 & 4 & -3 & 0 \end{vmatrix}$

Aufgabe 4.13 (Inverse Matrizen) ★★☆☆☆

Bestimmen Sie für folgende Matrizen jeweils die inverse Matrix:

a) $\boldsymbol{A} = \begin{pmatrix} 4 & 1 \\ -9 & -2 \end{pmatrix}$ b) $\boldsymbol{A} = \begin{pmatrix} 1 & 0 \\ 4 & 2 \end{pmatrix}$ c) $\boldsymbol{A} = \begin{pmatrix} \cos\alpha & \sin\alpha \\ -\sin\alpha & \cos\alpha \end{pmatrix}$

Aufgabe 4.14 (Matrixinverse und Matrixgleichungen) ★★★☆☆

Berechnen Sie die Inversen der Matrizen

$$\boldsymbol{A} = \begin{pmatrix} 1 & 1 \\ 1 & 2 \end{pmatrix}, \quad \boldsymbol{B} = \begin{pmatrix} 2 & 1 \\ 1 & 1 \end{pmatrix}$$

und bestimmen Sie die Matrizen $\boldsymbol{X}$ und $\boldsymbol{Y}$ so, dass gilt: $\boldsymbol{A}\,\boldsymbol{X} = \boldsymbol{B}$ und $\boldsymbol{Y}\,\boldsymbol{B} = \boldsymbol{A}$.

Aufgabe 4.15 (Inverse Matrizen und lineare Gleichungssysteme) ★★★★☆

Zeigen Sie, dass die Matrix $\boldsymbol{B}$ die inverse Matrix der Matrix $\boldsymbol{A}$ ist:

$$\boldsymbol{A} = \begin{pmatrix} 3 & 1 & 0 \\ -4 & -1 & 0 \\ 4 & -8 & 2 \end{pmatrix}, \qquad \boldsymbol{B} = \frac{1}{2}\begin{pmatrix} -2 & -2 & 0 \\ 8 & 6 & 0 \\ 36 & 28 & 1 \end{pmatrix},$$

Welche Matrix ist die inverse Matrix der Matrix $\boldsymbol{B}$? Bestimmen Sie die Determinanten der Matrizen $\boldsymbol{A}$ und $\boldsymbol{B}$. Berechnen Sie alle Lösungen der beiden linearen Gleichungssysteme

$$\begin{array}{rcrcrcr} 3x_1 & + & x_2 & & & = & 1 \\ -4x_1 & - & x_2 & & & = & 0 \\ 4x_1 & - & 8x_2 & + & 2x_3 & = & 0 \end{array} \qquad \begin{array}{rcrcrcr} 3x_1 & + & x_2 & & & = & 1 \\ -4x_1 & - & x_2 & & & = & 2 \\ 4x_1 & - & 8x_2 & + & 2x_3 & = & 3 \end{array}$$

Aufgabe 4.16 (Drehungen) ★★★☆☆

Die Ecken eines Rechtecks haben im x_1-x_2-Koordinatensystem die Koordinaten

$$\boldsymbol{a}_1 = \begin{pmatrix} 1 \\ 2 \end{pmatrix}, \quad \boldsymbol{a}_2 = \begin{pmatrix} 3 \\ 2 \end{pmatrix}, \quad \boldsymbol{a}_3 = \begin{pmatrix} 3 \\ 3 \end{pmatrix}, \quad \boldsymbol{a}_4 = \begin{pmatrix} 1 \\ 3 \end{pmatrix}.$$

Bestimmen Sie die Koordinaten im y_1-y_2-Koordinatensystem bei folgenden Drehungen in mathematisch positiver Drehrichtung:

a) Drehung um $30°$ b) Drehung um $135°$

Aufgabe 4.17 (Eigenwerte und Eigenvektoren von (2,2)-Matrizen) ★★★☆☆

Bestimmen Sie für folgende Matrizen die Eigenwerte und zugehörige Eigenvektoren:

a) $\boldsymbol{A} = \begin{pmatrix} 3 & 3 \\ 3 & -5 \end{pmatrix}$ b) $\boldsymbol{A} = \begin{pmatrix} 2 & 1 \\ 3 & 4 \end{pmatrix}$ c) $\boldsymbol{A} = \begin{pmatrix} -1 & 2 \\ 2 & -4 \end{pmatrix}$

Aufgabe 4.18 (Eigenwerte und Eigenvektoren von (3,3)-Matrizen) ★★★★☆

Berechnen Sie für folgende Matrizen alle Eigenwerte und zugehörige Eigenvektoren:

a) $\boldsymbol{A} = \begin{pmatrix} 1 & -1 & 1 \\ -1 & 3 & -1 \\ 1 & -1 & 1 \end{pmatrix}$ b) $\boldsymbol{A} = \begin{pmatrix} 2 & 1 & 1 \\ 2 & 3 & 4 \\ -1 & -1 & -2 \end{pmatrix}$ c) $\boldsymbol{A} = \begin{pmatrix} 0 & 1 & 0 \\ 0 & 0 & 1 \\ -10 & 1 & 10 \end{pmatrix}$

Aufgabe 4.19 (Eigenwerte, Eigenvektoren und Drehungen) ★★★★★

Berechnen Sie alle reellen Eigenwerte und zugehörige Eigenvektoren der folgenden Matrizen. Begründen Sie, dass die Matrizen Drehungen beschreiben. Geben Sie jeweils die Drehachse und den Drehwinkel an.

a) $\boldsymbol{A} = \frac{1}{3}\begin{pmatrix} 2 & 2 & -1 \\ -1 & 2 & 2 \\ 2 & -1 & 2 \end{pmatrix}$ b) $\boldsymbol{A} = \frac{1}{3}\begin{pmatrix} 1 & 0 & -\sqrt{8} \\ 0 & 3 & 0 \\ \sqrt{8} & 0 & 1 \end{pmatrix}$

Aufgabe 4.20 (Hauptachsentransformation) ★★★☆☆

Bestimmen Sie mithilfe der Hauptachsentransformation die Lösungsmengen der folgenden Gleichungen. Skizzieren Sie die Lösungsmengen in der Ebene.

a) $3x^2 + 2xy + 3y^2 = 8$ b) $2x^2 - 4xy - y^2 = 6$

4.1.3 Anwendung

Aufgabe 4.21 (Produktionsprozess) ★★☆☆☆

In einem zweistufigen Produktionsprozess werden aus vier Rohstoffen R_1, R_2, R_3 und R_4 drei Zwischenprodukte Z_1, Z_2 und Z_3 und daraus zwei Endprodukte P_1 und P_2 hergestellt. Zur Beschreibung des Bedarfs werden Mengeneinheiten (ME) verwendet.

Zur Herstellung von Z_1 benötigt man 4 ME von R_1 und 7 ME von R_3, zur Herstellung von Z_2 benötigt man 3 ME von R_1, 5 ME von R_2 und 2 ME von R_4 und zur Herstellung von Z_3 benötigt man 4 ME von R_2 und 6 ME von R_4.

Des Weiteren werden für P_1 3 ME von Z_1, 2 ME von Z_2 und 5 ME von Z_3 und für P_2 1 ME von Z_1, 3 ME von Z_2 und 3 ME von Z_3 benötigt.

a) Formulieren Sie die Beziehungen zwischen den Rohstoffen, den Zwischenprodukten und den Endprodukten mithilfe geeigneter Matrizen.

b) Wie groß ist der Rohstoffbedarf für 15 Endprodukte P_1 und 25 Endprodukte P_2?

Aufgabe 4.22 (Computergrafik) ★★★☆☆

Das Quadrat mit den Ecken $(3\,|\,1)$, $(5\,|\,3)$, $(3\,|\,5)$ und $(1\,|\,3)$ soll durch eine Rotation, eine Streckung und eine anschließende Verschiebung in das Einheitsquadrat mit den Ecken $(-1\,|\,-1)$, $(1\,|\,-1)$, $(1\,|\,1)$ und $(-1\,|\,1)$ transformiert werden.

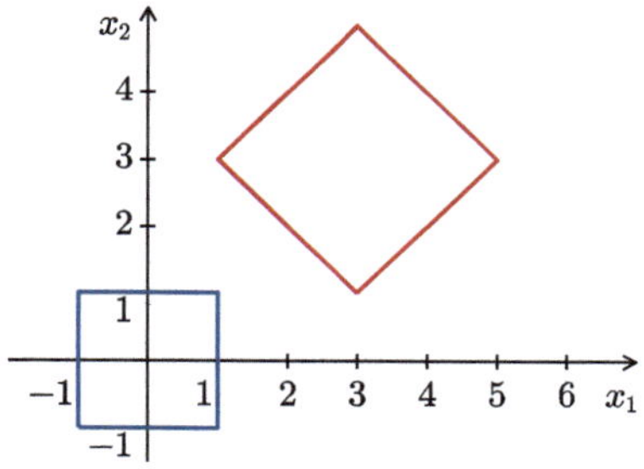

a) Bestimmen Sie die Matrizen $\boldsymbol{R}$ und $\boldsymbol{S}$ für die Rotation und die Streckung. Sind die Matrizen $\boldsymbol{R}$ und $\boldsymbol{S}$ eindeutig bestimmt?

b) Bestimmen Sie eine Matrix $\boldsymbol{A}$ und einen Vektor $\boldsymbol{b}$ so, dass die gesamte Transformation in der Form $\boldsymbol{y} = \boldsymbol{A}\boldsymbol{x} + \boldsymbol{b}$ durchgeführt wird.

Aufgabe 4.23 (Verkehrsverbindungen) ★★☆☆☆

Sechs Städte S_1 bis S_6 sind durch ein Netz von Verkehrswegen miteinander verbunden, siehe Abbildung.

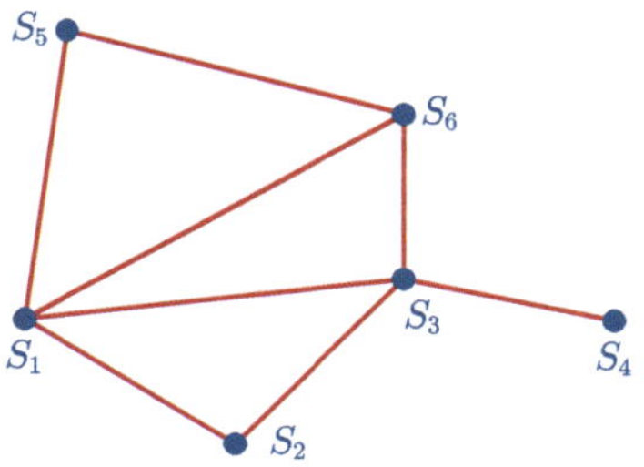

a) Stellen Sie eine $(6, 6)$-Matrix $\boldsymbol{A}$ auf. Dabei soll in der Matrix in Zeile i und Spalte j eine Eins stehen, falls es einen Verkehrsweg von Stadt i nach Stadt j gibt. Andernfalls soll an dieser Stelle eine Null stehen.

b) Welche Eigenschaft hat die Matrix $\boldsymbol{A}$?

c) Welche Zusatzinformation könnte man anstelle der Einträge mit einer Eins in die Matrix $\boldsymbol{A}$ aufnehmen?

4.2 Lösungen

4.2.1 Verständnis und Kompetenz

Lösung 4.1 (Reguläre Matrix)

Ob eine Matrix regulär ist oder nicht, lässt sich an ihrer Determinante ablesen:

$$|\boldsymbol{A}| = \begin{vmatrix} 0 & a \\ b & 0 \end{vmatrix} = 0 - ab = -ab\,.$$

Die Matrix $\boldsymbol{A}$ ist genau dann regulär, wenn sowohl a als auch b ungleich null ist. Die Aussage ist also wahr.

Lösung 4.2 (Determinante und Lösungmenge)

a) Die Aussage ist falsch, denn die triviale Lösung $\boldsymbol{x} = \boldsymbol{0}$ ist immer eine Lösung eines homogenen linearen Gleichungssystems.

b) Auch diese Aussage ist falsch. Immer wenn die Determinante einer Matrix gleich null ist, hat das zugehörige Gleichungssystem keine eindeutige Lösung, also entweder keine oder unendlich viele Lösungen. Ist das Gleichungssystem homogen, existiert stets die triviale Lösung. Es muss also unendlich viele Lösungen geben. Als Gegenbeispiel können wir das homogene Gleichungssystem

$$\boldsymbol{A}\boldsymbol{x} = \begin{pmatrix} 0 & 1 \\ 0 & 0 \end{pmatrix} \boldsymbol{x} = \boldsymbol{0} \quad \Longrightarrow \quad \boldsymbol{x} = \begin{pmatrix} t \\ 0 \end{pmatrix}, \quad t \in \mathbb{R}$$

betrachten. Die Determinante der Matrix $\boldsymbol{A}$ ist null, es gibt unendlich viele Lösungen.

c) Diese Aussage ist wahr. Sie ist sogar unabhängig von der Determinanten, denn jedes homogene lineare Gleichungssystem besitzt mindestens eine Lösung, nämlich die triviale Lösung.

Lösung 4.3 (Eigenwerte von Dreiecksmatrizen)

a) Die Eigenwerte einer Diagonalmatrix stehen in der Diagonalen:

$$\boldsymbol{A} = \begin{pmatrix} 2 & 0 & 0 \\ 0 & -1 & 0 \\ 0 & 0 & 3 \end{pmatrix} \quad \Longrightarrow \quad \lambda_1 = 2 \quad \lambda_1 = -1 \quad \lambda_1 = 3\,.$$

b) Die Eigenwerte einer unteren Dreiecksmatrix stehen ebenfalls in der Diagonalen:

$$\boldsymbol{A} = \begin{pmatrix} -1 & 0 & 0 \\ 2 & \sqrt{3} & 0 \\ -3 & 1 & \sqrt{2} \end{pmatrix} \quad \Longrightarrow \quad \lambda_1 = -1 \quad \lambda_1 = \sqrt{3} \quad \lambda_1 = \sqrt{2}\,.$$

c) Auch die Eigenwerte einer oberen Dreiecksmatrix stehen in der Diagonalen:

$$\boldsymbol{A} = \begin{pmatrix} \pi & 1 & -1 \\ 0 & 3\pi & 1 \\ 0 & 0 & -2\pi \end{pmatrix} \quad \Longrightarrow \quad \lambda_1 = \pi \quad \lambda_1 = 3\,\pi \quad \lambda_1 = -2\,\pi\,.$$

Sie können direkt abgelesen werden.

Lösung 4.4 (Skalierung von Eigenwerten)

Wir multiplizieren die Eigenwertgleichung mit einer beliebigen reellen Konstante c. Dann erhalten wir folgende Äquivalenzkette:

$$\boldsymbol{A}\boldsymbol{v} = \lambda\boldsymbol{v} \quad \Longleftrightarrow \quad c\boldsymbol{A}\boldsymbol{v} = c\lambda\boldsymbol{v} \quad \Longleftrightarrow \quad (c\boldsymbol{A})\boldsymbol{v} = (c\lambda)\boldsymbol{v}\,.$$

Somit haben wir gezeigt, dass λ ein Eigenwert der Matrix $\boldsymbol{A}$ ist genau dann, wenn $c\,\lambda$ ein Eigenwert der Matrix $c\,\boldsymbol{A}$ ist.

Lösung 4.5 (Summe und Produkt von Eigenwerten)

Die Summe der Diagonalelemente einer Matrix wird auch als Spur bezeichnet. Die Eigenschaften in den Aufgabenteilen a) und b) ergeben sich aus einem Vergleich der charakteristischen Polynome. Bei einer allgemeinen $(2,2)$-Matrix gilt für das charakteristische Polynom einerseits

$$|\boldsymbol{A} - \lambda\boldsymbol{E}| = (a_{11} - \lambda)(a_{22} - \lambda) - a_{12}a_{21} = \lambda^2 - \underbrace{(a_{11} + a_{22})}_{\mathrm{Spur}\boldsymbol{A}}\lambda + \underbrace{a_{11}a_{22} - a_{12}a_{21}}_{|\boldsymbol{A}|}$$

und wegen der Faktorisierung mithilfe der Eigenwerte andererseits

$$(\lambda - \lambda_1)(\lambda - \lambda_2) = \lambda^2 - \underbrace{(\lambda_1 + \lambda_2)}_{\mathrm{Spur}\boldsymbol{A}}\,\lambda + \underbrace{\lambda_1\lambda_2}_{|\boldsymbol{A}|}\,.$$

Bei einer allgemeinen $(3,3)$-Matrix gilt für das charakteristische Polynom nach der Regel von Sarrus einerseits

$$\begin{aligned}|\boldsymbol{A} - \lambda\boldsymbol{E}| &= (a_{11} - \lambda)(a_{22} - \lambda)(a_{33} - \lambda) + a_{12}a_{23}a_{31} + a_{13}a_{21}a_{32}\\ &- a_{13}(a_{22} - \lambda)a_{31} - (a_{11} - \lambda)a_{23}a_{32} - a_{12}a_{21}(a_{33} - \lambda)\,.\end{aligned}$$

Sortiert man diesen Ausdruck nach Potenzen von λ, so entsteht

$$\begin{aligned}|\boldsymbol{A} - \lambda\boldsymbol{E}| &= -\lambda^3 + \underbrace{(a_{11} + a_{22} + a_{33})}_{\mathrm{Spur}\boldsymbol{A}}\lambda^2 + (\ldots)\lambda\\ &\underbrace{+ a_{11}a_{22}a_{33} + a_{12}a_{23}a_{31} + a_{13}a_{21}a_{32} - a_{13}a_{22}a_{31} - a_{11}a_{23}a_{32} - a_{12}a_{21}a_{33}}_{|\boldsymbol{A}|}\,.\end{aligned}$$

Wegen der Faktorisierung mithilfe der Eigenwerte gilt andererseits

$$(\lambda-\lambda_1)(\lambda-\lambda_2)(\lambda-\lambda_3) = \lambda^3 - \underbrace{(\lambda_1+\lambda_2+\lambda_3)}_{\mathrm{Spur}\boldsymbol{A}}\lambda^2 + (\lambda_1\lambda_2+\lambda_1\lambda_3+\lambda_2\lambda_3)\lambda - \underbrace{\lambda_1\lambda_2\lambda_3}_{|\boldsymbol{A}|}\,.$$

a) Die Behauptung folgt durch Koeffizientenvergleich des Ausdrucks mit λ bei $(2,2)$-Matrizen bzw. mit λ^2 bei $(3,3)$-Matrizen:

$$\lambda_1 + \lambda_2 = a_{11} + a_{22} \quad , \quad \lambda_1 + \lambda_2 + \lambda_3 = a_{11} + a_{22} + a_{33}\,.$$

b) Die Behauptung folgt durch Vergleich des Absolutglieds:

$$\lambda_1\,\lambda_2 = a_{11}\,a_{22} - a_{12}\,a_{21} \quad , \quad \lambda_1\,\lambda_2\,\lambda_3 = |\boldsymbol{A}|\,.$$

Die Aussagen lassen sich auch auf größere Matrizen verallgemeinern.

Lösung 4.6 (Transponierte und Diagonalmatrix)

Wir berechnen zunächst

$$A\,A^{\mathrm{T}} = \begin{pmatrix} 1 & 2 \\ -2 & a \end{pmatrix} \begin{pmatrix} 1 & -2 \\ 2 & a \end{pmatrix} = \begin{pmatrix} 5 & 2a-2 \\ 2a-2 & a^2+4 \end{pmatrix}.$$

Das Produkt ist eine Diagonalmatrix genau dann, wenn $2a - 2 = 0$, also wenn $a = 1$ ist.

Lösung 4.7 (Determinante und lineares Gleichungssystem)

In Matrixform lautet das lineare Gleichungssystem

$$\begin{pmatrix} p & -1 & 2 \\ 2 & p & -1 \\ 0 & p & 1 \end{pmatrix} \begin{pmatrix} x_1 \\ x_2 \\ x_3 \end{pmatrix} = \begin{pmatrix} 0 \\ 3 \\ 1 \end{pmatrix}.$$

Für die Determinante gilt nach der Regel von Sarrus

$$\begin{vmatrix} p & -1 & 2 \\ 2 & p & -1 \\ 0 & p & 1 \end{vmatrix} = (p^2 + 0 + 4p) - (0 - p^2 - 2) = 2p^2 + 4p + 2\,.$$

Wir setzen die Determinante gleich null:

$$2p^2 + 4p + 2 = 0 \quad \Longrightarrow \quad p_{1,2} = -1\,.$$

Das Gleichungssystem ist also eindeutig lösbar genau dann, wenn $p \neq -1$ ist.

4.2.2 Rechnung und Training

Lösung 4.8 (Matrixprodukte)

Damit zwei Matrizen miteinander multipliziert werden können, muss die Spaltenanzahl der ersten Matrix mit der Zeilenanzahl der zweiten Matrix übereinstimmen. Ein erstes Produkt entsteht durch die Multiplikation von $\boldsymbol{a}$ mit $\boldsymbol{D}$:

$$\boldsymbol{ab} = \begin{pmatrix} 1 & 2 & 3 \end{pmatrix} \begin{pmatrix} 2 \\ 1 \\ 3 \end{pmatrix} = 1\cdot 2 + 2 \cdot 1 + 3 \cdot 3 = 13\,.$$

Auch in umgekehrter Reihenfolge der Faktoren entsteht ein Produkt:

$$\boldsymbol{ba} = \begin{pmatrix} 2 \\ 1 \\ 3 \end{pmatrix} \begin{pmatrix} 1 & 2 & 3 \end{pmatrix} = \begin{pmatrix} 2\cdot 1 & 2\cdot 2 & 2\cdot 3 \\ 1\cdot 1 & 1\cdot 2 & 1\cdot 3 \\ 3\cdot 1 & 3\cdot 2 & 3\cdot 3 \end{pmatrix} = \begin{pmatrix} 2 & 4 & 6 \\ 1 & 2 & 3 \\ 3 & 6 & 9 \end{pmatrix}.$$

Hier sieht man, dass es auf die Reihenfolge der Faktoren ankommt. Multipliziert man einen Zeilenvektor mit einem Spaltenvektor, so entsteht ein Skalarprodukt. Umgekehrt entsteht ein sogenanntes dyadisches Produkt. Alle weiteren möglichen Produkte sind

$$\boldsymbol{aD} = \begin{pmatrix} 1 & 6 & 6 \end{pmatrix} \quad \boldsymbol{CD} = \begin{pmatrix} 4 & 5 & 7 \\ 5 & 8 & 10 \end{pmatrix}, \quad \boldsymbol{Cb} = \begin{pmatrix} 8 \\ 9 \end{pmatrix}, \quad \boldsymbol{Db} = \begin{pmatrix} 15 \\ 1 \\ 3 \end{pmatrix}.$$

Insgesamt gibt es 6 Möglichkeiten, die Matrizen miteinander zu multiplizieren.

Lösung 4.9 (Matrixpotenzen)

Wir erhalten zunächst

$$A^2 = \begin{pmatrix} a & 1 & 0 \\ 0 & a & 1 \\ 0 & 0 & a \end{pmatrix}\begin{pmatrix} a & 1 & 0 \\ 0 & a & 1 \\ 0 & 0 & a \end{pmatrix} = \begin{pmatrix} a^2 & 2a & 1 \\ 0 & a^2 & 2a \\ 0 & 0 & a^2 \end{pmatrix}.$$

Damit lässt sich A^3 berechnen:

$$A^3 = \begin{pmatrix} a^2 & 2a & 1 \\ 0 & a^2 & 2a \\ 0 & 0 & a^2 \end{pmatrix}\begin{pmatrix} a & 1 & 0 \\ 0 & a & 1 \\ 0 & 0 & a \end{pmatrix} = \begin{pmatrix} a^3 & 3a^2 & 3a \\ 0 & a^3 & 3a^2 \\ 0 & 0 & a^3 \end{pmatrix}.$$

Durch nochmalige Multiplikation mit A erhalten wir

$$A^4 = \begin{pmatrix} a^3 & 3a^2 & 3a \\ 0 & a^3 & 3a^2 \\ 0 & 0 & a^3 \end{pmatrix}\begin{pmatrix} a & 1 & 0 \\ 0 & a & 1 \\ 0 & 0 & a \end{pmatrix} = \begin{pmatrix} a^4 & 4a^3 & 6a^2 \\ 0 & a^4 & 4a^3 \\ 0 & 0 & a^4 \end{pmatrix}.$$

Ganz allgemein erhalten wir für beliebiges n

$$A^n = \begin{pmatrix} a^n & na^{n-1} & \frac{n(n-1)}{2}a^{n-2} \\ 0 & a^n & na^{n-1} \\ 0 & 0 & a^n \end{pmatrix}.$$

Die Struktur einer oberen Dreiecksmatrix bleibt also erhalten.

Lösung 4.10 (Matrixgleichungen)

Mit den Bezeichnungen

$$C_1 = \begin{pmatrix} 1 & 0 \\ 0 & 1 \end{pmatrix}, \quad C_2 = \begin{pmatrix} 2 & 3 \\ -1 & 0 \end{pmatrix}$$

können wir ein Matrixgleichungssystem schreiben:

$$\begin{array}{rcrcl} 2A & - & 2B & = & C_1 \\ 4A & + & B & = & C_2 \end{array}$$

Wir multiplizieren die erste Gleichung mit −2 und addieren die beiden Gleichungen:

$$5B = -2C_1 + C_2 \quad \Longrightarrow \quad B = \frac{1}{5}(-2C_1 + C_2).$$

Mit den Zahlenwerten erhalten wir

$$B = \frac{1}{5}\left(-2\begin{pmatrix} 1 & 0 \\ 0 & 1 \end{pmatrix} + \begin{pmatrix} 2 & 3 \\ -1 & 0 \end{pmatrix}\right) = \frac{1}{5}\begin{pmatrix} -2 & 0 \\ 0 & -2 \end{pmatrix} + \frac{1}{5}\begin{pmatrix} 2 & 3 \\ -1 & 0 \end{pmatrix} = \frac{1}{5}\begin{pmatrix} 0 & 3 \\ -1 & -2 \end{pmatrix}.$$

Mithilfe der ersten Gleichung

$$A = \frac{1}{2}(2B + C_1)$$

erhalten wir

$$A = \frac{1}{2}\left(\frac{2}{5}\begin{pmatrix} 0 & 3 \\ -1 & -2 \end{pmatrix} + \begin{pmatrix} 1 & 0 \\ 0 & 1 \end{pmatrix}\right) = \frac{1}{10}\begin{pmatrix} 0 & 6 \\ -2 & -4 \end{pmatrix} + \frac{1}{10}\begin{pmatrix} 5 & 0 \\ 0 & 5 \end{pmatrix} = \frac{1}{10}\begin{pmatrix} 5 & 6 \\ -2 & 1 \end{pmatrix}.$$

Insgesamt haben wir ein System mit 8 Gleichungen und 8 Unbekannten gelöst.

Lösung 4.11 (Determinanten von (2,2)-Matrizen)

a) Die Determinante

$$\begin{vmatrix} -4 & 1 \\ -9 & -2 \end{vmatrix} = (-4)(-2) - (1)(-9) = 8 + 9 = 17$$

berechnen wir mit der Formel für die Determinante bei $(2,2)$-Matrizen.

b) Für die Matrix gilt

$$\begin{vmatrix} \sin\alpha & \cos\alpha \\ -\cos\alpha & \sin\alpha \end{vmatrix} = \sin^2\alpha + \cos^2\alpha = 1\,.$$

Die Determinante ist also unabhängig vom Winkel α.

c) Wir bestimmen die Determinante durch

$$\begin{vmatrix} a+b & a-b \\ a-b & a+b \end{vmatrix} = (a+b)^2 - (a-b)^2 = 4ab\,.$$

Die Determinante ist null, falls $a = 0$ oder $b = 0$.

Lösung 4.12 (Determinanten von (3,3)-Matrizen)

a) Mit der Regel von Sarrus ergibt sich

$$\begin{vmatrix} 1 & 2 & 5 \\ 3 & -4 & 7 \\ -3 & 12 & -15 \end{vmatrix} = (60 - 42 + 180) - (60 + 84 - 90) = 144$$

für die gesuchte Determinante.

b) Ganz analog erhalten wir mit der Regel von Sarrus

$$\begin{vmatrix} 12 & 6 & -4 \\ 6 & 4 & 4 \\ 3 & 2 & 8 \end{vmatrix} = (384 + 72 - 48) - (-48 + 96 + 288) = 72$$

als Determinante der gegebenen Matrix.

c) In der vierten Spalte steht eine Null. Wir entwickeln nach dieser Spalte, um den Rechenaufwand so gering wie möglich zu halten. Es ergibt sich

$$\begin{vmatrix} 1 & 2 & 3 & 4 \\ 8 & 7 & 6 & 5 \\ -2 & 0 & 4 & 1 \\ 3 & 4 & -3 & 0 \end{vmatrix} = -4\begin{vmatrix} 8 & 7 & 6 \\ -2 & 0 & 4 \\ 3 & 4 & -3 \end{vmatrix} + 5\begin{vmatrix} 1 & 2 & 3 \\ -2 & 0 & 4 \\ 3 & 4 & -3 \end{vmatrix} - 1\begin{vmatrix} 1 & 2 & 3 \\ 8 & 7 & 6 \\ 3 & 4 & -3 \end{vmatrix}$$

und damit

$$\begin{vmatrix} 1 & 2 & 3 & 4 \\ 8 & 7 & 6 & 5 \\ -2 & 0 & 4 & 1 \\ 3 & 4 & -3 & 0 \end{vmatrix} = -(4)(-134) + (5)(-28) - (1)(72) = 324\,.$$

Genauso gut hätten wir aber auch nach der vierten Zeile oder der zweiten Spalte oder der dritten Zeile entwickeln können. Bei diesen Entwicklungen ist stets eine Null mit dabei. Achtung: Für $(4,4)$-Matrizen gibt es keine Regel von Sarrus!

Lösung 4.13 (Inverse Matrizen)

Die Formel für die Inverse einer $(2,2)$-Matrix lautet

$$\begin{pmatrix} a & b \\ c & d \end{pmatrix}^{-1} = \frac{1}{a\,d - b\,c}\begin{pmatrix} d & -b \\ -c & a \end{pmatrix}.$$

Voraussetzung ist, dass die Determinante ungleich null ist.

a) Die Inverse lässt sich mit dieser Formel berechnen:

$$\boldsymbol{A}^{-1} = \frac{1}{-8+9}\begin{pmatrix} -2 & -1 \\ 9 & 4 \end{pmatrix} = \begin{pmatrix} -2 & -1 \\ 9 & 4 \end{pmatrix}.$$

Die Determinante ist hier ungleich null.

b) Auch auf diese Matrix lässt sich die Formel anwenden:

$$\boldsymbol{A}^{-1} = \frac{1}{2-0}\begin{pmatrix} 2 & 0 \\ -4 & 1 \end{pmatrix} = \frac{1}{2}\begin{pmatrix} 2 & 0 \\ -4 & 1 \end{pmatrix},$$

denn die Determinante von $\boldsymbol{A}$ ist ungleich null.

c) Die Matrix $\boldsymbol{A}$ beschreibt eine Rotationsmatrix mit dem Drehwinkel α. Die Rotation erfolgt dabei mit mathematisch positivem Drehsinn, also gegen den Uhrzeigersinn. Wir erhalten für die Inverse

$$\boldsymbol{A}^{-1} = \frac{1}{\cos^2\alpha + \sin^2\alpha}\begin{pmatrix} \cos\alpha & -\sin\alpha \\ \sin\alpha & \cos\alpha \end{pmatrix} = \begin{pmatrix} \cos\alpha & -\sin\alpha \\ \sin\alpha & \cos\alpha \end{pmatrix}.$$

Wegen der Symmetrieeigenschaften

$$\sin(-\alpha) = -\sin\alpha\,, \qquad \cos(-\alpha) = \cos\alpha$$

können wir die Inverse alternativ auch in der Form

$$\boldsymbol{A}^{-1} = \begin{pmatrix} \cos(-\alpha) & \sin(-\alpha) \\ -\sin(-\alpha) & \cos(-\alpha) \end{pmatrix}$$

schreiben. Dann beschreibt $\boldsymbol{A}^{-1}$ eine Rotationsmatrix mit dem Drehwinkel $-\alpha$.

Lösung 4.14 (Matrixinverse und Matrixgleichungen)

Mit der Formel für die Inverse erhalten wir

$$\boldsymbol{A}^{-1} = \begin{pmatrix} 2 & -1 \\ -1 & 1 \end{pmatrix}, \quad \boldsymbol{B}^{-1} = \begin{pmatrix} 1 & -1 \\ -1 & 2 \end{pmatrix}.$$

Weiter ist

$$\boldsymbol{A}\boldsymbol{X} = \boldsymbol{B} \quad \Longleftrightarrow \quad \boldsymbol{X} = \boldsymbol{A}^{-1}\boldsymbol{B} = \begin{pmatrix} 2 & -1 \\ -1 & 1 \end{pmatrix}\begin{pmatrix} 2 & 1 \\ 1 & 1 \end{pmatrix} = \begin{pmatrix} 3 & 1 \\ -1 & 0 \end{pmatrix}$$

und ganz entsprechend

$$\boldsymbol{Y}\boldsymbol{B} = \boldsymbol{A} \quad \Longleftrightarrow \quad \boldsymbol{Y} = \boldsymbol{A}\boldsymbol{B}^{-1} = \begin{pmatrix} 1 & 1 \\ 1 & 2 \end{pmatrix}\begin{pmatrix} 1 & -1 \\ -1 & 2 \end{pmatrix} = \begin{pmatrix} 0 & 1 \\ -1 & 3 \end{pmatrix}.$$

Die erste Gleichung haben wir mit $\boldsymbol{A}^{-1}$ von links multipliziert und die zweite Gleichung mit $\boldsymbol{B}^{-1}$ von rechts.

Lösung 4.15 (Inverse Matrizen und lineare Gleichungssysteme)

Der Nachweis der Inversen von $\boldsymbol{A}$ gelingt durch

$$\boldsymbol{AB} = \begin{pmatrix} 3 & 1 & 0 \\ -4 & -1 & 0 \\ 4 & -8 & 2 \end{pmatrix} \cdot \frac{1}{2} \begin{pmatrix} -2 & -2 & 0 \\ 8 & 6 & 0 \\ 36 & 28 & 1 \end{pmatrix} = \begin{pmatrix} 1 & 0 & 0 \\ 0 & 1 & 0 \\ 0 & 0 & 1 \end{pmatrix}.$$

Hieraus folgt also $\boldsymbol{A}^{-1} = \boldsymbol{B}$. Da bei Matrizen die linksinverse Matrix stets gleich der rechtsinversen Matrix ist, folgt $\boldsymbol{B}^{-1} = \boldsymbol{A}$. Die Determinante der Matrix $\boldsymbol{A}$ muss ungleich null sein:

$$\begin{vmatrix} 3 & 1 & 0 \\ -4 & -1 & 0 \\ 4 & -8 & 2 \end{vmatrix} = (-6+0+0) - (0+0-8) = 2\,.$$

Auch die Determinante der Matrix $\boldsymbol{B}$ muss ungleich null sein:

$$\frac{1}{2^3} \begin{vmatrix} -2 & -2 & 0 \\ 8 & 6 & 0 \\ 36 & 28 & 1 \end{vmatrix} = \frac{1}{8}\big((-12+0+0) - (0+0-16)\big) = \frac{1}{2}\,.$$

Hieraus folgt, dass die Lösungen der beiden linearen Gleichungssysteme eindeutig sind. Das erste Gleichungssystem besitzt die Lösung

$$\boldsymbol{x}_1 = \boldsymbol{A}^{-1}\boldsymbol{b}_1 = \frac{1}{2} \begin{pmatrix} -2 & -2 & 0 \\ 8 & 6 & 0 \\ 36 & 28 & 1 \end{pmatrix} \begin{pmatrix} 1 \\ 0 \\ 0 \end{pmatrix} = \begin{pmatrix} -1 \\ 4 \\ 18 \end{pmatrix}$$

und das zweite die Lösung

$$\boldsymbol{x}_2 = \boldsymbol{A}^{-1}\boldsymbol{b}_2 = \frac{1}{2} \begin{pmatrix} -2 & -2 & 0 \\ 8 & 6 & 0 \\ 36 & 28 & 1 \end{pmatrix} \begin{pmatrix} 1 \\ 2 \\ 3 \end{pmatrix} = \frac{1}{2} \begin{pmatrix} -6 \\ 20 \\ 95 \end{pmatrix}.$$

Beide linearen Gleichungssysteme sind eindeutig lösbar.

Lösung 4.16 (Drehungen)

a) Die x_1-x_2-Achsen haben im gedrehten y_1-y_2-Koordinatensystem folgende normierte Richtungen:

$$\frac{1}{2}\begin{pmatrix} \sqrt{3} \\ -1 \end{pmatrix}, \quad \frac{1}{2}\begin{pmatrix} 1 \\ \sqrt{3} \end{pmatrix}.$$

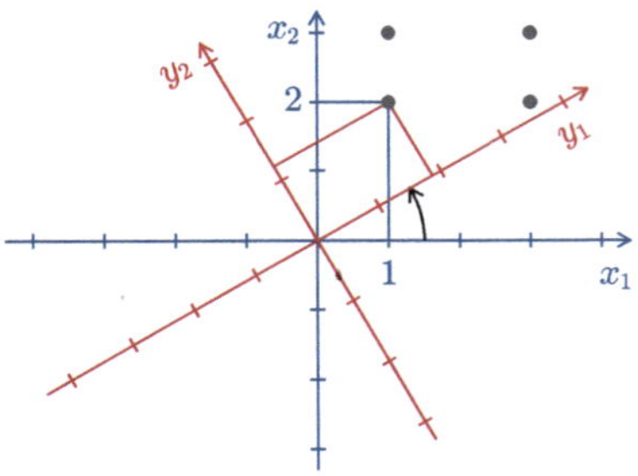

Mit diesen beiden Vektoren erhalten wir

$$\boldsymbol{T} = \frac{1}{2}\begin{pmatrix} \sqrt{3} & 1 \\ -1 & \sqrt{3} \end{pmatrix}$$

als orthogonale Transformationsmatrix $\boldsymbol{T}$. Mit

$$\boldsymbol{b}_1 = \boldsymbol{T}\boldsymbol{a}_1 = \frac{1}{2}\begin{pmatrix} \sqrt{3} & 1 \\ -1 & \sqrt{3} \end{pmatrix}\begin{pmatrix} 1 \\ 2 \end{pmatrix} = \frac{1}{2}\begin{pmatrix} 2+\sqrt{3} \\ -1+2\sqrt{3} \end{pmatrix}$$

entstehen im y_1-y_2-Koordinatensystem die neuen Koordinaten $\boldsymbol{b}_1$.

Analog entstehen auch die neuen Koordinaten $\boldsymbol{b}_2$, $\boldsymbol{b}_3$ und $\boldsymbol{b}_4$:

$$\boldsymbol{b}_2 = \frac{1}{2}\begin{pmatrix} 2+3\sqrt{3} \\ -3+2\sqrt{3} \end{pmatrix}, \quad \boldsymbol{b}_3 = \frac{1}{2}\begin{pmatrix} 3+3\sqrt{3} \\ -3+3\sqrt{3} \end{pmatrix}, \quad \boldsymbol{b}_4 = \frac{1}{2}\begin{pmatrix} 3+\sqrt{3} \\ -1+3\sqrt{3} \end{pmatrix}.$$

Dies entspricht einer Drehung um $30°$.

b) Die x_1-x_2-Achsen haben im gedrehten y_1-y_2-Koordinatensystem folgende normierte Richtungen:

$$\frac{1}{\sqrt{2}}\begin{pmatrix} -1 \\ -1 \end{pmatrix}, \quad \frac{1}{\sqrt{2}}\begin{pmatrix} 1 \\ -1 \end{pmatrix}.$$

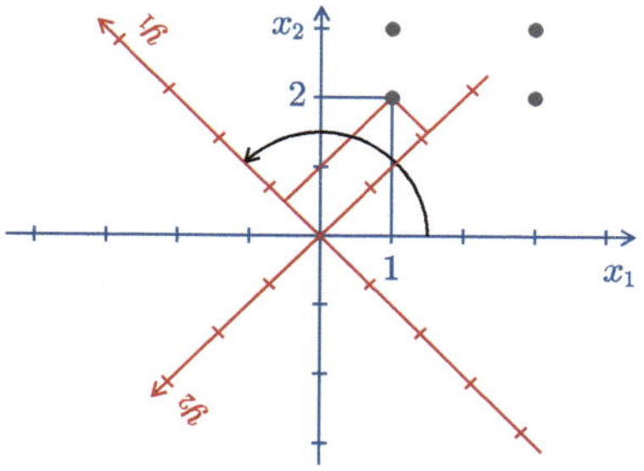

Damit können wir die orthogonale Transformationsmatrix $\boldsymbol{T}$ aufstellen:

$$\boldsymbol{T} = \frac{1}{\sqrt{2}}\begin{pmatrix} -1 & 1 \\ -1 & -1 \end{pmatrix}.$$

Im y_1-y_2-Koordinatensystem entstehen die neuen Koordinaten $\boldsymbol{b}_1$

$$\boldsymbol{b}_1 = \boldsymbol{T}\boldsymbol{a}_1 = \frac{1}{\sqrt{2}}\begin{pmatrix} -1 & 1 \\ -1 & -1 \end{pmatrix}\begin{pmatrix} 1 \\ 2 \end{pmatrix} = \frac{1}{\sqrt{2}}\begin{pmatrix} 1 \\ -3 \end{pmatrix}$$

und die neuen Koordinaten $\boldsymbol{b}_2$, $\boldsymbol{b}_3$ und $\boldsymbol{b}_4$:

$$\boldsymbol{b}_2 = \frac{1}{\sqrt{2}}\begin{pmatrix} -1 \\ 5 \end{pmatrix}, \quad \boldsymbol{b}_3 = \frac{1}{\sqrt{2}}\begin{pmatrix} 0 \\ -6 \end{pmatrix}, \quad \boldsymbol{b}_4 = \frac{1}{\sqrt{2}}\begin{pmatrix} 2 \\ -4 \end{pmatrix}.$$

Dies entspricht einer Drehung um $135°$.

Lösung 4.17 (Eigenwerte und Eigenvektoren von (2,2)-Matrizen)

a) Zur Berechnung der Eigenwerte bestimmen wir folgende Determinante:

$$|\boldsymbol{A} - \lambda\boldsymbol{E}| = \begin{vmatrix} 3-\lambda & 3 \\ 3 & -5-\lambda \end{vmatrix} = (3-\lambda)(-5-\lambda) - 9 = \lambda^2 + 2\lambda - 24.$$

Dieses charakteristische Polynom hat die Nullstellen $\lambda_1 = 4$ und $\lambda_2 = -6$. Für Eigenvektoren zu λ_1 gilt

$$\begin{pmatrix} -1 & 3 \\ 3 & -9 \end{pmatrix}\boldsymbol{v}_1 = \begin{pmatrix} 0 \\ 0 \end{pmatrix} \quad \Longrightarrow \quad \boldsymbol{v}_1 = \begin{pmatrix} 3 \\ 1 \end{pmatrix}$$

und für Eigenvektoren zu λ_2 gilt

$$\begin{pmatrix} 9 & 3 \\ 3 & 1 \end{pmatrix}\boldsymbol{v}_2 = \begin{pmatrix} 0 \\ 0 \end{pmatrix} \quad \Longrightarrow \quad \boldsymbol{v}_2 = \begin{pmatrix} 1 \\ -3 \end{pmatrix}.$$

Die Matrix ist symmetrisch. Daher stehen die Eigenvektoren senkrecht aufeinander.

b) Zur Berechnung der Eigenwerte bestimmen wir folgende Determinante:

$$|\boldsymbol{A} - \lambda\boldsymbol{E}| = \begin{vmatrix} 2-\lambda & 1 \\ 3 & 4-\lambda \end{vmatrix} = (2-\lambda)(4-\lambda) - 3 = \lambda^2 - 6\lambda + 5.$$

Dieses charakteristische Polynom hat die Nullstellen $\lambda_1 = 1$ und $\lambda_2 = 5$.

Für Eigenvektoren zu λ_1 gilt

$$\begin{pmatrix} 1 & 1 \\ 3 & 3 \end{pmatrix} \boldsymbol{v}_1 = \begin{pmatrix} 0 \\ 0 \end{pmatrix} \implies \boldsymbol{v}_1 = \begin{pmatrix} 1 \\ -1 \end{pmatrix}$$

und für Eigenvektoren zu λ_2 gilt

$$\begin{pmatrix} -3 & 1 \\ 3 & -1 \end{pmatrix} \boldsymbol{v}_2 = \begin{pmatrix} 0 \\ 0 \end{pmatrix} \implies \boldsymbol{v}_2 = \begin{pmatrix} 1 \\ 3 \end{pmatrix}.$$

Hier stehen die beiden Eigenvektoren nicht senkrecht aufeinander.

c) Zur Berechnung der Eigenwerte bestimmen wir folgende Determinante:

$$|\boldsymbol{A} - \lambda \boldsymbol{E}| = \begin{vmatrix} -1-\lambda & 2 \\ 2 & -4-\lambda \end{vmatrix} = (-1-\lambda)(-4-\lambda) - 4 = \lambda^2 + 5\lambda\,.$$

Dieses charakteristische Polynom hat die Nullstellen $\lambda_1 = 0$ und $\lambda_2 = -5$. Für Eigenvektoren zu λ_1 gilt

$$\begin{pmatrix} -1 & 2 \\ 2 & -4 \end{pmatrix} \boldsymbol{v}_1 = \begin{pmatrix} 0 \\ 0 \end{pmatrix} \implies \boldsymbol{v}_1 = \begin{pmatrix} 2 \\ 1 \end{pmatrix}$$

und für Eigenvektoren zu λ_2 gilt

$$\begin{pmatrix} 4 & 2 \\ 2 & 1 \end{pmatrix} \boldsymbol{v}_2 = \begin{pmatrix} 0 \\ 0 \end{pmatrix} \implies \boldsymbol{v}_2 = \begin{pmatrix} 1 \\ -2 \end{pmatrix}.$$

Die Matrix ist symmetrisch. Daher stehen die Eigenvektoren senkrecht aufeinander.

Lösung 4.18 (Eigenwerte und Eigenvektoren von (3,3)-Matrizen)

a) Zur Berechnung der Eigenwerte bestimmen wir das charakteristische Polynom:

$$|\boldsymbol{A} - \lambda \boldsymbol{E}| = \begin{vmatrix} 1-\lambda & -1 & 1 \\ -1 & 3-\lambda & -1 \\ 1 & -1 & 1-\lambda \end{vmatrix} = -\lambda^3 + 5\lambda^2 - 4\lambda\,.$$

Dieses hat die Nullstellen $\lambda_1 = 0$, $\lambda_2 = 1$ und $\lambda_3 = 4$. Für Eigenvektoren zu λ_1 gilt

$$\begin{pmatrix} 1 & -1 & 1 \\ -1 & 3 & -1 \\ 1 & -1 & 1 \end{pmatrix} \boldsymbol{v}_1 = \begin{pmatrix} 0 \\ 0 \\ 0 \end{pmatrix} \implies \boldsymbol{v}_1 = \begin{pmatrix} 1 \\ 0 \\ -1 \end{pmatrix}$$

und für Eigenvektoren zu λ_2 gilt

$$\begin{pmatrix} 0 & -1 & 1 \\ -1 & 2 & -1 \\ 1 & -1 & 0 \end{pmatrix} \boldsymbol{v}_2 = \begin{pmatrix} 0 \\ 0 \\ 0 \end{pmatrix} \implies \boldsymbol{v}_2 = \begin{pmatrix} 1 \\ 1 \\ 1 \end{pmatrix}$$

und für Eigenvektoren zu λ_3 gilt

$$\begin{pmatrix} -3 & -1 & 1 \\ -1 & -1 & -1 \\ 1 & -1 & -3 \end{pmatrix} \boldsymbol{v}_3 = \begin{pmatrix} 0 \\ 0 \\ 0 \end{pmatrix} \implies \boldsymbol{v}_3 = \begin{pmatrix} 1 \\ -2 \\ 1 \end{pmatrix}.$$

Da die Matrix symmetrisch ist, sind alle Eigenwerte reell und die Eigenvektoren paarweise orthogonal zueinander.

b) Zur Berechnung der Eigenwerte bestimmen wir das charakteristische Polynom:

$$|\boldsymbol{A} - \lambda\boldsymbol{E}| = \begin{vmatrix} 2-\lambda & 1 & 1 \\ 2 & 3-\lambda & 4 \\ -1 & -1 & -2-\lambda \end{vmatrix} = -\lambda^3 + 3\lambda^2 + \lambda - 3\,.$$

Dieses hat die Nullstellen $\lambda_1 = -1$, $\lambda_2 = 1$ und $\lambda_3 = 3$. Für Eigenvektoren zu λ_1 gilt

$$\begin{pmatrix} 3 & 1 & 1 \\ 2 & 4 & 4 \\ -1 & -1 & -1 \end{pmatrix} \boldsymbol{v}_1 = \begin{pmatrix} 0 \\ 0 \\ 0 \end{pmatrix} \quad \Longrightarrow \quad \boldsymbol{v}_1 = \begin{pmatrix} 0 \\ 1 \\ -1 \end{pmatrix}$$

und für Eigenvektoren zu λ_2 gilt

$$\begin{pmatrix} 1 & 1 & 1 \\ 2 & 2 & 4 \\ -1 & -1 & -3 \end{pmatrix} \boldsymbol{v}_2 = \begin{pmatrix} 0 \\ 0 \\ 0 \end{pmatrix} \quad \Longrightarrow \quad \boldsymbol{v}_2 = \begin{pmatrix} 1 \\ -1 \\ 0 \end{pmatrix}$$

und für Eigenvektoren zu λ_3 gilt

$$\begin{pmatrix} -1 & 1 & 1 \\ 2 & 0 & 4 \\ -1 & -1 & -5 \end{pmatrix} \boldsymbol{v}_3 = \begin{pmatrix} 0 \\ 0 \\ 0 \end{pmatrix} \quad \Longrightarrow \quad \boldsymbol{v}_3 = \begin{pmatrix} -2 \\ -3 \\ 1 \end{pmatrix}.$$

Wenn $\boldsymbol{v}_3$ durch Probieren nicht abgelesen werden kann, dann helfen zwei Schritte mit dem Gauß-Algorithmus:

$$\begin{array}{rrr|r} -1 & 1 & 1 & 0 \\ 2 & 0 & 4 & 0 \\ -1 & -1 & -5 & 0 \end{array}\;, \quad \begin{array}{rrr|r} -1 & 1 & 1 & 0 \\ 0 & 2 & 6 & 0 \\ 0 & -2 & -6 & 0 \end{array}\;, \quad \begin{array}{rrr|r} -1 & 1 & 1 & 0 \\ 0 & 2 & 6 & 0 \\ 0 & 0 & 0 & 0 \end{array}\,.$$

Das Gleichungssystem ist redundant, wir können 1 für die dritte Komponente wählen.

c) Zur Berechnung der Eigenwerte bestimmen wir das charakteristische Polynom:

$$|\boldsymbol{A} - \lambda\boldsymbol{E}| = \begin{vmatrix} -\lambda & 1 & 0 \\ 0 & -\lambda & 1 \\ -10 & 1 & 10-\lambda \end{vmatrix} = -\lambda^3 + 10\lambda^2 + \lambda - 10\,.$$

Dieses hat die Nullstellen $\lambda_1 = -1$, $\lambda_2 = 1$ und $\lambda_3 = 10$. Für Eigenvektoren zu λ_1 gilt

$$\begin{pmatrix} 1 & 1 & 0 \\ 0 & 1 & 1 \\ -10 & 1 & 11 \end{pmatrix} \boldsymbol{v}_1 = \begin{pmatrix} 0 \\ 0 \\ 0 \end{pmatrix} \quad \Longrightarrow \quad \boldsymbol{v}_1 = \begin{pmatrix} 1 \\ -1 \\ 1 \end{pmatrix}$$

und für Eigenvektoren zu λ_2 gilt

$$\begin{pmatrix} -1 & 1 & 0 \\ 0 & -1 & 1 \\ -10 & 1 & 9 \end{pmatrix} \boldsymbol{v}_2 = \begin{pmatrix} 0 \\ 0 \\ 0 \end{pmatrix} \quad \Longrightarrow \quad \boldsymbol{v}_2 = \begin{pmatrix} 1 \\ 1 \\ 1 \end{pmatrix}$$

und für Eigenvektoren zu λ_3 gilt

$$\begin{pmatrix} -10 & 1 & 0 \\ 0 & -10 & 1 \\ -10 & 1 & 0 \end{pmatrix} \boldsymbol{v}_3 = \begin{pmatrix} 0 \\ 0 \\ 0 \end{pmatrix} \quad \Longrightarrow \quad \boldsymbol{v}_3 = \begin{pmatrix} 1 \\ 10 \\ 100 \end{pmatrix}.$$

Hier sind die Eigenvektoren zwar linear unabhängig aber nicht senkrecht zueinander.

Lösung 4.19 (Eigenwerte, Eigenvektoren und Drehungen)

a) Um die Rechnung zu vereinfachen, betrachten wir zunächst die Matrix $3\boldsymbol{A}$. Die Determinante von $3\boldsymbol{A} - \lambda\boldsymbol{E}$ berechnen wir durch Entwicklung nach der ersten Spalte:

$$|3\boldsymbol{A} - \lambda\boldsymbol{E}| = (2-\lambda)\begin{vmatrix} 2-\lambda & 2 \\ -1 & 2-\lambda \end{vmatrix} + 1\begin{vmatrix} 2 & -1 \\ -1 & 2-\lambda \end{vmatrix} + 2\begin{vmatrix} 2 & -1 \\ 2-\lambda & 2 \end{vmatrix} .$$

Wenn wir die entstehenden drei Unterdeterminanten ausrechnen, ergibt sich

$$|3\boldsymbol{A} - \lambda\boldsymbol{E}| = (2-\lambda)\big((2-\lambda)^2 + 2\big) + 1\big(2(2-\lambda) - 1\big) + 2\big(4 + (2-\lambda)\big) .$$

Multiplizieren wir aus und fassen zusammen, so folgt

$$|3\boldsymbol{A} - \lambda\boldsymbol{E}| = -\lambda^3 + 6\lambda^2 - 18\lambda + 27 .$$

Da fast alle Koeffizienten Vielfache von 3 sind, vermuten wir 3 als Eigenwert von $3\boldsymbol{A}$. Durch Polynomdivision bestätigen wir diesen Eigenwert. Das resultierende Polynom

$$-\lambda^2 + 3\lambda - 9$$

besitzt keine reellen Nullstellen. Somit ist $\lambda_1 = 1$ der einzige reelle Eigenwert der Ausgangsmatrix $\boldsymbol{A}$. Ein Eigenvektor dazu ist

$$\boldsymbol{v}_1 = \begin{pmatrix} 1 \\ 1 \\ 1 \end{pmatrix} .$$

Gemäß der Definition $\boldsymbol{A}\boldsymbol{v}_1 = \lambda_1\boldsymbol{v}_1$, sind alle Punkte in Richtung und Gegenrichtung von $\boldsymbol{v}_1$ Fixpunkte. Daher ist $\boldsymbol{v}_1$ die Drehachse. Zur Bestimmung des Drehwinkels benötigen wir einen Vektor, der senkrecht zur Drehachse ist, etwa

$$\boldsymbol{w} = \begin{pmatrix} 1 \\ -1 \\ 0 \end{pmatrix} .$$

Dieser Vektor $\boldsymbol{w}$ wird auf den Vektor $\boldsymbol{A}\boldsymbol{w}$ abgebildet:

$$\boldsymbol{A}\boldsymbol{w} = \frac{1}{3}\begin{pmatrix} 2 & 2 & -1 \\ -1 & 2 & 2 \\ 2 & -1 & 2 \end{pmatrix}\begin{pmatrix} 1 \\ -1 \\ 0 \end{pmatrix} = \begin{pmatrix} 0 \\ -1 \\ 1 \end{pmatrix} .$$

Mithilfe des Skalarprodukts erhalten wir den Drehwinkel

$$\varphi = \arccos\left(\frac{\boldsymbol{w}\cdot\boldsymbol{A}\boldsymbol{w}}{|\boldsymbol{w}|\,|\boldsymbol{A}\boldsymbol{w}|}\right) = \arccos\left(\frac{1}{\sqrt{2}\cdot\sqrt{2}}\right) = \arccos\left(\frac{1}{2}\right) = \frac{\pi}{6} = 60^\circ .$$

Damit sind Drehachse und Drehwinkel bestimmt.

b) Auch hier betrachten wir zunächst die Matrix $3\boldsymbol{A}$. Die Determinante von $3\boldsymbol{A} - \lambda\boldsymbol{E}$ berechnen wir durch Entwicklung nach der zweiten Spalte:

$$|3\boldsymbol{A} - \lambda\boldsymbol{E}| = (3-\lambda)\begin{vmatrix} 1-\lambda & -\sqrt{8} \\ \sqrt{8} & 1-\lambda \end{vmatrix} .$$

Wenn wir die entstehende Unterdeterminante ausrechnen, ergibt sich

$$|3\boldsymbol{A} - \lambda\boldsymbol{E}| = (3-\lambda)\big((1-\lambda)^2 + 8\big) = (3-\lambda)\left(\lambda^2 - 2\lambda + 9\right) .$$

Das quadratische Polynom hat keine reellen Nullstellen.

Somit ist $\lambda_1 = 1$ der einzige reelle Eigenwert der Ausgangsmatrix $\boldsymbol{A}$. Ein Eigenvektor dazu ist

$$\boldsymbol{v}_1 = \begin{pmatrix} 0 \\ 1 \\ 0 \end{pmatrix}.$$

Gemäß der Definition $\boldsymbol{A}\boldsymbol{v}_1 = \lambda_1 \boldsymbol{v}_1$, sind alle Punkte in Richtung und Gegenrichtung von $\boldsymbol{v}_1$ Fixpunkte. Daher ist die y-Achse die Drehachse. Zur Bestimmung des Drehwinkels benötigen wir einen Vektor, der senkrecht zur Drehachse ist, etwa

$$\boldsymbol{w} = \begin{pmatrix} 1 \\ 0 \\ 0 \end{pmatrix}.$$

Dieser Vektor $\boldsymbol{w}$ wird auf den Vektor $\boldsymbol{A}\boldsymbol{w}$ abgebildet:

$$\boldsymbol{A}\boldsymbol{w} = \frac{1}{3}\begin{pmatrix} 1 & 0 & -\sqrt{8} \\ 0 & 3 & 0 \\ \sqrt{8} & 0 & 1 \end{pmatrix}\begin{pmatrix} 1 \\ 0 \\ 0 \end{pmatrix} = \frac{1}{3}\begin{pmatrix} 1 \\ 0 \\ \sqrt{8} \end{pmatrix}.$$

Mithilfe des Skalarprodukts erhalten wir den Drehwinkel

$$\varphi = \arccos\left(\frac{\boldsymbol{w} \cdot \boldsymbol{A}\boldsymbol{w}}{|\boldsymbol{w}|\,|\boldsymbol{A}\boldsymbol{w}|}\right) = \arccos\left(\frac{\frac{1}{3}}{1 \cdot 1}\right) = \arccos\left(\frac{1}{3}\right) \approx 70{,}5^\circ\,.$$

Das Ergebnis für den Drehwinkel hängt nicht von der konkreten Wahl von $\boldsymbol{w}$ ab.

Lösung 4.20 (Hauptachsentransformation)

a) Zunächst schreiben wir die quadratische Form mithilfe einer symmetrischen Matrix $\boldsymbol{A}$:

$$(x\ y)\begin{pmatrix} 3 & 1 \\ 1 & 3 \end{pmatrix}\begin{pmatrix} x \\ y \end{pmatrix} = 8\,.$$

Für die Eigenwerte $\lambda_1 = 2$ und $\lambda_2 = 4$ von $\boldsymbol{A}$ berechnen wir normierte Eigenvektoren

$$\boldsymbol{v}_1 = \frac{1}{\sqrt{2}}\begin{pmatrix} 1 \\ -1 \end{pmatrix}, \quad \boldsymbol{v}_2 = \frac{1}{\sqrt{2}}\begin{pmatrix} 1 \\ 1 \end{pmatrix}.$$

Wir fassen die Eigenwerte in einer Diagonalmatrix $\boldsymbol{D}$ und die normierten Eigenvektoren spaltenweise in einer Transformationsmatrix $\boldsymbol{T}$ zusammen:

$$\boldsymbol{D} = \begin{pmatrix} 2 & 0 \\ 0 & 4 \end{pmatrix}, \qquad \boldsymbol{T} = \frac{1}{\sqrt{2}}\begin{pmatrix} 1 & 1 \\ -1 & 1 \end{pmatrix} \quad \Longrightarrow \quad \boldsymbol{A} = \boldsymbol{T}\boldsymbol{D}\boldsymbol{T}^{-1}.$$

Mit den Beziehungen

$$\begin{pmatrix} x \\ y \end{pmatrix} = \boldsymbol{T}\begin{pmatrix} \hat{x} \\ \hat{y} \end{pmatrix} \quad \Longleftrightarrow \quad \begin{pmatrix} \hat{x} \\ \hat{y} \end{pmatrix} = \boldsymbol{T}^{-1}\begin{pmatrix} x \\ y \end{pmatrix}$$

gilt für die transformierten Koordinaten $\hat{x}$ und $\hat{y}$ die Gleichung

$$(x\ y)\begin{pmatrix} 3 & 1 \\ 1 & 3 \end{pmatrix}\begin{pmatrix} x \\ y \end{pmatrix} = (\hat{x}\ \hat{y})\begin{pmatrix} 2 & 0 \\ 0 & 4 \end{pmatrix}\begin{pmatrix} \hat{x} \\ \hat{y} \end{pmatrix}.$$

Anstelle der vollbesetzten Matrix $\boldsymbol{A}$ verwenden wir also nun die Diagonalmatrix $\boldsymbol{D}$.

Wenn wir den rechten Term ausmultiplizieren, so erhalten wir

$$3x^2 + 2xy + 3y^2 = 8 \iff 2\hat{x}^2 + 4\hat{y}^2 = 8$$

oder umgeformt

$$3x^2 + 2xy + 3y^2 = 8 \iff \frac{\hat{x}^2}{4} + \frac{\hat{y}^2}{2} = 1\,.$$

Diese Gleichung beschreibt eine Ellipse mit den Halbachsen 2 und $\sqrt{2}$. Das Koordinatensystem ist um $-45°$ gedreht.

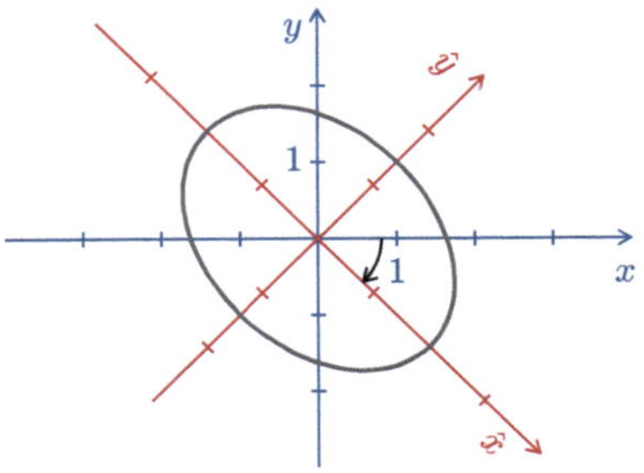

b) Zunächst schreiben wir die quadratische Form mithilfe einer quadratischen Matrix $\boldsymbol{A}$:

$$\begin{pmatrix} x & y \end{pmatrix} \begin{pmatrix} 2 & -2 \\ -2 & -1 \end{pmatrix} \begin{pmatrix} x \\ y \end{pmatrix} = 1\,.$$

Für die Eigenwerte $\lambda_1 = 3$ und $\lambda_2 = -2$ von $\boldsymbol{A}$ berechnen wir normierte Eigenvektoren

$$\boldsymbol{v}_1 = \frac{1}{\sqrt{5}} \begin{pmatrix} -2 \\ 1 \end{pmatrix}, \quad \boldsymbol{v}_2 = \frac{1}{\sqrt{5}} \begin{pmatrix} -1 \\ -2 \end{pmatrix}.$$

Wir fassen die Eigenwerte in einer Diagonalmatrix $\boldsymbol{D}$ und die normierten Eigenvektoren spaltenweise in einer Transformationsmatrix $\boldsymbol{T}$ zusammen. So erhalten wir einen Zusammenhang zwischen $\boldsymbol{A}$ und $\boldsymbol{D}$:

$$\boldsymbol{D} = \begin{pmatrix} 3 & 0 \\ 0 & -2 \end{pmatrix}, \qquad \boldsymbol{T} = \frac{1}{\sqrt{5}} \begin{pmatrix} -2 & -1 \\ 1 & -2 \end{pmatrix} \implies \boldsymbol{A} = \boldsymbol{T}\boldsymbol{D}\boldsymbol{T}^{-1}\,.$$

Mit den Beziehungen

$$\begin{pmatrix} x \\ y \end{pmatrix} = \boldsymbol{T} \begin{pmatrix} \hat{x} \\ \hat{y} \end{pmatrix} \iff \begin{pmatrix} \hat{x} \\ \hat{y} \end{pmatrix} = \boldsymbol{T}^{-1} \begin{pmatrix} x \\ y \end{pmatrix}$$

gilt für die transformierten Koordinaten $\hat{x}$ und $\hat{y}$ die Gleichung

$$\begin{pmatrix} x & y \end{pmatrix} \begin{pmatrix} 2 & -2 \\ -2 & -1 \end{pmatrix} \begin{pmatrix} x \\ y \end{pmatrix} = \begin{pmatrix} \hat{x} & \hat{y} \end{pmatrix} \begin{pmatrix} 3 & 0 \\ 0 & -2 \end{pmatrix} \begin{pmatrix} \hat{x} \\ \hat{y} \end{pmatrix}.$$

Anstelle der vollbesetzten Matrix $\boldsymbol{A}$ verwenden wir also nun die Diagonalmatrix $\boldsymbol{D}$. Wir multiplizieren den rechten Term aus:

$$2x^2 - 4xy - y^2 = 6 \iff 3\hat{x}^2 - 2\hat{y}^2 = 6\,.$$

Umgeformt erhalten wir

$$2x^2 - 4xy - y^2 = 6 \iff \frac{\hat{x}^2}{2} - \frac{\hat{y}^2}{3} = 1\,.$$

Diese Gleichung beschreibt eine Hyperbel. Aus den Wurzeln der Nenner $\sqrt{2}$ und $\sqrt{3}$ berechnet man die Steigungen der Asymptoten $m = \pm\sqrt{\frac{3}{2}}$. Das Koordinatensystem ist um den Winkel $\arctan\left(\frac{1}{-2}\right) + \pi \approx 153°$ gedreht.

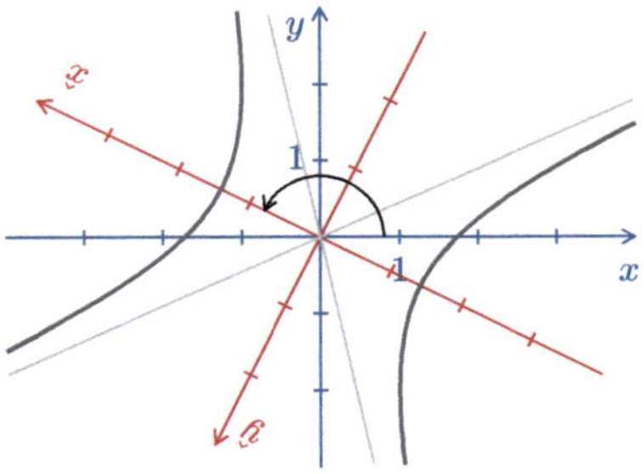

4.2.3 Anwendung

Lösung 4.21 (Produktionsprozess)

a) Die Beziehungen zwischen den Rohstoffen, den Zwischenprodukten und den Endprodukten lassen sich folgendermaßen darstellen:

$$\begin{pmatrix} 4 & 0 & 7 & 0 \\ 3 & 5 & 0 & 2 \\ 0 & 4 & 0 & 6 \end{pmatrix} \begin{pmatrix} R_1 \\ R_2 \\ R_3 \\ R_4 \end{pmatrix} = \begin{pmatrix} Z_1 \\ Z_2 \\ Z_3 \end{pmatrix}, \quad \begin{pmatrix} 3 & 2 & 5 \\ 1 & 3 & 3 \end{pmatrix} \begin{pmatrix} Z_1 \\ Z_2 \\ Z_3 \end{pmatrix} = \begin{pmatrix} P_1 \\ P_2 \end{pmatrix}.$$

Die beiden Matrizen haben unterschiedliche Größe. Die Anzahl der Spalten der zweiten Matrix stimmt jedoch mit der Anzahl der Zeilen der ersten Matrix überein.

b) Setzt man beide Matrizen zu einem Gesamtproduktionsprozess zusammen, so ergibt sich eine resultierende Matrix:

$$\begin{pmatrix} 3 & 2 & 5 \\ 1 & 3 & 3 \end{pmatrix} \begin{pmatrix} 4 & 0 & 7 & 0 \\ 3 & 5 & 0 & 2 \\ 0 & 4 & 0 & 6 \end{pmatrix} \begin{pmatrix} R_1 \\ R_2 \\ R_3 \\ R_4 \end{pmatrix} = \begin{pmatrix} 18 & 30 & 21 & 34 \\ 13 & 27 & 7 & 24 \end{pmatrix} \begin{pmatrix} R_1 \\ R_2 \\ R_3 \\ R_4 \end{pmatrix} = \begin{pmatrix} P_1 \\ P_2 \end{pmatrix}.$$

Für 15 Endprodukte P_1 und 25 Endprodukte P_2 benötigt man folgende Rohstoffe:

$$\begin{pmatrix} 15 & 25 \end{pmatrix} \begin{pmatrix} 18 & 30 & 21 & 34 \\ 13 & 27 & 7 & 24 \end{pmatrix} \begin{pmatrix} R_1 \\ R_2 \\ R_3 \\ R_4 \end{pmatrix} = \begin{pmatrix} 15 & 25 \end{pmatrix} \begin{pmatrix} P_1 \\ P_2 \end{pmatrix}.$$

Die Gesamtmenge der einzelnen Rohstoffe erhält man durch Ausmultiplizieren:

$$595\,R_1 + 1125\,R_2 + 490\,R_3 + 1110\,R_4 = 15\,P_1 + 25\,P_2\,.$$

Dabei hat die linke Matrix zwei Spalten und die rechte Matrix zwei Zeilen.

Lösung 4.22 (Computergrafik)

a) Eine Rotation ist um die Winkel

$$\varphi = 45° + 90° \cdot k\,, \qquad k \in \mathbb{Z}$$

möglich. Deshalb ist die Rotationsmatrix $\boldsymbol{R}$ nicht eindeutig. Für

$$\varphi = 45°$$

in mathematisch positiver Richtung erhalten wir

$$\boldsymbol{R} = \begin{pmatrix} \cos\left(\frac{\pi}{4}\right) & -\sin\left(\frac{\pi}{4}\right) \\ \sin\left(\frac{\pi}{4}\right) & \cos\left(\frac{\pi}{4}\right) \end{pmatrix} = \frac{\sqrt{2}}{2} \begin{pmatrix} 1 & -1 \\ 1 & 1 \end{pmatrix}.$$

Die Streckungsmatrix ist eindeutig:

$$\boldsymbol{S} = \frac{2}{\sqrt{8}} \begin{pmatrix} 1 & 0 \\ 0 & 1 \end{pmatrix} = \frac{\sqrt{2}}{2} \begin{pmatrix} 1 & 0 \\ 0 & 1 \end{pmatrix}.$$

Sie muss die alte Kantenlänge $\sqrt{8}$ in die neue Kantenlänge 2 transformieren.

b) Der Kantenmittelpunkt $(2\,|\,2)$ wird durch Rotation um $\varphi = 45°$ auf den Punkt $\left(0\,|\,\sqrt{8}\right)$ und durch anschließende Streckung auf den Punkt $(0\,|\,2)$ abgebildet. Dieser Punkt soll nach der Transformation auf dem Punkt $(0\,|-1)$ liegen. Somit wird durch

$$\boldsymbol{A} = \boldsymbol{SR} = \frac{1}{2}\begin{pmatrix} 1 & -1 \\ 1 & 1 \end{pmatrix}, \quad \boldsymbol{b} = \begin{pmatrix} 0 \\ -3 \end{pmatrix}$$

die gesamte Transformation beschrieben.

Lösung 4.23 (Verkehrsverbindungen)

a) Die gesuchte Matrix lautet

$$\boldsymbol{A} = \begin{pmatrix} 1 & 1 & 1 & 0 & 1 & 1 \\ 1 & 1 & 1 & 0 & 0 & 0 \\ 1 & 1 & 1 & 1 & 0 & 1 \\ 0 & 0 & 1 & 1 & 0 & 0 \\ 1 & 0 & 0 & 0 & 1 & 1 \\ 1 & 0 & 1 & 0 & 1 & 1 \end{pmatrix}.$$

Die Diagonale ist immer mit Einsen belegt.

b) Die Matrix $\boldsymbol{A}$ ist symmetrisch, sie besteht nur aus Nullen und Einsen.

c) Man könnte die Entfernung von S_i nach S_j in die Matrix aufnehmen. Die Symmetrie geht dadurch nicht verloren.

5 Funktionen

Dieses Kapitel enthält Aufgaben zum Funktionsbegriff. Anhand von einfachen Funktionen werden Abbildungseigenschaften wie Injektivität, Surjektivität und Bijektivität diskutiert. Für Studierende ist der Umgang damit zunächst eher ungewohnt. Weitere wichtige elementare Begriffe sind etwa die Definitions-, Ziel- und Wertemenge.

Schaubilder tragen wesentlich zur Illustration von Funktionen bei. Zu den Kompetenzen im Bereich Funktionen gehört es, sich schnell eine grobe Vorstellung vom Verlauf einer gegebenen Funktion machen zu können. Geht es um den exakten Verlauf, so kann dieser natürlich auch mithilfe eines Computers geplottet werden.

Die grundlegenden Eigenschaften wie Monotonie, Beschränktheit und Periodizität charakterisieren und klassifizieren Funktionen. In technischen Anwendungen werden oftmals Funktionsprototypen auf einem kleinen Intervall definiert und diese dann periodisch fortgesetzt. Auch Symmetrieeigenschaften tragen zur grundlegenden Charakterisierung von Funktionen bei. Sind gerade und ungerade Funktionen noch relativ einfach zu erkennen, so ist das Bestimmen von Symmetrieachsen oder Symmetriepunkten an beliebigen Stellen deutlich schwieriger.

Im Zusammenhang mit abschnittsweise definierten Funktionen spielen Nahtstellen eine besonders wichtige Rolle. Hier sollte geübt werden, wie die Bedingungen zu wählen sind, damit eine Funktion insgesamt keine Sprung- oder Knickstellen hat. Kennlinien und Kennfelder sind meist abschnittsweise definiert. Splines sind ein beliebtes Werkzeug, um kurvige Verläufe zu beschreiben. Sie sind ein Beispiel par excellence für abschnittsweise definierte Funktionen.

In mathematischen Modellen hängen funktionale Zusammenhänge meist von einem oder mehreren Parametern ab. Dann werden Zielfunktionen aufgestellt, anhand derer optimale Parameterwerte ermittelt werden. Dabei hat man es mit Funktionsscharen zu tun. Beim Umgang mit Funktionsscharen liegt die Herausforderung darin, dass nicht ausschließlich mit Zahlenwerten gerechnet wird. Die Funktionswerte sind parameterabhängig.

Ein weiterer wichtiger Begriff ist der Begriff der Umkehrfunktion. In Anwendungen hat man es beim sogenannten Reverse Engineering unmittelbar mit Umkehrfunktionen zu tun. Zum Grundverständnis gehört es, den Unterschied zwischen der Umkehrfunktion einer gegebenen Funktion und dem Kehrwert der Funktion zu kennen. Erfahrungsgemäß werden diese Dinge immer wieder verwechselt. Das schnelle gedankliche Spiegeln einer Funktion an der ersten Winkelhalbierenden gehört zu den Kernkompetenzen im Zusammenhang mit Umkehrfunktionen.

5.1 Aufgaben

5.1.1 Verständnis und Kompetenz

Aufgabe 5.1 (Relation) ★☆☆☆☆

Geben Sie alle Elemente der Relation „$a < b$“ für die Mengen $A = B = \{1, 2, 3\}$ an.

Aufgabe 5.2 (Relationen und Funktionen) ★★★☆☆

Gegeben sind die Mengen $M_1 = \{1, 2, 3, 4\}$ und $M_2 = \{a, b, c, d\}$. Sind die folgenden Relationen auch Funktionen? Falls ja, welche sind injektiv, surjektiv bzw. bijektiv?

a) $R = \{(1, a), (1, c), (2, d)\}$

b) $R = \{(1, c), (2, a), (3, d)\}$

c) $R = \{(1, b), (2, a), (3, c), (4, b)\}$

d) $R = \{(1, d), (2, b), (3, a), (4, c)\}$

Aufgabe 5.3 (Injektivität, Surjektivität und Bijektivität) ★★★☆☆

Für welche Definitions- und Zielmengen ist $f(x) = x^2$ injektiv, surjektiv bzw. bijektiv?

a) $D = \mathbb{R}, \quad Z = \mathbb{R}$

b) $D = \mathbb{R}, \quad Z = [0, \infty)$

c) $D = [0, \infty), \quad Z = \mathbb{R}$

d) $D = [0, \infty), \quad Z = [0, \infty)$

Aufgabe 5.4 (Quadratisches Polynom) ★★☆☆☆

Für welche Werte von ω hat das Polynom $p(x) = x^2 + 2\omega x + 1$

a) zwei Nullstellen

b) genau eine Nullstelle

c) keine Nullstelle?

Aufgabe 5.5 (Spiegelung einer Parabel) ★★☆☆☆

Die Parabel $y = x^2 + 4x$ wird an der y-Achse gespiegelt. Skizzieren Sie beide Parabeln. Wo liegt der Scheitel der gespiegelten Parabel und wie lautet ihre Funktionsgleichung?

Aufgabe 5.6 (Parabelschar) ★★★☆☆

Skizzieren Sie die Schaubilder der Parabelschar $f(x) = x^2 - 2a\,x + 2a^2$ mit dem reellen Scharparameter a. Auf welcher Kurve liegen die Scheitelpunkte der Parabelschar?

Aufgabe 5.7 (Sägezahnfunktion) ★★☆☆☆

Die Funktion f wird für $x \in [0, 1)$ durch $f(x) = x$ definiert. Für die Werte von x, die nicht in $[0, 1)$ liegen, wird der Funktionswert über die periodische Fortsetzung $f(x + 1) = f(x)$ definiert. Skizzieren Sie das Schaubild der Funktion f.

Aufgabe 5.8 (Beschränktheit) ★★★★☆

Für welche Parameter a und b ist die Funktion $f(x) = \frac{b}{a+x^4}$ nach oben beschränkt, nach unten beschränkt bzw. beschränkt? Unterscheiden Sie dazu nacheinander die Fälle $a > 0$, $a = 0$ und $a < 0$ und diskutieren Sie jeweils Unterfälle für b.

Aufgabe 5.9 (Umkehrfunktion und Kehrwert) ★★★☆☆

Wir betrachten die Funktion $f(x) = 2x^3$ für $x \geq 0$. Skizzieren Sie die Schaubilder der Funktionen $f^{-1}(x)$ und $f(x)^{-1}$. Berechnen Sie den Schnittpunkt dieser Funktionen.

5.1.2 Rechnung und Training

Aufgabe 5.10 (Definitionsmengen und Achsenschnittpunkte) ★★★

Berechnen Sie die maximalen Definitionsmengen der folgenden Funktionen und berechnen Sie die Schnittpunkte mit den Koordinatenachsen:

a) $f(x) = \sqrt{4+x^2} - 1 - x$ b) $g(x) = \dfrac{x}{\sqrt{x-4}} - 5$ c) $h(x) = x + \sqrt{x-1}$

Aufgabe 5.11 (Gerade und ungerade Funktionen) ★★★

Welche Funktionen sind gerade, welche ungerade und welche weder noch?

a) $f(x) = \cos x \sin x$ b) $f(x) = \sin(x^2)$ c) $f(x) = \sin^2 x$

d) $f(x) = \dfrac{1}{x^3}$ e) $f(x) = \dfrac{x^4+1}{x^3}$ f) $f(x) = \dfrac{x^3+x}{x+1}$

Aufgabe 5.12 (Symmetrie eines kubischen Polynoms) ★★★★

Die Funktion $f(x) = x^3 - 3x^2 + 3x + 1$ ist punktsymmetrisch zum Punkt $P(x_0 \,|\, y_0)$. Berechnen Sie die Koordinaten dieses Symmetriepunkts.

Aufgabe 5.13 (Konstruktion einer Parabel) ★★

Bestimmen Sie die Funktionsgleichung der Parabel, welche die x-Achse in den Punkten $(2 \pm \sqrt{3} \,|\, 0)$ schneidet und durch den Punkt $(1 \,|\, 1)$ geht. Welche Koordinaten hat der Scheitel der Parabel?

Aufgabe 5.14 (Konstruktion einer abschnittsweisen Funktion) ★★★

Eine abschnittsweise definierte Funktion f besteht aus drei Abschnitten. Im ersten Abschnitt verläuft das Schaubild von f linear vom Punkt $(0 \,|\, 0)$ bis zum Punkt $(2 \,|\, 2)$. Im dritten Abschnitt ist die Funktion f auf dem Intervall $[5, 6]$ konstant. Im zweiten Abschnitt besteht f aus einer Parabel mit Scheitelpunkt $(3 \,|\, 4)$, Das Schaubild von f hat keine Lücken oder Sprünge. Wie lautet die Funktionsgleichung von f?

Aufgabe 5.15 (Parabeln mit Beträgen) ★★★

Skizzieren Sie die Schaubilder der folgenden Funktionen:

a) $f(x) = x\,(x+2)$ b) $f(x) = |x\,(x+2)|$ c) $f(x) = |x|\,|x+2|$

d) $f(x) = |x|\,(x+2)$ e) $f(x) = x\,|x+2|$ f) $f(x) = x\,(|x|+2)$

Aufgabe 5.16 (Eigenschaften von Funktionen) ★★★★★

Bestimmen Sie Definitionsmenge, Wertemenge und Achsenschnittpunkte folgender Funktionen und erstellen Sie jeweils eine Skizze. Welche Funktion ist nach oben beschränkt, nach unten beschränkt bzw. beschränkt? Was kann man über die Monotonie sagen? Welche Funktion ist symmetrisch zum Ursprung, welche zur y-Achse?

a) $f(x) = \sqrt{x^2 - x + 1}$ b) $f(x) = \dfrac{1}{x} + x$

c) $f(x) = \sqrt{\dfrac{1}{x} + x}$ d) $f(x) = \sqrt{\dfrac{1-x}{x}}$

5.2 Lösungen

5.2.1 Verständnis und Kompetenz

Lösung 5.1 (Relation)

Die Relation „$a < b$“ bedeutet, dass wir alle Paare (a, b) finden müssen, bei denen a aus A und b aus B stammen und a kleiner als b ist. Wir erhalten

$$R = \{(1,2),(1,3),(2,3)\}$$

für die gesuchten Elemente der Relation.

Lösung 5.2 (Relationen und Funktionen)

a) Diese Relation ist keine Funktion, da das Element 1 zwei Zuordnungen besitzt.

b) Diese Relation ist keine Funktion, da das Element 4 keine Zuordnung besitzt.

c) Diese Relation ist eine Funktion. Die Funktion ist nicht injektiv, da das Element b zweimal zugewiesen wird, und auch nicht surjektiv, da das Element d überhaupt nicht zugewiesen wird.

d) Diese Relation ist eine bijektive Funktion. Jedem Element aus M_1 wird genau ein Element aus M_2 zugeordnet und umgekehrt.

Lösung 5.3 (Injektivität, Surjektivität und Bijektivität)

a) Die Funktion

$$f : \mathbb{R} \to \mathbb{R} \quad \text{mit} \quad f(x) = x^2$$

ist nicht injektiv und nicht surjektiv. Keine negative Zahl wird durch Quadrieren erzeugt. Alle positiven Zahlen hingegen werden doppelt erzeugt, denn es ist $f(x) = f(-x) = x^2$.

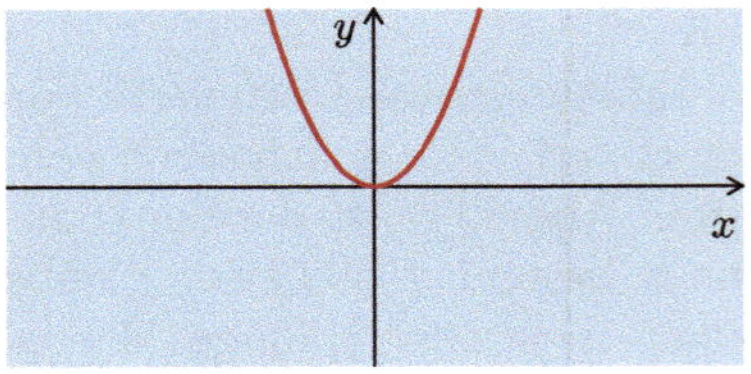

b) Die Funktion

$$f : \mathbb{R} \to [0, \infty) \quad \text{mit} \quad f(x) = x^2$$

ist nicht injektiv, aber surjektiv. Jeder Wert des Intervalls $[0, \infty)$ wird von der Funktion f erzeugt. Bis auf die Null werden die Funktionswerte sogar jeweils doppelt erzeugt.

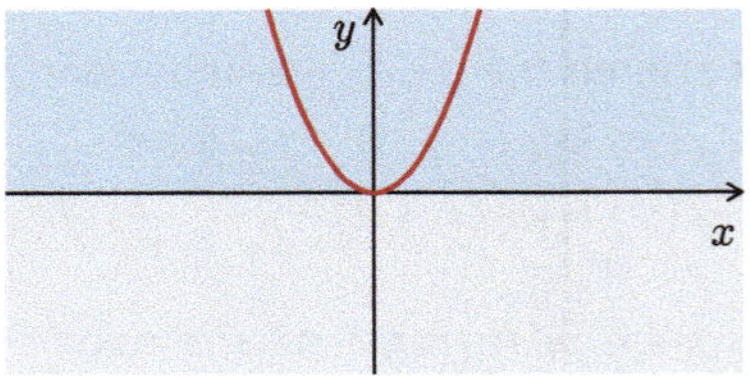

c) Die Funktion

$$f : [0, \infty) \to \mathbb{R} \quad \text{mit} \quad f(x) = x^2$$

ist injektiv, aber nicht surjektiv. Alle positiven Zahlen und die Null werden durch f genau einmal erzeugt. Negative Werte nimmt die Funktion f jedoch nicht an.

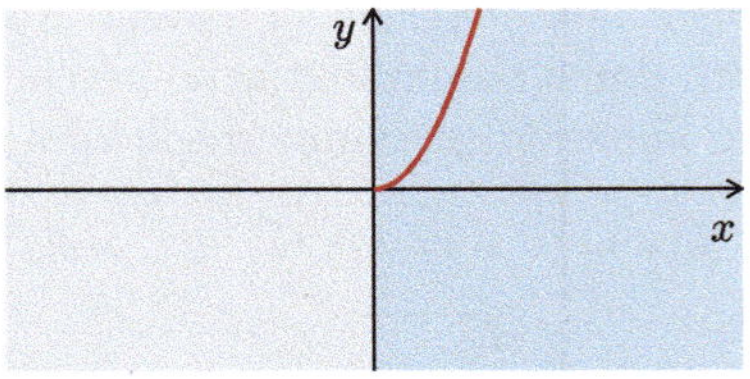

d) Die Funktion

$$f : [0, \infty) \to [0, \infty) \quad \text{mit} \quad f(x) = x^2$$

schließlich ist sowohl injektiv als auch surjektiv und damit auch bijektiv. Bijektive Abbildungen nennt man auch ein-ein-deutige Abbildungen.

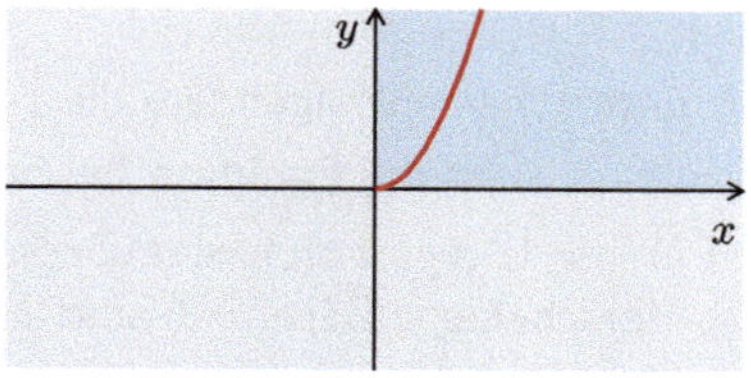

Lösung 5.4 (Quadratisches Polynom)

Entscheidend für die Anzahl der Lösungen ist das Vorzeichen der sogenannten Diskriminate $D = 4\omega^2 - 4$. Für $\omega < -1$ oder $\omega > 1$ gibt es zwei verschiedene Lösungen, für $\omega = \pm 1$ gibt es genau eine Lösung und für $-1 < \omega < 1$ gibt es keine Lösung.

Lösung 5.5 (Spiegelung einer Parabel)

Der Scheitel der Parabel $y = x^2 + 4x$ liegt mittig zwischen den beiden Nullstellen $x_1 = -4$ und $x_2 = 0$, also bei $S(-2 \mid -4)$. Die gespiegelte Parabel hat den Scheitel $\hat{S}(2 \mid -4)$, sie wird durch

$$y = (-x)^2 + 4(-x) = x^2 - 4x$$

dargestellt. Zur Bestimmung der gespiegelten Parabel haben wir anstatt x das Argument $-x$ in die ursprüngliche Funktion eingesetzt.

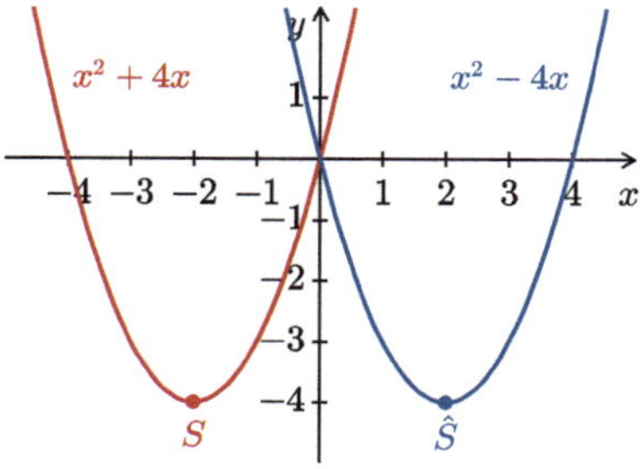

Lösung 5.6 (Parabelschar)

Durch quadratisches Ergänzen erkennt man, dass die Parabelschar

$$f(x) = x^2 - 2ax + 2a^2 = (x - a)^2 + a^2$$

aus Parabeln mit Scheitelpunkten $(a \mid a^2)$ besteht. Die Funktionsgleichung

$$g(x) = x^2$$

ist die Normalparabel und beschreibt die Kurve aller Scheitelpunkte.

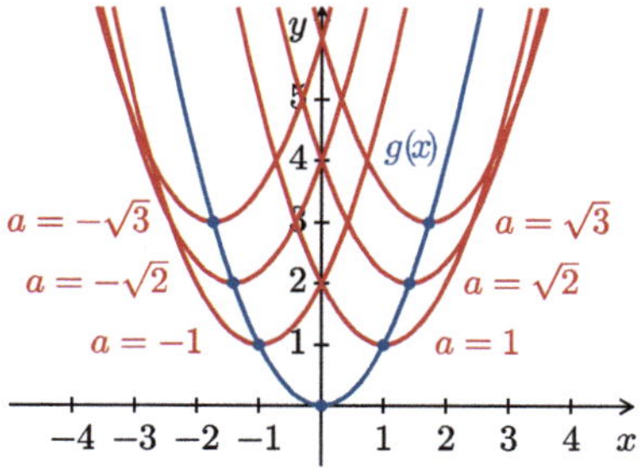

Lösung 5.7 (Sägezahnfunktion)

Für x-Werte zwischen 0 und 1 besteht das Schaubild aus einem Teil der ersten Winkelhalbierenden. Dieses Geradenstück wird mit der Periode 1 nach links und rechts wiederholt fortgesetzt. Durch Punkte kann man deutlich machen, welche Funktionswerte an den Sprungstellen gelten.

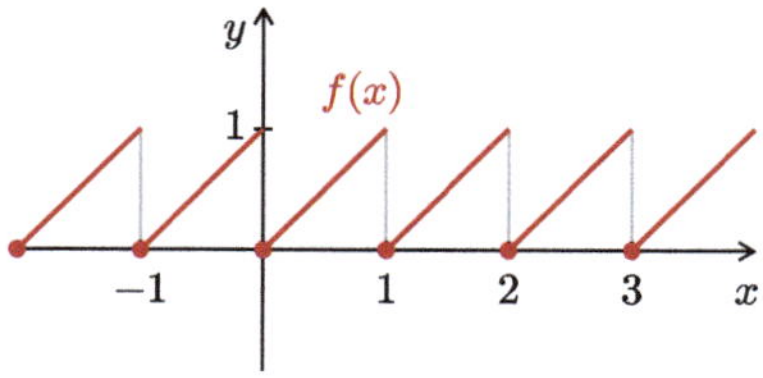

Lösung 5.8 (Beschränktheit)

Wir unterscheiden folgende Fälle:

1) Für $a > 0$ ist die Funktion bei beliebigem b immer beschränkt.
2) Für $a = 0$ ergibt sich eine Definitionslücke bei $x = 0$ und wir müssen drei Fälle für b unterscheiden: Bei $a = 0$ und $b = 0$ ist die Funktion identisch null und damit sicher beschränkt. Bei $a = 0$ und positivem b sind alle Funktionswerte positiv und die Funktion ist durch 0 nach unten beschränkt, aber nicht nach oben beschränkt. Bei $a = 0$ und negativem b sind alle Funktionswerte negativ und die Funktion ist durch 0 nach oben beschränkt, aber nicht nach unten beschränkt.
3) Für $a < 0$ ergeben sich zwei Definitionslücken bei $x = \pm\sqrt[4]{-a}$ und wir müssen zwei Fälle für b unterscheiden: Bei $a < 0$ und $b = 0$ ist die Funktion identisch null und damit sicher beschränkt. Bei $a < 0$ und $b \neq 0$ ist die Funktion weder nach oben noch nach unten beschränkt.

Lösung 5.9 (Umkehrfunktion und Kehrwert)

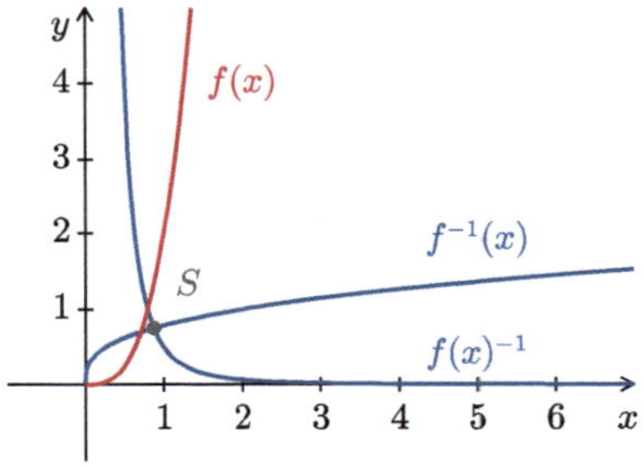

Die Umkehrfunktion f^{-1} findet man durch Auflösen der Gleichung $y = 2x^3$ nach x und vertauschen von x und y:

$$f^{-1}(x) = \sqrt[3]{\frac{x}{2}}.$$

Der Kehrwert der Funktion f hingegen ist

$$f(x)^{-1} = \frac{1}{2x^3}.$$

Die Schnittstelle bestimmt man aus der Gleichung

$$\sqrt[3]{\frac{x}{2}} = \frac{1}{2x^3} \implies \frac{x}{2} = \frac{1}{8x^9} \implies \frac{1}{4} = x^{10} \implies x = \frac{1}{\sqrt[5]{2}}.$$

Damit können wir den y-Wert berechnen:

$$y = \frac{1}{2\left(\frac{1}{\sqrt[5]{2}}\right)^3} = \frac{1}{2\cdot 2^{-\frac{3}{5}}} = \frac{1}{2^{\frac{2}{5}}} = \frac{1}{\sqrt[5]{4}}.$$

Der Schnittpunkt hat damit näherungsweise die Koordinaten $S(0.871\,|\,0.758)$.

5.2.2 Rechnung und Training

Lösung 5.10 (Definitionsmengen und Achsenschnittpunkte)

a) Die Funktion

$$f(x) = \sqrt{4 + x^2} - 1 - x$$

ist für alle reellen Zahlen definiert. Der Schnittpunkt mit der y-Achse ist $(0\,|\,1)$.

Die Schnittpunkte mit der x-Achse findet man mit der Gleichung

$$\sqrt{4+x^2} = 1+x \quad\Longrightarrow\quad 4+x^2 = 1+2x+x^2 \quad\Longrightarrow\quad x = \frac{3}{2}.$$

Wie immer ist beim Lösen von Wurzelgleichungen die Probe zu machen:

$$\sqrt{4+\frac{9}{4}} = \sqrt{\frac{25}{4}} = \frac{5}{2} = 1+\frac{3}{2}.$$

Also ist $\left(\frac{3}{2}\,\middle|\,0\right)$ der einzige Schnittpunkt mit der x-Achse.

b) Die Funktion

$$g(x) = \frac{x}{\sqrt{x-4}} - 5$$

ist nur für $x > 4$ definiert. Es gibt somit keinen Schnittpunkt mit der y-Achse. Die Schnittpunkte mit der x-Achse ergeben sich aus

$$\frac{x}{\sqrt{x-4}} - 5 = 0 \quad\Longrightarrow\quad \frac{x}{\sqrt{x-4}} = 5 \quad\Longrightarrow\quad \sqrt{x-4} = \frac{x}{5} \quad\Longrightarrow\quad 25x - 100 = x^2.$$

Die Lösungen dieser quadratischen Gleichung sind

$$x_{1,2} = \frac{25 \pm \sqrt{625-400}}{2} = \frac{25 \pm 15}{2}, \qquad x_1 = 20, \qquad x_2 = 5.$$

Zur Probe setzen wir die Werte in die Ausgangsgleichung ein

$$\frac{20}{\sqrt{20-4}} - 5 = 0, \qquad \frac{5}{\sqrt{5-4}} - 5 = 0$$

und haben somit zwei Schnittpunkte mit der x-Achse, nämlich $(20\,|\,0)$ und $(5\,|\,0)$.

c) Die Funktion

$$h(x) = x + \sqrt{x-1}$$

ist nur für $x \geq 1$ definiert. Somit gibt es keinen Schnittpunkt mit der y-Achse. Die Schnittpunkte mit der x-Achse findet man aus der Bedingung $x + \sqrt{x-1} = 0$. Für $x \geq 1$ ist $x + \sqrt{x-1}$ immer größer gleich 1 und wird deshalb niemals null. Folglich gibt es keine Schnittpunkte mit den Achsen.

Lösung 5.11 (Gerade und ungerade Funktionen)

a) Die Funktion $f(x) = \cos x \, \sin x$ ist ungerade, denn das Produkt einer geraden mit einer ungeraden Funktion ergibt eine ungerade Funktion.

b) Die Funktion f ist gerade, denn

$$f(-x) = \sin{(-x)^2} = \sin(x^2) = f(x).$$

c) Die Funktion f ist gerade, denn

$$f(-x) = \big(\sin{(-x)}\big)^2 = (-\sin x)^2 = \sin^2 x = f(x).$$

d) Die Funktion f ist ungerade, denn es ist $(-x)^3 = -x^3$. Damit gilt $f(-x) = -f(x)$. Bei Potenzen mit ungeraden ganzzahligen Hochzahlen kann das Minuszeichen stets aus der Klammer nach vorn gezogen werden.

e) Die Funktion f ist ungerade, denn

$$f(-x) = \frac{(-x)^4+1}{(-x)^3} = \frac{x^4+1}{-x^3} = -f(x).$$

f) Die Funktion f ist weder gerade noch ungerade. Mit

$$f(2) = \frac{10}{3} \quad \text{und} \quad f(-2) = \frac{-10}{-1} = 10$$

sehen wir beispielsweise, dass keine Symmetrie vorliegt.

Lösung 5.12 (Symmetrie eines kubischen Polynoms)

Wir wenden die Symmetriebedingung $y_0 - f(x_0 - x) = f(x_0 + x) - y_0$ auf f an. Es ist

$$\begin{aligned} y_0 - f(x_0 - x) &= y_0 - \left((x_0 - x)^3 - 3\,(x_0 - x)^2 + 3\,(x_0 - x) + 1\right) \\ &= y_0 - \left(x_0^3 - 3x_0^2 x + 3x_0 x^2 - x^3 - 3x_0^2 + 6x_0 x - 3x^2 + 3x_0 - 3x + 1\right) \\ &= y_0 - x_0^3 + 3x_0^2 x - 3x_0 x^2 + x^3 + 3x_0^2 - 6x_0 x + 3x^2 - 3x_0 + 3x - 1 \end{aligned}$$

und

$$\begin{aligned} f(x_0 + x) - y_0 &= (x_0 + x)^3 - 3\,(x_0 + x)^2 + 3\,(x_0 + x) + 1 - y_0 \\ &= x_0^3 + 3x_0^2 x + 3x_0 x^2 + x^3 - 3x_0^2 - 6x_0 x - 3x^2 + 3x_0 + 3x + 1 - y_0\,. \end{aligned}$$

Wenn wir diese beiden Ausdrücke vergleichen erhalten wir

$$y_0 - x_0^3 - 3x_0 x^2 + 3x_0^2 + 3x^2 - 3x_0 - 1 = x_0^3 + 3x_0 x^2 - 3x_0^2 - 3x^2 + 3x_0 + 1 - y_0\,.$$

Diese Gleichung enthält quadratische Terme x^2 und Absolutglieder. Sie muss für alle x erfüllt werden. Durch Koeffizientenvergleich des quadratischen Terms x^2

$$x^2(3 - 3x_0) = x^2(3x_0 - 3)$$

ergibt sich $x_0 = 1$ und daraus durch Koeffizientenvergleich der Absolutglieder

$$y_0 - 1 + 3 - 3 - 1 = 1 - 3 + 3 + 1 - y_0.$$

Also muss $y_0 = 2$ sein. Hinweis: Der Symmetriepunkt $(x_0\,|\,y_0)$ ist ein Wendepunkt und kann mithilfe von Ableitungen einfacher berechnet werden, siehe Kapitel 8.

Lösung 5.13 (Konstruktion einer Parabel)

Da man die beiden Nullstellen kennt, ist die Parabel von der Form

$$\begin{aligned} f(x) &= a\left(x - (2 + \sqrt{3})\right)\left(x - (2 - \sqrt{3})\right) \\ &= a\left((x - 2) + \sqrt{3}\right)\left((x - 2) - \sqrt{3}\right). \end{aligned}$$

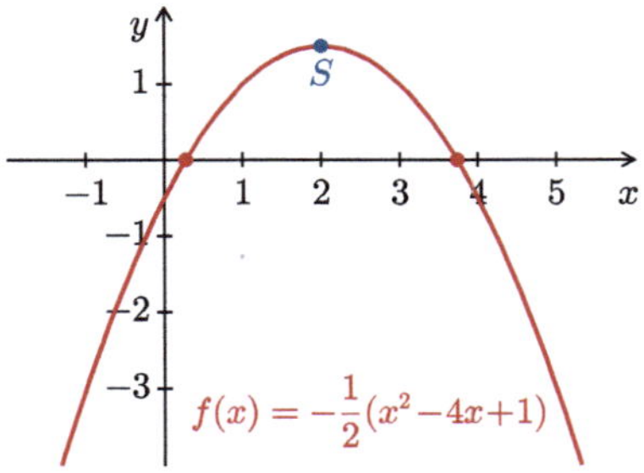

Dabei haben wir bereits geschickt die Klammern versetzt. Wir erhalten

$$\begin{aligned} f(x) &= a\left((x - 2)^2 - \left(\sqrt{3}\right)^2\right) \\ &= a\,(x^2 - 4x + 1) \end{aligned}$$

mit der dritten binomischen Formel.

Den Faktor a bestimmt man durch Punktprobe mit dem Punkt $(1\,|\,1)$:

$$1 = a\,(1^2 - 4\cdot 1 + 1) \quad \Longrightarrow \quad a = -\frac{1}{2}.$$

Der Scheitel der Parabel liegt mittig zwischen den beiden Nullstellen, also bei $\left(2\,|\,\frac{3}{2}\right)$.

Lösung 5.14 (Konstruktion einer abschnittsweisen Funktion)

Der passende Ansatz für die Funktion f lautet:

$$f(x) = \begin{cases} x & \text{für} \quad x \in [0,2] \\ a(x-3)^2 + 4 & \text{für} \quad x \in (2,5] \\ c & \text{für} \quad x \in (5,6]\,. \end{cases}$$

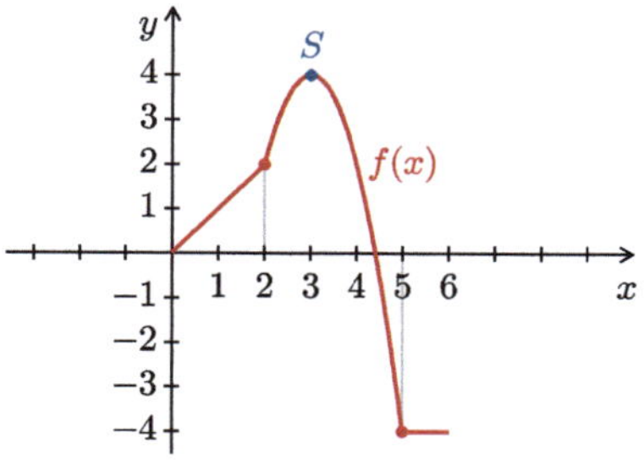

Man muss a so bestimmen, dass die Parabel an der Stelle $x = 2$ den Wert 2 hat:

$$a(2-3)^2 + 4 = 2 \quad \Longrightarrow \quad a = -2\,.$$

Die Konstante c ergibt sich aus dem Funktionswert der Parabel an der Stelle $x = 5$:

$$c = -2(5-3)^2 + 4 = -4\,.$$

Damit ist die gesuchte Funktion bestimmt.

Lösung 5.15 (Parabeln mit Beträgen)

a) Die Funktion f ist definiert durch

$$f(x) = x^2 + 2\,x\,.$$

Sie stellt eine verschobene, nach oben geöffnete Normalparabel dar. Aus der alternativen Darstellung

$$f(x) = x(x+2)$$

erkennt man die Nullstellen bei $x = -2$ und $x = 0$. Deshalb liegt der Scheitelpunkt der Parabel bei $(-1\,|-1)$.

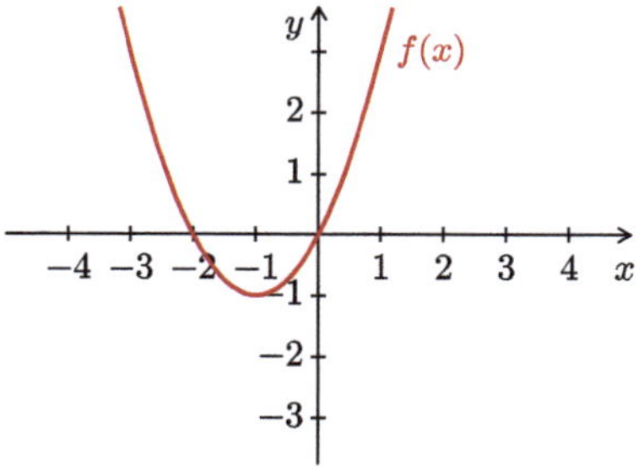

b) Die betragsfreie Darstellung von f lautet

$$f(x) = \begin{cases} x^2 + 2\,x & \text{für} \quad x \le -2 \\ -(x^2 + 2\,x) & \text{für} \quad -2 < x < 0 \\ x^2 + 2\,x & \text{für} \quad x \ge 0\,. \end{cases}$$

Dazu setzt man den Ausdruck zwischen den Betragsstrichen gleich null und erhält $x = -2$ und $x = 0$. Diese Stellen trennen die drei Fälle. Für $x \le -2$ und $x \ge 0$ kann man die Betragsstriche einfach weglassen. Für $-2 < x < 0$ wechselt der Ausdruck zwischen den Betragsstrichen das Vorzeichen.

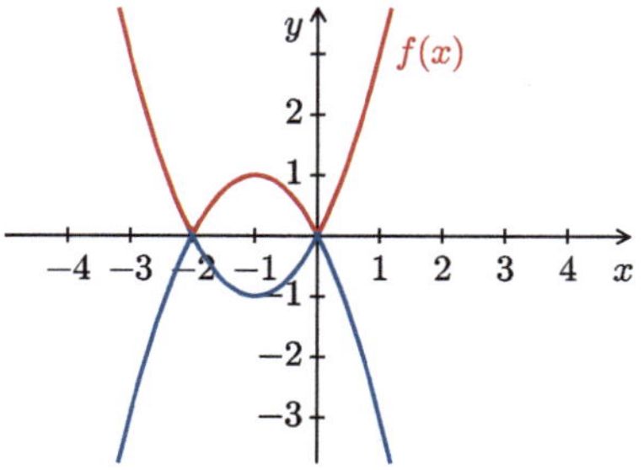

c) Die Funktion f lautet

$$f(x) = |x|\,|x+2|$$

und ist wegen

$$|x|\,|x+2| = |x(x+2)|$$

identisch zur Funktion in Aufgabenteil b). Somit ergibt sich auch dasselbe Schaubild. Im mittleren Abschnitt wird der negative Teil der betragsfreien Parabel nach oben geklappt. Durch die Betragsbildung entstehen keine Sprungstellen aber zwei Knickstellen.

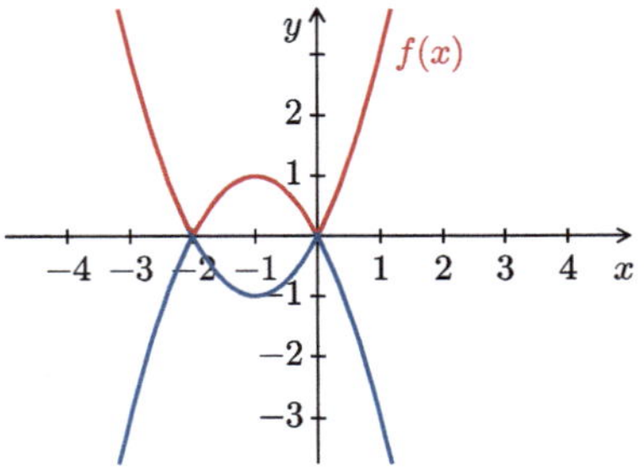

d) Die betragsfreie Darstellung von f lautet

$$f(x) = \begin{cases} x(x+2) & \text{für} \quad x \geq 0 \\ -x(x+2) & \text{für} \quad x < 0\,. \end{cases}$$

Die Fallunterscheidung $x \geq 0$ und $x < 0$ ergibt sich durch Auflösen des Ausdrucks $|x|$. Der linke Abschnitt der betragsfreien Parabel wird nach unten geklappt, der mittlere nach oben. Obwohl die Funktion einen Betragsausdruck enthält ist sie nicht durchgehend positiv. Die Funktion hat eine Knickstelle bei $x = 0$.

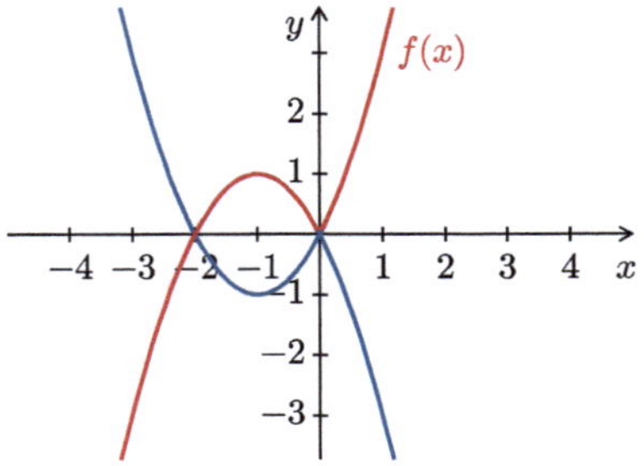

e) Die betragsfreie Darstellung von f lautet nun

$$f(x) = \begin{cases} x(x+2) & \text{für} \quad x \geq -2 \\ x(-(x+2)) & \text{für} \quad x < -2\,. \end{cases}$$

Die Fallunterscheidung $x \geq -2$ und $x < -2$ ergibt sich durch Auflösen des Ausdrucks $|x+2|$. Der linke Abschnitt der betragsfreien Parabel wird nach unten geklappt. Obwohl die Funktion einen Betragsausdruck enthält ist sie nicht durchgehend positiv. Die Funktion hat eine Knickstelle bei $x = -2$.

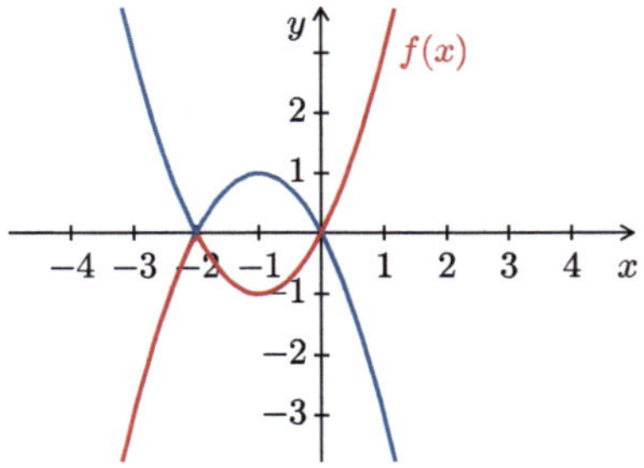

f) Die betragsfreie Darstellung von f lautet hier

$$f(x) = \begin{cases} x(x+2) & \text{für} \quad x \geq 0 \\ x(-x+2) & \text{für} \quad x < 0\,. \end{cases}$$

Die Fallunterscheidung $x \geq 0$ und $x < 0$ ergibt sich wiederum durch Auflösen des Betrags $|x|$. Obwohl die Funktion einen Betragsausdruck enthält ist sie nicht durchgehend positiv. Die Funktion besteht aus zwei Parabelteilästen und ist ungerade.

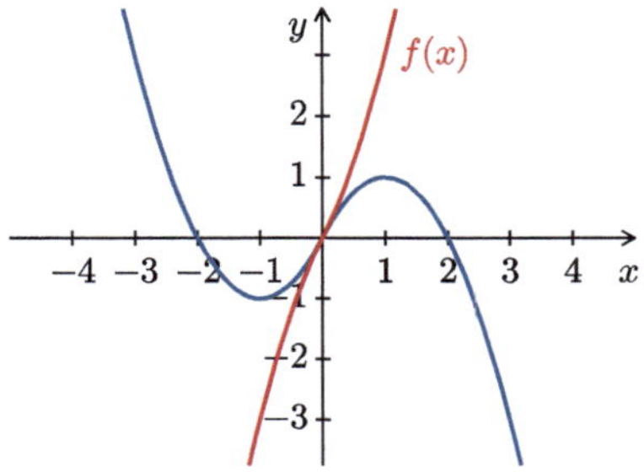

Lösung 5.16 (Eigenschaften von Funktionen)

a) Der Ausdruck unter der Wurzel hat keine Nullstelle, da die Diskriminante -3 und somit negativ ist. Dadurch ist

$$f(x) = \sqrt{x^2 - x + 1}$$

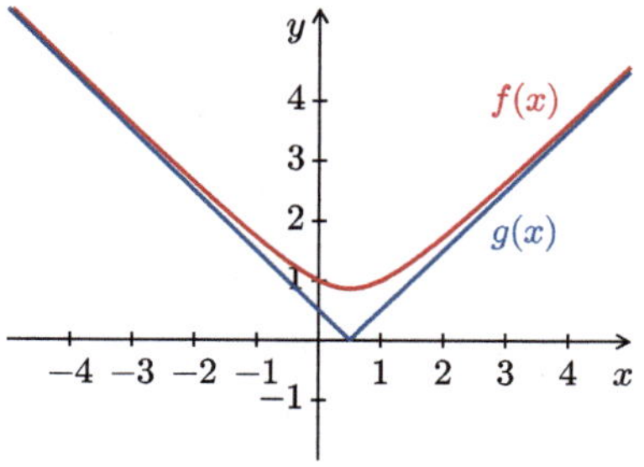

für alle x-Werte definiert. Für die Wertemenge ist es geschickt den Scheitel der Parabel durch quadratisches Ergänzen zu berechnen:

$$x^2 - x + 1 = \left(x - \frac{1}{2}\right)^2 + \frac{3}{4} \implies S\left(\frac{1}{2} \,\middle|\, \frac{3}{4}\right).$$

Die Wertemenge wird somit beschrieben durch $W = \left[\frac{\sqrt{3}}{2}, \infty\right)$. Der Schnittpunkt mit der y-Achse ist $(0|1)$, mit der x-Achse gibt es keine Schnittpunkte. Die Funktion ist nach unten beschränkt, aber nicht nach oben und sie ist weder monoton fallend noch monoton wachsend. Die Funktion ist weder punktsymmetrisch zum Ursprung noch achsensymmetrisch zur y-Achse. In der Abbildung ist zum Vergleich außerdem die einfachere Funktion $g(x) = \left|x - \frac{1}{2}\right|$ enthalten.

b) Die Funktion f ist für alle $x \neq 0$ definiert. Es gibt also keinen Schnittpunkt mit der y-Achse. Um die Wertemenge zu ermitteln lösen wir die gegebene Funktionsgleichung

$$f(x) = y = \frac{1}{x} + x$$

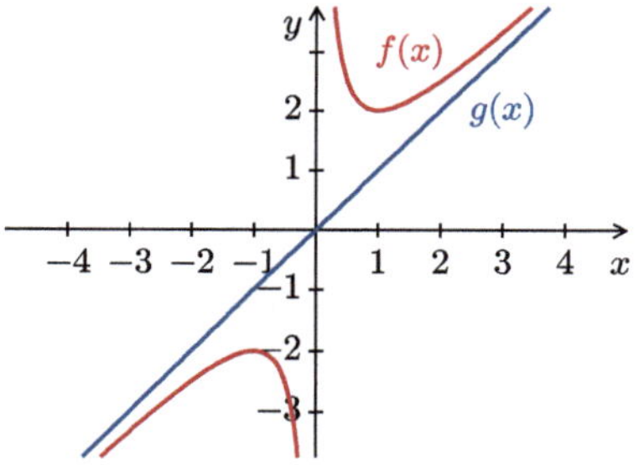

nach der Variablen x auf:

$$x^2 - yx + 1 = 0 \implies x_{1,2} = \frac{y \pm \sqrt{y^2 - 4}}{2}.$$

Damit unter der Wurzel keine negative Zahl steht, kommen keine y-Werte aus dem Intervall $(-2, 2)$ in Frage. Für diese y-Werte gibt es also keinen x-Wert mit $y = f(x)$. Für alle anderen y-Werte gibt es einen entsprechenden x-Wert. Somit ist die Wertemenge $W = (-\infty, -2] \cup [2, \infty)$. Die Schnittpunkte mit der x-Achse berechnet man aus der Gleichung

$$\frac{1}{x} + x = 0 \implies \frac{1}{x} = -x \implies x^2 = -1.$$

Also gibt es auch keine Schnittpunkte mit der x-Achse. Aufgrund von

$$f(-x) = \frac{1}{-x} - x = -f(x)$$

ist die Funktion punktsymmetrisch zum Ursprung. Für sehr kleine positive x-Werte und für sehr große positive x-Werte geht der Funktionswert gegen ∞. Die Funktion ist deshalb nicht nach oben beschränkt. Auf Grund der Punktsymmetrie ist sie auch nicht nach unten beschränkt. Außerdem ist sie weder monoton fallend noch monoton wachsend. In der Abbildung ist zum Vergleich auch die einfachere Funktion $g(x) = x$ eingezeichnet.

c) Die Funktion

$$f(x) = \sqrt{\frac{1}{x} + x}$$

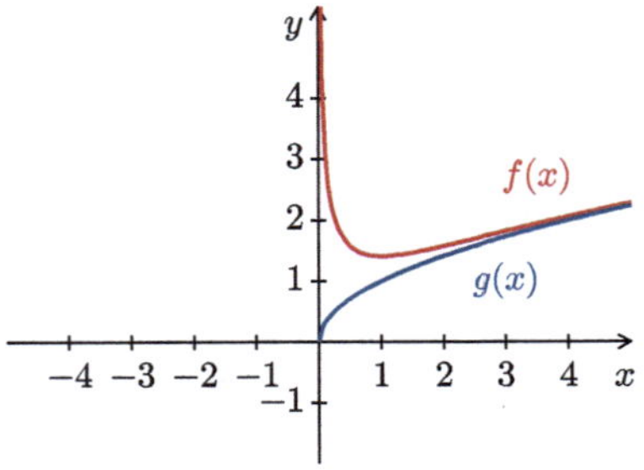

ist nur für positive x-Werte definiert. Die restlichen Eigenschaften der Funktion ergeben sich aus den Eigenschaften des Ausdrucks unter der Wurzel, den wir in Aufgabenteil b) untersucht haben. Die Wertemenge ist demnach

$$W = \left[\sqrt{2}, \infty\right) .$$

Es gibt keine Achsenschnittpunkte. Die Funktion ist nach unten aber nicht nach oben beschränkt und weder monoton fallend noch monoton wachsend. Die Funktion ist weder punktsymmetrisch zum Ursprung noch achsensymmetrisch zur y-Achse. In der Abbildung ist zum Vergleich außerdem die einfachere Funktion $g(x) = \sqrt{x}$ enthalten.

d) Die Funktion

$$f(x) = \sqrt{\frac{1-x}{x}} = \sqrt{\frac{1}{x} - 1}$$

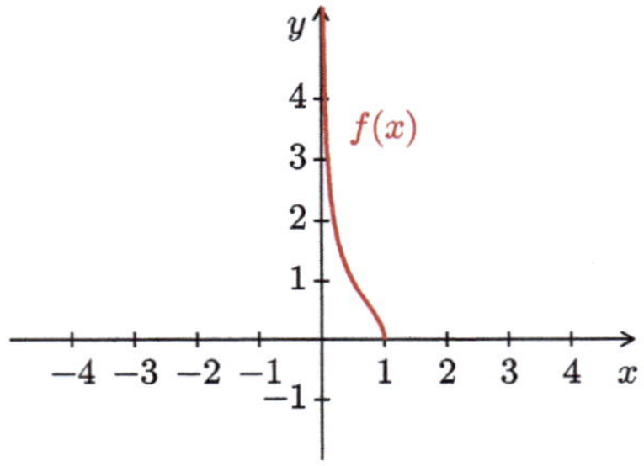

ist nur für x-Werte definiert, für die der Ausdruck unter der Wurzel nicht negativ ist. Außerdem darf x nicht null sein. Es ist

$$\frac{1}{x} - 1 \geq 0 \implies \frac{1}{x} \geq 1 \implies x \leq 1 .$$

Somit ist die Funktion für $0 < x \leq 1$ definiert, die Wertemenge ist

$$W = [0, \infty) .$$

Es gibt einen Schnittpunkt mit der x-Achse, nämlich $(1\,|\,0)$, und keinen Schnittpunkt mit der y-Achse. Die Funktion ist nach unten aber nicht nach oben beschränkt und streng monoton fallend. Die Funktion ist weder punktsymmetrisch zum Ursprung noch achsensymmetrisch zur y-Achse.

6 Elementare Funktionen

In diesem Kapitel wird der Umgang mit den wichtigsten elementaren Funktionen besprochen. Das sind Potenzfunktionen, Polynome, trigonometrische Funktionen, Exponentialfunktionen und deren Umkehrfunktionen. Erfahrungsgemäß sind zu diesem Thema meist bereits gute Schulkenntnisse vorhanden.

Bei den Potenzfunktionen ist es wichtig, sich anhand der Hochzahl schnell eine Vorstellung über den Funktionsverlauf machen zu können. Negative Hochzahlen und Brüche als Hochzahlen werden oft durcheinander gebracht. Polynome sind so zentral, dass dazu besonders viele Übungsaufgaben angeboten werden. Vor allem die Bestimmung der Nullstellen und damit verbunden die Faktorisierung eines Polynoms sind Grundfertigkeiten, die in allen Varianten leicht von der Hand gehen sollten. Dabei treten unterschiedliche Spielarten wie Raten, Ausklammern, Substituieren oder das Anwenden der Mitternachtsformel auf. Das Berechnen von komplexen Nullstellen findet man in Kapitel 13.

Die reine Sinus- oder Kosinusfunktion bereitet meist wenige Schwierigkeiten. Die Probleme beginnen bei Verallgemeinerungen, wenn für die Kreisfrequenz, die Amplitude und den Phasenwinkel beliebige Werte gewählt werden und eine vertikale Verschiebung hinzukommt. Leicht verliert man dann die Übersicht über die Lage der Nullstellen und Extremwerte. Auch der Unterschied zwischen dem Phasenwinkel und der geometrischen Verschiebung sollte bekannt sein. Eine kurze Übersicht der Zusammenhänge findet man in Anhang A.2. Bei Gleichungen mit trigonometrischen Funktionen kommen die Arkusfunktionen ins Spiel. Diese werden erfahrungsgemäß als eher schwierig eingestuft. Die Arkusfunktionen liefern in der Regel nur einen Lösungswert, und ein zweiter Wert und die periodische Fortsetzung müssen selbstständig ergänzt werden.

Beim Umgang mit unecht gebrochenrationalen Funktionen gehört die Polynomdivision zu den Kernkompetenzen. Sie ist die Voraussetzung, um beim Divisionsrest, also bei echt gebrochenrationalen Funktionen, dann Partialbruchzerlegungen durchzuführen. Diese erfordern oft einen längeren Rechenweg, dafür ist das Vorgehen sehr systematisch.

Wurzelfunktionen bilden eine weitere Klassee elementarer Funktionen. Meist steht dabei die Bestimmung des maximalen Definitionsbereichs am Anfang einer Funktionsdiskussion. Dies kann jedoch schnell auf unangenehme Ungleichungen führen.

Aus der Schulmathematik meist weniger bekannt sind Logarithmusfunktionen. Jedoch spielen Logarithmen gerade als Umkehrfunktionen der häufig auftretenden Exponentialfunktionen eine wichtige Rolle. Bei Gleichungen mit Exponentialausdrücken führt geschicktes Logarithmieren meist auf die Lösung.

6.1 Aufgaben

6.1.1 Verständnis und Kompetenz

Aufgabe 6.1 (Potenzfunktionen) ★★★☆☆

Skizzieren Sie die Schaubilder der folgenden Potenzfunktionen:

a) $f(x) = (x-1)^5 + 2$
b) $f(x) = -(x+1)^6 + 4$
c) $f(x) = -(x-2)^{-5} + 1$
d) $f(x) = (x+2)^{-6} - 1$

Aufgabe 6.2 (Polynom aus Linearfaktoren) ★★☆☆☆

Wie lauten die Funktionsgleichungen der Polynome vom Grad 5, die für $x = -2$, $x = -1$, $x = 0$, $x = 1$ und $x = 2$ eine Nullstelle haben?

Aufgabe 6.3 (Linearfaktorzerlegung) ★★☆☆☆

Bestimmen Sie die Linearfaktorzerlegung des Polynoms $p(x) = 2x^3 - 8x$.

Aufgabe 6.4 (Spezieller Linearfaktor) ★★★☆☆

Für welche natürlichen Zahlen n enthält das Polynom p vom Grad n

$$p(x) = x^n + x^{n-1} + x^{n-2} + \ldots + x^5 + x^4 + x^3 + x^2 + x + 1$$

den Linearfaktor $(x+1)$?

Aufgabe 6.5 (Sinusfunktionen mit Beträgen) ★★★☆☆

Skizzieren Sie die Schaubilder der Funktionen. Wie lautet die betragsfreie Darstellung?

a) $f(x) = |2\sin x| + 1$
b) $f(x) = |2\sin x + 1|$

Aufgabe 6.6 (Parameter einer allgemeinen Kosinusfunktion) ★★★☆☆

Die Funktion $f(t) = m + A\cos(\omega t + \varphi)$ hat für $t > 0$ den ersten Hochpunkt $H(\pi\,|\,3)$ und den ersten Tiefpunkt $T(4\pi\,|\,-1)$. Ermitteln Sie die Werte von m, A, ω und φ.

Aufgabe 6.7 (Gedämpfte Sinusfunktion) ★★★☆☆

Bestimmen Sie alle Achsenschnittpunkte der Funktion $f(t) = 3\,\mathrm{e}^{-t}\sin\left(4t - \frac{\pi}{2}\right)$ für t-Werte im Intervall $[0, \infty)$. Skizzieren Sie die Schaubilder von $3\,\mathrm{e}^{-t}$, von $-3\,\mathrm{e}^{-t}$ und von f in einem gemeinsamen Koordinatensystem.

Aufgabe 6.8 (Amplitudenfunktionen) ★★★☆☆

Wo haben die Funktionen Nullstellen? Skizzieren Sie den Verlauf der Funktionen.

a) $f(t) = \dfrac{1}{4}\,t\sin t$
b) $f(t) = \dfrac{1}{4}\,t^2\cos(4t)$

Aufgabe 6.9 (Spiegelungen einer Exponentialfunktion) ★★★☆☆

Das Schaubild der Funktionen $f(x) = \mathrm{e}^{x-1}$ wird an folgenden Achsen gespiegelt. Skizzieren Sie die Schaubilder. Wie lauten die Funktionsgleichungen der gespiegelten Funktionen?

a) x-Achse
b) y-Achse
c) Gerade $y = x$

6.1.2 Rechnung und Training

Aufgabe 6.10 (Exponentialfunktion durch zwei Punkte) ★★☆☆☆

Bestimmen Sie die reellen Zahlen $a > 0$ und c so, dass die Exponentialfunktion $f(x) = c\,a^x$ durch die beiden Punkte mit den Koordinaten $(0\,|\,2)$ und $(1\,|\,1)$ geht, und skizzieren Sie das Schaubild der Funktion.

Aufgabe 6.11 (Polynomdivision) ★★☆☆☆

Teilen Sie die folgenden gegebenen Polynome p mithilfe einer Polynomdivision durch das Polynom $q(x) = x^2 + x + 1$.

a) $p(x) = x^5 + x^4 + x^3 + x^2 + x + 1$ b) $p(x) = x^6 + x^5 + x^4 + x^3 + x^2 + x + 1$

Aufgabe 6.12 (Linearfaktorzerlegung von Polynomen mit höherem Grad) ★★★☆☆

Bestimmen Sie alle Nullstellen und geben Sie die Zerlegung in Linearfaktoren an:

a) $p(t) = t^6 + 6t^5 + 5t^4$ b) $f(u) = u^8 - 15u^4 - 16$

Aufgabe 6.13 (Nullstellen eines Polynoms in Summenschreibweise) ★★★☆☆

Bestimmen Sie alle Nullstellen des Polynoms

$$p(x) = \sum_{k=1}^{3} (-1)^k\, k^2\, x^k\,.$$

Aufgabe 6.14 (Definitionsmenge und Nullstellen) ★★★☆☆

Bestimmen Sie Definitionsmenge und Nullstellen der gebrochenrationalen Funktionen:

a) $f(x) = \dfrac{x^3 + x^2 - 4x - 4}{x^2 - 4x + 3}$ b) $f(x) = \dfrac{x^3 - 2\,x^2 - x + 2}{x^2 - 1}$

Aufgabe 6.15 (Unecht gebrochenrationale Funktionen) ★★★☆☆

Zerlegen Sie die folgenden unecht gebrochenrationalen Funktionen in eine Summe aus einem Polynom und einer echt gebrochenrationalen Funktion:

a) $f(x) = \dfrac{x^3 - 2\,x + 1}{x - 3}$ b) $f(x) = \dfrac{4x^5 - x^4 + 2\,x^3 + x^2 - 1}{x^2 + 1}$

Aufgabe 6.16 (Partialbruchzerlegung) ★★★★☆

Bestimmen Sie für die gebrochenrationalen Funktionen eine Partialbruchzerlegung:

a) $f(x) = \dfrac{x}{x^2 + 7\,x + 12}$ b) $f(x) = \dfrac{2\,x - 1}{x^2 - 2\,x + 1}$ c) $f(x) = \dfrac{5\,x^2 + 2\,x + 1}{x^3 + x}$

Aufgabe 6.17 (Allgemeine Sinus- und Kosinusfunktionen) ★★★☆☆

Bestimmen Sie für die folgenden trigonometrischen Funktionen zunächst die Periode. Wo liegen die Nullstellen dieser Funktionen und wo nehmen Sie die maximalen und minimalen Funktionswerte an? Skizzieren Sie den ungefähren Verlauf der Funktionen.

a) $f(x) = 3\,\sin\left(\dfrac{x}{2} + \dfrac{\pi}{8}\right)$ b) $f(x) = -\pi\cos\left(2\,x - \dfrac{\pi}{3}\right)$

Aufgabe 6.18 (Nullstellen trigonometrischer Funktionen) ★★★★☆

Berechnen Sie sämtliche Nullstellen der folgenden Funktionen:

a) $f(x) = \cos x + \cos(2x)$ b) $f(x) = \cos x + \sin x - 1$

Aufgabe 6.19 (Arkusfunktionen) ★★★★☆

Bestimmen Sie alle Schnittpunkte der folgenden Funktionen mit der Geraden $y = 1$.

a) $f(x) = 2\cos x$ b) $f(x) = \sqrt{2}\sin(2x)$ c) $f(x) = \tan(3x)$

Aufgabe 6.20 (Arkusfunktionen und Substitution) ★★★★★

Berechnen Sie die Schnittpunkte der folgenden Funktionen mit der Geraden $y = 1$. Ersetzen Sie dabei $\sin x$ durch $\pm\sqrt{1-\cos^2 x}$ und verwenden Sie die Substitution $u = \cos x$.

a) $f(x) = \sin x + \cos x$ b) $f(x) = \cos x + 2\cos^2 x$

Aufgabe 6.21 (Exponentialfunktionen) ★★☆☆☆

Skizzieren Sie die Schaubilder der beiden Funktionen $f(x) = e^{x+1}$ und $g(x) = 2^x$. Bestimmen Sie alle Schnittpunkte der Schaubilder der beiden Funktionen.

Aufgabe 6.22 (Logarithmusfunktion) ★★★★☆

Für welche x-Werte sind die Funktionen $f(x) = \ln\left(\sqrt{x^2 - a^2}\right)$ mit positivem Parameter $a > 0$ definiert? Wo schneiden die Funktionen die x-Achse und wo die Gerade $y = 1$? Skizzieren Sie mithilfe der Schaubilder von $\ln(x-a)$ und $\ln(x+a)$ das Schaubild der Funktion f.

Aufgabe 6.23 (Umkehrfunktionen) ★★★☆☆

Skizzieren Sie den Verlauf der folgenden Funktionen und bestimmen Sie eine möglichst große Definitionsmenge, auf der eine Umkehrfunktion existiert. Geben Sie die Umkehrfunktionen an.

a) $f(x) = \dfrac{1}{1+x^4}$ b) $f(x) = \cos\left(x^2\right)$ c) $f(x) = \ln\left(\dfrac{x}{x+1}\right)$

6.1.3 Anwendung

Aufgabe 6.24 (Sicherheitsabstand) ★★★★★

Zwei Fahrzeuge fahren mit der Geschwindigkeit $30\,\frac{\text{m}}{\text{s}}$ hintereinander. Die Formel

$$s(t) = d + v\,t + \frac{1}{2}\,a\,t^2$$

beschreibt die zurückgelegte Strecke s in Abhängigkeit von der Zeit t, wobei d die Startposition, v die Ausgangsgeschwindigkeit und a die konstante Beschleunigung sind. Der Fahrer des nachfolgenden Fahrzeugs nimmt an, dass das vorausfahrende Fahrzeug maximal mit $a = -4\,\frac{\text{m}}{\text{s}^2}$ verzögern wird und er selbst $a = -8\,\frac{\text{m}}{\text{s}^2}$ nach einer Reaktionszeit von $1\,\text{s}$ erreicht. In welchem Abstand kann er dem vorausfahrenden Fahrzeug folgen, sodass es in einer kritischen Situation gerade noch zu keiner Kollision kommt? Wie groß ist die Kollisionsgeschwindigkeit bei diesem Abstand, wenn das vorausfahrende Fahrzeug bei einer Notbremsung ebenfalls eine Verzögerung von $a = -8\,\frac{\text{m}}{\text{s}^2}$ erreichen würde?

6.2 Lösungen

6.2.1 Verständnis und Kompetenz

Lösung 6.1 (Potenzfunktionen)

a) Das Schaubild der Funktion

$$f(x) = (x-1)^5 + 2$$

kann durch Verschiebung aus dem Schaubild der Funktion x^5 erzeugt werden. Dabei wird die Funktion x^5 um 1 nach rechts und um 2 nach oben verschoben. Die Funktion f ist punktsymmetrisch zum Punkt $P(1\,|\,2)$. Sie geht durch die Punkte $(0\,|\,1)$ und $(2\,|\,3)$.

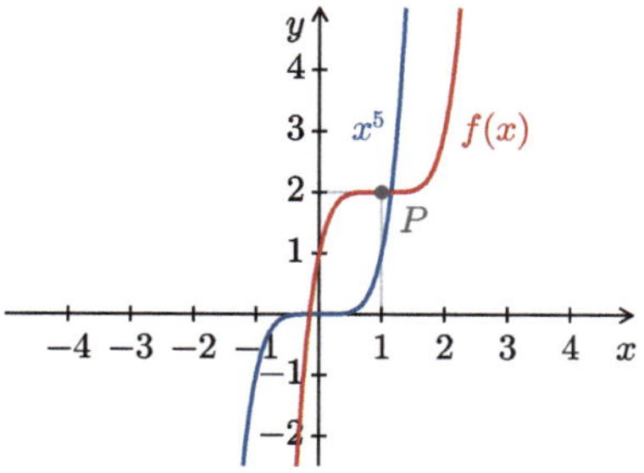

b) Das Schaubild der Funktion

$$f(x) = -(x+1)^6 + 4$$

entsteht aus dem Schaubild der Funktion x^6 durch Spiegelung an der x-Achse und anschließender Verschiebung um 1 nach links und um 4 nach oben. Die Funktion f ist achsensymmetrisch zur Geraden $x = -1$. Sie geht durch die Punkte $(-2\,|\,3)$ und $(0\,|\,3)$.

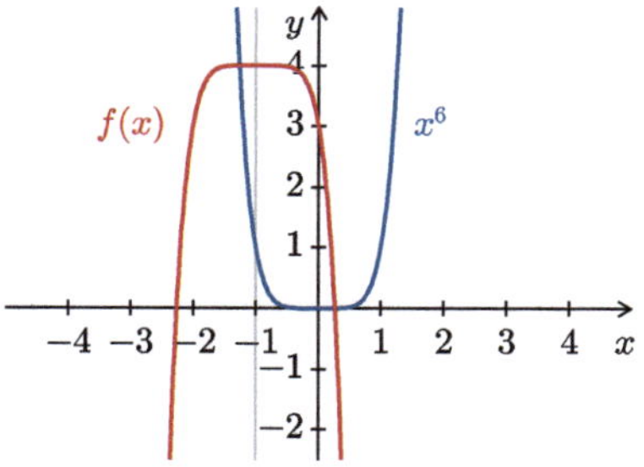

c) Das Schaubild der Funktion

$$f(x) = -(x-2)^{-5} + 1$$

entsteht aus dem Schaubild der Funktion x^{-5}. Dieses wird zunächst an der x-Achse gespiegelt und dann um 2 nach rechts und um 1 nach oben verschoben. Die Funktion f ist punktsymmetrisch zum Punkt $P(2\,|\,1)$ und hat die waagrechte Asymptote $y = 1$.

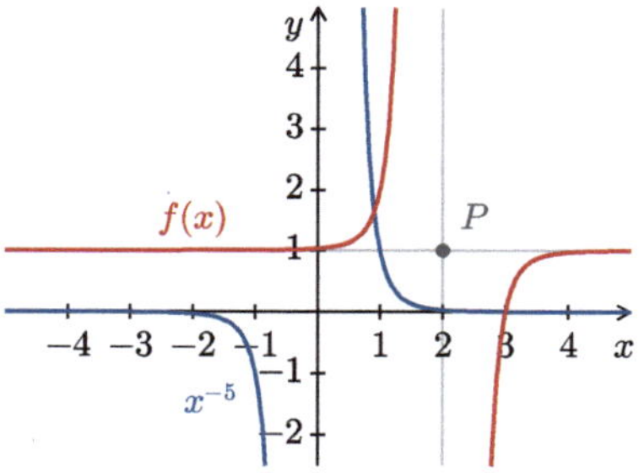

d) Das Schaubild der Funktion

$$f(x) = (x+2)^{-6} - 1$$

entsteht aus dem Schaubild der Funktion x^{-6}. Diese ist gerade und hat die x-Achse als waagrechte Asymptote. Das Schaubild von x^{-6} wird um 2 nach links und um 1 nach unten verschoben. Die Funktion f ist daher achsensymmetrisch zur Geraden $x = -2$ und hat die waagrechte Asymptote $y = -1$.

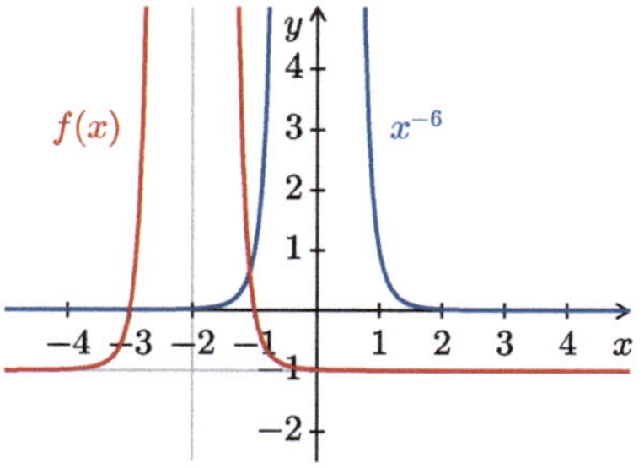

Lösung 6.2 (Polynom aus Linearfaktoren)

Es handelt sich um eine Schar von Polynomen mit den Funktionsgleichungen

$$p(x) = a\,(x+2)(x+1)\,x\,(x-1)(x-2), \qquad a \in \mathbb{R}.$$

Man muss diesen Ausdruck nicht ausmultiplizieren. Wenn man ihn trotzdem ausmultiplizieren möchte, dann erhält man

$$p(x) = a\,x\,(x+2)(x-2)\,(x+1)(x-1) = a\,x\,(x^2-4)(x^2-1) = a\,x\,(x^4-5\,x^2+4).$$

Dabei haben wir geschickt die dritte binomische Formel angewendet.

Lösung 6.3 (Linearfaktorzerlegung)

Die Linearfaktorzerlegung ergibt sich aus

$$p(x) = 2\,x^3 - 8x = 2\,x\,(x^2-4) = 2\,x\,(x-2)(x+2).$$

Bei den Linearfaktoren haben wir die Nullstellen 0, 2 und -2 eingesetzt.

Lösung 6.4 (Spezieller Linearfaktor)

Das Polynom enthält genau dann den Linearfaktor $(x+1)$, wenn $x=-1$ eine Nullstelle ist. Das ist für ungerades n der Fall, denn bei der Berechnung von $p(-1)$ kommen dann 1 und -1 gleich oft vor. Bei geradem n ist $p(-1)=1$.

Lösung 6.5 (Sinusfunktionen mit Beträgen)

a) Das Schaubild der Funktion

$$f(x) = |2\,\sin x| + 1$$

leitet man aus dem Schaubild der Funktion

$$y = \sin x$$

ab. Zuerst wird die Amplitude verdoppelt, dann werden negative Werte an der x-Achse gespiegelt. Zuletzt wird das Schaubild nach oben verschoben. Die betragsfreie Darstellung

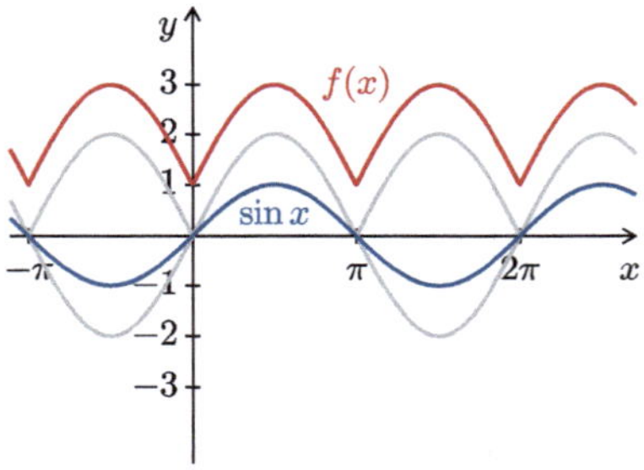

$$f(x) = \begin{cases} 2\,\sin x + 1 & \text{für } x \in \ldots,[-4\pi,-3\pi],[-2\pi,-\pi],[0,\pi],[2\pi,3\pi],\ldots \\ -2\,\sin x + 1 & \text{sonst} \end{cases}$$

hat wegen der Fallunterscheidung die Form einer abschnittsweise definierten Funktion.

b) Das Schaubild der Funktion

$$f(x) = |2\,\sin x + 1|$$

leitet man ebenfalls aus dem Schaubild von

$$y = \sin x$$

ab. Auch hier wird zuerst die Amplitude verdoppelt, dann wird das Schaubild um 1 nach oben verschoben. Zuletzt werden negative Werte an der x-Achse gespiegelt.

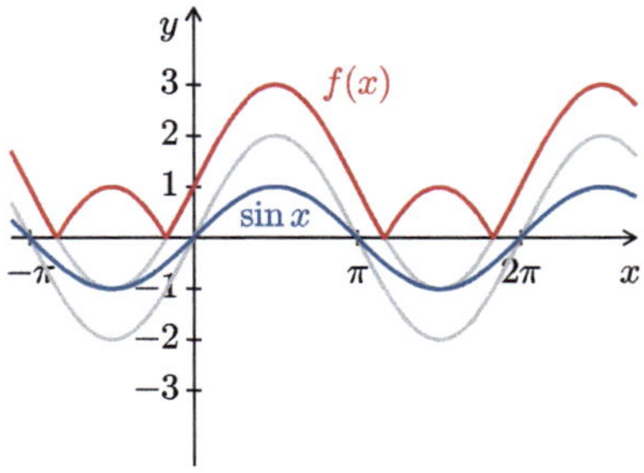

Für die betragsfreie Darstellung müssen wir herausfinden, wann $2\sin x + 1$ null wird, also wo der Sinus den Wert $-\frac{1}{2}$ hat:

$$2\sin x + 1 = 0 \quad \Longleftrightarrow \quad \sin x = -\frac{1}{2}\,.$$

Das ist zunächst für die x-Werte $\frac{7\pi}{6}$ und $\frac{11\pi}{6}$ und dann für alle um Vielfache von 2π verschobenen x-Werte der Fall:

$$\sin x = -\frac{1}{2} \quad \Longleftrightarrow \quad x = \frac{7\pi}{6} + 2\pi k \quad \text{oder} \quad x = \frac{11\pi}{6} + 2\pi k\,, \quad k \in \mathbb{Z}\,.$$

Die betragsfreie Darstellung lautet

$$f(x) = \begin{cases} 2\sin x + 1 & \text{sonst} \\ -2\sin x - 1 & \text{für } x \in \ldots, (\frac{7\pi}{6}, \frac{11\pi}{6}), (\frac{19\pi}{6}, \frac{23\pi}{6}), \ldots \end{cases}$$

und hat auch hier die Gestalt einer abschnittsweise definierten Funktion.

Lösung 6.6 (Parameter einer allgemeinen Kosinusfunktion)

Die t-Werte von Hoch- und Tiefpunkt unterscheiden sich um 3π. Somit hat die Funktion f die Periode und Kreisfrequenz

$$T = 6\pi\,, \quad \omega = \frac{2\pi}{T} = \frac{1}{3}\,.$$

Aus den y-Werten des Hoch- und des Tiefpunkts ergibt sich die Amplitude $A = 2$ und der Mittelwert $m = 1$. Wenn wir nun die Koordinaten des Hochpunkts in die Funktionsgleichung von f einsetzen, ergibt sich

$$3 = f(\pi) = 1 + 2\cos\left(\frac{\pi}{3} + \varphi\right) \quad \Longrightarrow \quad \cos\left(\frac{\pi}{3} + \varphi\right) = 1\,, \quad \frac{\pi}{3} + \varphi = 0\,, \quad \varphi = -\frac{\pi}{3}\,.$$

Insgesamt erhalten wir damit

$$f(t) = 1 + 2\cos\left(\frac{1}{3}t - \frac{\pi}{3}\right)$$

für die gesuchte allgemeine Kosinusfunktion.

Lösung 6.7 (Gedämpfte Sinusfunktion)

Die Funktion $f(t)$ schwingt wie

$$\sin\left(4t - \frac{\pi}{2}\right) = -\cos(4t)\,,$$

und die Amplitude verläuft im Trichter der beiden Exponentialfunktionen

$$3\,\mathrm{e}^{-t} \quad \text{und} \quad -3\,\mathrm{e}^{-t}\,.$$

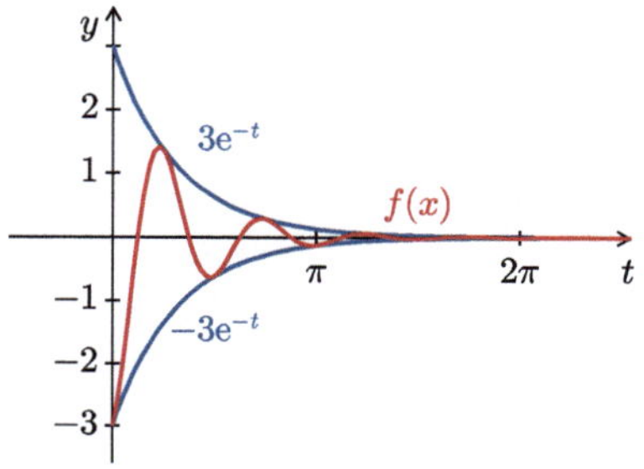

Die Achsenschnittpunkte der Funktion f sind bei

$$4t - \frac{\pi}{2} = \pi k \quad \Longleftrightarrow \quad t = \frac{\pi}{8} + \frac{\pi}{4}k\,,$$

dabei startet k bei null und durchläuft dann alle natürlichen Zahlen.

Lösung 6.8 (Amplitudenfunktionen)

a) Die Funktion

$$f(t) = \frac{1}{4}\,t\,\sin t$$

hat dieselben Nullstellen wie die Sinusfunktion, also alle ganzzahligen Vielfachen von π. Die Multiplikation mit t bewirkt, dass die Amplitude proportional zu t anwächst. Es gilt

$$f(-t) = \frac{1}{4}\,(-t)\,\sin(-t) = \frac{1}{4}\,t\,\sin t = f(t),$$

folglich ist die Funktion gerade, also achsensymmetrisch zur y-Achse. Die Symmetrie ergibt sich auch, weil die Multiplikation der beiden ungeraden Teilfunktionen $\frac{1}{4}\,t$ und $\sin t$ eine gerade Funktion ergibt.

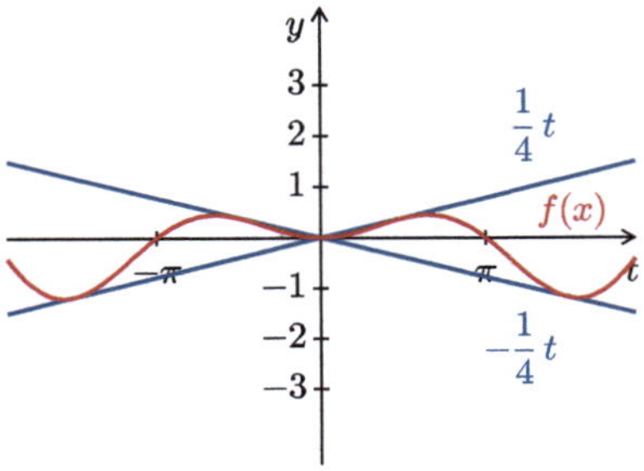

b) Die Funktion

$$f(t) = \frac{1}{4}\,t^2\,\cos(4\,t)$$

hat ihre Nullstellen bei den t-Werten

$$4\,t = \frac{\pi}{2} + 2\,\pi\,k \quad\Longleftrightarrow\quad t = \frac{\pi}{8} + \frac{\pi}{4}\,k\,,$$

wobei k eine ganze Zahl ist. Die Multiplikation mit t^2 bewirkt, dass die Amplitude proportional zu t^2 anwächst und dass die Funktion bei $t = 0$ auch eine Nullstelle hat. Die Funktion f ist das Produkt der beiden geraden Teilfunktionen $\frac{1}{4}\,t^2$ und $\cos t$ und ist deshalb gerade.

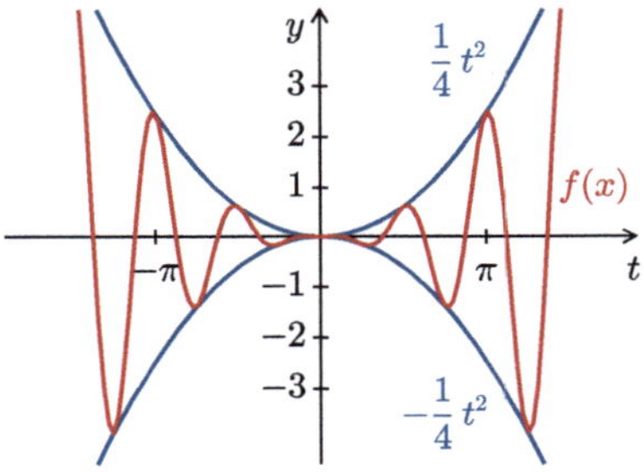

Lösung 6.9 (Spiegelungen einer Exponentialfunktion)

Das Schaubild der Funktionen

$$f(x) = \mathrm{e}^{x-1}$$

entsteht aus e^x durch Verschieben um 1 in positiver x-Richtung.

a) Spiegeln an der x-Achse bedeutet, dass $f(x)$ zu $-f(x)$ wird, also $g_1(x) = -\mathrm{e}^{x-1}$.

b) Spiegeln an der y-Achse bedeutet, dass x durch $-x$ ersetzt wird, also $g_2(x) = \mathrm{e}^{-x-1}$.

c) Spiegeln an der ersten Winkelhalbierenden erzeugt die Umkehrfunktion:

$$y = \mathrm{e}^{x-1} \Longrightarrow \ln y = x - 1 \Longrightarrow x = \ln y + 1\,.$$

Es ist also $g_3(x) = \ln x + 1$.

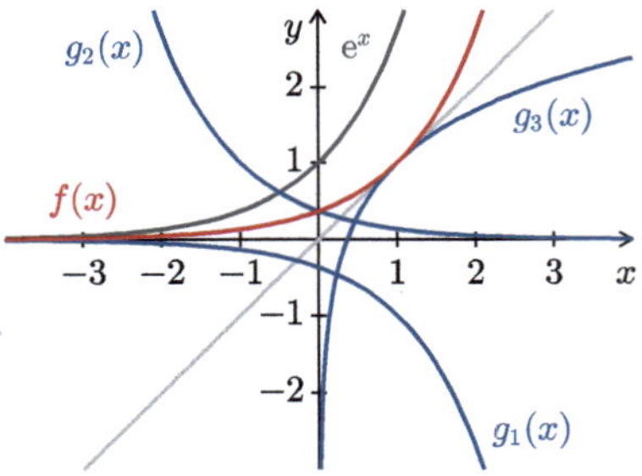

6.2.2 Rechnung und Training

Lösung 6.10 (Exponentialfunktion durch zwei Punkte)

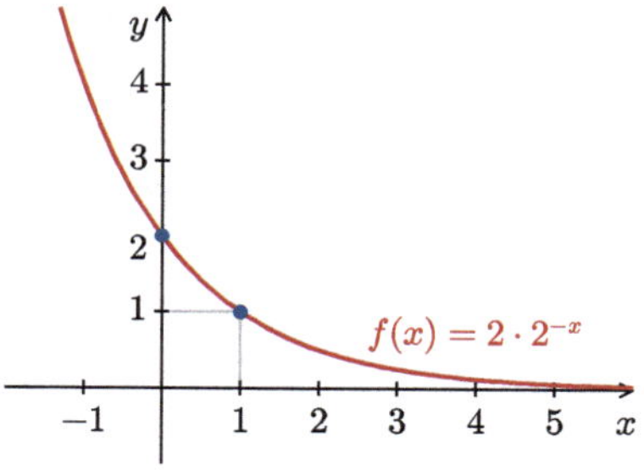

Der Ansatz für die Exponentialfunktion lautet

$$f(x) = c a^x\,, \quad a > 0\,,\ c \in \mathbb{R}\,.$$

Durch Einsetzen des ersten Punkts ergibt sich

$$2 = c a^0 \quad \Longrightarrow \quad c = 2\,.$$

Analog erhalten wir mithilfe des zweiten Punkts

$$1 = c a^1 = 2a \quad \Longrightarrow \quad a = \frac{1}{2}\,.$$

Die gesuchte Funktion ist $f(x) = 2 \cdot 2^{-x}$.

Lösung 6.11 (Polynomdivision)

a) Wir beginnen mit der höchsten Potenz und dividieren nacheinander ab:

$$\begin{array}{l} \left(\ x^5 + x^4 + x^3 + x^2 + x + 1\right) : \left(x^2 + x + 1\right) = x^3 + 1\,. \\ \underline{-x^5 - x^4 - x^3} \\ \qquad\qquad\quad x^2 + x + 1 \\ \qquad\qquad\quad \underline{-x^2 - x - 1} \\ \qquad\qquad\qquad\quad 0 \end{array}$$

Die Polynomdivision geht ohne Rest auf.

b) Auch hier beginnen wir mit der höchsten Potenz und gehen von links nach rechts vor:

$$\begin{array}{l} \left(\ x^6 + x^5 + x^4 + x^3 + x^2 + x + 1\right) : \left(x^2 + x + 1\right) = x^4 + x + \dfrac{1}{x^2 + x + 1}\,. \\ \underline{-x^6 - x^5 - x^4} \\ \qquad\qquad\quad x^3 + x^2 + x \\ \qquad\qquad\quad \underline{-x^3 - x^2 - x} \\ \qquad\qquad\qquad\qquad 1 \end{array}$$

Bei dieser Polynomdivision entsteht ein Rest.

Lösung 6.12 (Linearfaktorzerlegung von Polynomen mit höherem Grad)

a) Hier besteht der Trick darin, t^4 auszuklammern. Das Polynom

$$p(t) = t^6 + 6t^5 + 5t^4 = t^4\left(t^2 + 6t + 5\right)$$

hat die vierfache Nullstelle $t_{1,2,3,4} = 0$ und die beiden Nullstellen

$$t_{5,6} = \frac{-6 \pm \sqrt{36 - 20}}{2} = -1, -5\,.$$

Die Zerlegung in Linearfaktoren lautet deshalb

$$p(t) = t^6 + 6t^5 + 5t^4 = t^4\,(t + 1)\,(t + 5)\,.$$

Dabei werden die Linearfaktoren stets in der Form $(t - t_k)$ angesetzt.

b) Verwendet man bei dem Polynom

$$f(u) = u^8 - 15u^4 - 16$$

die Substitution $u^4 = x$, so ergibt sich folgendes Polynom mit seinen Nullstellen:

$$x^2 - 15x - 16 \quad \Longrightarrow \quad x_{1,2} = \frac{15 \pm \sqrt{225 + 64}}{2} = 16, -1\,.$$

Die Gleichung $u^4 = 16$ hat die beiden Lösungen $u_1 = 2$ und $u_2 = -2$. Für den restlichen Ausdruck führen wir eine Polynomdivision mit $(u-2)(u+2) = (u^2 - 4)$ durch:

$$\begin{array}{l} \big(\; u^4 \qquad -16\big) : \big(u^2 - 4\big) = u^2 + 4\,. \\ \underline{-u^4 + 4u^2} \\ \qquad 4u^2 - 16 \\ \qquad \underline{-4u^2 + 16} \\ \qquad\qquad 0 \end{array}$$

Die Gleichung $u^4 = -1$ besitzt keine Lösung. Die Zerlegung lautet deshalb

$$f(u) = u^8 - 15u^4 - 16 = (u-2)(u+2)(u^2+4)(u^4+1)\,.$$

Über einen Umweg durch die komplexen Zahlen kann man den letzten Faktor noch in zwei weitere quadratische Faktoren zerlegen:

$$f(u) = u^8 - 15u^4 - 16 = (u-2)(u+2)(u^2+4)(u^2 - \sqrt{2}\,u + 1)(u^2 + \sqrt{2}\,u + 1)\,.$$

Eine vollständige Zerlegung in insgesamt acht Linearfaktoren ist nur bei Verwendung von komplexen Zahlen möglich, siehe Kapitel 13.

Lösung 6.13 (Nullstellen eines Polynoms in Summenschreibweise)

Das Polynom

$$p(x) = \sum_{k=1}^{3} (-1)^k\, k^2\, x^k = -x + 4\,x^2 - 9\,x^3 = x(-1 + 4\,x - 9\,x^2)$$

hat nur eine einzige Nullstelle bei $x = 0$, denn die quadratische Gleichung $-9\,x^2 + 4\,x - 1 = 0$ hat keine Lösung.

Lösung 6.14 (Definitionsmenge und Nullstellen)

a) Die Definitionsmenge ist $D = \mathbb{R} \setminus \{1, 3\}$, denn das Polynom im Nenner hat die Nullstellen $x_1 = 1$ und $x_2 = 3$. Die Nullstelle des Zählers $x_3 = -1$ kann man durch Raten finden. Durch Polynomdivision

$$\begin{array}{l} \big(\; x^3 + x^2 - 4x - 4\big) : \big(x + 1\big) = x^2 - 4\,. \\ \underline{-x^3 - x^2} \\ \qquad\quad -4x - 4 \\ \qquad\quad \underline{\;\;4x + 4} \\ \qquad\qquad\quad 0 \end{array}$$

erhält man die weiteren Nullstellen $x_4 = 2$ und $x_5 = -2$. Die Nullstellen des Zählers sind gleichzeitig auch die Nullstellen der Funktion.

b) Die Definitionsmenge ist $D = \mathbb{R} \setminus \{1, -1\}$, denn das Polynom im Nenner hat die Nullstellen $x_1 = 1$ und $x_2 = -1$. Die Nullstelle des Zählers $x_2 = 1$ kann man durch Raten finden. Durch Polynomdivision

$$\begin{array}{l}
\big(\;x^3 - 2x^2 - x + 2\big) : (x-1) = x^2 - x - 2\,.\\
\underline{-x^3 + x^2}\\
\quad -x^2 - x\\
\quad \underline{\;\; x^2 - x}\\
\qquad -2x + 2\\
\qquad \underline{\;\;2x - 2}\\
\qquad\qquad 0
\end{array}$$

ergeben sich die weiteren Nullstellen des Zählers. Wegen

$$x^2 - x - 2 = (x+1)(x-2)$$

sind auch $x_2 = -1$ und $x_3 = 2$ Nullstellen des Zählers. Aber lediglich $x_3 = 2$ ist eine Nullstelle der Funktion, denn Zähler und Nenner enthalten die gemeinsamen Linearfaktoren $x - 1$ und $x + 1$. Somit kann man die Funktion f auf ganz $\mathbb{R}$ stetig fortsetzen: $\tilde{f}(x) = x - 2$.

Lösung 6.15 (Unecht gebrochenrationale Funktionen)

a) Wir führen eine Polynomsividion durch:

$$\begin{array}{l}
\big(\;x^3 \qquad - 2x + 1\big) : (x-3) = x^2 + 3x + 7 + \dfrac{22}{x-3}\,.\\
\underline{-x^3 + 3x^2}\\
\quad 3x^2 - 2x\\
\quad \underline{-3x^2 + 9x}\\
\qquad 7x + 1\\
\qquad \underline{-7x + 21}\\
\qquad\qquad 22
\end{array}$$

Dabei ist $x^2 + 3x + 7$ das gesuchte Polynom und $\frac{22}{x-3}$ der Rest.

b) Wir führen eine Polynomsividion durch:

$$\begin{array}{l}
\big(\;4x^5 - x^4 + 2x^3 + x^2 \qquad - 1\big) : (x^2+1) = 4x^3 - x^2 - 2x + 2 + \dfrac{2x-3}{x^2+1}\,.\\
\underline{-4x^5 \qquad - 4x^3}\\
\quad -x^4 - 2x^3 + x^2\\
\quad \underline{\;\; x^4 \qquad\quad + x^2}\\
\qquad -2x^3 + 2x^2\\
\qquad \underline{\;\;2x^3 \qquad + 2x}\\
\qquad\qquad 2x^2 + 2x - 1\\
\qquad\qquad \underline{-2x^2 \qquad - 2}\\
\qquad\qquad\qquad 2x - 3
\end{array}$$

Es entsteht das Polynom $4x^3 - x^2 - 2x + 2$ und $\frac{2x-3}{x^2+1}$ als Rest.

Lösung 6.16 (Partialbruchzerlegung)

a) Zunächst bestimmen wir die Nullstellen des Nenners

$$x^2 + 7x + 12 = 0 \quad\Longrightarrow\quad x_{1,2} = \frac{-7 \pm \sqrt{49 - 48}}{2} = -3, -4\,.$$

Für die beiden einfachen Nullstellen verwenden wir den Ansatz

$$\frac{x}{x^2 + 7x + 12} = \frac{A}{x+3} + \frac{B}{x+4}\,.$$

Für den Koeffizientenvergleich fassen wir die rechte Seite zusammen:

$$\frac{x}{x^2 + 7x + 12} = \frac{A(x+4) + B(x+3)}{(x+3)(x+4)} = \frac{Ax + 4A + Bx + 3B}{x^2 + 7x + 12}\,.$$

Dadurch erhalten wir das lineare Gleichungssystem

$$\begin{array}{lcrcrcr} x^0 & : & 4A & + & 3B & = & 0 \\ x^1 & : & A & + & B & = & 1 \end{array}$$

mit der eindeutigen Lösung $A = -3$ und $B = 4$. Damit ist

$$\frac{x}{x^2 + 7x + 12} = \frac{-3}{x+3} + \frac{4}{x+4}$$

die gesuchte Partialbruchzerlegung.

b) Der Nenner besitzt die doppelte Nullstelle $x_{1,2} = 1$, denn

$$x^2 - 2x + 1 = (x-1)^2\,.$$

Dafür verwenden wir den Ansatz

$$\frac{2x - 1}{x^2 - 2x + 1} = \frac{A}{x-1} + \frac{B}{(x-1)^2}\,.$$

Wir fassen die rechte Seite mit dem Hauptnenner zusammen:

$$\frac{2x - 1}{x^2 - 2x + 1} = \frac{A(x-1) + B}{(x-1)^2} = \frac{Ax - A + B}{x^2 - 2x + 1}\,.$$

Das lineare Gleichungssystem

$$\begin{array}{lcrcrcr} x^0 & : & -A & + & B & = & -1 \\ x^1 & : & A & & & = & 2 \end{array}$$

hat die eindeutige Lösung $A = 2$ und $B = 1$ und wir erhalten

$$\frac{2x - 1}{x^2 - 2x + 1} = \frac{2}{x-1} + \frac{1}{(x-1)^2}$$

als Partialbruchzerlegung.

c) Durch Ausklammern von x im Nenner

$$x^3 + x = x(x^2 + 1)$$

erkennt man, dass $x = 0$ die einzige reelle Nullstelle im Nenner ist. Entsprechend ist

$$\frac{5x^2 + 2x + 1}{x^3 + x} = \frac{A}{x} + \frac{Bx + C}{x^2 + 1}$$

der Ansatz für die Partialbruchzerlegung.

Der Koeffizientenvergleich

$$\frac{5x^2+2x+1}{x^3+x} = \frac{A(x^2+1)+(Bx+C)x}{x(x^2+1)} = \frac{Ax^2+A+Bx^2+Cx}{x^3+x}$$

ergibt das lineare Gleichungssystem

$$\begin{array}{lcccccc} x^0 & : & A & & & = & 1 \\ x^1 & : & & & C & = & 2 \\ x^2 & : & A & + & B & = & 5 \end{array}$$

mit der Lösung $A = 1$, $B = 4$ und $C = 2$. Die Partialbruchzerlegung lautet also

$$\frac{5x^2+2x+1}{x^3+x} = \frac{1}{x} + \frac{4x+2}{x^2+1}$$

und enthält einen Bruch mit einem quadratischen Ausdruck im Nenner.

Lösung 6.17 (Allgemeine Sinus- und Kosinusfunktionen)

a) Durch die Umformung

$$f(x) = 3\sin\left(\frac{x}{2}+\frac{\pi}{8}\right) = 3\sin\left(\frac{1}{2}\left(x+\frac{\pi}{4}\right)\right)$$

erkennt man, dass die Funktion eine allgemeine Sinusfunktion mit der Amplitude 3, der Periode 4π und der Verschiebung um $\frac{\pi}{4}$ nach links ist. Die Nullstellen liegen bei

$$x_N = -\frac{\pi}{4} + 2\pi k$$

und Extremstellen der Hoch- und Tiefpunkte

$$x_H = -\frac{\pi}{4} + \pi + 4\pi k\,,\ x_T = -\frac{\pi}{4} + 3\pi + 4\pi k$$

jeweils dazwischen.

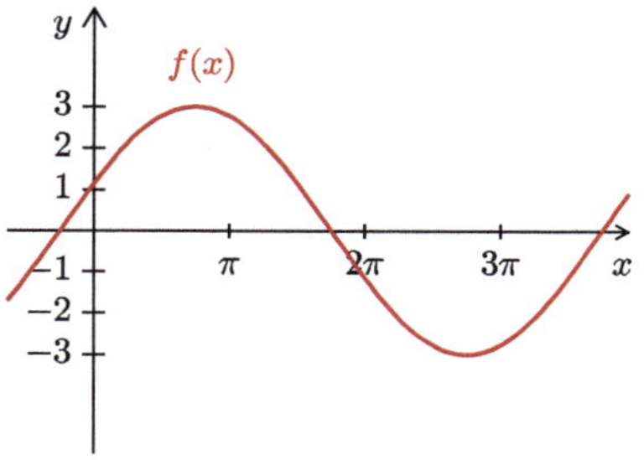

b) Wir bringen die Funktion in die Form einer allgemeinen Kosinusfunktion. Das negative Vorzeichen verschwindet, wenn wir zum Phasenwinkel π hinzu addieren:

$$f(x) = -\pi\cos\left(2x-\frac{\pi}{3}\right) = \pi\cos\left(2\left(x+\frac{\pi}{3}\right)\right).$$

Die Amplitude beträgt π, die Periode ist π, und eine Verschiebung um $\frac{\pi}{3}$ nach links liegt auch vor. Die Nullstellen liegen bei

$$x_N = -\frac{\pi}{3} + \frac{\pi}{4} + \frac{\pi}{2}k$$

und Extremstellen der Hoch- und Tiefpunkte

$$x_H = -\frac{\pi}{3} + \pi k\,,\quad x_T = -\frac{\pi}{3} + \frac{\pi}{2} + \pi k$$

jeweils dazwischen.

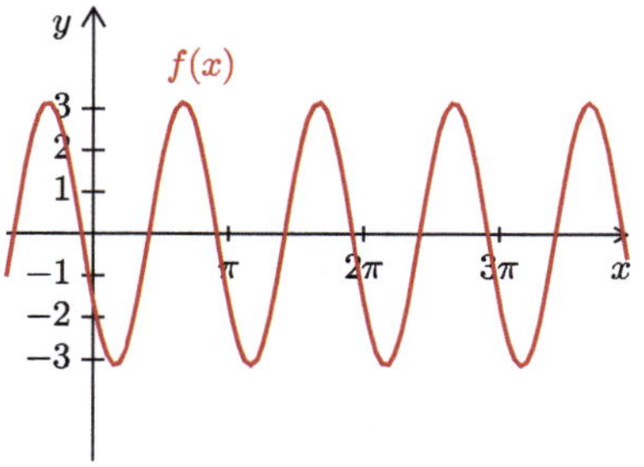

Lösung 6.18 (Nullstellen trigonometrischer Funktionen)

a) Wir suchen alle Nullstellen der Funktion

$$f(x) = \cos x + \cos(2x) = 0\,.$$

Ersetzt man in der Doppelwinkelformel den Ausdruck $\sin^2 x$ mithilfe der Kreisgleichung

$$\cos(2x) = \cos^2 x - \sin^2 x = 2\cos^2 x - 1\,,$$

so ergibt sich die Gleichung

$$g(x) = \cos x + 2\cos^2 x = 1\,.$$

Wir suchen also die Schnittpunkte der Funktion g mit der Konstanten $y = 1$. Die Lösung dazu ist in Aufgabe 6.20 im Aufgabenteil b) beschrieben.

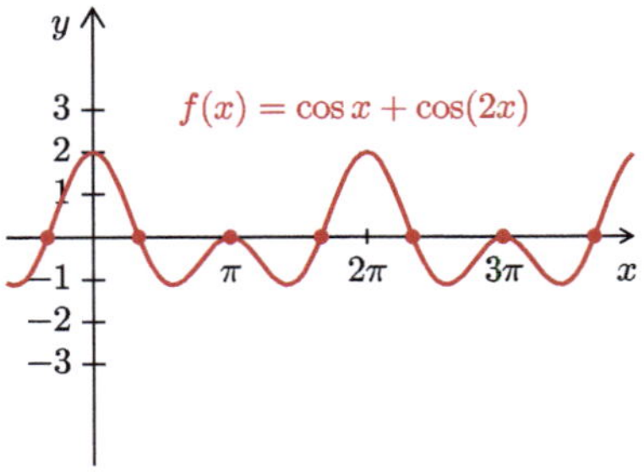

b) Wir suchen alle Nullstellen der Funktion

$$f(x) = \cos x + \sin x - 1 = 0\,.$$

Durch einfaches Umformen erhalten wir das gleichwertige Problem

$$g(x) = \sin x + \cos x = 1\,.$$

Wir suchen also die Schnittpunkte der Funktion g mit der Konstanten $y = 1$. Die Lösung dazu ist in Aufgabe 6.20 im Aufgabenteil a) beschrieben.

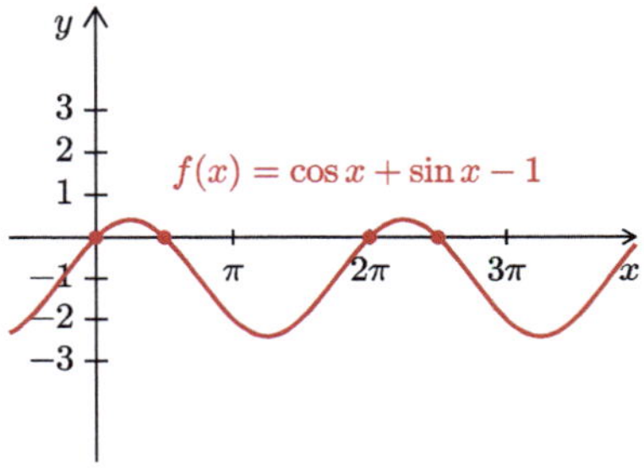

Lösung 6.19 (Arkusfunktionen)

a) Zwei Lösungen der Gleichung sind

$$2\cos x = 1 \quad \Longrightarrow \quad x_1 = \arccos\left(\frac{1}{2}\right) = \frac{\pi}{3}\,, \quad x_2 = 2\pi - \frac{\pi}{3}\,.$$

Die zweite Lösung entsteht aufgrund der Symmetrie bzgl. $x = \pi$. Es sind

$$x = \frac{\pi}{3} + 2\pi k \quad \text{oder} \quad x = \frac{5\pi}{3} + 2\pi k$$

alle periodisch fortgesetzten x-Koordinaten der gesuchten Schnittpunkte.

b) Zwei Lösungen der Gleichung sind

$$\sqrt{2}\sin(2x) = 1 \quad \Longrightarrow \quad x_1 = \frac{1}{2}\arcsin\left(\frac{1}{\sqrt{2}}\right) = \frac{\pi}{8}\,, \quad x_2 = \frac{\pi}{2} - \frac{\pi}{8}\,.$$

Die zweite Lösung entsteht aufgrund der Symmetrie bzgl. $x = \frac{\pi}{4}$. Es sind

$$x = \frac{\pi}{8} + \pi k \quad \text{oder} \quad x = \frac{3\pi}{8} + \pi k$$

alle periodisch fortgesetzten x-Koordinaten der gesuchten Schnittpunkte.

c) Eine Lösung der Gleichung ist

$$\tan(3x) = 1 \quad \Longrightarrow \quad x_1 = \frac{1}{3}\arctan(1) = \frac{\pi}{12}.$$

Wegen der Periodizität sind

$$x = \frac{\pi}{12} + \frac{\pi}{3}k$$

die x-Koordinaten der gesuchten Schnittpunkte.

Lösung 6.20 (Arkusfunktionen und Substitution)

a) Wir suchen alle Lösungen der Gleichung

$$\sin x + \cos x = 1.$$

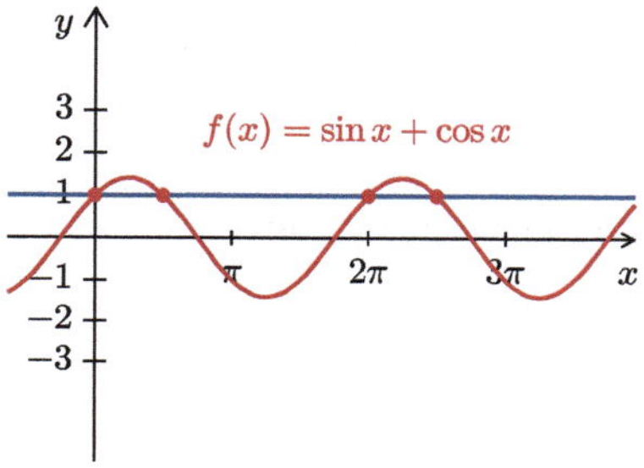

Mit der Kreisgleichung $\sin^2 x + \cos^2 x = 1$ gilt

$$\sin x = \pm\sqrt{1-\cos^2 x}.$$

Die Gleichung lautet dann

$$\pm\sqrt{1-\cos^2 x} + \cos x = 1.$$

Mit der Substitution $u = \cos x$ folgt:

$$\pm\sqrt{1-u^2} + u = 1.$$

Diese Wurzelgleichung löst man durch Separieren der Wurzel und Quadrieren:

$$\pm\sqrt{1-u^2} = 1-u \Longrightarrow 1-u^2 = (1-u)^2 \Longrightarrow 0 = -2u + 2u^2 \Longrightarrow u_1 = 0, u_2 = 1.$$

Wir müssen also alle x-Werte finden, bei denen $\cos x$ entweder 0 oder 1 ist. Für $x = \frac{\pi}{2} + \pi k$ ist $\cos x = 0$ und für $x = 2\pi k$ ist $\cos x = 1$. Dabei durchläuft k alle ganzen Zahlen. Da wir ganz zu Beginn $\sin x = \pm\sqrt{1-\cos^2 x}$ gesetzt und danach auch quadriert haben, müssen wir eine Probe machen und alle x-Werte in die ursprüngliche Gleichung einsetzen. Dabei fällt bei der ersten Schar ein Teil der x-Stellen weg und wir erhalten als Lösung

$$x = \frac{\pi}{2} + 2\pi k \quad \text{oder} \quad x = 2\pi k.$$

Dabei ist k eine beliebige ganze Zahl.

b) Wir suchen alle Lösungen der Gleichung

$$\cos x + 2\cos^2 x = 1.$$

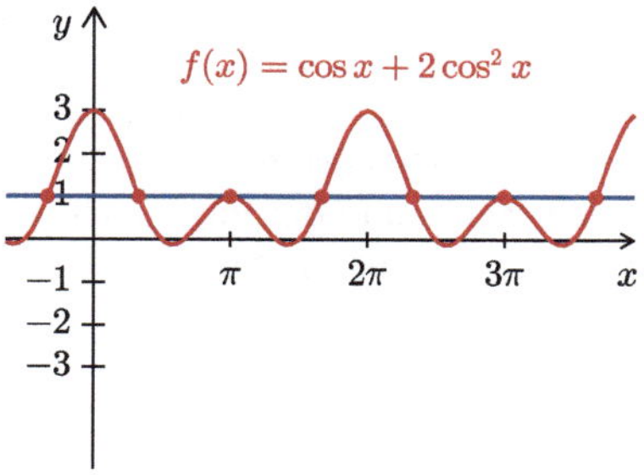

Wir substituieren $u = \cos x$ und erhalten die quadratische Gleichung

$$2u^2 + u - 1 = 0$$

mit den beiden Lösungen

$$u_{1,2} = \frac{-1 \pm \sqrt{1+8}}{4} = -1, \frac{1}{2}.$$

Wir suchen also alle x-Werte bei denen $\cos x$ entweder -1 oder $\frac{1}{2}$ ist.

Die Bedingung $\cos x = -1$ führt auf die Teillösungen

$$x = \pi + 2\pi k\,.$$

Innerhalb einer Periode ist die Bedingung $\cos x = \frac{1}{2}$ an zwei Stellen erfüllt:

$$x = \arccos\left(\frac{1}{2}\right) = \frac{\pi}{3}\,, \qquad x = 2\pi - \frac{\pi}{3} = \frac{5\pi}{3}\,.$$

Dabei entsteht die zweite Lösung aufgrund der Symmetrie des Kosinus zu $x = \pi$. Auch diese beiden Lösungen können wir periodisch fortsetzen. Insgesamt erhalten wir

$$x = \pi + 2\pi k \quad \text{oder} \quad x = \frac{\pi}{3} + 2\pi k \quad \text{oder} \quad x = \frac{5\pi}{3} + 2\pi k\,.$$

Dabei durchläuft k alle ganzen Zahlen.

Lösung 6.21 (Exponentialfunktionen)

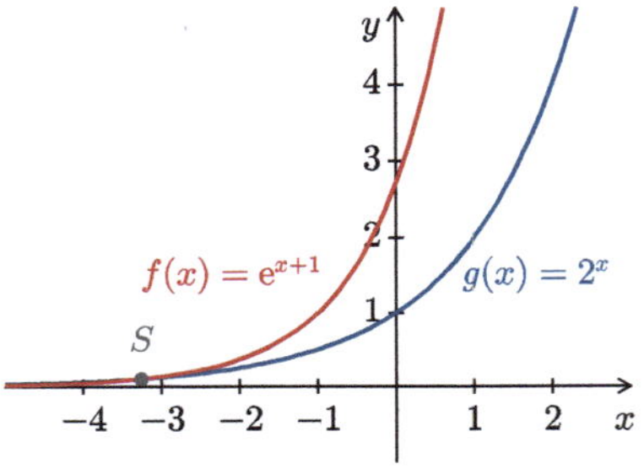

Den Schnittpunkt berechnet man aus

$$f(x) = e^{x+1} = 2^x = g(x)\,.$$

Logarithmieren der Gleichung ergibt

$$x + 1 = x \ln 2 \quad \Longrightarrow \quad x(1 - \ln 2) = -1\,.$$

Die Lösung dieser Gleichung lautet

$$x = \frac{1}{\ln 2 - 1} \approx -3.259\,.$$

Damit ist der Schnittpunkt der beiden Funktionen

$$S(-3.259\,|\,0.105)$$

näherungsweise bestimmt.

Lösung 6.22 (Logarithmusfunktion)

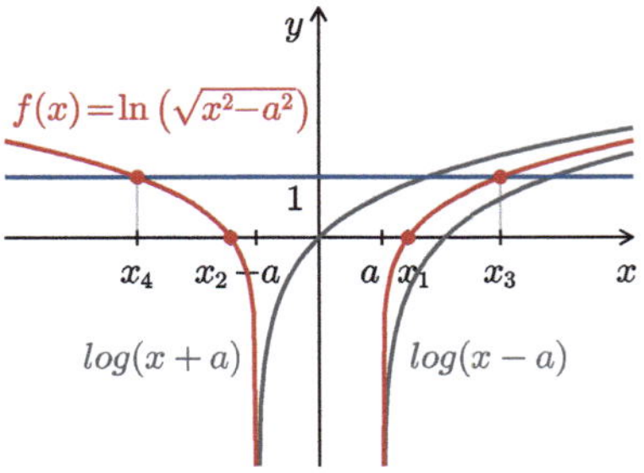

Die Funktion f ist symmetrisch zur y-Achse und nur für $|x| > a$ definiert. Durch die Umformungen

$$\ln\left(\sqrt{x^2-a^2}\right) = \frac{1}{2}\ln\big((x-a)(x+a)\big) = \frac{1}{2}\big(\ln(x-a) + \ln(x+a)\big)$$

sieht man, dass f innerhalb des gemeinsamen Definitionsbereichs gerade der Mittelwert aus der um a nach rechts und der um a nach links verschobenen Logarithmusfunktion ist. Die Schnittpunkte ergeben sich aus

$$0 = \ln\sqrt{x^2 - a^2} \quad \Longrightarrow \quad x^2 - a^2 = 1 \quad \Longrightarrow \quad x_{1,2} = \pm\sqrt{1 + a^2}$$

$$1 = \ln\sqrt{x^2 - a^2} \quad \Longrightarrow \quad x^2 - a^2 = e^2 \quad \Longrightarrow \quad x_{3,4} = \pm\sqrt{e^2 + a^2}$$

und liegen ebenfalls symmetrisch zum Ursprung.

Lösung 6.23 (Umkehrfunktionen)

a) Die Funktion f ist für alle reellen Zahlen definiert, die Wertemenge ist $(0,1]$. Wegen der Gleichung

$$f(-x) = \frac{1}{1+(-x)^4} = \frac{1}{1+x^4} = f(x)$$

ist die Funktion symmetrisch zur y-Achse. Den größten Wert hat $f(x)$ für $x = 0$, mit wachsenden x-Werten nehmen die Funktionswerte kontinuierlich ab.

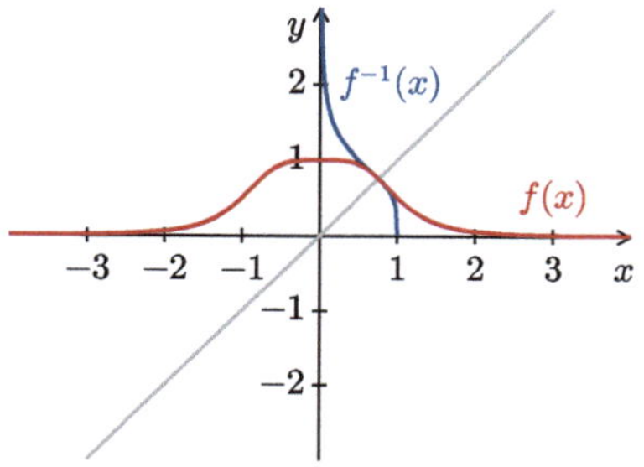

Auf $[0,\infty)$ ist $f(x)$ somit streng monoton fallend, also umkehrbar. Die Umkehrfunktion berechnet man durch Auflösen nach x:

$$y = \frac{1}{1+x^4} \implies \frac{1}{y} = 1 + x^4 \implies x = \sqrt[4]{\frac{1}{y} - 1} \implies f^{-1}(x) = \sqrt[4]{\frac{1}{x} - 1}\,.$$

Man könnte die Umkehrfunktion auch für das Intervall $(-\infty,0]$ bestimmen. Dann ist die Umkehrfunktion $f^{-1}(x) = -\sqrt[4]{\frac{1}{x} - 1}$.

b) Die Funktion f ist für alle reellen Zahlen definiert, die Wertemenge ist $[-1,1]$. Wegen der Gleichung

$$f(-x) = \cos(-x)^2 = \cos(x^2) = f(x)$$

ist die Funktion symmetrisch zur y-Achse. Die Funktion ist nicht periodisch. Auf dem Intervall $[0,\sqrt{\pi}]$ ist f streng monoton fallend, denn x^2 ist streng monoton wachsend und $\cos x$ ist streng monoton fallend.

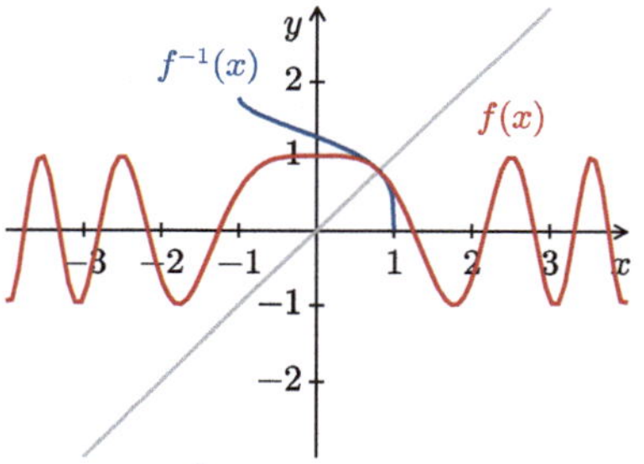

In diesem Intervall gibt es also eine Umkehrfunktion:

$$y = \cos(x^2) \implies \arccos y = x^2 \implies x = \sqrt{\arccos y} \implies f^{-1}(x) = \sqrt{\arccos y}\,.$$

Man erhält sie durch Auflösen der Funktionsgleichung von f nach x.

c) Die Funktion f ist nur definiert, falls

$$\frac{x}{x+1} > 0\,.$$

Das ist entweder für $x > 0$ oder für $x < -1$ erfüllt. Dieser Ausdruck ist streng monoton wachsend. Das kann man dadurch nachweisen, indem man die erste Ableitung bildet und erkennt, dass diese immer positiv ist. Somit ist auch f streng monoton wachsend, also umkehrbar. Zur Berechnung der Umkehrfunktion

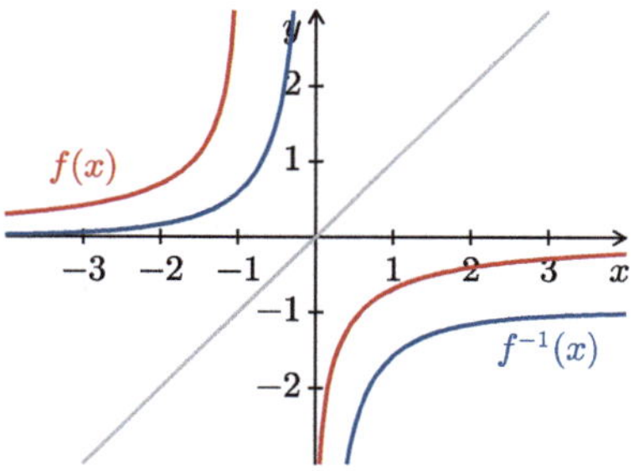

$$y = \ln\left(\frac{x}{x+1}\right) \implies e^y = \frac{x}{x+1} \implies (x+1)e^y = x \implies x(e^y - 1) = -e^y$$

wenden wir zunächst die Exponentialfunktion an.

Nun können wir die Gleichung nach x auflösen:

$$x(\mathrm{e}^y - 1) = -\mathrm{e}^y \implies x = \frac{\mathrm{e}^y}{1-\mathrm{e}^y} \implies f^{-1}(x) = \frac{\mathrm{e}^x}{1-\mathrm{e}^x}\,.$$

Das Schaubild der Umkehrfunktion besteht aus zwei Teilgrafen.

6.2.3 Anwendung

Lösung 6.24 (Sicherheitsabstand)

Wir bezeichnen die Reaktionszeit mit $T = 1$ s. Der zurückgelegte Weg des vorausfahrenden Fahrzeugs beträgt

$$s_1(t) = d + vt + \frac{1}{2}\,a_1 t^2 = d + 30t - 2t^2\,.$$

Der Weg des nachfolgenden Fahrzeugs beträgt $s_2(t) = vt$ für $t \le T$ und für $t > T$

$$s_2(t) = vt + \frac{1}{2}\,a_2(t-T)^2 = 30t - 4(t-1)^2\,.$$

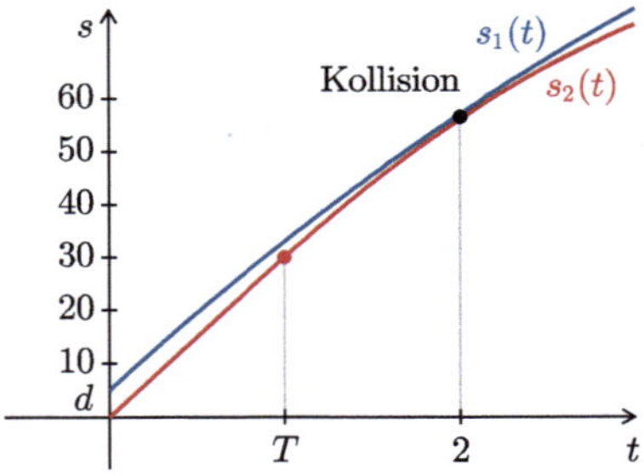

Dabei haben wir berücksichtigt, dass $s_1(0) - s_2(0) = d$. Für Schnittpunkte von s_1 mit s_2 gilt die Bedingung

$$d + 30t - 2t^2 = 30t - 4(t-1)^2 \iff 2t^2 - 8t + (d+4) = 0\,.$$

Diese quadratische Gleichung darf nur eine Lösung haben, denn ansonsten würden sich das nachfolgende und das vorausfahrende Fahrzeug für kurze Zeit überlappen. Es soll aber zu keiner Kollision kommen. Die Diskriminante D muss also null sein:

$$t_{1,2} = \frac{8 \pm \sqrt{64 - 8(d+4)}}{2}\,, \quad D = 64 - 8(d+4) = 0 \implies d = 4\,.$$

Der Abstand beträgt somit lediglich 4 m! Diese Ergebnis ist sogar unabhängig von der Geschwindigkeit. Setzt man nun $d = 4$ und $a_1 = -8$ in die Wegfunktionen s_1 und s_2 ein, so erhält man nach dem Gleichsetzen für $t \le T$

$$4 + 30t - 4t^2 = 30t \iff 4t^2 = 4 \iff t = \pm 1\,.$$

Damit findet die Kollsion nach 1 s statt. Die negative Lösung für t ist hier nicht relevant. Die Geschwindigkeit des nachfolgenden Fahrzeugs beträgt 30 $\frac{\mathrm{m}}{\mathrm{s}}$, das Fahrzeug kollidiert also ungebremst. Die Geschwindigkeit des vorausfahrenden Fahrzeugs beträgt 22 $\frac{\mathrm{m}}{\mathrm{s}}$. Die relative Kollisionsgeschwindigkeit beträgt also 8 $\frac{\mathrm{m}}{\mathrm{s}}$.

7 Folgen, Grenzwerte und Stetigkeit

Die Vorkenntnisse der Studierenden zu den Themen dieses Kapitels sind meist nicht stark ausgeprägt. Entsprechend ungewohnt ist der Umgang mit Folgen und Grenzübergängen. Nun ist der Grenzwertbegriff aber ganz fundamental für die moderne Analysis, so dass wir nicht daran vorbeikommen. Auch iterative Approximationsverfahren der numerischen Mathematik erzeugen oft Folgen von Näherungswerten.

Ähnlich wie Funktionen haben auch Folgen elementare Eigenschaften und können über diese schnell charakterisiert und klassifiziert werden. Monotone und beschränkte Folgen etwa sind konvergent. Zum Grundwissen gehört auch die Unterscheidung zwischen explizit und rekursiv definierten Folgen. Ganz fundamental ist die bekannte Folge, die gegen die Eulersche Zahl konvergiert. Der Umgang damit kann vertieft werden, in dem leichte Abänderungen dieser Folge untersucht werden. Auf diesem Weg entsteht die natürliche Exponentialfunktion.

Auch die Bestimmung von Funktionsgrenzwerten ist meist ungewohnt und bereitet an der ein oder anderen Stelle Kopfzerbrechen. Eine treffsichere Entscheidung, mit welcher Umformung man den Grenzwert eines gegebenen Funktionsterms leicht bestimmen kann, falls er überhaupt existiert, gelingt oft nicht auf Anhieb. Insbesondere der Begriff der einseitigen Grenzwerte ist in der Regel zunächst unbekannt. Alle diese Aspekte müssen vom umgangssprachlichen Verständnis in eine saubere mathematische Formulierung übergeführt werden. Das Anwenden der Regel von Bernoulli-de l'Hospital auf Funktionsgrenzwerte wird in Kapitel 8 vertieft.

Der Begriff der Stetigkeit ist eng mit dem Grenzwertbegriff verwandt. Die Stetigkeit von Funktionen ist anhand ihrer Schaubilder leicht zu erkennen. Möchte man diese Eigenschaft jedoch streng mathematisch nachweisen, ist mehr Aufwand erforderlich. Zu einem kompetenten Umgang mit der Stetigkeit gehört auch die sichere Bestimmung der Art von Unstetigkeitsstellen. Man sollte insbesondere den Unterschied zwischen einer Funktion mit einer hebbaren Unstetigkeitsstelle und der zugehörigen stetig fortgesetzten Funktion ohne diesen Defekt kennen.

Im Rahmen einer Funktionsdiskussion wird häufig auch das asymptotische Verhalten untersucht. Bei gebrochenrationalen Funktionen ist die Bestimmung von waagrechten und schiefen Asymptoten eine Grundfertigkeit und kann systematisch durchgeführt werden. Bei unecht gebrochenrationalen Funktionen erfolgt die Analyse mithilfe von Polynomdivisionen, siehe dazu Kapitel 6. Polstellen sind ein weiterer wichtiger Baustein zur Charakterisierung von gebrochenrationalen Funktionen. Dabei ist meist sowohl ihre Berechnung als auch ihre Klassifikation bezüglich der Vorzeichenwechsel gefragt.

7.1 Aufgaben

7.1.1 Verständnis und Kompetenz

Aufgabe 7.1 (Folgenglieder) ★★

Berechnen Sie für die Folgen jeweils ein paar Folgenglieder, beginnen Sie mit $k = 1$. Sind die Folgen beschränkt, monoton oder alternierend? Haben die Folgen einen Grenzwert, wenn ja welchen?

a) $a_k = 1 + \frac{(-1)^k}{k^2}$ b) $b_k = \frac{2^{k+1}}{2^k - 10}$ c) $c_k = \frac{2^k}{k!}$

Aufgabe 7.2 (Rekursive Folgen) ★★★

Wir betrachten die rekursiv definierte Folge $a_{k+2} = a_k \cdot a_{k+1}$ mit unterschiedlichen Anfangsgliedern a_0 und a_1. Berechnen Sie jeweils die ersten Folgenglieder und untersuchen Sie die Folgen auf Beschränktheit, Monotonie, Konvergenz und alternierendes Vorzeichen.

a) $a_0 = 1,\ a_1 = -\frac{1}{2}$ b) $a_0 = 1,\ a_1 = 2$ c) $a_0 = 1,\ a_1 = 1$

Aufgabe 7.3 (Monotonie und Beschränktheit) ★★★★

Richtig oder falsch? Wenn die beiden Folgen (a_k) und (b_k) beide streng monoton fallend und beschränkt sind, dann sind auch die Folgen $(c_k) = (a_k) + (b_k)$ und $(d_k) = (a_k) - (b_k)$ streng monoton fallend und beschränkt.

Aufgabe 7.4 (Unstetigkeitsstellen) ★★

Wo besitzen die folgenden Funktionen Unstetigkeitsstellen? Skizzieren Sie die Schaubilder der Funktionen.

a) $f(x) = \operatorname{sgn}(x)$ b) $f(x) = x\operatorname{sgn}(x)$ c) $f(x) = |x|\operatorname{sgn}(x)$

Aufgabe 7.5 (Multiplikation von unstetigen Funktionen) ★★★

Richtig oder falsch? Wenn man eine Funktion f, die an der Stelle x_0 unstetig ist, mit einer Funktion g, die an der Stelle x_0 auch unstetig ist, multipliziert, dann ist die Produktfunktion $h = f \cdot g$ auch unstetig an der Stelle x_0.

Aufgabe 7.6 (Gebrochenrationale Funktionen) ★★

Skizzieren Sie die Schaubilder der Funktionen für die Werte $n = 1, 2, 3$:

$$f(x) = \frac{x^2}{(x+1)^n}\,.$$

Aufgabe 7.7 (Hebbare Unstetigkeitsstellen) ★★★

Wo besitzen die folgenden Funktionen Unstetigkeitsstellen? Um welche Art von Unstetigkeitsstellen handelt es sich? Geben Sie die stetigen Ergänzungen der Funktionen an und skizzieren Sie die Schaubilder der Funktionen.

a) $f(x) = \frac{x^2 + 2x + 1}{x + 1}$ b) $f(x) = \frac{x - 3}{x^2 - 2x - 3}$ c) $f(x) = \frac{-2x^2 + 2x + 12}{x^3 - x^2 - 6x}$

7.1.2 Rechnung und Training

Aufgabe 7.8 (Funktionsgrenzwerte) ★★★

Berechnen Sie die folgenden Funktionsgrenzwerte.

a) $\lim\limits_{x\to\infty} \dfrac{3x-1}{2x+2}$ b) $\lim\limits_{x\to 1} \dfrac{x^2-1}{x-1}$ c) $\lim\limits_{x\to\infty} \sqrt{x^2+2} - \sqrt{x^2+3x}$

Aufgabe 7.9 (Grenzwerte mithilfe der Eulerschen Zahl) ★★★★★

Berechnen Sie mithilfe des Grenzwerts für die Eulersche Zahl e den Grenzwert von

$$\lim_{k\to\infty} \left(1+\frac{1}{2k}\right)^{3k}.$$

Aufgabe 7.10 (Sinus und Parabelbogen) ★★

Der Sinus soll für x-Werte im Bereich zwischen $\frac{\pi}{6}$ und $\frac{5\pi}{6}$ so durch einen zur Achse $x = \frac{\pi}{2}$ symmetrischen Parabelbogen ersetzt werden, dass der Übergang eine stetige Funktion

$$f(x) = \begin{cases} a\,(x-x_0)^2 + b & \text{für } x \in \left[\frac{\pi}{6}, \frac{5\pi}{6}\right] \\ \sin x & \text{sonst} \end{cases}$$

ergibt. Der Funktionswert des Parabelbogens an der Stelle $x = \frac{\pi}{2}$ soll mit dem Sinuswert übereinstimmen. Bestimmen Sie die passenden Werte für x_0, a und b.

Aufgabe 7.11 (Diskussion gebrochenrationaler Funktionen) ★★★★

Bestimmen Sie alle Nullstellen, Pole und Asymptoten der gebrochenrationalen Funktionen. Besitzen die Funktionen Unstetigkeitsstellen, wenn ja welcher Art? Skizzieren Sie die Schaubilder.

a) $f(x) = \dfrac{3}{x+2}$ b) $f(x) = \dfrac{2x-3}{x-3}$ c) $f(x) = \dfrac{x^2-x}{x-1}$

d) $f(x) = \dfrac{-2}{x^2+2x+1}$ e) $f(x) = \dfrac{2+x-x^2}{2x^2+3}$ f) $f(x) = \dfrac{2x^3+2x^2-8x-8}{2x^2-2}$

Aufgabe 7.12 (Approximation von π) ★★★★

Berechnen Sie eine Näherung der Kreiszahl π:

a) Leiten Sie die Formeln für den Umfang eines n-Ecks her, das dem Einheitskreis einbeschrieben ist bzw. den Einheitskreis umschließt:

$$U_I(n) = 2n\,\sin\left(\frac{\pi}{n}\right),\quad U_A(n) = 2n\,\tan\left(\frac{\pi}{n}\right)$$

b) Berechnen Sie damit und mithilfe eines Taschenrechners die Umfänge speziell für $n = 3, 6, 10, 100$.

c) Zeigen Sie, dass der Grenzwert des Verhältnisses $\frac{U_I}{U_A}$ für $n \to \infty$ gegen 1 konvergiert.

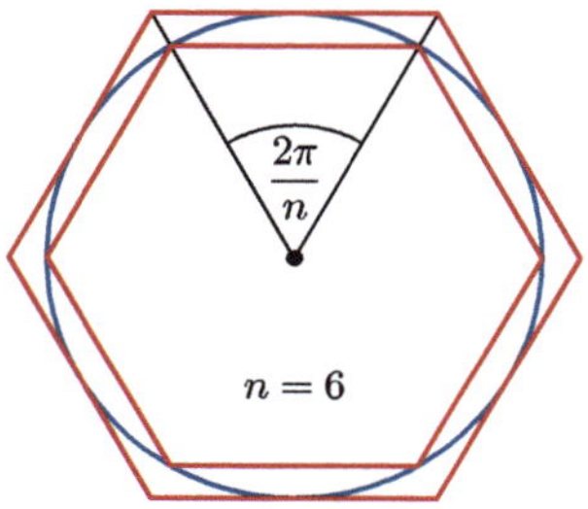

7.2 Lösungen

7.2.1 Verständnis und Kompetenz

Lösung 7.1 (Folgenglieder)

a) Die Folge (a_k) hat die Glieder

$$(a_k) = 0\,,\ \frac{5}{4},\ \frac{8}{9},\ \frac{17}{16},\ \frac{24}{25},\ \frac{37}{36},\ \ldots$$

Alle Folgenglieder liegen zwischen 0 und 2, die Folge ist also beschränkt. Die Folge ist nicht monoton und nicht alternierend. Der Grenzwert der Folgenglieder

$$\lim_{k\to\infty} a_k = \lim_{k\to\infty}\left(1+\frac{(-1)^k}{k^2}\right) = 1$$

existiert. Die Folge konvergiert also gegen den Grenzwert 1.

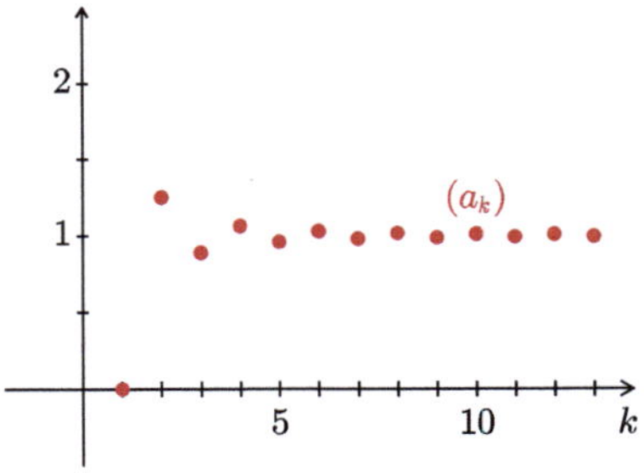

b) Die Folge (b_k) hat die Glieder

$$(b_k) = -\frac{1}{2},\ -\frac{4}{3},\ -8\,,\ \frac{16}{3},\ \frac{32}{11},\ \frac{64}{27},\ \ldots$$

Der Grenzwert der Folgenglieder

$$\lim_{k\to\infty} b_k = \lim_{k\to\infty}\frac{2^{k+1}}{2^k-10} = \lim_{k\to\infty}\frac{2}{1-\frac{10}{2^k}} = 2$$

existiert. Dazu haben wir den Bruch mit 2^k gekürzt. Somit konvergiert die Folge gegen den Grenzwert 2. Alle Folgenglieder liegen zwischen -8 und $\frac{16}{3}$, die Folge ist also beschränkt. Sie ist nicht monoton und nicht alternierend.

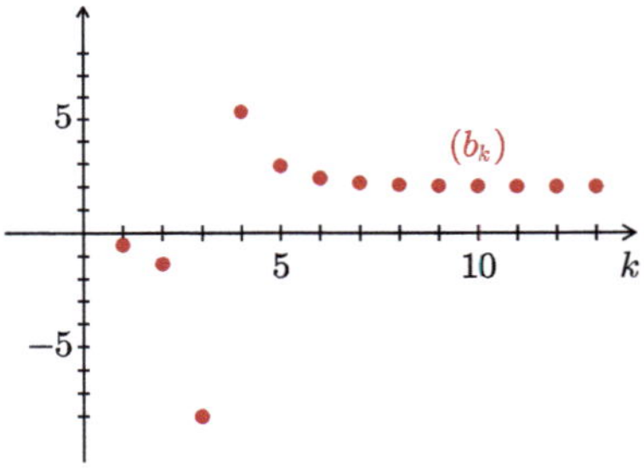

c) Die Folge (c_k) hat die Glieder

$$(c_k) = 2\,,\ 2\,,\ \frac{8}{6},\ \frac{16}{24},\ \frac{32}{120},\ \frac{64}{740},\ \ldots$$

Die Folge ist monoton fallend, abgesehen von den ersten beiden Gliedern sogar streng monoton fallend. Alle Folgenglieder liegen sicherlich zwischen 0 und 2, die Folge ist also beschränkt. Die Folge ist nicht alternierend. Sie konvergiert gegen den Grenzwert

$$\lim_{k\to\infty} c_k = \lim_{k\to\infty}\frac{2^k}{k!} = 0\,,$$

da $k!$ schneller wächst als 2^k.

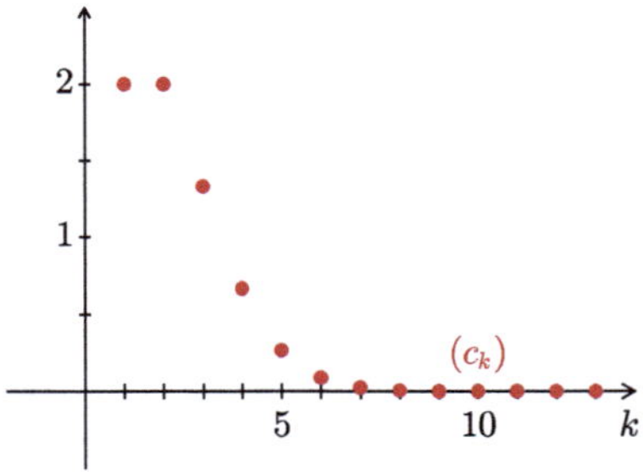

Lösung 7.2 (Rekursive Folgen)

a) Die Anfangsglieder $a_0 = 1$ und $a_1 = -\frac{1}{2}$ erzeugen die Folge

$$(a_k) = 1\,,\ -\frac{1}{2}\,,\ -\frac{1}{2}\,,\ \frac{1}{4}\,,\ -\frac{1}{8}\,,\ -\frac{1}{32}\,,\ \ldots$$

Die Folge ist beschränkt, alle Glieder liegen zwischen -1 und 1. Sie ist nicht monoton. Die Folge konvergiert gegen 0. Die Folge wechselt zwar das Vorzeichen, sie ist aber nicht alternierend.

b) Die Anfangsglieder $a_0 = 1$ und $a_1 = 2$ erzeugen die Folge

$$(a_k) = 1\,,\ 2\,,\ 2\,,\ 4\,,\ 8\,,\ 32\,,\ \ldots$$

Die Folge ist nicht beschränkt. Sie ist monoton wachsend. Da $a_1 = a_2 = 1$, ist die Folge insgesamt nicht streng monoton wachsend. Die Folge ist nicht konvergent und nicht alternierend.

c) Die Anfangsglieder $a_0 = 1$ und $a_1 = 1$ erzeugen die Folge

$$(a_k) = 1\,,\ 1\,,\ 1\,,\ 1\,,\ 1\,,\ 1\,,\ \ldots$$

Die Folge ist beschränkt, sie ist monoton wachsend und monoton fallend, aber nicht streng monoton wachsend und nicht streng monoton fallend. Die Folge konvergiert gegen 1, sie ist nicht alternierend.

Lösung 7.3 (Monotonie und Beschränktheit)

Wir untersuchen die Folgen (c_k) und (d_k) getrennt voneinander.

1) Für die Summe der beiden Folgen (a_k) und (b_k)

$$(c_k) = (a_k) + (b_k)$$

ist die Aussage richtig, denn

$$c_{k+1} = a_{k+1} + b_{k+1} > a_k + b_k = c_k,$$

also ist auch (c_k) streng monoton fallend. Wenn die Folge (a_k) durch A und die Folge (b_k) durch B beschränkt ist, dann gilt

$$|c_k| = |a_k + b_k| \leq |a_k| + |b_k| = A + B,$$

also ist die Folge (c_k) durch $A + B$ beschränkt.

2) Für die Differenz der beiden Folgen (a_k) und (b_k)

$$(d_k) = (a_k) - (b_k)$$

ist die Aussage nicht richtig. Wenn die Folge (a_k) durch A und die Folge (b_k) durch B beschränkt ist, dann gilt

$$|d_k| = |a_k - b_k| \leq |a_k| + |b_k| = A + B,$$

also ist auch die Folge (d_k) durch $A + B$ beschränkt. Aber die Monotonie muss nicht erhalten bleiben. Die Folgen

$$a_k = \frac{1}{k}\,,\ b_k = \frac{1}{k} \implies d_k = 0 \quad \text{oder} \quad a_k = \frac{1}{k}\,,\ b_k = \frac{2}{k} \implies d_k = -\frac{1}{k}$$

sind zwei Beispiele dafür.

Lösung 7.4 (Unstetigkeitsstellen)

a) Die Funktion

$$f(x) = \operatorname{sgn}(x)$$

ist unstetig bei $x = 0$. Sie hat dort eine Sprungstelle. Der Funktionswert ist $f(0) = 0$. Für die beiden einseitigen Grenzwerte gilt

$$\lim_{x\to 0^-} f(x) = -1\,, \quad \lim_{x\to 0^+} f(x) = 1\,.$$

Da sie nicht gleich sind, ist die Funktion f bei $x = 0$ nicht stetig.

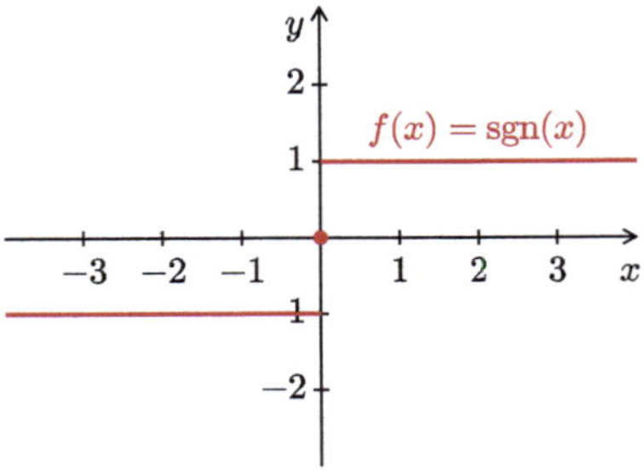

b) Die Funktion

$$f(x) = x \operatorname{sgn}(x) = |x|$$

ist überall stetig und entspricht der Betragsfunktion. Die beiden einseitigen Grenzwerte sind bei $x = 0$ gleich und stimmen mit dem Funktionswert überein:

$$\lim_{x\to 0^-} f(x) = \lim_{x\to 0^+} f(x) = f(0) = 0\,.$$

Der Knick hat für die Eigenschaft der Stetigkeit keine Relevanz. Da x mit seinem Vorzeichen $\operatorname{sgn}(x)$ multipliziert wird, entsteht $|x|$.

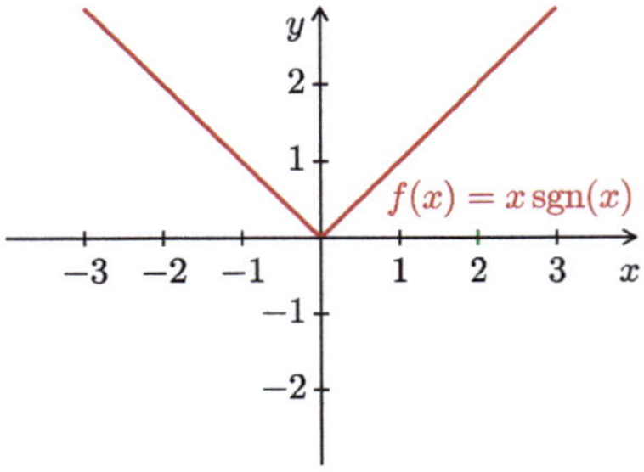

c) Die Funktion

$$f(x) = |x| \operatorname{sgn}(x) = x$$

ist überall stetig und entspricht der ersten Winkelhalbierenden. Auch hier sind die einseitigen Grenzwerte bei $x = 0$ gleich und stimmen mit dem Funktionswert überein:

$$\lim_{x\to 0^-} f(x) = \lim_{x\to 0^+} f(x) = f(0) = 0\,.$$

Dabei spielt keine Rolle, dass $f(x)$ für $x < 0$ negativ und für $x > 0$ positiv ist. Man kann x in seinen Betrag $|x|$ und sein $\operatorname{sgn}(x)$ Vorzeichen zerlegen. So ist f hier definiert.

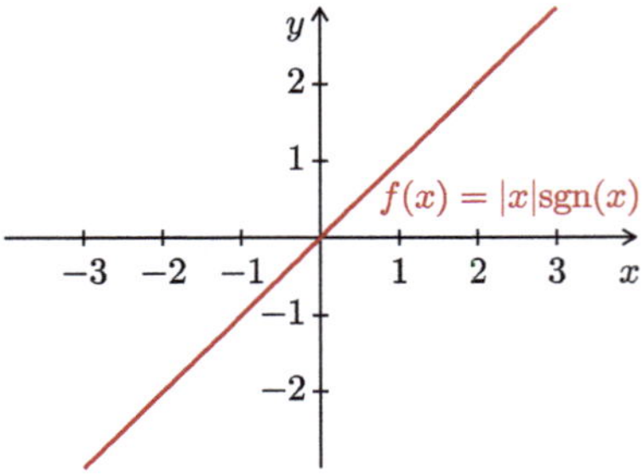

Lösung 7.5 (Multiplikation von unstetigen Funktionen)

Die Behauptung ist natürlich falsch. Beispielsweise ist die Funktion

$$f(x) = \begin{cases} 1 & \text{für } x \geq 0 \\ -1 & \text{sonst} \end{cases}$$

an der Stelle $x = 0$ unstetig. Aber die Funktion $f(x) \cdot f(x) = 1$ ist auf der Menge der reellen Zahlen stetig.

Lösung 7.6 (Gebrochenrationale Funktionen)

Die Funktion

$$f(x) = \frac{x^2}{(x+1)^n}$$

ist für alle reellen Zahlen außer für $x = -1$ definiert. Die einzige Nullstelle ist $N(0\,|\,0)$. Wir untersuchen die Funktion für spezielle Werte von n.

1) Für $n = 1$ ist die Funktion

$$f(x) = \frac{x^2}{x+1}$$

unecht gebrochenrational, und die Polynomdivision ergibt

$$x^2 : (x+1) = x - 1 + \frac{1}{x+1}\,.$$

Die spezielle Gerade

$$g(x) = x - 1$$

ist eine schiefe Asymptote. Die Definitionslücke $x = -1$ ist eine Polstelle mit Vorzeichenwechsel von minus nach plus.

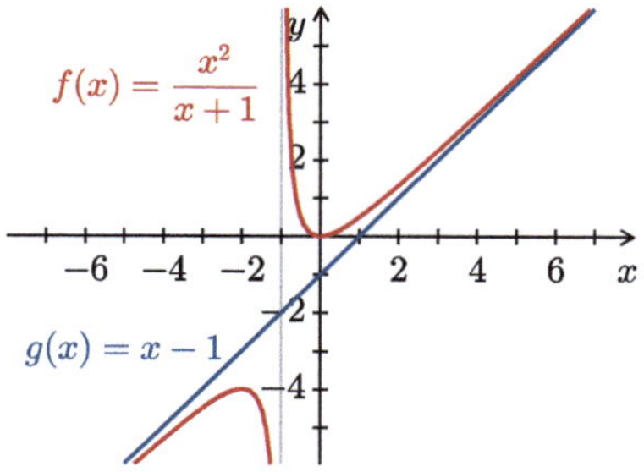

2) Für $n = 2$ ist die Funktion

$$f(x) = \frac{x^2}{(x+1)^2}$$

unecht gebrochenrational, und die Polynomdivision ergibt

$$x^2 : (x^2 + 2x + 1) = 1 - \frac{2x+1}{x^2+2x+1}\,.$$

Die konstante Funktion

$$g(x) = 1$$

ist eine waagrechte Asymptote. Die Definitionslücke $x = -1$ ist eine Polstelle ohne Vorzeichenwechsel.

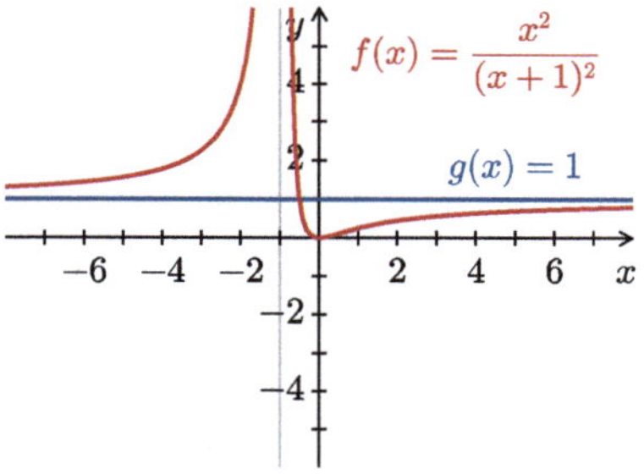

3) Für $n = 3$ ist die Funktion

$$f(x) = \frac{x^2}{(x+1)^3}$$

echt gebrochenrational. Die Gerade

$$g(x) = 0$$

ist eine waagrechte Asymptote. Die Definitionslücke $x = -1$ ist eine Polstelle mit Vorzeichenwechsel von minus nach plus.

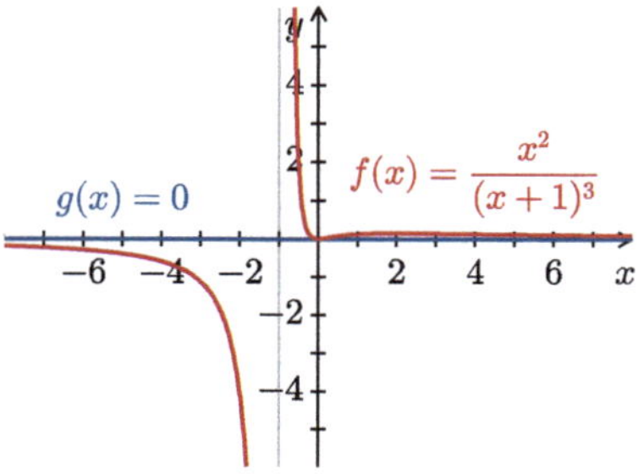

Lösung 7.7 (Hebbare Unstetigkeitsstellen)

a) Die Funktion

$$f(x) = \frac{x^2 + 2x + 1}{x + 1}$$

kann im Zähler faktorisiert werden:

$$f(x) = \frac{(x+1)^2}{x + 1} .$$

Sie hat eine Definitionslücke bei $x = -1$ und ist daher an dieser Stelle unstetig. Da der Faktor $(x+1)$ im Zähler und im Nenner auftritt, ist f stetig hebbar:

$$\tilde{f}(x) = x + 1 .$$

Die Funktion $\tilde{f}$ ist auf ganz $\mathbb{R}$ definiert.

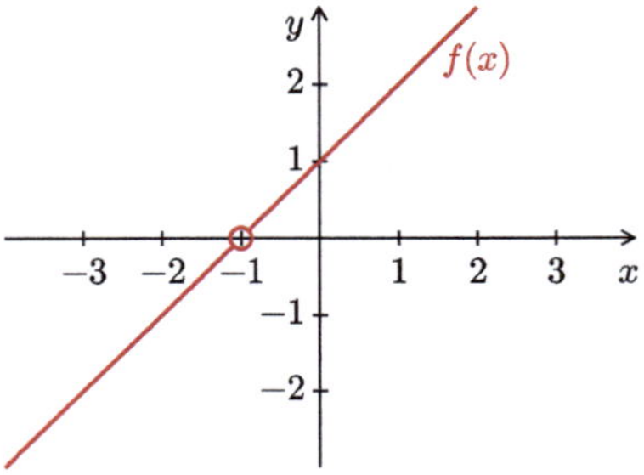

b) Die Funktion

$$f(x) = \frac{x - 3}{x^2 - 2x - 3}$$

kann im Nenner faktorisiert werden:

$$f(x) = \frac{x - 3}{(x-3)(x+1)} .$$

Sie hat einen Pol mit Vorzeichenwechsel bei $x = -1$. Wegen des gemeinsamen Faktors $x - 3$ im Zähler und Nenner, hat sie keinen Pol bei $x = 3$. Die Lücke dort kann behoben werden:

$$\tilde{f}(x) = \frac{1}{x + 1} .$$

Die Funktion $\tilde{f}$ ist auf ganz $\mathbb{R}$ definiert.

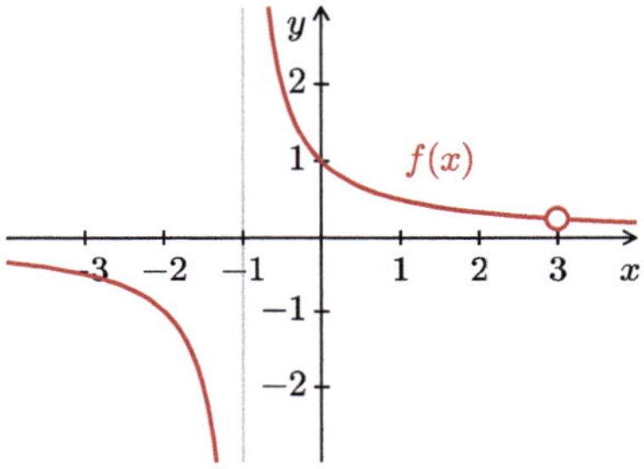

c) Die Funktion

$$f(x) = \frac{-2x^2 + 2x + 12}{x^3 - x^2 - 6x}$$

kann im Zähler und im Nenner jeweils faktorisiert werden:

$$f(x) = \frac{-2(x-3)(x+2)}{x(x-3)(x+2)} .$$

Sie hat nur bei $x = 0$ einen Pol mit Vorzeichenwechsel und ist stetig hebbar an den beiden Stellen $x = 3$ und $x = -2$:

$$\tilde{f}(x) = -\frac{2}{x} .$$

Im Gegensatz zu f ist die Funktion $\tilde{f}$ auch für $x = 3$ und $x = -2$ definiert.

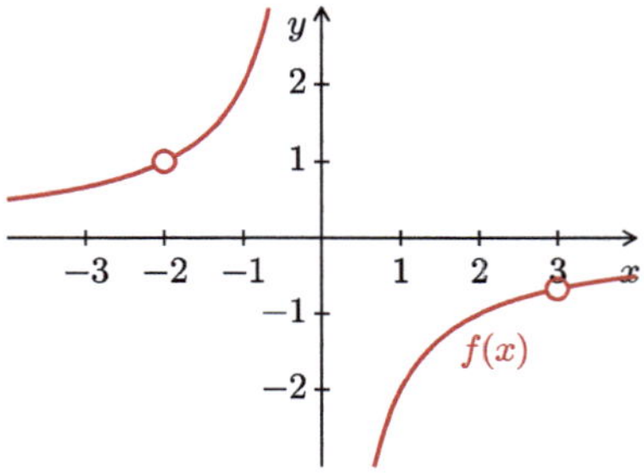

7.2.2 Rechnung und Training

Lösung 7.8 (Funktionsgrenzwerte)

a) Man erkennt das Ergebnis, indem man Zähler und Nenner durch x teilt:

$$\lim_{x\to\infty} \frac{3x-1}{2x+2} = \lim_{x\to\infty} \frac{3-\frac{1}{x}}{2+\frac{2}{x}} = \frac{3-0}{2+0} = \frac{3}{2}.$$

Die Brüche im Zähler und Nenner gehen jeweils gegen 0.

b) Hier hilft eine Faktorisierung im Zähler, danach kann gekürzt werden:

$$\lim_{x\to 1} \frac{x^2-1}{x-1} = \lim_{x\to 1} \frac{(x-1)(x+1)}{x-1} = \lim_{x\to 1}(x+1) = 2.$$

Der gesuchte Grenzwert ist 2.

c) Zunächst führen wir eine abkürzende Bezeichnung für den Grenzwert ein:

$$G = \lim_{x\to\infty} \sqrt{x^2+2} - \sqrt{x^2+3x}.$$

Durch geschicktes Erweitern der Differenz erhält man

$$G = \lim_{x\to\infty} \frac{\left(\sqrt{x^2+2} - \sqrt{x^2+3x}\right)\left(\sqrt{x^2+2} + \sqrt{x^2+3x}\right)}{\left(\sqrt{x^2+2} + \sqrt{x^2+3x}\right)}$$

und mit dem dritten Binom folgt

$$G = \lim_{x\to\infty} \frac{(x^2+2)-(x^2+3x)}{\left(\sqrt{x^2+2} + \sqrt{x^2+3x}\right)} = \lim_{x\to\infty} \frac{2-3x}{\left(\sqrt{x^2+2} + \sqrt{x^2+3x}\right)}.$$

Wir teilen Zähler und Nenner durch x und erhalten schließlich

$$G = \lim_{x\to\infty} \frac{\frac{2}{x}-3}{\left(\sqrt{1+\frac{2}{x^2}} + \sqrt{1+\frac{3}{x}}\right)} = \frac{-3}{\sqrt{1}+\sqrt{1}} = -\frac{3}{2}.$$

für den gesuchten Grenzwert.

Lösung 7.9 (Grenzwerte mithilfe der Eulerschen Zahl)

Die Substitution $m = 2k$ ergibt die Gleichung

$$\lim_{k\to\infty} \left(1+\frac{1}{2k}\right)^{3k} = \lim_{m\to\infty} \left(1+\frac{1}{m}\right)^{\frac{3}{2}m}.$$

Wenn k gegen unendlich geht, dann geht auch m gegen unendlich. Wir formen um

$$\lim_{m\to\infty} \left[\left(1+\frac{1}{m}\right)^{m}\right]^{\frac{3}{2}} = \mathrm{e}^{\frac{3}{2}} \approx 4.4817$$

und erhalten den Grenzwert. Wir überprüfen das Ergebnis beispielsweise mit $k = 1000$:

$$\left(1+\frac{1}{2000}\right)^{3000} \approx 4.4800.$$

Für $k = 1000$ sind bereits drei Dezimalstellen richtig.

Lösung 7.10 (Sinus und Parabelbogen)

Wegen der Symmetrie muss $x_0 = \frac{\pi}{2}$ sein. Damit die Funktion f an der Stelle $x = \frac{\pi}{2}$ mit dem Sinus übereinstimmt, muss $b = 1$ sein. Aus der Stetigkeitsbedingung

$$a\left(\frac{\pi}{6} - \frac{\pi}{2}\right)^2 + 1 = \sin\left(\frac{\pi}{6}\right) = \frac{1}{2}$$

bestimmt man den Wert $a = -\frac{9}{2\pi^2}$. Da sowohl die Parabel als auch der Sinus achsensymmetrisch zu der Geraden $x = \frac{\pi}{2}$ sind, ist f auch an der Stelle $x = \frac{5\pi}{6}$ stetig.

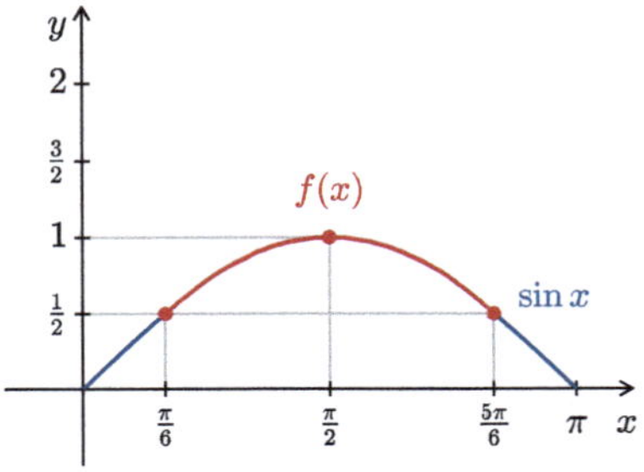

Lösung 7.11 (Diskussion gebrochenrationaler Funktionen)

a) Die Funktion

$$f(x) = \frac{3}{x+2}$$

besitzt keine Nullstelle. Sie hat eine senkrechte Asymptote bei $x = -2$. Dies ist eine Polstelle mit Vorzeichenwechsel. Die x-Achse ist eine waagrechte Asymptote. Die Definitionslücke bei $x = -2$ ist eine Unstetigkeitsstelle, die nicht hebbar ist.

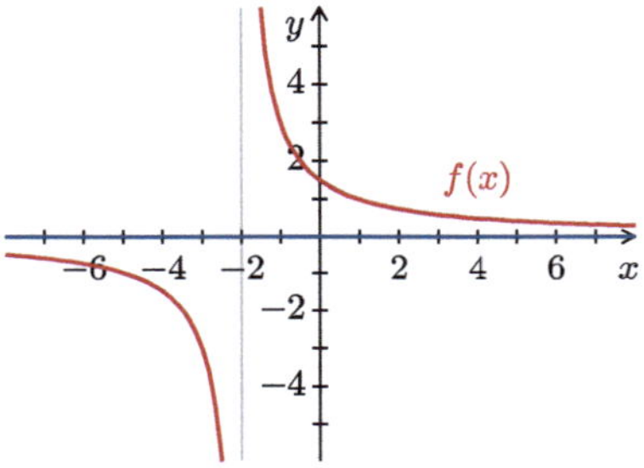

b) Die Funktion

$$f(x) = \frac{2x-3}{x-3}$$

besitzt eine Nullstelle bei $x = \frac{3}{2}$. Sie hat eine senkrechte Asymptote bei $x = 3$. Dies ist eine Polstelle mit Vorzeichenwechsel. Die Gerade $y = 2$ ist eine waagrechte Asymptote. Für $x = 3$ ist f nicht definiert und damit auch nicht stetig.

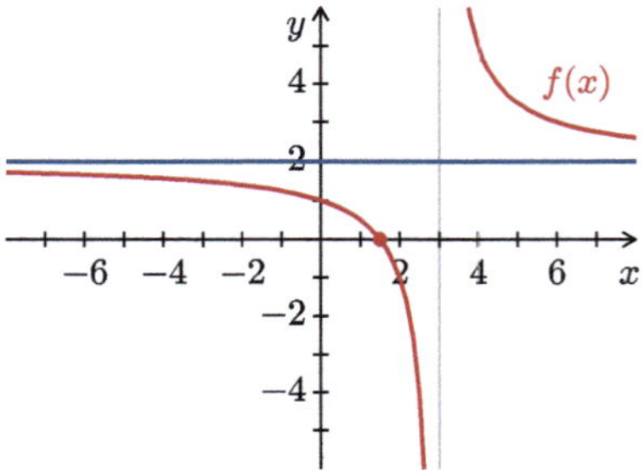

c) Die Funktion

$$f(x) = \frac{x^2 - x}{x-1} = \frac{x(x-1)}{x-1}$$

besitzt eine Nullstelle bei $x = 0$. Sie hat keine senkrechte Asymptote und auch keine Pole. Die Unstetigkeitsstelle bei 1 ist hebbar. Die Funktion $\tilde{f}(x) = x$ ist die stetige Ergänzung und somit auch gleichzeitig die schiefe Asymptote.

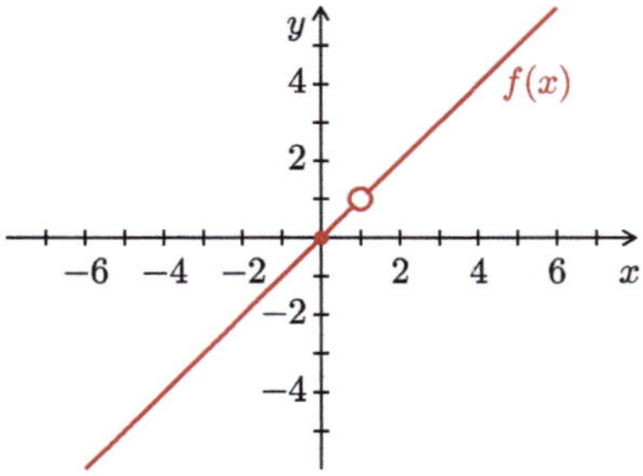

d) Die Funktion

$$f(x) = \frac{-2}{x^2 + 2x + 1} = \frac{-2}{(x+1)^2}$$

hat keine Nullstellen. An der Definitionslücke bei $x = -1$ ist f unstetig. Dort hat sie eine senkrechte Asymptote. Dies ist eine Polstelle ohne Vorzeichenwechsel, denn die Nullstelle im Nenner ist doppelt. Die x-Achse ist eine waagrechte Asymptote.

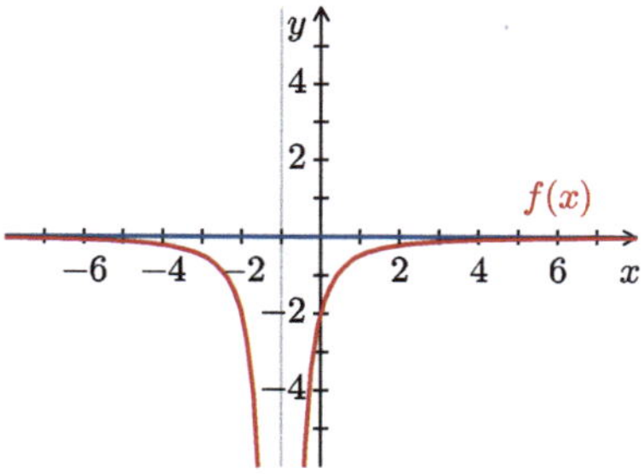

e) Die Funktion

$$f(x) = \frac{2 + x - x^2}{2x^2 + 3} = \frac{(x-2)(x+1)}{2x^2 + 3}$$

ist für alle reellen Zahlen definiert und auch stetig. Sie hat also keine Polstellen. Die Nullstellen sind

$$x_{1,2} = \frac{-1 \pm \sqrt{1+8}}{-2} = 2, -1.$$

Die konstante Funktion $y = -\frac{1}{2}$ bildet eine waagrechte Asymptote.

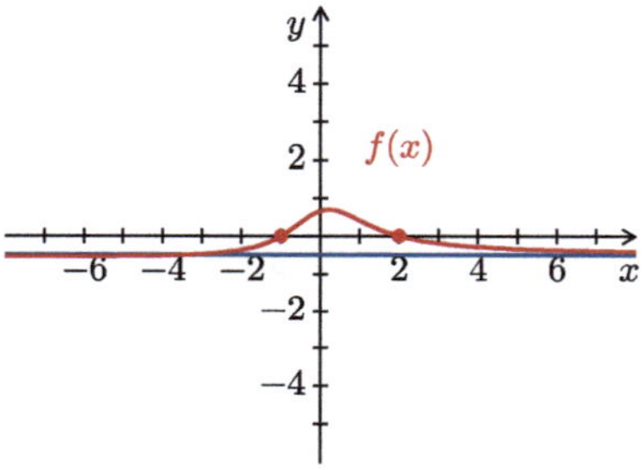

f) Die Funktion

$$\begin{aligned} f(x) &= \frac{2x^3 + 2x^2 - 8x - 8}{2x^2 - 2} \\ &= \frac{2(x-2)(x+2)(x+1)}{2(x-1)(x+1)} \end{aligned}$$

hat im Zähler und Nenner den gemeinsamen Faktor $x + 1$. Sie hat bei $x = \pm 1$ zwei Definitionslücken. Die Stelle $x = 1$ ist eine Polstelle mit Vorzeichenwechsel, denn $x = 1$ ist keine Nullstelle im Zähler. Die Nullstellen von f sind $x = \pm 2$. Die weitere Nullstelle des Zählers $x = -1$ liegt nicht in der Definitionsmenge von f und ist somit auch keine Nullstelle von f. Die Polynomdivision ergibt

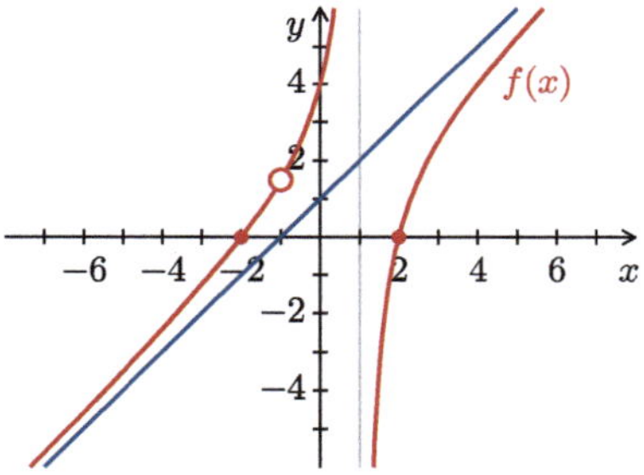

$$f(x) = x + 1 - \frac{6x + 6}{2x^2 - 2}.$$

Diesen Ausdruck kann man weiter vereinfachen:

$$f(x) = x + 1 - \frac{6(x+1)}{2(x-1)(x+1)}, \quad \tilde{f}(x) = x + 1 - \frac{3}{x-1}.$$

Die Gerade $y = x + 1$ ist eine schiefe Asymptote. Die Funktion $\tilde{f}$ behebt die Definitionslücke von f bei $x = -1$. Sie hat an dieser Stelle den Wert $\frac{3}{2}$ und setzt f dort stetig fort. Bei $x = 1$ ist keine stetige Fortsetzung möglich.

Lösung 7.12 (Approximation von π)

a) Ein Dreieck durch zwei benachbarte Ecken des einbeschriebenen n-Ecks und durch den Ursprung kann man in zwei rechtwinklige Dreiecke zerlegen. Damit gilt für die Seitenlänge s_I und den Umfang U_I des einbeschriebenen n-Ecks

$$\sin\left(\frac{2\pi}{2n}\right) = \frac{s_I}{2} \quad\Longrightarrow\quad s_I = 2\sin\left(\frac{\pi}{n}\right) \quad\Longrightarrow\quad U_I(n) = 2n\sin\left(\frac{\pi}{n}\right).$$

Analog gilt: Ein Dreieck durch zwei benachbarte Ecken des umschließenden n-Ecks und durch den Ursprung kann man ebenfalls in zwei rechtwinklige Dreiecke zerlegen. Damit gilt für die Seitenlänge s_A und den Umfang U_A des umschließenden n-Ecks

$$\tan\left(\frac{2\pi}{2n}\right) = \frac{s_A}{2} \quad\Longrightarrow\quad s_A = 2\tan\left(\frac{\pi}{n}\right) \quad\Longrightarrow\quad U_A(n) = 2n\tan\left(\frac{\pi}{n}\right).$$

Somit sind die gesuchten Formeln hergeleitet.

b) Für $n = 3, 6, 10, 100$ ergeben sich die Werte der einbeschriebenen n-Ecke

$$\begin{aligned} U_I(3) &= 5.1961524, & U_I(6) &= 6.0000000 \\ U_I(10) &= 6.1803399, & U_I(100) &= 6.2821518. \end{aligned}$$

Aus dem letzten Wert folgt die Näherung $\pi \approx 3.1410759$ als untere Abschätzung für π. Für $n = 3, 6, 10, 100$ ergeben sich die Werte der umschließenden n-Ecke

$$\begin{aligned} U_A(3) &= 10,392305, & U_A(6) &= 6,9282032 \\ U_A(10) &= 6,4983939, & U_A(100) &= 6,2852532. \end{aligned}$$

Aus dem letzten Wert folgt die Näherung $\pi \approx 3.1416266$ als obere Abschätzung für π.

c) Wir bilden den Quotienten der beiden Umfänge:

$$\frac{U_I(n)}{U_A(n)} = \frac{2n\sin\left(\frac{\pi}{n}\right)}{2n\tan\left(\frac{\pi}{n}\right)} = \cos\left(\frac{\pi}{n}\right) \to 1 \quad (n \to \infty).$$

Dieser strebt für $n \to \infty$ gegen 1. Somit konvergieren beide Umfänge gegen denselben Grenzwert.

8 Differenzialrechnung

In diesem Kapitel wenden wir den Grenzwertbegriff ein weiteres Mal an. Nach der Definition der Stetigkeit über den Grenzwert, siehe Kapitel 7, erfolgt nun die Einführung der Ableitung als Grenzwert von Differenzenquotienten hin zum Differenzialquotienten.

Im Mittelpunkt der Rechentechnik steht das Üben des Ableitens. Die Ableitungstechnik wird zu Recht oft als Handwerk bezeichnet. Sie folgt wenigen Regeln und wird systematisch angewendet, siehe Anhang A.3 und Anhang A.5. Moderne Computeralgebrasysteme beherrschen dieses Handwerk mühelos. Dennoch sollte man bei einfacheren Funktion auch selbst in der Lage sein, schnell die eine oder andere Ableitung zu berechnen.

Zu den Kompetenzen beim Ableiten gehört auch, sich von der Standardnotation zu lösen und nach einer beliebigen Variablen ableiten zu können. Wenn Funktionen zusätzlich Parameter enthalten, ist hierbei besondere Konzentration gefragt. Dabei auftretende Schwierigkeiten sollten spätestens dann überwunden sein, wenn im Kapitel 12 auch partielle Ableitungen anstehen.

Abschnittsweise definierte Funktionen treten in der Paxis häufiger auf als man denkt. Besonders heikel sind dabei die Nahtstellen, wenn sichergestellt werden soll, dass die Übergänge stetig und auch differenzierbar sind.

Das Aufstellen von Tangenten ist ebenfalls eine wichtige Grundaufgabe in diesem Kapitel. Tangenten bilden die Basis sowohl für Taylor-Polynome und Approximationen höherer Ordnung, siehe Kapitel 10, als auch für eine mehrdimensionale Verallgemeinerung auf Tangentialebenen, siehe Kapitel 12.

Aufgaben zu Kurvendiskussionen sind die Königsdisziplin in diesem Kapitel. Hier zeigt sich besonders, ob die Ableitungstechnik beherrscht wird. Rechenfehler beim Ableiten wirken sich in aller Regel fatal auf die weiteren Untersuchungen aus. Extrem- und Wendepunkte werden dann komplett falsch berechnet. Meist erfolgt das Erstellen einer Skizze ganz am Ende einer Kurvendiskussion. Dann zeigt sich, ob sich alle berechneten Eigenschaften auch tatsächlich und plausibel im Funktionsschaubild wiederfinden.

Ein weiteres Highlight in diesem Kapitel sind Optimierungsaufgaben. Der Anwendungsbezug dieser Poblemklasse kann nicht stark genug betont werden. Die allermeisten mathematischen Modelle und Simulationen dienen dazu, Vorgänge zu optimieren. Kosten oder Ressourcen etwa sollen minimiert und Leistung soll maximiert werden. Extremwertaufgaben können recht systematisch gelöst werden. Zudem wird man am Ende einer Rechnung meist mit einer anwendungsbezogenen Interpretation der Ergebnisse belohnt.

8.1 Aufgaben

8.1.1 Verständnis und Kompetenz

Aufgabe 8.1 (Grafische Ableitung) ★★☆☆☆

Wo sind die Funktionen differenzierbar? Skizzieren Sie die Ableitungsfunktionen.

a)

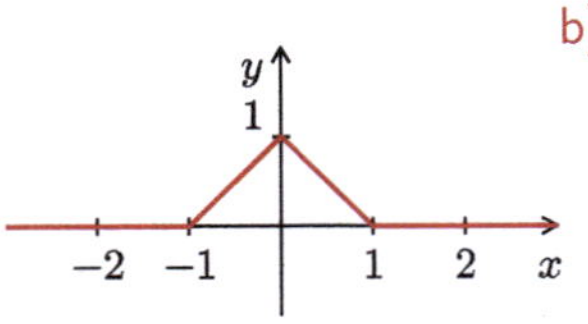

b)

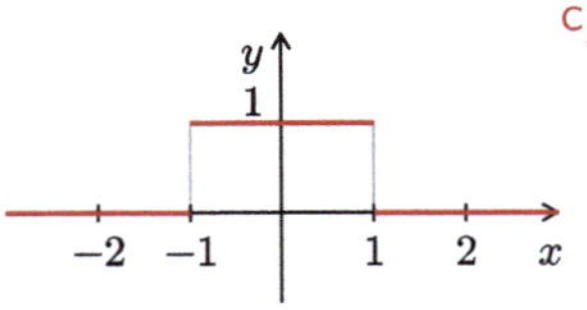

c)

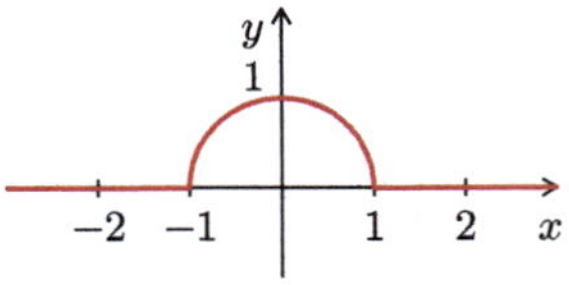

Aufgabe 8.2 (Stetigkeit und Differenzierbarkeit) ★★★☆☆

Gibt es Funktionen, die für alle reellen Zahlen definiert und überall stetig, aber an unendlich vielen Stellen nicht differenzierbar sind?

Aufgabe 8.3 (Potenzfunktionen und Tangenten) ★★★☆☆

Die Schaubilder der beiden Funktionen $f(x) = \sqrt{x^3}$ und $g(x) = \sqrt[3]{x^2}$ besitzen zwei gemeinsame Punkte. Bestimmen Sie die Tangentensteigungen in diesen beiden Punkten und skizzieren Sie damit die beiden Schaubilder in einem gemeinsamen Koordinatensystem.

Aufgabe 8.4 (Differenzialquotient) ★★★★☆

Die folgenden Grenzwerte haben alle die Form eines Differenzialquotienten. Bestimmen Sie die Grenzwerte mithilfe der Ableitung.

a) $\lim\limits_{\Delta x \to 0} \dfrac{e^{-2\Delta x} - 1}{\Delta x}$ b) $\lim\limits_{\Delta x \to 0} \dfrac{(2 + \Delta x)^3 - 8}{\Delta x}$ c) $\lim\limits_{\Delta x \to 0} \dfrac{\sin(\frac{\pi}{6} + \Delta x) - \frac{1}{2}}{\Delta x}$

Aufgabe 8.5 (Höhere Ableitungen eines Polynoms) ★★☆☆☆

Wahr oder falsch? Ein Polynom vom Grad n ist genau n-mal differenzierbar.

Aufgabe 8.6 (Ableitungen von Polynomen) ★★☆☆☆

Bei den folgenden Polynomen sind $a_0, a_1, a_2, \ldots, a_{n-1}, a_n$ beliebige reelle Konstanten. Bestimmen Sie alle Ableitungen der Polynome.

a) $f(x) = a_n x^n + \ldots + a_1 x + a_0$ b) $f(x) = (a_1 x + a_0)^n$

Aufgabe 8.7 (Produktregel) ★★★☆☆

Für einen beliebigen reellen Parameter a betrachten wir die Funktion

$$f(x) = (a - x)(a + x) .$$

a) Berechnen Sie die Ableitung von f direkt mit der Produktregel.

b) Vereinfachen Sie die Funktion f zuerst mithilfe der dritten binomischen Formel und berechnen Sie dann die Ableitung.

Aufgabe 8.8 (Ableitung einer Exponentialfunktion) ★★★☆☆

An welcher Stelle hat die Funktion $f(x) = 2^x$ eine Tangente mit Steigung 1?

Aufgabe 8.9 (Ableitung des Arkuskosinus) ★★★☆☆

Leiten Sie mit der Regel für die Ableitung der Umkehrfunktion die Ableitung des Arkuskosinus her. Gehen Sie dabei wie bei der Ableitung für den Arkussinus vor:

$$(\arccos x)' = \frac{-1}{\sqrt{1-x^2}}$$

Warum ist die Ableitung des Arkuskosinus immer negativ?

Aufgabe 8.10 (Differenzierbarkeit) ★★★☆☆

Untersuchen Sie, ob folgende Funktionen differenzierbar sind: Skizzieren Sie die Schaubilder der Funktionen und der ersten Ableitungen.

a) $f(x) = |x+1|$

b) $f(x) = \begin{cases} |x-1| & \text{für} \quad x \le 0 \\ 1 + \cos\left(x + \dfrac{\pi}{2}\right) & \text{für} \quad x > 0 \end{cases}$

Aufgabe 8.11 (Waagrechte Tangenten) ★★☆☆☆

Wo hat das Schaubild der Funktion $f(x) = \cos\left(\frac{x}{2}\right) e^x$ waagrechte Tangenten?

8.1.2 Rechnung und Training

Aufgabe 8.12 (Einfache Ableitungen) ★★☆☆☆

Bestimmen Sie für die folgenden Funktionen die erste Ableitung.

a) $f(x) = \left(1-x^2\right)^{10}$

b) $f(x) = \dfrac{x}{1+x^2}$

c) $f(x) = \dfrac{x^2-1}{\sqrt{x}}$

d) $f(x) = \cosh x$

e) $f(x) = \ln\sqrt{x}$

f) $f(x) = \tan(3x)$

Aufgabe 8.13 (Ableitungen spezieller Funktionen) ★★★☆☆

Bei den folgenden Funktionen sind C, δ, ω und φ beliebige reelle Konstanten. Bestimmen Sie für jede Funktion die erste und die zweite Ableitung.

a) $f(t) = 4\,e^{-t}$

b) $f(t) = 3\sin(2t)$

c) $f(t) = 3\,t^2\,e^{-2t}$

d) $f(t) = -t\cos(2t-3)$

e) $f(t) = C\cos(\omega t - \varphi)$

f) $f(t) = C\,e^{-\delta t}\sin(\omega t)$

Aufgabe 8.14 (Ableitungen von Funktionen mit einem Parameter) ★★★★☆

Bei den folgenden Funktionen ist a eine beliebige reelle Konstante. Bestimmen Sie jeweils die erste Ableitung.

a) $f(x) = \dfrac{1}{x+a}$

b) $f(x) = \dfrac{x}{x+a}$

c) $f(x) = \dfrac{x^2}{x^2+a}$

d) $f(x) = \sqrt{x+a}$

e) $f(x) = \ln(x+a)$

f) $f(x) = \dfrac{1}{a}\arctan\left(\dfrac{x}{a}\right)$

Aufgabe 8.15 (Ableitungen nach verschiedenen Variablen) ★★★☆☆

Bestimmen Sie für die folgenden Funktionen jeweils die erste Ableitung.

a) $r(\varphi) = \sqrt{1 + \cos\varphi}$ b) $A(\omega) = \cos\left(\dfrac{1}{1-\omega}\right)$ c) $p(h) = p_0\,\mathrm{e}^{-\frac{h}{p_0}}$

Aufgabe 8.16 (Formeln für höhere Ableitungen) ★★★★☆

Bestimmen Sie für die folgenden Funktionen die ersten drei Ableitungen f', f'' und f''' und leiten Sie daraus eine Formel für die n-te Ableitung $f^{(n)}$ ab.

a) $f(x) = x^n$ b) $f(x) = \mathrm{e}^{-2x}$ c) $f(x) = \sin(3x)$

d) $f(x) = \ln x$ e) $f(x) = \dfrac{1}{1-x}$ f) $f(x) = 2^x$

Aufgabe 8.17 (Ableitungen von abschnittsweise definierten Funktionen) ★★★☆☆

Wie oft sind die folgenden abschnittsweise definierten Funktionen differenzierbar? Skizzieren Sie die Schaubilder von f, f' und f''.

a) $f(x) = \begin{cases} 1 - x^3 & \text{für} \quad x < 1 \\ 3(1 - x^2) & \text{für} \quad x \geq 1 \end{cases}$ b) $f(x) = \begin{cases} \dfrac{5}{4}\sqrt{16 - x^2} & \text{für} \quad -4 \leq x \leq 0 \\ 5 - \dfrac{5}{32}x^2 & \text{für} \quad x > 0 \end{cases}$

Aufgabe 8.18 (Abschnittsweise definierte Funktionen mit Parametern) ★★★★☆

Bestimmen Sie die Konstanten a_0, a_1 und a_2 jeweils so, dass bei den abschnittsweise definierten Funktionen die Funktion selbst sowie die Ableitungen f' und f'' stetig sind. Skizzieren Sie jeweils f, f' und f''.

a) $f(x) = \begin{cases} \mathrm{e}^x & \text{für} \quad x \leq 1 \\ a_0 + a_1 x + a_2 x^2 & \text{für} \quad x > 1 \end{cases}$ b) $f(x) = \begin{cases} \ln x & \text{für} \quad x \leq 2 \\ a_0 + a_1 x + a_2 x^2 & \text{für} \quad x > 2 \end{cases}$

Aufgabe 8.19 (Funktionsgrenzwerte) ★★★☆☆

Bestimmen Sie die folgenden Grenzwerte:

a) $\displaystyle\lim_{x\to 0} \frac{\ln(2x+1)}{x}$ b) $\displaystyle\lim_{x\to 0} \frac{\tan x}{x}$ c) $\displaystyle\lim_{x\to 0} \frac{\arctan x}{x}$

Aufgabe 8.20 (Kurvendiskussion einer gebrochenrationalen Funktion) ★★★★☆

Gegeben ist die gebrochenrationale Funktion

$$f(x) = -\frac{(x-2)^2}{x+2}\,.$$

a) Welche maximale Definitionsmenge besitzt die Funktion f?

b) Welches asymptotische Verhalten hat f für $x \to \pm\infty$?

c) Bestimmen Sie alle Schnittpunkte mit der x-Achse und der y-Achse.

d) Besitzt die Funktion f Polstellen? Wenn ja, finden Vorzeichenwechsel statt?

e) Bestimmen Sie alle Extremwerte und Wendepunkte der Funktion f.

f) Skizzieren Sie die Funktion f mit allen bisher bestimmten Eigenschaften.

Aufgabe 8.21 (Kurvendiskussion eines Polynoms) ★★★☆☆

Wir betrachten das Polynom

$$f(x) = \frac{1}{5}x^3 - \frac{7}{10}x^2 - 2x + \frac{5}{2}.$$

a) Zeigen Sie: $x = 1$ ist eine Nullstelle von f. Bestimmen Sie die weiteren Nullstellen.

b) Berechnen Sie alle Hochpunkte, Tiefpunkte und Wendepunkte der Funktion f.

c) Ist die Funktion f beschränkt? Welche Monotonieeigenschaften hat die Funktion?

d) Skizzieren Sie das Schaubild der Funktion f und geben Sie die Wertemenge an.

Aufgabe 8.22 (Kurvendiskussion einer Sättigungsfunktion) ★★★☆☆

Wir betrachten die Sättigungsfunktion

$$f(t) = \frac{At}{t+A} \quad \text{für } t \geq 0 \text{ mit dem Parameter } A > 0.$$

a) Wo ist die Funktion f stetig und wo ist sie differenzierbar?

b) Berechnen Sie alle Nullstellen, Hochpunkte, Tiefpunkte und Wendepunkte von f.

c) Ermitteln Sie den Sättigungswert $f(t)$ für $t \to \infty$.

d) Ist die Funktion f beschränkt? Welche Monotonieeigenschaften hat die Funktion?

e) Zu welchem Zeitpunkt wird der halbe Sättigungswert erreicht?

f) Bestimmen Sie die Tangente der Funktion f an der Stelle $t = 0$.

g) Skizzieren Sie das Schaubild der Funktion f und geben Sie die Wertemenge an.

Aufgabe 8.23 (Kurvendiskussion einer Wachstumsfunktion) ★★★☆☆

Wir betrachten die Wachstumsfunktion

$$f(t) = 4\,\frac{3 - 2\,\mathrm{e}^{-t}}{3 + 2\,\mathrm{e}^{-t}}.$$

a) Bestimmen Sie alle waagrechten Asymptoten der Funktion f.

b) Berechnen Sie alle Nullstellen, Hochpunkte, Tiefpunkte und Wendepunkte von f.

c) Ist die Funktion f beschränkt? Welche Monotonieeigenschaften hat die Funktion?

d) Skizzieren Sie das Schaubild der Funktion f und geben Sie die Wertemenge an.

Aufgabe 8.24 (Kurvendiskussion einer abschnittsweise definierten Funktion) ★★★★☆

Wir betrachten die abschnittsweise definierte Funktion

$$f(x) = \begin{cases} \sqrt{x} - x & \text{für } x \geq 0 \\ -\sqrt{-x} - x & \text{für } x < 0. \end{cases}$$

a) Untersuchen Sie die Funktion f auf Symmetrie.

b) Ist f an der Stelle $x = 0$ stetig bzw. differenzierbar?

c) Bestimmen Sie alle Nullstellen, Extremwerte und Wendepunkte der Funktion f.

d) Skizzieren Sie die Funktion f mit allen bekannten Eigenschaften.

Aufgabe 8.25 (Kurvendiskussion einer Wurzelfunktion) ★★★★☆

Wir betrachten die Funktion

$$f(x) = \frac{x}{\sqrt{16 - x^2}}.$$

a) Welche maximale Definitionsmenge und welche Symmetrieeigenschaften besitzt die Funktion f? Wie verhält sich f am Rand der maximalen Definitionsmenge?

b) Wo ist die Funktion f stetig und wo ist sie differenzierbar?

c) Bestimmen Sie sämtliche Nullstellen, Hochpunkte, Tiefpunkte und Wendepunkte.

d) Ist die Funktion beschränkt? Welche Monotonieeigenschaften hat die Funktion?

e) Skizzieren Sie das Schaubild der Funktion und geben Sie die Wertemenge an.

Aufgabe 8.26 (Kurvendiskussion einer Funktionsschar) ★★★★★

Wir betrachten die Funktionsschar

$$f_t(x) = -\frac{1}{2t}x^4 + x^2 + \frac{3}{2}t \quad \text{für } t > 0.$$

a) Untersuchen Sie die f_t auf Symmetrie und berechnen Sie alle Nullstellen.

b) Bestimmen Sie alle Extremwerte und Wendepunkte von f_t.

c) Auf welcher Kurve liegen die Wendepunkte aller Funktionen f_t?

d) Weisen Sie nach, dass zwei Funktionen f_{t_1} und f_{t_2} für verschiedene $t_1 \neq t_2$ keinen gemeinsamen Punkt besitzen.

8.1.3 Anwendung

Aufgabe 8.27 (Axiales Widerstandsmoment) ★★★☆☆

Das sogenannte axiale Widerstandsmoment ist ein Maß für den Widerstand, den ein Körper einer Biegung entgegensetzt. Ein Rohr mit kreisförmigem Querschnitt und Durchmesser d hat das axiale Widerstandsmoment $W(d) = \frac{\pi}{32}d^3$. Um wie viel Prozent darf der Durchmesser d höchstens abweichen, damit das Widerstandsmoment um höchstens $1\ \%$ vom geforderten Wert abweicht?

Aufgabe 8.28 (Wurzelberechnung mit dem Newton-Verfahren) ★★★☆☆

Taschenrechner und Computer verfügen nur über die Grundrechenarten Addition, Subtraktion, Multiplikation und Division. Alle anderen Berechnungen werden mithilfe numerischer Näherungsverfahren realisiert. Einen Näherungswert für $\sqrt{a}$ kann man berechnen, indem man das Newton-Verfahren auf die Gleichung $x^2 = a$ anwendet. Berechnen Sie mit zwei Schritten des Newton-Verfahrens einen Näherungswert für $\sqrt{3}$ in Form eines Bruchs.

Aufgabe 8.29 (Getränkedose) ★★★☆☆

Eine zylinderförmige Getränkedose soll so hergestellt werden, dass möglichst wenig Blech verbraucht wird. Welche Höhe und welchen Durchmesser hat eine optimale Getränkedose, die ein Fassungsvermögen von 0.5 Liter hat?

Aufgabe 8.30 (Fußballstadion)

★★★★☆

In einem Fußballstadion sollen vier Flutlichtanlagen, die sich an den Eckpunkten eines Rechtecks mit Länge $\ell = 120$ m und Breite $b = 80$ m befinden, durch Kabel verbunden werden. Die Kabelführung soll unterirdisch wie in der Abbildung eingezeichnet erfolgen. Wie muss man die Längen x und y wählen, damit die Gesamtlänge $L = 4y + x$ minimal wird? Um wie viele Meter kürzer ist diese Verbindung im Vergleich zu einer Kabelführung entlang der Kanten des Rechtecks bzw. im Vergleich zu einer Kabelführung entlang der Diagonalen im Rechteck?

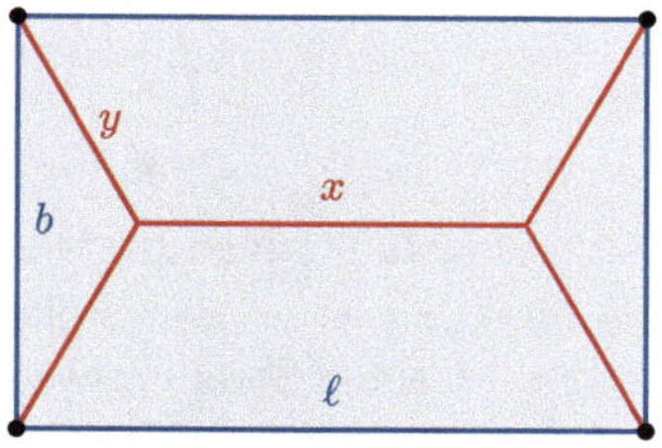

Aufgabe 8.31 (Fahrmanöver)

★★★★☆

Ein Fahrmanöver auf einer Teststrecke besteht aus drei Phasen:

1. Beschleunigen aus dem Stand von $0\ \frac{\text{m}}{\text{s}}$ auf $30\ \frac{\text{m}}{\text{s}}$ in 6 Sekunden.
2. Fahren mit konstanter Geschwindigkeit von $30\ \frac{\text{m}}{\text{s}}$ über eine Strecke von 150 m.
3. Bremsen aus $30\ \frac{\text{m}}{\text{s}}$ in den Stand mit einer Verzögerung von $-10\ \frac{\text{m}}{\text{s}^2}$.

Zur Beschreibung aller drei Phasen kann man folgende Bewegungsgleichung verwenden:

$$s(t) = s_0 + v_0\, t + \frac{1}{2}\, a_0\, t^2$$

a) Bestimmen Sie die ersten beiden Ableitungen $s'(t) = v(t)$ und $s''(t) = a(t)$.

b) Berechnen Sie $s(t)$, $v(t)$ und $a(t)$ für obige drei Phasen und skizzieren Sie die Kurven.

c) Bestimmen Sie die Gesamtzeit und den Gesamtweg des Fahrmanövers.

Aufgabe 8.32 (Motorkennlinie)

★★★☆☆

Die Kennlinie eines Motors wird durch Messpunkte charakterisiert.

a) Gegeben sind zunächst folgende Werte:

Drehzahl	$\left[\frac{1}{\text{min}}\right]$	x	0	3000	5000	6000
Drehmoment	$[\text{Nm}]$	$f(x)$	0	200	300	250

Durch die ersten beiden Messpunkte soll eine Gerade und durch den zweiten bis vierten Messpunkt soll eine Parabel gelegt werden. Es ergibt sich insgesamt eine stetige Kennlinie. Wie lauten die Funktionsgleichungen der Geraden und der Parabel?

b) Nun sind folgende Werte gegeben:

Drehzahl	$\left[\frac{1}{\text{min}}\right]$	x	0	3000	5000	6000
Drehmoment	$[\text{Nm}]$	$f(x)$	0	200	–	–
		$f'(x)$	$\frac{1}{15}$	–	0	–

Mit dem Ansatz aus Gerade und Parabel ergibt sich eine stetige und differenzierbare Kennlinie. Wie lauten nun die Funktionsgleichungen der Geraden und der Parabel?

8.2 Lösungen

8.2.1 Verständnis und Kompetenz

Lösung 8.1 (Grafische Ableitung)

Die Ableitungsfunktionen bestehen aus den Steigungen der Funktion.

a) Die Funktion ist an den Stellen $x = -1$, $x = 0$ und $x = 1$ nicht differenzierbar. Sie hat bei $x = -1$ einen Steigungswechsel von 0 nach 1, bei $x = 0$ einen Steigungswechsel von 1 nach -1 und bei $x = 1$ einen Steigungswechsel von -1 nach 0.

b) Die Funktion ist an den Stellen $x = -1$ und $x = 1$ nicht differenzierbar, denn sie ist an diesen Stellen noch nicht einmal stetig. Sie hat dort Sprungstellen.

c) Die Funktion ist an den Stellen $x = -1$ und $x = 1$ nicht differenzierbar. Sie hat bei $x = -1$ einen Steigungswechsel von 0 nach ∞ und bei $x = 1$ einen Steigungswechsel von $-\infty$ nach 0.

Die Skizzen haben folgende Gestalt:

a)

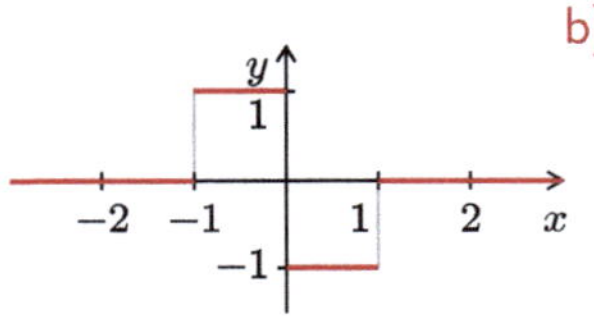

b)

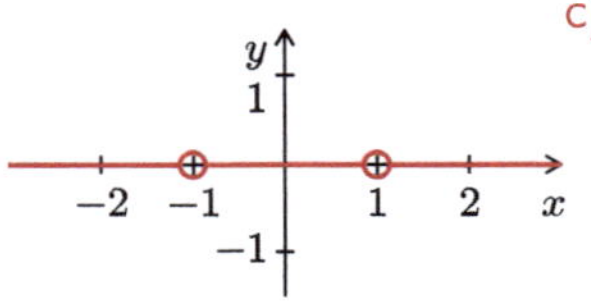

c)

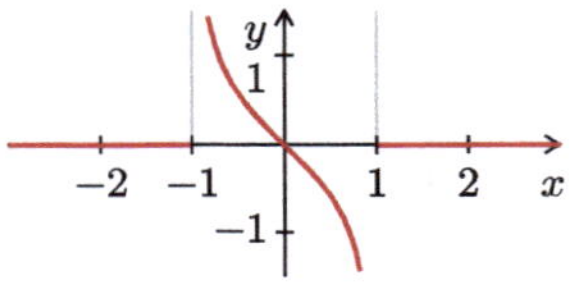

Lösung 8.2 (Stetigkeit und Differenzierbarkeit)

Eine Funktionen, die für alle reellen Zahlen definiert und stetig, aber an unendlich vielen Stellen nicht differenzierbar ist, ist beispielsweise die periodische Funktion

$$f(x) = |x|,\ x \in [-1,1],\ f(x+2) = f(x).$$

Diese Funktion ist überall stetig, aber an den Stellen $x = \ldots, -1, 0, 1, 2, \ldots$ nicht differenzierbar. Der linksseitige und der rechtsseitige Grenzwert des Differenzenquotienten liefert an diesen Stellen jeweils unterschiedliche Werte.

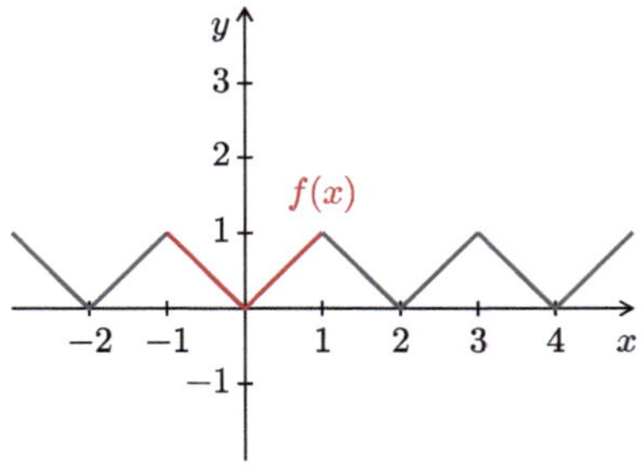

Eine weitere Funktionen, die für alle reellen Zahlen definiert und stetig, aber an unendlich vielen Stellen nicht differenzierbar ist, ist

$$g(x) = |\sin x|.$$

Diese Funktion ist überall stetig, aber an den Stellen $x = \ldots, -\pi, 0, \pi, \ldots$ nicht differenzierbar, da sie an diesen Stellen Knicke hat. Die einseitigen Grenzwerte des Differenzenquotienten sind dort verschieden.

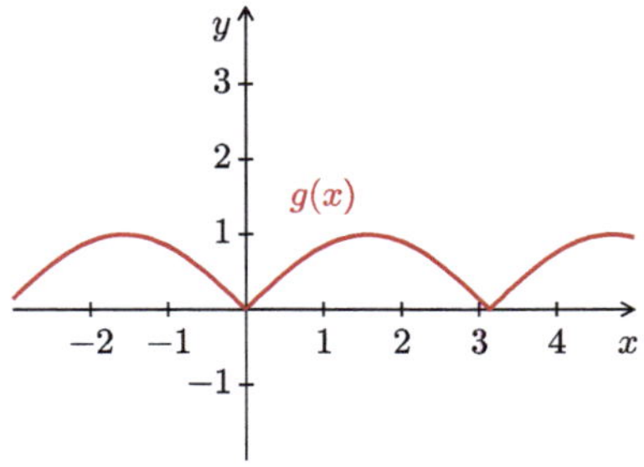

Lösung 8.3 (Potenzfunktionen und Tangenten)

Die beiden Funktionen lauten

$$f(x) = x^{\frac{3}{2}}, \quad g(x) = x^{\frac{2}{3}},$$

und ihre Ableitungen sind

$$f'(x) = \frac{3}{2}x^{\frac{1}{2}}, \quad g'(x) = \frac{2}{3}x^{-\frac{1}{3}}.$$

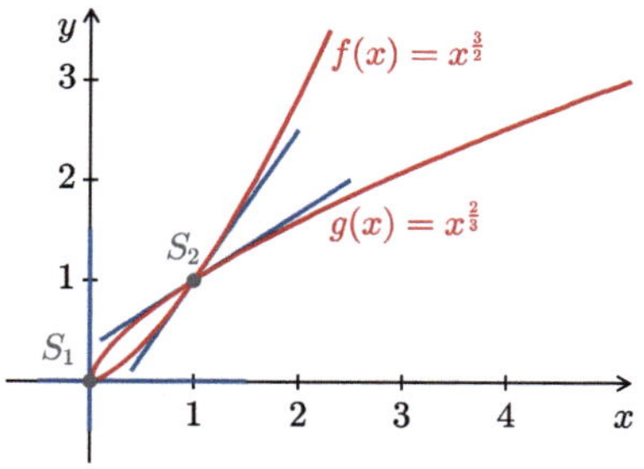

Zur Berechnung der Schnittpunkte kann man die Gleichung

$$f(x) = g(x) \iff x^{\frac{3}{2}} = x^{\frac{2}{3}}$$

durch $x^{\frac{2}{3}}$ teilen. Das entspricht einer Multiplikation mit $x^{-\frac{2}{3}}$. Die Division ist jedoch nur erlaubt, falls $x \neq 0$:

$$x^{\frac{3}{2}} = x^{\frac{2}{3}} \iff x = 0 \text{ oder } x^{\frac{5}{6}} = 1 \iff x = 0 \text{ oder } x = 1.$$

Die Schnittpunkte sind also

$$S_1(0\,|\,0) \quad \text{und} \quad S_2(1\,|\,1).$$

Für die Ableitungen an diesen Punkten gilt

$$f'(0) = 0, \quad f'(1) = \frac{3}{2}, \quad g'(0) = \lim_{x\to 0^+} \frac{2}{3\,x^{\frac{1}{3}}} = \infty, \quad g'(1) = \frac{2}{3}.$$

Die Tangenten von f und g in S_1 lauten

$$y = 0 \quad \text{(waagrechte Tangente)} \quad , \quad x = 0 \quad \text{(senkrechte Tangente)}.$$

Die Tangenten von f und g in S_2 lauten

$$y = 1 + \frac{3}{2}(x-1) \quad , \quad y = 1 + \frac{2}{3}(x-1).$$

Dabei haben wir die Punkt-Steigungs-Form einer Geraden verwendet.

Lösung 8.4 (Differenzialquotient)

a) Der Grenzwert entspricht der Ableitung von $f(x) = \mathrm{e}^{-2x}$ an der Stelle $x = 0$. Wegen

$$f'(x) = -2\,\mathrm{e}^{-2x} \implies \lim_{\Delta x\to 0} \frac{\mathrm{e}^{-2\Delta x} - 1}{\Delta x} = f'(0) = -2\,\mathrm{e}^0 = -2$$

hat der Grenzwert den Wert -2.

b) Der Grenzwert entspricht der Ableitung von $f(x) = x^3$ an der Stelle $x = 2$. Wegen

$$f'(x) = 3x^2 \implies \lim_{\Delta x\to 0} \frac{(2+\Delta x)^3 - 8}{\Delta x} = f'(2) = 12$$

hat der Grenzwert den Wert 12.

c) Der Grenzwert entspricht der Ableitung von $f(x) = \sin x$ an der Stelle $\frac{\pi}{6}$. Wegen

$$f'(x) = \cos x \implies \lim_{\Delta x\to 0} \frac{\sin(\frac{\pi}{6} + \Delta x) - \frac{1}{2}}{\Delta x} = f'\left(\frac{\pi}{6}\right) = \frac{1}{2}\sqrt{3}$$

hat der Grenzwert den Wert $\frac{1}{2}\sqrt{3}$.

Lösung 8.5 (Höhere Ableitungen eines Polynoms)

Die Aussage ist falsch, denn ein Polynom vom Grad n kann man nicht nur n mal, sondern beliebig oft differenzieren. Ab der $(n+1)$-ten Ableitung sind dann eben alle Ableitungen null.

Lösung 8.6 (Ableitungen von Polynomen)

a) Durch Ableiten wird der Grad des Polynoms jedes mal um eins erniedrigt:

$$\begin{aligned}
f(x) &= a_n\,x^n + a_{n-1}\,x^{n-1} + \ldots + a_2\,x^2 + a_1\,x + a_0 \\
f'(x) &= na_n\,x^{n-1} + (n-1)a_{n-1}\,x^{n-2} + \ldots + 2a_2\,x + a_1 \\
f''(x) &= n(n-1)a_n\,x^{n-2} + (n-1)(n-2)a_{n-1}\,x^{n-3} + \ldots + 2a_2 \\
&\vdots \\
f^{(n-1)}(x) &= n(n-1)\ldots 2a_n\,x + (n-1)\ldots 2a_{n-1} \\
f^{(n)}(x) &= n(n-1)\ldots 2\cdot 1\cdot a_n \\
f^{(n+1)}(x) &= 0 \\
f^{(n+2)}(x) &= 0 \\
&\vdots
\end{aligned}$$

Dadurch ergeben sich Faktoren, die wie bei den Fakultäten aufgebaut sind.

b) Durch Ableiten wird der Grad des Polynoms jedes mal um eins erniedrigt:

$$\begin{aligned}
f(x) &= (a_1x + a_0)^n \\
f'(x) &= n\,(a_1x + a_0)^{n-1}\cdot a_1 \\
f''(x) &= n(n-1)\,(a_1x + a_0)^{n-2}\cdot a_1^2 \\
&\vdots \\
f^{(n-1)}(x) &= n(n-1)\ldots 2\,(a_1x + a_0)\cdot a_1^{n-1} \\
f^{(n)}(x) &= n(n-1)\ldots 2\cdot 1\cdot a_1^n \\
f^{(n+1)}(x) &= 0 \\
f^{(n+2)}(x) &= 0 \\
&\vdots
\end{aligned}$$

Zusätzlich zu dem Vorfaktor in Form einer Fakultät entsteht durch die innere Ableitung jeweils noch ein Faktor a_1.

Lösung 8.7 (Produktregel)

a) Mit der Produktregel ergibt sich

$$f(x) = (a-x)\,(a+x) \quad\Longrightarrow\quad f'(x) = (-1)\,(a+x) + (a-x)\,(1) = -2\,x\,.$$

Dabei haben wir die beiden Klammerausdrücke nicht ausmultipliziert.

b) Nach der dritten binomischen Formel gilt

$$f(x) = (a-x)\,(a+x) = a^2 - x^2 \quad\Longrightarrow\quad f'(x) = -2\,x\,.$$

Dabei haben wir die Regel für das Ableiten einer Potenz auf $-x^2$ angewendet.

Lösung 8.8 (Ableitung einer Exponentialfunktion)

Die Ableitung der Funktion f kann man nicht mithilfe der Potenzregel bestimmen, da x im Exponenten steht. Deshalb schreiben wir den Funktionsausdruck um

$$f(x) = 2^x = \mathrm{e}^{\ln(2^x)} = \mathrm{e}^{x \ln 2}$$

und bestimmen die Ableitung mithilfe der Exponentialfunktion:

$$f'(x) = \mathrm{e}^{x \ln 2} \cdot \ln 2 .$$

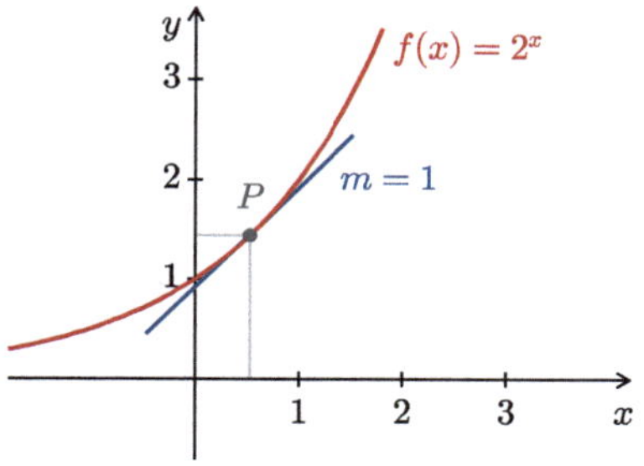

Die Tangente hat die Steigung 1, falls die erste Ableitung den Wert 1 hat. Die Gleichung $f'(x) = 1$ löst man mit dem Ansatz

$$\mathrm{e}^{x \ln 2} \cdot \ln 2 = 1 \quad \Longrightarrow \quad \mathrm{e}^{x \ln 2} = \frac{1}{\ln 2} .$$

Wir wenden auf beiden Seiten der Gleichung den Logarithmus an:

$$x \ln 2 = \ln\left(\frac{1}{\ln 2}\right) = \ln\left((\ln 2)^{-1}\right) = -\ln(\ln 2) .$$

Nach x aufgelöst erhalten wir

$$x = -\frac{\ln(\ln 2)}{\ln 2} \approx 0.5288$$

für die gesuchte Stelle, an der die Funktion f die Steigung 1 hat.

Lösung 8.9 (Ableitung des Arkuskosinus)

Der Arkuskosinus ist die Umkehrfunktion des Kosinus. Die Ableitung des Kosinus ist der negative Sinus:

$$f(x) = y = \cos x \quad \Longrightarrow \quad f'(x) = -\sin x .$$

Somit können wir mit der Formel für die Ableitung der Umkehrfunktion auch die Ableitung für den Arkuskosinus bestimmen:

$$(\arccos y)' = \left(f^{-1}(y)\right)' = \frac{1}{f'(x)} = \frac{1}{-\sin x}.$$

Wir wollen im letzten Ausdruck x durch y ersetzen. Mit der Kreisgleichung

$$\sin^2 x + \cos^2 x = 1 \quad , \quad \sin x = \pm\sqrt{1 - \cos^2 x}$$

ersetzen wir dazu zunächst $\sin x$ durch $\cos x$:

$$(\arccos y)' = \frac{1}{-\sqrt{1 - \cos^2 x}} = \frac{1}{-\sqrt{1 - y^2}} .$$

Da der Arkuskosinus streng monoton fällt, ist die Ableitung stets negativ. Auf ein ± vor der Wurzel können wir daher verzichten. Nach dem Vertauschen von x und y erhalten wir

$$(\arccos x)' = \frac{-1}{\sqrt{1 - x^2}}$$

für die Ableitung des Arkuskosinus.

Lösung 8.10 (Differenzierbarkeit)

a) Die Funktion $f(x) = |x+1|$ verläuft stetig, das Schaubild hat keine Sprünge. An der Stelle $x=-1$ wechselt die Steigung von -1 auf 1. Die Funktion hat deshalb an der Stelle $x=-1$ einen Knick und ist dort nicht differenzierbar. An allen anderen Stellen ist die Funktion f differenzierbar. Die Ableitung hat im Intervall $(-\infty,-1)$ den Wert -1 und im Intervall $(-1,\infty)$ den Wert 1.

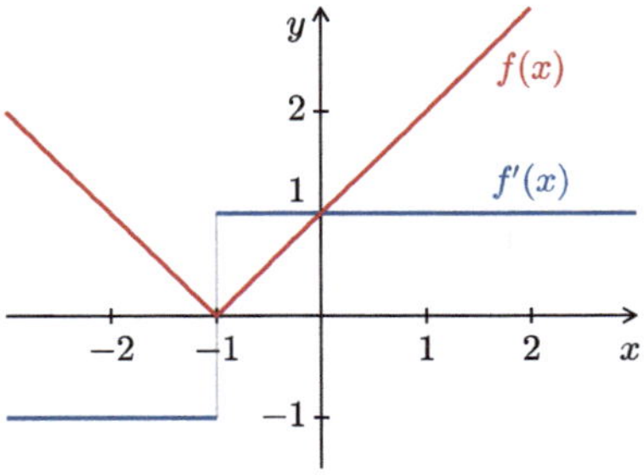

b) An der Nahtstelle $x=0$ stoßen die beiden Teilfunktionen f_1 und f_2 zusammen. Wegen $f_1(0)=1$ und $f_2(0)=1$ gibt es an der Nahtstelle keinen Sprung. Die abschnittsweise definierte Funktion ist somit stetig. Wegen

$$f_1'(x) = -1\,, \quad f_2'(x) = -\sin\left(x+\frac{\pi}{2}\right)$$

und damit

$$f_1'(0) = -1\,, \quad f_2'(0) = -1$$

gibt es an der Nahtstelle keinen Knick. Die abschnittsweise definierte Funktion ist somit differenzierbar und die Ableitungsfunktion verläuft stetig.

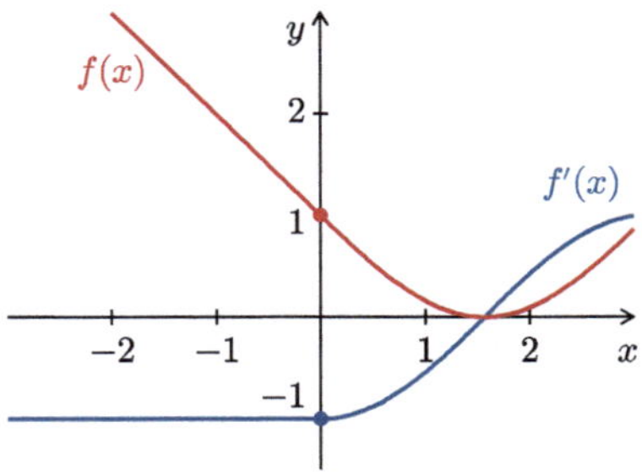

Lösung 8.11 (Waagrechte Tangenten)

Die Ableitung der Funktion

$$f(x) = \cos\left(\frac{x}{2}\right)\mathrm{e}^x$$

erhalten wir mit der Produktregel:

$$f'(x) = -\frac{1}{2}\sin\left(\frac{x}{2}\right)\mathrm{e}^x + \cos\left(\frac{x}{2}\right)\mathrm{e}^x\,.$$

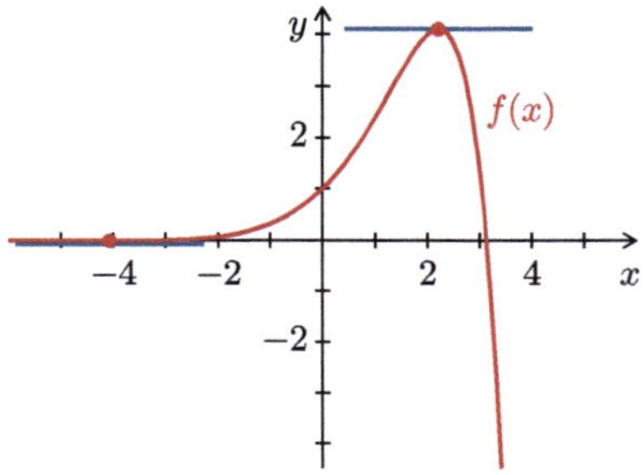

Wir setzen die Ableitung gleich null, dividieren anschließend durch e^x und bringen den Sinusterm auf die rechte Seite:

$$\cos\left(\frac{x}{2}\right) = \frac{1}{2}\sin\left(\frac{x}{2}\right) \iff \tan\left(\frac{x}{2}\right) = 2\,.$$

Wir haben durch den Kosinusterm dividiert und dadurch den Tangens erhalten. Eine erste Lösung erhalten wir durch Anwendung des Arkustangens:

$$x_0 = 2\arctan 2 \approx 2.214\,, \quad x = 2\arctan 2 + 2\pi k\,, \quad k \in \mathbb{Z}\,.$$

Alle weiteren Lösungen entstehen durch Fortsetzung mit der Periode von $\tan\left(\frac{\pi}{2}\right)$, also mit 2π. Die linke waagrechte Tangente ist in der Abbildung kaum zu erkennen.

8.2.2 Rechnung und Training

Lösung 8.12 (Einfache Ableitungen)

a) Wir wenden die Kettenregel an. Die äußere Funktion hat die Gestalt einer Potenz:

$$\left(\left(1-x^2\right)^{10}\right)' = 10\left(1-x^2\right)^9 \cdot (-2x) = -20x\left(1-x^2\right)^9 .$$

b) Wir wenden die Quotientenregel an. Dabei entsteht im Zähler eine Differenz:

$$\left(\frac{x}{1+x^2}\right)' = \frac{1+x^2-x\cdot 2x}{\left(1+x^2\right)^2} = \frac{1-x^2}{\left(1+x^2\right)^2} .$$

c) Wir wenden die Quotientenregel an und erweitern den Bruch anschließend mit $\sqrt{x}$:

$$\left(\frac{x^2-1}{\sqrt{x}}\right)' = \frac{2x\sqrt{x}-(x^2-1)\frac{1}{2\sqrt{x}}}{x} = \frac{3x^2+1}{2x^{3/2}} .$$

d) Wir verwenden die Definitionen von Kosinus und Sinus Hyperbolicus:

$$(\cosh x)' = \left(\frac{e^x+e^{-x}}{2}\right)' = \frac{e^x-e^{-x}}{2} = \sinh x .$$

e) Wir schreiben die Wurzel als Potenz. Alternativ könnten wir die Kettenregel anwenden:

$$\left(\ln\left(\sqrt{x}\right)\right)' = \left(\ln\left(x^{\frac{1}{2}}\right)\right)' = \left(\frac{1}{2}\ln x\right)' = \frac{1}{2x} \quad \text{oder} \quad \left(\ln\left(\sqrt{x}\right)\right)' = \frac{1}{\sqrt{x}}\cdot\frac{1}{2\sqrt{x}} = \frac{1}{2x} .$$

f) Wir wenden die Kettenregel an und verwenden die bekannte Ableitung des Tangens:

$$\left(\tan(3x)\right)' = \left(1+\tan^2(3x)\right)\cdot 3 = 3+3\tan^2(3x) .$$

Lösung 8.13 (Ableitungen spezieller Funktionen)

a) $\left(4e^{-t}\right)' = -4e^{-t}$

$\left(4e^{-t}\right)'' = 4e^{-t}$

b) $\left(3\sin(2t)\right)' = 6\cos(2t)$

$\left(3\sin(2t)\right)'' = -12\sin(2t)$

c) $\left(3t^2e^{-2t}\right)' = 6te^{-2t} - 6t^2e^{-2t} = 6t(1-t)e^{-2t}$

$\left(3t^2e^{-2t}\right)'' = (6-12t)e^{-2t} + (6t-6t^2)e^{-2t}(-2) = 6(1-4t+2t^2)e^{-2t}$

d) $\left(-t\cos(2t-3)\right)' = -\cos(2t-3) + 2t\sin(2t-3)$

$\left(-t\cos(2t-3)\right)'' = 4\sin(2t-3) + 4t\cos(2t-3)$

e) $\left(C\cos(\omega t-\varphi)\right)' = -C\omega\sin(\omega t-\varphi)$

$\left(C\cos(\omega t-\varphi)\right)'' = -C\omega^2\cos(\omega t-\varphi)$

f) $\left(Ce^{-\delta t}\sin(\omega t)\right)' = Ce^{-\delta t}\left(\omega\cos(\omega t) - \delta\sin(\omega t)\right)$

$\left(Ce^{-\delta t}\sin(\omega t)\right)'' = Ce^{-\delta t}\left((\delta^2-\omega^2)\sin(\omega t) - 2\omega\delta\cos(\omega t)\right)$

Lösung 8.14 (Ableitungen von Funktionen mit einem Parameter)

Alle Funktionen enthalten den Parameter a. Dieser ist beim Ableiten wie eine Konstante zu behandeln. Die unabhängige Variable in den Funktionstermen ist x. Wir leiten also jeweils nach x ab.

a) $\left(\frac{1}{x+a}\right)' = \left((x+a)^{-1}\right)' = -(x+a)^{-2} = \frac{-1}{(x+a)^2}$

b) $\left(\frac{x}{x+a}\right)' = \frac{x+a-x}{(x+a)^2} = \frac{a}{(x+a)^2}$

c) $\left(\frac{x^2}{x^2+a}\right)' = \frac{2\,x\cdot(x^2+a) - x^2\cdot 2\,x}{(x^2+a)^2} = \frac{2\,x\,a}{(x^2+a)^2}$

d) $\left(\sqrt{x+a}\right)' = \frac{1}{2\sqrt{x+a}}$

e) $\left(\ln(x+a)\right)' = \frac{1}{x+a}$

f) $\left(\frac{1}{a}\arctan\frac{x}{a}\right)' = \frac{1}{a}\,\frac{1}{1+\frac{x^2}{a^2}}\cdot\frac{1}{a} = \frac{1}{a^2+x^2}$

Lösung 8.15 (Ableitungen nach verschiedenen Variablen)

a) Wir leiten nach φ ab und wenden dazu die Kettenregel an:

$$\left(\sqrt{1+\cos\varphi}\right)' = \frac{-\sin\varphi}{2\sqrt{1+\cos\varphi}}\,.$$

b) Wir leiten nach ω ab und wenden dazu die Kettenregel an:

$$\left(\cos\left(\frac{1}{1-\omega}\right)\right)' = -\sin\left(\frac{1}{1-\omega}\right)\cdot\frac{1}{(1-\omega)^2}\,.$$

c) Wir leiten nach h ab. Der Parameter p_0 ist dabei wie eine Konstante zu behandeln:

$$\left(p_0\,\mathrm{e}^{-\frac{h}{p_0}}\right)' = p_0\,\mathrm{e}^{-\frac{h}{p_0}}\cdot\left(\frac{-1}{p_0}\right) = -\mathrm{e}^{-\frac{h}{p_0}}\,.$$

Lösung 8.16 (Formeln für höhere Ableitungen)

a) Durch Ableiten ergibt sich

$$f(x) = x^n \quad\Longrightarrow\quad f'(x) = n\,x^{n-1} \quad\Longrightarrow\quad f''(x) = n\,(n-1)\,x^{n-2}\ldots$$

Die n-te Ableitung ist konstant $f^{(n)}(x) = n!$ und alle höheren Ableitungen sind null.

b) Durch Ableiten ergibt sich

$$f(x) = \mathrm{e}^{-2\,x} \quad\Longrightarrow\quad f'(x) = \mathrm{e}^{-2\,x}(-2) \quad\Longrightarrow\quad f''(x) = \mathrm{e}^{-2\,x}(-2)^2\ldots$$

Durch Ableiten entsteht also stets der Faktor -2 und mit

$$f^{(n)}(x) = (-2)^n\,\mathrm{e}^{-2\,x}$$

haben wir die allgemeine Formel aufgestellt.

c) Durch Ableiten ergibt sich

$$f(x) = \sin(3x) \implies f'(x) = 3\cos(3x) \implies f''(x) = -9\sin(3x)$$
$$\implies f'''(x) = -27\cos(3x) \implies f^{(4)}(x) = 81\sin(3x) \ldots$$

Für die allgemeine Formel unterscheidet man am besten vier Fälle:

$$f^{(n)}(x) = \left\{ \begin{array}{cl} 3^n \sin(3x) & \text{für } n = 0,4,8,12,\ldots \\ 3^n \cos(3x) & \text{für } n = 1,5,9,13,\ldots \\ -3^n \sin(3x) & \text{für } n = 2,6,10,14,\ldots \\ -3^n \cos(3x) & \text{für } n = 3,7,11,15,\ldots \end{array} \right\}.$$

Durch Argumentverschiebungen können wir alle Terme auf den Sinus zurückführen:

$$f^{(n)}(x) = \left\{ \begin{array}{cl} 3^n \sin\left(3x\right) & \text{für } n = 0,4,8,12,\ldots \\ 3^n \sin\left(3x + \frac{\pi}{2}\right) & \text{für } n = 1,5,9,13,\ldots \\ 3^n \sin\left(3x + \pi\right) & \text{für } n = 2,6,10,14,\ldots \\ 3^n \sin\left(3x + \frac{3\pi}{2}\right) & \text{für } n = 3,7,11,15,\ldots \end{array} \right\} = 3^n \sin\left(3x + \frac{n\pi}{2}\right).$$

Dadurch lassen sich die vier Fälle elegant zusammenfassen.

d) Durch Ableiten ergibt sich

$$f(x) = \ln x \implies f'(x) = x^{-1} \implies f''(x) = -x^{-2} \implies f'''(x) = 2x^{-3} \ldots$$

Die allgemeine Formel lautet also

$$f^{(n)}(x) = (-1)^{n-1}(n-1)!\,x^{-n}$$

und enthält sowohl das alternierende Vorzeichen als auch eine Fakultät.

e) Zum Ableiten schreibt man die Funktion am besten in der Form

$$f(x) = \frac{1}{1-x} = (1-x)^{-1}.$$

Dadurch ergibt sich

$$f'(x) = (-1)(1-x)^{-2}(-1) = (1-x)^{-2} \implies f''(x) = 2(1-x)^{-3} \ldots$$

Die allgemeine Formel lautet also

$$f^{(n)}(x) = n!\,(1-x)^{-n-1}$$

und besteht aus einer Fakultät und einer Potenz.

f) Zum Ableiten drückt man 2^x mithilfe der e-Funktion aus:

$$f(x) = 2^x = \mathrm{e}^{\ln 2^x} = \mathrm{e}^{(\ln 2)\,x}.$$

Dadurch ergibt sich

$$f'(x) = \mathrm{e}^{(\ln 2)\,x} \ln 2 \implies f''(x) = \mathrm{e}^{(\ln 2)\,x} (\ln 2)^2 \ldots$$

Durch Ableiten entsteht jeweils lediglich der Faktor $\ln(2)$:

$$f^{(n)}(x) = \mathrm{e}^{(\ln 2)\,x} (\ln 2)^n = (\ln 2)^n \cdot 2^x.$$

Dies ist die allgemeine Formel für die n-te Ableitung.

Lösung 8.17 (Ableitungen von abschnittsweise definierten Funktionen)

a) Die Funktion f ist abschnittsweise definiert:

$$f(x) = \begin{cases} f_1(x) & \text{für} \quad x < 1 \\ f_2(x) & \text{für} \quad x \geq 1\,. \end{cases}$$

1) Die Funktion lautet

$$f(x) = \begin{cases} 1 - x^3 & \text{für} \quad x < 1 \\ 3(1 - x^2) & \text{für} \quad x \geq 1 \end{cases}$$

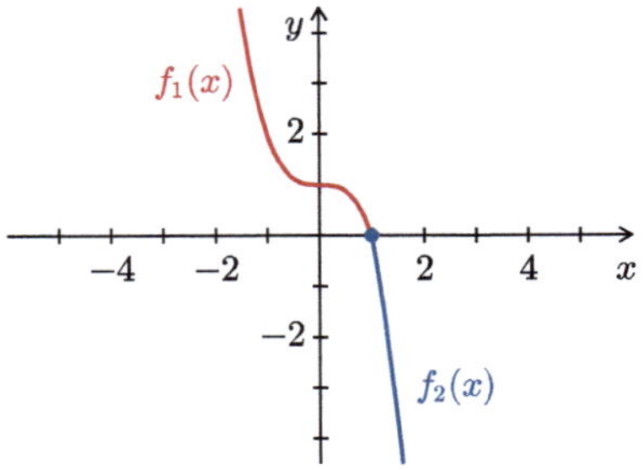

und an der Nahtstelle gilt

$$f_1(1) = 0\,, \quad f_2(1) = 0\,.$$

Die Funktion f ist also für alle reellen Zahlen stetig. Die Funktion f_1 ist x^3 an der y-Achse gespiegelt und um 1 nach oben verschoben. Die Funktion f_2 ist eine Parabel mit Scheitel bei $(0\,|\,3)$ und Schnittpunkten mit der x-Achse bei $(\pm 1\,|\,0)$.

2) Für die erste Ableitung gilt

$$f'(x) = \begin{cases} -3x^2 & \text{für} \quad x < 1 \\ -6x & \text{für} \quad x > 1 \end{cases}$$

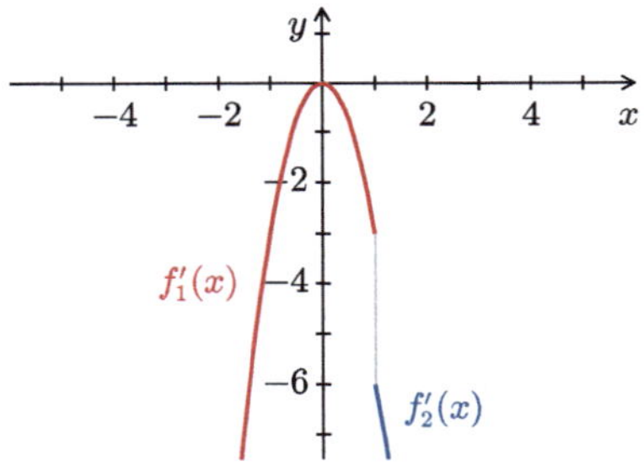

und speziell an der Nahtstelle

$$f_1'(1) = -3\,, \quad f_2'(1) = -6\,.$$

Die Steigung der Funktion f wechselt an der Stelle $x = 1$ vom Wert -3 auf den Wert -6. Die Funktion f' hat bei $x = 1$ demnach eine Sprungstelle. Die Funktion f ist also an der Stelle $x = 1$ nicht differenzierbar sondern hat dort einen Knick.

3) Bei der zweiten Ableitung

$$f''(x) = \begin{cases} -6x & \text{für} \quad x < 1 \\ -6 & \text{für} \quad x > 1 \end{cases}$$

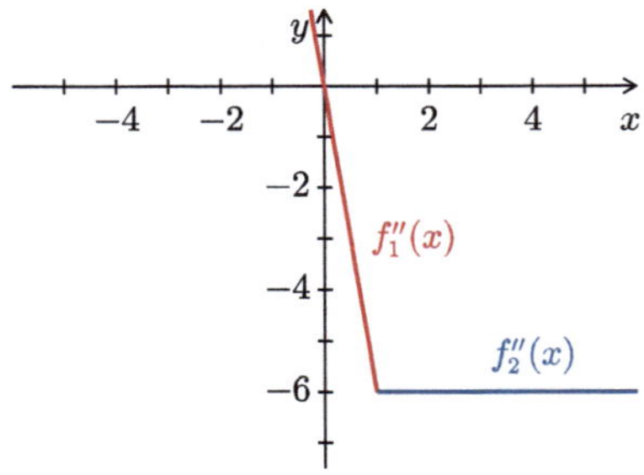

sind die Werte an der Nahtstelle

$$f_1''(1) = -6\,, \quad f_2''(1) = -6$$

gleich. Die Funktionen f_1 und f_2 haben dort also dieselbe Rechtskrümmung, obwohl sie an dieser Stelle unterschiedliche Steigungen haben. Insgesamt sieht man, dass f an der Stelle $x = 1$ zwar stetig, aber nicht differenzierbar ist. Auch die zweite Ableitung von f existiert bei $x = 1$ nicht.

b) Die Funktion f ist abschnittsweise definiert:

$$f(x) = \begin{cases} f_1(x) & \text{für} \quad -4 \le x \le 0 \\ f_2(x) & \text{für} \quad x > 0\,. \end{cases}$$

1) Die Funktion lautet

$$f(x) = \begin{cases} \frac{5}{4}\sqrt{16-x^2} & \text{für} \quad -4 \le x \le 0 \\ 5 - \frac{5}{32}x^2 & \text{für} \quad x > 0 \end{cases}$$

und an der Nahtstelle gilt

$$f_1(0) = 5\,, \quad f_2(0) = 5\,.$$

Die Funktion f ist also auf dem Intervall $[-4, \infty)$ stetig. Die Funktion f_1 ist eine Wurzelfunktion mit Nullstellen bei $(\pm 4\,|\,0)$. Die Funktion f_2 ist eine Parabel mit Scheitel bei $(0\,|\,5)$ und Schnittpunkten mit der x-Achse bei $(\pm\sqrt{32}\,|\,0)$.

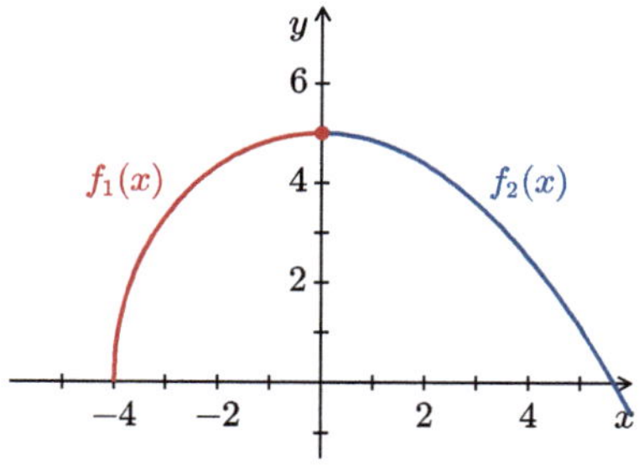

2) Für die erste Ableitung gilt

$$f'(x) = \begin{cases} -\frac{5}{4}\frac{x}{\sqrt{16-x^2}} & \text{für} \quad -4 < x \le 0 \\ -\frac{5}{16}x & \text{für} \quad x > 0 \end{cases}$$

und speziell an der Nahtstelle

$$f_1'(0) = 0\,, \quad f_2'(0) = 0\,.$$

Es liegt also eine waagrechte Tangente vor, und die Funktion f ist differenzierbar mit $f'(0) = 0$. Für $x = -4$ ist f nicht differenzierbar. Dort hat die Funktion f eine senkrechte Tangente.

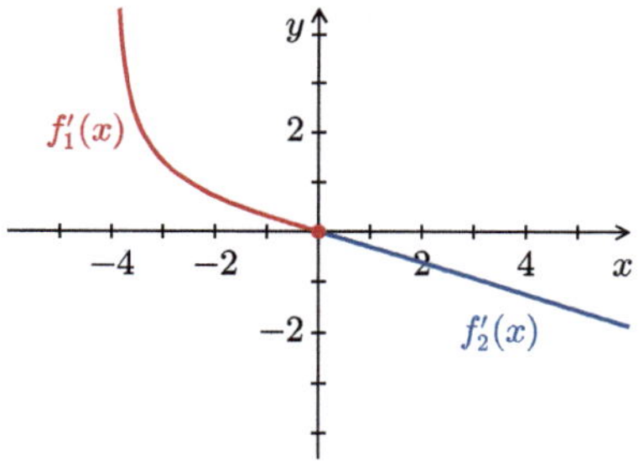

3) Bei der zweiten Ableitung

$$f''(x) = \begin{cases} \frac{-20}{\sqrt{(16-x^2)^3}} & \text{für} \quad -4 < x \le 0 \\ -\frac{5}{16} & \text{für} \quad x > 0 \end{cases}$$

sind die Werte an der Nahtstelle

$$f_1''(0) = -\frac{20}{64}\,, \quad f_2''(0) = -\frac{5}{16}$$

gleich. Beide Funktionen haben also dieselbe Rechtskrümmung. Insgesamt sieht man, dass f an der Stelle $x = 0$ stetig und zweimal differenzierbar ist.

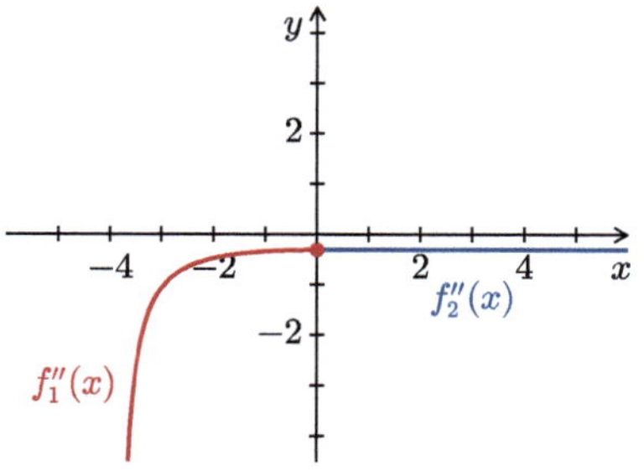

Lösung 8.18 (Abschnittsweise definierte Funktionen mit Parametern)

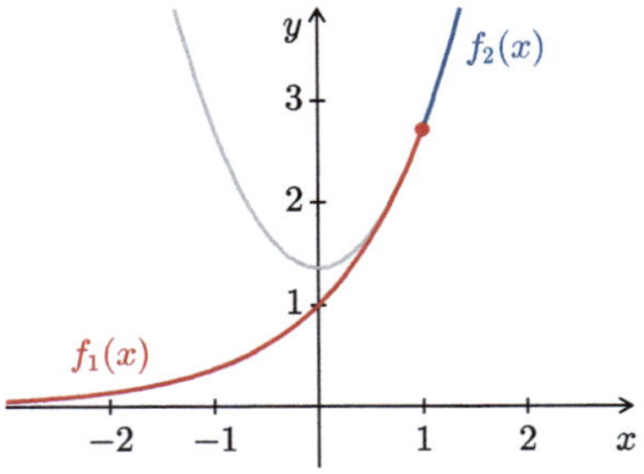

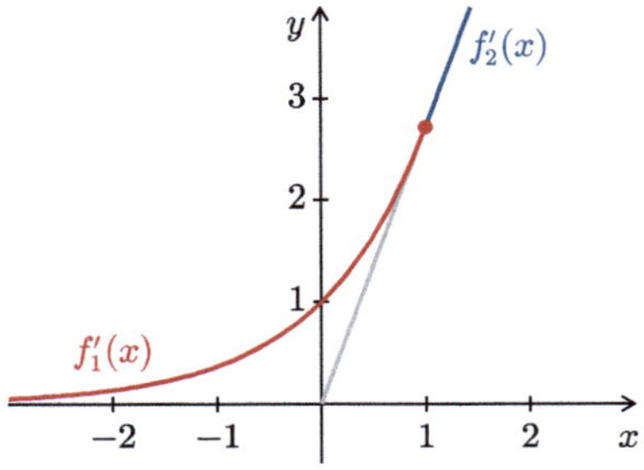

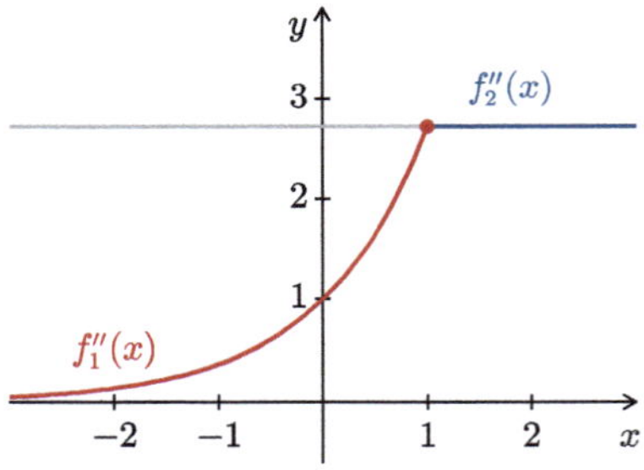

a) Die Funktion f und ihre Ableitungen f' und f'' sollen überall stetig sein. Die Konstanten a_0, a_1 und a_2 bestimmt man aus den Werten des linken Teils der Funktion $f_1(x) = \mathrm{e}^x$ und ihren Ableitungen

$$f_1(x) = \mathrm{e}^x\,, \quad f_1'(x) = \mathrm{e}^x\,, \quad f_1''(x) = \mathrm{e}^x\,.$$

Wir benötigen die Werte an der Stelle $x = 1$:

$$f_1(1) = f_1'(1) = f_1''(1) = \mathrm{e}\,.$$

Diese Werte sind alle gleich. Auch vom rechten Teil der Funktion

$$f_2(x) = a_0 + a_1\,x + a_2\,x^2$$

benötigen wir den Funktionswert und die Werte der ersten und zweiten Ableitung an der Stelle $x = 1$:

$$\begin{aligned} f_2'(x) &= a_1 + 2\,a_2\,x \\ f_2''(x) &= 2\,a_2\,. \end{aligned}$$

Diese Werte hängen von den Parametern ab. Insgesamt ergibt sich dadurch ein lineares Gleichungssystem:

$$\begin{array}{ccccccc} a_0 & + & a_1 & + & a_2 & = & \mathrm{e} \\ & & a_1 & + & 2\,a_2 & = & \mathrm{e} \\ & & & & 2\,a_2 & = & \mathrm{e}\,. \end{array}$$

Aufgrund der Dreiecksform ist das Gleichungssystem einfach lösbar mit

$$a_2 = \frac{\mathrm{e}}{2}\,, \quad a_1 = 0\,, \quad a_0 = \frac{\mathrm{e}}{2}\,.$$

Die gesuchte Parabel ist $f_2(x) = \frac{\mathrm{e}}{2} + \frac{\mathrm{e}}{2}\,x^2$.

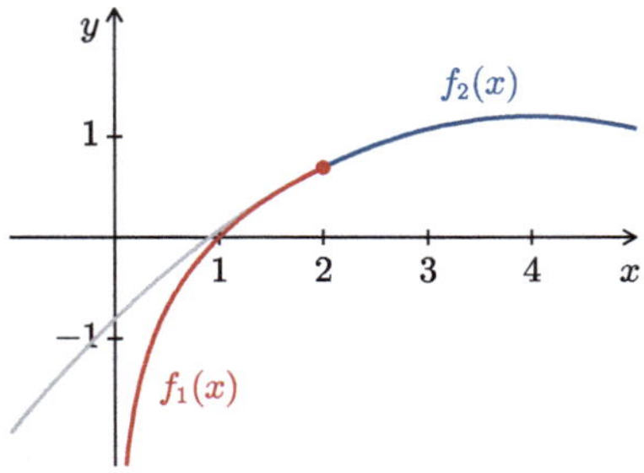

b) Die Funktion f und ihre Ableitungen f' und f'' sollen überall stetig sein. Die Konstanten a_0, a_1 und a_2 bestimmt man aus den Werten des linken Teils der Funktion $f_1(x) = \ln x$ und ihrer Ableitungen

$$f_1(x) = \ln x\,, \; f_1'(x) = \frac{1}{x}\,, \; f_1''(x) = -\frac{1}{x^2}\,.$$

Wir benötigen die Werte an der Stelle $x = 2$:

$$f_1(2) = \ln 2\,, \;\; f_1'(2) = \frac{1}{2}\,, \;\; f_1''(2) = -\frac{1}{4}\,.$$

Die Steigung an dieser Stelle ist positiv, die Krümmung negativ.

Auch vom rechten Teil der Funktion

$$f_2(x) = a_0 + a_1\,x + a_2\,x^2$$

benötigen wir den Funktionswert und die Werte der ersten und zweiten Ableitung an der Stelle $x = 2$:

$$\begin{aligned} f_2'(x) &= a_1 + 2\,a_2\,x \\ f_2''(x) &= 2\,a_2\,. \end{aligned}$$

Diese Werte hängen von den Parametern ab. Insgesamt ergibt sich dadurch ein lineares Gleichungssystem:

$$\begin{array}{rcrcrcl} a_0 & + & 2\,a_1 & + & 4\,a_2 & = & \ln 2 \\ & & a_1 & + & 4\,a_2 & = & \frac{1}{2} \\ & & & & 2\,a_2 & = & -\frac{1}{4}\,. \end{array}$$

Aufgrund der Dreiecksform ist das Gleichungssystem einfach lösbar mit

$$a_2 = -\frac{1}{8}, \quad a_1 = 1, \quad a_0 = \ln 2 - \frac{3}{2}.$$

Die Parabel lautet $f_2(x) = \ln 2 - \frac{3}{2} + x - \frac{1}{8}\,x^2$. Sie ist nach unten geöffnet.

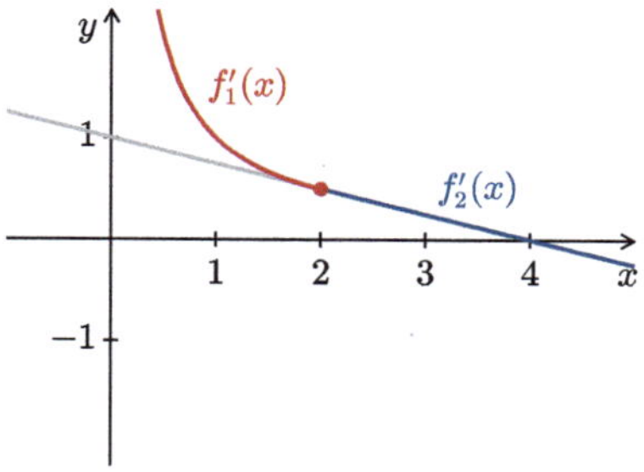

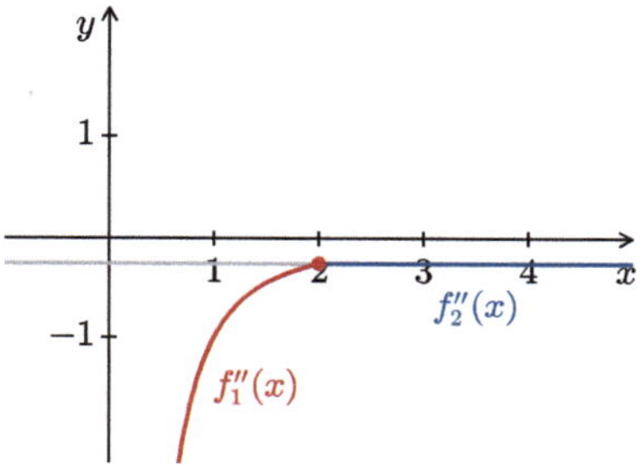

Lösung 8.19 (Funktionsgrenzwerte)

a) Der Grenzwert ist aufgrund von $\ln 1 = 0$ vom Typ $\frac{0}{0}$, deshalb lässt sich die Regel von Bernoulli-de l'Hospital anwenden:

$$\lim_{x \to 0} \frac{\ln(2\,x + 1)}{x} = \lim_{x \to 0} \frac{\frac{2}{(2\,x+1)}}{1} = 2\,.$$

Der Grenzwert der Ableitungen hat den Wert 2, somit hat auch der gesuchte Grenzwert denselben Wert.

b) Der Grenzwert ist aufgrund von $\tan 0 = 0$ vom Typ $\frac{0}{0}$, somit lässt sich die Regel von Bernoulli-de l'Hospital anwenden:

$$\lim_{x \to 0} \frac{\tan x}{x} = \lim_{x \to 0} \frac{1 + \tan^2 x}{1} = 1\,.$$

Der Grenzwert der Ableitungen hat den Wert 1, somit hat auch der gesuchte Grenzwert denselben Wert.

c) Der Grenzwert ist aufgrund von $\arctan 0 = 0$ vom Typ $\frac{0}{0}$, somit lässt sich die Regel von Bernoulli-de l'Hospital anwenden:

$$\lim_{x \to 0} \frac{\arctan x}{x} = \lim_{x \to 0} \frac{\frac{1}{1+x^2}}{1} = 1\,.$$

Der Grenzwert der Ableitungen hat den Wert 1, somit hat auch der gesuchte Grenzwert denselben Wert.

Lösung 8.20 (Kurvendiskussion einer gebrochenrationalen Funktion)

Wir diskutieren die Funktion

$$f(x) = -\frac{(x-2)^2}{x+2}\,.$$

a) Der Nenner darf nicht null werden. Die maximale Definitionsmenge ist daher $D = \mathbb{R} \setminus \{-2\}$.

b) Die Funktion f ist unecht gebrochenrational. Wir multiplizieren den Zähler aus und führen eine Polynomdivison durch:

$$\begin{array}{l}
\big(-x^2 + 4x \quad -4\big) : \big(x+2\big) = -x + 6 + \dfrac{-16}{x+2}\,. \\
\underline{\quad x^2 + 2x \qquad} \\
\qquad\quad 6x \quad -4 \\
\qquad \underline{-6x - 12} \\
\qquad\qquad -16
\end{array}$$

Die Funktion $y = -x + 6$ ist eine schiefe Asymptote. Die Funktion strebt für $x \to -\infty$ gegen ∞ und für $x \to \infty$ gegen $-\infty$.

c) Zur Bestimmung der Nullstellen setzen wir den Zähler gleich null. Es folgt $N(2\,|\,0)$.

d) Zur Bestimmung der Polstellen setzen wir den Nenner gleich null. Es folgt $x = -2$. Diese Nullstelle im Nenner ist einfach und keine Nullstelle im Zähler. Daher liegt bei $x = -2$ eine Polstelle mit Vorzeichenwechsel vor.

e) Zunächst bestimmen wir die erste Ableitung mit der Quotientenregel:

$$f'(x) = -\frac{2(x-2)\cdot(x+2) - (x-2)^2\cdot 1}{(x+2)^2} = -\frac{x^2+4x-12}{(x+2)^2}\,.$$

Auch die zweite Ableitung bestimmen wir mit der Quotientenregel:

$$f''(x) = -\frac{(2x+4)\cdot(x+2)^2 - (x^2+4x-12)\cdot 2(x+2)}{(x+2)^4} = -\frac{32}{(x+2)^3}\,.$$

Beim Zusammenfassen können wir mit dem Faktor $(x+2)$ kürzen. Die Zählernullstellen von f' sind $x = 2$ und $x = -6$. Es ist $f''(2) < 0$ und $f''(-6) > 0$. Es liegt also ein Hochpunkt $H(2\,|\,0)$ und ein Tiefpunkt $T(-6\,|\,16)$ vor. Bei f'' gibt es keine Zählernullstellen. Damit gibt es auch keine Wendepunkte.

f) Die Funktion f ist eine unecht gebrochenrationale Funktion. Das Schaubild der Funktion besteht aus zwei Ästen. In der Abbildung ist die Nullstelle N eingezeichnet. Diese ist gleichzeitig auch der Hochpunkt H der Funktion. Außerdem ist der Tiefpunkt T eingezeichnet. Die beiden Asymptoten sind

$$y = -x + 6\,, \quad x = -2\,.$$

Die Funktion f nähert sich der schiefen und der senkrechten Asymptoten an.

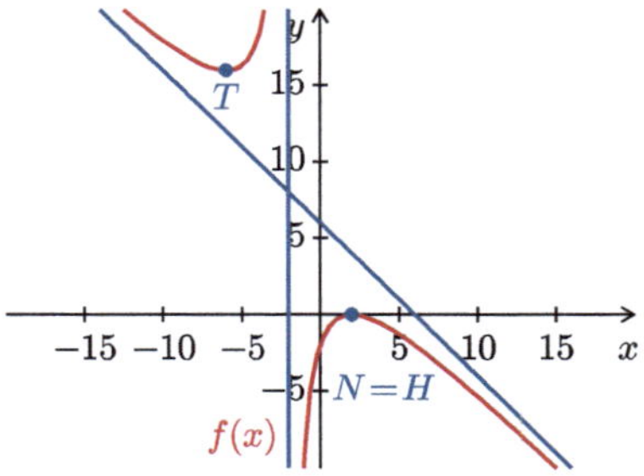

Lösung 8.21 (Kurvendiskussion eines Polynoms)

Wir diskutieren die Funktion

$$f(x) = \frac{1}{5}\,x^3 - \frac{7}{10}\,x^2 - 2\,x + \frac{5}{2}\,.$$

a) Durch Einsetzen von $x = 1$ ergibt sich

$$f(1) = \frac{1}{5} - \frac{7}{10} - 2 + \frac{5}{2} = 0\,.$$

Die restlichen Nullstellen findet man durch Polynomdivision, die einfacher geht, wenn man vorher den Faktor $\frac{1}{10}$ ausklammert:

$$f(x) = \frac{1}{5}\,x^3 - \frac{7}{10}\,x^2 - 2\,x + \frac{5}{2} = \frac{1}{10}\left(2\,x^3 - 7\,x^2 - 20\,x + 25\right)\,.$$

Die Polynomdivision mit dem Linearfaktor $x - 1$ ergibt

$$\left(2x^3 - 7x^2 - 20x + 25\right) : (x - 1) = 2\,x^2 - 5\,x - 25\,.$$

Daraus ergeben sich die weiteren Nullstellen $x = 5$ und $x = -\frac{5}{2}$. Insgesamt erhalten wir die drei Nullstellen $N_1(-\frac{5}{2}\,|\,0)$, $N_2(1\,|\,0)$ und $N_3(5\,|\,0)$.

b) Zur Berechnung der Hoch- und Tiefpunkte setzt man die erste Ableitung null:

$$f'(x) = \frac{3}{5}\,x^2 - \frac{7}{5}\,x - 2 = 0 \quad\Longrightarrow\quad x_{1,2} = \frac{7 \pm \sqrt{49 + 120}}{6} = -1,\, \frac{10}{3}\,.$$

Mit der zweiten Ableitung kann man entscheiden, welche Art von Extremwert vorliegt:

$$f''(x) = \frac{6}{5}\,x - \frac{7}{5} \quad\Longrightarrow\quad f''(-1) = -\frac{13}{5} < 0\,,\;\; f''\left(\frac{10}{3}\right) = \frac{6\cdot 10}{5\cdot 3} - \frac{7}{5} = \frac{13}{5} > 0\,.$$

An der Stelle $x = -1$ befindet sich also der Hochpunkt $H(-1\,|\,\frac{18}{5})$ und an der Stelle $x = \frac{10}{3}$ der Tiefpunkt $T(\frac{10}{3}\,|\,-\frac{245}{54})$. Wendepunkte bestimmt man über die Nullstellen der zweiten Ableitung:

$$f''(x) = \frac{6}{5}\,x - \frac{7}{5} = 0 \quad\Longrightarrow\quad x = \frac{7}{6}\,.$$

Die Funktion f'' hat bei $x = \frac{7}{6}$ einen Vorzeichenwechsel, $W(\frac{7}{6}\,|\,-\frac{253}{540})$ ist Wendepunkt.

c) Die Funktion ist weder nach oben noch nach unten beschränkt. Von $-\infty$ bis -1 und von $x = \frac{10}{3}$ bis ∞ ist die Funktion streng monoton wachsend, dazwischen ist sie streng monoton fallend.

d) Die Funktion f ist ein Polynom vom Grad 3. Ihr Schaubild verläuft von links unten nach rechts oben. In der Abbildung sind die Nullstellen N_1, N_2 und N_3 eingezeichnet. Außerdem eingezeichnet sind der Hochpunkt H, der Tiefpunkt T und der Wendepunkt W. Der Wendepunkt liegt zwischen dem Hochpunkt und dem Tiefpunkt, entsprechend wechselt die Kurve dort von einer Rechtskrümmung auf eine Linkskrümmung.

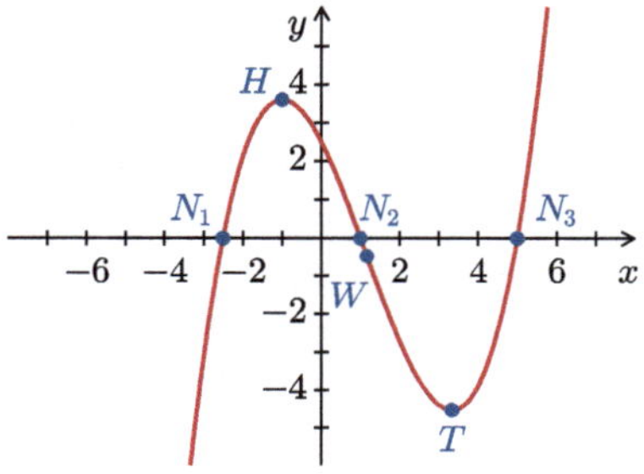

Lösung 8.22 (Kurvendiskussion einer Sättigungsfunktion)

Wir diskutieren die Funktion

$$f(t) = \frac{At}{t+A} \quad \text{für } t \geq 0 \text{ mit dem Parameter } A > 0\,.$$

a) Für $t \geq 0$ und $A > 0$ wird der Nenner niemals null. Somit ist die Funktion für alle $t \geq 0$ definiert und stetig. Die erste Ableitung ist ebenfalls für alle $t \geq 0$ definiert:

$$f'(t) = \frac{A(t+A) - At}{(t+A)^2} = \frac{A^2}{(t+A)^2}\,.$$

Somit ist die Funktion auch für alle $t \geq 0$ differenzierbar.

b) Die einzige Nullstelle ist bei $t = 0$, also $N(0\,|\,0)$. Extremwerte besitzt die Funktion keine, denn die erste Ableitung wird niemals null. Auch die zweite Ableitung

$$f''(t) = \frac{-2A^2}{(t+A)^3}$$

wird niemals null, also gibt es keine Wendepunkte. Die Funktion ist eine Rechtskurve, denn f'' ist immer negativ.

c) Der Sättigungswert entspricht dem Grenzwert

$$\lim_{t\to\infty} \frac{At}{t+A} = \lim_{t\to\infty} \frac{A}{1+\frac{A}{t}} = A \quad \text{oder} \quad \lim_{t\to\infty} \frac{At}{t+A} = \lim_{t\to\infty} \frac{A}{1} = A\,.$$

Hier haben wir Zähler und Nenner durch t geteilt, um den Grenzwert zu bestimmen. Man kann wegen $\frac{\infty}{\infty}$ alternativ auch die Regel von Bernoulli-de l'Hospital anwenden.

d) Die erste Ableitung ist immer positiv. Die Funktion f ist also streng monoton wachsend und durch $f(0) = 0$ nach unten und durch den Sättigungswert A nach oben beschränkt.

e) Die Gleichung

$$\frac{At}{t+A} = \frac{A}{2} \quad \Longleftrightarrow \quad 2At = A(t+A) \quad \Longleftrightarrow \quad 2t = t + A$$

hat genau eine Lösung, nämlich $t = A$.

f) Die Gleichung der Tangente stellen wir mithilfe der Punkt-Steigungs-Form auf:

$$y = f(0) + f'(0)(t-0) = 0 + \frac{A^2}{(0+A)^2}(t-0) = t\,.$$

Die Tangente ist also mit der ersten Winkelhalbierenden identisch.

g) Die Funktion f ist eine unecht gebrochenrationale Funktion. Das Schaubild der Funktion besteht aus einer Sättigungskurve und besitzt eine Rechtskrümmung. In der Abbildung ist die Nullstelle N eingezeichnet. Extrem-, und Wendepunkte gibt es keine. Die Konstante A ist eine waagrechte Asymptote. Die Funktion nähert sich der Asymptote an. Die Wertemenge ist $[0, A)$. Die Tangente im Ursprung verläuft in Richtung der ersten Winkelhalbierenden.

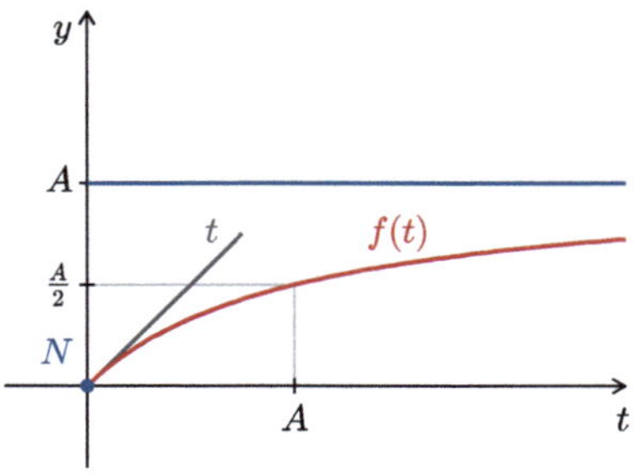

Lösung 8.23 (Kurvendiskussion einer Wachstumsfunktion)

Wir diskutieren die Funktion

$$f(t) = 4\,\frac{3-2\,\mathrm{e}^{-t}}{3+2\,\mathrm{e}^{-t}}\,.$$

a) Wir bilden die Funktionsgrenzwerte für $t \to \infty$ und $t \to -\infty$:

$$\lim_{t\to\infty} 4\,\frac{3-2\mathrm{e}^{-t}}{3+2\mathrm{e}^{-t}} = 4\,, \qquad \lim_{t\to-\infty} 4\,\frac{3-2\mathrm{e}^{-t}}{3+2\mathrm{e}^{-t}} = \lim_{t\to-\infty} 4\,\frac{3\mathrm{e}^{t}-2}{3\mathrm{e}^{t}+2} = -4\,.$$

Beim zweiten Grenzwertausdruck haben wir den Bruch mit e^t erweitert. Waagrechte Asymptoten sind demnach die Geraden $y = 4$ und $y = -4$.

b) Die Nullstellen bestimmt man aus

$$3 = 2\mathrm{e}^{-t} \quad\Longrightarrow\quad \ln\frac{3}{2} = -t \quad\Longrightarrow\quad N(\ln 2 - \ln 3\,|\,0)\,.$$

Wir bestimmen die erste Ableitung mithilfe der Quotientenregel:

$$f'(t) = 4\,\frac{2\,\mathrm{e}^{-t}\cdot(3+2\mathrm{e}^{-t}) - (3-2\,\mathrm{e}^{-t})\cdot(-2\mathrm{e}^{-t})}{(3+2\mathrm{e}^{-t})^2} = 48\,\frac{\mathrm{e}^{-t}}{(3+2\mathrm{e}^{-t})^2}\,.$$

Die erste Ableitung wird niemals null, es gibt also keine Extremwerte. Ebenfalls mithilfe der Quotientenregel bestimmen wir die zweite Ableitung:

$$f''(t) = 48\,\frac{-\mathrm{e}^{-t}\cdot(3+2\mathrm{e}^{-t})^2 - \mathrm{e}^{-t}\cdot 2(3+2\mathrm{e}^{-t})(-2\mathrm{e}^{-t})}{(3+2\mathrm{e}^{-t})^4} = 48\,\frac{\mathrm{e}^{-t}(2\mathrm{e}^{-t}-3)}{(3+2\mathrm{e}^{-t})^3}\,.$$

Diese wird null, falls $2\mathrm{e}^{-t} = 3$. Das ist dieselbe Bedingung, die wir schon bei der Bestimmung der Nullstellen erhalten haben. Die zweite Ableitung hat an der Stelle $t = \ln 2 - \ln 3$ einen Vorzeichenwechsel von plus nach minus. Das erkennt man schnell an der Teilfunktion

$$(2\mathrm{e}^{-t} - 3)$$

im Zähler von f''. Alle anderen Teilfunktionen von f'' sind stets positiv. Daher ist die Nullstelle gleichzeitig der einzige Wendepunkt $W(\ln 2 - \ln 3\,|\,0)$.

c) Die Funktion f ist streng monoton wachsend, da die erste Ableitung immer positiv ist. Sie ist zwischen den waagrechten Asymptoten

$$y = 4 \quad \text{und} \quad y = -4$$

nach oben und nach unten beschränkt.

d) Die Funktion f ist eine zusammengesetzte Exponentialfunktion. In der Abbildung ist die Nullstelle N und der Wendepunkt W eingezeichnet. Links des Wendepunkts hat das Schaubild eine Linkskrümmung, rechts davon eine Rechtskrümmung. Extrempunkte besitzt das Schaubild der Funktion nicht. Das Schaubild der Funktion nähert sich den Werten ± 4 an, wenn t gegen $\pm\infty$ geht. Die Wertemenge ist das offene Intervall $(-4, 4)$.

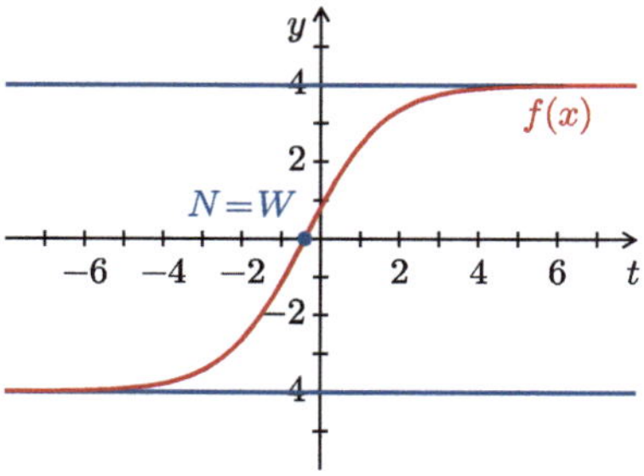

Lösung 8.24 (Kurvendiskussion einer abschnittsweise definierten Funktion)

Wir diskutieren die Funktion

$$f(x)=\begin{cases}\sqrt{x}-x & \text{für } x\geq 0\\ -\sqrt{-x}-x & \text{für } x<0\,.\end{cases}$$

a) Die Funktion f ist ungerade, also punktsymmetrisch zum Ursprung, denn

$$f(-x)=\sqrt{(-x)}-(-x)=\sqrt{-x}+x=-\left(-\sqrt{-x}-x\right)=-f(x)\,.$$

Die Gleichung gilt sowohl für positive als auch für negative Werte von x.

b) Die Funktion f ist bei $x=0$ stetig, denn der linksseitige und der rechtsseitige Grenzwert sind gleich und beide Grenzwerte stimmen mit dem Funktionswert $f(0)=0$ überein:

$$\lim_{x\to 0^-} f(x)=-\sqrt{-0}-0=0 \quad , \quad \lim_{x\to 0^+} f(x)=\sqrt{0}-0=0\,.$$

Für die erste Ableitung gilt

$$f'(x)=\begin{cases}\dfrac{1}{2\sqrt{x}}-1 & \text{für } x>0\\[2ex] \dfrac{1}{2\sqrt{-x}}-1 & \text{für } x<0\,.\end{cases}$$

An der Stelle $x=0$ ist die Funktion nicht differenzierbar. Dort besitzt das Schaubild der Funktion eine senkrechte Tangente.

c) Die Funktion f besitzt die Nullstellen $N_1(-1\,|\,0)$, $N_2(0\,|\,0)$ und $N_3(1\,|\,0)$. Setzt man für $x\neq 0$ die erste Ableitung null, so ergibt sich

$$\frac{1}{4\,|x|}=1 \iff x=\pm\frac{1}{4} \implies T\left(-\frac{1}{4}\,\middle|\,-\frac{1}{4}\right) \;,\; H\left(\frac{1}{4}\,\middle|\,\frac{1}{4}\right)\,.$$

Die Art der Extrema erkennt man an den Vorzeichenwechseln von f'. Für die zweite Ableitung gilt

$$f''(x)=\begin{cases}-\dfrac{1}{4\sqrt{x^3}} & \text{für } x>0\\[2ex] \dfrac{1}{4\sqrt{-x^3}} & \text{für } x<0\,.\end{cases}$$

Für $x\neq 0$ gibt es keine Nullstelle von f''. Allerdings besitzt die Funktion laut Definition über das Krümmungsverhalten einen Wendepunkt $W(0\,|\,0)$.

d) Die Funktion f ist eine abschnittsweise definierte Wurzelfunktion. Der Wertebereich ist ganz $\mathbb{R}$. In der Abbildung sind die Nullstellen N_1, N_2 und N_3 eingezeichnet. Außerdem eingezeichnet sind der Hochpunkt H, der Tiefpunkt T und der Wendepunkt W. Der Wendepunkt liegt zwischen dem Tiefpunkt und dem Hochpunkt, entsprechend wechselt die Kurve dort von einer Linkskrümmung auf eine Rechtskrümmung.

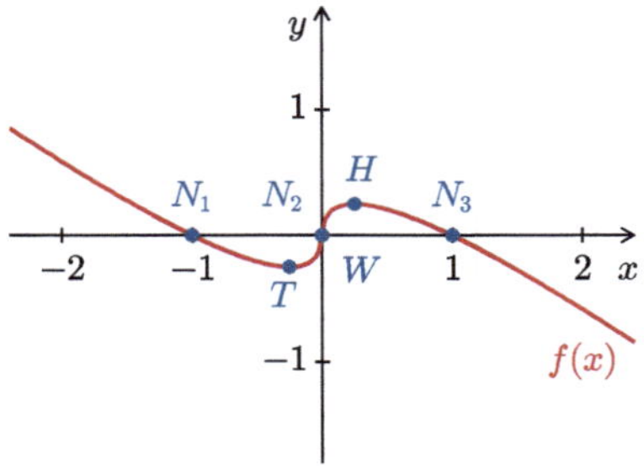

Lösung 8.25 (Kurvendiskussion einer Wurzelfunktion)

Wir diskutieren die Funktion

$$f(x) = \frac{x}{\sqrt{16 - x^2}}.$$

a) Unter der Wurzel darf keine negative Zahl stehen und im Nenner darf der Ausdruck nicht null werden. Somit ist f für $-4 < x < 4$ definiert und die Definitionsmenge ist $(-4, 4)$. Der Zähler ist eine ungerade Funktion, im Nenner steht eine gerade Funktion. Die Funktion f ist also insgesamt ungerade. Da f punktsymmetrisch zu $(0\,|\,0)$ ist, untersuchen wir f nur für $x \geq 0$. Den Rand der Definitionsmenge betrachten wir durch die Grenzwerte

$$\lim_{x \to -4} \frac{x}{\sqrt{16 - x^2}} = -\infty, \quad \lim_{x \to 4} \frac{x}{\sqrt{16 - x^2}} = \infty.$$

Die Funktion f besitzt für $x = \pm 4$ senkrechte Asymptoten und die Wertemenge $\mathbb{R}$.

b) Die Funktion ist auf der ganzen Definitionsmenge stetig. Wir bilden die erste Ableitung mithilfe der Quotientenregel

$$f'(x) = \frac{1 \cdot \sqrt{16 - x^2} - x \cdot \frac{1}{2\sqrt{16-x^2}}(-2x)}{16 - x^2} = \frac{\sqrt{16 - x^2} + \frac{x^2}{\sqrt{16-x^2}}}{16 - x^2}$$

und erweitern den Bruch mit $\sqrt{16 - x^2}$ um die Wurzeln im Zähler loszuwerden:

$$f'(x) = \frac{16 - x^2 + x^2}{(16 - x^2)^{3/2}} = \frac{16}{(16 - x^2)^{3/2}}.$$

Die Funktion ist also auf der ganzen Definitionsmenge differenzierbar.

c) Die einzige Nullstelle ist $N(0\,|\,0)$. Die erste Ableitung ist immer positiv. Somit ist f streng monoton wachsend und hat keine Extremwerte. Die zweite Ableitung lässt sich ohne Quotientenregel aber mit der Formel für die Ableitung von Potenzen bestimmen:

$$f''(x) = 16\left(-\frac{3}{2}\right)\frac{-2x}{(16 - x^2)^{5/2}} = \frac{48x}{(16 - x^2)^{5/2}}.$$

Man erkennt den Wendepunkt $W(0\,|\,0)$. Dort findet ein Wechsel von einer Rechtskrümmung in eine Linkskrümmung statt.

d) Die Funktion ist weder nach unten noch nach oben beschränkt und sie ist streng monoton wachsend.

e) Die Funktion f ist eine Wurzelfunktion. Das Schaubild verläuft von links unten nach rechts oben. In der Abbildung sind die Nullstelle N und der Wendepunkt W eingezeichnet. Der Wendepunkt im Ursprung trennt eine Rechtskrümmung von einer Linkskrümmung. Extremwerte besitzt die Funktion keine. Die Funktion ist ungerade. Außerdem ist die Funktion auf ihrem gesamten Definitionsbereich streng monoton wachsend. Die Geraden $x = \pm 4$ bilden senkrechte Asymptoten.

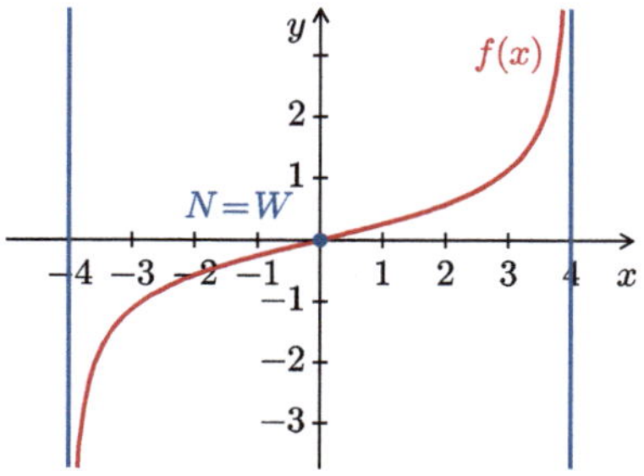

Lösung 8.26 (Kurvendiskussion einer Funktionsschar)

Wir diskutieren die Funktion

$$f_t(x) = -\frac{1}{2t}\,x^4 + x^2 + \frac{3}{2}\,t \quad \text{für } t > 0\,.$$

a) Die Funktionsschar ist achsensymmetrisch zur y-Achse, da die Funktionen nur aus Potenzen mit geraden Hochzahlen bestehen. Die Nullstellen berechnen wir mit der Substitution $u = x^2$:

$$-\frac{1}{2t}\,u^2 + u + \frac{3}{2}\,t = 0 \quad\Longleftrightarrow\quad u = \frac{-1 \pm \sqrt{1+3}}{-\frac{1}{t}} = -t,\, 3t\,.$$

Aus $u = 3t$ folgen die beiden Nullstellen $N_1(-\sqrt{3}\,t\,|\,0)$ und $N_2(\sqrt{3}\,t\,|\,0)$.

b) Die erste Ableitung lautet

$$f_t'(x) = -\frac{2}{t}\,x^3 + 2\,x = 2\,x\left(-\frac{x^2}{t} + 1\right).$$

Die Ableitung f' ist null für $x = 0$ und $x = \pm\sqrt{t}$. Die zweite Ableitung lautet

$$f_t''(x) = -\frac{6}{t}\,x^2 + 2\,.$$

Die Ableitung f'' ist null für $x = \pm\sqrt{\frac{t}{3}}$. Wegen $f''(0) = 2$ ergibt sich ein Tiefpunkt $T\left(0\,|\,\frac{3}{2}\,t\right)$ und wegen $f''(\pm\sqrt{t}) = -4$ ergeben sich zwei Hochpunkte $H_{1,2}\left(\pm\sqrt{t}\,|\,2t\right)$. Da f'' bei $x = \pm\sqrt{\frac{t}{3}}$ jeweils Vorzeichenwechsel hat, gibt es die beiden Wendepunkte $W_{1,2}\left(\pm\sqrt{\frac{t}{3}}\,|\,\frac{16}{9}\,t\right)$.

c) Löst man die Koordinatengleichungen der Wendepunkte jeweils nach t auf und setzt diese dann gleich, so folgt

$$x = \pm\sqrt{\frac{t}{3}},\quad y = \frac{16}{9}\,t \quad\Longleftrightarrow\quad 3x^2 = t = \frac{9}{16}\,y \quad\Longleftrightarrow\quad y = \frac{16}{3}\,x^2\,.$$

Alle Wendepunkte liegen somit auf einer nach oben geöffneten Ursprungsparabel. Diese und speziell f_1 sind in der Abbildung zu sehen.

d) Für einen gemeinsamen Punkt $(x\,|\,y)$ würde folgende Gleichung gelten:

$$-\frac{1}{2t_1}x^4 + x^2 + \frac{3}{2}t_1 = -\frac{1}{2t_2}x^4 + x^2 + \frac{3}{2}t_2\,.$$

Wir lösen diese Gleichung nach x^4 auf, bilden den Hauptnenner der beiden Brüche im Nenner und multiplizieren dann mit dem Kehrwert:

$$x^4 = \frac{\frac{3}{2}(t_2 - t_1)}{\frac{1}{2t_2} - \frac{1}{2t_1}} = -3\,t_1\,t_2 < 0\,.$$

Dies ist ein Widerspruch, da $t_1, t_2 > 0$. Also gibt es keinen gemeinsamen Punkte.

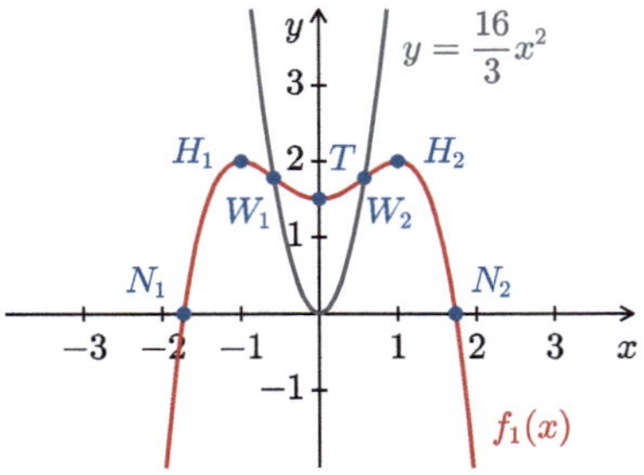

8.2.3 Anwendung

Lösung 8.27 (Axiales Widerstandsmoment)

Wir Lösen das Problem mit dem Differenzial von W. Näherungsweise gilt für den relativen Fehler

$$\frac{\Delta W}{W} \approx \frac{W'}{W} \Delta d\,.$$

Die Ableitung von W nach d ergibt

$$\frac{\Delta W}{W} \approx \frac{3\,d^2}{d^3} \Delta d = 3\,\frac{\Delta d}{d}\,.$$

Der relative Fehler von d wirkt sich mit dem Faktor 3 auf den relativen Fehler von W aus. Somit ist höchstens eine Abweichung von $\frac{1}{3}$ % des Durchmessers zulässig.

Lösung 8.28 (Wurzelberechnung mit dem Newton-Verfahren)

Das Newton-Verfahren mit dem Startwert $x_0 = 2$ für die Gleichung

$$f(x) = x^2 - 3 = 0 \quad\Longrightarrow\quad f'(x) = 2\,x$$

ergibt den ersten Näherungswert

$$x_1 = x_0 - \frac{x_0^2 - 3}{2\,x_0} = 2 - \frac{4-3}{4} = \frac{7}{4} = 1.75$$

und den zweiten Näherungswert

$$x_2 = x_1 - \frac{x_1^2 - 3}{2\,x_1} = \frac{7}{4} - \frac{\frac{49}{16} - 3}{\frac{7}{2}} = \frac{7}{4} - \frac{\frac{49}{8} - \frac{48}{8}}{7} = \frac{97}{56} \approx 1.732143\,.$$

Der exakte Wert ist $\sqrt{3} = 1.73205080\ldots$.

Lösung 8.29 (Getränkedose)

Die Oberfläche O der Dose besteht aus einem Rechteck und dem kreisförmigen Deckel und Boden. Die Höhe des Rechtecks entspricht der Höhe h der Dose und die Länge entspricht dem Umfang $2\,\pi\,r$ der Dose. Dabei bezeichnet r den Radius der Dose. Deckel und Boden haben jeweils eine Fläche von $\pi\,r^2$. Insgesamt gilt

$$O(h,r) = 2\,\pi\,r\,h + 2\,\pi\,r^2\,.$$

Bei einem konstanten Volumen hängen die Höhe h und der Radius r voneinander ab. Das Volumen V der Dose berechnet sich aus dem Produkt von Grundfläche $\pi\,r^2$ und Höhe h. Somit gilt

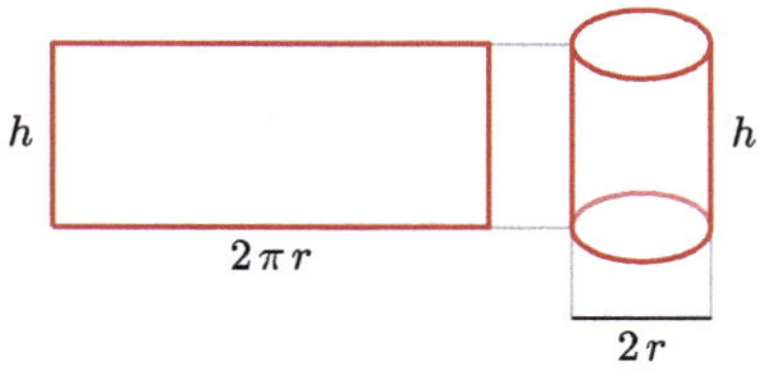

$$V = \pi\,r^2\,h \quad\Longrightarrow\quad h = \frac{V}{\pi\,r^2}$$

und die Oberfläche hängt nur noch von r ab:

$$O(r) = 2\,\pi\,r\,\frac{V}{\pi\,r^2} + 2\,\pi\,r^2 = \frac{2\,V}{r} + 2\,\pi\,r^2\,.$$

Dies ist unsere Zielfunktion.

Bei einem Volumen $V = 0.5$ gilt

$$O(r) = \frac{1}{r} + 2\pi r^2 \quad \Longrightarrow \quad O'(r) = \frac{-1}{r^2} + 4\pi r\,.$$

Einen Extremwert finden wir aus der Bedingung

$$O'(r) = 0 \quad \Longrightarrow \quad \frac{1}{r^2} = 4\pi r \quad \Longrightarrow \quad \frac{1}{4\pi} = r^3 \quad \Longrightarrow \quad r = \sqrt[3]{\frac{1}{4\pi}} \approx 0.43\,.$$

Aus dem Radius ergibt sich die Höhe

$$h = \frac{V}{\pi r^2} \approx \frac{0.5}{\pi\, 0.43^2} \approx 0.86\,.$$

Ein Physiker wäre erschüttert über die Art wie wir bisher ohne Einheiten gerechnet haben. Da wir das Volumen in Liter angegeben haben, ist die Einheit für den Radius und die Höhe dm. Der Durchmesser und die Höhe der Dose betragen also ungefähr 8.6cm.

Lösung 8.30 (Fußballstadion)

Nach dem Satz des Pythagoras gilt

$$y^2 = \frac{b^2}{4} + \frac{(l-x)^2}{4} \quad \Longrightarrow \quad y = \frac{1}{2}\sqrt{b^2 + (l-x)^2}\,.$$

Somit können wir die Gesamtlänge L in Abhängigkeit von x darstellen:

$$L(x) = 4\,y + x = 2\sqrt{b^2 + (l-x)^2} + x\,.$$

Einen Extremwert finden wir mit der Ableitung

$$L'(x) = \frac{-2(l-x)}{\sqrt{b^2 + (l-x)^2}} + 1\,.$$

Dabei haben wir die Kettenregel verwendet. Die Bedingung $L'(x) = 0$ liefert

$$\frac{2(l-x)}{\sqrt{b^2 + (l-x)^2}} = 1 \quad \Longrightarrow \quad 4(l-x)^2 = b^2 + (l-x)^2 \quad \Longrightarrow \quad l - x = \pm\frac{b}{\sqrt{3}}\,.$$

Der Wert x muss kleiner als l sein. Damit erhalten wir nur einen möglichen Extremwert:

$$x = l - \frac{b}{\sqrt{3}} \quad \Longrightarrow \quad y = \frac{1}{2}\sqrt{b^2 + (l-x)^2} = \frac{1}{2}\sqrt{b^2 + \frac{b^2}{3}} = \frac{b}{\sqrt{3}}\,.$$

Eingesetzt in die Gesamtlänge ergibt sich

$$L(x) = 4\,y + x = \frac{4b}{\sqrt{3}} + l - \frac{b}{\sqrt{3}} = l + \sqrt{3}\,b \approx 259\,.$$

Für $x = 0$ hat die Verbindung entlang der beiden Diagonalen die Gesamtlänge

$$L(0) = 2\sqrt{b^2 + l^2} \approx 288$$

und für $x = l$ hat die Verbindung die Gesamtlänge

$$L(l) = 2\,b + l = 280\,.$$

Somit sind wir auch ohne Berechnung der zweiten Ableitung sicher, dass es sich bei dem Extremwert um ein Minimum handelt.

Lösung 8.31 (Fahrmanöver)

a) Für die Strecke, die Geschwindigkeit und die Beschleunigung gilt

$$s(t) = s_0 + v_0\,t + \frac{1}{2}\,a_0\,t^2\,, \quad v(t) = \dot{s}(t) = v_0 + a_0\,t\,, \quad a(t) = \ddot{s}(t) = \dot{v}(t) = a_0\,.$$

Diese Gleichungen entsprechen einer physikalischen Modellierung.

b) Für die erste Phase werden 6 s benötigt. Die zweite Phase dauert $\frac{150}{30}$ s = 5 s. Für die dritte Phase werden $\frac{30}{10}$ s = 3 s benötigt. Zur einfacheren Schreibweise führen wir für die drei Phasen Zeitintervalle ein:

$$I_1 = [0,6]\,, \quad I_2 = [6,11]\,, \quad I_3 = [11,14]\,.$$

Damit ergibt sich für die Beschleunigung

$$a(t) = \begin{cases} 5 & \text{für} \quad t \in I_1 \\ 0 & \text{für} \quad t \in I_2 \\ -10 & \text{für} \quad t \in I_3\,. \end{cases}$$

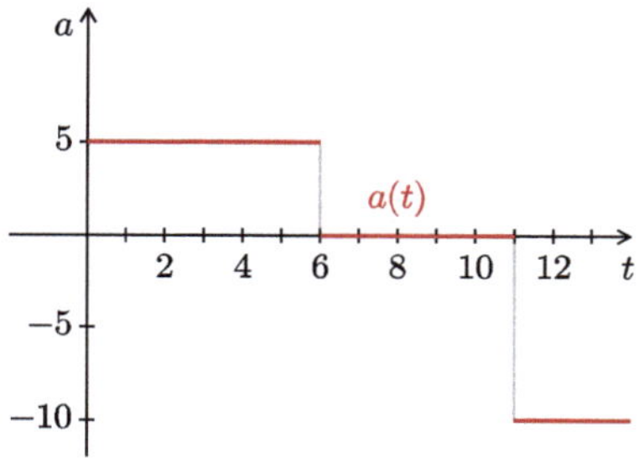

Die Funktion a ist abschnittsweise definiert und stückweise konstant. Sie hat Sprünge an den Nahtstellen und ist dort unstetig. Das Beschleunigungsprofil weist positive und negative Werte auf. Für die Geschwindigkeit erhalten wir durch Integration unter Berücksichtigung der Anfangswerte

$$v(t) = \begin{cases} 5\,t & \text{für} \quad t \in I_1 \\ 30 & \text{für} \quad t \in I_2 \\ 30 - 10\,(t-11) & \text{für} \quad t \in I_3\,. \end{cases}$$

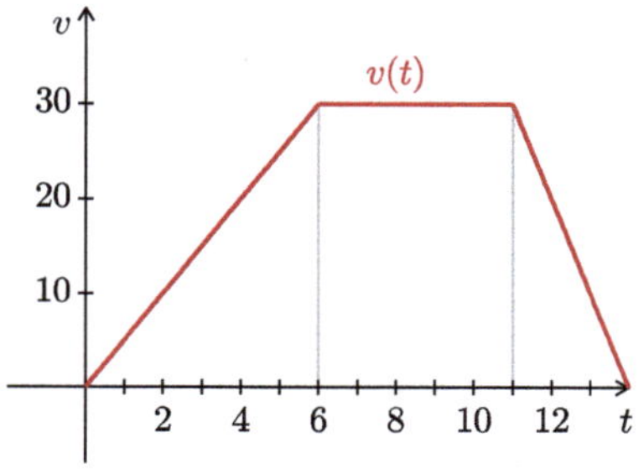

Die Funktion v ist stückweise linear mit positiven und negativen Steigungen. Sie hat an den Nahtstellen keine Sprünge aber Knicke. Damit ist sie überall stetig. An den Nahtstellen ist sie jedoch nicht differenzierbar. Entsprechend ergibt sich durch Integration die Funktion für die Strecke

$$s(t) = \begin{cases} \frac{5}{2}\,t^2 & , t \in I_1 \\ 90 + 30\,(t-6) & , t \in I_2 \\ 240 + 30\,(t-11) - 5\,(t-11)^2 & , t \in I_3. \end{cases}$$

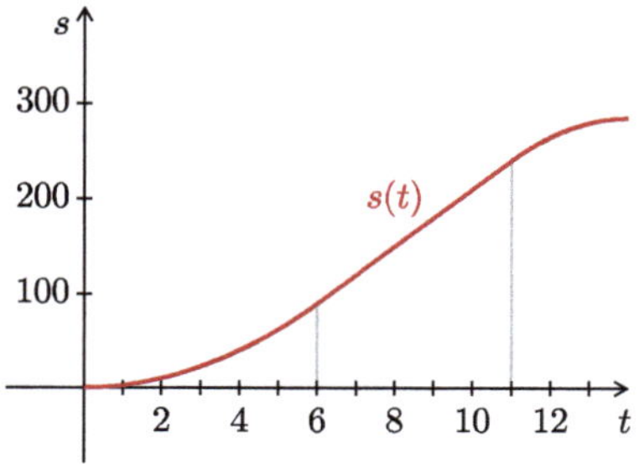

Die Funktion s setzt sich aus einem Parabelstück, einer Geraden und einem weiteren Parabelstück zusammen. Sie hat an den Nahtstellen weder Sprünge noch Knicke und ist somit überall stetig und differenzierbar.

c) Die Gesamtzeit beträgt 14 s und der Gesamtweg $s(14) = 285$ m.

Lösung 8.32 (Motorkennlinie)

a) Die Gerade durch die ersten beiden Punkte ist

$$g(x) = \frac{200}{3000}\,x = \frac{1}{15}\,x \quad .$$

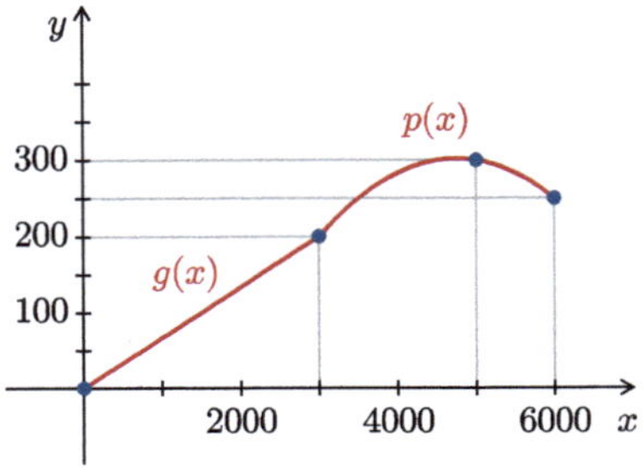

Für die Parabel mit dem Ansatz

$$p(x) = a\,x^2 + b\,x + c$$

erhalten wir durch Einsetzen der drei gegebenen Punkte ein lineares Gleichungssystem:

$$\begin{aligned} 9 \cdot 10^6\,a \;+\; 3000\,b \;+\; c &= 200 \\ 25 \cdot 10^6\,a \;+\; 5000\,b \;+\; c &= 300 \\ 36 \cdot 10^6\,a \;+\; 6000\,b \;+\; c &= 250\,. \end{aligned}$$

Löst man die Gleichungen nach c auf und setzt die ersten beiden bzw. die erste und dritte gleich, so ergeben sich die beiden Gleichungen

$$3000\,b = 150 - 24 \cdot 10^6\,a \quad , \quad 3000\,b = 50 - 27 \cdot 10^6\,a\,.$$

Durch erneutes Gleichsetzen und anschließendes Einsetzen folgen nacheinander

$$a = -\frac{1}{30000} \quad , \quad b = \frac{19}{60} \quad , \quad c = -450\,.$$

Die Kurve hat an der Nahtstelle einen Knick.

b) Die Gerade durch die ersten beiden Punkte ist

$$g(x) = \frac{200}{3000}\,x = \frac{1}{15}\,x\,, \quad g'(x) = \frac{1}{15}\,.$$

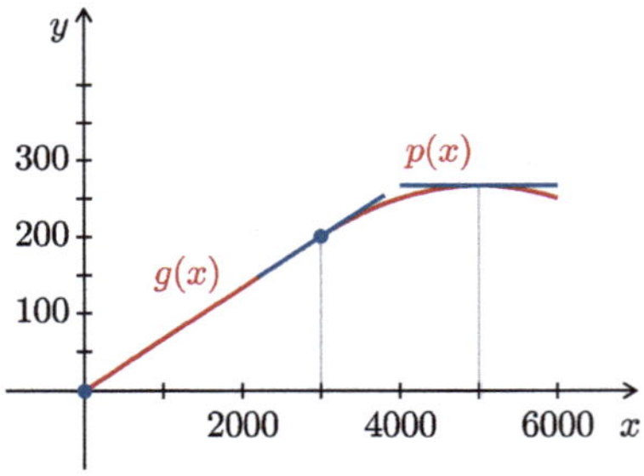

Für die Parabel mit dem Ansatz

$$p(x) = a\,x^2 + b\,x + c\,, \quad p'(x) = 2a\,x + b$$

erhalten wir durch Einsetzen der beiden Steigungen ein lineares Gleichungssystem:

$$\begin{aligned} 2 \cdot 3000\,a \;+\; b &= \frac{1}{15} \\ 2 \cdot 5000\,a \;+\; b &= 0\,. \end{aligned}$$

Löst man die Gleichungen nach b auf und setzt sie gleich, so ergibt sich die Gleichung

$$\frac{1}{15} - 6000\,a = -10000\,a\,.$$

Durch Auflösen nach a und anschließendes Einsetzen folgen nacheinander

$$a = -\frac{1}{60000} \quad , \quad b = \frac{1}{6} \quad , \quad c = -150\,.$$

Zur Berechnung von c haben wir den gegebenen Punkt bei $x = 3000$ in den Parabelansatz eingesetzt. Die Kurve hat an der Nahtstelle nun keinen Knick mehr.

9 Integralrechnung

Wird das Differenzieren häufig als Handwerk bezeichnet, so gleicht das Integrieren eher einer Kunst. Es ist Kreativität und Erfahrung und manchmal auch ein Griff in die Trickkiste notwendig, um gesuchte Stammfunktionen zu finden. Daher gibt es in Formelsammlungen häufig viele Seiten mit Integraltabellen, jedoch so gut wie nie Tabellen mit Ableitungen. Einige elementare Integrale findet man in Anhang A.4.

Die elementaren Eigenschaften des Integrals sollten geläufig sein, siehe dazu auch Anhang A.5. Wegen der Linearität können wir Integrale von Summen auseinanderziehen und Faktoren vor die Integrale schreiben. Etwas ungewohnt ist anfangs die Tatsache, dass die obere Integrationsgrenze nicht zwingend die größere Zahl sein muss.

Die Substitution ist ein universelles mathematisches Hilfsmittel, so auch bei der Integration. Der kreative Prozess besteht darin, eine gute Substitution zu erkennen. Dann kann man, ähnlich wie beim Schachspiel, ein oder zwei Schritte vorausdenken und abschätzen, ob der vorgesehene Weg zielführend sein wird. Die Integrationskunst ist fragil: Bereits kleine Abweichungen von einer guten Substitution können in einer Sackgasse enden.

Bei der partiellen Integration wird ab und zu mit Tricks gearbeitet. Ist anfangs kein Produkt vorhanden, so kann man mit der Ergänzung der Eins als Faktor künstlich ein Produkt erzeugen. Das klingt zunächst sinnlos, ermöglicht aber durch eine anschließende partielle Integration oft den gewünschten Lösungsfortschritt.

Bei der Integration von gebrochenrationalen Funktionen profitiert man wieder von einem eher systematischen Vorgehen. Ist das Finden von Stammfunktionen bei linearen Faktoren des Nenners noch relativ einfach, so wird die Berechnung von Stammfunktionen bei quadratischen Faktoren meist zu einer echten Herausforderung. Grundfertigkeiten aus anderen Kapiteln wie das Finden von Polynomnullstellen, das Durchführen von Polynomdivisionen und quadratischen Ergänzungen und auch das Lösen vor linearen Gleichungssystemen im Rahmen von Koeffizientenvergleichen werden hier quasi wie am Fließband benötigt.

Prinzipiell wieder etwas übersichtlicher und auch anschaulicher sind Aufgaben zu Flächen und Volumia. Bei Rotationskörpern wird meist einfach eine Formel angesetzt, und die Herausforderung besteht darin, das auftretende Integral zu knacken.

Didaktisch besonders wertvoll sind Aufgaben zu uneigentlichen Integralen. Hier treten manchmal paradoxe Situationen auf: Bis ins Unendliche ausgedehnte Flächen sind unendlich groß, die Volumina der zugehörigen Rotationskörper sind jedoch endlich. Das regt zum Nachdenken an!

9.1 Aufgaben

9.1.1 Verständnis und Kompetenz

Aufgabe 9.1 (Ableitung nach der Integrationsgrenze) ★★

An welchen Stellen hat die Ableitung der Integralfunktion

$$A(t) = \int_0^t \mathrm{e}^{-x^2}\,\mathrm{d}x$$

den Wert $\frac{1}{\mathrm{e}}$? Für welche Werte von t gilt also $A'(t) = \frac{1}{\mathrm{e}}$?

Aufgabe 9.2 (Integralfunktion) ★★

Gegeben ist die Funktion

$$f(x) = \begin{cases} 1 & \text{für} \quad x \in [2k, 2k+1) \\ 0 & \text{für} \quad x \in [2k+1, 2k+2) \end{cases} \qquad k = 0, \pm 1, \pm 2, \ldots,$$

die auf Intervallen der Länge 1 abwechselnd die Werte 0 und 1 annimmt. Skizzieren Sie das Schaubild von $f(x)$ und den Verlauf der Integralfunktion $A(t) = \int_0^t f(x)\,\mathrm{d}x$.

Aufgabe 9.3 (Integrationskonstante) ★

Bestimmen Sie die Stammfunktion $F(x)$ von $f(x) = \mathrm{e}^{4x}$, die für $x = \frac{1}{4}$ den Wert e hat.

Aufgabe 9.4 (Integrationsgrenze) ★★

Bestimmen Sie die obere Integrationsgrenze b so, dass gilt: $\int_0^b \sqrt{x}\,\mathrm{d}x = 1$.

Aufgabe 9.5 (Bestimmtes Integral und Symmetrie) ★★

Welchen Wert hat das folgende Integral? Sind dazu Rechnungen notwendig?

$$\int_{-1}^1 \tan\left(3x^5 - x^3 + 7x\right)\mathrm{d}x$$

Aufgabe 9.6 (Mittelwertsatz der Integralrechnung) ★★★

Falls f eine stetige Funktion auf dem Intervall $[a, b]$ ist, so gibt es nach dem Mittelwertsatz der Integralrechnung mindestens eine Zwischenstelle $u \in [a, b]$, für die gilt:

$$\int_a^b f(x)\,\mathrm{d}x = f(u)(b-a).$$

Der Funktionswert $f(u)$ an der Zwischenstelle u heißt Mittelwert von f auf $[a, b]$. Bestimmen Sie eine Zwischenstelle u für $f(x) = \cos x - 2$ im Intervall $[0, \pi]$.

Aufgabe 9.7 (Torus) ★★★★

Ein Torus entsteht dadurch, dass man einen Basiskreis um eine Achse rotieren lässt. Wir wählen das Koordinatensystem so, dass der Mittelpunkt des Basiskreises die Koordinaten $M(0\,|\,a)$ hat und die Rotationsachse die x-Achse ist. Leiten Sie mithilfe der Integralformel für das Rotationsvolumen V_x eine möglichst einfache Formel für das Volumen eines Torus her. Sie brauchen dabei nur Basiskreise zu betrachten, deren Radius r kleiner als a ist.

9.1.2 Rechnung und Training

Aufgabe 9.8 (Einfache Stammfunktionen) ★★☆☆☆

Bestimmen Sie die Stammfunktionen. Kontrollieren Sie das Ergebnis durch Ableiten.

a) $\int 1 + x + x^2 \, \mathrm{d}x$ b) $\int \sin(\pi x) \, \mathrm{d}x$ c) $\int \frac{1}{2x-1} \, \mathrm{d}x$

d) $\int \mathrm{e}^{3x+2} \, \mathrm{d}x$ e) $\int \sqrt{1-x} \, \mathrm{d}x$ f) $\int \frac{1}{1+4x^2} \, \mathrm{d}x$

Aufgabe 9.9 (Lineare Substitutionen) ★★★☆☆

Berechnen Sie die Werte der folgenden Integrale mithilfe einer linearen Substitution.

a) $\int_1^2 \sqrt{2t+1} \, \mathrm{d}t$ b) $\int_2^3 \frac{1}{\sqrt{2x+1}} \, \mathrm{d}x$ c) $\int_0^1 \ln\sqrt{2u+1} \, \mathrm{d}u$

Aufgabe 9.10 (Integration durch Substitution des Logarithmus) ★★★☆☆

Berechnen Sie den Wert des Integrals $\int_2^3 \frac{1}{x \ln x} \, \mathrm{d}x$ mithilfe der Substitution $u = \ln x$.

Aufgabe 9.11 (Integration durch Substitutionen) ★★★★☆

Berechnen Sie die Werte der folgenden Integrale mithilfe der Substitutionen $u = 1 - \sin\omega$ bzw. $u = 1 + \cos\alpha$.

a) $\int_0^{\frac{\pi}{2}} \cos\omega \sqrt{1-\sin\omega} \, \mathrm{d}\omega$ b) $\int_0^{\pi} (1+\cos\alpha) \sin\alpha \, \mathrm{d}\alpha$

Aufgabe 9.12 (Mehrfache partielle Integration) ★★★☆☆

Berechnen Sie den Wert des Integrals durch zweifache partielle Integration:

$$\int_0^1 (1+t+t^2) \, \mathrm{e}^{-t} \, \mathrm{d}t \, .$$

Aufgabe 9.13 (Integration durch Partialbruchzerlegungen) ★★★★☆

Integrieren Sie die gebrochenrationalen Funktionen mithilfe von Partialbruchzerlegungen. Der Aufgabenteil f) ist für Experten!

a) $\int \frac{2x}{x^2-1} \, \mathrm{d}x$ b) $\int \frac{1}{x^2-1} \, \mathrm{d}x$ c) $\int \frac{x^4}{x^2+3} \, \mathrm{d}x$

d) $\int \frac{6}{x^3-1} \, \mathrm{d}x$ e) $\int \frac{x+1}{x^4+x^2} \, \mathrm{d}x$ f) $\int \frac{2x^3+x^2+2x+2}{x^4+2x^2+1} \, \mathrm{d}x$

Aufgabe 9.14 (Integration durch Substitution und Partialbruchzerlegung) ★★★★★

Bestimmen Sie den Wert des Integrals indem Sie zuerst die Substitution $u = \mathrm{e}^x$ anwenden und dann eine Partialbruchzerlegung durchführen:

$$\int_1^2 \frac{\mathrm{e}^{3x}}{\mathrm{e}^{2x} - 2\mathrm{e}^x + 1} \, \mathrm{d}x \, .$$

Aufgabe 9.15 (Uneigentliche Integrale) ★★★★☆

Berechnen Sie folgende uneigentliche Integrale. Im Aufgabenteil c) ergibt die Substitution $u = \sqrt{x}$ eine unecht gebrochenrationale Funktion in u.

a) $\int_{-\infty}^{0} \frac{3}{3+x^2}\,\mathrm{d}x$ b) $\int_{0}^{1} \frac{1}{x^2-1}\,\mathrm{d}x$ c) $\int_{0}^{1} \frac{1}{\sqrt{x}-1}\,\mathrm{d}x$

Aufgabe 9.16 (Fläche zwischen Funktionen) ★★★☆☆

Skizzieren Sie die Schaubilder der beiden Funktionen $f(x) = \mathrm{e}^{\frac{x}{2}-1}$ und $g(x) = \mathrm{e}^{1-\frac{x}{2}}$. Berechnen Sie den Schnittpunkt der beiden Schaubilder. Wie groß ist der Flächeninhalt, der von den beiden Schaubildern und der y-Achse eingeschlossen wird?

Aufgabe 9.17 (Flächenberechnung) ★★★☆☆

Die x-Achse und die y-Achse begrenzen mit dem Schaubild der Funktion $f(x) = 2\cos x$ im Intervall $\left[0, \frac{\pi}{2}\right]$ ein Flächenstück A. In welchem Abstand von der y-Achse ist eine Gerade parallel zur y-Achse zu ziehen, damit der Flächeninhalt von A dadurch halbiert wird?

Aufgabe 9.18 (Rotationsvolumen) ★★★☆☆

Welches Volumen $V(a)$ hat der Körper, der durch Rotation der Kurve $y = \sqrt{x}\,\mathrm{e}^{-\frac{1}{2}x^2}$ für $x \in [0, a]$ und $a > 0$ um die x-Achse entsteht?

Aufgabe 9.19 (Flächeninhalt und Rotationsvolumen um x-Achse) ★★★★☆

Das Schaubild der Funktion $f(x) = \frac{1}{x}$ schließt für $x \geq 1$ mit der x-Achse eine Fläche A ein. Wie groß ist der Flächeninhalt von A und welches Volumen hat der Rotationskörper, der durch Rotation der Fläche A um die x-Achse entsteht?

Aufgabe 9.20 (Flächeninhalt und Rotationsvolumen um y-Achse) ★★★★★

Das Schaubild von $f(x) = \ln(10 - x^2)$ schneidet die positive x-Achse im Punkt S und schließt mit den positiven Koordinatenachsen eine Fläche A ein. Welche Koordinaten hat der Schnittpunkt S? Wie groß ist der Flächeninhalt von A und wie groß ist das Volumen des Rotationskörpers, der durch Rotation der Fläche A um die y-Achse entsteht?

Aufgabe 9.21 (Fläche, Rotationsvolumen und Schwerpunkt) ★★★★☆

Die beiden Kurven $y^2 = x$ und $3y^2 = 4(x-1)$ begrenzen ein Flächenstück A.

a) Skizzieren Sie die Kurven und berechnen Sie den Flächeninhalt von A.

b) Durch Rotation um die x-Achse bzw. y-Achse entstehen Drehkörper. Berechnen Sie deren Volumen V_x bzw. V_y.

c) Welche Koordinaten hat der Schwerpunkt $S(x_S \,|\, y_S)$ der Fläche A?

Aufgabe 9.22 (Volumen und Schwerpunkt bei exponentieller Fläche) ★★★★☆

Die Kurven $y = \mathrm{e}^x - 1$, $x = 1$ und $y = 0$ begrenzen eine Fläche A in der x-y-Ebene.

a) Berechnen Sie den Flächeninhalt von A.

b) Welche Koordinaten hat der Schwerpunkt $S(x_S \,|\, y_S)$ von A?

c) A erzeugt durch Rotation um die x-Achse bzw. y-Achse einen Körper. Berechnen Sie die Volumen V_x bzw. V_y dieser Körper.

9.1.3 Anwendung

Aufgabe 9.23 (Normalverteilung) ★★★

Die Fläche unter der Funktion $f(x) = \mathrm{e}^{-x^2}$ spielt in der Wahrscheinlichkeitsrechnung eine wichtige Rolle. Die Funktion besitzt jedoch keine elementare Stammfunktion. Deshalb soll ein numerischer Näherungswert des folgenden Integrals mithilfe der Trapezregel für $n = 1, 2, 4$ äquidistante Unterteilungen des Intervalls $[0, 1]$ berechnet werden:

$$\int_0^1 \mathrm{e}^{-x^2}\,\mathrm{d}x\,.$$

Aufgabe 9.24 (Fass) ★★★

Ein elliptisch gekrümmtes Fass hat eine Höhe von $h = 60\ \mathrm{cm}$. Der größte Durchmesser in der Mitte des Fasses beträgt $d_1 = 50\ \mathrm{cm}$ und der kleinste Durchmesser am Boden und am Deckel des Fasses beträgt jeweils $d_2 = 40\ \mathrm{cm}$. Berechnen Sie das Volumen des Fasses durch Integration einer geeigneten erzeugenden Funktion der Fasskontur.

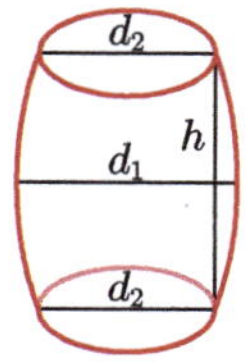

Aufgabe 9.25 (Halbkreisring) ★★★★

Aus einer Halbkreisscheibe mit Radius R wird konzentrisch eine kleinere Halbkreisscheibe mit Radius r entfernt. Dadurch entsteht ein Halbkreisring. Berechnen Sie unter Zuhilfenahme der Integralrechnung den Flächenschwerpunkt $S(x_S \,|\, y_S)$ des entstandenen Halbkreisringes.

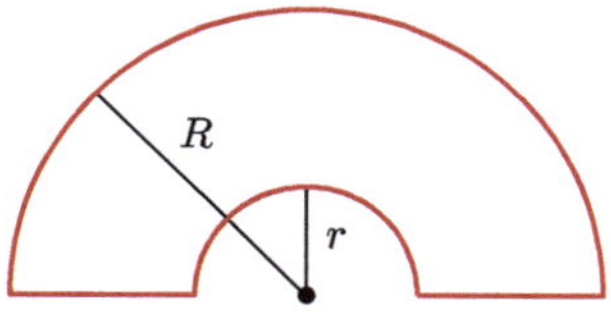

Aufgabe 9.26 (Kühlturm) ★★★

Die Wand eines Kühlturmes hat die Form eines Drehhyperboloids. Ein Drehhyperboloid entsteht durch Rotation einer Hyperbel um eine Achse. Der Grundkreis besitzt einen Radius von $r_1 = 20\ \mathrm{m}$ und der Deckenkreis von $r_2 = 16\ \mathrm{m}$. Der Turm hat eine Höhe von $h = 18\ \mathrm{m}$. Der Deckenkreis ist der Kreis der Rotationsfigur mit kleinstem Durchmesser. Bestimmen Sie die Funktionsgleichung der Hyperbel und damit das Volumen des Kühlturms.

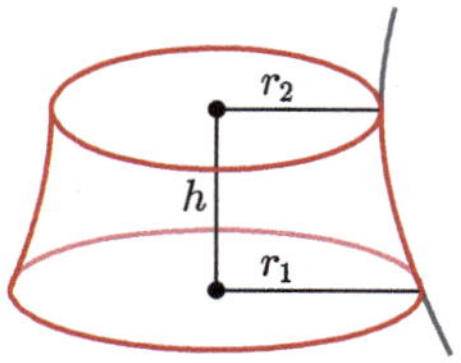

Aufgabe 9.27 (Partikelrückstände) ★★★★

Die Konstante G bezeichnet den zulässigen Grenzwert für die Partikelrückstande pro Fahrt in einem Abgasreinigungssystem. Dieses System ist bei Fahrtbeginn wenig wirkungsvoll, erhöht seinen Wirkungsgrad jedoch mit der Fahrtdauer. In der k-ten Minute beträgt der Partikelrückstand $p(k) = \frac{G}{2k^2}$. Stellen Sie eine Summe für die während einer Fahrt insgesamt angelagerten Partikelrückstände auf und schätzen Sie diese nach oben mit einem uneigentlichen Integral ab. Wird bei sehr langer Fahrt der Grenzwert G überschritten?

9.2 Lösungen

9.2.1 Verständnis und Kompetenz

Lösung 9.1 (Ableitung nach der Integrationsgrenze)

Nach dem Hauptsatz der Differenzial- und Integralrechnung ist

$$A'(t) = \frac{\mathrm{d}}{\mathrm{d}t} \int_0^t \mathrm{e}^{-x^2}\,\mathrm{d}x = \mathrm{e}^{-t^2}.$$

Also ist $t = \pm 1$ und damit $A'(\pm 1) = \frac{1}{\mathrm{e}}$. Hierbei ist zu beachten, dass e^{-x^2} keine elementare Stammfunktion besitzt.

Lösung 9.2 (Integralfunktion)

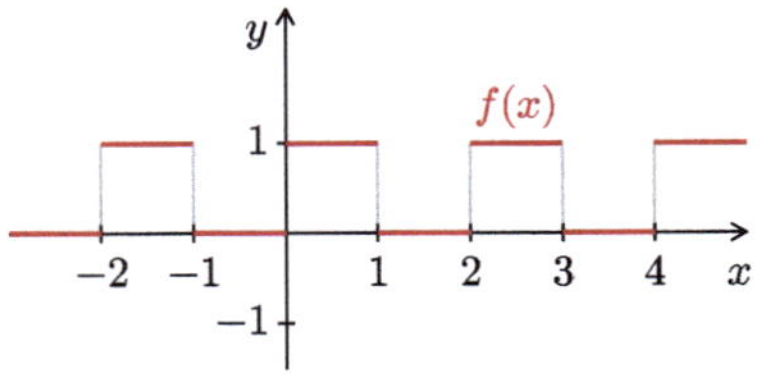

Die Funktion f ist eine Rechteckfunktion. Sie nimmt abwechselnd die Werte 0 und 1 an. Die Integralfunktion

$$A(t) = \int_0^t f(x)\,\mathrm{d}x$$

beschreibt den Zuwachs der Fläche zwischen der Funktion f und der x-Achse, bezogen auf

$$x = 0\,.$$

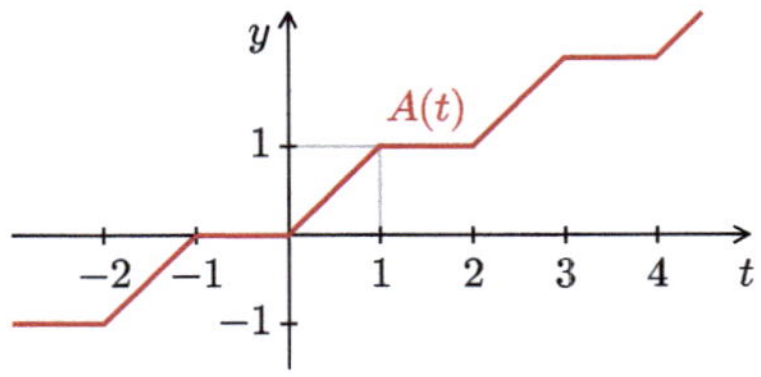

Bei 0 beginnend wächst die Fläche linear an bis sie den Wert 1 erreicht hat. Für $1 \le x \le 2$ hat dann die Funktion f den Wert 0. In diesem Bereich bleibt der Flächeninhalt unverändert. Danach wächst der Flächeninhalt wieder linear auf den Wert 2 an. Zwischen 3 und 4 bleibt er wieder unverändert. Dies setzt sich entsprechend fort. Die Integralfunktion ist auch für negative t-Werte definiert

$$A(t) = \int_0^t f(x)\,\mathrm{d}x = -\int_t^0 f(x)\,\mathrm{d}x$$

und somit entstehen auch negative Werte.

Lösung 9.3 (Integrationskonstante)

Alle Stammfunktionen erhalten wir durch Integration mit der Integrationskonstanten C:

$$F(x) = \int \mathrm{e}^{4x}\,\mathrm{d}x = \frac{1}{4}\mathrm{e}^{4x} + C\,.$$

Die Bedingung $F(\frac{1}{4}) = \mathrm{e}$ führt auf die Gleichung

$$\frac{1}{4}\mathrm{e} + C = \mathrm{e} \quad\Longleftrightarrow\quad C = \frac{3}{4}\mathrm{e}.$$

Damit ist die gesuchte Funktion eindeutig bestimmt.

Lösung 9.4 (Integrationsgrenze)

Der Integrand ist eine Potenzfunktion. Das bestimmte Integral lautet daher

$$\int_0^b \sqrt{x}\,\mathrm{d}x = \int_0^b x^{\frac{1}{2}}\,\mathrm{d}x = \frac{2}{3}x^{\frac{3}{2}}\Big|_0^b = \frac{2}{3}b^{\frac{3}{2}}\,.$$

Wie setzen das Ergebnis gleich 1 und lösen nach b auf:

$$\frac{2}{3}b^{\frac{3}{2}} = 1 \quad\Longrightarrow\quad b = \left(\frac{3}{2}\right)^{\frac{2}{3}} = \sqrt[3]{\frac{9}{4}} \approx 1.3104\,.$$

Der Integralwert 1 wird also bei einer Integration von 0 nach etwa 1.3104 erreicht.

Lösung 9.5 (Bestimmtes Integral und Symmetrie)

Unter dem Integral steht eine ungerade Funktion. Auf einem Intervall, das symmetrisch zu 0 ist, heben sich die positiven und negativen Funktionswerte bei der Berechnung des bestimmten Integrals gegenseitig auf. Somit hat das bestimmte Integral den Wert 0.

Lösung 9.6 (Mittelwertsatz der Integralrechnung)

Einerseits lässt sich die Fläche mithilfe einer Stammfunktion ermitteln:

$$\int_0^\pi (\cos x - 2)\,\mathrm{d}x = (\sin x - 2x)\big|_0^\pi = -2\pi\,.$$

Andererseits muss für die Zwischenstelle u

$$\int_0^\pi (\cos x - 2)\,\mathrm{d}x = (\cos u - 2)(\pi - 0)$$

gelten. Wir erhalten daraus die Bedingung

$$(\cos u - 2)\,\pi = -2\pi\,.$$

Es folgt $\cos u = 0$ und damit $u = \frac{\pi}{2}$. Die Fläche unter der Kurve ist genau so groß wie die Rechteckfläche mit der Grundseite π und der Höhe 2.

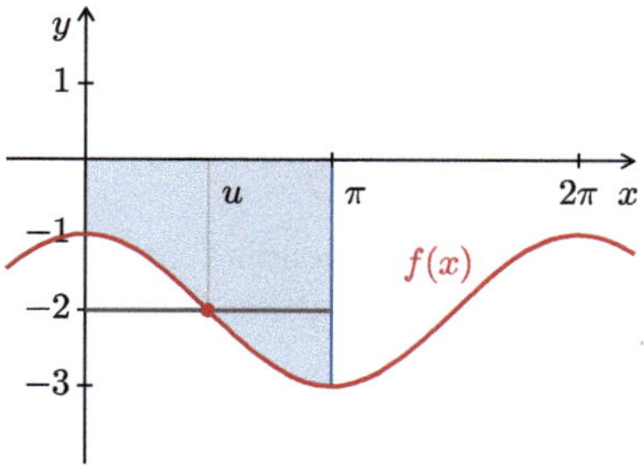

Lösung 9.7 (Torus)

Es gibt zwei alternative Lösungswege:

1) Mit der 2. Guldinschen Regel gilt:

$$V_x = 2\pi\,A\,S_y = 2\pi\,\pi r^2\,a = 2\,\pi^2\,r^2\,a\,.$$

Dabei ist $A = \pi r^2$ die Kreisfläche und die y-Koordinate des Schwerpunkts der Kreisfläche ist $S_y = a$. Bei dieser Lösungsvariante setzen wir voraus, dass die Guldinsche Regel auch für Flächen gilt, die durch zwei Funktionen begrenzt sind. Oftmals wird zwar nur der einfachere Fall, dass die Fläche durch eine Funktion und die x-Achse begrenzt ist, betrachtet, dieser allgemeinere Fall gilt jedoch auch.

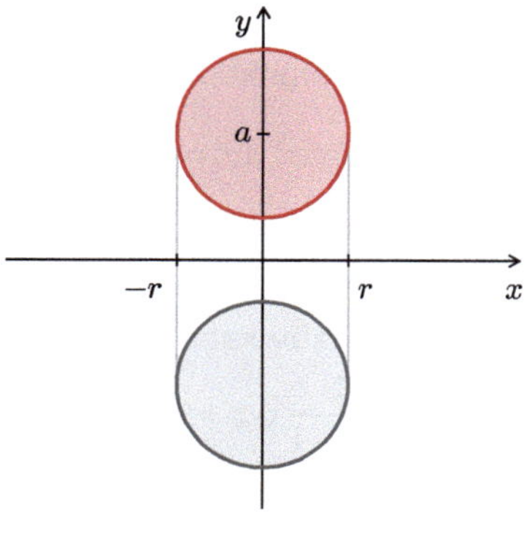

2) Das Volumen kann aus der Differenz von zwei Körpern berechnet werden. Der Kreis mit Mittelpunkt $M(0\,|\,a)$ und Radius r hat die Gleichung

$$x^2 + (y-a)^2 = r^2 .$$

Daraus ergeben sich die obere und die untere Funktion:

$$y = a + \sqrt{r^2 - x^2} \quad , \quad y = a - \sqrt{r^2 - x^2} .$$

Das Volumen berechnet man durch Integration:

$$V_x = \pi \int_{-r}^{r} \left(a + \sqrt{r^2 - x^2}\right)^2 \mathrm{d}x - \pi \int_{-r}^{r} \left(a - \sqrt{r^2 - x^2}\right)^2 \mathrm{d}x .$$

Die Integration vereinfacht sich, wenn man alles unter einem Integral zusammenfasst:

$$V_x = \pi \int_{-r}^{r} \left(a^2 + 2a\sqrt{r^2 - x^2} + (r^2 - x^2)\right) - \left(a^2 - 2a\sqrt{r^2 - x^2} + (r^2 - x^2)\right) \mathrm{d}x .$$

Die ersten und dritten Summanden in den Klammern heben sich jeweils auf und wir können die Symmetrie ausnutzen:

$$V_x = \pi \int_{-r}^{r} 4a\sqrt{r^2 - x^2}\,\mathrm{d}x = 8\pi a \int_{0}^{r} \sqrt{r^2 - x^2}\,\mathrm{d}x .$$

Schließlich bestimmen wir das gesuchte Volumen:

$$V_x = 8\pi a \left(\frac{x}{2}\sqrt{r^2 - x^2} + \frac{r^2}{2}\arcsin\left(\frac{x}{r}\right)\right)\Bigg|_0^r = 8\pi a\,\frac{r^2}{2}\arcsin(1) = 2\pi^2 r^2 a .$$

Die dazu notwendige Stammfunktion kann man als Formel nachschlagen oder mit etwas Mühe und der Substitution $x = r\sin u$ selbst herleiten.

9.2.2 Rechnung und Training

Lösung 9.8 (Einfache Stammfunktionen)

a) Wir integrieren die Summanden gemäß der Summenregel einzeln:

$$\int 1 + x + x^2\,\mathrm{d}x = x + \frac{1}{2}x^2 + \frac{1}{3}x^3 + C .$$

Jeder Summand ist eine Potenz und wird entsprechend integriert.

b) Eine Stammfunktion von $\sin x$ ist $-\cos x$. Wegen πx entsteht zusätzlich ein Faktor:

$$\int \sin(\pi x)\,\mathrm{d}x = -\frac{1}{\pi}\cos(\pi x) + C .$$

Alternativ könnte man mit $u = \pi x$ eine kleine Substitution durchführen.

c) Eine Stammfunktion von $\frac{1}{x}$ ist $\ln|x|$. Hier ist die lineare Substitution $u = 2x - 1$ möglich. Alternativ kann man den Faktor 2 direkt bei der Stammfunktion korrigieren:

$$\int \frac{1}{2x-1}\,\mathrm{d}x = \frac{1}{2}\ln|2x-1| + C .$$

Beim Logarithmus sollte man den Betrag nicht vergessen.

d) Die Exponentialfunktion bleibt beim Integrieren erhalten. Mit der linearen Substitution $u = 3x + 2$ gelingt die Integration. Alternativ teilt man durch die innere Ableitung 3:

$$\int e^{3x+2}\,dx = \frac{1}{3}e^{3x+2} + C\,.$$

Die Integrationskonstante C kann beliebig gewählt werden.

e) Die Wurzel kann man sich als Hochzahl $\frac{1}{2}$ vorstellen. Beim Integrieren entsteht dadurch die Hochzahl $\frac{3}{2}$. Dieser Faktor wird als Kehrwert korrigiert:

$$\int \sqrt{1-x}\,dx = -\frac{2}{3}(1-x)^{\frac{3}{2}} + C\,.$$

Die innere Ableitung erzeugt zusätzlich ein Minuszeichen.

f) Man schreibt zunächst $4x^2 = (2x)^2$ und führt dann eine Substitution mit $u = 2x$ durch. Die Stammfunktion von $\frac{1}{1+u^2}$ ist $\arctan u$:

$$\int \frac{1}{1+4x^2}\,dx = \frac{1}{2}\arctan(2x) + C\,.$$

Nach der Integration wird wieder zurück substituiert.

Lösung 9.9 (Lineare Substitutionen)

a) Mit der Substitution $u = 2t + 1$ und $\frac{du}{dt} = 2$ erhalten wir

$$\int_1^2 \sqrt{2t+1}\,dt = \frac{1}{2}\int_3^5 \sqrt{u}\,du\,.$$

Dabei haben wir die Grenzen ebenfalls substituiert. Wir bilden die Stammfunktion

$$\frac{1}{2}\int_3^5 \sqrt{u}\,du = \frac{1}{2}\cdot\frac{2}{3}u^{\frac{3}{2}}\bigg|_3^5 = \frac{1}{3}\left(5\sqrt{5} - 3\sqrt{3}\right) = \frac{5}{3}\sqrt{5} - \sqrt{3}$$

und setzen die substituierten Grenzen ein.

b) Mit der Substitution $u = 2x + 1$ und $\frac{du}{dx} = 2$ folgt

$$\int_2^3 \frac{1}{\sqrt{2x+1}}\,dx = \frac{1}{2}\int_5^7 u^{-\frac{1}{2}}\,du = \frac{1}{2}\cdot 2u^{\frac{1}{2}}\bigg|_5^7 = \sqrt{7} - \sqrt{5}$$

für den gesuchten Integralwert.

c) Wir vereinfachen zunächst

$$\int_0^1 \ln\sqrt{2u+1}\,du = \frac{1}{2}\int_0^1 \ln(2u+1)\,du$$

und führen anschließend eine Substitution mit $x = 2u + 1$ und $\frac{dx}{du} = 2$ durch:

$$\frac{1}{2}\int_0^1 \ln(2u+1)\,du = \frac{1}{4}\int_1^3 \ln x\,dx = \frac{1}{4}(x\ln x - x)\bigg|_1^3 = \frac{3}{4}\ln(3) - \frac{1}{2}\,.$$

Dabei haben wir auch hier wieder die Grenzen mitsubstituiert

$$x = 0 \quad\Longrightarrow\quad u = 1\,,\quad x = 1 \quad\Longrightarrow\quad u = 3$$

und auf die bekannte Formel für die Stammfunktionen von $\ln x$ zurückgegriffen.

Lösung 9.10 (Integration durch Substitution des Logarithmus)

Mit der Substitution $u = \ln x$ und $\frac{\mathrm{d}u}{\mathrm{d}x} = \frac{1}{x}$ und damit $\mathrm{d}x = x\,\mathrm{d}u$ erhalten wir

$$\int_2^3 \frac{1}{x\ln x}\,\mathrm{d}x = \int_{\ln 2}^{\ln 3} \frac{1}{x\,u}\,x\,\mathrm{d}u = \int_{\ln 2}^{\ln 3} \frac{1}{u}\,\mathrm{d}u\,.$$

Das mittlere Integral ist eigentlich nur ein Zwischenergebnis. Nach der vollständigen Substitution sollten alle Ausdrücke mit x verschwunden sein. Die Grenzen haben wir ebenfalls substituiert. Wir bilden die Stammfunktion und setzen die Grenzen ein:

$$\int_{\ln 2}^{\ln 3} \frac{1}{u}\,\mathrm{d}u = \ln|u|\,\Big|_{\ln 2}^{\ln 3} = \ln(\ln 3) - \ln(\ln 2) = \ln\left(\frac{\ln 3}{\ln 2}\right).$$

Der letzte Ausdruck vereinfacht das Ergebnis.

Lösung 9.11 (Integration durch Substitutionen)

a) Die Substitution $u = 1 - \sin\omega$ und damit $\frac{\mathrm{d}u}{\mathrm{d}\omega} = -\cos\omega$ führt auf

$$\int_0^{\frac{\pi}{2}} \cos\omega\sqrt{1-\sin\omega}\,\mathrm{d}\omega = \int_1^0 \cos\omega\sqrt{u}\,\frac{\mathrm{d}u}{-\cos\omega}\,.$$

Nach dem Kürzen mit $\cos\omega$ enthält das Integral kein ω mehr:

$$\int_1^0 \cos\omega\sqrt{u}\,\frac{\mathrm{d}u}{-\cos\omega} = -\int_1^0 \sqrt{u}\,\mathrm{d}u = -\frac{2}{3}u^{\frac{3}{2}}\Big|_1^0 = -\frac{2}{3}(0-1) = \frac{2}{3}\,.$$

Man könnte auch rücksubstituieren und die ursprünglichen Grenzen für ω einsetzen.

b) Wir wenden die Substitution $u = 1 + \cos\alpha$ mit $\frac{\mathrm{d}u}{\mathrm{d}\alpha} = -\sin\alpha$ an:

$$\int_0^{\pi} (1+\cos\alpha)\sin\alpha\,\mathrm{d}\alpha = \int_2^0 u\sin\alpha\,\frac{\mathrm{d}u}{-\sin\alpha} = -\int_2^0 u\,\mathrm{d}u = -\frac{1}{2}u^2\Big|_2^0 = 2\,.$$

Nach dem Kürzen des Zwischenergebnisses mit $\sin\alpha$ enthält das Integral kein α mehr und wir gelangen schnell zum gesuchten Integralwert.

Lösung 9.12 (Mehrfache partielle Integration)

Ein erste partielle Integration führt auf

$$\int \underbrace{(1+t+t^2)}_{f(t)}\,\underbrace{\mathrm{e}^{-t}}_{g'(t)}\,\mathrm{d}t = \underbrace{(1+t+t^2)}_{f(t)}\cdot\underbrace{(-\mathrm{e}^{-t})}_{g(t)} - \int \underbrace{(1+2t)}_{f'(t)}\cdot\underbrace{(-\mathrm{e}^{-t})}_{g(t)}\,\mathrm{d}t\,.$$

Das Polynom ist nun nur noch linear. Eine zweite partielle Integration ergibt

$$\int \underbrace{(1+2t)}_{f(t)}\cdot\underbrace{\mathrm{e}^{-t}}_{g'(t)}\,\mathrm{d}t = \underbrace{(1+2t)}_{f(t)}\cdot\underbrace{(-\mathrm{e}^{-t})}_{g(t)} - \int \underbrace{2}_{f'(t)}\cdot\underbrace{(-\mathrm{e}^{-t})}_{g(t)}\,\mathrm{d}t\,.$$

Das Polynom ist jetzt auf eine Konstante geschrumpft. Das verbleibende Integral ist einfach zu lösen. Wir fassen alle Lösungsausdrücke zusammen und klammern $(-\mathrm{e}^{-t})$ aus. Insgesamt erhalten wir

$$\int_0^1 (1+t+t^2)\,\mathrm{e}^{-t}\,\mathrm{d}t = \left(-e^{-t}\right)\left(4+3t+t^2\right)\Big|_0^1 = -8\,e^{-1} + 4$$

für das gesuchte bestimmte Integral.

Lösung 9.13 (Integration durch Partialbruchzerlegungen)

a) Das Standardverfahren zur Berechnung von

$$\int \frac{2x}{x^2-1}\,\mathrm{d}x$$

ist eine Partialbruchzerlegung der Form

$$\frac{2x}{x^2-1} = \frac{A}{x-1} + \frac{B}{x+1}.$$

Bei diesem Integral kommt man jedoch mit der folgenden Substitution schneller zum Ziel. Das liegt daran, dass hier der Zähler gerade die Ableitung des Nenners ist:

$$u = x^2 - 1, \quad \frac{\mathrm{d}u}{\mathrm{d}x} = 2x.$$

Wir ersetzen also den kompletten Nenner durch u. Es ist

$$\int \frac{2x}{x^2-1}\,\mathrm{d}x = \int \frac{2x}{u}\frac{\mathrm{d}u}{2x} = \int \frac{1}{u}\,\mathrm{d}u.$$

Wir bilden die Stammfunktion und substituieren anschließend von u nach x zurück:

$$\int \frac{1}{u}\,\mathrm{d}u = \ln|u| + C = \ln|x^2-1| + C.$$

Der Lösungsweg über eine Partialbruchzerlegung ist selbstverständlich auch möglich, allerdings etwas aufwendiger.

b) Das Integral

$$\int \frac{1}{x^2-1}\,\mathrm{d}x$$

lösen wir mithilfe einer Partialbruchzerlegung:

$$\frac{1}{x^2-1} = \frac{A}{x-1} + \frac{B}{x+1} = \frac{Ax + A + Bx - B}{(x-1)(x+1)} = \frac{(A+B)x + (A-B)}{(x-1)(x+1)}.$$

Durch Koeffizientenvergleich der Zähler erhalten wir ein lineares Gleichungssystem

$$\begin{array}{ccccc} A & - & B & = & 1 \\ A & + & B & = & 0 \end{array} \quad \Longrightarrow \quad A = \frac{1}{2}, \quad B = -\frac{1}{2}.$$

Wir setzen die Koeffizienten A und B in den Ansatz der Partialbruchzerlegung ein und spalten das ursprüngliche Integral in zwei einfachere auf:

$$\int \frac{1}{x^2-1}\,\mathrm{d}x = \frac{1}{2}\int \frac{1}{x-1}\,\mathrm{d}x - \frac{1}{2}\int \frac{1}{x+1}\,\mathrm{d}x = \frac{1}{2}\ln|x-1| - \frac{1}{2}\ln|x+1| + C.$$

Schließlich können wir den Ausdruck mit den Logarithmen noch vereinfachen:

$$\int \frac{1}{x^2-1}\,\mathrm{d}x = \frac{1}{2}\ln\left|\frac{x-1}{x+1}\right| + C.$$

Damit erhalten wir die gesuchten Stammfunktionen.

c) Bei dem Integral

$$\int \frac{x^4}{x^2+3}\,\mathrm{d}x$$

ist der Integrand eine unecht gebrochenrationale Funktion.

Wir zerlegen die Funktion durch Polynomdivision:

$$\begin{array}{l} \left(\;\; x^4\right) : \left(x^2 + 3\right) = x^2 - 3 + \dfrac{9}{x^2+3}\,. \\ \underline{-x^4 - 3x^2} \\ \qquad -3x^2 \\ \qquad \underline{3x^2 + 9} \\ \qquad\qquad 9 \end{array}$$

Den Divisionsrest integrieren wir mithilfe der Formel

$$\int \frac{1}{x^2 + a^2}\,\mathrm{d}x = \frac{1}{a}\,\arctan\left(\frac{x}{a}\right) + C\,.$$

Mit $a = \sqrt{3}$ ergibt sich insgesamt

$$\int \frac{x^4}{x^2+3}\,\mathrm{d}x = \int \left(x^2 - 3 + \frac{9}{x^2+3}\right)\mathrm{d}x = \frac{1}{3}\,x^3 - 3\,x + 3\,\sqrt{3}\arctan\left(\frac{x}{\sqrt{3}}\right) + C$$

für das gesuchte Integral.

d) Bei dem Integral

$$\int \frac{6}{x^3 - 1}\,\mathrm{d}x$$

verwenden wir auch Partialbruchzerlegung. Dazu müssen wir zuerst die Nullstellen des Nenners bestimmen. Die Nullstelle $x_1 = 1$ ist offensichtlich. Durch Polynomdivision ergibt sich:

$$\begin{array}{l} \left(\;\; x^3 \qquad\qquad - 1\right) : \left(x - 1\right) = x^2 + x + 1\,. \\ \underline{-x^3 + x^2} \\ \qquad\; x^2 \\ \quad \underline{-x^2 + x} \\ \qquad\qquad x - 1 \\ \qquad\quad \underline{-x + 1} \\ \qquad\qquad\quad 0 \end{array}$$

Das Polynom $x^2 + x + 1$ hat keine reelle Nullstelle. Somit lautet der Ansatz für die Partialbruchzerlegung

$$\frac{6}{x^3 - 1} = \frac{A}{x - 1} + \frac{B\,x + C}{x^2 + x + 1} = \frac{(A + B_1)x^2 + (A - B + C)x + (A - C)}{x^3 - 1}\,.$$

Wir machen einen Koeffizientenvergleich der Zähler. Das lineare Gleichungssystem

$$\begin{array}{ccccccc} A & & & - & B & = & 6 \\ A & - & B & + & B & = & 0 \\ A & + & B & & & = & 0 \end{array} \quad\Longrightarrow\quad A = 2\,, \quad B = -2\,, \quad C = -4$$

liefert die Konstanten A, B und C. Wir setzen diese in die Partialbruchzerlegung ein und erhalten

$$\int \frac{6}{x^3 - 1}\,\mathrm{d}x = 2\int \frac{1}{x - 1}\,\mathrm{d}x - \int \frac{2\,x + 4}{x^2 + x + 1}\,\mathrm{d}x$$

für die Integrale der Partialbrüche.

Das zweite Integral zerlegen wir trickreich in

$$\int \frac{2x+4}{x^2+x+1}\,\mathrm{d}x = \int \frac{2x+1}{x^2+x+1}\,\mathrm{d}x + \int \frac{3}{x^2+x+1}\,\mathrm{d}x\,.$$

Beim ersten Integral steht im Zähler die Ableitung des Nenners. Wir substituieren:

$$u = x^2+x+1, \quad \frac{\mathrm{d}u}{\mathrm{d}x} = 2x+1\,.$$

Die dabei entstehende Integrationskonstate C hat nichts mit obigem C beim Partialbruchansatz zu tun:

$$\int \frac{2x+1}{x^2+x+1}\,\mathrm{d}x = \int \frac{2x+1}{u}\,\frac{\mathrm{d}u}{2x+1} = \int \frac{1}{u}\,\mathrm{d}u = \ln|u| + C = \ln(x^2+x+1)+C\,.$$

Das noch fehlende Teilintegral lösen wir mit Formel

$$\int \frac{1}{x^2+a^2}\,\mathrm{d}x = \frac{1}{a}\arctan\left(\frac{x}{a}\right) + C\,.$$

Dazu formen wir wie folgt um:

$$\int \frac{3}{x^2+x+1}\,\mathrm{d}x = 3\int \frac{1}{\left(x+\frac{1}{2}\right)^2+\frac{3}{4}}\,\mathrm{d}x\,.$$

Mit einer weiteren Substitution $v = x+\frac{1}{2}$ und mit $a = \frac{\sqrt{3}}{2}$ fahren wir fort:

$$3\int \frac{1}{\left(x+\frac{1}{2}\right)^2+\frac{3}{4}}\,\mathrm{d}x = 3\int \frac{1}{v^2+\frac{3}{4}}\,\mathrm{d}v = 3\cdot\frac{2}{\sqrt{3}}\arctan\left(\frac{2v}{\sqrt{3}}\right)+C\,.$$

Schließlich folgt durch Rücksubstitution

$$3\cdot\frac{2}{\sqrt{3}}\arctan\left(\frac{2v}{\sqrt{3}}\right) = 2\sqrt{3}\arctan\left(\frac{2x+1}{\sqrt{3}}\right)+C\,.$$

Wir setzen alles zusammen und erhalten mit

$$\int \frac{6}{x^3-1}\,\mathrm{d}x = 2\ln|x-1| - \ln\left|x^2+x+1\right| - 2\sqrt{3}\arctan\left(\frac{2x+1}{\sqrt{3}}\right)+C$$

die gesuchten Stammfunktionen.

e) Bei dem Integral

$$\int \frac{x+1}{x^4+x^2}\,\mathrm{d}x$$

lautet der Ansatz für eine Partialbruchzerlegung

$$\frac{x+1}{x^4+x^2} = \frac{A}{x} + \frac{B}{x^2} + \frac{Cx+D}{x^2+1} = \frac{Ax(x^2+1)+B(x^2+1)+Cx^2+Dx^3}{x^4+x^2}\,.$$

Das lineare Gleichungssystem beim Koeffizientenvergleich

$$\begin{array}{ccccccccc} & & B & & & & & = & 1\\ A & & & & & & & = & 1\\ & & B & + & C & & & = & 0\\ A & & & & & + & D & = & 0 \end{array} \quad\Longrightarrow\quad A=1\,,\ B=1\,,\ C=-1\,,\ D=-1$$

liefert die Lösung für A, B, C und D.

Damit erhalten wir die Integrale

$$\int \frac{x+1}{x^4+x^2}\,\mathrm{d}x = \int \frac{1}{x}\,\mathrm{d}x + \int \frac{1}{x^2}\,\mathrm{d}x - \int \frac{x+1}{x^2+1}\,\mathrm{d}x\,.$$

Die beiden ersten Integrale sind einfach zu bestimmen

$$\int \frac{1}{x}\,\mathrm{d}x + \int \frac{1}{x^2}\,\mathrm{d}x = \ln|x| - \frac{1}{x} + C\,.$$

Das letzte Integral zerlegen wir wieder so, dass wir einen Teil erhalten, bei dem im Zähler die Ableitung des Nenners steht:

$$\int \frac{x+1}{x^2+1}\,\mathrm{d}x = \frac{1}{2}\int \frac{2x+2}{x^2+1}\,\mathrm{d}x = \frac{1}{2}\int \frac{2x}{x^2+1}\,\mathrm{d}x + \int \frac{1}{x^2+1}\,\mathrm{d}x\,.$$

Insgesamt erhalten wir

$$\int \frac{x+1}{x^4+x^2}\,\mathrm{d}x = \ln|x| - \frac{1}{x} - \frac{1}{2}\ln\left|x^2+1\right| - \arctan x + C$$

mithilfe einer Partialbruchzerlegung, die hier aus drei einfacheren Brüchen besteht.

f) Bei diesem Problem ist zunächst zu beachten, dass der Nenner ein vollständiges Quadrat ist, das keine reellen Nullstellen besitzt:

$$I = \int \frac{2x^3+x^2+2x+2}{x^4+2x^2+1}\,\mathrm{d}x = \int \frac{2x^3+x^2+2x+2}{(x^2+1)^2}\,\mathrm{d}x\,.$$

Die Funktion im Integral lässt sich deshalb durch eine normale Partialbruchzerlegung nicht weiter vereinfachen. Man kann auf zwei Arten vorgehen:

1) Wir zerlegen den Zähler trickreich in einzelne Summanden, für die wir jeweils Stammfunktionen ermitteln können:

$$I = \int \frac{2x^3+x^2+2x+2}{x^4+2x^2+1}\,\mathrm{d}x = \underbrace{\frac{1}{2}\int \frac{4x^3+4x}{x^4+2x^2+1}\,\mathrm{d}x}_{I_1} + \underbrace{\int \frac{x^2+2}{x^4+2x^2+1}\,\mathrm{d}x}_{I_2}\,.$$

Beim ersten Integral entspricht der Zähler der Ableitung des Nenners, wodurch sich das Integral lösen lässt:

$$I_1 = \frac{1}{2}\int \frac{4x^3+4x}{x^4+2x^2+1}\,\mathrm{d}x = \frac{1}{2}\ln\left(x^4+2x^2+1\right) + C_1\,.$$

Beim Logarithmus können wir hier auf den Betrag verzichten, da das Argument stets positiv ist. Eine weitere Vereinfachung ergibt sich durch die Rechenregeln des Logarithmus:

$$I_1 = \ln\left(\left(x^4+2x^2+1\right)^{\frac{1}{2}}\right) + C_1 = \ln(x^2+1) + C_1\,.$$

Das zweite Integral zerlegen wir nochmals trickreich in eine Summe:

$$I_2 = \int \frac{x^2+2}{x^4+2x^2+1}\,\mathrm{d}x = \underbrace{\int \frac{x^2+1}{(x^2+1)^2}\,\mathrm{d}x}_{I_3} + \underbrace{\int \frac{1}{(x^2+1)^2}\,\mathrm{d}x}_{I_4}\,.$$

Beim ersten Integranden können wir mit (x^2+1) kürzen.

Daher ist das Integral I_3 einfach zu bestimmen:

$$I_3 = \int \frac{x^2+1}{(x^2+1)^2}\,\mathrm{d}x = \int \frac{1}{x^2+1}\,\mathrm{d}x = \arctan x + C_3\,.$$

Das Integral I_4 ist wesentlich kniffliger zu lösen. Eine weitere trickreiche Zerlegung ergibt die Teilintegrale

$$I_4 = \int \frac{1}{(x^2+1)^2}\,\mathrm{d}x = \int \frac{1+x^2-x^2}{(x^2+1)^2}\,\mathrm{d}x = \underbrace{\int \frac{1}{x^2+1}\,\mathrm{d}x}_{\arctan x + C_4} - \underbrace{\int \frac{x^2}{(x^2+1)^2}\,\mathrm{d}x}_{I_5}\,.$$

Das Integral I_5 lösen wir durch partielle Integration:

$$I_5 = \int \frac{x^2}{(x^2+1)^2}\,\mathrm{d}x = \frac{1}{2}\int \underbrace{x}_{f(x)}\;\underbrace{\frac{2x}{(x^2+1)^2}}_{g'(x)}\,\mathrm{d}x = \frac{1}{2}\,x\,g(x) - \frac{1}{2}\int 1\cdot g(x)\,\mathrm{d}x\,.$$

Allerdings benötigen wir dazu $g(x)$, also eine Stammfunktion von $g'(x)$:

$$g(x) = \int \frac{2x}{(x^2+1)^2}\,\mathrm{d}x = -\frac{1}{x^2+1} + \tilde{C}\,.$$

Auf diese Stammfunktion $g(x)$ gelangt man mithilfe einer Substitution mit $u = x^2+1$. Mit diesem Zwischenergebnis ergibt sich

$$I_5 = \int \frac{x^2}{(x^2+1)^2}\,\mathrm{d}x = -\frac{1}{2}\,\frac{x}{x^2+1} + \frac{1}{2}\int \frac{1}{x^2+1}\,\mathrm{d}x = -\frac{1}{2}\,\frac{x}{x^2+1} + \frac{1}{2}\arctan x + C_5\,.$$

Fasst man alle Teile zusammen

$$I = I_1 + I_2 = \ln\left(x^2+1\right) + I_3 + I_4 = \ln\left(x^2+1\right) + 2\arctan x - I_5\,,$$

so erhält man das Ergebnis

$$\int \frac{2x^3+x^2+2x+2}{x^4+2x^2+1}\,\mathrm{d}x = \ln\left(x^2+1\right) + \frac{3}{2}\arctan x + \frac{x}{2(x^2+1)} + C\,.$$

Ein wirklich virtuoser Umgang mit der Integrationstechnik!

2) Alternativ kann man folgendermaßen rechnen:

$$\begin{aligned}
&\int \frac{2x^3+x^2+2x+2}{x^4+2x^2+1}\,\mathrm{d}x \\
&= \int \frac{Ax+B}{x^2+1}\,\mathrm{d}x + \int \frac{Cx+D}{(x^2+1)^2}\,\mathrm{d}x \\
&= \int \frac{2x+1}{x^2+1}\,\mathrm{d}x + \int \frac{1}{(x^2+1)^2}\,\mathrm{d}x \\
&= \int \frac{2x}{x^2+1}\,\mathrm{d}x + \int \frac{1}{x^2+1}\,\mathrm{d}x + \int \frac{1}{(x^2+1)^2}\,\mathrm{d}x\,.
\end{aligned}$$

Die Aufteilung in Partialbrüche sieht nun etwas anders aus.

Wir integrieren und erhalten

$$\begin{aligned}
&\int \frac{2x^3 + x^2 + 2x + 2}{x^4 + 2x^2 + 1}\,\mathrm{d}x \\
&= \ln\left(x^2+1\right) + \arctan x + \int \frac{1}{(x^2+1)^2}\,\mathrm{d}x + C \\
&= \ln\left(x^2+1\right) + \arctan x + \int \frac{1 + x^2 + 1 - x^2}{2(x^2+1)^2}\,\mathrm{d}x + C \\
&= \ln\left(x^2+1\right) + \arctan x + \frac{1}{2}\int \frac{1+x^2}{(x^2+1)^2}\,\mathrm{d}x + \frac{1}{2}\int \frac{1-x^2}{(x^2+1)^2}\,\mathrm{d}x + C \\
&= \ln\left(x^2+1\right) + \arctan x + \frac{1}{2}\int \frac{1}{x^2+1}\,\mathrm{d}x + \frac{1}{2}\int \frac{1+x^2-2x^2}{(x^2+1)^2}\,\mathrm{d}x + C \\
&= \ln\left(x^2+1\right) + \frac{3}{2}\arctan x + \frac{1}{2}\int \frac{1\cdot(x^2+1) - x\cdot 2x}{(x^2+1)^2}\,\mathrm{d}x + C \\
&= \ln\left(x^2+1\right) + \frac{3}{2}\arctan x + \frac{x}{2(x^2+1)} + C\,.
\end{aligned}$$

An zwei Stellen wird dabei die 1 trickreich ergänzt und zum Schluss wird die Quotientenregel rückwärts angewendet. Eine Aufgabe für Experten!

Lösung 9.14 (Integration durch Substitution und Partialbruchzerlegung)

Die Substitution $u = \mathrm{e}^x$ mit $\frac{\mathrm{d}u}{\mathrm{d}x} = \mathrm{e}^x$ ergibt

$$\int_1^2 \frac{\mathrm{e}^{3x}}{\mathrm{e}^{2x} - 2\mathrm{e}^x + 1}\,\mathrm{d}x = \int_{\mathrm{e}}^{\mathrm{e}^2} \frac{u^3}{u^2 - 2u + 1}\,\frac{\mathrm{d}u}{u}\,.$$

Eine Polynomdivision und eine anschließende Partialbruchzerlegung liefern

$$\frac{u^2}{u^2-2u+1} = 1 + \frac{2u-1}{u^2-2u+1} = 1 + \frac{2}{u-1} + \frac{1}{(u-1)^2}\,.$$

Dadurch erhalten wir

$$\int \frac{u^2}{u^2-2u+1}\,\mathrm{d}u = \int\left(1 + \frac{2}{u-1} + \frac{1}{(u-1)^2}\right)\mathrm{d}u = u + 2\ln|u-1| - \frac{1}{u-1}\,.$$

Durch Einsetzen der Grenzen folgt

$$\int_1^2 \frac{\mathrm{e}^{3x}}{\mathrm{e}^{2x} - 2\mathrm{e}^x + 1}\,\mathrm{d}x = \mathrm{e}^2 + 2\ln(\mathrm{e}^2-1) - \frac{1}{\mathrm{e}^2-1} - \mathrm{e} - 2\ln(\mathrm{e}-1) + \frac{1}{\mathrm{e}-1}\,.$$

Dieses Ergebnis lässt sich noch wegen

$$\ln(\mathrm{e}^2-1) = \ln\left((\mathrm{e}-1)(\mathrm{e}+1)\right) = \ln(\mathrm{e}-1) + \ln(\mathrm{e}+1)$$

vereinfachen:

$$\int_1^2 \frac{\mathrm{e}^{3x}}{\mathrm{e}^{2x} - 2\mathrm{e}^x + 1}\,\mathrm{d}x = \mathrm{e}(\mathrm{e}-1) + \frac{\mathrm{e}}{\mathrm{e}^2-1} + 2\ln(\mathrm{e}+1)\,.$$

Dabei haben wir auch die beiden Brüche zusammengefasst.

Lösung 9.15 (Uneigentliche Integrale)

a) Das uneigentliche Integral lässt sich mithilfe einer Stammfunktion und durch Grenzwertbildung bestimmen:

$$\int_{-\infty}^{0} \frac{3}{3+x^2}\,\mathrm{d}x = 3\int_{-\infty}^{0} \frac{1}{3+x^2}\,\mathrm{d}x = \lim_{a\to-\infty} \sqrt{3}\arctan\left(\frac{x}{\sqrt{3}}\right)\bigg|_a^0 = \sqrt{3}\,\frac{\pi}{2}\,.$$

Dabei haben wir die bekannte Integrationsformel für $\int \frac{1}{a^2+x^2}\,\mathrm{d}x$ mit $a = \sqrt{3}$ verwendet.

b) Das uneigentliche Integral lässt sich durch Grenzwertbildung bestimmen:

$$\int_0^1 \frac{1}{x^2-1}\,\mathrm{d}x = \lim_{b\to 1} \frac{1}{2}\ln\left(\frac{1-x}{x+1}\right)\bigg|_0^b = \lim_{b\to 1} \frac{1}{2}\ln\left(\frac{1-b}{b+1}\right) = -\infty\,.$$

Dazu kann die Stammfunktion mit einer Partialbruchzerlegung

$$\frac{1}{x^2-1} = \frac{A}{x-1} + \frac{B}{x+1} = \frac{\frac{1}{2}}{x-1} + \frac{-\frac{1}{2}}{x+1} = \frac{1}{2}\left(\frac{1}{x-1} - \frac{1}{x+1}\right)$$

und anschließender Integration

$$\int \frac{1}{x^2-1}\,\mathrm{d}x = \frac{1}{2}\left(\int \frac{1}{x-1}\,\mathrm{d}x - \int \frac{1}{x+1}\,\mathrm{d}x\right) = \frac{1}{2}\ln|x-1| - \frac{1}{2}\ln|x+1| = \frac{1}{2}\ln\left|\frac{x-1}{x+1}\right|$$

ermittelt werden. Liegt x zwischen 0 und 1, so ist $|x-1| = (1-x)$.

c) Mit der Substitution $u = \sqrt{x}$ und damit $\frac{\mathrm{d}u}{\mathrm{d}x} = \frac{1}{2\sqrt{x}}$ ergibt sich

$$\int_0^1 \frac{1}{\sqrt{x}-1}\,\mathrm{d}x = \int_0^1 \frac{1}{u-1}\,2u\,\mathrm{d}u = \int_0^1 \left(2 + \frac{2}{u-1}\right)\mathrm{d}u$$

und weiter

$$\int_0^1 \left(2 + \frac{2}{u-1}\right)\mathrm{d}u = \lim_{b\to 1} \left(2u + 2\ln(1-u)\right)\Big|_0^b = -\infty\,.$$

Auch hier haben wir $|u-1| = (1-u)$ für $0 \le u \le 1$ ohne Betrag geschrieben.

Lösung 9.16 (Fläche zwischen Funktionen)

Die x-Koordinate des Schnittpunkts bestimmt man aus der Gleichung

$$\mathrm{e}^{\frac{x}{2}-1} = \mathrm{e}^{1-\frac{x}{2}}\,.$$

Logarithmieren der Gleichung führt auf

$$\frac{x}{2} - 1 = 1 - \frac{x}{2} \quad\Longrightarrow\quad x = 2\,.$$

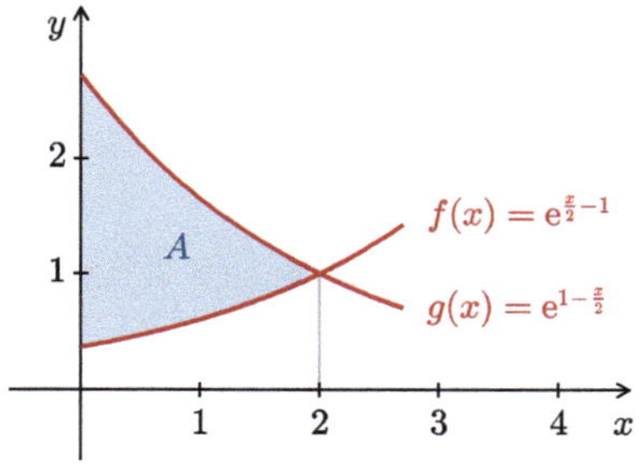

Die gesuchte Fläche erhalten wir durch

$$\begin{aligned} A &= \int_0^2 \left(\mathrm{e}^{1-\frac{x}{2}} - \mathrm{e}^{\frac{x}{2}-1}\right)\mathrm{d}x \\ &= \left(-2\mathrm{e}^{1-\frac{x}{2}} - 2\mathrm{e}^{\frac{x}{2}-1}\right)\Big|_0^2 \\ &= -4 + 2\,\mathrm{e} + \frac{2}{\mathrm{e}} \approx 10.2\,. \end{aligned}$$

Dabei läuft das Integral von 0 bis 2.

Lösung 9.17 (Flächenberechnung)

Wir setzen die gesamte Fläche gleich mit dem Zweifachen der halben Fläche:

$$\int_0^{\frac{\pi}{2}} 2\cos x \,\mathrm{d}x = 2\int_0^c 2\cos x \,\mathrm{d}x\,.$$

Die gesuchte Obergrenze c liegt zwischen $x = 0$ und $x = \frac{\pi}{2}$. Sie ergibt sich zu

$$2\,\sin\left(\frac{\pi}{2}\right) = 4\,\sin c \quad\Longrightarrow\quad 1 = 2\,\sin c\,.$$

Die Gleichung ist erfüllt für $c = \frac{\pi}{6}$. Dies ist gleichzeitig auch der Abstand der Halbierungsgeraden zur y-Achse.

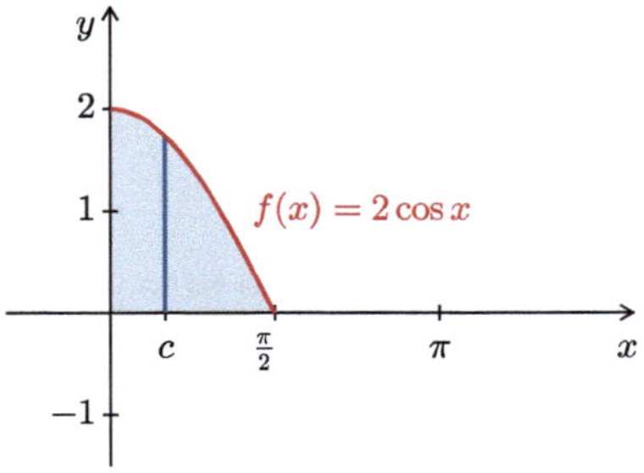

Lösung 9.18 (Rotationsvolumen)

Mit der Formel für das Rotationsvolumen

$$V_x = \pi\int_0^a \left(\sqrt{x}\cdot \mathrm{e}^{\frac{-x^2}{2}}\right)^2 \mathrm{d}x = \pi\int_0^a x\,\mathrm{e}^{-x^2}\mathrm{d}x$$

und einer passenden Stammfunktion folgt

$$V_x = -\frac{\pi}{2}\int_0^a (-2x)\,\mathrm{e}^{-x^2}\mathrm{d}x = -\frac{\pi}{2}\,\mathrm{e}^{-x^2}\Big|_0^a\,.$$

Wir setzen die Grenzen ein und erhalten

$$V_x = \frac{\pi}{2}\left(1 - \mathrm{e}^{-a^2}\right)$$

für das gesuchte Rotationsvolumen.

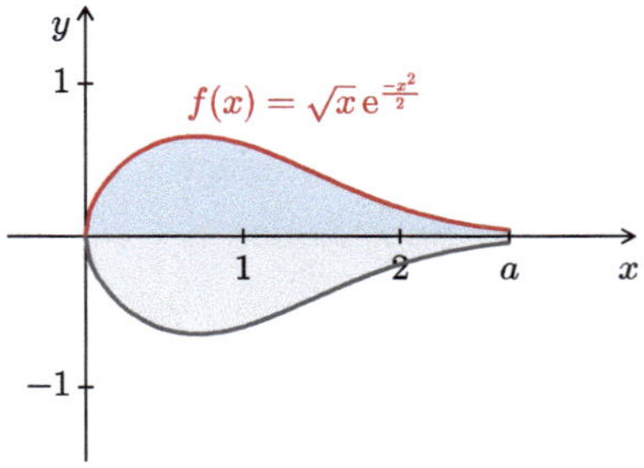

Lösung 9.19 (Flächeninhalt und Rotationsvolumen um x-Achse)

Die Fläche erhalten wir aus dem uneigentlichen Integral mithilfe eines Grenzwerts:

$$\begin{aligned} A &= \lim_{b\to\infty}\int_1^b \frac{1}{x}\,\mathrm{d}x = \lim_{b\to\infty} \ln x\,\Big|_1^b \\ &= \lim_{b\to\infty} \ln b = \infty\,. \end{aligned}$$

Das Volumen ergibt sich auch aus einem uneigentlichen Integral:

$$\begin{aligned} V_x &= \lim_{b\to\infty} \pi\int_1^b \left(\frac{1}{x}\right)^2 \mathrm{d}x = \pi \lim_{b\to\infty} \left(-x^{-1}\right)\Big|_1^b \\ &= \pi \lim_{b\to\infty} \left(1 - \frac{1}{b}\right) = \pi\,. \end{aligned}$$

Es ergibt sich ein verblüffendes Fazit: Der Flächeninhalt ist unendlich groß, aber das Rotationsvolumen ist endlich!

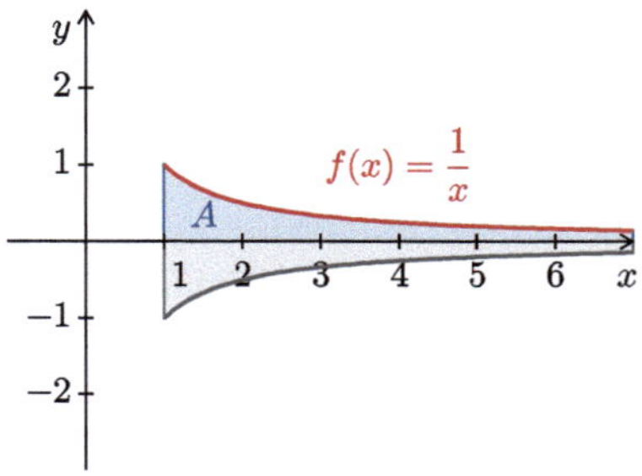

Lösung 9.20 (Flächeninhalt und Rotationsvolumen um y-Achse)

Die x-Koordinaten der Schnittpunkte bestimmt man aus der Gleichung

$$\ln(10 - x^2) = 0\,.$$

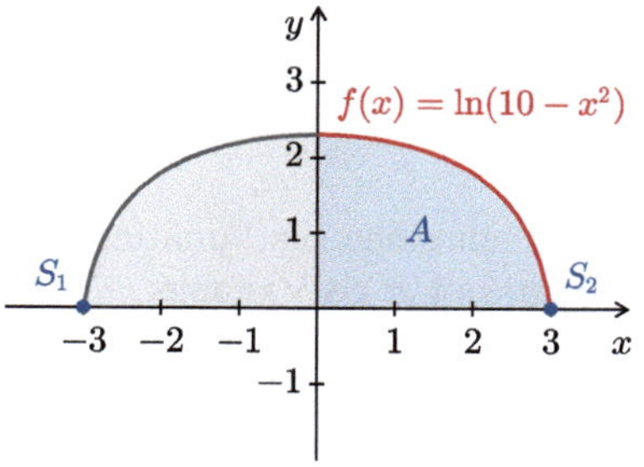

Durch Anwenden der e-Funktion folgt

$$10 - x^2 = 1 \quad \Longrightarrow \quad x = \pm 3\,.$$

Die Schnittpunkte sind also $S_{1,2}(\pm 3\,|\,0)$. Die Fläche bestimmen wir mithilfe einer Stammfunktion

$$A = \int_0^3 \ln(10 - x^2)\,\mathrm{d}x\,.$$

Dazu formen wir den Integranden mit der dritten binomischen Formel um:

$$A = \int_0^3 \ln\left((\sqrt{10} - x)(\sqrt{10} + x)\right)\mathrm{d}x = \int_0^3 \Big(\ln\left(\sqrt{10} - x\right) + \ln\left(\sqrt{10} + x\right)\Big)\mathrm{d}x\,.$$

Die Summanden können wir mit der Integralformel

$$\int \ln x\,\mathrm{d}x = x\,(\ln x - 1)$$

und der Integralformel

$$\int \ln(a + x)\,\mathrm{d}x = (a + x)\big(\ln(a + x) - 1\big)$$

einzeln integrieren und erhalten

$$A = -\left(\sqrt{10} - x\right)\Big(\ln\left(\sqrt{10} - x\right) - 1\Big) + \left(\sqrt{10} + x\right)\Big(\ln\left(\sqrt{10} + x\right) - 1\Big)\Big|_0^3\,.$$

Das Einsetzen der Grenzen ist etwas mühsam:

$$\begin{aligned} A &= -\left(\sqrt{10} - 3\right)\Big(\ln\left(\sqrt{10} - 3\right) - 1\Big) + \left(\sqrt{10} + 3\right)\Big(\ln\left(\sqrt{10} + 3\right) - 1\Big) \\ &\quad + \left(\sqrt{10}\right)\Big(\ln\left(\sqrt{10}\right) - 1\Big) - \left(\sqrt{10}\right)\Big(\ln\left(\sqrt{10}\right) - 1\Big)\,. \end{aligned}$$

Einige Terme heben sich auf. Fasst man die Logarithmen geschickt zusammen, so ergibt sich schließlich

$$A = \sqrt{10}\,\ln\left(10 + 3\sqrt{10}\right) - \sqrt{10}\,\ln\left(10 - 3\sqrt{10}\right) - 6 \approx 5.501\,.$$

Für das Volumen des Rotationskörpers, der durch Rotation von A um die y-Achse entsteht, bestimmen wir die Umkehrfunktion:

$$y = \ln\left(10 - x^2\right) \;\Longrightarrow\; \mathrm{e}^y = 10 - x^2 \;\Longrightarrow\; x^2 = 10 - \mathrm{e}^y \;\Longrightarrow\; x = \pm\sqrt{10 - \mathrm{e}^y}\,.$$

Durch Vertauschen von x und y ergibt sich die Umkehrfunktion

$$f^{-1}(x) = \pm\sqrt{10 - \mathrm{e}^x}\,.$$

Das Volumen bestimmen wir durch Integration:

$$V_y = \pi \int_0^{\ln 10} (10 - \mathrm{e}^x)\;\mathrm{d}x = \pi\,(10\,x - \mathrm{e}^x)\Big|_0^{\ln 10} = \pi(10\ln 10 - 9) \approx 44.064\,.$$

Die obere Integralgrenze ergibt sich durch $\pm\sqrt{10 - \mathrm{e}^x} = 0$.

Lösung 9.21 (Flächeninhalt, Rotationsvolumen und Schwerpunkt)

a) Die Schaubilder der beiden Funktionen sind bezogen auf y als Variable zwei Parabeln:

$$x = y^2\,, \quad x = \frac{3}{4}y^2 + 1\,.$$

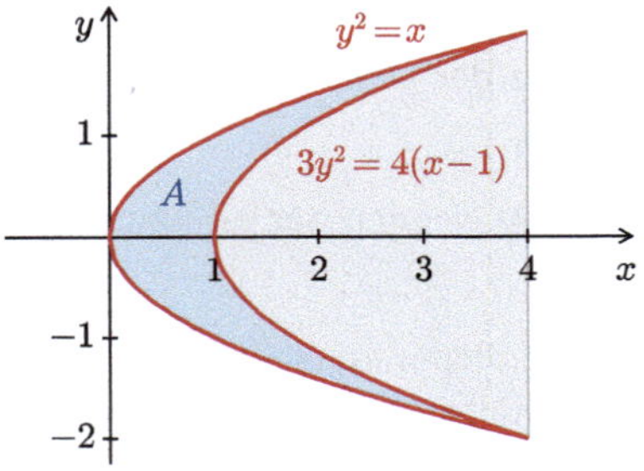

Wir schreiben die Funktionen in der üblichen Form mit x als Variable:

$$y = \sqrt{x}\,, \quad y = \sqrt{\frac{4}{3}(x-1)}\,.$$

Die Fläche zwischen den beiden Funktionen, berandet durch die x-Achse, berechnen wir als Differenz der Integrale:

$$F = \int_0^4 \sqrt{x}\,\mathrm{d}x - \int_1^4 \sqrt{\frac{4}{3}(x-1)}\,\mathrm{d}x\,.$$

Für beide Integranden bestimmen wir die Stammfunktionen und werten diese an den Grenzen aus:

$$F = \frac{2}{3}x^{\frac{3}{2}}\Big|_0^4 - \frac{2}{3}\frac{3}{4}\left(\frac{4}{3}(x-1)\right)^{\frac{3}{2}}\Big|_1^4 = \frac{4}{3}\,.$$

Der Inhalt der gesuchten Fläche ist $A = 2F = \frac{8}{3}$.

b) Auch das Rotationsvolumen kann man aus einer Differenz berechnen. Für die Rotation um die x-Achse erhalten wir

$$V_x = \pi\int_0^4 \left(\sqrt{x}\right)^2 \mathrm{d}x - \pi\int_1^4 \left(\sqrt{\frac{4}{3}(x-1)}\right)^2 \mathrm{d}x\,.$$

Die Wurzeln und Quadrate heben sich gegenseitig auf:

$$V_x = 8\pi - \pi\left(\frac{2}{3}x^2 - \frac{4}{3}x\right)\Big|_1^4 = \pi\left(8 - \frac{32}{3} + \frac{16}{3} + \frac{2}{3} - \frac{4}{3}\right) = 2\pi\,.$$

Für die Rotation um die y-Achse erhalten wir

$$V_y = 2\pi\int_0^2 \left(\frac{3}{4}y^2 + 1\right)^2 \mathrm{d}y - 2\pi\int_0^2 \left(y^2\right)^2 \mathrm{d}y\,.$$

Auch hier finden wir relativ einfach Stammfunktionen:

$$V_y = 2\pi\left(\frac{9}{80}y^5 + \frac{1}{2}y^3 + y\right)\Big|_0^2 - 2\pi\cdot\frac{32}{5} = \pi\left(\frac{36}{5} + 8 + 4 - \frac{64}{5}\right) = \frac{32}{5}\pi\,.$$

Damit haben wir die beiden Rotationsvolumina berechnet.

c) Die y-Koordinate des Schwerpunkts ist 0, da die Fläche symmetrisch zur x-Achse ist. Die x-Koordinate berechnet man am einfachsten mit der 2. Guldinschen Regel:

$$S_x = \frac{V_y}{2\pi A} = \frac{32\pi\cdot 3}{2\pi\cdot 5\cdot 8} = \frac{6}{5}.$$

Dabei haben wir die Ergebnisse aus den Aufgabenteilen a) und b) verwendet.

Lösung 9.22 (Volumen und Schwerpunkt bei exponentieller Fläche)

a) Die Fläche berechnet man mit

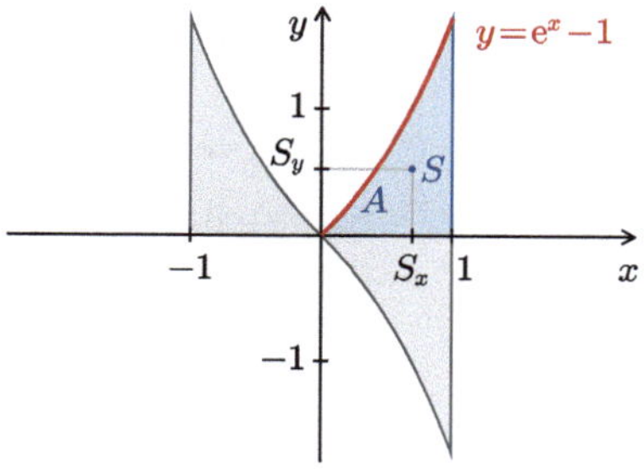

$$\begin{aligned} A &= \int_0^1 (e^x - 1)\,dx \\ &= (e^x - x)\Big|_0^1 \\ &= e - 2\,. \end{aligned}$$

Dabei haben wir gemäß der Definition des Flächenstücks die Integralgrenzen 0 und 1 verwendet. Die Funktion f nimmt Werte zwischen 0 und $e - 1$ an.

b) Für die Schwerpunktskoordinaten berechnet man das Moment

$$M_y = \int_0^1 x\,(e^x - 1)\,dx = \left(xe^x - e^x - \frac{1}{2}x^2\right)\Big|_0^1 = \frac{1}{2}$$

und das Moment

$$\begin{aligned} M_x &= \frac{1}{2}\int_0^1 (e^x - 1)^2\,dx = \frac{1}{2}\int_0^1 \left(e^{2x} - 2e^x + 1\right)dx \\ &= \frac{1}{2}\left(\frac{1}{2}e^{2x} - 2e^x + x\right)\Big|_0^1 = \frac{e^2 - 4e + 5}{4}\,. \end{aligned}$$

Damit erhalten wir die Koordinaten

$$S_x = \frac{M_y}{A} = \frac{1}{2(e-2)}\,, \qquad S_y = \frac{M_x}{A} = \frac{e^2 - 4e + 5}{4(e-2)}$$

des Schwerpunkts.

c) Das Volumen berechnet man am einfachsten mit der 2. Guldinschen Regel:

$$V_x = 2\pi\,S_y\,A = 2\pi\,M_x = \frac{\pi(e^2 - 4e + 5)}{2}\,, \qquad V_y = 2\pi\,S_x\,A = 2\pi\,M_y = \pi\,.$$

Dabei haben wir die Ergebnisse der Aufgabenteile a) und b) eingesetzt.

9.2.3 Anwendung

Lösung 9.23 (Normalverteilung)

Für $n = 1$ liefert die Trapezregel mit einem einzigen Trapez den Näherungswert

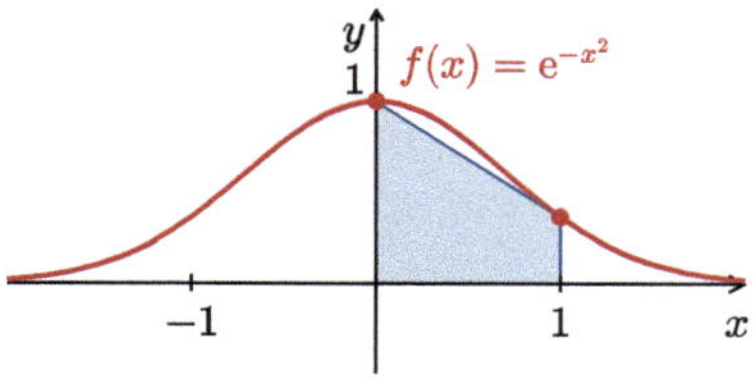

$$\begin{aligned} \int_0^1 e^{-x^2}\,dx \approx \tilde{A}_1 &= \frac{1}{2}\left(1 + e^{-1}\right) \\ &\approx 0.6839\,. \end{aligned}$$

Dieser Wert ist noch relativ ungenau. Der Näherungswert der Trapezregel ist etwas kleiner als der exakte Wert.

Für $n = 2$ ergeben sich zwei Trapeze:

$$\tilde{A}_2 = \frac{1}{4}\left(1 + 2\mathrm{e}^{-\frac{1}{4}} + \mathrm{e}^{-1}\right) \approx 0.7314\,.$$

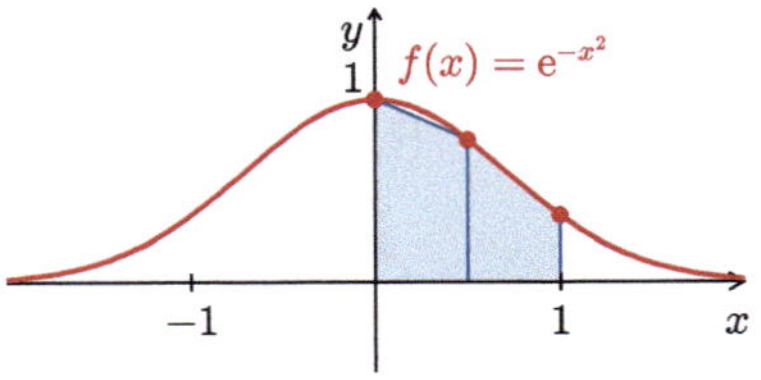

Nun ist eine Dezimalstelle korrekt. Bei $n = 4$ Trapezen ergibt sich eine Näherung, bei der bereits zwei Dezimalstellen richtig sind:

$$\tilde{A}_4 = \frac{1}{8}\left(1+2\mathrm{e}^{-\frac{1}{16}}+2\mathrm{e}^{-\frac{1}{4}}+2\mathrm{e}^{-\frac{9}{16}}+\mathrm{e}^{-1}\right) \approx 0.7430\,.$$

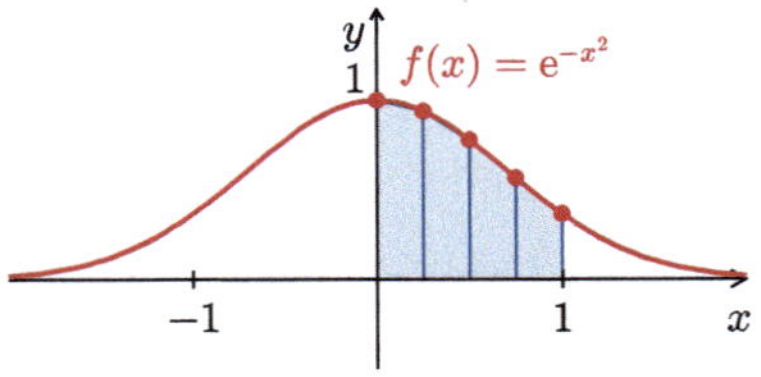

Der Wert 0.7468241330 wird bereits bei 4 Trapezen recht gut angenähert.

Lösung 9.24 (Fass)

Wählt man das Koordinatensystem wie abgebildet, dann ist der Mittelpunkt der Ellipse der Ursprung. Deshalb hat die Ellipse die Gleichung

$$\frac{x^2}{a^2} + \frac{y^2}{b^2} = 1\,.$$

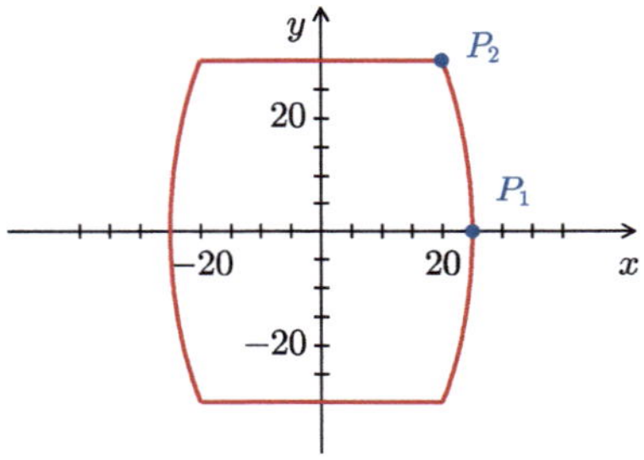

Eine Punktprobe mit $P_1(25\,|\,0)$ ergibt

$$\frac{25^2}{a^2} = 1 \quad\Longrightarrow\quad a = 25$$

und eine zweite mit dem Punkt $P_1(20\,|\,30)$

$$\frac{20^2}{25^2} - \frac{30^2}{b^2} = 1 \quad\Longrightarrow\quad b = 50\,.$$

Bei der Rotation um die y-Achse lösen wir die Gleichung der Ellipse nach x auf

$$x = \pm 25\sqrt{1 - \frac{y^2}{50^2}} \quad\Longrightarrow\quad f^{-1}(x) = \pm 25\sqrt{1 - \frac{x^2}{50^2}}$$

und erhalten die Umkehrfunktion. Das Volumen berechnet man durch Integration

$$V_y = \pi \int_{-30}^{30} \left(25\sqrt{1 - \frac{y^2}{50^2}}\right)^2 \mathrm{d}x = 2 \cdot 25^2 \pi \int_0^{30} \left(1 - \frac{y^2}{50^2}\right) \mathrm{d}x\,.$$

Die Wurzel und das Quadrat heben sich gegenseitig auf. Die Konstante können wir vor das Integral ziehen. Wir ermitteln eine Stammfunktion und erhalten

$$V_y = 2 \cdot 25^2\,\pi \left(y - \frac{y^3}{3 \cdot 50^2}\right)\Bigg|_0^{30} = 33000\,\pi \approx 103672\,.$$

Durch Einsetzen der Grenzen erhalten wir schließlich das gesuchte Fassvolumen von ungefähr 104 Litern.

Lösung 9.25 (Halbkreisring)

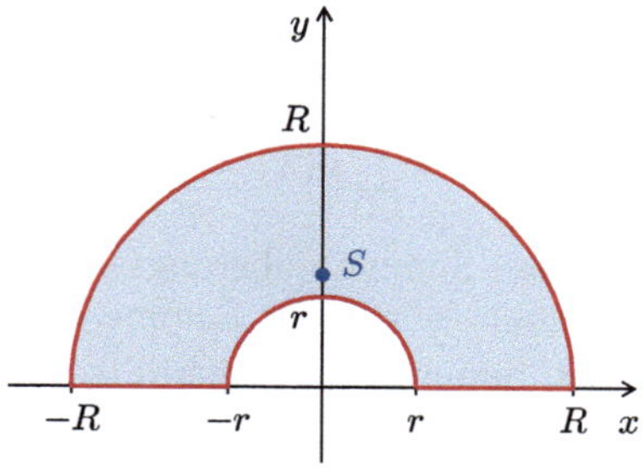

Zunächst führen wir ein geeignetes Koordinatensystem ein, siehe Abbildung. Der Schwerpunkt hat die x-Koordinate $S_x = 0$. Die Fläche berechnet man aus der Formel für die Kreisfläche

$$A = \frac{1}{2}\left(\pi R^2 - \pi r^2\right)$$

und das Volumen aus der Formel für das Kugelvolumen

$$V_x = \frac{4}{3}\pi R^3 - \frac{4}{3}\pi r^3 .$$

Daraus folgt nach der 2. Guldinschen Regel, die auch für Hohlkörper gilt,

$$S_y = \frac{V_x}{2\pi A} = \frac{4\pi\left(R^3 - r^3\right)}{\pi 3\pi\left(R^2 - r^2\right)} = \frac{4\left(R^3 - r^3\right)}{3\pi\left(R^2 - r^2\right)} .$$

Damit haben wir auch die y-Koordinate des Schwerpunkts bestimmt.

Lösung 9.26 (Kühlturm)

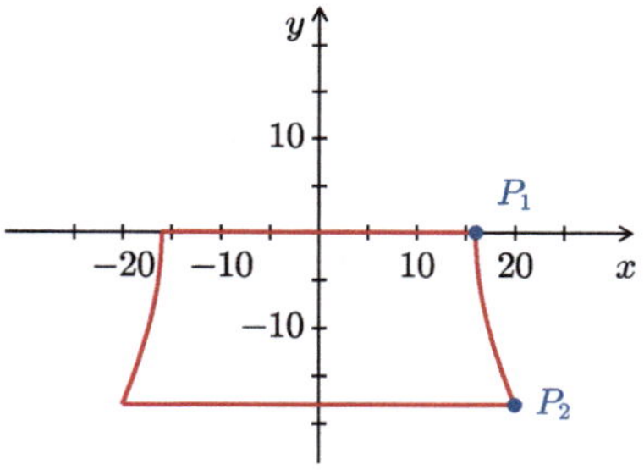

Wählt man das Koordinatensystem wie abgebildet, dann ist der Mittelpunkt der Hyperbel der Ursprung. Somit hat die Hyperbel die Gleichung

$$\frac{x^2}{a^2} - \frac{y^2}{b^2} = 1 .$$

Eine Punktprobe mit $P_1(16\,|\,0)$ ergibt

$$\frac{16^2}{a^2} = 1 \quad\Longrightarrow\quad a = 16$$

und eine zweite mit dem Punkt $P_2(20\,|\,-18)$

$$\frac{20^2}{16^2} - \frac{18^2}{b^2} = 1 \quad\Longrightarrow\quad b = 24 .$$

Bei der Rotation um die y-Achse lösen wir die Gleichung der Hyperbel nach x auf

$$x = \pm 16\sqrt{1 + \frac{y^2}{24^2}} \quad\Longrightarrow\quad f^{-1}(x) = \pm 16\sqrt{1 + \frac{x^2}{24^2}}$$

und erhalten die Umkehrfunktion. Das Volumen berechnet man durch Integration

$$\begin{aligned} V_y &= \pi \int_{-18}^{0} \left(16\sqrt{1 + \frac{x^2}{24^2}}\right)^2 \mathrm{d}x = 256\,\pi \int_{-18}^{0} \left(1 + \frac{x^2}{24^2}\right) \mathrm{d}x \\ &= 256\,\pi \left(x + \frac{x^3}{3 \cdot 24^2}\right)\Bigg|_{-18}^{0} = 5472\,\pi \approx 17191 . \end{aligned}$$

Durch Einsetzen der Grenzen erhalten wir schließlich das gesuchte Volumen des Kühlturms von ungefähr 17200 Kubikmetern.

Lösung 9.27 (Partikelrückstände)

Die Summe für die insgesamt angelagerten Partikelrückstände beträgt

$$p(n) = \sum_{k=1}^{n} p(k) = \sum_{k=1}^{n} \frac{G}{2k^2}\,.$$

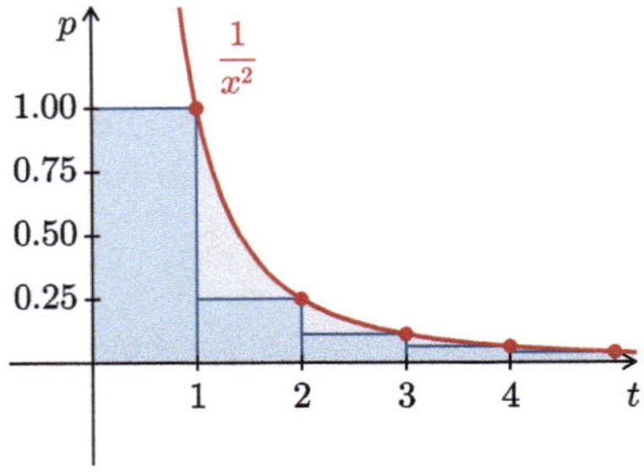

Um diese Summe näherungsweise auszurechnen, kann man $\frac{G}{2}$ aus der Summe herausziehen, den ersten Summanden separat schreiben und die restlichen Summanden schließlich mit dem Faktor 1 multiplizieren:

$$p(n) = \frac{G}{2}\sum_{k=1}^{n}\frac{1}{k^2} = \frac{G}{2}\left(1+\sum_{k=2}^{n}\frac{1}{k^2}\right) = \frac{G}{2}\left(1+\sum_{k=2}^{n}\frac{1}{k^2}\cdot 1\right).$$

Nun schätzt man diese Summe nach oben ab. Dazu lässt man die Summe bis ∞ laufen.

$$p(n) \le \frac{G}{2}\left(1+\sum_{k=2}^{\infty}\frac{1}{k^2}\cdot 1\right) \le \frac{G}{2}\left(1+\int_1^{\infty}\frac{1}{x^2}\,\mathrm{d}x\right).$$

Die Terme $\frac{1}{k^2}\cdot 1$ kann man als Rechteckinhalte interpretieren. Da die Funktion $\frac{1}{x^2}$ stets oberhalb von $\frac{1}{k^2}$ liegt, ist der Flächeninhalt unterhalb von $\frac{1}{x^2}$ größer als die Summe der Rechtecke. Nun wird das Integral einfach ausgerechnet:

$$p(n) \le \frac{G}{2}\left(1+\left(-\frac{1}{x}\right)\right)\Big|_1^{\infty} = \frac{G}{2}\left(1+(0+1)\right) = G\,.$$

Auch bei sehr langer Fahrt überschreitet die Menge der insgesamt angelagerten Partikelrückstände den Grenzwert G nicht.

10 Potenzreihen

Potenzreihen sind ein Universalwerkzeug zur einheitlichen Beschreibung von Funktionen jeglicher Art. Ihre Definition ist simpel und leicht verständlich, der Umgang mit ihnen jedoch schnell mit größeren Anstrengungen verbunden. Potenzreihen bilden eine Klammer über elementare Funktionen, die man ansonsten kaum in Verbindung bringt. So ist etwa die Potenzreihe der natürlichen Exponentialfunktion sehr ähnlich zur Potenzreihe der Sinus- oder Kosinusfunktion. Eine erstaunliche Tatsache!

Potenzreihen sind ein weiteres Beispiel für Grenzwertprozesse. Hier sind es einfach die Summanden, deren Anzahl gegen unendlich strebt. Das macht den Umgang mit Potenzreihen etwas sperrig. Man sollte sich an die kompakte Summenschreibweise mit Laufindex gewöhnen. Die Alternative ist nämlich die meist ausladende aufzählende Schreibweise an deren Ende dann drei Pünktchen stehen.

Potenzreihen haben typischerweise Konvergenzradien. Es gehört zum Verständnis der Thematik, die Bedeutung dieser Konvergenzradien zu kennen. Die Anwendung des Wurzel- oder Quotientenkriteriums zur Berechnung der Konvergenzradien fällt dann eher wieder unter die Rubrik Rechentechnik.

Einige Aufgaben betreffen das Aufstellen von etwas schwierigeren Potenzreihen aus bekannten elementaren Potenzreihen, siehe Anhang A.6. Die geometrische Reihe spielt dabei oft eine zentrale Rolle. Durch Ableiten oder Integrieren von Potenzreihen gelangt man in vielen Beispielen ebenfalls zum Ziel. Beim Integrieren sollte die Integrationskonstante dabei nicht übersehen werden, siehe Kapitel 9.

Taylor-Polynome und Taylor-Reihen gehören zu den wichtigsten Begriffen im Zusammenhang mit Potenzreihen. Es ist eine faszinierende Vorstellung, dass eine Funktion in ihrem gesamten Verlauf nur durch die Ableitungen an einer einzigen Stelle beschrieben werden kann. Die gesamte Funktions-DNA ist gewissermaßen an einem Punkt konzentriert.

In der Praxis ist das Aufstellen von Taylor-Reihen oft eine mühsame Angelegenheit, denn hierzu müssen zunächst viele Ableitungen bestimmt und diese dann an der Entwicklungsstelle ausgewertet werden. Als würde man an dieser Stelle unendlich tief graben um sämtliche Funktionseigenschaften zu Tage zu fördern. Gegebene Funktionen können mittels endlichen Taylor-Reihen, sogenannten Taylor-Polynomen, näherungsweise beschrieben werden. Diese Anwendung ist in der Praxis stark verbreitet. Insbesondere im Ingenieurbereich werden komplizierte Funktionen gern durch Polynome approximiert. Zu einem kompetenten Umgang mit Taylor-Polynomen gehört auch das Anwenden der Restgliedformel. Damit lassen sich Aussagen über die Güte einer Approximation machen.

10.1 Aufgaben

10.1.1 Verständnis und Kompetenz

Aufgabe 10.1 (Potenzreihen mit positiven Koeffizienten) ★★

Die Potenzreihe der e-Funktion mit Entwicklungsstelle $x_0 = 0$ besitzt nur positive Koeffizienten, die Potenzreihen von Sinus und Kosinus mit Entwicklungsstelle $x_0 = 0$ positive und negative Koeffizienten. Kann man daraus verallgemeinern, dass die Potenzreihe einer Funktion, die nur positive Funktionswerte hat, nur positive Koeffizienten hat?

Aufgabe 10.2 (Potenzreihen mit Koeffizienten gleich null) ★★

In den beiden Formeln zur Bestimmung des Konvergenzradius mit dem Quotienten- oder dem Wurzelkriterium wird durch den Koeffizienten a_k bzw. a_{k+1} dividiert. Wenn also bei einer Potenzreihe irgendein Koeffizient a_k null ist, dann ist für diese Reihe kein Konvergenzradius definiert. Was halten Sie von dieser Aussage?

Aufgabe 10.3 (Taylor-Reihe für Exponentialfunktion) ★★★

Welche Besonderheit hat die Taylor-Reihe der Funktion mit Entwicklungsstelle $x_0 = 0$:

$$f(x) = \begin{cases} e^{-\frac{1}{x^2}} & \text{für } x \neq 0 \\ 0 & \text{sonst ?} \end{cases}$$

10.1.2 Rechnung und Training

Aufgabe 10.4 (Taylor-Polynome) ★★★

Bestimmen Sie die Taylor-Polynome vom Grad 3 zur Entwicklungsstelle $x_0 = 0$:

a) $f(x) = \dfrac{\sin x}{1 - x}$ b) $g(x) = \dfrac{\cos x}{e^x}$ c) $h(x) = \dfrac{\ln(1 + x)}{1 - x^2}$

Aufgabe 10.5 (Konvergenzradius) ★★★

Für welche reellen Zahlen x konvergieren die folgenden Potenzreihen?

a) $\sum\limits_{k=0}^{\infty} k\, x^k$ b) $\sum\limits_{k=0}^{\infty} \dfrac{1}{3^k} x^{2k}$ c) $\sum\limits_{k=1}^{\infty} \dfrac{1}{k^k} x^k$

d) $\sum\limits_{k=1}^{\infty} \dfrac{1}{k!} x^{2k}$ e) $\sum\limits_{k=1}^{\infty} k!\, x^k$ f) $\sum\limits_{k=1}^{\infty} \dfrac{(-1)^k\, 2^k}{k} (x - 1)^k$

Aufgabe 10.6 (Entwicklung von Potenzreihen) ★★★★

Stellen Sie die folgenden Funktionen mittels Potenzreihen dar und geben Sie den zugehörigen Konvergenzbereich an. Die Potenzreihen der Funktionen $\sin x$ und $\frac{1}{1-x}$ können als bekannt vorausgesetzt werden.

a) $f_1(x) = \sin\left(x^2\right)$ b) $f_2(x) = \ln\left(1 - x^2\right)$ c) $f_3(x) = x \arctan x$

Aufgabe 10.7 (Potenzreihen und geometrische Reihe) ★★★★☆

Stellen Sie die folgenden Potenzreihen mithilfe der Reihenentwicklung von $\frac{1}{1-x}$ durch elementare Funktionen dar:

a) $\sum\limits_{k=1}^{\infty} x^{2k-1}$ b) $\sum\limits_{k=0}^{\infty}(-4)^k x^{2k}$ c) $\sum\limits_{k=1}^{\infty} \frac{1}{k(k+1)} x^{k+1}$

Aufgabe 10.8 (Potenzreihenentwicklung) ★★★★★

Stellen Sie die folgende Funktion als Potenzreihe mit der Entwicklungsstelle $x_0 = 0$ dar. Für welche x konvergiert die Reihe? Bestimmen Sie $f^{(8)}(0)$ und $f^{(111)}(0)$:

$$f(x) = 2\left(\frac{x^4}{1-x^2} + \mathrm{e}^{x^2}\right).$$

Aufgabe 10.9 (Grenzwerte durch Potenzreihenentwicklung) ★★★☆☆

Bestimmen Sie durch Potenzreihenentwicklung die folgenden Grenzwerte:

a) $\lim\limits_{x\to 0} \frac{\ln(1-3x)}{x}$ b) $\lim\limits_{x\to 0} \frac{\sin\left(x^2\right)}{\ln(1+x^2)}$ c) $\lim\limits_{x\to 0} \left(1+x^2\right)^{\frac{1}{x}}$

Aufgabe 10.10 (Grenzwert und Integralwert) ★★★★☆

Berechnen Sie durch Potenzreihenentwicklung den Grenzwert und eine Näherung für den Integralwert mit einer Genauigkeit von mindestens $5 \cdot 10^{-4}$:

$$\lim_{x\to 0} \frac{1-\cos\left(x^2\right)}{x^2}, \quad \int_0^1 \frac{1-\cos\left(x^2\right)}{x^2}\,\mathrm{d}x.$$

10.1.3 Anwendung

Aufgabe 10.11 (Normalverteilung) ★★★★☆

Die Verteilungsfunktion der Normalverteilung aus der Statistik

$$\Phi(x) = \frac{1}{\sqrt{2\pi}} \int_{-1}^{x-1} e^{-\frac{1}{2}(1+t)^2}\,\mathrm{d}t$$

soll für $x = 0.35$ mit einer Genauigkeit von mindestens $5 \cdot 10^{-4}$ bestimmt werden. Wie viele Glieder der Reihenentwicklung benötigt man dazu? Wie lautet dieser Näherungswert?

Aufgabe 10.12 (Masse eines Elektrons) ★★★☆☆

Nach der Relativitätstheorie nimmt die Masse m eines Elektrons mit seiner Geschwindigkeit v zu. Es besteht der Zusammenhang

$$m(v) = \frac{m_0}{\sqrt{1-\left(\frac{v}{c}\right)^2}}.$$

Dabei bezeichnet m_0 die Ruhemasse des Elektrons und c die Lichtgeschwindigkeit. Wie lautet eine Näherungsformel für die Funktion m unter der Annahme, dass die Geschwindigkeit v viel kleiner als c ist?

10.2 Lösungen

10.2.1 Verständnis und Kompetenz

Lösung 10.1 (Potenzreihen mit positiven Koeffizienten)

Die Verallgemeinerung stimmt nicht. Beispielsweise hat die Funktion

$$f(x) = \mathrm{e}^{-x} = 1 - x + \frac{1}{2}x^2 - \frac{1}{6}x^2 \pm \ldots$$

nur positive Funktionswerte, aber die Koeffizienten der Potenzreihe sind auch negativ.

Lösung 10.2 (Potenzreihen mit Koeffizienten gleich null)

Wenn für manche Indizes k der Koeffizient a_k null wird, dann ist das nicht problematisch. Bei dem Quotienten- oder dem Wurzelkriterium ist ja lediglich der Grenzwert entscheidend. Die Aussage, dass für eine Potenzreihe kein Konvergenzradius definiert ist, wenn irgend ein Koeffizient null ist, ist falsch.

Lösung 10.3 (Taylor-Reihe für Exponentialfunktion)

Bei der Funktion

$$f(x) = \begin{cases} \mathrm{e}^{-\frac{1}{x^2}} & \text{für } x \neq 0 \\ 0 & \text{sonst} \end{cases}$$

sind der Funktionswert und die Werte aller Ableitungen an der Stelle $x = 0$ null:

$$f(0) = 0\,, \quad f'(0) = 0\,, \quad f''(0) = 0 \ldots$$

Dies wird für $x \neq 0$ ersichtlich durch

$$f'(x) = \mathrm{e}^{-\frac{1}{x^2}} \cdot \frac{2}{x^3} \quad \text{und} \quad \lim_{x \to 0} \frac{2\,\mathrm{e}^{-\frac{1}{x^2}}}{x^3} = 0$$

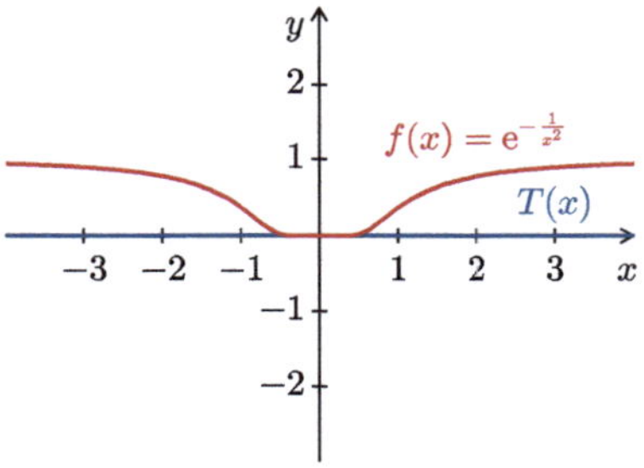

und in ähnlicher Weise für alle weiteren Ableitungen. Die Taylor-Reihe T von f ist somit die Funktion identisch null. Sie stimmt mit der Funktion f nur bei $x = 0$ überein.

10.2.2 Rechnung und Training

Lösung 10.4 (Taylor-Polynome)

Man kann die Aufgaben durch zwei unterschiedliche Methoden lösen:

1) Man berechnet alle Ableitungen bis einschließlich der dritten und verwendet dann

$$a_k = \frac{f^{(k)}(x_0)}{k!}$$

für die Koeffizienten der Taylor-Polynome.

2) Man verwendet bekannte Reihen für die Funktionen $\frac{1}{1-x}$, e^x, $\sin x$ und $\cos x$ und setzt daraus die gesuchten Taylor-Polynome zusammen.

In der Regel ist die zweite Methode einfacher.

a) Wir bestimmen von der Funktion

$$f(x) = \frac{\sin x}{1-x}$$

das Taylor-Polynom vom Grad 3 zur Entwicklungsstelle $x_0 = 0$.

1) Mithilfe der Quotientenregel ergibt sich

$$f(x) = \frac{\sin x}{1-x} \implies a_0 = \frac{f(0)}{0!} = 0$$

$$f'(x) = \frac{\cos x \cdot (1-x) + \sin x}{(1-x)^2} \implies a_1 = \frac{f'(0)}{1!} = \frac{1}{1} = 1\,.$$

Die höheren Ableitungen sind mithilfe der Quotientenregel nur sehr mühsam zu berechnen, deshalb verwendet man lieber die Umformung

$$f(x)(1-x) = \sin x$$

und berechnet die Ableitung mit der Produktregel:

$$f'(x)(1-x) - f(x) = \cos x \implies f'(0) = 1 \implies a_1 = \frac{f'(0)}{1!} = \frac{1}{1} = 1\,.$$

Derselbe Trick für die zweite Ableitung

$$f''(x)(1-x) - f'(x) - f'(x) = -\sin x \implies f''(0) = 2 \implies a_2 = \frac{f''(0)}{2!} = \frac{2}{2} = 1$$

und für die dritte Ableitung

$$f'''(x)(1-x) - f''(x) - 2\,f''(x) = -\cos x \implies f'''(0) = 5 \implies a_3 = \frac{f'''(0)}{3!} = \frac{5}{6}$$

ergibt

$$p_3(x) = 0 + 1 \cdot x + 1 \cdot x^2 + \frac{5}{6} \cdot x^3 = x + x^2 + \frac{5}{6}x^3$$

und somit das gesuchte Taylorpolynom.

2) Durch Multiplikation der Reihe für $\sin x$ und der geometrischen Reihe

$$\sin x \cdot \frac{1}{1-x} = \left(x - \frac{1}{6}x^3 + \ldots\right) \cdot \left(1 + x + x^2 + x^3 + \ldots\right)$$

ergibt sich die Reihendarstellung

$$\sin x \cdot \frac{1}{1-x} = x + x^2 + x^3 - \frac{1}{6}x^3 + \ldots$$

und damit

$$p_3(x) = x + x^2 + \frac{5}{6}x^3$$

für das gesuchte Taylorpolynom.

b) Wir bestimmen von der Funktion

$$g(x) = \frac{\cos x}{\mathrm{e}^x}$$

das Taylor-Polynom vom Grad 3 zur Entwicklungsstelle $x_0 = 0$.

1) Zunächst berechnen wir die notwendigen Ableitungen:

$$g(x) = \mathrm{e}^{-x}\cos x \implies a_0 = \frac{g(0)}{0!} = 1$$

$$g'(x) = -\mathrm{e}^{-x}\sin x - \mathrm{e}^{-x}\cos x \implies a_1 = \frac{g'(0)}{1!} = \frac{-1}{1} = -1$$

$$g''(x) = 2\,\mathrm{e}^{-x}\sin x \implies a_2 = \frac{g''(0)}{2!} = \frac{0}{2} = 0$$

$$g'''(x) = 2\,\mathrm{e}^{-x}\cos x - 2\,\mathrm{e}^{-x}\sin x \implies a_3 = \frac{g'''(0)}{3!} = \frac{2}{6} = \frac{1}{3}\,.$$

Das ergibt

$$p_3(x) = 1 - 1\cdot x + 0\cdot x^2 + \frac{1}{3}\cdot x^3 = 1 - x + \frac{1}{3}x^3$$

und somit das gesuchte Taylorpolynom.

2) Durch Multiplikation der Reihen für $\cos x$ und e^{-x}

$$\cos x\cdot \mathrm{e}^{-x} = \left(1 - \frac{1}{2}x^2 + \ldots\right)\cdot\left(1 - x + \frac{1}{2}x^2 - \frac{1}{6}\,,x^3 + \ldots\right)$$

$$= 1 - x + \frac{1}{2}x^2 - \frac{1}{2}x^2 - \frac{1}{6}x^3 + \frac{1}{2}x^3 + \ldots$$

ergibt sich

$$p_3(x) = 1 - x + \frac{1}{3}x^3$$

für das gesuchte Taylorpolynom.

c) Wir bestimmen von der Funktion

$$h(x) = \frac{\ln(1+x)}{1-x^2}$$

das Taylor-Polynom vom Grad 3 zur Entwicklungsstelle $x_0 = 0$.

1) Mithilfe der Quotientenregel ergibt sich

$$h(x) = \frac{\ln(1+x)}{1-x^2} \implies a_0 = \frac{h(0)}{0!} = 0$$

$$h'(x) = \frac{1 - x + 2x\ln(1+x)}{(1-x^2)^2} \implies a_1 = \frac{h'(0)}{1!} = \frac{1}{1} = 1\,.$$

Die höheren Ableitungen sind mithilfe der Quotientenregel nur sehr mühsam zu berechnen, deshalb verwendet man lieber die Umformung

$$(1-x^2)h(x) = \ln(1+x)$$

und berechnet die Ableitung mit der Produktregel

$$-2x\,h(x) + (1-x^2)h'(x) = (1+x)^{-1} \implies h'(0) = 1 \implies a_1 = \frac{h'(0)}{1!} = \frac{1}{1} = 1\,.$$

Dabei haben wir $x = 0$ eingesetzt und die Gleichung nach $h'(0)$ aufgelöst. Wiederum damit erhalten wir den Koeffizienten a_1.

Derselbe Trick für die zweite Ableitung

$$-2\,h(x) - 2\,x\,h'(x) - 2\,x\,h'(x) + (1-x^2)h''(x) = -(1+x)^{-2} \Longrightarrow a_2 = \frac{h''(0)}{2!} = \frac{-1}{2}$$

und für die dritte Ableitung

$$-6\,h'(x) - 6\,x\,h''(x) + (1-x^2)h'''(x) = 2(1+x)^{-3} \Longrightarrow a_3 = \frac{h'''(0)}{3!} = \frac{8}{6} = \frac{4}{3}$$

ergibt

$$p_3(x) = 0 + 1\cdot x - \frac{1}{2}\cdot x^2 + \frac{4}{3}\cdot x^3 = x - \frac{1}{2}\,x^2 + \frac{4}{3}\,x^3$$

und somit das gesuchte Taylorpolynom.

2) Zunächst brauchen wir die Reihenentwicklungen der beteiligten Funktionen $\ln(1+x)$ und $\frac{1}{1-x^2}$. Beide Funktionen lassen sich aus der geometrischen Reihe

$$\frac{1}{1-x} = 1 + x + x^2 + x^3 + \ldots$$

herleiten. Es ist

$$\ln(1+x) = \int \frac{1}{1+x}\,\mathrm{d}x = \int \left(1 - x + x^2 - x^3 + \ldots\right)\mathrm{d}x = x - \frac{1}{2}x^2 + \frac{1}{3}x^3 - \frac{1}{4}x^4 + \ldots + C,$$

wobei die Integrationskonstante $C = 0$ sein muss. Außerdem ist

$$\frac{1}{1-x^2} = 1 + (x^2) + (x^2)^2 + (x^2)^3 + \ldots = 1 + x^2 + x^4 + x^6 + \ldots$$

Durch Multiplikation der beiden Reihen

$$\ln(1+x)\cdot\frac{1}{1-x^2} = \left(x - \frac{1}{2}x^2 + \frac{1}{3}x^3 + \ldots\right)\cdot\left(1 + x^2 + \ldots\right) = x - \frac{1}{2}x^2 + \frac{1}{3}x^3 + x^3 + \ldots$$

ergibt sich

$$p_3(x) = x - \frac{1}{2}\,x^2 + \frac{4}{3}\,x^3$$

für das gesuchte Taylorpolynom.

Lösung 10.5 (Konvergenzradius)

Wenn man wissen möchte, für welche x-Werte die Reihe

$$\sum_{k=0}^{\infty} a_k (x - x_0)^k$$

konvergiert, berechnet man den Konvergenzradius r mit einer der beiden Formeln

$$r = \lim_{k\to\infty} \left|\frac{a_k}{a_{k+1}}\right|, \quad r = \lim_{k\to\infty} \frac{1}{\sqrt[k]{|a_k|}}.$$

Die Reihe konvergiert sicher für alle x-Werte aus dem offenen Intervall $(x_0 - r, x_0 + r)$. Dabei bezeichnet x_0 den Entwicklungspunkt. Ob die Reihe für $x_0 = \pm r$ konvergiert, lässt sich dadurch allerdings nicht entscheiden. Die Randpunkte werden bei diesen Beispielen nicht betrachtet.

a) Bei der Reihe

$$\sum_{k=0}^{\infty} k\,x^k = 0\,x^0 + 1\,x + 2\,x^2 + 3\,x^3 + 4\,x^4 + \ldots$$

ist $x_0 = 0$ und $a_k = k$. Für den Konvergenzradius gilt

$$r = \lim_{k\to\infty} \left|\frac{k}{k+1}\right| = 1.$$

Somit konvergiert die Reihe für $-1 < x < 1$.

b) Bei der Reihe

$$\sum_{k=0}^{\infty} \frac{1}{3^k}\,x^{2k} = \frac{1}{3^0}\,x^0 + \frac{1}{3^1}\,x^2 + \frac{1}{3^2}\,x^4 + \frac{1}{3^3}\,x^6 + \frac{1}{3^4}\,x^8 + \ldots$$

kann man $x^2 = u$ substituieren. Dadurch ergibt sich die Reihe

$$\sum_{k=0}^{\infty} \frac{1}{3^k}\,u^k = \frac{1}{3^0}\,u^0 + \frac{1}{3^1}\,u^1 + \frac{1}{3^2}\,u^2 + \frac{1}{3^3}\,u^3 + \frac{1}{3^4}\,u^4 + \ldots$$

mit $u_0 = 0$ und $a_k = \frac{1}{3^k}$. Für den Konvergenzradius gilt

$$r = \lim_{k\to\infty} \left|\frac{3^{k+1}}{3^k}\right| = \lim_{k\to\infty} |3| = 3.$$

Somit konvergiert die Reihe für

$$-3 < u < 3 \quad\Longrightarrow\quad -3 < x^2 < 3 \quad\Longrightarrow\quad -\sqrt{3} < x < \sqrt{3}.$$

c) Bei der Reihe

$$\sum_{k=1}^{\infty} \frac{1}{k^k}\,x^k = \frac{1}{1}\,x^1 + \frac{1}{2^2}\,x^2 + \frac{1}{3^3}\,x^3 + \frac{1}{4^4}\,x^4 + \ldots$$

ist $x_0 = 0$ und $a_k = \frac{1}{k^k}$. Für den Konvergenzradius gilt

$$r = \lim_{k\to\infty} \frac{1}{\sqrt[k]{\frac{1}{k^k}}} = \lim_{k\to\infty} k = \infty\,.$$

Somit konvergiert die Reihe für alle reellen Zahlen.

d) Bei der Reihe

$$\sum_{k=1}^{\infty} \frac{1}{k!}\,x^{2k} = \frac{1}{1!}\,x^2 + \frac{1}{2!}\,x^4 + \frac{1}{3!}\,x^6 + \frac{1}{4!}\,x^8 + \frac{1}{5!}\,x^{10} + \ldots$$

kann man $x^2 = u$ substituieren. Dadurch ergibt sich die Reihe

$$\sum_{k=1}^{\infty} \frac{1}{k!}\,u^k = \frac{1}{1!}\,u^1 + \frac{1}{2!}\,u^2 + \frac{1}{3!}\,u^3 + \frac{1}{4!}\,u^4 + \frac{1}{5!}\,u^5 + \ldots$$

mit $u_0 = 0$ und $a_k = \frac{1}{k!}$. Für den Konvergenzradius gilt

$$r = \lim_{k\to\infty} \left|\frac{(k+1)!}{k!}\right| = \lim_{k\to\infty} |k+1| = \infty\,.$$

Diese Reihe konvergiert für $u \in \mathbb{R}$. Somit konvergiert die ursprüngliche Reihe für $x \in \mathbb{R}$.

e) Bei der Reihe

$$\sum_{k=1}^{\infty} k!\; x^k = 1!\; x^1 + 2!\; x^2 + 3!\; x^3 + 4!\; x^4 \ldots$$

ist $x_0 = 0$ und $a_k = k!$. Für den Konvergenzradius gilt

$$r = \lim_{k\to\infty} \left| \frac{k!}{(k+1)!} \right| = \lim_{k\to\infty} \left| \frac{1}{k+1} \right| = 0.$$

Somit konvergiert die Reihe für keine reellen Zahlen, außer für $x = 0$.

f) Bei der Reihe

$$\sum_{k=1}^{\infty} \frac{(-1)^k\, 2^k}{k} \cdot (x-1)^k = \frac{-1 \cdot 2}{1}(x-1) + \frac{1 \cdot 2^2}{2}(x-1)^2 + \frac{-1 \cdot 2^3}{3}(x-1)^3 + \ldots$$

ist $x_0 = 1$ und $a_k = \frac{(-1)^k\, 2^k}{k}$. Für den Konvergenzradius gilt

$$r = \lim_{k\to\infty} \left| \frac{2^k\,(k+1)}{k\; 2^{k+1}} \right| \lim_{k\to\infty} \left| \frac{k+1}{2k} \right| = \frac{1}{2}.$$

Somit konvergiert die Reihe für $|x-1| < \frac{1}{2}$, also für $\frac{1}{2} < x < \frac{3}{2}$.

Lösung 10.6 (Entwicklung von Potenzreihen)

a) Die Potenzreihe der Sinusfunktion lautet

$$\sin x = \sum_{k=1}^{\infty} \frac{(-1)^{k+1}}{(2k-1)!}\, x^{2k-1} = \frac{x}{1!} - \frac{x^3}{3!} + \frac{x^5}{5!} - \frac{x^7}{7!} + \frac{x^9}{9!} + \ldots$$

Wir ersetzen x durch x^2 und erhalten

$$f_1(x) = \sin(x^2) = \sum_{k=1}^{\infty} \frac{(-1)^{k+1}}{(2k-1)!}\,(x^2)^{2k-1} = \frac{x^2}{1!} - \frac{x^6}{3!} + \frac{x^{10}}{5!} - \frac{x^{14}}{7!} + \frac{x^{18}}{9!} + \ldots$$

Die Potenzreihe der Sinusfunktion konvergiert für alle reellen Zahlen, also ist der Konvergenzradius $r = \infty$.

b) Die Reihen für den Logarithmus hängen mit der geometrischen Reihe zusammen:

$$\begin{aligned} -\ln(1-x) &= \int \frac{1}{1-x}\,\mathrm{d}x = \int \left(1 + x + x^2 + x^3 + x^4 + \ldots\right) \mathrm{d}x \\ &= x + \frac{1}{2}x^2 + \frac{1}{3}x^3 + \frac{1}{4}x^4 + \frac{1}{5}x^5 + \ldots + C. \end{aligned}$$

Die Integrationskonstante kann man durch Einsetzen von $x = 0$ bestimmen:

$$-\ln 1 = 0 + \frac{1}{2}0^2 + \frac{1}{3}0^3 + \frac{1}{4}0^4 + \frac{1}{5}0^5 + \ldots + C \quad \Longrightarrow \quad C = 0.$$

Wenn man jetzt noch x durch x^2 ersetzt und mit -1 multipliziert ergibt sich

$$f_2(x) = \ln(1-x^2) = -x^2 - \frac{1}{2}x^4 - \frac{1}{3}x^6 - \frac{1}{4}x^8 - \frac{1}{5}x^{10} + \ldots = -\sum_{k=0}^{\infty} \frac{1}{k+1}\, x^{2k+2}.$$

Die geometrische Reihe konvergiert für $|x| < 1$, also ist der Konvergenzradius $r = 1$.

c) Eine Reihe für $\arctan x$ erhält man ebenfalls durch Integration. Einerseits ist aus dem Zusammenhang mit der Partialbruchzerlegung, siehe Kapitel 9, bekannt:

$$\int \frac{1}{1+x^2}\,\mathrm{d}x = \arctan x + C\,.$$

Andererseits kann man eine Reihe für $\frac{1}{1+x^2}$ aus der geometrischen Reihe herleiten:

$$\frac{1}{1-x} = \sum_{k=0}^{\infty} x^k = 1 + x + x^2 + x^3 + x^4 + x^5 + \dots$$

$$\frac{1}{1+x^2} = \frac{1}{1-(-x^2)} = \sum_{k=0}^{\infty} (-x^2)^k = 1 - x^2 + x^4 - x^6 + x^8 - x^{10} + \dots$$

Aus beiden Formeln zusammen ergibt sich

$$\begin{aligned} f_3(x) &= x\,\arctan x = x \int \frac{1}{1+x^2}\,\mathrm{d}x \\ &= x \int \left(1 - x^2 + x^4 - x^6 + x^8 - x^{10} + \dots\right)\mathrm{d}x \end{aligned}$$

und damit weiter

$$\begin{aligned} f_3(x) &= x\left(x - \frac{1}{3}x^3 + \frac{1}{5}x^5 - \frac{1}{7}x^7 + \frac{1}{9}x^9 - \frac{1}{11}x^{11} + \dots\right) \\ &= x^2 - \frac{1}{3}x^4 + \frac{1}{5}x^6 - \frac{1}{7}x^8 + \frac{1}{9}x^{10} - \frac{1}{11}x^{12} + \dots = \sum_{k=0}^{\infty} \frac{(-1)^k}{2k+1}\,x^{2k+2}\,. \end{aligned}$$

Die geometrische Reihe konvergiert für $|x| < 1$, also ist der Konvergenzradius $r = 1$.

Lösung 10.7 (Potenzreihen und geometrische Reihe)

a) Die Reihe

$$f(x) = \sum_{k=1}^{\infty} x^{2k-1} = x + x^3 + x^5 + x^7 + x^9 + \dots$$

ist ähnlich zur geometrischen Reihe

$$\frac{1}{1-x} = \sum_{k=0}^{\infty} x^k = 1 + x + x^2 + x^3 + x^4 + x^5 + \dots$$

Wenn man x ausklammert

$$f(x) = x \sum_{k=1}^{\infty} x^{2k-2} = x\left(1 + x^2 + x^4 + x^6 + x^8 + \dots\right)$$

und in der geometrischen Reihe x durch x^2 ersetzt

$$\frac{1}{1-x^2} = \sum_{k=0}^{\infty} x^{2k} = 1 + x^2 + x^4 + x^6 + x^8 + \dots$$

ergibt sich

$$f(x) = x\,\frac{1}{1-x^2} = \frac{x}{1-x^2}$$

für die gesuchte elementare Funktion.

b) Die Reihe

$$f(x) = \sum_{k=0}^{\infty}(-4)^k\,x^{2k} = 1 - 4\,x^2 + 4^2\,x^4 - 4^3\,x^6 + 4^4\,x^8 + \ldots$$

kann man umformen in

$$\begin{aligned} f(x) &= \sum_{k=0}^{\infty}(-1)^k\,(2^2)^k\,x^{2k} = 1 - 2^2\,x^2 + 2^4\,x^4 - 2^6\,x^6 + 2^8\,x^8 + \ldots \\ &= \sum_{k=0}^{\infty}(-1)^k\,(2\,x)^{2k} = 1 - (2\,x)^2 + (2\,x)^4 - (2\,x)^6 + (2\,x)^8 + \ldots \end{aligned}$$

Die Funktion $f(x)$ ist also eine Art geometrische Reihe mit alternierendem Vorzeichen, bei der nur gerade Potenzen auftreten. Wenn man in der geometrischen Reihe

$$\frac{1}{1-x} = \sum_{k=0}^{\infty} x^k = 1 + x + x^2 + x^3 + x^4 + \ldots$$

x durch $-x^2$ ersetzt, dann ergibt sich

$$\frac{1}{1+x^2} = \frac{1}{1-(-x^2)} = \sum_{k=0}^{\infty}\left(-x^2\right)^k = 1 - x^2 + x^4 - x^6 + x^8 - \ldots$$

Nun muss man nur noch x durch $2\,x$ ersetzen

$$\frac{1}{1+(2\,x)^2} = \sum_{k=0}^{\infty}\left(-(2\,x)^2\right)^k = 1 - (2\,x)^2 + (2\,x)^4 - (2\,x)^6 + (2\,x)^8 - \ldots = f(x)\,.$$

Durch einen Vergleich mit der obigen Reihe erkennt man f als gesuchte Funktion.

c) Bei der Reihe

$$f(x) = \sum_{k=1}^{\infty}\frac{1}{k(k+1)}\,x^{k+1} = \frac{1}{1\cdot 2}\,x^2 + \frac{1}{2\cdot 3}\,x^3 + \frac{1}{3\cdot 4}\,x^4 + \frac{1}{4\cdot 5}\,x^5 + \frac{1}{5\cdot 6}\,x^6 + \ldots$$

werden die Koeffizienten immer entsprechend der Hochzahl geteilt. Durch Ableiten kann man diese Faktoren kürzen. Es ist

$$\begin{aligned} f'(x) &= \sum_{k=1}^{\infty}\frac{(k+1)}{k(k+1)}\,x^k = \sum_{k=1}^{\infty}\frac{1}{k}\,x^k = \frac{1}{1}\,x + \frac{1}{2}\,x^2 + \frac{1}{3}\,x^3 + \frac{1}{4}\,x^4 + \frac{1}{5}\,x^5 \ldots \\ f''(x) &= \sum_{k=1}^{\infty}\frac{k}{k}\,x^{k-1} = \sum_{k=1}^{\infty} x^{k-1} = \sum_{k=0}^{\infty} x^k = 1 + x + x^2 + x^3 + x^4 + \ldots \end{aligned}$$

Die zweite Ableitung ist also die geometrische Reihe. Durch Integration folgt

$$f''(x) = \frac{1}{1-x} \quad\Longrightarrow\quad f'(x) = -\ln(1-x) + C_1\,.$$

Aus der Reihendarstellung von $f'(0)$ kann man $C_1 = 0$ ablesen. Eine erneute Integration unter Verwendung der Formel für das Integral des Logarithmus ergibt

$$f'(x) = -\ln(1-x) \quad\Longrightarrow\quad f(x) = (1-x)\big(\ln(1-x) - 1\big) + C_2\,.$$

Hier ergibt ein Reihenvergleich mit $f(0)$ die Konstante $C_2 = 1$. Insgesamt erhalten wir

$$f(x) = (1-x)\ln(1-x) + x$$

für die gesuchte elementare Funktion.

Lösung 10.8 (Potenzreihenentwicklung)

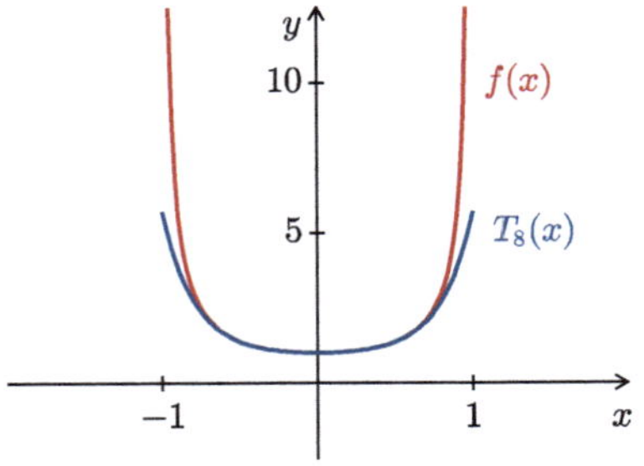

Gesucht ist die Reihenentwicklung von

$$f(x) = 2\left(\frac{x^4}{1-x^2} + e^{x^2}\right).$$

Wir starten mit der geometrischen Reihe

$$\frac{1}{1-x} = \sum_{k=0}^{\infty} x^k = 1 + x + x^2 + x^3 + x^4 + \ldots$$

und ersetzen x durch x^2:

$$\frac{1}{1-x^2} = \sum_{k=0}^{\infty} x^{2k} = 1 + x^2 + x^4 + x^6 + x^8 + \ldots$$

Wir multiplizieren mit x^4 und erhalten damit die Reihendarstellung des ersten Summanden von f:

$$\frac{x^4}{1-x^2} = \sum_{k=0}^{\infty} x^{2k+4} = x^4\left(1 + x^2 + x^4 + x^6 + \ldots\right) = x^4 + x^6 + x^8 + x^{10} + x^{12} + \ldots$$

Analog beginnen wir mit der Reihe für die Exponentialfunktion

$$e^x = \sum_{k=0}^{\infty} \frac{1}{k!} x^k = 1 + \frac{1}{1!} x + \frac{1}{2!} x^2 + \frac{1}{3!} x^3 + \frac{1}{4!} x^4 + \ldots$$

und ersetzen wiederum x durch x^2:

$$e^{x^2} = \sum_{k=0}^{\infty} \frac{1}{k!} x^{2k} = 1 + \frac{1}{1!} x^2 + \frac{1}{2!} x^4 + \frac{1}{3!} x^6 + \frac{1}{4!} x^8 + \ldots$$

Für die Funktion f ergibt sich nun dadurch

$$f(x) = 2\left(\frac{x^4}{1-x^2} + e^{x^2}\right) = 2\left(\sum_{k=0}^{\infty} x^{2k+4} + \sum_{k=0}^{\infty} \frac{1}{k!} x^{2k}\right) = 2\left(\sum_{k=2}^{\infty} x^{2k} + \sum_{k=0}^{\infty} \frac{1}{k!} x^{2k}\right).$$

Wir können die beiden Summen zusammenfassen:

$$f(x) = 2 + 2x^2 + \sum_{k=2}^{\infty}\left(2 + \frac{2}{k!}\right) x^{2k} = 2 + 2x^2 + \left(2 + \frac{2}{2!}\right)x^4 + \left(2 + \frac{2}{3!}\right)x^6 + \ldots$$

Der Konvergenzradius der geometrischen Reihe beträgt 1. Somit ist der Konvergenzradius der Reihe von f um die Entwicklungsstelle $x_0 = 0$ ebenfalls $r = 1$. Bei $f^{(8)}$ fallen beim Ableiten alle Potenzen bis x^7 weg. Die Terme ab x^9 enthalten nach dem Ableiten noch mindestens ein x und sind bei $x = 0$ daher alle null. Wir benötigen also den Koeffizienten von x^8 und müssen diesen, wegen den Ableitungen, mit $8!$ multiplizieren. Es gilt daher

$$f^{(8)}(0) = \left(2 + \frac{2}{4!}\right)\cdot 8! = \left(2 + \frac{2}{24}\right)\cdot 40320 = 84000\,, \qquad f^{(111)}(0) = 0\,.$$

Die 111-te Ableitung ist null, denn es gibt keinen Term mit x^{111}, die Terme davor fallen beim Ableiten alle weg und die Terme danach sind alle null. Mithilfe der Beziehungen

$$f^{(8)}(0) = a_8 \cdot 8! = \left(2 + \frac{2}{4!}\right)\cdot 8! = 84000\,, \qquad f^{(111)}(0) = a_{111}\cdot 111! = 0\cdot 111! = 0$$

kommt man ebenfalls auf die gesuchten Ableitungswerte.

Lösung 10.9 (Grenzwerte durch Potenzreihenentwicklung)

a) Die Funktion $\ln(1-3x)$ lässt sich auf die geometrische Reihe

$$\frac{1}{1-x} = \sum_{k=0}^{\infty} x^k = 1 + x + x^2 + x^3 + \ldots$$

zurückführen, denn

$$\begin{aligned}\ln(1-x) &= -\int \frac{1}{1-x}\,\mathrm{d}x = -\int (1 + x + x^2 + x^3 + \ldots)\,\mathrm{d}x \\ &= -x - \frac{1}{2}x^2 - \frac{1}{3}x^3 - \frac{1}{4}x^4 \ldots + C\,.\end{aligned}$$

Für $x = 0$ erhält man aus dieser Gleichung die Integrationskonstante $C = 0$. Es folgt

$$\ln(1-3x) = -3x - \frac{9}{2}x^2 - \frac{27}{3}x^3 - \frac{81}{4}x^4 \ldots$$

durch Ersetzen von x durch $3x$. Mittels

$$\lim_{x\to 0} \frac{\ln(1-3x)}{x} = \lim_{x\to 0}\left(-3 - \frac{9}{2}x - \frac{27}{3}x^2 - \frac{81}{4}x^3 \ldots\right) = -3$$

bestimmen wir den gesuchten Grenzwert.

b) Die Sinusreihe lautet

$$\sin x = \sum_{k=1}^{\infty} \frac{(-1)^{k+1}}{(2k-1)!} x^{2k-1} = \frac{x}{1!} - \frac{x^3}{3!} + \frac{x^5}{5!} - \frac{x^7}{7!} + \frac{x^9}{9!} + \ldots$$

und mit x^2 anstelle von x entsprechend

$$\sin(x^2) = \sum_{k=1}^{\infty} \frac{(-1)^{k+1}}{(2k-1)!} (x^2)^{2k-1} = \frac{x^2}{1!} - \frac{x^6}{3!} + \frac{x^{10}}{5!} - \frac{x^{14}}{7!} + \frac{x^{18}}{9!} + \ldots$$

Die Funktion $\ln(1+x^2)$ lässt sich auf die geometrische Reihe

$$\frac{1}{1-x} = \sum_{k=0}^{\infty} x^k = 1 + x + x^2 + x^3 + \ldots$$

zurückführen, denn aus Aufgabenteil a) wissen wir

$$\ln(1-x) = -x - \frac{1}{2}x^2 - \frac{1}{3}x^3 - \frac{1}{4}x^4 \ldots$$

und durch Ersetzen von x durch $-x^2$ ergibt sich

$$\ln(1+x^2) = \ln(1-(-x^2)) = x^2 - \frac{1}{2}x^4 + \frac{1}{3}x^6 - \frac{1}{4}x^8 \ldots$$

Daraus erhält man durch Kürzen mit x^2

$$\begin{aligned}\lim_{x\to 0} \frac{\sin(x^2)}{\ln(1+x^2)} &= \lim_{x\to 0} \frac{\frac{x^2}{1!} - \frac{x^6}{3!} + \frac{x^{10}}{5!} - \frac{x^{14}}{7!} + \frac{x^{18}}{9!} + \ldots}{x^2 - \frac{1}{2}x^4 + \frac{1}{3}x^6 - \frac{1}{4}x^8 \ldots} \\ &= \lim_{x\to 0} \frac{\frac{1}{1} - \frac{x^4}{3!} + \frac{x^8}{5!} - \frac{x^{12}}{7!} + \frac{x^{16}}{9!} + \ldots}{1 - \frac{1}{2}x^2 + \frac{1}{3}x^4 - \frac{1}{4}x^6 \ldots} = 1\,.\end{aligned}$$

Der gesuchte Grenzwert ist also 1.

c) Die Lösung dieser Aufgabe ist trickreich. Auf Funktionen der Bauart $(\cdots)^{\frac{1}{x}}$ wendet man am besten $\mathrm{e}^{\ln(\cdots)^{\frac{1}{x}}}$ an. In unserem konkreten Fall ergibt sich

$$(1+x^2)^{\frac{1}{x}} = \mathrm{e}^{\ln(1+x^2)^{\frac{1}{x}}} = \mathrm{e}^{\frac{1}{x}\ln(1+x^2)}\,.$$

Man braucht also nur noch eine Reihenentwicklung für $\ln(1+x^2)$, die man natürlich aus der geometrischen Reihe ableitet, siehe Aufgabenteil b):

$$\ln(1+x^2) = x^2 - \frac{1}{2}x^4 + \frac{1}{3}x^6 - \frac{1}{4}x^8 \ldots$$

Dadurch ergibt sich

$$\lim_{x\to 0}(1+x^2)^{\frac{1}{x}} = \lim_{x\to 0}\mathrm{e}^{\frac{1}{x}\ln(1+x^2)} = \lim_{x\to 0}\mathrm{e}^{x-\frac{1}{2}x^3+\frac{1}{3}x^5-\frac{1}{4}x^7\ldots} = \mathrm{e}^0 = 1.$$

Auch hier hat der gesuchte Grenzwert den Wert 1.

Lösung 10.10 (Grenzwert und Integralwert)

Aus der Kosinusreihe

$$\cos x = 1 - \frac{1}{2}x^2 + \frac{1}{4!}x^4 - \frac{1}{6!}x^6 + \ldots$$

bestimmt man eine Reihenentwicklung für $\cos(x^2)$:

$$\cos(x^2) = 1 - \frac{1}{2}x^4 + \frac{1}{4!}x^8 - \frac{1}{6!}x^{12} + \ldots$$

Damit ist

$$f(x) = \frac{1-\cos(x^2)}{x^2} = \frac{1}{x^2}\left(\frac{1}{2}x^4 - \frac{1}{4!}x^8 + \frac{1}{6!}x^{12} - \ldots\right) = \frac{1}{2}x^2 - \frac{1}{4!}x^6 + \frac{1}{6!}x^{10} - \ldots$$

und für den Grenzwert gilt

$$\lim_{x\to 0}\frac{1-\cos(x^2)}{x^2} = \lim_{x\to 0}\left(\frac{1}{2}x^2 - \frac{1}{4!}x^6 + \frac{1}{6!}x^{10} - \ldots\right) = 0\,.$$

Für das Integral ergibt sich durch gliedweise Integration

$$\begin{aligned}
\int_0^1 \frac{1-\cos(x^2)}{x^2}\,\mathrm{d}x &= \int_0^1 \left(\frac{1}{2}x^2 - \frac{1}{4!}x^6 + \frac{1}{6!}x^{10} - \ldots\right)\mathrm{d}x \\
&= \left(\frac{1}{3\cdot 2!}x^3 - \frac{1}{7\cdot 4!}x^7 + \frac{1}{11\cdot 6!}x^{11} - \ldots\right)\Bigg|_0^1 \\
&= \frac{1}{3\cdot 2!} - \frac{1}{7\cdot 4!} + \frac{1}{11\cdot 6!} - \ldots
\end{aligned}$$

Die Vorzeichen der Glieder wechseln. Es handelt sich also um eine alternierende Reihe mit monoton gegen null gehenden Gliedern. Somit lässt sich das Leibniz-Kriterium anwenden und der Näherungswert

$$\int_0^1 \frac{1-\cos(x^2)}{x^2}\,\mathrm{d}x \approx \frac{1}{6} - \frac{1}{168} = \frac{27}{168} = \frac{9}{56} \approx 0.160714$$

ist bestimmt auf 3 Nachkommastellen genau, da das erste vernachlässigte Glied $\frac{1}{7920}$ vom Betrag her kleiner als $5\cdot 10^{-4}$ ist.

10.2.3 Anwendung

Lösung 10.11 (Normalverteilung)

Wir suchen die Reihenentwicklung der Funktion

$$\Phi(x) = \frac{1}{\sqrt{2\pi}} \int_{-1}^{x-1} e^{-\frac{1}{2}(1+t)^2} \, dt.$$

und gehen dazu schrittweise vor. Aus der Reihenentwicklung für die natürliche Exponentialfunktion

$$e^x = 1 + x + \frac{1}{2}x^2 + \frac{1}{3!}x^3 + \ldots$$

bestimmt man eine Reihenentwicklung für $e^{-\frac{1}{2}(1+t)^2}$:

$$e^{-\frac{1}{2}(1+t)^2} = 1 - \frac{1}{2}(1+t)^2 + \frac{1}{2}\left(-\frac{1}{2}(1+t)^2\right)^2 + \frac{1}{3!}\left(-\frac{1}{2}(1+t)^2\right)^3 + \ldots$$

Wir fassen die Ausdrücke zusammen und erhalten

$$e^{-\frac{1}{2}(1+t)^2} = 1 - \frac{1}{2}(1+t)^2 + \frac{1}{8}(1+t)^4 - \frac{1}{48}(1+t)^6 + \ldots$$

Dabei ist die Entwicklungsstelle $t_0 = -1$. Die Reihenentwicklung konvergiert für alle reellen Werte von t. Im Integral der Funktion

$$\Phi(x) = \frac{1}{\sqrt{2\pi}} \int_{-1}^{x-1} e^{-\frac{1}{2}(1+t)^2} \, dt$$

ersetzen wir den Exponentialausdruck durch die Reihenentwicklung und erhalten

$$\Phi(x) = \frac{1}{\sqrt{2\pi}} \int_{-1}^{x-1} \left(1 - \frac{1}{2}(1+t)^2 + \frac{1}{8}(1+t)^4 - \frac{1}{48}(1+t)^6 + \ldots\right) dt.$$

Nun integrieren wir die Summanden einzeln

$$\Phi(x) = \frac{1}{\sqrt{2\pi}} \left(t - \frac{1}{6}(1+t)^3 + \frac{1}{40}(1+t)^5 - \frac{1}{336}(1+t)^7 + \ldots\right)\Bigg|_{-1}^{x-1}$$

und werten die Stammfunktion an den Grenzen aus:

$$\Phi(x) = \frac{1}{\sqrt{2\pi}} \left(x-1 - \frac{1}{6}(1+x-1)^3 + \frac{1}{40}(1+x-1)^5 - \frac{1}{336}(1+x-1)^7 + \ldots - (-1)\right).$$

An der unteren Grenze ergibt der Ausdruck in Klammern lediglich -1. Zusammengefasst erhalten wir

$$\Phi(x) = \frac{1}{\sqrt{2\pi}} \left(x - \frac{1}{6}x^3 + \frac{1}{40}x^5 - \frac{1}{336}x^7 + \ldots\right).$$

Es handelt sich um eine alternierende Reihe mit monoton gegen null gehenden Gliedern. Somit lässt sich das Leibniz-Kriterium anwenden und der Näherungswert

$$\Phi(0.35) \approx \frac{1}{\sqrt{2\pi}} \left(0.35 - \frac{1}{6}0.35^3\right) \approx 0.136779$$

ist bestimmt auf 3 Nachkommastellen genau, da das erste vernachlässigte Glied $\frac{1}{40}\,0.35^5$ vom Betrag her kleiner als $5 \cdot 10^{-4}$ ist.

Lösung 10.12 (Masse eines Elektrons)

Eine Näherungsformel für die Funktion

$$m(v) = \frac{m_0}{\sqrt{1 - \left(\frac{v}{c}\right)^2}}$$

kann man mithilfe der Reihenentwicklung von

$$f(x) = \frac{1}{\sqrt{1-x}}$$

bestimmen. Wenn v wesentlich kleiner als c ist, dann ist $\frac{v}{c}$ nahe bei 0 und eine Reihenentwicklung mit der Entwicklungstelle $x_0 = 0$ bietet sich an:

$$f(x) = f(0) + \frac{f'(0)}{1!}\,x + \frac{f''(0)}{2!}\,x^2 + \frac{f'''(0)}{3!}\,x^3 + \ldots$$

Dazu benötigen wir die Ableitungen. Es ist

$$f(x) = (1-x)^{-\frac{1}{2}},\ f'(x) = \frac{1}{2}(1-x)^{-\frac{3}{2}},\ f''(x) = \frac{3}{4}(1-x)^{-\frac{5}{2}},\ f'''(x) = \frac{15}{8}(1-x)^{-\frac{7}{2}}, \ldots$$

und speziell für $x = 0$

$$f(0) = 1, \quad f'(0) = \frac{1}{2}, \quad f''(0) = \frac{3}{4}, \quad f'''(0) = \frac{15}{8}, \ldots$$

Somit erhalten wir die Reihe

$$f(x) = 1 + \frac{1}{2}\,x + \frac{3}{8}\,x^2 + \frac{5}{16}\,x^3 + \ldots$$

Insgesamt erhalten wir die Reihenentwicklung

$$m(v) = m_0\left(1 + \frac{1}{2}\left(\frac{v}{c}\right)^2 + \frac{3}{8}\left(\frac{v}{c}\right)^4 + \frac{5}{16}\left(\frac{v}{c}\right)^6 + \ldots\right).$$

Der quadratische Ausdruck in v

$$m(v) \approx m_0 + \frac{m_0}{2\,c^2}\,v^2$$

stellt bereits eine gute Näherung dar.

11 Kurven

Kurven sind in gewisser Hinsicht die Verallgemeinerung von reellen Funktionen. Sie spielen in Anwendungen oft dann eine Rolle, wenn gebogene oder gekrümmte Verläufe mit Windungen beschrieben werden. Ein großes Anwendungsfeld ist die geometrische Konstruktion. Die Begriffe Bernstein-Polynome und Bézier-Kurven dürfen in diesem Zusammenhang nicht unerwähnt bleiben.

Die ganz großen Hürden sind in diesem Kapitel eher rar. Im Gegenteil, viele Fragestellungen sind anschaulich und können mit Skizzen angereichert werden. Zu einem Grundverständnis über Kurven gehört auch die Zuordnung von Kurvenschaubildern zu gegebenen Funktionsgleichungen.

Kurven sind durch Parametrisierungen definiert. Dabei hat eine geometrische Kurve im Allgemeinen unendlich viele verschiedene Parameterdarstellungen. Diese Tatsache ist gewöhnungsbedürftig und verursacht manchmal Verständnisschwierigkeiten. Der Gedanke an eine Durchlaufgeschwindigkeit hilft hierbei erfahrungsgemäß. Im Gegensatz zu Funktionen besitzen Kurven auch einen Durchlaufsinn.

Bei Kurven bezieht sich der Begriff der Ableitung auf die Komponentenfunktionen. Keinerlei neue Ableitungstechniken werden benötigt. Tangentenvektoren werden aus den Ableitungen der Komponentenfunktionen erzeugt. Im Zusammenhang mit Bahnkurven ist die Interpretation als physikalische und vektorielle Größen wie Position, Geschwindigkeit und Beschleunigung oft hilfreich.

Bei Anwendungen im Ingenieurbereich, insbesondere in der Fahrzeugtechnik, spielt der Begriff der Krümmung eine wichtige Rolle. Moderne Assistenzsysteme arbeiten mit der Krümmung zur Beschreibung des Straßenverlaufs und der eigenen Fahrtrajektorie. Mittels Krümmungskreisen kann der Begriff der Krümmung veranschaulicht werden. Das Aufstellen des Krümmungskreismittelpunkts verlangt ein paar Rechenschritte und greift auf Kenntnisse mit Vektoren zurück, siehe auch Kapitel 3.

Ein Klassiker im Kapitel Kurven sind Kegelschnitte. Beim Schnitt eines Kegels mit einer Ebene entstehen elementare Schnittkurven wie Kreise, Ellipsen, Hyperbeln und Parabeln. Bei einer typischen Aufgabenstellung soll eine quadratische Gleichung in zwei Variablen untersucht werden. Das Vorgehen dabei ist sehr systematisch. Man greift zunächst auf Grundfertigkeiten wie der quadratischen Ergänzung zurück. Danach wird anhand der Zahlenwerte und ihrer Vorzeichen auf den Typ des Kegelschnitts und seine charakteristischen Größen geschlossen. Eine Skizze dazu rundet die Untersuchung ab und veranschaulicht das Ergebnis.

11.1 Aufgaben

11.1.1 Verständnis und Kompetenz

Aufgabe 11.1 (Geraden) ★★☆☆☆

Geben Sie eine Gleichung der Geraden g an, die durch die beiden Punkte $P(1\,|\,1)$ und $Q(2\,|\,3)$ geht. Unter welchem Winkel schneidet g die x-Achse? Welche Gleichung hat die Gerade, die auf g senkrecht steht und durch den Ursprung geht? Berechnen Sie den Abstand der Geraden g zum Ursprung.

Aufgabe 11.2 (Kreis) ★★☆☆☆

Wie lautet die Gleichung des Kreises mit dem Mittelpunkt $M(-2\,|\,1)$, der durch den Punkt $P(1\,|\,-1)$ geht? Geben Sie eine Parameterdarstellung an.

Aufgabe 11.3 (Ellipse) ★★☆☆☆

Eine Ellipse soll die vier Geraden $x = -2$, $x = 4$, $y = 1$ und $y = 3$ berühren. Wie lautet ihre Gleichung? Geben Sie eine Parameterdarstellung an.

Aufgabe 11.4 (Hyperbel) ★★★☆☆

Von einer Hyperbel kennt man die Asymptoten $y = \pm\frac{2}{3}x$ und den Punkt $P(2\,|\,1)$. Wie lautet ihre Gleichung? Geben Sie eine Parameterdarstellung an.

Aufgabe 11.5 (Schaubilder von Kurven) ★★★☆☆

Welche Parameterdarstellung passt zu der abgebildeten Kurve? Bestimmen Sie den Parameter t_1 für den Endpunkt und skizzieren Sie die restlichen Kurven.

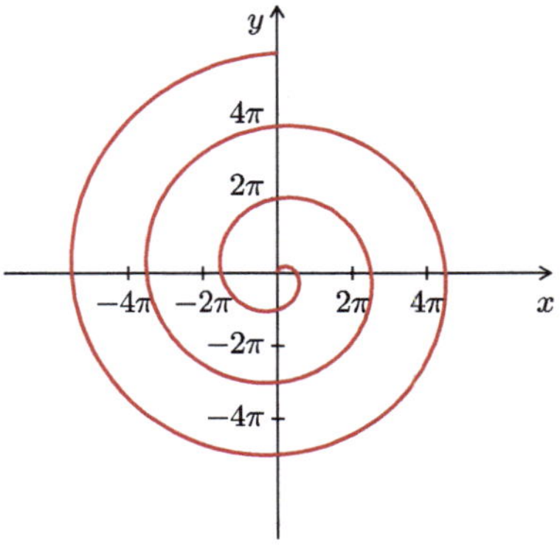

a) $\boldsymbol{c_1}(t) = \begin{pmatrix} t\cos t \\ t\sin t \end{pmatrix}, \quad t \in [0, t_1]$

b) $\boldsymbol{c_2}(t) = \begin{pmatrix} t\sin t \\ t\cos t \end{pmatrix}, \quad t \in [0, t_1]$

c) $\boldsymbol{c_3}(t) = \begin{pmatrix} t^2\sin t \\ t^2\cos t \end{pmatrix}, \quad t \in [0, t_1]$

d) $\boldsymbol{c_4}(t) = \begin{pmatrix} t\sin t \\ t^2\cos t \end{pmatrix}, \quad t \in [0, t_1]$

Aufgabe 11.6 (Darstellung mit Bernstein-Polynomen) ★★★★☆

Stellen Sie das Polynom $p(t) = -1 + t + t^2$ als Summe von Bernstein-Polynomen dar.

Aufgabe 11.7 (Maximum der Bernstein-Polynome) ★★★★★

Zeigen Sie, dass das k-te Bernstein-Polynom vom Grad n ein Maximum für $t = \frac{k}{n}$ hat:

$$B_k^n(t) = \binom{n}{k} t^k (1-t)^{n-k}.$$

11.1.2 Rechnung und Training

Aufgabe 11.8 (Skizzen von Kurven) ★★★

Skizzieren Sie die folgenden Kurven. Um welchen Kurventyp handelt es sich jeweils?

a) $\boldsymbol{c_1}(t) = \begin{pmatrix} 1-t \\ t^2-1 \end{pmatrix}, \quad t \in \mathbb{R}$

b) $\boldsymbol{c_2}(t) = \begin{pmatrix} t^2 \\ -t^2 \end{pmatrix}, \quad t \in \mathbb{R}$

c) $\boldsymbol{c_3}(t) = \begin{pmatrix} 4\sqrt{t} \\ 4\sqrt{1-t} \end{pmatrix}, \quad t \in [0,1]$

d) $\boldsymbol{c_4}(t) = \begin{pmatrix} 1+2\cos t \\ -2+\sin t \end{pmatrix}, \quad t \in [0,2\pi]$

Aufgabe 11.9 (Krümmungskreis einer Kurve) ★★★★

Die Kurve mit der Parameterdarstellung

$$\boldsymbol{c}(t) = \begin{pmatrix} t \\ t^2 \end{pmatrix}$$

geht für den Parameterwert $t = 1$ durch den Punkt $(1\,|\,1)$. Bestimmen Sie die Tangente im Kurvenpunkt $(1\,|\,1)$. Welche Krümmung hat die Kurve im Kurvenpunkt $(1\,|\,1)$? Bestimmen Sie den Mittelpunkt des Krümmungskreises zu diesem Kurvenpunkt.

Aufgabe 11.10 (Implizite Kurven) ★★★

Die Kurven seien als Schnittkurven der Fläche $z = f(x,y) = x^2 - y^2 + 2$ mit folgenden Ebenen definiert. Bestimmen Sie die Kurventypen und skizzieren Sie die Schnittkurven.

a) $E_1 : x = 1$ b) $E_2 : y = 1$ c) $E_3 : z = 2$ d) $E_4 : x + y + z = 1$

Aufgabe 11.11 (Bézier-Kurve vom Grad 2) ★★★

Eine ebene Kurve $\boldsymbol{c}$ besitzt die Parameterdarstellung

$$\boldsymbol{c}(t) = (1-t)^2 \begin{pmatrix} 1 \\ 0 \end{pmatrix} + 2(1-t)\,t \begin{pmatrix} 3 \\ 3 \end{pmatrix} + t^2 \begin{pmatrix} 5 \\ 1 \end{pmatrix}, \quad t \in [0,1].$$

a) Wo liegen Anfangs- und Endpunkt der Kurve?

b) Bestimmen Sie den Tangentenvektor im Anfangs- und Endpunkt der Kurve.

c) Skizzieren Sie die Kurve.

d) Wo schneidet die Kurve die Gerade durch die Punkte $P(0\,|\,2)$ und $Q(2\,|\,0)$?

Aufgabe 11.12 (Bézier-Kurve vom Grad 3) ★★★★

Eine Bezier-Kurve $\boldsymbol{c}$ vom Grad 3 hat die Kontrollpunkte

$$\boldsymbol{b}_0 = \begin{pmatrix} 0 \\ 0 \end{pmatrix}, \quad \boldsymbol{b}_1 = \begin{pmatrix} 3 \\ 8 \end{pmatrix}, \quad \boldsymbol{b}_2 = \begin{pmatrix} 6 \\ 8 \end{pmatrix}, \quad \boldsymbol{b}_3 = \begin{pmatrix} 9 \\ 0 \end{pmatrix}.$$

a) Skizzieren Sie das Kontrollpolygon.

b) Bestimmen Sie $\boldsymbol{c}\left(\frac{1}{2}\right)$ mithilfe des de Casteljau-Algorithmus zeichnerisch.

c) Bestimmen Sie die Tangentenvektoren im Anfangs- und Endpunkt der Kurve.

d) Skizzieren Sie den Verlauf der Kurve.

Aufgabe 11.13 (Kegelschnitte) ★★★

Bestimmen Sie die Art der Kurve (Kreis, Ellipse, Hyperbel, Parabel) und ihre charakteristischen Kenngrößen (Mittelpunkt, Radius, Halbachsen, Scheitel, Asymptoten). Geben Sie für jede Kurve eine Parameterdarstellung an.

a) $9x^2 - 16\,y^2 - 36\,x - 128\,y - 364 = 0$

b) $x^2 - 3\,y^2 + 2\,x + 18\,y - 14 = 0$

c) $2\,x^2 + 5\,y^2 - 12\,x + 10\,y + 13 = 0$

d) $x^2 + 2\,x - 10\,y + 6 = 0$

e) $4\,x^2 - y^2 - 8\,x + 6\,y - 5 = 0$

f) $x^2 + y^2 - 2\,x + 4\,y + 5 = 0$

11.1.3 Anwendung

Aufgabe 11.14 (Kerze) ★★

Eine Kerze steht mittig auf dem Boden eines Bechers. Welche Art von Kurve berandet den Schatten, der an einer senkrechten Wand entsteht? Ändert sich die Kurvenart des Schattenrands bei schrägen Wänden?

Aufgabe 11.15 (Teststrecke) ★★★

Eine Hochgeschwindigkeitsteststrecke hat eine elliptische Form mit den Halbachsen $a = 150\,\mathrm{m}$ und $b = 100\,\mathrm{m}$. Zur drahtlosen Messdatenübertragung werden in den Brennpunkten der Ellipse Funkstationen vorgesehen. Wie groß muss die Reichweite des Funksystems sein, damit ein Testfahrzeug stets Funkkontakt zu beiden Stationen hat?

Aufgabe 11.16 (Scheinwerfer) ★★★

Der Scheinwerfer eines Sportwagens hat die Form eines Rotationsparaboloids mit einem Durchmesser von $8\,\mathrm{cm}$ und einer Tiefe von $6\,\mathrm{cm}$. Wie lautet die Gleichung der Schnittparabel, wenn die Rotationsachse die x-Achse ist, der Brennpunkt im Ursprung liegt und die Parabel nach rechts geöffnet ist?

Aufgabe 11.17 (Gierrate und Testfahrt) ★★★★

Ein Gierratensensor im Fahrzeug misst die Rotationsbewegung des Fahrzeugs um seine vertikale Achse, also die Drehbewegung des Fahrzeugs. Die Messdaten einer Testfahrt enthalten eine konstante Gierrate $\varphi'(t) = c = 0.3\ \frac{1}{\mathrm{s}}$ und eine konstante Fahrzeuggeschwindigkeit $w = 15\ \frac{\mathrm{m}}{\mathrm{s}}$. Das Fahrzeug befindet sich zu Beginn der Messung im Ursprung des x-y-Koordinatensystems mit Fahrtrichtung in Richtung der y-Achse. Ermitteln Sie aus der Gierrate und der Fahrzeuggeschwindigkeit die Bewegung des Fahrzeugs in der x-y-Ebene in folgenden Schritten:

a) Bestimmen Sie den Gierwinkel $\varphi(t)$ des Fahrzeugs in der x-y-Ebene.

b) Bestimmen Sie die Geschwindigkeit $\boldsymbol{v}(t) = \begin{pmatrix} v_x(t) \\ v_y(t) \end{pmatrix} = \begin{pmatrix} w\cos(\varphi(t)) \\ w\sin(\varphi(t)) \end{pmatrix}$.

c) Bestimmen Sie die Position $\boldsymbol{s}(t) = \begin{pmatrix} s_x(t) \\ s_y(t) \end{pmatrix} = \begin{pmatrix} \int_0^t v_x(\tau)d\tau \\ \int_0^t v_y(\tau)d\tau \end{pmatrix}$.

d) Skizzieren Sie $\boldsymbol{s}(t)$ in der x-y-Ebene.

11.2 Lösungen

11.2.1 Verständnis und Kompetenz

Lösung 11.1 (Geraden)

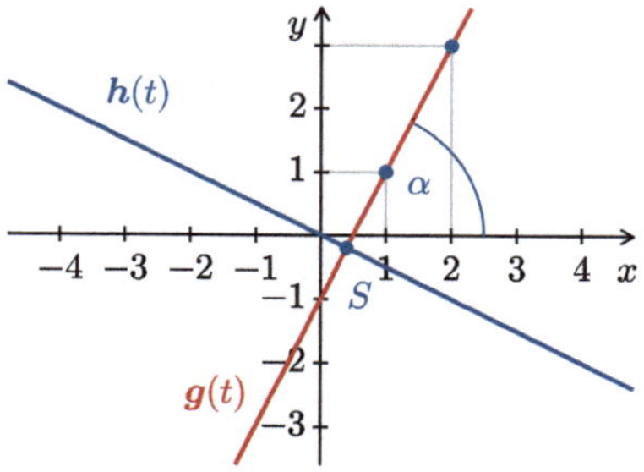

Die Geradengleichung in Parameterform lautet

$$g: \begin{pmatrix} x \\ y \end{pmatrix} = \begin{pmatrix} 1 \\ 1 \end{pmatrix} + t \begin{pmatrix} 1 \\ 2 \end{pmatrix}, \quad t \in \mathbb{R}.$$

Der Winkel zwischen dem Richtungsvektor und dem Einheitsvektor in x-Richtung lautet

$$\cos\alpha = \frac{\begin{pmatrix} 1 \\ 2 \end{pmatrix} \cdot \begin{pmatrix} 1 \\ 0 \end{pmatrix}}{\sqrt{5} \cdot \sqrt{1}} = \frac{1}{\sqrt{5}}.$$

Daraus ergibt sich der Schnittwinkel

$$\alpha = \arccos\left(\frac{1}{\sqrt{5}}\right) \approx 63^\circ.$$

Die Gerade senkrecht zu g durch den Ursprung hat die Gleichung in Parameterform

$$h: \begin{pmatrix} x \\ y \end{pmatrix} = \begin{pmatrix} 0 \\ 0 \end{pmatrix} + s \begin{pmatrix} 2 \\ -1 \end{pmatrix}, \quad s \in \mathbb{R}.$$

Der Schnittpunkt S von g und h ist der Punkt auf g, der den kürzesten Abstand zum Ursprung hat. Den Schnittpunkt berechnet man aus dem linearen Gleichungssystem

$$\begin{aligned} 1 + t &= 2s \\ 1 + 2t &= -s \end{aligned} \quad \Longrightarrow \quad 3 + 5t = 0 \quad \Longrightarrow \quad t = -\frac{3}{5} \quad \Longrightarrow \quad S\left(\frac{2}{5} \,\middle|\, -\frac{1}{5}\right).$$

Also ist $\frac{1}{\sqrt{5}}$ der Abstand von g zum Ursprung.

Lösung 11.2 (Kreis)

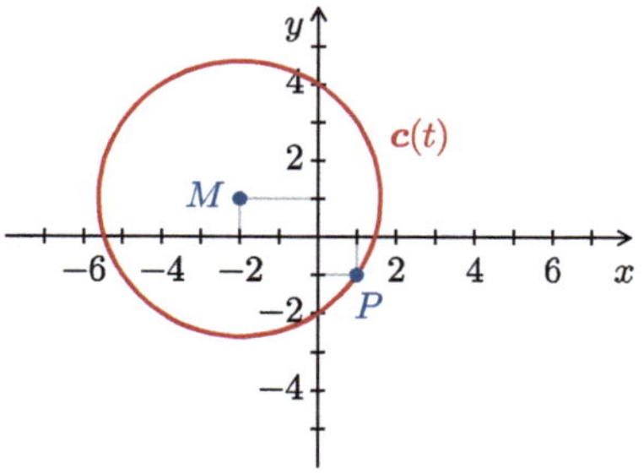

Wir verwenden die allgemeine Kreisgleichung

$$(x - x_0)^2 + (y - y_0)^2 = r^2$$

mit $x_0 = -2$ und $y_0 = 1$. Den Radius kann man aus dem Abstand des Punkts mit den Koordinaten $(1 \,|\, -1)$ vom Mittelpunkt bestimmen:

$$r = \sqrt{(1 - (-2))^2 + (-1 - 1)^2} = \sqrt{13}.$$

Die gesuchte Kreisgleichung lautet somit

$$(x + 2)^2 + (y - 1)^2 = 13.$$

Eine Parameterdarstellung lautet

$$\boldsymbol{c}(t) = \begin{pmatrix} -2 + \sqrt{13}\cos t \\ 1 + \sqrt{13}\sin t \end{pmatrix}, \quad t \in [0, 2\pi].$$

Diese Parameterdarstellung ist nicht eindeutig.

Lösung 11.3 (Ellipse)

Der Mittelpunkt der Ellipse ist der Mittelwert der Koordinaten der Berührpunkte:

$$x_0 = \frac{-2+4}{2} = 1, \quad y_0 = \frac{1+3}{2} = 2.$$

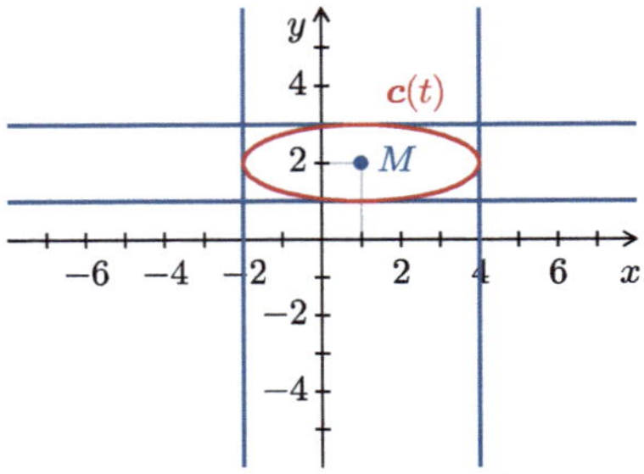

Auch die Halbachsen ergeben sich aus den Koordinaten der Berührpunkte:

$$a = \frac{4-(-2)}{2} = 3, \quad b = \frac{3-1}{2} = 1.$$

Die Gleichung der Ellipse lautet also

$$\frac{(x-1)^2}{3^2} + \frac{(y-2)^2}{1^2} = 1 \quad , \quad \boldsymbol{c}(t) = \begin{pmatrix} 1+3\cos t \\ 2+\ \sin t \end{pmatrix}, \quad t \in [0, 2\pi].$$

Die Parameterdarstellung ist nicht eindeutig.

Lösung 11.4 (Hyperbel)

Der Mittelpunkt der Hyperbel ist der Ursprung. Außerdem gilt $\frac{b}{a} = \frac{2}{3}$. Die Gleichung lautet also

$$\frac{x^2}{a^2} - \frac{9y^2}{4a^2} = \pm 1.$$

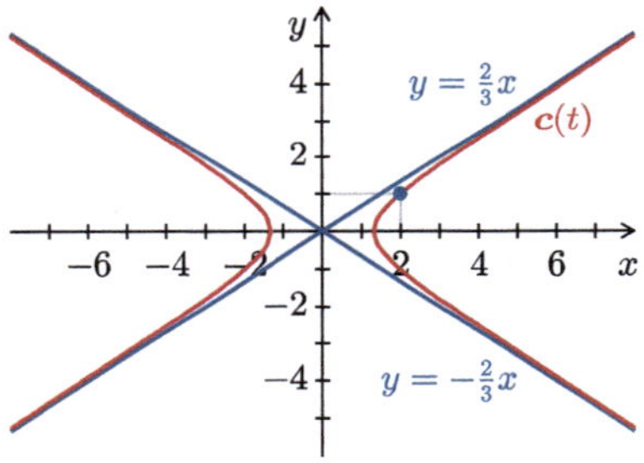

Die Punktprobe für P ergibt

$$\frac{4}{a^2} - \frac{9}{4a^2} = \pm 1 \implies a = \frac{\sqrt{7}}{2},\ b = \frac{\sqrt{7}}{3}.$$

Das Schaubild der Hyperbel ist aufgrund der Lage von P und den Asymptoten nach links und rechts geöffnet. Damit lautet die Hyperbelgleichung

$$\frac{4x^2}{7} - \frac{9y^2}{7} = 1 \quad , \quad \boldsymbol{c}(t) = \begin{pmatrix} \pm\frac{\sqrt{7}}{2}\cosh t \\ \frac{\sqrt{7}}{3}\sinh t \end{pmatrix}, \quad t \in \mathbb{R}.$$

Die Parameterdarstellung ist nicht eindeutig.

Lösung 11.5 (Schaubilder von Kurven)

Die Kurven $\boldsymbol{c_3}$ und $\boldsymbol{c_4}$ scheiden aus, denn die Abstände der einzelnen Umdrehungen sind bei den abgebildeten Kurven jeweils gleich. Bei den Kurvengleichungen von $\boldsymbol{c_3}$ und $\boldsymbol{c_4}$ ändern sich die Abstände jedoch zumindest in einer Koordinate quadratisch. Die abgebildete Spirale hat insgesamt drei Umdrehungen, der Parameterwert t_1 für den Endpunkt muss also $3 \cdot 2\pi = 6\pi$ sein. Der Endpunkt der Kurve $\boldsymbol{c_1}$ ist

$$\boldsymbol{c_1}(6\pi) = \begin{pmatrix} 6\pi \\ 0 \end{pmatrix}.$$

Das stimmt nicht mit der Abbildung überein. Es ist also die Kurve $\boldsymbol{c_2}$ abgebildet. Die anderen Kurven sehen folgendermaßen aus:

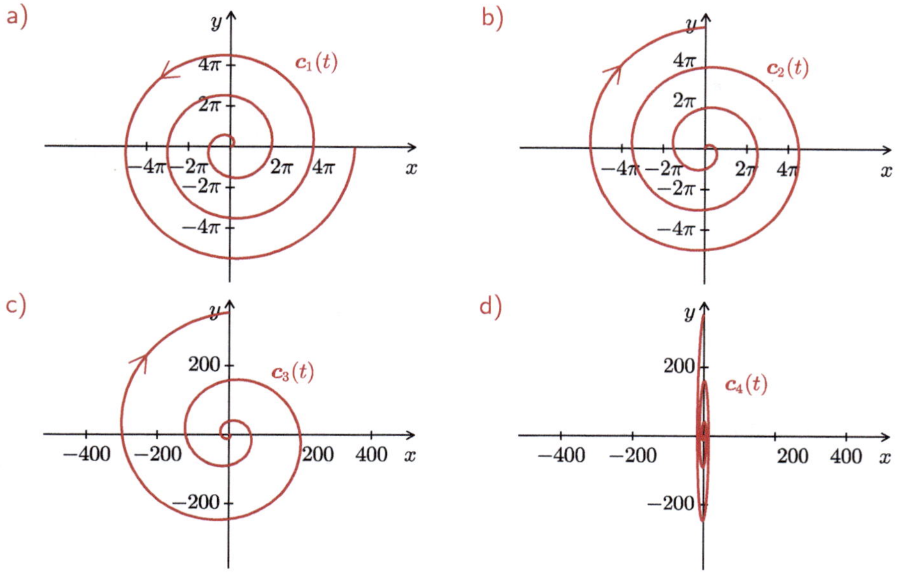

Lösung 11.6 (Darstellung mit Bernstein-Polynomen)

Der Ansatz lautet

$$-1 + t + t^2 = b_0\,B_0^2(t) + b_1\,B_1^2(t) + b_2\,B_2^2(t)$$

mit gesuchten Koeffizienten b_0, b_1 und b_2. Aus der Darstellung

$$B_0^2(t) = (1-t)^2 = 1 - 2t + t^2, \quad B_1^2(t) = 2t\,(1-t) = 2t - 2t^2, \quad B_2^2(t) = t^2$$

folgt der Koeffizientenvergleich

$$\begin{aligned} -1 &= b_0 \\ 1 &= -2\,b_0 + 2\,b_1 \\ 1 &= b_0 - 2\,b_1 + b_2 \end{aligned}$$

und daraus die Lösung $b_0 = -1$, $b_1 = -\frac{1}{2}$ und $b_2 = 1$.

Lösung 11.7 (Maximum der Bernstein-Polynome)

Für $k \neq 0, n$ können wir zunächst die Ableitung mit der Produktregel bestimmen:

$$B_k^{n\prime}(t) = \binom{n}{k}\left(kt^{k-1}(1-t)^{n-k} - t^k(n-k)(1-t)^{n-k-1}\right) = \binom{n}{k} t^{k-1}(1-t)^{n-k-1}(k-nt).$$

Für $t = \frac{k}{n}$ wird der letzte Faktor $(k - nt)$ in $B_k^{n\prime}(t)$ zu null. Damit ist die notwendige Bedingung für ein Maximum erfüllt. Der Binomialkoeffizient und alle Potenzen von t und $(1-t)$ sind für $t \in [0,1]$ nicht negativ. Der Faktor $(k - nt)$ wechselt bei $t = \frac{k}{n}$ das Vorzeichen von plus nach minus. Es liegt also tatsächlich ein Maximum vor. Für die Spezialfälle $k = 0, n$ argumentiert man etwas anders: Die Bernstein-Polynome nehmen auf $t \in [0,1]$ nur Werte aus dem Intervall $[0,1]$ an. Wegen $B_0^n(0) = 1$ und $B_n^n(1) = 1$ wird der maximale Wert 1 an der Stelle $t = 0$ bzw. $t = 1$ auch tatsächlich angenommen.

11.2.2 Rechnung und Training

Lösung 11.8 (Skizzen von Kurven)

a) Die Kurve mit den Koordinatenfunktionen

$$x(t) = 1 - t\,, \quad y(t) = t^2 - 1$$

ergibt die Parabel

$$y = (1 - x)^2 - 1\,.$$

Dabei haben wir die Koordinatenfunktion $x(t)$ nach t aufgelöst und in die Koordinatenfunktion $y(t)$ eingesetzt. Dabei durchläuft der Parameter t ganz $\mathbb{R}$.

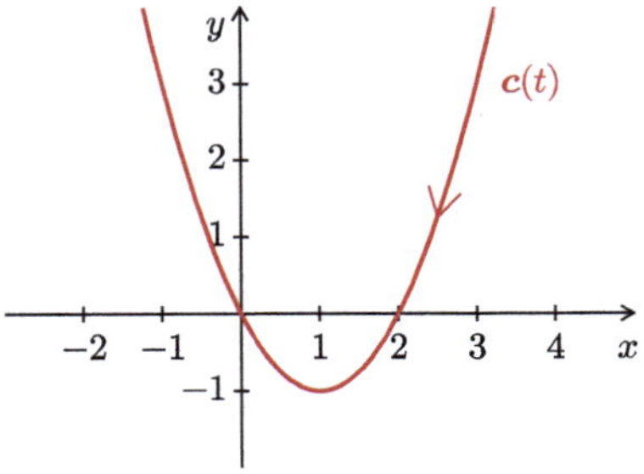

b) Die Kurve mit den Koordinatenfunktionen

$$x(t) = t^2\,, \quad y(t) = -t^2$$

ergibt die Halbgerade

$$y = -x\,,$$

wobei x nicht negativ wird und die Halbgerade für $t \in \mathbb{R}$ zweimal in entgegengesetzter Richtung durchlaufen wird. Hier haben wir in der Koordinatenfunktion $y(t)$ den Term t^2 durch x ersetzt.

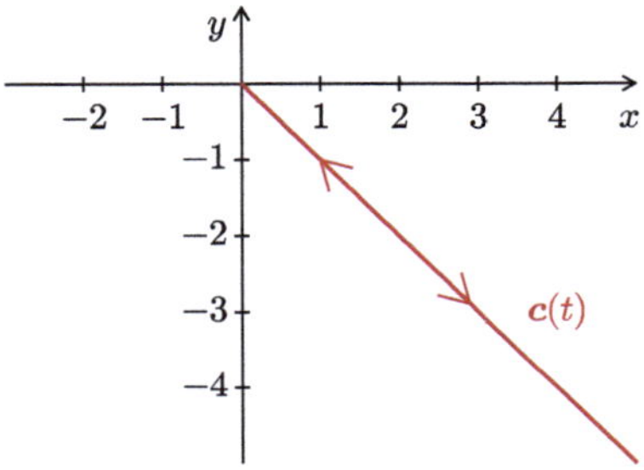

c) Für die Kurve mit den Koordinatenfunktionen

$$x(t) = 4\sqrt{t}\,, \quad y(t) = 4\sqrt{1-t}$$

gilt die Gleichung

$$x^2 + y^2 = 16\,t + 16\,(1-t) = 16\,.$$

Also liegt die Kurve auf einem Ursprungskreis mit Radius 4. Da x für $t \in [0,1]$ nur zwischen 0 und 4 verläuft, erhalten wir einen Viertelkreis im ersten Quadranten.

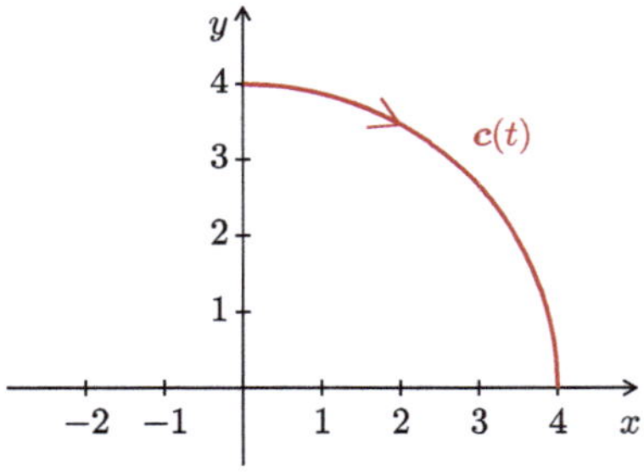

d) Die Kurve mit den Koordinatenfunktionen

$$x(t) = 1 + 2\cos t\,, \quad y(t) = -2 + \sin t$$

beschreibt eine Ellipse. Dazu lösen wir die Koordinatenfunktionen nach $\cos t$ und $\sin t$ auf und quadrieren und addieren diese:

$$\frac{(x-1)^2}{4} + \frac{(y+2)^2}{1} = \cos^2 t + \sin^2 t = 1\,.$$

Der Mittelpunkt ist $M(1\,|-2)$ und die beiden Halbachsen sind $a = 2$ und $b = 1$.

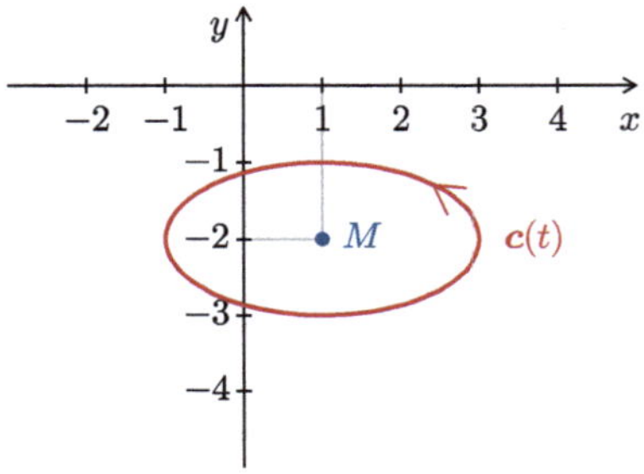

Lösung 11.9 (Krümmungskreis einer Kurve)

Die parametrisierte Kurve

$$c(t) = \begin{pmatrix} t \\ t^2 \end{pmatrix}$$

stellt die Normalparabel dar. Zur Berechnung der Krümmung benötigen wir die ersten beiden Ableitungen

$$c'(t) = \begin{pmatrix} 1 \\ 2t \end{pmatrix}, \quad c''(t) = \begin{pmatrix} 0 \\ 2 \end{pmatrix}.$$

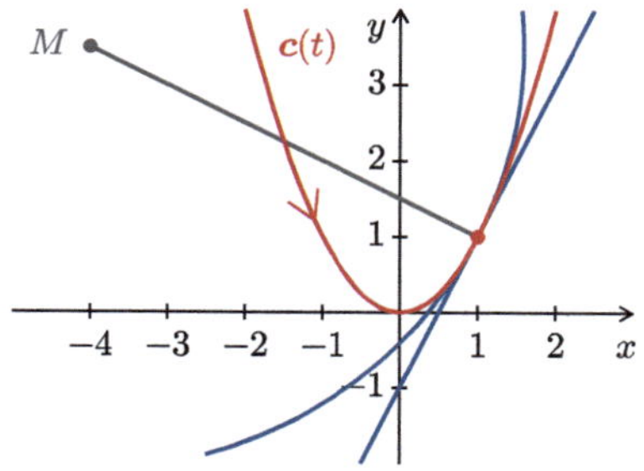

Durch Einsetzen von $t = 1$ in die erste Ableitung gelangen wir zur Tangente als Kurve in Parameterform oder auch als Funktion:

$$\begin{pmatrix} x \\ y \end{pmatrix} = \begin{pmatrix} 1 \\ 1 \end{pmatrix} + \lambda \begin{pmatrix} 1 \\ 2 \end{pmatrix} \quad \Longrightarrow \quad y = 2x - 1\,.$$

Für die Kümmung erhalten wir

$$\kappa(t) = \frac{1 \cdot 2 - 0 \cdot 2t}{\sqrt{(1^2 + (2t)^2)^3}} = \frac{2}{\sqrt{(1 + 4t^2)^3}}, \quad \kappa(1) = \frac{2}{5\sqrt{5}}\,.$$

Die Koordinaten des Krümmungskreismittelpunkts M für $t = 1$ berechnen wir aus dem Einheitsvektor $n(1)$, der senkrecht auf dem Tangentenvektor steht:

$$c'(1) = \begin{pmatrix} 1 \\ 2 \end{pmatrix} \quad \Longrightarrow \quad n(1) = \frac{1}{\sqrt{5}} \begin{pmatrix} -2 \\ 1 \end{pmatrix}.$$

Schließlich erhalten wir den Ortsvektor

$$m(1) = c(1) + \frac{1}{\kappa(1)}\, n(1) = \begin{pmatrix} 1 \\ 1 \end{pmatrix} + \frac{5\sqrt{5}}{2} \cdot \frac{1}{\sqrt{5}} \begin{pmatrix} -2 \\ 1 \end{pmatrix} = \frac{1}{2} \begin{pmatrix} -8 \\ 7 \end{pmatrix}$$

des Krümmungskreismittelpunkts M.

Lösung 11.10 (Implizite Kurven)

Das Schaubild der Funktion

$$z = f(x, y) = x^2 - y^2 + 2$$

hat die Form eines Sattels. Ein Sattel ist dadurch gekennzeichnet, dass die Schnittkurve in eine Richtung konvex und in eine andere konkav verläuft. Die Schnittkurven erhält man, in dem man jeweils die Ebenengleichungen in die gegebene Funktion

$$z = f(x, y)$$

einsetzt. Bei Höhenlinien ist der z-Wert konstant. Die Schnittkurven liegen in diesem Fall in einer waagrechten Ebene.

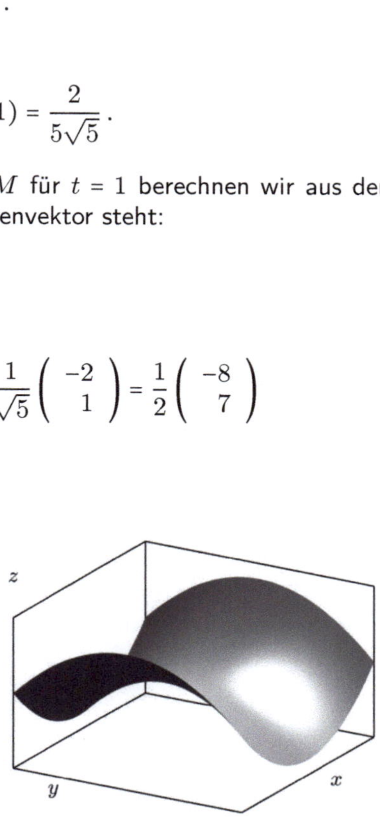

a) Wir betrachten die Ebene mit

$$x = 1\,.$$

Zur Bestimmung der Schnittkurve setzen wir die Bedingung der Ebene $x = 1$ in die Funktionsgleichung ein und erhalten

$$z(y) = -y^2 + 3\,.$$

Die Schnittkurve ist eine Parabel. Der Scheitel liegt bei $S(0\,|\,3)$.

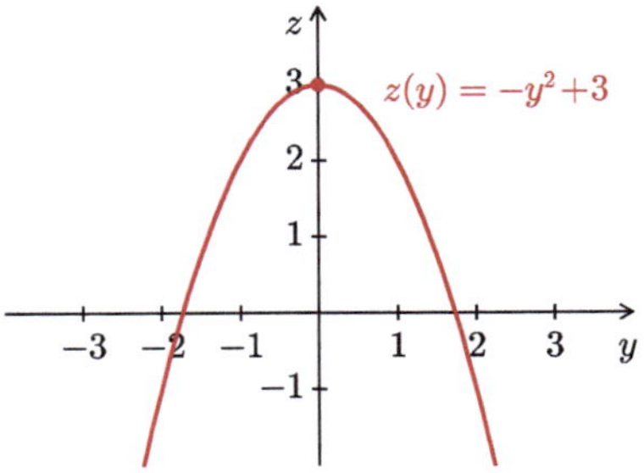

b) Wir betrachten die Ebene mit

$$y = 1\,.$$

Zur Bestimmung der Schnittkurve setzen wir die Bedingung der Ebene $y = 1$ in die Funktionsgleichung ein und erhalten

$$z(x) = x^2 + 1\,.$$

Die Schnittkurve ist ebenfalls eine Parabel. Der Scheitel liegt bei $S(0\,|\,1)$.

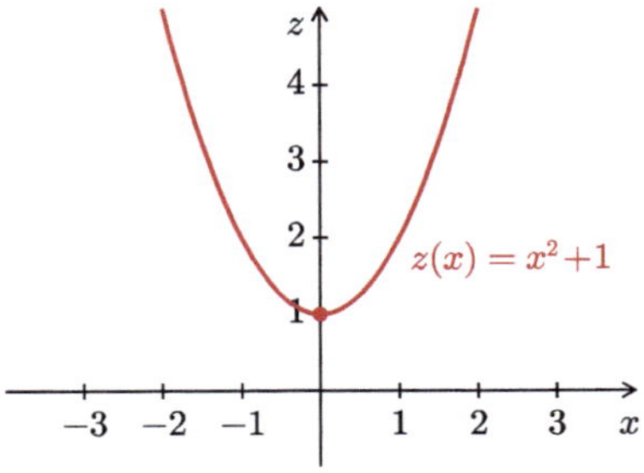

c) Wir betrachten die Ebene mit

$$z = 2\,.$$

Zur Bestimmung der Schnittkurve setzen wir die Bedingung der Ebene $z = 2$ in die Funktionsgleichung ein und erhalten

$$y(x) = \pm x\,.$$

Wir erhalten ein Geradenpaar als Schnittkurven. Dieses Geradenpaar bildet die Höhenlinien der Funktion f zum Niveau $z = 2$.

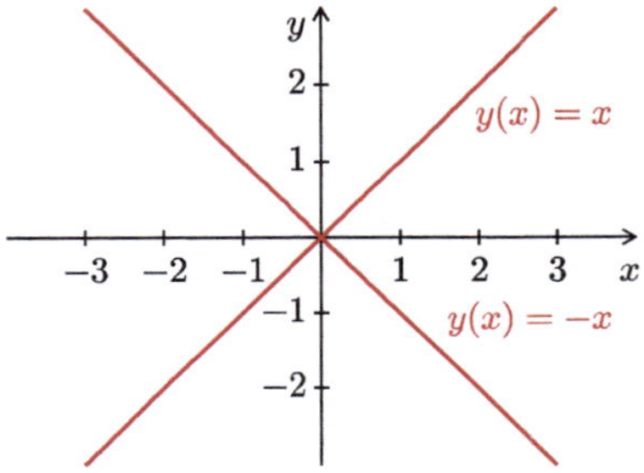

d) Die Schnittkurve mit der Ebene

$$x + y + z = 1$$

ist eine Hyperbel, denn durch Einsetzen von z folgt die Gleichung

$$1 - x - y = x^2 - y^2 + 2\,.$$

Wir bringen alle Summanden, die x oder y enthalten, auf die linke Seite und die Absolutglieder auf die rechte. Wir erhalten

$$\left(x + \frac{1}{2}\right)^2 - \left(y - \frac{1}{2}\right)^2 = -1\,.$$

Dabei haben wir einmal bzgl. x und einmal bzgl. y quadratisch ergänzt.

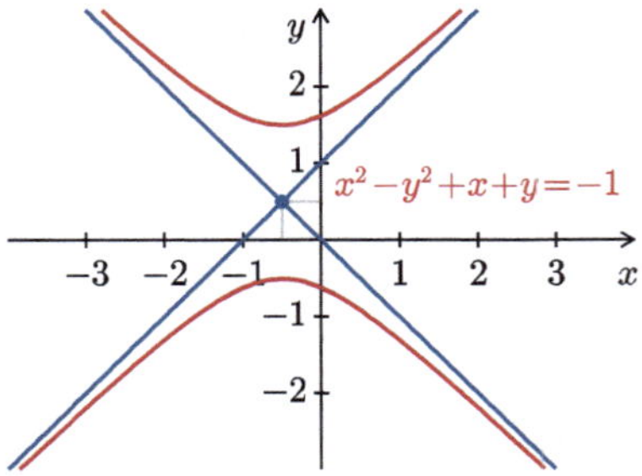

Lösung 11.11 (Bézier-Kurve vom Grad 2)

a) Durch Einsetzen der Parameterwerte $t = 0$ und $t = 1$ erhält man Anfangs- und Endpunkt. Die Kurve startet in $(1\,|\,0)$ und endet in $(5\,|\,1)$.

b) Mithilfe der Ableitung

$$\boldsymbol{c}'(t) = -2\,(1-t)\begin{pmatrix} 1 \\ 0 \end{pmatrix} + 2\,(1-2t)\begin{pmatrix} 3 \\ 3 \end{pmatrix} + 2\,t\begin{pmatrix} 5 \\ 1 \end{pmatrix}$$

ergibt sich

$$\boldsymbol{c}'(0) = -2\begin{pmatrix} 1 \\ 0 \end{pmatrix} + 2\begin{pmatrix} 3 \\ 3 \end{pmatrix} = \begin{pmatrix} 4 \\ 6 \end{pmatrix}, \quad \boldsymbol{c}'(1) = -2\begin{pmatrix} 3 \\ 3 \end{pmatrix} + 2\begin{pmatrix} 5 \\ 1 \end{pmatrix} = \begin{pmatrix} 4 \\ -4 \end{pmatrix}$$

für die Tangentenvektoren im Anfangs- und Endpunkt der Kurve.

c) Im Schaubild sind Anfangs- und Endpunkt eingezeichnet. Der dritte Kontrollpunkt ist ebenfalls eingetragen:

$$\begin{pmatrix} 1 \\ 0 \end{pmatrix}, \quad \begin{pmatrix} 3 \\ 3 \end{pmatrix}, \quad \begin{pmatrix} 5 \\ 1 \end{pmatrix}.$$

An den beiden Endpunkten verläuft die Kurve tangential zum Polygonzug durch die drei Kontrollpunkte.

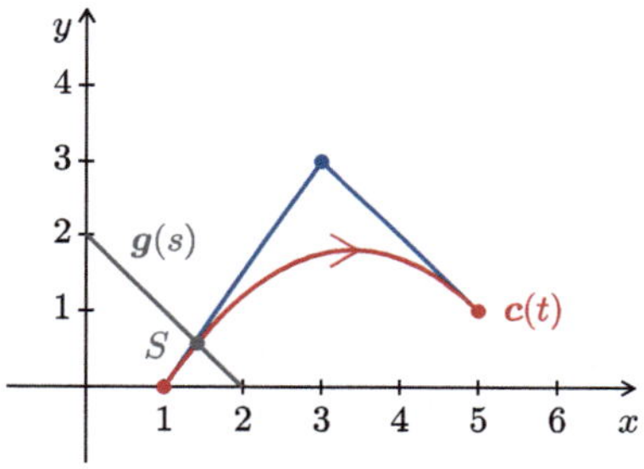

d) Die Gerade kann man als parametrisierte Kurve

$$\boldsymbol{g}(s) = \begin{pmatrix} 0 \\ 2 \end{pmatrix} + s\begin{pmatrix} 2 \\ -2 \end{pmatrix}, \quad s \in \mathbb{R}$$

darstellen. Den Schnittpunkt berechnet man durch Gleichsetzen der beiden Kurven:

$$(1-t)^2\begin{pmatrix} 1 \\ 0 \end{pmatrix} + 2\,(1-t)t\begin{pmatrix} 3 \\ 3 \end{pmatrix} + t^2\begin{pmatrix} 5 \\ 1 \end{pmatrix} = \begin{pmatrix} 0 \\ 2 \end{pmatrix} + s\begin{pmatrix} 2 \\ -2 \end{pmatrix}.$$

Dieses System von zwei nichtlinearen Gleichungen in den beiden Unbekannten s und t

$$\begin{aligned} 1 + 4t \quad &= \quad 2s \\ 6t - 5t^2 &= 2 - 2s \end{aligned}$$

kann man durch Addition der beiden Gleichungen vereinfachen zu einer einzigen quadratischen Gleichung in t:

$$-5t^2 + 10t - 1 = 0 \implies t_{1,2} = \frac{-10 \pm \sqrt{80}}{-10} \implies t_1 = 1 - \frac{2}{\sqrt{5}}, \quad s_1 = \frac{5}{2} - \frac{4}{\sqrt{5}}.$$

Nur der Parameterwert $t_1 = 1 - \frac{2}{\sqrt{5}}$ liegt in der Definitionsmenge der Kurve, der Parameterwert $t_2 = 1 + \frac{2}{\sqrt{5}}$ liegt nicht im Intervall $[0, 1]$. Es folgt

$$S\left(5 - \frac{8}{\sqrt{5}} \,\middle|\, -3 + \frac{8}{\sqrt{5}}\right)$$

für den gesuchten Schnittpunkt.

Lösung 11.12 (Bézier-Kurve vom Grad 3)

a) Gegeben sind die vier Kontrollpunkte

$$\begin{pmatrix} 0 \\ 0 \end{pmatrix}, \quad \begin{pmatrix} 3 \\ 8 \end{pmatrix}, \quad \begin{pmatrix} 6 \\ 8 \end{pmatrix}, \quad \begin{pmatrix} 9 \\ 0 \end{pmatrix}.$$

Das Kontrollpolygon verbindet die Kontrollpunkte durch einen Polygonzug. Die Bézier-Kurve verläuft in der Nähe der Kontrollpunkte, interpoliert diese aber nicht. Nur der erste und letzte Kontrollpunkt ist Teil der Bézier-Kurve.

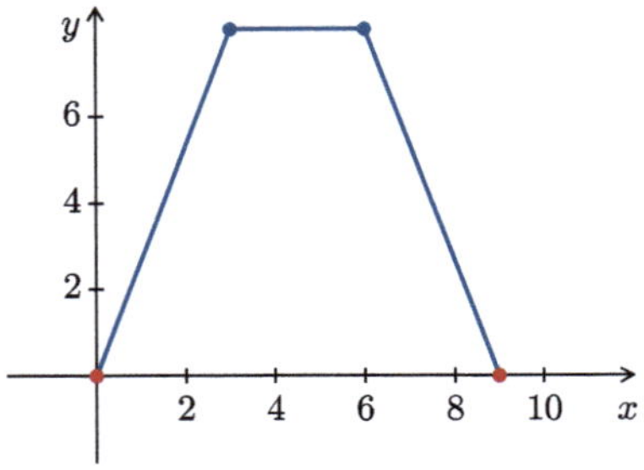

b) Den Kurvenpunkt zum Parameterwert

$$t = \frac{1}{2}$$

kann man konstruktiv ermitteln. Zunächst verbindet man die Mittelpunkte der Kanten des Kontrollpolygons. Danach verbindet man wiederum die Mittelpunkte der beiden Verbindungskanten. Der Mittelpunkt der letzten Verbindungskante ist der gesuchte Punkt.

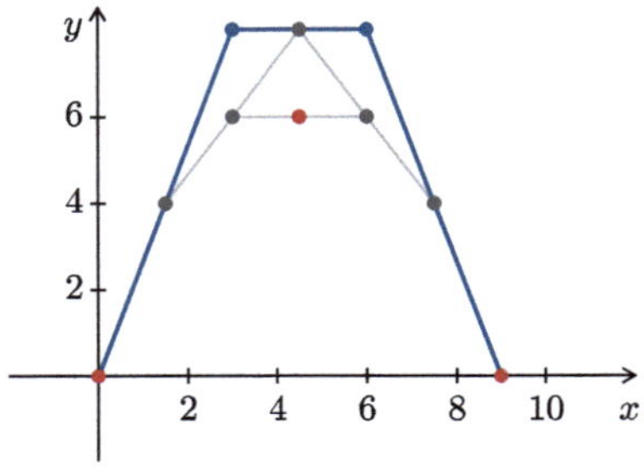

c) Da der erste Kontrollpunkt im Ursprung liegt, ergibt sich

$$\boldsymbol{c}(t) = 3\,(1-t)^2\,t \begin{pmatrix} 3 \\ 8 \end{pmatrix} + 3\,(1-t)\,t^2 \begin{pmatrix} 6 \\ 8 \end{pmatrix} + t^3 \begin{pmatrix} 9 \\ 0 \end{pmatrix}$$

$$\boldsymbol{c}'(t) = 3\big(-2\,(1-t)\,t + (1-t)^2\big) \begin{pmatrix} 3 \\ 8 \end{pmatrix} + 3\big(-t^2 + (1-t)\,2t\big) \begin{pmatrix} 6 \\ 8 \end{pmatrix} + 3\,t^2 \begin{pmatrix} 9 \\ 0 \end{pmatrix}.$$

Für den Anfangs- und Endpunkt sind die Tangentenvektoren gegeben durch

$$\boldsymbol{c}'(0) = 3\begin{pmatrix} 3 \\ 8 \end{pmatrix} + 0\begin{pmatrix} 6 \\ 8 \end{pmatrix} + 0\begin{pmatrix} 9 \\ 0 \end{pmatrix} = \begin{pmatrix} 9 \\ 24 \end{pmatrix}$$

$$\boldsymbol{c}'(1) = 0\begin{pmatrix} 3 \\ 8 \end{pmatrix} - 3\begin{pmatrix} 6 \\ 8 \end{pmatrix} + 3\begin{pmatrix} 9 \\ 0 \end{pmatrix} = \begin{pmatrix} 9 \\ -24 \end{pmatrix}.$$

Dabei haben wir die Parameterwerte 0 und 1 in die Ableitung $\boldsymbol{c}'$ eingesetzt.

d) Die Kurve verläuft im Anfangs- und Endpunkt tangential zum Polygonzug durch die Kontrollpunkte. Außerdem geht die Kurve durch den zeichnerisch bestimmten Punkt für den Parameterwert $t = \frac{1}{2}$. Da die Kontrollpunkte symmetrisch zur senkrechten Geraden $x = \frac{9}{2}$ liegen, gilt dies auch für die Kurve. Der Parameterbereich für t ist das Intervall $[0, 1]$. Die Bezier-Kurve verläuft von links nach rechts.

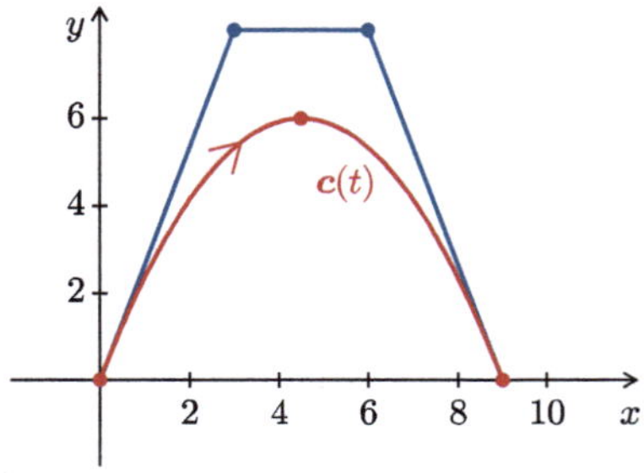

Lösung 11.13 (Kegelschnitte)

a) Aus der quadratischen Ergänzung

$$9\,(x^2-4\,x+4)-16\,(y^2+8\,y+16)=9\cdot 4-16\cdot 16+364=144$$

der gegebenen Gleichung

$$9x^2-16\,y^2-36\,x-128\,y-364=0$$

erhalten wir

$$9(x-2)^2-16(y+4)^2=144$$

und weiter

$$\frac{(x-2)^2}{4^2}-\frac{(y+4)^2}{3^2}=1\,.$$

Die Gleichung beschreibt also eine Hyperbel mit Mittelpunkt $(2\,|-4)$. Die Steigungen der Asymptoten sind $\pm\frac{3}{4}$.

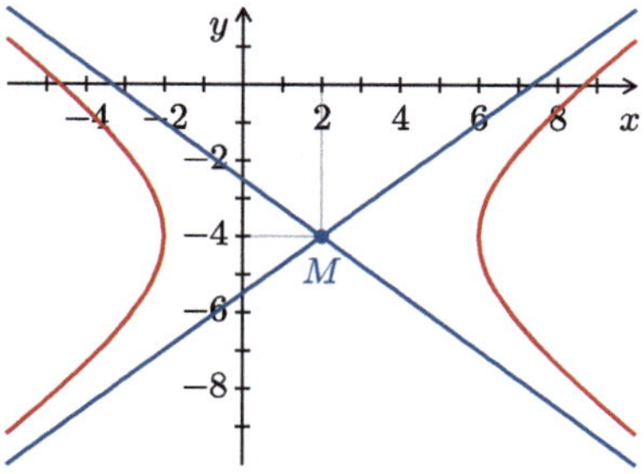

b) Aus der quadratischen Ergänzung

$$(x^2+2\,x+1)-3\,(y^2-6\,y+9)=1-3\cdot 9+14=-12$$

der gegebenen Gleichung

$$x^2-3\,y^2+2\,x+18\,y-14=0$$

erhalten wir

$$(x+1)^2-3(y-3)^2=-12$$

und weiter

$$\frac{(x+1)^2}{12}-\frac{(y-3)^2}{4}=-1\,.$$

Die Gleichung beschreibt also eine Hyperbel mit Mittelpunkt $(-1\,|\,3)$. Die Steigungen der Asymptoten sind $\frac{1}{\sqrt{3}}$.

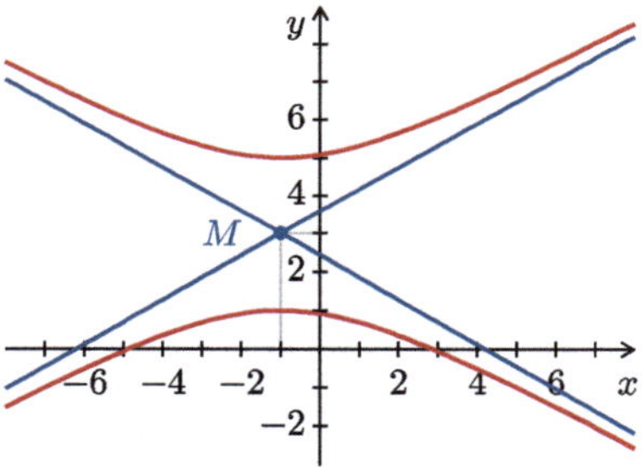

c) Aus der quadratischen Ergänzung

$$2\,(x^2-6\,x+9)+5\,(y^2+2\,y+1)=2\cdot 9+5\cdot 1-13=10$$

der gegebenen Gleichung

$$2\,x^2+5\,y^2-12\,x+10\,y+13=0$$

erhalten wir

$$2(x-3)^2+5(y+1)^2=10$$

und weiter

$$\frac{(x-3)^2}{5}+\frac{(y+1)^2}{2}=1\,.$$

Dies ist eine Ellipse mit Mittelpunkt $(3\,|-1)$ und Halbachsen $a=\sqrt{5}$ und $b=\sqrt{2}$.

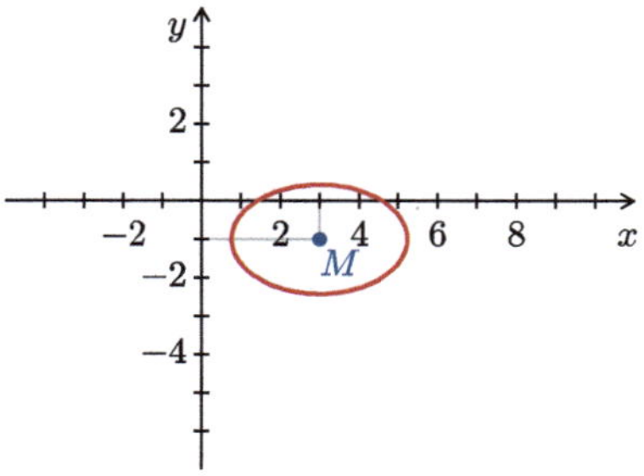

d) Aus der quadratischen Ergänzung

$$(x^2 + 2x + 1) - 10y = -5$$

der gegebenen Gleichung

$$x^2 + 2x - 10y + 6 = 0$$

erhalten wir

$$(x+1)^2 - 10y = -5$$

und weiter

$$y = \frac{1}{2} + \frac{1}{10}(x+1)^2 .$$

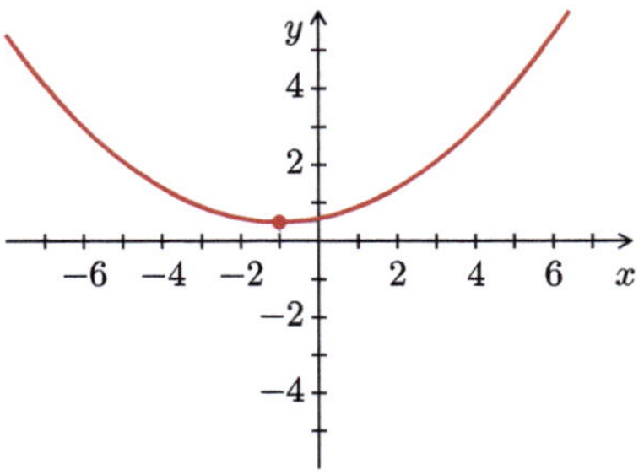

Bei dieser Gleichung kommt nur x quadratisch vor. Die Gleichung beschreibt also eine nach oben geöffnete Parabel mit Scheitelpunkt $S\left(-1 \mid \frac{1}{2}\right)$.

e) Aus der quadratischen Ergänzung

$$4(x^2 - 2x + 1) - (y^2 - 6y + 9) = 4 - 9 + 5 = 0$$

der gegebenen Gleichung

$$4x^2 - y^2 - 8x + 6y - 5 = 0$$

erhalten wir

$$4(x-1)^2 - (y-3)^2 = 0$$

und weiter

$$y = 3 \pm 2(x-1) .$$

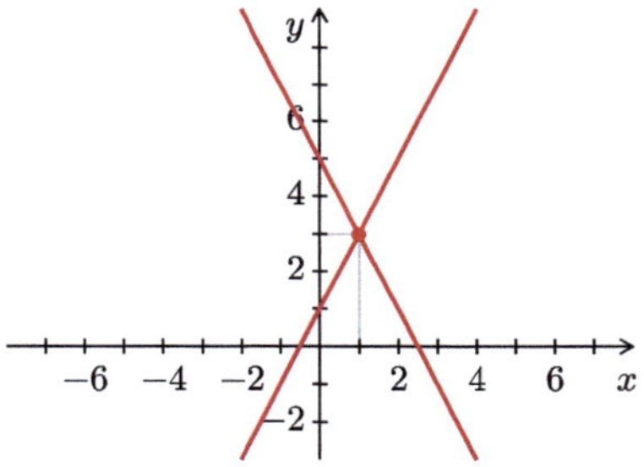

Nach der quadratischen Ergänzung gibt es kein Absolutglied mehr. Wir können die Wurzeln ziehen und erhalten nur noch lineare Terme. Die Gleichung beschreibt also ein Geradenpaar mit Schnittpunkt in $(1 \mid 3)$ und Steigungen ± 2.

f) Aus der quadratischen Ergänzung

$$(x^2 - 2x + 1) + (y^2 + 4y + 4) = 1 + 4 - 5 = 0$$

der gegebenen Gleichung

$$x^2 + y^2 - 2x + 4y + 5 = 0$$

erhalten wir

$$(x-1)^2 + (y+2)^2 = 0 .$$

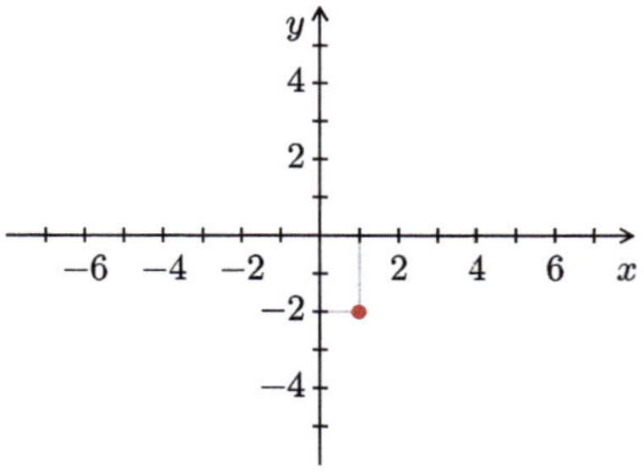

Im Unterschied zum Aufgabenteil e) steht hier ein Pluszeichen zwischen den Termen. Lediglich der Punkt mit den Koordinaten $(1 \mid -2)$, also ein Kreis mit Mittelpunkt $(1 \mid -2)$ und Radius 0, erfüllt die Gleichung.

11.2.3 Anwendung

Lösung 11.14 (Kerze)

Die Kerze steht mittig auf dem Boden des Bechers. Das Licht der Kerze erzeugt durch den Rand des Bechers einen Kegel. Eine senkrechte Wand schneidet diesen Kegel eben. Als berandende Kurve des Schattens entsteht dadurch ein Hyperbelast. Wird die Wand geneigt, entstehen zunächst ebenfalls Hyperbeläste, für eine bestimmte Neigung dann eine Parabel und danach Ellipsen. An einer waagrechten Decke entsteht schließlich ein Kreis.

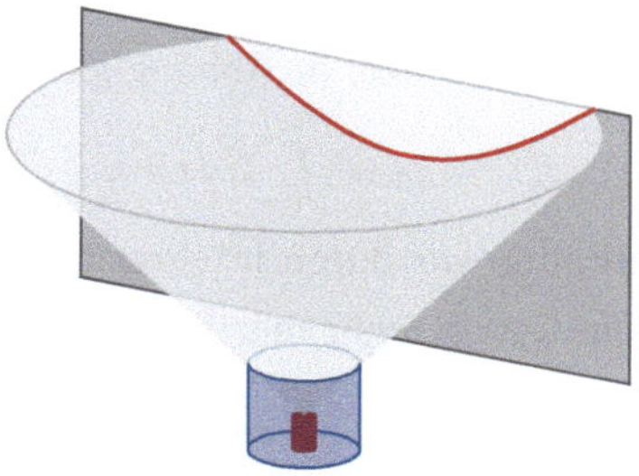

Lösung 11.15 (Teststrecke)

Die größte Reichweite wird benötigt, wenn sich das Fahrzeug in einem Scheitelpunkt mit großem Halbmesser befindet. Dann beträgt der Abstand zum gegenüberliegenden Brennpunkt

$$d = e + a = \sqrt{a^2 - b^2} + a\,.$$

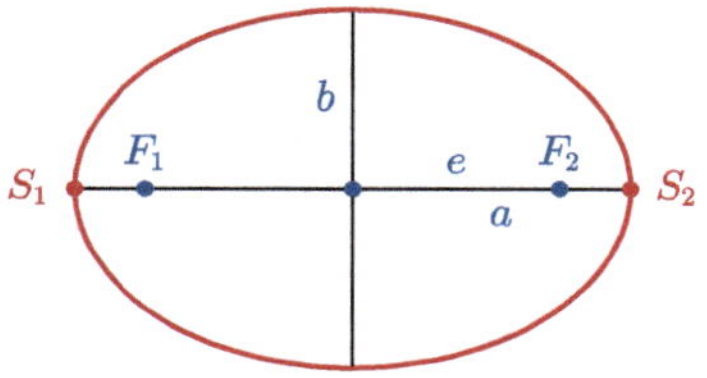

Mit den gegebenen Zahlenwerten ergibt sich

$$d = \sqrt{12500} + 150 = 50\sqrt{5} + 150\,.$$

Die erforderliche Reichweite muss also mindestens $150 + 50\sqrt{5}\,\mathrm{m} \approx 262\,\mathrm{m}$ betragen.

Lösung 11.16 (Scheinwerfer)

Zunächst lautet der allgemeine Ansatz

$$(y - y_0)^2 = 2p\,(x - x_0)\,, \quad p > 0\,.$$

Brennpunkt F, Scheitelpunkt S und oberer Endpunkt des Parabelbogens P haben gemäß den Angaben die Koordinaten

$$F(0\,|\,0)\,, \quad S\left(-\frac{p}{2}\,\middle|\,0\right)\,, \quad P\left(6 - \frac{p}{2}\,\middle|\,4\right)\,.$$

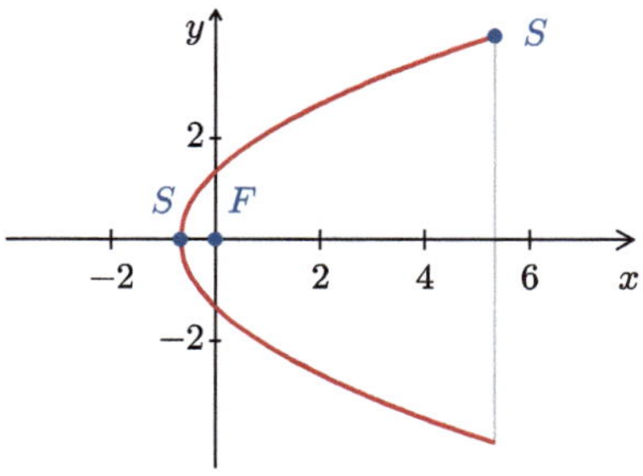

Es ist also $x_0 = -\frac{p}{2}$ und $y_0 = 0$. Durch Einsetzen von x_0, y_0 und P in den Ansatz erhält man

$$y^2 = 2p\left(x + \frac{p}{2}\right) \quad\Longrightarrow\quad 16 = 2p\left(6 - \frac{p}{2} + \frac{p}{2}\right) = 12p \quad\Longrightarrow\quad p = \frac{4}{3}\,.$$

Setzen wir nun auch p in den Ansatz ein, so erhalten wir

$$y^2 = \frac{8}{3}\left(x + \frac{2}{3}\right)$$

für die gesuchte Gleichung der Schnittparabel.

Lösung 11.17 (Gierrate und Testfahrt)

a) Aus den Angaben kann man den Anfangsgierwinkel und die Gierrate entnehmen:

$$\varphi_0 = \frac{\pi}{2}, \quad \varphi'(t) = c > 0 .$$

Den Gierwinkel in Abhängigkeit von der Zeit

$$\varphi(t) = \varphi_0 + \int_0^t c\, d\tau = \varphi_0 + c\,t = \frac{\pi}{2} + 0.3\,t$$

erhalten wir durch Integration. Dabei ist t die obere Integrationsgrenze.

b) Die Geschwindigkeit in Abhängigkeit von der Zeit

$$\boldsymbol{v}(t) = \begin{pmatrix} v_x(t) \\ v_y(t) \end{pmatrix} = w \begin{pmatrix} \cos(\varphi(t)) \\ \sin(\varphi(t)) \end{pmatrix} = w \begin{pmatrix} -\sin(c\,t) \\ \cos(c\,t) \end{pmatrix} = 15 \begin{pmatrix} -\sin(0.3\,t) \\ \cos(0.3\,t) \end{pmatrix}$$

setzt sich aus Betrag und Richtung zusammen.

c) Für die Position in Abhängigkeit von der Zeit

$$\boldsymbol{s}(t) = \begin{pmatrix} s_x(t) \\ s_y(t) \end{pmatrix} = \begin{pmatrix} \displaystyle\int_0^t v_x(\tau)\, d\tau \\ \displaystyle\int_0^t v_y(\tau)\, d\tau \end{pmatrix} = \frac{w}{c} \begin{pmatrix} \cos(c\,t) - 1 \\ \sin(c\,t) \end{pmatrix} = 50 \begin{pmatrix} \cos(0.3\,t) - 1 \\ \sin(0.3\,t) \end{pmatrix}$$

integriert man die Geschwindigkeit. Auch hier ist t die obere Integrationsgrenze.

d) Mit dem Radius und den Koordinaten

$$r = \frac{w}{c}, \quad x = s_x , \quad y = s_y$$

folgt die Gleichung

$$(x+r)^2 + y^2 = r^2 \cos^2(ct) + r^2 \sin^2(ct) = r^2 .$$

Mit den gegebenen Zahlenwerten also

$$(x + 50)^2 + y^2 = 50^2 .$$

Das Fahrzeug durchläuft somit eine stationäre Kreisfahrt mit $r = 50\ \mathrm{m}$ und $M(-50\ \mathrm{m} \,|\, 0\ \mathrm{m})$.

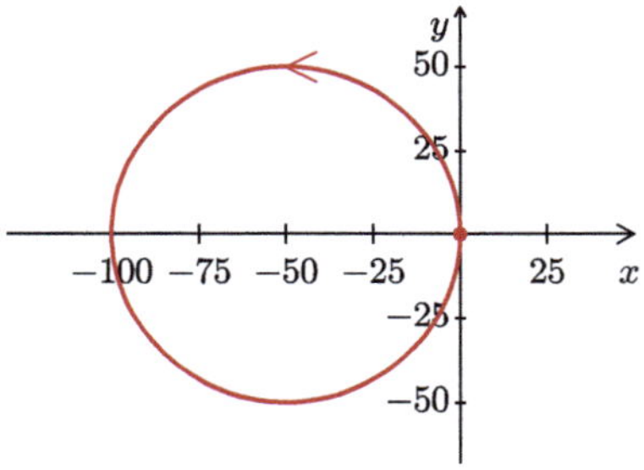

12 Funktionen mit mehreren Variablen

In diesem Kapitel werden reelle Funktionen in einer Variablen, siehe Kapitel 5 und Kapitel 6, auf mehrere Variable verallgemeinert. Man könnte nun denken, diese Verallgemeinerung ist akademisch und kaum anwendungsrelevant. Genau das Gegenteil ist der Fall. Eigentlich hängen in der Praxis die meisten Funktionen von mehreren Größen ab. Diese Größen können auch nicht festgelegte Parameter sein.

Das Finden von Definitionsbereichen im Mehrdimensionalen ist oft eine spannende Sache. Bei zwei Variablen sind diese Bereiche Teilmengen der Ebene. Diese können aus wenigen Punkten, aus Geraden oder Kurven oder auch aus ganzen Flächenstücken oder Teilebenen bestehen. Hier muss vor allem untersucht werden, ob Einschränkungen bei Nenner- oder Wurzelausdrücken bestehen.

Die Schaubilder von Funktionen mit mehreren Variablen sind recht anschaulich. An die Stelle von Kurven treten nun Flächen. Das Anfertigen von Skizzen mit der Hand ist allerdings mühsam. In der Regel skizziert man nur Projektionen und überlässt das Erstellen von mehrdimensionalen Schaubildern dem Computer.

Beim Differenzieren gibt es eine gute und eine weniger gute Nachricht. Die gute ist, dass keine neuen Ableitungsregeln hinzukommen. Die vielleicht weniger gute ist, dass man sich beim partiellen Ableiten konzentrieren muss. Nur jeweils nach einer Variablen wird abgeleitet, die anderen Variablen werden als konstant betrachtet. Das erfordert Übung.

Auch bei Extremwertaufgaben gibt es im Mehrdimensionalen Besonderheiten. Zu den Kompetenzen gehört es, zu wissen, welche notwendigen und vor allem welche hinreichenden Bedingungen für Hoch- oder Tiefpunkte erfüllt sein müssen. Hier sind die Kriterien aus dem Eindimensionalen nicht eins zu eins übertragbar.

Große Anwendungsrelevanz hat die Fehlerrechnung mit mehreren Variablen. Diese baut auf dem totalen Differenzial auf. Das totale Differenzial an sich ist eher abstrakt, bei den Anwendungen allerdings entfaltet es gewinnbringend seine Wirkung.

Weitere Anwendungsaufgaben gibt es zum Thema Ausgleichsrechnung. Gesucht werden Ausgleichspolynome zu einer gegebenen Menge von Punkten. Der Lösungsweg hierzu verläuft sehr strukturiert. Mithilfe der Normalengleichungen und unter Verwendung von Vektoren, siehe Kapitel 3, und Matrizen, siehe Kapitel 4, gelangt man auf lineare Gleichungssysteme, siehe Kapitel 2. Diese Aufgaben sind didaktisch wertvoll, verknüpfen sie doch verschiedene Bereiche der Grundlagenmathematik eng miteinander. Und zu guter letzt kann das Ergebnis sehr anschaulich skizziert werden.

12.1 Aufgaben

12.1.1 Verständnis und Kompetenz

Aufgabe 12.1 (Maximale Definitionsmengen) ★★

Bestimmen Sie die maximale Definitionsmenge der folgenden Funktionen und erstellen Sie eine Skizze der Definitionsmenge in der x-y-Ebene.

a) $f(x,y) = \sqrt{(x^2-1)(9-y^2)}$ b) $f(x,y) = \dfrac{\sqrt{x+y}}{x-y}$

Aufgabe 12.2 (Partielle Ableitungen des Arkustangens) ★★★

Berechnen Sie für die Funktion

$$f(x,y) = \arctan\left(\frac{x}{y}\right)$$

die partiellen Ableitungen f_x und f_y sowie den Ausdruck $f_{xx}\,f_{yy} - f_{xy}^2$.

12.1.2 Rechnung und Training

Aufgabe 12.3 (Partielle Ableitungen) ★★★

Bestimmen Sie die partiellen Ableitungen erster und zweiter Ordnung für die Funktionen

a) $f(x,y) = x+y$ b) $f(x,y) = (3x-5y)^2$ c) $f(r,\varphi) = 3\,r\,e^{\varphi}$

d) $f(x,y) = \ln\sqrt{x^2+y^2}$ e) $f(t,\omega,\varphi) = \sin(\omega\,t+\varphi)$ f) $f(x,y,z) = x^2\sin(y-z)$

Aufgabe 12.4 (Totales Differenzial) ★★★

Berechnen Sie für die Funktion $f(x,y,z) = x\,y + y\,z + z\,x$ das totale Differenzial $\mathrm{d}f$ an der Stelle $(x_0,y_0,z_0) = (2,3,1)$ und schätzen Sie damit die Funktionsänderung Δf für die maximalen Zuwächse $\Delta x = 0.1$, $\Delta y = 0.2$ und $\Delta z = 0.2$.

Aufgabe 12.5 (Rotationssymmetrische Funktion) ★★★★

Gegeben ist die Funktion von zwei Veränderlichen $f(x,y) = \dfrac{1}{1+x^2+y^2}$.

a) Bestimmen Sie die maximale Definitionsmenge von f.

b) Berechnen und skizzieren Sie die Schnittkurven mit den Ebenen parallel zur x-z-Ebene und zur y-z-Ebene. Welche Höhenlinien besitzt f?

c) Bestimmen Sie die partiellen Ableitungen f_x und f_y. Wo ist die Tangentialebene an die Funktion f parallel zur x-y-Ebene?

d) Wie lautet das totale Differenzial von f an der Stelle $(x_0,y_0) = (1,1)$? Geben Sie mithilfe des totalen Differenzials näherungsweise die Änderung des Funktionswertes an, wenn sich an der Stelle (x_0,y_0) die unabhängigen Variablen um maximal $\Delta x = \pm 0.1$ und $\Delta y = \pm 0.2$ ändern.

Aufgabe 12.6 (Wurzelfunktion) ★★★

Gegeben ist die Funktion $f(x,y) = \sqrt{16 - x^2 - 4y^2}$ und die Stelle $(x_0, y_0) = (\sqrt{3}, -1)$.

a) Bestimmen Sie die maximale Definitionsmenge der Funktion f.

b) Skizzieren Sie die Höhenlinien der Funktion f für die z-Werte $z_1 = 1$, $z_2 = 2$, $z_3 = 3$.

c) Wie lautet die Tangentialebene an das Schaubild der Funktion f an der Stelle (x_0, y_0)?

d) Berechne die Richtungsableitung für den Winkel $\alpha = 60°$ an der Stelle (x_0, y_0).

e) In welcher Richtung wird die Richtungsableitung an der Stelle (x_0, y_0) maximal?

Aufgabe 12.7 (Ausgleichsparabel) ★★★

Bestimmen Sie zu den Punkten $(-1\,|\,1)$, $(0\,|\,0)$, $(1\,|\,1)$ und $(2\,|\,3)$ die Ausgleichsparabel $f(x) = a_0 + a_1\,x + a_2\,x^2$, welche die Summe der Fehlerquadrate minimiert:

a) Bestimmen Sie die Funktion der Fehlerquadrate

$$e(a_0, a_1, a_2) = (f(-1) - 1)^2 + (f(0))^2 + (f(1) - 1)^2 + (f(2) - 3)^2 .$$

b) Berechnen Sie die partiellen Ableitungen der Fehlerfunktion $e(a_0, a_1, a_2)$ und bestimmen Sie damit alle Extremwerte von $e(a_0, a_1, a_2)$.

c) Wie lautet die Funktionsgleichung der Ausgleichsparabel?

12.1.3 Anwendung

Aufgabe 12.8 (Zylindervolumen) ★★★

Das Volumen eines Kreiszylinders mit Radius r und Höhe h lässt sich durch die Formel $V = \pi\,r^2\,h$ berechnen. Der Durchmesser $d = 100$ mm und die Höhe $h = 50$ mm wurden mit einem Messschieber mit der Genauigkeit $\pm 10^{-2}$ mm ermittelt. Schätzen Sie den maximalen relativen Fehler des Volumens mithilfe des Differenzials.

Aufgabe 12.9 (Zylinderoberfläche) ★★★★

Schätzen Sie mithilfe des totalen Differenzials $\mathrm{d}O$ die Oberflächenänderung ΔO eines Zylinders mit Boden und Deckel ab, dessen Radius $r = 10$ cm um maximal 5 % und dessen Höhe $h = 25$ cm um maximal 2 % verändert wurde. Vergleichen Sie diese Abschätzung mit dem exakten Wert.

Aufgabe 12.10 (Kreissegment) ★★★★

Das Gewicht eines Bleches von der Gestalt eines Kreissegments mit Radius r und Mittelpunktswinkel α berechnet sich nach der Formel $G = \frac{1}{2}\,\gamma\,D\,r^2\,(\alpha - \sin\alpha)$. Dabei bezeichnet γ das spezifische Gewicht und D die Blechdicke. Messungen haben ergeben: $\gamma = 8.75 \pm 0.02\ \frac{\mathrm{g}}{\mathrm{cm}^3}$, $r = 10.0 \pm 0.01$ cm, $D = 0.10 \pm 0.005$ cm und $\alpha = 60.0° \pm 0.05°$.

a) Wie viel Prozent beträgt näherungsweise der maximale relative Fehler von G?

b) Bei welcher Größe lohnt es sich am meisten, die Messgenauigkeit zu steigern?

12.2 Lösungen

12.2.1 Verständnis und Kompetenz

Lösung 12.1 (Maximale Definitionsmengen)

a) Die Funktion f ist nur dann definiert, wenn der Ausdruck unter der Wurzel nicht negativ wird. Entlang der beiden Geraden $x = \pm 1$ wird der erste Faktor 0 und entlang der beiden Geraden $y = \pm 3$ wird der zweite Faktor 0. Die x-y-Ebene wird durch diese vier Geraden in 9 Sektoren geteilt. Die Funktion ist in den 4 markierten Bereichen definiert, in den anderen 5 Bereichen nicht. Die 4 Teilbereiche der Definitionsmenge haben die Form von Streifen.

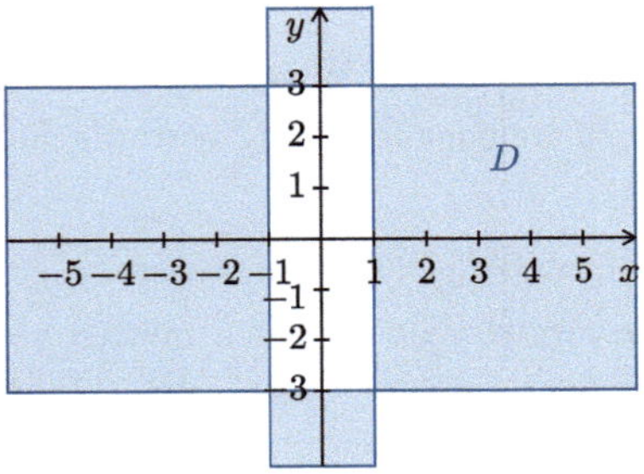

b) Die Funktion f ist nur dann definiert, wenn der Ausdruck unter der Wurzel nicht negativ wird und im Nenner nicht durch 0 geteilt wird. Dies ist genau dann erfüllt, wenn $y \geq -x$ und $x \neq y$ ist. Der Definitionsbereich besteht somit aus allen Zahlen, die auf oder oberhalb der zweiten Winkelhalbierenden liegen. Die Definitionsmenge ist also eine Halbebene. Die Zahlen auf der ersten Winkelhalbierenden gehören aber nicht zur Definitionsmenge.

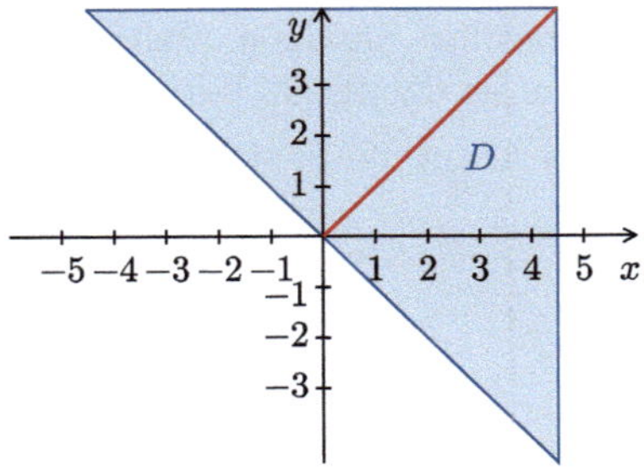

Lösung 12.2 (Partielle Ableitungen des Arkustangens)

Die Ableitung von $\arctan x$ ist $\frac{1}{1+x^2}$. Die Ableitungen erster Ordnung sind damit

$$f_x(x,y) = \frac{1}{1+\frac{x^2}{y^2}} \cdot \frac{1}{y} = \frac{y}{x^2+y^2}, \quad f_y(x,y) = \frac{1}{1+\frac{x^2}{y^2}} \cdot \frac{-x}{y^2} = \frac{-x}{x^2+y^2}.$$

Die Ableitungen zweiter Ordnung mit $f_{xy} = f_{yx}$ sind

$$f_{xx}(x,y) = \frac{-2\,y\,x}{(x^2+y^2)^2}, \quad f_{yy}(x,y) = \frac{2\,y\,x}{(x^2+y^2)^2}, \quad f_{xy}(x,y) = \frac{x^2-y^2}{(x^2+y^2)^2}.$$

Damit ergibt der gesuchte Ausdruck

$$f_{xx}(x,y)f_{yy}(x,y) - f_{xy}^2(x,y) = \frac{-4\,x^2\,y^2 - (x^2-y^2)^2}{(x^2+y^2)^4}.$$

Durch Ausmultiplizieren und Anwenden der ersten binomischen Formel vereinfachen wir:

$$\frac{-4\,x^2\,y^2 - x^4 + 2\,x^2\,y^2 - y^4}{(x^2+y^2)^4} = \frac{-\left(x^4 + 2\,x^2\,y^2 + y^4\right)}{(x^2+y^2)^4} = \frac{-(x^2+y^2)^2}{(x^2+y^2)^4} = \frac{-1}{(x^2+y^2)^2}.$$

Der Ausdruck ist stets negativ und symmetrisch in x und y.

12.2.2 Rechnung und Training

Lösung 12.3 (Partielle Ableitungen)

a) $f_x(x,y) = 1$, $f_y(x,y) = 1$

$f_{xx}(x,y) = 0$, $f_{yy}(x,y) = 0$, $f_{xy}(x,y) = 0$

b) $f_x(x,y) = 6(3x - 5y)$, $f_y(x,y) = -10(3x - 5y)$

$f_{xx}(x,y) = 18$, $f_{yy}(x,y) = 50$, $f_{xy}(x,y) = -30$

c) $f_r(r,\varphi) = 3\,\mathrm{e}^{\varphi}$, $f_{\varphi}(r,\varphi) = 3\,r\,\mathrm{e}^{\varphi}$

$f_{rr}(r,\varphi) = 0$, $f_{\varphi\varphi}(r,\varphi) = 3\,r\,\mathrm{e}^{\varphi}$, $f_{r\varphi}(r,\varphi) = 3\,\mathrm{e}^{\varphi}$

d) Durch die Umformungen

$$f(x,y) = \ln\sqrt{x^2+y^2} = \ln\left(x^2+y^2\right)^{\frac{1}{2}} = \frac{1}{2}\ln\left(x^2+y^2\right)$$

vereinfacht sich die Berechnung der partiellen Ableitungen:

$$f_x(x,y) = \frac{x}{x^2+y^2}\ , \quad f_y(x,y) = \frac{y}{x^2+y^2}\ ,$$

$$f_{xx}(x,y) = \frac{y^2-x^2}{(x^2+y^2)^2}\ , \quad f_{yy}(x,y) = \frac{x^2-y^2}{(x^2+y^2)^2}\ , \quad f_{xy}(x,y) = \frac{-2\,xy}{(x^2+y^2)^2}$$

e) $f_t(t,\omega,\varphi) = \omega\,\cos(\omega\,t+\varphi)$, $f_{\omega}(t,\omega,\varphi) = t\,\cos(\omega\,t+\varphi)$, $f_{\varphi}(t,\omega,\varphi) = \cos(\omega\,t+\varphi)$

$f_{tt}(t,\omega,\varphi) = -\omega^2\,\sin(\omega\,t+\varphi)$, $f_{\omega\omega}(t,\omega,\varphi) = -t^2\,\sin(\omega\,t+\varphi)$

$f_{\varphi\varphi}(t,\omega,\varphi) = -\sin(\omega\,t+\varphi)$, $f_{t\omega}(t,\omega,\varphi) = \cos(\omega\,t+\varphi) - \omega\,t\,\sin(\omega\,t+\varphi)$

$f_{t\varphi}(t,\omega,\varphi) = -\omega\,\sin(\omega\,t+\varphi)$, $f_{\omega\varphi}(t,\omega,\varphi) = -t\,\sin(\omega\,t+\varphi)$

f) $f_x(x,y,z) = 2\,x\sin(y-z)$, $f_y(x,y,z) = x^2\,\cos(y-z)$, $f_z(x,y,z) = -x^2\,\cos(y-z)$

$f_{xx}(x,y,z) = 2\sin(y-z)$, $f_{yy}(x,y,z) = -x^2\,\sin(y-z)$

$f_{zz}(x,y,z) = -x^2\,\sin(y-z)$, $f_{xy}(x,y,z) = 2x\cos(y-z)$

$f_{xz}(x,y,z) = -2x\cos(y-z)$, $f_{yz}(x,y,z) = x^2\sin(y-z)$

Lösung 12.4 (Totales Differenzial)

Mit den partiellen Ableitungen

$$f_x(x,y,z) = y+z\,, \quad f_y(x,y,z) = x+z\,, \quad f_z(x,y,z) = x+y$$

ergibt sich an der Stelle $(x_0,y_0,z_0) = (2,3,1)$

$$\mathrm{d}f = 4\,\mathrm{d}x + 3\,\mathrm{d}y + 5\,\mathrm{d}z\,.$$

Aus dem totalen Differenzial kann man die maximale Funktionsänderung abschätzen:

$$|\Delta f| \approx |\mathrm{d}f| \le 4\cdot 0.1 + 3\cdot 0.2 + 5\cdot 0.2 = 2\,.$$

Die tatsächliche maximale Funktionsänderung kann hier explizit berechnet werden:

$$\Delta f = f(2.1, 3.2, 1.2) - f(2,3,1) = 13.08 - 11 = 2.08\,.$$

Der Unterschied zwischen der Schätzung und dem tatsächlichen Wert ist hier gering.

Lösung 12.5 (Rotationssymmetrische Funktion)

a) Die Funktion

$$f(x,y) = \frac{1}{1+x^2+y^2}$$

ist für alle reellen Zahlen x und y definiert, somit ist die maximale Definitionsmenge

$$D = \mathbb{R}^2 .$$

An der Funktionsgleichung mit den Ausdrücken x^2+y^2 erkennt man, dass die Funktion f rotationssymmetrisch ist.

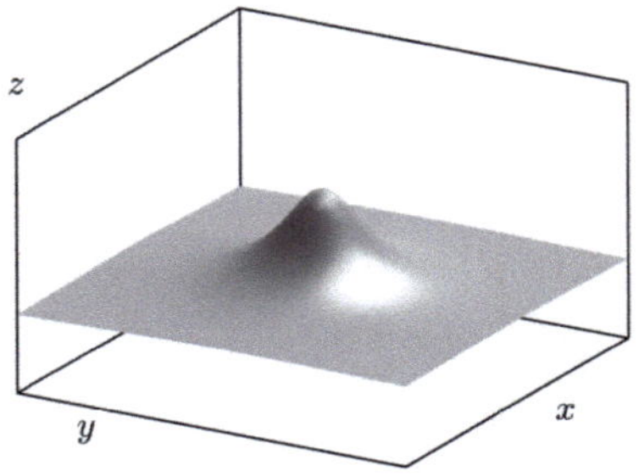

b) Schnittkurven mit den Ebenen parallel zu der x-z-Ebene erfüllen die Bedingung $y = c$, wobei c eine beliebige Konstante ist. Die Gleichung der Schnittkurven lautet somit

$$z = g_1(x) = \frac{1}{1+x^2+c^2} .$$

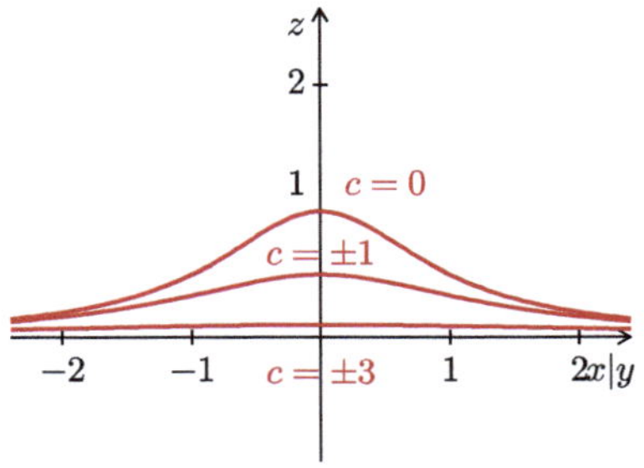

Die Schnittkurven mit den Ebenen parallel zu der y-z-Ebene ergeben sich analog:

$$z = g_2(y) = \frac{1}{1+y^2+c^2} .$$

Die Höhenlinien des Schaubilds von f

$$c = \frac{1}{1+x^2+y^2} \quad \Longrightarrow \quad x^2+y^2 = \frac{1-c}{c}$$

sind Ursprungskreise mit Radius

$$r = \sqrt{\frac{1-c}{c}} ,$$

falls c zwischen 0 und 1 liegt. Der Radius wird größer, wenn c kleiner wird. Die Fläche der Funktion f ist also eine Rotationsfläche mit z-Werten zwischen 0 und 1.

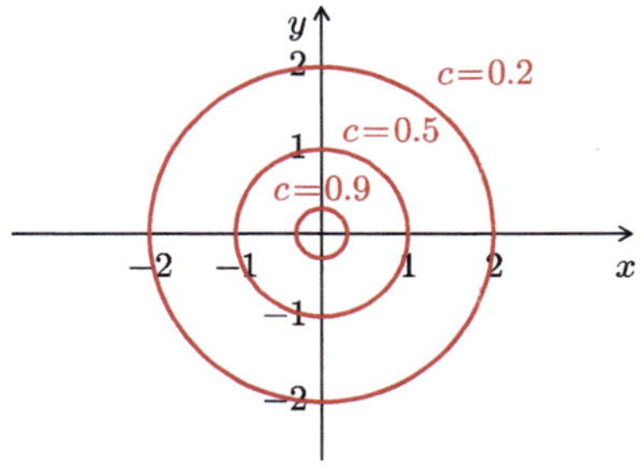

c) Die partiellen Ableitungen sind

$$f_x(x,y) = \frac{-2\,x}{\left(1+x^2+y^2\right)^2} , \qquad f_y(x,y) = \frac{-2y}{\left(1+x^2+y^2\right)^2} .$$

Die Tangentialebene ist genau dann parallel zur x-y-Ebene, wenn beide partiellen Ableitungen null sind, also in $(x,y) = (0,0)$.

d) Das totale Differenzial von f im Punkt $P\left(1\,\middle|\,1\,\middle|\,\frac{1}{3}\right)$ ist $\mathrm{d}f = -\frac{2}{9}\,\mathrm{d}x - \frac{2}{9}\,\mathrm{d}y$. Setzt man die Abweichungen Δx und Δy ein, so liefert

$$|\Delta f| \approx \frac{2}{9}\,|\Delta x| + \frac{2}{9}\,|\Delta y| = \frac{1}{15} \approx 0.067$$

eine Abschätzung der maximalen Funktionsänderung mithilfe des totalen Differenzials.

Lösung 12.6 (Wurzelfunktion)

a) Die Funktion f ist für alle x-Werte und y-Werte definiert, die die Bedingung $16 - x^2 - 4\,y^2 \geq 0$ erfüllen. Wir bestimmen zunächst alle Werte, für die der Ausdruck unter der Wurzel Null wird

$$16 - x^2 - 4\,y^2 = 0 \implies \frac{x^2}{4^2} + \frac{y^2}{2^2} = 1\,.$$

Diese Gleichung beschreibt eine Ellipse mit dem Ursprung als Mittelpunkt und den beiden Halbachsen $a = 4$ und $b = 2$. Die Definitionsmenge besteht aus allen Punkten (x, y), die innerhalb der Ellipse oder auf dem Rand der Ellipse liegen.

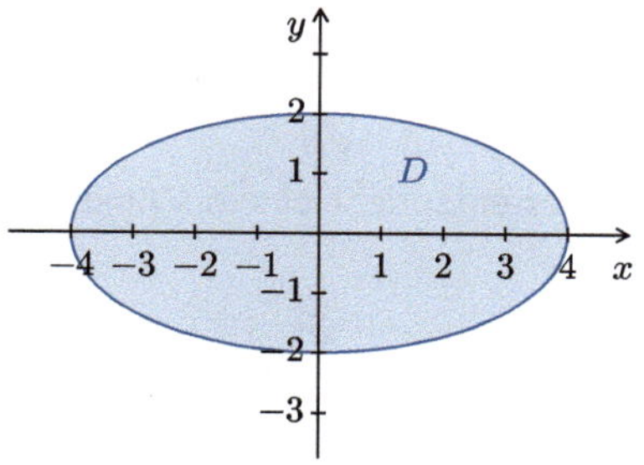

b) Die Höhenlinien ergeben sich aus

$$z = \sqrt{16 - x^2 - 4y^2} \implies x^2 + 4y^2 = 16 - z^2\,.$$

Die z-Werte 1, 2, 3 erzeugen Ellipsen mit

$$a_1 = \sqrt{15}\ ,\ a_2 = \sqrt{12}\ ,\ a_3 = \sqrt{7}$$

$$b_1 = \frac{\sqrt{15}}{2}\ ,\ b_2 = \frac{\sqrt{12}}{2}\ ,\ b_3 = \frac{\sqrt{7}}{2}$$

als Halbachsen und $(0\,|\,0)$ als Mittelpunkt.

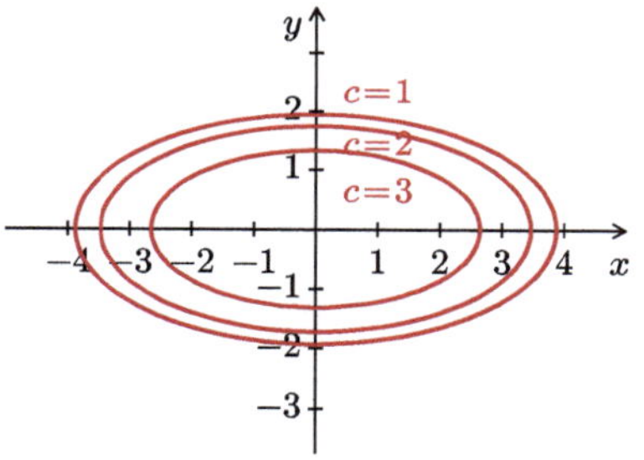

c) Für die Tangentialebene berechnet man zunächst die partiellen Ableitungen

$$f_x(x, y) = \frac{-x}{\sqrt{16 - x^2 - 4y^2}}, \qquad f_y(x, y) = \frac{-4y}{\sqrt{16 - x^2 - 4y^2}}\,.$$

Wir benötigen die Werte an der Stelle $(x, y) = (\sqrt{3}, -1)$:

$$f_x(\sqrt{3}, -1) = \frac{-\sqrt{3}}{3}, \qquad f_y(\sqrt{3}, -1) = \frac{4}{3}\,.$$

Wir setzen diese Werte in die allgemeine Gleichung einer Tangentialebene ein

$$g(x, y) = 3 - \frac{1}{\sqrt{3}}\,(x - \sqrt{3}) + \frac{4}{3}\,(y + 1)$$

und erhalten die gesuchte Tangentialebene.

d) Für die Richtungsableitung benötigen wir den Gradienten von f an der Stelle $(\sqrt{3}, -1)$:

$$\nabla f(\sqrt{3}, -1) = \frac{1}{3}\,(-\sqrt{3} \quad 4)\,.$$

Die Richtungsableitung

$$f_r(\sqrt{3}, -1) = \frac{1}{3}\,(-\sqrt{3} \quad 4) \cdot \begin{pmatrix} \cos(60°) \\ \sin(60°) \end{pmatrix} = \frac{1}{3}\,(-\sqrt{3} \quad 4) \cdot \frac{1}{2}\begin{pmatrix} 1 \\ \sqrt{3} \end{pmatrix} = \frac{\sqrt{3}}{2}$$

berechnet man aus dem Skalarprodukt aus Gradient und normiertem Richtungsvektor.

e) Den größten Wert hat die Richtungsableitung in Richtung des steilsten Anstiegs, also in Richtung des Gradienten. Somit gilt

$$\tan\varphi = -\frac{4}{\sqrt{3}} \quad\Longrightarrow\quad \varphi = \arctan\left(-\frac{4}{\sqrt{3}}\right) + \pi \approx 1.9794\,.$$

Dies entspricht einem Winkel von ungefähr $\varphi = 113.4°$.

Lösung 12.7 (Ausgleichsparabel)

a) Die Funktion der Fehlerquadrate ist

$$\begin{aligned} e(a_0, a_1, a_2) &= (a_0 - a_1 + a_2 - 1)^2 + (a_0)^2 + \\ &\quad (a_0 + a_1 + a_2 - 1)^2 + (a_0 + 2a_1 + 4a_2 - 3)^2\,. \end{aligned}$$

Es ist hier nicht notwendig, die Klammern mit den Quadraten aufzulösen.

b) Bei der Berechnung der partiellen Ableitungen müssen nach der Kettenregel die inneren Ableitungen beachtet werden:

$$\begin{aligned} e_{a_0} &= 2\,(a_0 - a_1 + a_2 - 1) + 2a_0 + 2\,(a_0 + a_1 + a_2 - 1) + 2\,(a_0 + 2a_1 + 4a_2 - 3) \\ e_{a_1} &= -2\,(a_0 - a_1 + a_2 - 1) + 2\,(a_0 + a_1 + a_2 - 1) + 4\,(a_0 + 2a_1 + 4a_2 - 3) \\ e_{a_2} &= 2\,(a_0 - a_1 + a_2 - 1) + 2\,(a_0 + a_1 + a_2 - 1) + 8\,(a_0 + 2a_1 + 4a_2 - 3)\,. \end{aligned}$$

Die Extremwerte von $e(a_0, a_1, a_2)$ findet man an den Punkten, an denen alle drei partiellen Ableitungen null sind

$$\begin{aligned} 8a_0 &+ 4a_1 &+ 12a_2 &= 10 \\ 4a_0 &+ 12a_1 &+ 16a_2 &= 12 \\ 12a_0 &+ 16a_1 &+ 36a_2 &= 28\,. \end{aligned}$$

Dieses lineare Gleichungssystem mit den Unbekannten a_0, a_1 und a_2 hat die Lösung

$$a_0 = \frac{3}{20}, \quad a_1 = -\frac{1}{20}, \quad a_2 = \frac{3}{4}\,.$$

Die Lösung ist eindeutig.

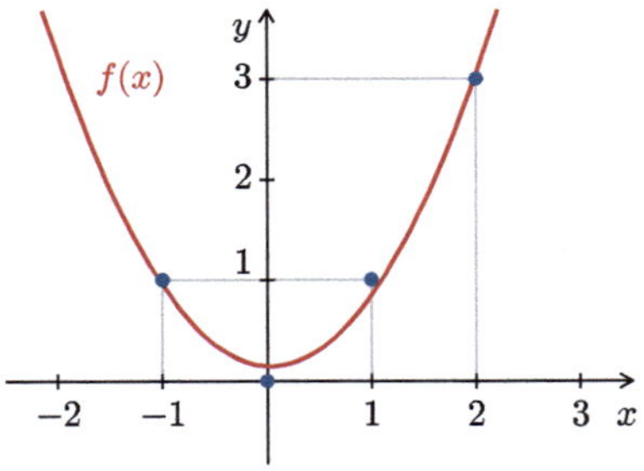

c) Die Funktionsgleichung der Ausgleichsparabel ist gegeben durch

$$f(x) = \frac{3}{20} - \frac{1}{20}x + \frac{3}{4}x^2.$$

Man kann die Ausgleichsparabel auch durch Lösen der Normalengleichungen

$$\boldsymbol{A}^{\mathrm{T}}\boldsymbol{A}\,\boldsymbol{a} = \boldsymbol{A}^{\mathrm{T}}\boldsymbol{b}$$

berechnen. Dazu bildet man $\boldsymbol{A}$ und $\boldsymbol{b}$

$$\boldsymbol{A} = \begin{pmatrix} 1 & -1 & 1 \\ 1 & 0 & 0 \\ 1 & 1 & 1 \\ 1 & 2 & 4 \end{pmatrix}, \quad \boldsymbol{b} = \begin{pmatrix} 1 \\ 0 \\ 1 \\ 3 \end{pmatrix}$$

und löst damit dann das entstehende lineare Gleichungssystem.

12.2.3 Anwendung

Lösung 12.8 (Zylindervolumen)

Die Funktion und ihre partiellen Ableitungen

$$V(d,h) = \pi \left(\frac{d}{2}\right)^2 h\,, \quad V_d(d,h) = \frac{1}{2}\pi\, d\, h\,, \quad V_h(d,h) = \pi \left(\frac{d}{2}\right)^2$$

ergeben das totale Differenzial

$$\mathrm{d}V = \frac{1}{2}\pi\, d\, h\; \mathrm{d}d + \pi \left(\frac{d}{2}\right)^2 \mathrm{d}h\,.$$

Für den maximalen relativen Fehler verwenden wir die Abschätzung

$$\left|\frac{\Delta V}{V}\right| \approx \left|\frac{\frac{1}{2}\pi\, d\, h}{\pi \left(\frac{d}{2}\right)^2 h}\right| |\Delta d| + \left|\frac{\pi \left(\frac{d}{2}\right)^2}{\pi \left(\frac{d}{2}\right)^2 h}\right| |\Delta h| = 2\,\frac{|\Delta d|}{d} + \frac{|\Delta h|}{h}\,.$$

Für die relativen Fehler von r und h erhalten wir, wie erwartet, die konstanten Verstärkungsfaktoren 2 und 1. Die Zahlenwerte ergeben

$$\left|\frac{\Delta V}{V}\right| \approx 2\,\frac{10^{-2}}{100} + \frac{10^{-2}}{50} = 4\cdot 10^{-4}\,.$$

Es ergibt sich also ein maximaler relativer Fehler von ungefähr $0.04\,\%$.

Lösung 12.9 (Zylinderoberfläche)

Die Oberfläche berechnet man nach der Formel

$$O(r,h) = 2\,\pi r^2 + 2\,\pi r h\,.$$

Die partiellen Ableitungen

$$O_r(r,h) = 4\,\pi r + 2\,\pi h\,, \quad O_h(r,h) = 2\,\pi r$$

ergeben für $r = 10$ und $h = 25$ das totale Differenzial

$$\mathrm{d}O = 90\,\pi\,\mathrm{d}r + 20\,\pi\,\mathrm{d}h\,.$$

Für die relative Änderung der Oberfläche ergibt sich näherungsweise

$$\left|\frac{\Delta O}{O}\right| \approx \frac{90\,\pi\,\Delta r + 20\,\pi\,\Delta h}{200\,\pi + 500\,\pi} = \frac{90\cdot 0.5 + 20\cdot 0.5}{700} = \frac{55}{700} \approx 0.0786\,.$$

Die exakte relative Oberflächenänderung können wir hier direkt berechnen. Sie beträgt bei einer Zunahme von Radius und Höhe

$$\frac{\Delta O}{O} = \frac{O(10.5, 25.5) - O(10,25)}{O(10,25)} = \frac{756\,\pi - 700\pi}{700\pi} = \frac{56}{700} = 0.08$$

und bei einer Abnahme

$$\frac{\Delta O}{O} = \frac{O(9.5, 24.5) - O(10,25)}{O(10,25)} = \frac{646\,\pi - 700\,\pi}{700\,\pi} = \frac{-54}{700} \approx -0.0771\,.$$

Die näherungsweise Berechnung mit dem totalen Differenzial liefert in diesem Beispiel eine sehr gute Näherung zur exakten Rechnung.

Lösung 12.10 (Kreissegment)

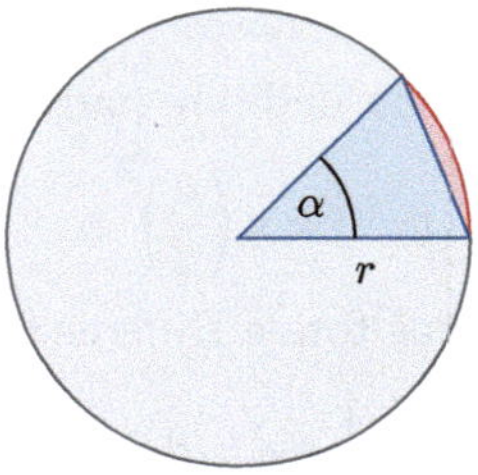

Die Formel für das Gewicht entsteht im Wesentlichen aus der Formel für die Fläche eines Kreissegments. Die Fläche einer Kreisscheibe ist πr^2. Die Fläche A_S des Kreissektors mit dem Winkel α im Bogenmaß berechnet man aus der Beziehung

$$\frac{A_S}{\pi r^2} = \frac{\alpha}{2\pi} \quad \Longrightarrow \quad A_S = \frac{1}{2}\,\alpha\, r^2 .$$

Für die Fläche des Kreissegments A muss man die Dreieckfläche A_D von A_S abziehen. Das Dreieck hat die Grundseite r und die Höhe $r\sin\alpha$:

$$A = A_S - A_D = \frac{1}{2}\, r^2(\alpha - \sin\alpha)\,.$$

a) Die partiellen Ableitungen, vereinfacht ohne Argumente geschrieben, lauten

$$G_\gamma = \frac{1}{2}\, D\, r^2(\alpha - \sin\alpha)\ ,\ G_r = \gamma\, D\, r\,(\alpha - \sin\alpha)$$
$$G_D = \frac{1}{2}\,\gamma\, r^2(\alpha - \sin\alpha)\ ,\ G_\alpha = \frac{1}{2}\,\gamma\, D\, r^2(1 - \cos\alpha)\,.$$

Damit ergibt sich das totale Differenzial

$$\begin{aligned} \mathrm{d}G = {} & \frac{1}{2}\, D\, r^2(\alpha - \sin\alpha)\,\mathrm{d}\gamma + \gamma\, D\, r\,(\alpha - \sin\alpha)\,\mathrm{d}r + \\ & \frac{1}{2}\,\gamma\, r^2(\alpha - \sin\alpha)\,\mathrm{d}D + \frac{1}{2}\,\gamma\, D\, r^2(1 - \cos\alpha)\,\mathrm{d}\alpha\,. \end{aligned}$$

Für den maximalen relativen Fehler verwenden wir die Näherung

$$\begin{aligned} \left|\frac{\Delta G}{G}\right| \approx {} & \frac{\left|\frac{1}{2}Dr^2(\alpha - \sin\alpha)\right|}{\left|\frac{1}{2}\gamma Dr^2(\alpha - \sin\alpha)\right|}\,|\Delta\gamma| + \frac{\left|\gamma Dr(\alpha - \sin\alpha)\right|}{\left|\frac{1}{2}\gamma Dr^2(\alpha - \sin\alpha)\right|}\,|\Delta r| + \\ & \frac{\left|\frac{1}{2}\gamma r^2(\alpha - \sin\alpha)\right|}{\left|\frac{1}{2}\gamma Dr^2(\alpha - \sin\alpha)\right|}\,|\Delta D| + \frac{\left|\frac{1}{2}\gamma Dr^2(1 - \cos\alpha)\right|}{\left|\frac{1}{2}\gamma Dr^2(\alpha - \sin\alpha)\right|}\,|\Delta\alpha| \end{aligned}$$

und erhalten

$$\left|\frac{\Delta G}{G}\right| \approx \left|\frac{\Delta\gamma}{\gamma}\right| + 2\left|\frac{\Delta r}{r}\right| + \left|\frac{\Delta D}{D}\right| + \left|\frac{1 - \cos\alpha}{\alpha - \sin\alpha}\right| |\Delta\alpha|\,.$$

Für die relativen Fehler von γ, r und D erhalten wir, wie erwartet, die konstanten Verstärkungsfaktoren 1, 2 und 1. Die Verstärkung des relativen Fehlers von α ist nicht konstant. Für $\alpha = \frac{\pi}{3}$ und $\Delta\alpha = 0.05\,\frac{\pi}{180}$ ergibt sich ungefähr

$$\left|\frac{\Delta G}{G}\right| \approx 0.002 + 0.001 + 0.05 + 3 \cdot 0.001 = 0.056 \approx 5\ \%.$$

b) Der Fehler lässt sich am ehesten verbessern, wenn die Blechdicke D genauer gemessen wird. Selbst wenn γ, r und α keinen Messfehler aufweisen, erzeugt der Messfehler der Blechdicke noch einen relativen Fehler von $5\ \%$.

13 Komplexe Zahlen und Funktionen

Dieses Kapitel enthält Aufgaben zu komplexen Zahlen und Funktionen. Die meisten Studierenden bringen bei diesem Thema kaum Kenntnisse aus der Schule mit. Die komplexen Zahlen sind eine fundamentale Erweiterung der vertrauten reellen Zahlen. Es kommen derart viele neue Zahlen hinzu, dass man die Zahlengerade in eine Zahlenebene erweitern muss. Durch die Einführung der komplexen Zahlen entfällt bei quadratischen Gleichungen endlich das Kapitulieren bei negativen Diskriminanten. Viele Teilaspekte im Umgang mit komplexen Zahlen sind vorbereitend für die vollständige und systematische Behandlung von Differenzialgleichungen, siehe Kapitel 14.

Gerade weil der Umgang mit komplexen Zahlen für die meisten Studierenden neu ist, sollte fleißig geübt werden. Neuartige Rechentechniken kommen nicht hinzu, jedoch ist das Arbeiten mit dem kleinen „i" gewöhnungsbedürftig. Zu den elementaren Grundfertigkeiten gehört insbesondere das Umrechnen zwischen der kartesischen Form und der Exponentialform. Dieser Rechenschritt kommt quasi ständig vor. Eine Besonderheit bei der Addition ist, dass sie nur in der kartesischen Form durchgeführt werden kann. Es besteht eine enge Verbindung zwischen der Addition von komplexen Zahlen und der Vektoraddition, siehe Kapitel 3. Das Multiplizieren in Exponentialform fällt relativ leicht, denn dabei werden einfach die Beträge der Faktoren multipliziert und die Winkel addiert. Anschaulicher wird es, wenn komplexe Zahlen in der Gaußschen Zahlenebene visualisiert werden.

Auch in diesem Kapitel spielen Polynome wieder eine Rolle. Mithilfe von komplexen Zahlen kann das Thema Nullstellen von Polynomen nun vollständig und systematisch behandelt werden. Dazu trägt der Fundamentalsatz der Algebra maßgeblich bei. Ein mathematischer Satz, der durch seine Einfachheit und Gültigkeit ohne Wenn und Aber besticht! Carl Friedrich Gauß hat diesen Satz im Rahmen seiner Doktorarbeit bewiesen. Polynome bestehen aus Potenzen. Daher ist es nicht verwunderlich, dass auch die Umkehrung, also das Wurzelziehen, eine große Bedeutung im Umgang mit komplexen Zahlen hat. Die Anzahl der Wurzelwerte nimmt beim Übergang vom Reellen ins Komplexe zu.

Zu den anwendungsnahen Aufgaben gehören Schwingungsüberlagerungen. Diese Fragestellungen an sich sind zunächst rein reell. Mithilfe eines Umwegs über die komplexen Zahlen kann die Addition von Schwingungsfunktionen auf die Addition von komplexen Zahlen, sogenannten Zeigern, zurückgeführt werden. Ein typischer Vorgang in der Mathematik. Man macht ein Poblem zunächst etwas komplizierter, um es dann sehr elegant und effizient mittels einer erweiterten Theorie zu lösen. Aufgaben zu Schwingungsüberlagerungen können stets systematisch gelöst werden. Die Veranschaulichung mittels Skizzen trägt hier zum Verständnis bei. Ortskurven treten in der Regelungstechnik auf und sind ein weiteres Gebiet für anwendungsnahe Aufgabentypen.

13.1 Aufgaben

13.1.1 Verständnis und Kompetenz

Aufgabe 13.1 (Exponentialform) ★☆☆☆☆

Stellen Sie die folgenden komplexen Zahlen in Exponentialform dar:

a) $z = -1 - \mathrm{i}$ b) $z = -3$ c) $z = 2\,\mathrm{i}$

Aufgabe 13.2 (Gaußsche Zahlenebene) ★★☆☆☆

Gegeben sind die komplexen Zahlen $z_1 = 1 + \mathrm{i}$ und $z_2 = -\sqrt{3} + \mathrm{i}$.

a) Skizzieren Sie z_1 und z_2 in der Gaußschen Ebene.

b) Bestimmen Sie $z_1 + z_2$, $z_1 - z_2$, $\overline{z}_1$ und $\overline{z}_2$ grafisch und rechnerisch.

c) Berechnen Sie Real- und Imaginärteil von $z_1\,z_2$, $\frac{z_1}{z_2}$ und $\frac{z_2}{z_1}$.

d) Bestimmen Sie $\arg(z_1)$, $\arg(z_2)$, $|z_1|$, $|z_2|$. Stellen Sie z_1, z_2 in Exponentialform dar.

e) Stellen Sie z_1^2, z_1^3, z_1^4, z_2^2, z_2^3 und z_2^4 in Exponentialform und kartesischer Form dar.

f) Für welche natürlichen Zahlen n und m sind z_1^n und z_2^m reelle Zahlen?

Aufgabe 13.3 (Wurzeln und Quadranten) ★★☆☆☆

Wie viele Lösungen besitzt die Gleichung $z^3 = 0.815 + 0.4711\,\mathrm{i}$ und in welchen Quadranten der komplexen Ebene liegen sie?

Aufgabe 13.4 (Nullstellen und Polynom) ★★☆☆☆

Wie lautet das Polynom $p(z) = a_0 + a_1\,z + a_2\,z^2 + z^3$ mit den Nullstellen 1 und $-2 \pm \mathrm{i}$?

Aufgabe 13.5 (Mengen in der komplexen Zahlenebene) ★★★☆☆

Skizzieren Sie folgende Mengen der komplexen Zahlen z in der Gaußschen Zahlenebene:

a) $|z - 1 - \mathrm{i}| < |z + 1 + \mathrm{i}|$ b) $|z - \mathrm{i}| + |z + \mathrm{i}| \le 4$ c) $|z + 1| = |\mathrm{Re}(z)|$

13.1.2 Rechnung und Training

Aufgabe 13.6 (Komplexe Ausdrücke) ★★★☆☆

Welche Darstellung in kartesischer Form und in Exponentialform besitzen die Zahlen?

a) $z = 3\,\mathrm{e}^{\mathrm{i}\,\frac{5\pi}{6}}$ b) $z = -5\,\mathrm{e}^{-\mathrm{i}\,\frac{\pi}{2}}$ c) $z = 7\,\mathrm{e}^{\mathrm{i}\,\pi}$

d) $z = \dfrac{1 + \mathrm{i}}{1 - \mathrm{i}}$ e) $z = \dfrac{2\,\mathrm{e}^{\mathrm{i}\,\frac{\pi}{4}}}{(1 + \mathrm{i})(2 + \mathrm{i})}$ f) $z = \dfrac{1 - \mathrm{i}}{1 + 2\,\mathrm{i}} - \dfrac{1 + 3\,\mathrm{i}}{1 - 2\,\mathrm{i}}$

Aufgabe 13.7 (Komplexe Potenzen) ★★★☆☆

Stellen Sie die komplexe Zahlen in kartesischer Form und in Exponentialform dar:

a) $z = \left(\dfrac{3 + 4\,\mathrm{i}}{5}\right)^{10}$ b) $z = \left(\mathrm{i} + \dfrac{1}{1 + \mathrm{i}}\right)^6$ c) $z = \left((1 + \mathrm{i})\,\mathrm{e}^{-\mathrm{i}\frac{\pi}{6}}\right)^9$

Aufgabe 13.8 (Komplexe Gleichung) ★★★☆☆

Bestimmen Sie die reellen Werte A und φ aus der Gleichung

$$4\,\mathrm{e}^{\mathrm{i}\,\varphi} = A\left(\frac{1+3\,\mathrm{i}}{1-2\,\mathrm{i}}\right)^2 .$$

Aufgabe 13.9 (Komplexe Wurzeln) ★★★☆☆

Berechnen Sie alle Lösungen der Gleichungen und skizzieren Sie die komplexen Zahlen in der Gaußschen Zahlenebene:

a) $z^2 = \sqrt{3} - \mathrm{i}$ b) $z^3 + \dfrac{4}{1+\mathrm{i}} = 0$ c) $z^4 = \dfrac{1+2\mathrm{e}^{\mathrm{i}\frac{\pi}{2}}}{2+\mathrm{e}^{-\mathrm{i}\frac{\pi}{2}}}$

Aufgabe 13.10 (Nullstellen eines Polynoms) ★★★☆☆

Bestimmen Sie sämtliche Nullstellen des Polynoms $p(z) = z^4 - 2\,z^3 - 2\,z^2 + 8\,z - 8$.

Aufgabe 13.11 (Harmonische Schwingungen) ★★★★☆

Stellen Sie die harmonischen Schwingungen mit Kosinus als Grundfunktion dar:

a) $x(t) = \cos(2\,t) - \sin(2\,t)$ b) $x(t) = 3\,\cos t + 4\,\sin t$

c) $x(t) = 2\,\cos\left(\dfrac{t}{2} - \dfrac{\pi}{4}\right) - \cos\left(\dfrac{t}{2}\right)$ d) $x(t) = \cos\left(\dfrac{\pi}{2}\,t + \dfrac{\pi}{4}\right) - 2\sin\left(\dfrac{\pi}{2}\,t - \dfrac{5\pi}{6}\right)$

Aufgabe 13.12 (Ortskurven) ★★★★★

Um welche Art von Kurven handelt es sich bei den folgenden Ortskurven? Skizzieren Sie den Verlauf der Ortskurven in der komplexen Ebene.

a) $z(t) = t + \mathrm{i}(t-3)$ b) $z(t) = -2 + \mathrm{i} + 3\cos t + 3\,\mathrm{i}\sin t$

c) $z(t) = \dfrac{\mathrm{i}\,t}{2-\mathrm{i}\,t}$ d) $z(t) = \dfrac{\mathrm{i}+2}{2-\mathrm{i}\,t}$

13.1.3 Anwendung

Aufgabe 13.13 (Transformation eines Polygonzugs) ★★★☆☆

Skizzieren Sie den Polygonzug in der Gaußschen Ebene, der die sechs komplexen Zahlen $0,\ 2,\ 2+2\,\mathrm{i},\ 1+3\,\mathrm{i},\ 2\,\mathrm{i},\ 0$ in dieser Reihenfolge verbindet. Welche Figur entsteht, wenn man alle sechs Zahlen mit $-\frac{1}{2}\sqrt{2} + \frac{1}{2}\sqrt{2}\mathrm{i}$ multipliziert und das Ergebnis wieder in derselben Reihenfolge verbindet?

Aufgabe 13.14 (Impedanzen) ★★★☆☆

Wir betrachten einen Widerstand mit Impedanz Z_R, einen Kondensator mit Impedanz Z_C und eine Spule mit Impedanz Z_L. Berechnen Sie Realteil, Imaginärteil und Betrag von $Z(\omega)$ und skizzieren Sie die Ortskurve von $Z(\omega)$ in der komplexen Zahlenebene:

$$Z(\omega) = Z_R + \frac{Z_C\,Z_L}{Z_C + Z_L}, \quad Z_R = R, \quad Z_C = \frac{1}{\mathrm{i}\,\omega\,C}, \quad Z_L = \mathrm{i}\,\omega\,L\,.$$

13.2 Lösungen

13.2.1 Verständnis und Kompetenz

Lösung 13.1 (Exponentialform)

Für die Umwandlung einer komplexen Zahl von der kartesischen Form $z = x + \mathrm{i}\, y$ in die Exponentialform $r\, \mathrm{e}^{\mathrm{i}\,\varphi}$ benötigen wir den Betrag und das Argument:

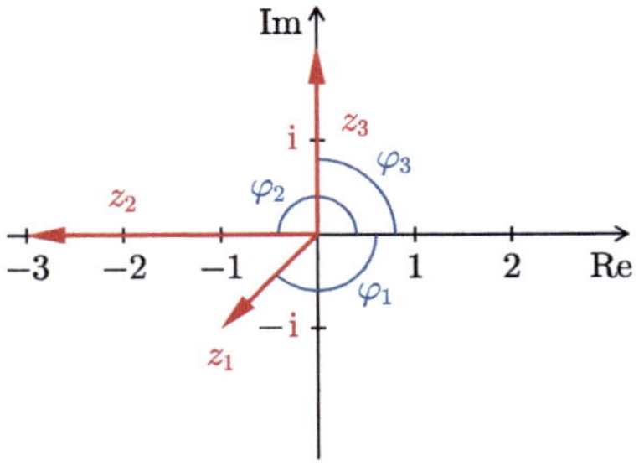

$$r = |z| = \sqrt{x^2 + y^2}\,, \qquad \varphi = \arg(z)\,.$$

Die allgemeine Formel zur Bestimmung des Arguments basiert auf dem Arkustangens. Für spezielle Winkel geht es aber viel einfacher. Sie lassen sich aus einer Skizze bestimmen.

a) $z = \sqrt{2}\,\mathrm{e}^{-\mathrm{i}\,\frac{3\pi}{4}}$ b) $z = 3\,\mathrm{e}^{\mathrm{i}\,\pi}$ c) $z = 2\,\mathrm{e}^{\mathrm{i}\,\frac{\pi}{2}}$

Lösung 13.2 (Gaußsche Zahlenebene)

a) Die Zahl

$$z_1 = 1 + \mathrm{i}$$

liegt im ersten Quadranten der Gaußschen Zahlenebene, denn sowohl der Realteil von z_1 als auch der Imaginärteil ist positiv. Die Zahl

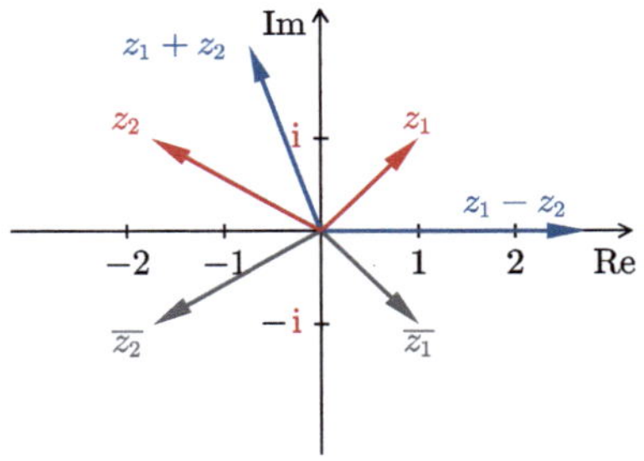

$$z_2 = -\sqrt{3} + \mathrm{i}$$

liegt im zweiten Quadranten, denn der Realteil von z_2 ist negativ und der Imaginärteil positiv.

b) Die grafischen Lösungen sind in der Abbildung aus Aufgabenteil a) enthalten. Rechnerisch erhalten wir

$$z_1 + z_2 = 1 - \sqrt{3} + 2\,\mathrm{i}\,, \qquad \overline{z_1} = 1 - \mathrm{i}\,,$$
$$z_1 - z_2 = 1 + \sqrt{3}\,, \qquad \overline{z_2} = -\sqrt{3} - \mathrm{i}\,.$$

c) Das Produkt von z_1 und z_2 erhält man durch Ausmultiplizieren der Ausdrücke:

$$z_1\, z_2 = (1 + \mathrm{i})\,(-\sqrt{3} + \mathrm{i}) = \underbrace{\left(-\sqrt{3} - 1\right)}_{\text{Realteil}} + \underbrace{\left(1 - \sqrt{3}\right)}_{\text{Imaginärteil}}\,\mathrm{i}\,.$$

Bei Brüchen mit komplexem Nenner erweitern wir mit dem konjugiert Komplexen

$$\frac{z_1}{z_2} = \frac{1 + \mathrm{i}}{-\sqrt{3} + \mathrm{i}} = \frac{(1 + \mathrm{i})\,(-\sqrt{3} - \mathrm{i})}{(-\sqrt{3} + \mathrm{i})\,(-\sqrt{3} - \mathrm{i})} = \underbrace{\frac{1}{4}\left(1 - \sqrt{3}\right)}_{\text{Realteil}} + \underbrace{\frac{1}{4}\left(-1 - \sqrt{3}\right)\mathrm{i}}_{\text{Imaginärteil}}$$

und erhalten damit einen reellen Nenner.

Ganz analog geht man für den Kehrwert vor:

$$\frac{z_2}{z_1} = \frac{-\sqrt{3}+\mathrm{i}}{1+\mathrm{i}} = \frac{(-\sqrt{3}+\mathrm{i})(1-\mathrm{i})}{(1+\mathrm{i})(1-\mathrm{i})} = \underbrace{\frac{1}{2}(1-\sqrt{3})}_{\text{Realteil}} + \underbrace{\frac{1}{2}(1+\sqrt{3})}_{\text{Imaginärteil}}\,\mathrm{i}\,.$$

Auch hier haben wir mit dem konjugiert Komplexen des Nenners erweitert.

d) Argument und Betrag von z_1 erhalten wir mit den entsprechenden Formeln:

$$\arg(z_1) = \arctan(1) = \frac{\pi}{4}, \quad |z_1| = \sqrt{2} \quad \Longrightarrow \quad z_1 = \sqrt{2}\,\mathrm{e}^{\mathrm{i}\frac{\pi}{4}}\,.$$

Analog erhalten wir für z_2

$$\arg(z_2) = \arctan\left(\frac{1}{-\sqrt{3}}\right) + \pi = \frac{5\pi}{6}, \quad |z_2| = 2 \quad \Longrightarrow \quad z_2 = 2\,\mathrm{e}^{\mathrm{i}\frac{5\pi}{6}}\,.$$

e) Potenzen berechnet man am einfachsten in Exponentialform:

$$\begin{aligned} z_1^2 &= 2\mathrm{e}^{\mathrm{i}\frac{\pi}{2}} = 2\,\mathrm{i}\,, & z_2^2 &= 4\,\mathrm{e}^{\mathrm{i}\frac{5\pi}{3}} = 2-2\sqrt{3}\,\mathrm{i}\,,\\ z_1^3 &= 2\sqrt{2}\,\mathrm{e}^{\mathrm{i}\frac{3\pi}{4}} = -2+2\,\mathrm{i}\,, & z_2^3 &= 8\,\mathrm{e}^{\mathrm{i}\frac{15\pi}{6}} = 8\,\mathrm{i}\,,\\ z_1^4 &= 4\,\mathrm{e}^{\mathrm{i}\pi} = -4\,, & z_2^4 &= 16\,\mathrm{e}^{\mathrm{i}\frac{10\pi}{3}} = -8-8\sqrt{3}\,\mathrm{i}\,. \end{aligned}$$

f) Die Zahl

$$z_1^n = \sqrt{2^n}\,\mathrm{e}^{\mathrm{i}\frac{n\pi}{4}}$$

ist genau dann eine reelle Zahl, wenn $\frac{n\pi}{4}$ ein Vielfaches von π ist:

$$\frac{n\pi}{4} = k\pi \quad \Longrightarrow \quad n = 4k\,, \quad k \in \mathbb{Z}\,.$$

Die gesuchten natürlichen Zahlen sind alle Vielfachen von 4:

$$n = 0\,,\ 4\,,\ 8\,,\ 12\,,\ 16\,,\ \ldots$$

Analog ist die Zahl

$$z_2^m = 2^m\,\mathrm{e}^{\mathrm{i}\frac{m\,5\pi}{6}}$$

genau dann eine reelle Zahl, wenn $\frac{m\,5\pi}{6}$ ein Vielfaches von π ist:

$$\frac{m\,5\pi}{6} = k\pi \quad \Longrightarrow \quad m = \frac{6}{5}k\,, \quad k = 0\,,\ 5\,,\ 10\,,\ 15\,,\ 20\,,\ 25\,,\ \ldots$$

Die gesuchten natürlichen Zahlen sind

$$m = 0\,,\ 6\,,\ 12\,,\ 18\,,\ 24\,,\ \ldots$$

also alle Vielfachen von 6.

Lösung 13.3 (Wurzeln und Quadranten)

Die komplexe Zahl $0.815 + 0.4711\,\mathrm{i}$ hat einen Winkel von ungefähr $\frac{\pi}{6}$. Die erste Lösung liegt somit im ersten Quadranten bei einem Winkel von ungefähr $\frac{\pi}{18}$. Die beiden weiteren Lösungen liegen im zweiten und dritten Quadranten. Nach dem Fundamentalsatz der Algebra gibt es genau drei Lösungen.

Lösung 13.4 (Nullstellen und Polynom)

Mit der Linearfaktorzerlegung des Polynoms erhalten wir

$$p(z) = (z-1)(z+2-\mathrm{i})(z+2+\mathrm{i}) .$$

Wir setzen geschickt zwei Klammerpaare

$$p(z) = (z-1)\big((z+2)-\mathrm{i}\big)\big((z+2)+\mathrm{i}\big)$$

und multiplizieren mithilfe der dritten binomischen Formel aus:

$$p(z) = (z-1)\big((z+2)^2-\mathrm{i}^2\big) .$$

Schließlich multiplizieren wir noch mit der ersten Klammer und fassen zusammen:

$$p(z) = (z-1)\left(z^2+4z+5\right) = -5+z+3z^2+z^3 .$$

So gelangen wir zur Summendarstellung des Polynoms.

Lösung 13.5 (Mengen in der komplexen Zahlenebene)

a) Aus der Darstellung

$$\big|z-(1+\mathrm{i})\big| < \big|z-(-1-\mathrm{i})\big|$$

kann man direkt ablesen, dass Punkte z, die diese Bedingung erfüllen, einen geringeren Abstand zu $1+\mathrm{i}$ als zu $-1-\mathrm{i}$ haben. Das sind genau diejenigen Punkte in der Gaußschen Zahlebene, die oberhalb der zweiten Winkelhalbierenden liegen. Bei der rechnerischen Lösung verwendet man $z = x+\mathrm{i}\,y$ und erhält

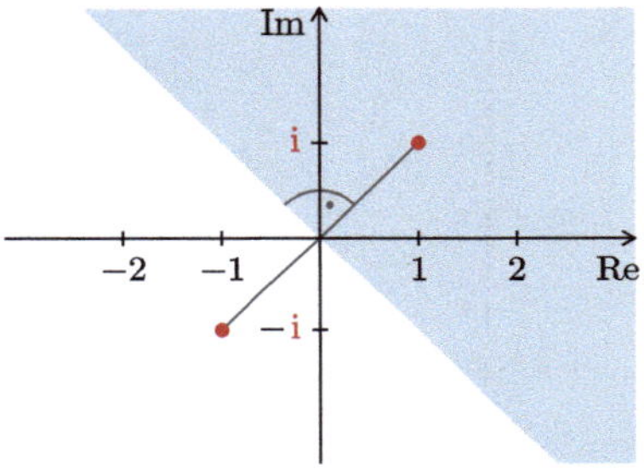

$$\big|(x-1)+\mathrm{i}\,(y-1)\big| < \big|(x+1)+\mathrm{i}\,(y+1)\big| .$$

Wir bilden die Beträge

$$\sqrt{(x-1)^2+(y-1)^2} < \sqrt{(x+1)^2+(y+1)^2} .$$

Durch Quadrieren, Ausmultiplizieren und Kürzen ergibt sich schließlich $y > -x$.

b) Die Formulierung

$$|z-\mathrm{i}| + \big|z-(-\mathrm{i})\big| \le 4$$

entspricht der geometrischen Definition einer Ellipse. Gesucht sind diejenigen Punkte, bei denen die Summe der beiden Abstände zu i und $-\mathrm{i}$ kleiner gleich 4 ist. Das sind genau die Punkte, die innerhalb einer Ellipse mit Brennpunkten i und $-\mathrm{i}$ und den Halbachsen $a = \sqrt{3}$ und $b = 2$ liegen. Die rechnerische Lösung mit $z = x+\mathrm{i}\,y$ ist wesentlich komplizierter:

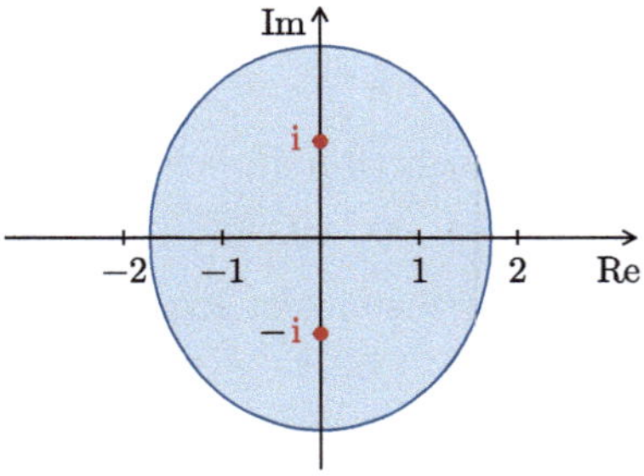

$$\big|x+\mathrm{i}\,(y-1)\big| + \big|x+\mathrm{i}\,(y+1)\big| \le 4 \quad \Longrightarrow \quad \sqrt{x^2+(y-1)^2} + \sqrt{x^2+(y+1)^2} \le 4 .$$

Dabei haben wir zunächst den Betrag aus Real- und Imaginärteil gebildet.

Durch Quadrieren lassen sich nicht beide Wurzeln in einem Schritt beseitigen:

$$x^2 + (y-1)^2 \le 16 - 8\sqrt{x^2 + (y+1)^2} + x^2 + (y+1)^2 .$$

Wir können vereinfachen:

$$-4y - 16 \le -8\sqrt{x^2 + (y+1)^2} .$$

Kürzen mit -4 und nochmaliges Quadrieren ergibt

$$y + 4 \ge 2\sqrt{x^2 + (y+1)^2} \quad \Longrightarrow \quad y^2 + 8y + 16 \ge 4x^2 + 4y^2 + 8y + 4 .$$

Durch Zusammenfassen erhält man die Normalform der Ellipsengleichung

$$4x^2 + 3y^2 \le 12 \quad \Longrightarrow \quad \frac{x^2}{3} + \frac{y^2}{4} \le 1 .$$

Mittelpunkt der Ellipse ist der Ursprung, die Halbachsen sind $\sqrt{3}$ und 2.

c) Der Realteil von z entspricht anschaulich dem Abstand zur imaginären Achse. Wir suchen also alle Punkte in der komplexen Ebene, deren Abstand vom Punkt -1 gleich dem Abstand zur imaginären Achse ist. Das entspricht genau der geometrischen Definition einer Parabel mit Brennpunkt -1 und einer Leitgeraden auf der imaginären Achse. Die rechnerische Lösung mit $z = x + \mathrm{i}\,y$ ist hier auch nicht sehr kompliziert:

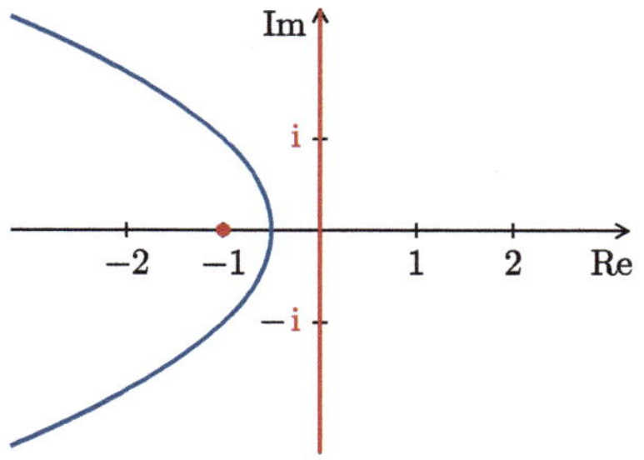

$$|x + 1 + \mathrm{i}\,y| = |x| \quad \Longrightarrow \quad \sqrt{(x+1)^2 + y^2} = \sqrt{x^2} .$$

Durch Quadrieren entsteht die Lösung:

$$x^2 + 2x + 1 + y^2 = x^2 \quad \Longrightarrow \quad x = -\frac{1}{2}y^2 - \frac{1}{2} .$$

Die Parabel ist nach links geöffnet und hat ihren Scheitel bei $(-\frac{1}{2}\,|\,0)$.

13.2.2 Rechnung und Training

Lösung 13.6 (Komplexe Ausdrücke)

a) Die kartesische Form lautet

$$z = 3\,\mathrm{e}^{\mathrm{i}\,\frac{5\pi}{6}} = 3\left(\cos\left(\frac{5\pi}{6}\right) + \mathrm{i}\,\sin\left(\frac{5\pi}{6}\right)\right) = 3\left(-\frac{\sqrt{3}}{2} + \mathrm{i}\,\frac{1}{2}\right) = \frac{3}{2}\left(-\sqrt{3} + \mathrm{i}\right) .$$

Zur Bestimmung von Real- und Imaginärteil haben wir die Eulersche Formel benutzt.

b) Das negative Vorzeichen ist in der Exponentialform zunächst nicht enthalten:

$$z = -5\,\mathrm{e}^{-\mathrm{i}\,\frac{\pi}{2}} = -5\,(-\mathrm{i}) = 5\,\mathrm{i} = 5\,\mathrm{e}^{\mathrm{i}\,\frac{\pi}{2}} .$$

Die Zahl z ist rein imaginär.

c) Der Exponentialausdruck kann hier leicht ohne die Eulersche Formel aufgelöst werden:

$$z = 7\,\mathrm{e}^{\mathrm{i}\pi} = 7\,(-1) = -7\,.$$

Die Zahl z ist rein reell.

d) Durch Erweitern mit der konjugiert komplexen Zahl im Nenner ergibt sich

$$z = \frac{1+\mathrm{i}}{1-\mathrm{i}} = \frac{1+\mathrm{i}}{1-\mathrm{i}}\,\frac{1+\mathrm{i}}{1+\mathrm{i}} = \frac{1+2\mathrm{i}-1}{2} = \mathrm{i} = \mathrm{e}^{\mathrm{i}\frac{\pi}{2}}\,.$$

Im Nenner können wir die dritte binomische Formel anwenden.

e) Einheitliches Schreiben in kartesischer Form liefert

$$z = \frac{2\mathrm{e}^{\mathrm{i}\frac{\pi}{4}}}{(1+\mathrm{i})(2+\mathrm{i})} = \frac{\sqrt{2}+\sqrt{2}\mathrm{i}}{1+3\mathrm{i}} = \frac{(\sqrt{2}+\sqrt{2}\mathrm{i})(1-3\mathrm{i})}{(1+3\mathrm{i})(1-3\mathrm{i})} = \frac{4\sqrt{2}-2\sqrt{2}\mathrm{i}}{10}\,.$$

Die Zahl in kartesischer Form und in Exponentialschreibweise lautet

$$z = \frac{\sqrt{2}}{5}(2-\mathrm{i}) = \frac{\sqrt{10}}{5}\,\mathrm{e}^{\mathrm{i}\,\arctan\left(\frac{-1}{2}\right)}$$

und kann nicht weiter vereinfacht werden.

f) Durch Einführen des Hauptnenners erhält man die Lösung:

$$z = \frac{1-\mathrm{i}}{1+2\mathrm{i}} - \frac{1+3\mathrm{i}}{1-2\mathrm{i}} = \frac{(1-\mathrm{i})(1-2\mathrm{i})-(1+3\mathrm{i})(1+2\mathrm{i})}{(1+2\mathrm{i})(1-2\mathrm{i})} = \frac{-1-3\mathrm{i}-(-5+5\mathrm{i})}{5} = \frac{4-8\mathrm{i}}{5}$$

und damit

$$z = \frac{4}{5}(1-2\mathrm{i}) = \frac{4\sqrt{5}}{5}\,\mathrm{e}^{\mathrm{i}\,\arctan(-2)}\,.$$

Auch hier kann der Ausdruck mit dem Arkustangens nicht weiter vereinfacht werden.

Lösung 13.7 (Komplexe Potenzen)

a) Die Exponentialform von z erhält man mithilfe der Exponentialform des Zählers:

$$z = \left(\frac{3+4\mathrm{i}}{5}\right)^{10} = \left(\frac{5\,\mathrm{e}^{\mathrm{i}\,\arctan\left(\frac{4}{3}\right)}}{5}\right)^{10} = \mathrm{e}^{\mathrm{i}\,10\arctan\left(\frac{4}{3}\right)} = \frac{-9653287+1476984\mathrm{i}}{9765625}\,.$$

Die kartesische Form entsteht durch mühsames Ausmultiplizieren. Die dabei entstehenden Zahlen werden relativ groß.

b) Mittels Hauptnenner und Erweitern mit dem konjugiert Komplexen des Hauptnenners ergibt sich

$$z = \left(\mathrm{i}+\frac{1}{1+\mathrm{i}}\right)^6 = \left(\frac{\mathrm{i}}{1+\mathrm{i}}\right)^6 = \left(\frac{1+\mathrm{i}}{2}\right)^6 = \left(\frac{1}{\sqrt{2}}\,\mathrm{e}^{\mathrm{i}\frac{\pi}{4}}\right)^6 = \frac{1}{8}\,\mathrm{e}^{-\mathrm{i}\frac{\pi}{2}} = -\frac{1}{8}\mathrm{i}$$

für die beiden gesuchten Darstellungsformen.

c) Durch Umschreiben in Exponentialform entsteht

$$z = \left((1+\mathrm{i})\mathrm{e}^{-\mathrm{i}\frac{\pi}{6}}\right)^9 = \left(\sqrt{2}\,\mathrm{e}^{\mathrm{i}\frac{\pi}{4}}\,\mathrm{e}^{-\mathrm{i}\frac{\pi}{6}}\right)^9 = 16\sqrt{2}\,\mathrm{e}^{\mathrm{i}\frac{3\pi}{4}} = 16\,(-1+\mathrm{i})\,.$$

Dabei wird der Betrag mit der Hochzahl potenziert und der Winkel multipliziert.

Lösung 13.8 (Komplexe Gleichung)

Zunächst kann man auf der rechten Seite die Exponentialform herstellen:

$$A\left(\frac{1+3\,\mathrm{i}}{1-2\,\mathrm{i}}\right)^2 = A\left(\frac{(1+3\,\mathrm{i})(1+2\,\mathrm{i})}{(1-2\,\mathrm{i})(1+2\,\mathrm{i})}\right)^2 = A\left(\frac{5\mathrm{i}-5}{5}\right)^2 = A\left(\sqrt{2}\,\mathrm{e}^{\mathrm{i}\frac{3\pi}{4}}\right)^2 = 2\,A\,\mathrm{e}^{\mathrm{i}\frac{3\pi}{2}}\,.$$

Aus dem Vergleich von linker mit rechter Seite erhalten wir für $A > 0$ und $A < 0$

$$4\,\mathrm{e}^{\mathrm{i}\,\varphi} = 2\,A\,\mathrm{e}^{-\mathrm{i}\frac{\pi}{2}} \implies A = 2\,, \quad \varphi = -\frac{\pi}{2} + 2k\pi\,, \quad k \in \mathbb{Z}$$

$$4\,\mathrm{e}^{\mathrm{i}\,\varphi} = 2\,(-A)\,\mathrm{e}^{\mathrm{i}\frac{\pi}{2}} \implies A = -2\,, \quad \varphi = \frac{\pi}{2} + 2k\pi\,, \quad k \in \mathbb{Z}\,.$$

Aus diesen beiden Fällen setzt sich die Gesamtlösung zusammen.

Lösung 13.9 (Komplexe Wurzeln)

a) Zur Lösung schreibt man sowohl z als auch die rechte Seite in Exponentialform:

$$z^2 = \sqrt{3} - \mathrm{i} \implies \left(r\,\mathrm{e}^{\mathrm{i}\varphi}\right)^2 = 2\,\mathrm{e}^{-\mathrm{i}\frac{\pi}{6}}\,.$$

Wir vergleichen Betrag und Winkel:

$$r^2 = 2\,, \quad 2\,\varphi = -\frac{\pi}{6} + 2\pi k\,.$$

Die beiden Zahlen

$$z_k = \sqrt{2}\,\mathrm{e}^{-\mathrm{i}\left(\frac{\pi}{12}+k\pi\right)}\,, \quad k = 0, 1$$

sind die gesuchten Wurzeln.

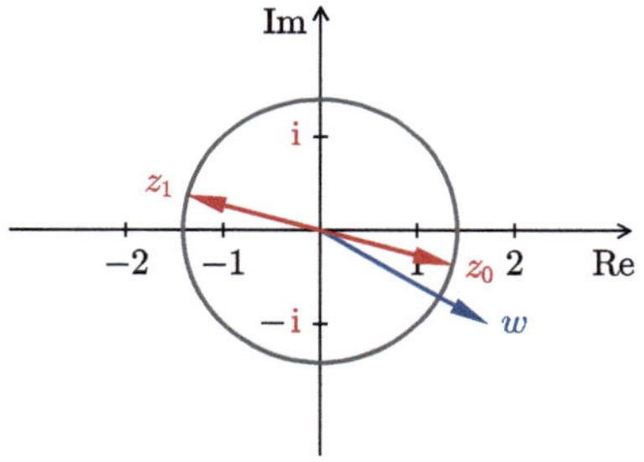

b) In Exponentialform lautet die gegebene Gleichung folgendermaßen:

$$\left(r\,\mathrm{e}^{\mathrm{i}\varphi}\right)^3 = \frac{-4}{\sqrt{2}\,\mathrm{e}^{\mathrm{i}\frac{\pi}{4}}} = 2\sqrt{2}\,\mathrm{e}^{\mathrm{i}3\frac{\pi}{4}}\,.$$

Die drei Lösungen lauten also

$$z_k = \sqrt[3]{2\sqrt{2}}\,\mathrm{e}^{\mathrm{i}\left(\frac{\pi}{4}+2k\frac{\pi}{3}\right)}\,, \quad k = 0, 1, 2\,.$$

Dabei haben wir wieder die Beträge und die Winkel auf der linken und rechten Seite der Gleichung miteinander verglichen.

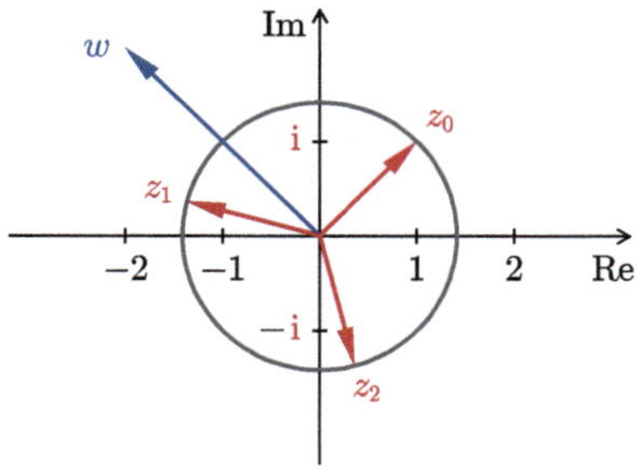

c) Setzt man in der gegebenen komplexen Gleichung die Exponentialform ein, so erhält man

$$\left(r\,\mathrm{e}^{\mathrm{i}\varphi}\right)^4 = \frac{1+2\mathrm{i}}{2-\mathrm{i}} = \frac{(1+2\mathrm{i})(2+\mathrm{i})}{(2-\mathrm{i})(2+\mathrm{i})} = \mathrm{i}\,.$$

Hieraus folgen die vier Lösungen

$$z_k = \mathrm{e}^{\mathrm{i}\left(\frac{\pi}{8}+k\frac{\pi}{2}\right)}\,, \quad k = 0, 1, 2, 3\,.$$

Die vier Wurzeln sind über alle vier Quadranten verteilt und liegen auf dem Einheitskreis.

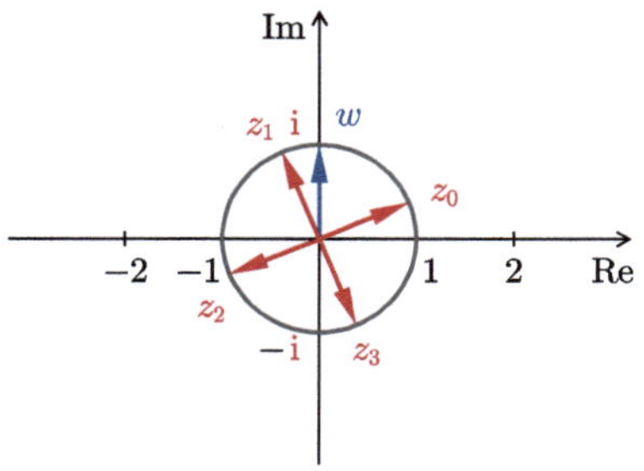

Lösung 13.10 (Nullstellen eines Polynoms)

Für den Wert $z = 2$, den wir durch Raten oder Ausprobieren erhalten, ergibt sich

$$2^4 - 2 \cdot 2^3 - 2 \cdot 2^2 + 8 \cdot 2 - 8 = 0\,.$$

Genauso ist auch für $z = -2$

$$(-2)^4 - 2 \cdot (-2)^3 - 2 \cdot (-2)^2 + 8 \cdot (-2) - 8 = 0\,.$$

Also sind $z_1 = 2$ und $z_2 = -2$ zwei Nullstellen. Wir multiplizieren die Linearfaktoren

$$(z-2)(z+2) = z^2 - 4$$

und führen eine Polynomdivision durch:

$$(z^4 - 2\,z^3 - 2\,z^2 + 8\,z - 8) : (z^2 - 4) = z^2 - 2\,z + 2\,.$$

Diese muss ohne Rest aufgehen. Die beiden restlichen Nullstellen sind

$$z_{3,4} = \frac{2 \pm \sqrt{4-8}}{2} = 1 \pm \mathrm{i}\,.$$

Das Polynom hat also zwei einfache, reelle und ein Paar konjugiert komplexer Nullstellen.

Lösung 13.11 (Harmonische Schwingungen)

a) Den beiden Schwingungen

$$x_1(t) = \cos(2t)$$
$$x_2(t) = -\sin(2t) = \cos\left(2t + \frac{\pi}{2}\right)$$

ordnen wir die Zeiger

$$z_1 = \mathrm{e}^{\mathrm{i}\,0} = 1\,, \qquad z_2 = \mathrm{e}^{\mathrm{i}\frac{\pi}{2}} = \mathrm{i}$$

zu. Die Addition der beiden Zeiger ergibt

$$z = z_1 + z_2 = 1 + \mathrm{i} = \sqrt{2}\,\mathrm{e}^{\mathrm{i}\frac{\pi}{4}}\,.$$

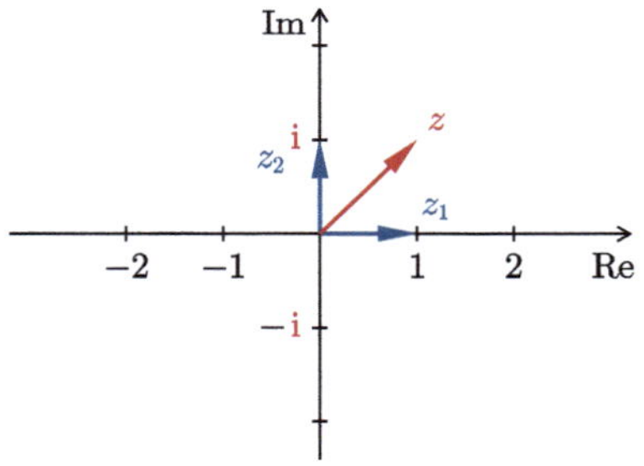

Somit ist

$$\begin{aligned} x(t) &= \cos(2t) - \sin(2t) \\ &= \sqrt{2}\cos\left(2t + \frac{\pi}{4}\right) \\ &= \sqrt{2}\cos\left(2\left(t + \frac{\pi}{8}\right)\right). \end{aligned}$$

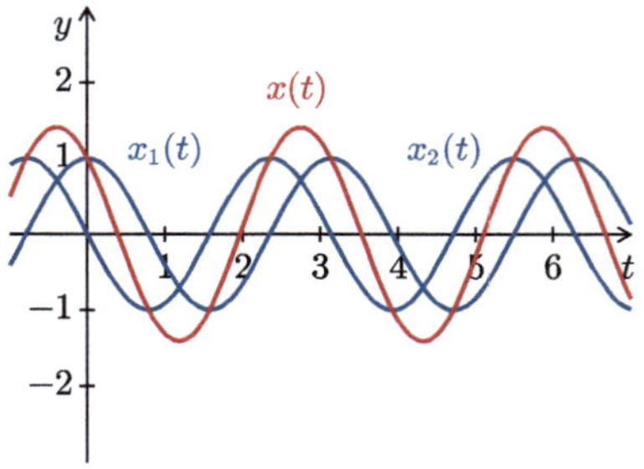

Die Nullstellen der Gesamtschwingung $x(t)$ liegen bei

$$N_k\left(\frac{\pi}{8} + k\frac{\pi}{2}\,\Big|\,0\right), \qquad k \in \mathbb{Z}$$

und die Hochpunkte und Tiefpunkte

$$H_k\left(\frac{7\pi}{8} + k\pi\,\Big|\,\sqrt{2}\right), \quad T_k\left(\frac{3\pi}{8} + k\pi\,\Big|\,-\sqrt{2}\right), \quad k \in \mathbb{Z}$$

liegen jeweils in der Mitte von zwei Nullstellen.

b) Den beiden Schwingungen

$$x_1(t) = 3\cos t$$
$$x_2(t) = 4\sin t = 4\cos\left(t - \frac{\pi}{2}\right)$$

ordnen wir die Zeiger

$$z_1 = 3\,\mathrm{e}^{\mathrm{i}\,0} = 3\,, \quad z_2 = 4\,\mathrm{e}^{-\mathrm{i}\frac{\pi}{2}} = -4\,\mathrm{i}$$

zu. Die Addition der beiden Zeiger ergibt

$$z = z_1 + z_2 = 3 - 4\,\mathrm{i} = 5\,\mathrm{e}^{-\mathrm{i}\arctan\left(\frac{4}{3}\right)}\,.$$

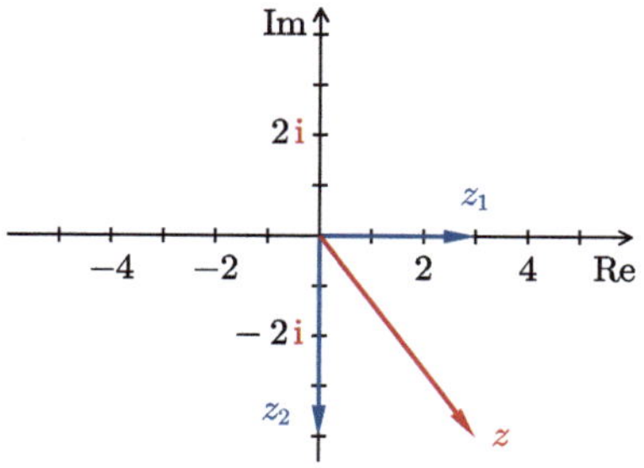

Nach der Addition wird z wieder in Exponentialform geschrieben. Somit ist

$$x(t) = 3\cos t + 4\sin t$$
$$= 5\cos\left(t - \arctan\left(\frac{4}{3}\right)\right)$$
$$\approx 5\cos(t - 53°)\,.$$

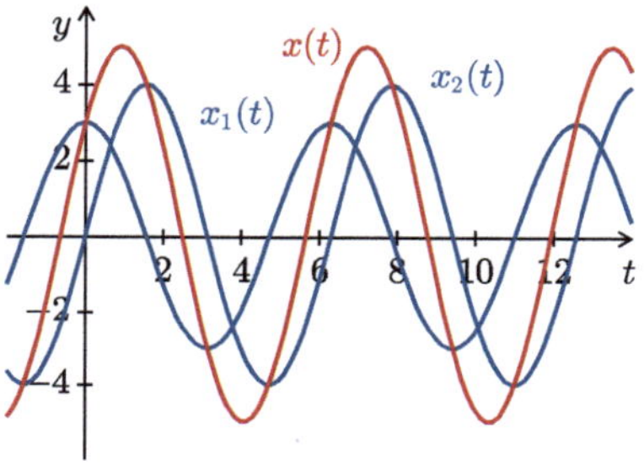

Die Nullstellen von $x(t)$ liegen bei

$$N_k\left(\frac{\pi}{2} + \arctan\left(\frac{4}{3}\right) + k\pi \,\middle|\, 0\right), \quad k \in \mathbb{Z}$$

und die Hochpunkte und Tiefpunkte

$$H_k\left(\arctan\left(\frac{4}{3}\right) + 2k\pi \,\middle|\, 5\right), \quad T_k\left(\arctan\left(\frac{4}{3}\right) + \pi + 2k\pi \,\middle|\, -5\right), \quad k \in \mathbb{Z}$$

liegen jeweils in der Mitte von zwei Nullstellen.

c) Den beiden Schwingungen

$$x_1(t) = 2\cos\left(\frac{t}{2} - \frac{\pi}{4}\right)$$
$$x_2(t) = -\cos\left(\frac{t}{2}\right) = \cos\left(\frac{t}{2} - \pi\right)$$

ordnen wir die Zeiger

$$z_1 = 2\,\mathrm{e}^{-\mathrm{i}\frac{\pi}{4}} = \sqrt{2} - \sqrt{2}\,\mathrm{i}\,, \quad z_2 = \mathrm{e}^{-\mathrm{i}\pi} = -1$$

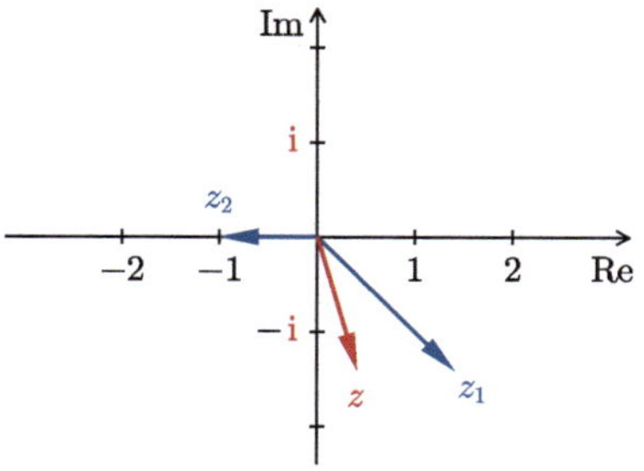

zu. Die Addition der beiden Zeiger ergibt

$$z = z_1 + z_2 = \sqrt{5 - 2\sqrt{2}}\,\mathrm{e}^{-\mathrm{i}\arctan\left(\frac{\sqrt{2}}{\sqrt{2}-1}\right)}\,.$$

Somit ist

$$x(t) = 2\cos\left(\frac{t}{2} - \frac{\pi}{4}\right) - \cos\left(\frac{t}{2}\right)$$
$$= \sqrt{5-2\sqrt{2}}\cos\left(\frac{t}{2} - \arctan\left(\frac{\sqrt{2}}{\sqrt{2}-1}\right)\right)$$
$$\approx 1.5\cos\left(\frac{t}{2} - 30°\right)\,.$$

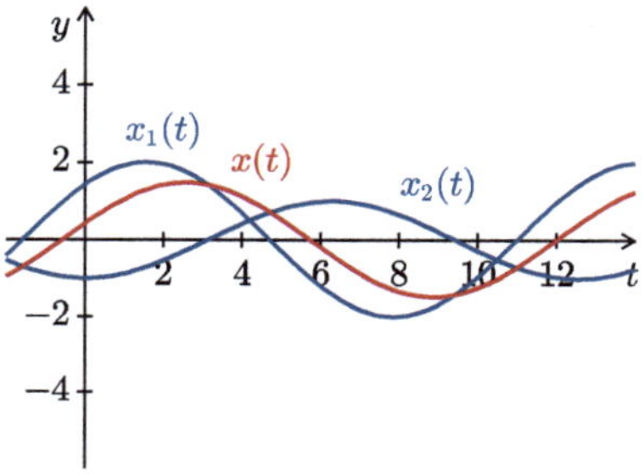

Der letzte Ausdruck gibt eine Näherung an.

Die Nullstellen der Gesamtschwingung $x(t)$ liegen für $k \in \mathbb{Z}$ bei

$$N_k\left(\pi + 2\arctan\left(\frac{\sqrt{2}}{\sqrt{2}-1}\right) + 2k\pi \,\middle|\, 0\right)$$

und die Hochpunkte und Tiefpunkte

$$H_k\left(2\arctan\left(\frac{\sqrt{2}}{\sqrt{2}-1}\right) + 4k\pi \,\middle|\, \sqrt{5-2\sqrt{2}}\right)$$

$$T_k\left(2\pi + 2\arctan\left(\frac{\sqrt{2}}{\sqrt{2}-1}\right) + 4k\pi \,\middle|\, -\sqrt{5-2\sqrt{2}}\right)$$

liegen für $k \in \mathbb{Z}$ jeweils in der Mitte von zwei Nullstellen. Die Zahlenwerte sind bei diesem Aufgabenteil etwas unschön, die doppelten Wurzeln lassen sich nicht vermeiden.

d) Den beiden Schwingungen

$$x_1(t) = \cos\left(\frac{\pi}{2}t + \frac{\pi}{4}\right)$$

$$x_2(t) = -2\sin\left(\frac{\pi}{2}t - \frac{5\pi}{6}\right) = 2\cos\left(\frac{\pi}{2}t - \frac{\pi}{3}\right)$$

ordnen wir die Zeiger

$$z_1 = e^{i\frac{\pi}{4}} = \frac{\sqrt{2}}{2} + \frac{\sqrt{2}}{2}i, \quad z_2 = 2e^{-i\frac{\pi}{3}} = 1 - \sqrt{3}i$$

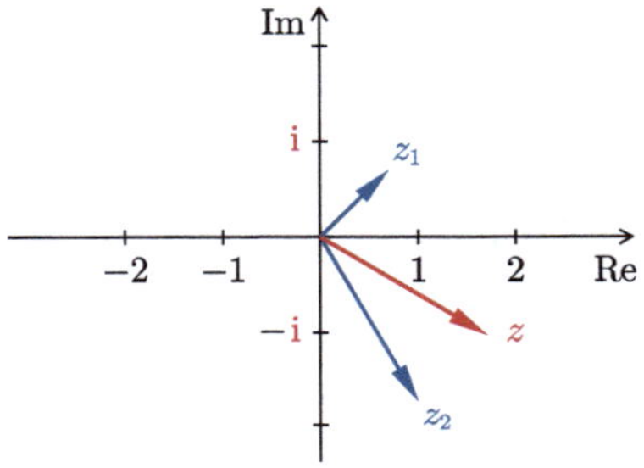

zu. Die Addition der beiden Zeiger ergibt

$$z = \frac{1}{2}\sqrt{20-4\left(\sqrt{6}-\sqrt{2}\right)}\,e^{-i\arctan\left(\frac{2\sqrt{3}-\sqrt{2}}{\sqrt{2}+2}\right)}.$$

Somit ist

$$x(t) = \frac{1}{2}\sqrt{20-4\left(\sqrt{6}-\sqrt{2}\right)} \cdot \cos\left(\frac{\pi}{2}t - \arctan\left(\frac{2\sqrt{3}-\sqrt{2}}{\sqrt{2}+2}\right)\right) \approx 2\cos\left(\frac{\pi}{2}t - 31^\circ\right).$$

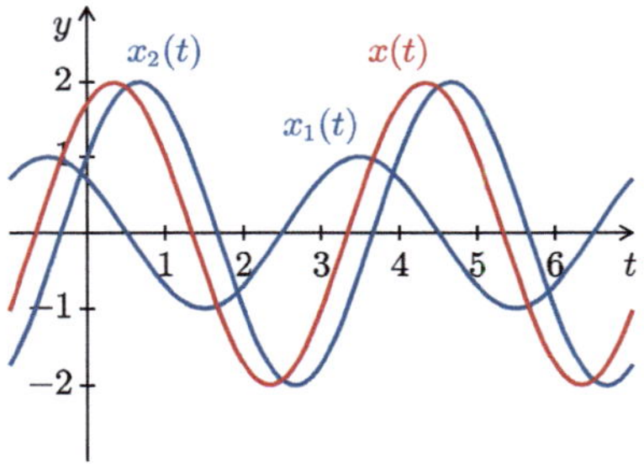

Die Nullstellen der Gesamtschwingung $x(t)$ liegen für $k \in \mathbb{Z}$ bei

$$N_k\left(\frac{2}{\pi}\arctan\left(\frac{2\sqrt{3}-\sqrt{2}}{\sqrt{2}+2}\right) + 1 + 2k \,\middle|\, 0\right)$$

und die Hochpunkte und Tiefpunkte

$$H_k\left(\frac{2}{\pi}\arctan\left(\frac{2\sqrt{3}-\sqrt{2}}{\sqrt{2}+2}\right) + 4k \,\middle|\, \frac{1}{2}\sqrt{20-4\left(\sqrt{6}-\sqrt{2}\right)}\right)$$

$$T_k\left(\frac{2}{\pi}\arctan\left(\frac{2\sqrt{3}-\sqrt{2}}{\sqrt{2}+2}\right) + 2 + 4k \,\middle|\, -\frac{1}{2}\sqrt{20-4\left(\sqrt{6}-\sqrt{2}\right)}\right)$$

liegen für $k \in \mathbb{Z}$ jeweils in der Mitte von zwei Nullstellen. Auch bei diesem Aufgabenteil lassen sich die doppelten Wurzeln nicht weiter vereinfachen.

Lösung 13.12 (Ortskurven)

a) Die Ortskurve $z(t) = x(t) + \mathrm{i}y(t)$ mit

$$z(t) = t + \mathrm{i}(t-3)$$

hat den Real- und Imaginärteil

$$x(t) = t$$
$$y(t) = t - 3\,.$$

Die Ortskurve beschreibt eine Gerade. Für $t = 0$ geht sie durch die Zahl $-3\,\mathrm{i}$ und für $t = 3$ durch 3.

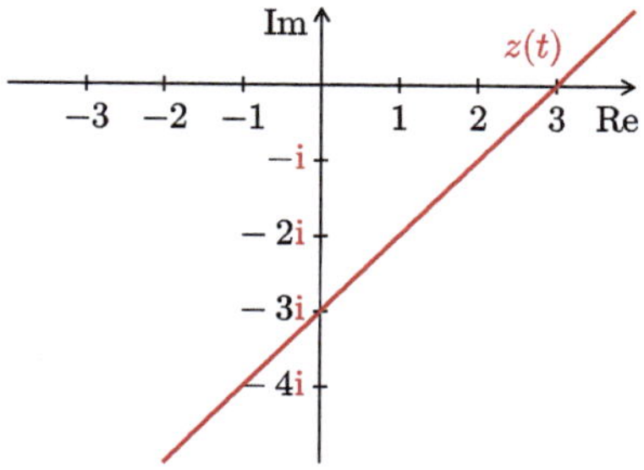

b) Die Ortskurve $z(t) = x(t) + \mathrm{i}y(t)$ mit

$$z(t) = -2 + \mathrm{i} + 3\cos t + 3\,\mathrm{i}\sin t$$

hat den Real- und Imaginärteil

$$x(t) = -2 + 3\cos t$$
$$y(t) = 1 + 3\sin t\,.$$

Die Ortskurve beschreibt einen Kreis. Der Mittelpunkt ist $z_0 = -2 + \mathrm{i}$, der Radius 3.

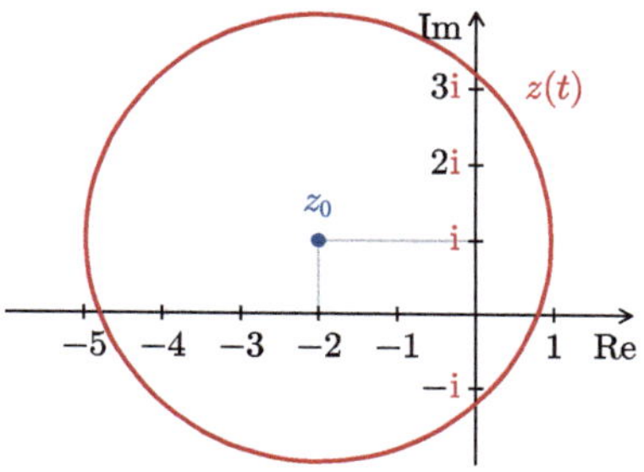

c) Real- und Imaginärteil der Ortskurve sind

$$x(t) = \frac{-t^2}{4+t^2}\,, \quad y(t) = \frac{2t}{4+t^2}\,.$$

Diese erfüllen die Gleichung

$$x^2 + y^2 = \frac{t^4 + 4t^2}{(4+t^2)^2} = \frac{t^2}{4+t^2}\,.$$

Der Ausdruck auf der rechten Seite ist $-x$:

$$x^2 + y^2 = -x \implies \left(x + \frac{1}{2}\right)^2 + y^2 = \frac{1}{4}\,.$$

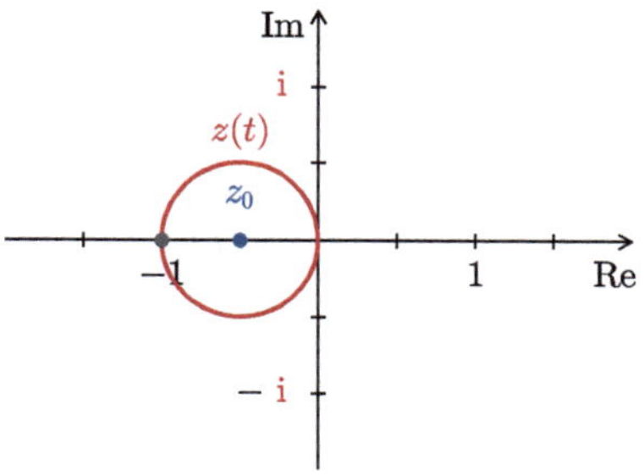

Die Ortskurve beschreibt einen Kreis. Der Mittelpunkt ist $z_0 = -\frac{1}{2}$, der Radius $\frac{1}{2}$.

d) Real- und Imaginärteil der Ortskurve sind

$$x(t) = \frac{4-t}{4+t^2}\,, \quad y(t) = \frac{2+2t}{4+t^2}\,.$$

Diese erfüllen die Gleichung

$$x^2 + y^2 = \frac{(4-t)^2 + (2+2t)^2}{(4+t^2)^2} = \frac{5}{4+t^2}\,.$$

Die rechte Seite ersetzt man durch x und y:

$$x^2 + y^2 = x + \frac{y}{2}\,, \quad \left(x - \frac{1}{2}\right)^2 + \left(y - \frac{1}{4}\right)^2 = \frac{5}{16}\,.$$

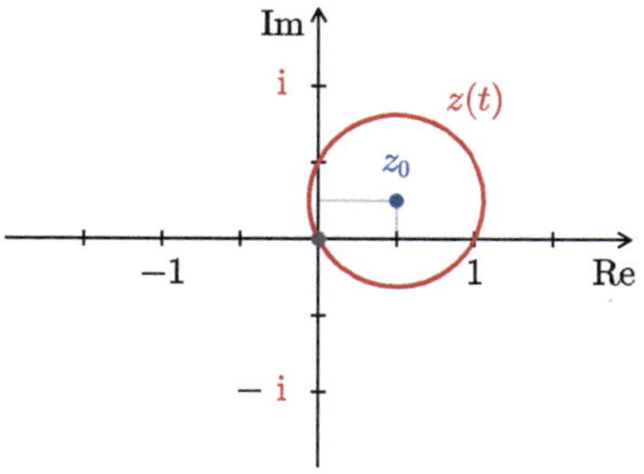

Die Ortskurve beschreibt einen Kreis. Der Mittelpunkt ist $z_0 = \frac{1}{2} + \frac{1}{4}\,\mathrm{i}$, der Radius $\frac{\sqrt{5}}{4}$.

13.2.3 Anwendung

Lösung 13.13 (Transformation eines Polygonzugs)

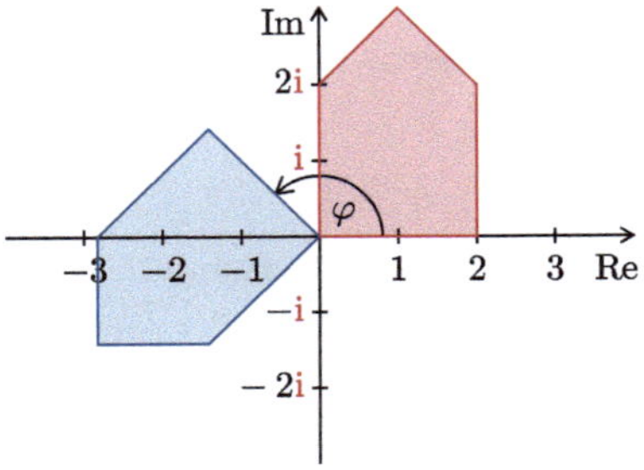

Die Multiplikation mit der komplexen Zahl

$$z = -\frac{1}{\sqrt{2}} + \frac{1}{\sqrt{2}}\mathrm{i} = \mathrm{e}^{\mathrm{i}\frac{3\pi}{4}}, \qquad |z| = 1$$

entspricht einer Rotation um den Ursprung mit

$$\varphi = \frac{3\pi}{4}.$$

Generell werden bei einer Multiplikation die Beträge der Faktoren multipliziert und die Winkel addiert. Dadurch entsteht hier eine Drehung.

Lösung 13.14 (Impedanzen)

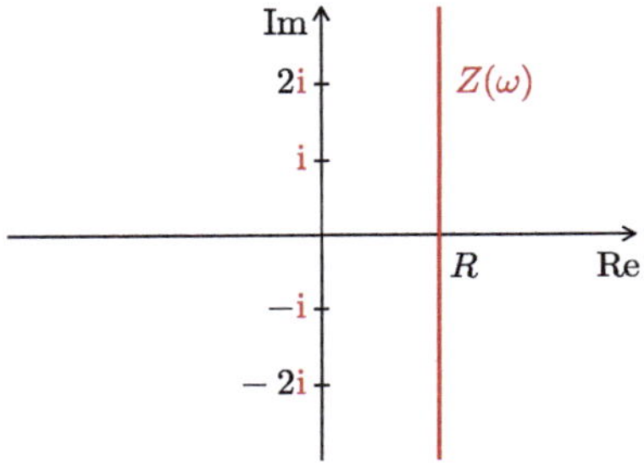

Aus der Darstellung

$$Z(\omega) = Z_R + \frac{Z_C\,Z_L}{Z_C + Z_L}$$

folgt durch Einsetzen von Z_R, Z_C und Z_L

$$Z(\omega) = R + \frac{\frac{1}{\mathrm{i}\,\omega C}\,\mathrm{i}\,\omega L}{\frac{1}{\mathrm{i}\,\omega C} + \mathrm{i}\,\omega L}$$

und daraus durch Umformen

$$Z(\omega) = R + \frac{L}{\mathrm{i}\,\omega CL + \frac{1}{\mathrm{i}\,\omega C}} = R + \frac{\mathrm{i}\,\omega L}{1 - \omega^2 CL}.$$

Hieraus ergibt sich

$$\mathrm{Re}\,(Z(\omega)) = R, \quad \mathrm{Im}\,(Z(\omega)) = \frac{\omega L}{1 - \omega^2 CL}, \quad |Z(\omega)| = \sqrt{R^2 + \frac{\omega^2 L^2}{(1 - \omega^2 CL)^2}}.$$

Zur Bestimmung der Ortskurve setzen wir

$$w = u + \mathrm{i}v = R + \frac{\mathrm{i}\,\omega L}{1 - \omega^2 CL}.$$

Damit ist $u = R$. Alle Werte $Z(\omega)$ liegen auf der Parallelen zur imaginären Achse durch R. Die quadratische Gleichung aus

$$v = \frac{\omega L}{1 - \omega^2 CL} \quad \Longrightarrow \quad v - \omega^2 CLv = \omega L \quad \Longrightarrow \quad vCL\omega^2 + L\omega - v = 0$$

besitzt für alle v Lösungen:

$$\omega_{1,2} = \frac{-L \pm \sqrt{L^2 + 4v^2 CL}}{2vCL}.$$

Für $\omega \to \frac{1}{\sqrt{CL}}$ geht $|Z(\omega)|$ gegen ∞.

14 Gewöhnliche Differenzialgleichungen

Das Kapitel Differenzialgleichungen ist sowohl für Studierende als auch für Lehrende gleichermaßen dankbar. Zum einen sind viele Differenzialgleichungen anwendungsnah und zum anderen verknüpft dieses Kapitel wie kein anderes viele Grundlagen, die bis hierher bereitgestellt wurden. Lineare Differenzialgleichungen werden typischerweise mithilfe von charakteristischen Polynomen gelöst. Dazu müssen die Nullstellen dieser Polynome berechnet werden, siehe Kapitel 6. Die Nullstellen können auch komplex sein, siehe Kapitel 13. Lineare Differenzialgleichungssysteme werden meist mit Vektoren und Matrizen dargestellt, siehe Kapitel 3 und Kapitel 4.

Ein Einstieg in die Welt der Lösungsmethoden für Differenzialgleichungen gelingt grafisch mithilfe von Richtungsfeldern. Diese sind sehr anschaulich und vermitteln intuitiv den Verlauf von Lösungskurven. Auch die Tatsache, dass Lösungen von Differenzialgleichungen in der Regel mindestens einen Freiheitsgrad haben, wird hier deutlich. Zudem können Anfangs- und Randbedingungen in Richtungsfeldern sichtbar gemacht werden.

Erfahrungsgemäß bereitet Studierenden das grundsätzliche Lösen von Differenzialgleichungen an sich keine größeren Schwierigkeiten. Allerdings steckt der Teufel oft im Detail. Bei den meisten analytischen Lösungswegen muss früher oder später integriert werden. Dabei zeigt sich, ob die handwerklichen Fertigkeiten aus Kapitel 8 und Kapitel 9 auch wirklich vorhanden sind.

Die Trennung der Variablen ist ein relativ mächtiges Werkzeug beim Lösen von Differenzialgleichungen. Diese Methode wird insbesondere bei nichtlinearen Differenzialgleichungen erfolgreich angewendet. Gerade nichtlineare Differenzialgleichungen sind meist sehr individuell und verlangen einen maßgeschneiderten Lösungsweg. Bei manchen Problemen ist es vorteilhaft, wenn eine Substitution vorgeschaltet wird.

Auch bei Differenzialgleichungen bilden die linearen Gleichungen eine sehr wichtige Unterkategorie. Die Struktur ist dann klar vorgegeben und der Lösungsweg verläuft systematisch. Gerade weil es hier ein universelles Kochrezept gibt, ist das Lösen dieser Gleichungen bei Studierenden recht beliebt.

Am Ende des Kapitels stehen numerische Lösungsmethoden. Bei realen Anwendungen vermutlich das Werkzeug schlechthin. Mit dem Euler-Verfahren, dem einfachsten Vertreter numerischer Lösungsverfahren, erfolgt eine näherungsweise Konstruktion von Lösungen. Dabei wird eine Brücke zum Beginn des Kapitels geschlagen, denn Richtungsfelder und das Euler-Verfahren hängen sehr eng miteinander zusammen.

14.1 Aufgaben

14.1.1 Verständnis und Kompetenz

Aufgabe 14.1 (Erraten von Lösungen von Differenzialgleichungen) ★☆☆☆☆

Bestimmen Sie Lösungen der gewöhnlicher Differenzialgleichungen durch Raten:

a) $y' = -\frac{1}{2}\,y$ b) $\ddot{x} = -2\,x$ c) $f'' = 7\,x - 3$

Aufgabe 14.2 (Differenzialgleichungen aus Kurvenscharen) ★★☆☆☆

Wie lauten die Differenzialgleichungen zu folgenden Kurvenscharen? Skizzieren Sie jeweils den Verlauf der Kurvenschar und des entsprechenden Richtungsfeldes.

a) $y(x) = (x - C)^2$ b) $y(x) = C(1 + \cos x)$ c) $y(x) = \ln\left(C(x-1)\right)$

Aufgabe 14.3 (Einfache Differenzialgleichungen zweiter Ordnung) ★☆☆☆☆

Gegeben sind die folgenden einfachen linearen Differenzialgleichungen zweiter Ordnung. Geben Sie jeweils an, ob die Differenzialgleichung homogen oder inhomogen ist. Untersuchen Sie bei inhomogenen Differenzialgleichungen außerdem, ob Resonanz vorliegt. Bestimmen Sie die allgemeine Lösung unter Verwendung des charakteristischen Polynoms.

a) $y'' = 0$ b) $y'' = 1$ c) $y'' = -1$
d) $y'' = x$ e) $y'' = y$ f) $y'' = -y$

Aufgabe 14.4 (Differenzialgleichung aus Fundamentallösungen) ★★★☆☆

Wie müssen die Konstanten a_0 und a_1 in der Differenzialgleichung der Form

$$y'' + a_1\,y' + a_0\,y = 0$$

gewählt werden, damit die Fundamentallösungen aus diesen Funktionen bestehen?

a) $\mathrm{e}^{2\,x},\ \mathrm{e}^{-4\,x}$ b) $\cos(4x),\ \sin(4x)$ c) $\mathrm{e}^{2\,x},\ x\,\mathrm{e}^{2\,x}$
d) $\mathrm{e}^{-x}\cos(3x),\ \mathrm{e}^{-x}\sin(3x)$ e) $1,\ \mathrm{e}^{-3\,x}$ f) $1,\ x$

Aufgabe 14.5 (Ansätze für partikuläre Lösungen) ★★☆☆☆

Geben Sie für die Differenzialgleichung $y'' + 16y = r(x)$ jeweils die Ansätze für die partikulären Lösungen an. Achten Sie dabei auf Resonanz.

a) $r(x) = \sin(4x)$ b) $r(x) = \cos(4x)$ c) $r(x) = \mathrm{e}^{4x}\,\cos(4x)$

Aufgabe 14.6 (Lösungsansätze) ★★☆☆☆

Gegeben ist die Differenzialgleichung $y'' + 5yy' + 6y = 0$.

a) Welches Problem ergibt sich, wenn man versucht, die Differenzialgleichung mit dem Exponentialansatz $y(x) = \mathrm{e}^{\lambda x}$ zu lösen?

b) Kann man die Differenzialgleichung mithilfe von Separation lösen?

Aufgabe 14.7 (Homogene Normalform) ★★☆☆☆

Transformieren Sie die lineare Differenzialgleichung mit konstanten Koeffizienten

$$y''' - 2\,y'' + 3\,y' - y = 0$$

auf die Normalform $\dot{\boldsymbol{x}} = \boldsymbol{A}\,\boldsymbol{x}$ und bestimmen Sie die charakteristische Gleichung.

Aufgabe 14.8 (Inhomogene Normalform) ★★★☆☆

Transformieren Sie das Differenzialgleichungssystem

$$\begin{aligned} \ddot{x}_1 + 2\,a\,x_1 + a\,x_2 + b\,\dot{x}_1 &= \cos(\omega\,t) \\ \ddot{x}_2 + 2\,a\,x_2 + a\,x_1 + b\,\dot{x}_2 &= 0 \end{aligned}$$

durch Einführen der Zustandsvariablen $z_1 = x_1$, $z_2 = x_2$, $z_3 = \dot{x}_1$ und $z_4 = \dot{x}_2$ in ein System der Form $\dot{\boldsymbol{z}} = \boldsymbol{A}\,\boldsymbol{z} + \boldsymbol{r}$.

Aufgabe 14.9 (Stabilität) ★★★☆☆

Für welche Parameterwerte a ist das Differenzialgleichungssystem asymptotisch stabil?

$$\dot{\boldsymbol{x}} = \begin{pmatrix} 1 & -1 \\ a & -3 \end{pmatrix} \boldsymbol{x}\,.$$

Aufgabe 14.10 (Eigenwerte und Stabilität) ★★★☆☆

Gegeben ist das Differenzialgleichungssystem mit einem reellen Parameter $c \geq 0$:

$$\dot{\boldsymbol{x}} = \begin{pmatrix} -2 & 4 & 0 \\ 0 & -2 & -c \\ 0 & c & -2 \end{pmatrix} \boldsymbol{x}\,.$$

a) Bestimmen Sie die Eigenwerte des Systems in Abhängigkeit des Parameters c.

b) Welche Stabilitätseigenschaft besitzt das System? Begründen Sie Ihre Antwort.

Aufgabe 14.11 (Lineare Unabhängigkeit) ★★★☆☆

Entscheiden Sie, ob folgende Funktionen linear unabhängig sind:

a) $y_1(x) = \sin x\,,\ y_2(x) = \sin\left(x + \dfrac{\pi}{2}\right)$ b) $y_1(x) = \sin x\,,\ y_2(x) = \sin(x + \pi)$

Aufgabe 14.12 (Schwingungen und Stabilität) ★★★★☆

Gegeben ist das lineare Differenzialgleichungssystem mit einem reellen Parameter a:

$$\begin{aligned} \dot{z}_1 &= a\,z_2 \\ \dot{z}_2 &= -a\,z_1 - 2z_2 \end{aligned}$$

a) Stellen Sie die Systemmatrix $\boldsymbol{A}$ auf.

b) Berechnen Sie die Eigenwerte von $\boldsymbol{A}$ in Abhängigkeit von a.

c) Für welche Werte von a treten Lösungen in Form von Schwingungen auf?

d) Für welche Werte von a verhält sich das System stabil, für welche asymptotisch stabil?

e) Geben Sie eine Differenzialgleichung mit den gleichen Eigenwerten wie das System an.

14.1.2 Rechnung und Training

Aufgabe 14.13 (Separation und Variation der Konstanten) ★★★

Gegeben ist die lineare Differenzialgleichung erster Ordnung $y' - \frac{y}{x} = x$.

a) Berechnen Sie die allgemeine Lösung der homogenen Differenzialgleichung durch Separation.

b) Bestimmen Sie eine partikuläre Lösung durch Variation der Konstanten und skizzieren Sie einige Lösungskurven.

c) Jede Kurve der Lösungsschar besitzt genau einen Extremwert. Bestimmen Sie die Ortskurve aller Extrempunkte direkt aus der Differenzialgleichung.

Aufgabe 14.14 (Separationsansatz) ★★★

Lösen Sie die Differenzialgleichungen erster Ordnung durch Separation:

a) $y\,y' - e^{2x} = 0$

b) $y' \tan x - 2\sqrt{y} = 0$

c) $x^3 dx + (y+1)^2 dy = 0$

d) $e^{y\,y'} - x = 0$

Aufgabe 14.15 (Lineare Differenzialgleichung mit Parameter) ★★

Wie lautet die allgemeine Lösung der Differenzialgleichung $y'' + 6\,y' + c\,y = 0$ in Abhängigkeit des Parameters c?

a) $c = 5$

b) $c = 9$

c) $c = 13$

Aufgabe 14.16 (Spezielle Lösungen) ★★★

Zeigen Sie, dass $y(x) = e^{-x}\cos(2x)$ eine spezielle Lösung der Differenzialgleichung ist und bestimmen Sie die allgemeine Lösung:

$$y''' + y' - 10\,y = 0\,.$$

Aufgabe 14.17 (Anfangswertprobleme) ★★★

Lösen Sie die folgenden Anfangswertprobleme:

a) $\frac{d^2 s}{dt^2} + 2\frac{ds}{dt} + 2\,s = 0, \quad s(0) = 1, \quad s'(0) = 1$

b) $y'' + 4\,y' + (4 + \omega^2)y = 0, \quad y(0) = 1, \quad y'(0) = \omega - 2$

c) $y'' - 2\,k\,y' + k^2\,y = 0, \quad y(0) = \sqrt{2}, \quad y'(0) = k\sqrt{2}$

Aufgabe 14.18 (Lineare Differenzialgleichungen erster Ordnung) ★★★★

Lösen Sie die folgenden Anfangswertprobleme exakt und berechnen Sie jeweils einen numerischen Näherungswert mit dem Euler-Verfahren mit der Schrittweite $h = 0.1$. Wie groß ist der Fehler des Näherungswertes?

a) $y' + \frac{y}{1+x} + 6\,x = 0, \quad y(0) = 3$

b) $y' \sin x = y\cos x, \quad y(\frac{\pi}{6}) = 1$

c) $y' + 2\,x\,y = 2\,x, \quad y(0) = 2$

d) $y'\,x\ln x = y, \quad y(e^2) = 2$

Aufgabe 14.19 (Inhomogene lineare Differenzialgleichungen) ★★★★☆

Berechnen Sie die allgemeine Lösung der folgenden Differenzialgleichungen:

a) $y'' + 2y' + 5y = 50x + 8e^{-x}$

b) $y'' + 2y' + 5y = \cos(2x)$

c) $y''' + y = 12\cosh x$

d) $y^{(4)} - 3y'' - 4y = x^2 + e^{-x}$

Aufgabe 14.20 (Spezielle Anfangsbedingungen) ★★★☆☆

Welche Lösungskurve der Differenzialgleichung

a) $y'' + 2y' - 3y = 2\sin x$ geht mit der Steigung 1 durch den Nullpunkt?

b) $y'' + 6y' + 25y = 50x - 13$ hat im Punkt $(0|1)$ eine waagrechte Tangente?

Aufgabe 14.21 (Richtungsfeld und Euler-Verfahren) ★★★☆☆

Gegeben ist folgende Differenzialgleichung erster Ordnung und ein Anfangswert:

$$t\dot{x} = (1-t)x, \quad x(1) = 1.$$

a) Berechnen Sie die Lösung $x(t)$ des Anfangswertproblems.

b) Skizzieren Sie das Richtungsfeld der Differenzialgleichung an den neun Punkten für $t \in \{1,2,3\}$ und $x \in \{1,2,3\}$.

c) Bestimmen Sie rechnerisch und grafisch einen Näherungswert des Anfangswertproblems für $x(3)$ mithilfe des Euler-Verfahrens mit der Schrittweite $h = 1$.

Aufgabe 14.22 (Allgemeine Lösung und Euler-Verfahren) ★★★☆☆

Gegeben ist das folgende Anfangswertsproblem:

$$y' = y - x^2 + 1, \quad y(0) = \frac{1}{2}.$$

a) Berechnen Sie die allgemeine Lösung der Differenzialgleichung.

b) Bestimmen Sie die Lösung des Anfangswertsproblems.

c) Fertigen Sie eine Skizze des Richtungsfelds der Differenzialgleichung an den 20 Punkten für $x \in \{0,1,2,3,4\}$ und $y \in \{0,2,4,6\}$ an. Tragen Sie einige Lösungskurven ein.

d) Bestimmen Sie mithilfe des Euler-Verfahrens mit der Schrittweite $h = 0.6$ einen Näherungswert des Anfangswertproblems für $y(3)$. Benutzen Sie einen Taschenrechner.

Aufgabe 14.23 (Substitution) ★★★★☆

Lösen Sie die Differenzialgleichungen erster Ordnung durch geeignete Substitutionen:

a) $y' = (x+y)^2$

b) $(2x - y + 3)y' = 1$

c) $2xyy' + x^2 - y^2 = 0$

d) $xy' + \sqrt{x^2 + y^2} = y$

Aufgabe 14.24 (Einfache Differenzialgleichungssysteme) ★★☆☆☆

Bestimmen Sie die reelle Lösung der folgenden Differenzialgleichungssysteme:

a) $\dot{\boldsymbol{x}} = \begin{pmatrix} 1 & 0 \\ 8 & 2 \end{pmatrix} \boldsymbol{x}$

b) $\dot{\boldsymbol{x}} = \begin{pmatrix} 2 & 1 \\ -4 & 2 \end{pmatrix} \boldsymbol{x}$

Aufgabe 14.25 (Differenzialgleichungssystem mit Anfangswerten) ★★★★☆

Lösen Sie das Anfangswertproblem

$$\begin{array}{rcrcrcll} \dot{x} & + & x & - & y & = & 0, & x(0)=1 \\ \dot{y} & + & 2x & - & y & = & 0, & y(0)=0 \end{array}$$

a) mithilfe des Eliminationsverfahrens,

b) in der Normalform mithilfe der Matrizenrechnung.

Aufgabe 14.26 (Differenzialgleichungssysteme) ★★★☆☆

Bestimmen Sie die allgemeine Lösung der folgenden Differenzialgleichungssysteme:

a)
$$\begin{array}{rcrcrcr} \dot{x}_1 & = & -x_1 & + & x_2 & + & x_3 \\ \dot{x}_2 & = & x_1 & - & x_2 & + & x_3 \\ \dot{x}_3 & = & x_1 & + & x_2 & + & x_3 \end{array}$$

b)
$$\begin{array}{rcrcrcr} \dot{x}_1 & = & & & x_2 & & \\ \dot{x}_2 & = & & & & & x_3 \\ \dot{x}_3 & = & -x_1 & - & x_2 & - & x_3 \end{array}$$

Aufgabe 14.27 (Inhomogenes Differenzialgleichungssystem) ★★★★☆

Bestimmen Sie die Lösung des Anfangswertproblems

$$\begin{array}{rcrcll} \dot{x} & + & y & = & \sin(2t), & x(0)=1 \\ \dot{y} & - & x & = & \cos(2t), & y(0)=0. \end{array}$$

Aufgabe 14.28 (Differenzialgleichungssystem mit Anfangswerten) ★★★★☆

Gegeben ist das folgende Anfangswertproblem:

$$\dot{\boldsymbol{x}} = \begin{pmatrix} -2 & 4 & 0 \\ 0 & -2 & -1 \\ 0 & 1 & -2 \end{pmatrix} \boldsymbol{x}, \quad \boldsymbol{x}(0) = \begin{pmatrix} -3 \\ 4 \\ -2 \end{pmatrix}$$

a) Berechnen Sie die allgemeine Lösung des Differenzialgleichungssystems.

b) Bestimmen Sie die Lösung des Anfangswertproblems.

Aufgabe 14.29 (Anfangswertproblem mit Zusatzbedingungen) ★★★★★

Gegeben ist das folgende Anfangswertproblem:

$$\begin{array}{rcl@{\quad,\quad}rcl} \dot{x} & = & -2x & x(0) & = & 1 \\ \dot{y} & = & 2x-y & y(0) & = & 0 \\ \dot{z} & = & y & z(0) & = & 0 \end{array}$$

a) Bestimmen Sie die Lösung des Anfangswertproblems.

b) Für welchen Zeitpunkt t_1 ist $x(t_1) = z(t_1)$?

c) Gibt es einen Zeitpunkt t_2 mit $x(t_2) = y(t_2) = z(t_2)$?

Aufgabe 14.30 (Euler-Verfahren für Differenzialgleichungssystem) ★★★★★

Gegeben ist das Anfangswertproblem

$$\ddot{x} + 2(1+x^2)\dot{x} + 4x = \cos(3t)\,, \quad x(0) = 0\,, \quad \dot{x}(0) = 1\,.$$

a) Transformieren Sie das Anfangswertproblem in ein System erster Ordnung.

b) Führen Sie einen Schritt des Euler-Verfahrens mit der Schrittweite $h = 0.1$ durch.

14.1.3 Anwendung

Aufgabe 14.31 (Flüssigkeit in einem Behälter) ★★★★

Ein zylinderförmiger Behälter ist mit Flüssigkeit bis zur Höhe $h_0 = 64$ cm gefüllt. Zum Zeitpunkt $t = 0$ wird eine Abflussöffnung am Boden des Behälters geöffnet, über die die Flüssigkeit abfließt. Für die Füllhöhe $h(t)$ gilt vereinfacht die Differenzialgleichung

$$\dot{h} = -K\sqrt{h} \quad \text{mit} \quad K = \frac{A_2}{A_1}\sqrt{2g}\,.$$

Dabei bezeichnet K eine positive Konstante, die aus der Erdbeschleunigung g und dem Verhältnis der Behälterbodenfläche A_1 zur Fläche der Abflussöffnung A_2 gebildet wird.

a) Bestimmen Sie die Füllhöhe h als Lösung des Anfangswertproblems, abhängig von K.

b) Wie lautet die Lösung speziell für $\frac{A_2}{A_1} = 0.1$, wenn man näherungsweise $\sqrt{2g} \approx 5$ setzt?

c) Für welchen Zeitraum $[0, T]$ ist die Lösungsfunktion h gültig?

d) Skizzieren Sie das Schaubild der Füllhöhe h als Funktion der Zeit.

Aufgabe 14.32 (Sinkende Kugel) ★★★

Eine Kugel befindet sich in einer zähen Flüssigkeit und sinkt durch ihr Gewicht nach unten. Die Sinkgeschwindigkeit der Kugel ist proportional zur Widerstandskraft der viskosen Flüssigkeit. Gemäß der Bewegungsgleichung nach Newton erhält man

$$m\,\dot{v} = m\,g - k\,v.$$

Dabei bezeichnet g die Erdbeschleunigung und k die Viskositätskonstante.

a) Berechnen Sie die allgemeine homogene Lösung durch Separation.

b) Bestimmen Sie eine partikuläre Lösung durch Variation der Konstanten.

c) Bestimmen Sie die allgemeine Lösung der Differenzialgleichung.

d) Welche Lösung erhält man, wenn man als Anfangswert $v(0) = 0$ wählt?

Aufgabe 14.33 (Fallschirmspringer) ★★★★

Ein Fallschirmspringer öffnet zur Zeit $t = 0$ bei einer Fallgeschwindigkeit von $21\ \frac{\mathrm{m}}{\mathrm{s}}$ seinen Fallschirm. Die Fallgeschwindigkeit wird durch ein Anfangswertproblem modelliert:

$$\dot{v} = 10 - \frac{10}{49}v^2, \quad v(0) = 21, \quad t \geq 0\,.$$

a) Bestimmen Sie v, indem Sie die Differenzialgleichung durch Separation lösen. Verwenden Sie dabei zur Berechnung einer Stammfunktion die Formel

$$\int \frac{1}{v^2 - a^2}\,\mathrm{d}v = \frac{1}{2a}\ln\left|\frac{v-a}{v+a}\right| + C.$$

b) Welche Grenzgeschwindigkeit ergibt sich für $t \to \infty$?

c) Wie lange dauert es, bis der Fallschirm auf $8\ \frac{\mathrm{m}}{\mathrm{s}}$ gebremst ist?

d) Berechnen Sie einen numerischen Näherungswert mit dem Euler-Verfahren mit der Schrittweite $h = 0.01$. Wie groß ist der Fehler des Näherungswertes?

14.2 Lösungen

14.2.1 Verständnis und Kompetenz

Lösung 14.1 (Erraten von Lösungen von Differenzialgleichungen)

a) Im Wesentlichen soll die Funktion mit ihrer Ableitung übereinstimmen. Dies legt die Verwendung der Exponentialfunktion nahe. Der Faktor $-\frac{1}{2}$ wird durch die innere Ableitung erzeugt. Durch Ableiten und Einsetzen von

$$y(x) = C\,\mathrm{e}^{-\frac{1}{2}x}$$

erkennt man schnell, dass diese Funktionen Lösungen sind.

b) Hier soll die Funktionen mit dem Negativen ihrer zweiten Ableitung übereinstimmen. Die Sinus- und Kosinusfunktionen wechseln durch zweifaches Ableiten das Vorzeichen,

$$x(t) = C_1 \sin\left(\sqrt{2}\,t\right) + C_2 \cos\left(\sqrt{2}\,t\right)$$

erfüllen die gegebene Differenzialgleichung. Durch Anwenden der Kettenregel entsteht beim zweimaligen Ableiten von x der Faktor 2.

c) Die Lösung ergibt sich durch zweifaches Integrieren:

$$f(x) = \frac{7}{6}\,x^3 - \frac{3}{2}\,x^2 + C_1 x + C_2\,.$$

Es stellt sich die Frage, ob es sich bei diesem Beispiel tatsächlich um eine Differenzialgleichung handelt. Formal ist es eine lineare inhomogene Differenzialgleichung zweiter Ordnung.

Lösung 14.2 (Differenzialgleichungen aus Kurvenscharen)

a) Durch Ableiten ergibt sich

$$y'(x) = 2\,(x - C)\,.$$

Aus dieser Gleichung für die Ableitung und der ursprünglichen Gleichung

$$y(x) = (x - C)^2$$

kann man die Konstante C eliminieren:

$$x - C = \frac{y'(x)}{2}\,, \qquad x - C = \pm\sqrt{y(x)}\,.$$

Dadurch ergeben sich die gesuchten Differenzialgleichungen:

$$y'(x) = \pm 2\sqrt{y(x)} \quad \Longleftrightarrow \quad y' = \pm 2\sqrt{y}\,.$$

Die Kurven sind Parabeln mit Scheiteln auf der x-Achse, die durch den Parameter C auf der x-Achse verschoben werden. Durch jeden Punkt der oberen Halbebene verlaufen zwei unterschiedliche Halbparabeln.

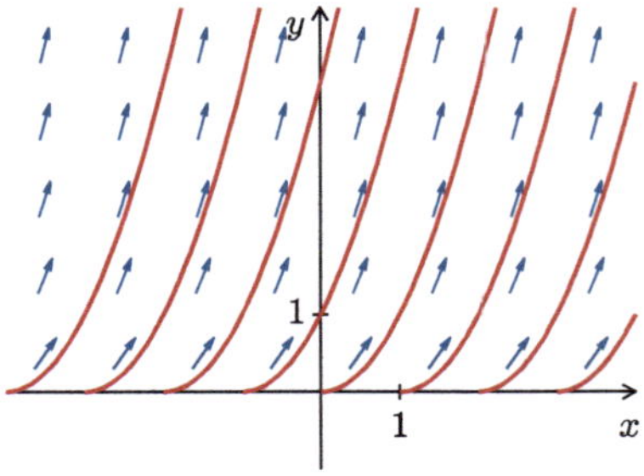

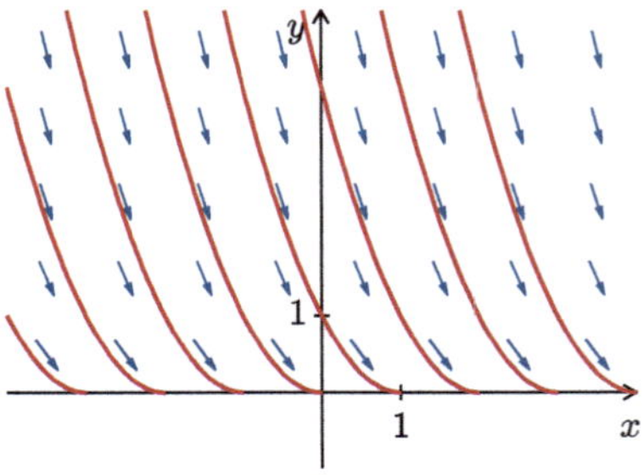

Entsprechend lässt sich die Kurvenschar auch nicht durch eine einzige Differenzialgleichung beschreiben, sondern auf Grund von ± durch zwei Differenzialgleichungen. Das Richtungsfeld mit positiver Steigung erzeugt die rechten Teile der Parabeln und das Richtungsfeld mit negativer Steigung die linken Teile.

b) Mit der Gleichung für die Ableitung

$$y'(x) = -C\sin x$$

und der ursprünglichen Gleichung

$$y(x) = C\,(1 + \cos x)$$

kann man C eliminieren

$$C = -\frac{y'(x)}{\sin x}, \quad C = \frac{y(x)}{1 + \cos x}.$$

Die gesuchte Differenzialgleichung lautet

$$y'(x) = -\frac{y(x)\sin x}{1+\cos x} \iff y' = -\frac{y\,\sin x}{1+\cos x}.$$

Das Argument x lässt man dabei meist weg.

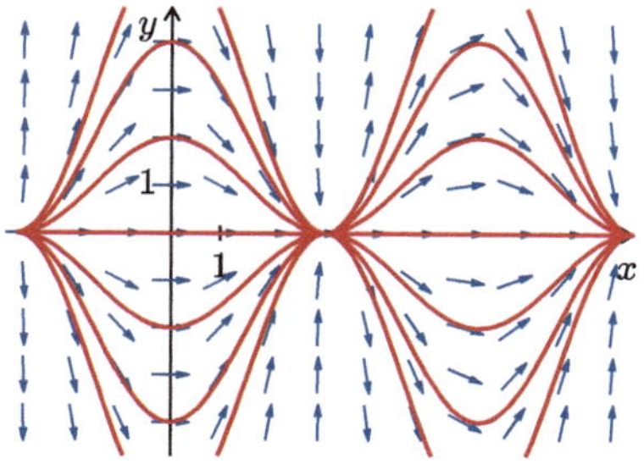

c) Verwendet man die Darstellung

$$y(x) = \ln(C(x-1)) = \ln C + \ln(x-1)$$

und leitet nach x ab

$$y'(x) = \frac{1}{x-1} \quad \iff \quad y' = \frac{1}{x-1}$$

dann ergibt sich sofort die gesuchte Differenzialgleichung, denn die Konstante C ist bereits eliminiert. Bei der Kurzschreibweise ist klar, dass y die gesuchte Funktion ist und x die unabhängige Variable, denn die Gleichung enthält y'.

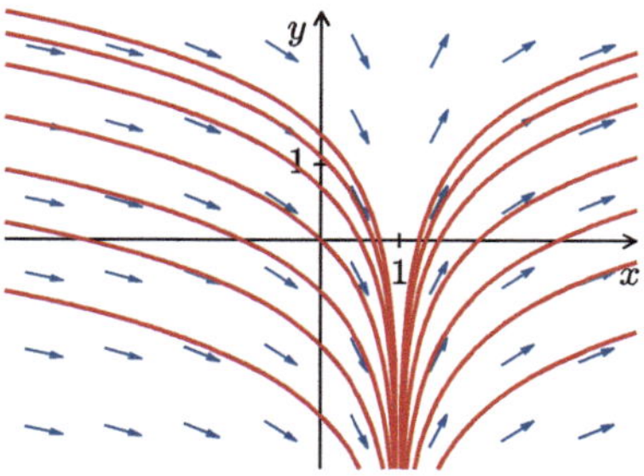

Lösung 14.3 (Einfache Differenzialgleichungen zweiter Ordnung)

a) Die Differenzialgleichung ist homogen:

$$\lambda^2 = 0 \implies \lambda_{1,2} = 0 \implies y(x) = c_1 + c_2\,x\,.$$

Zur Bestimmung der Lösung könnte man hier auch einfach y'' zweimal integrieren.

b) Die Differenzialgleichung ist inhomogen. Auf der rechten Seite steht ein Polynom, das zugeordnete λ ist demnach $\lambda_R = 0$. Für die homogene Lösung gilt

$$\lambda^2 = 0 \implies \lambda_{1,2} = 0 \implies y_h(x) = c_1 + c_2\,x\,.$$

Es liegt doppelte Resonanz vor. Für die partikuläre Lösung multiplizieren wir den normalen Ansatz $y(x) = A$ wegen der doppelten Resonanz mit x^2:

$$y_p(x) = A\,x^2\,, \quad y_p'(x) = 2A\,x\,, \quad y_p''(x) = 2A\,.$$

Die zugehörigen Ableitungen sind schnell bestimmt.

Wir erhalten durch Einsetzen in die Differenzialgleichung

$$A\,x^2 = 1 \quad\Longrightarrow\quad A = \frac{1}{2} \quad\Longrightarrow\quad y_p(x) = \frac{1}{2}\,x^2\,.$$

Die allgemeine Lösung lautet demnach

$$y(x) = y_h(x) + y_p(x) = c_1 + c_2\,x + \frac{1}{2}\,x^2\,.$$

Zur Bestimmung der Lösung könnte man hier auch einfach y'' zweimal integrieren.

c) Auch diese Differenzialgleichung ist inhomogen. Auf der rechten Seite steht ein Polynom, das zugeordnete λ ist demnach $\lambda_R = 0$. Für die homogene Lösung gilt

$$\lambda^2 = 0 \quad\Longrightarrow\quad \lambda_{1,2} = 0 \quad\Longrightarrow\quad y_h(x) = c_1 + c_2\,x\,.$$

Es liegt doppelte Resonanz vor und für y_p machen wir wiederum den Ansatz

$$y_p(x) = A\,x^2\,,\quad y_p'(x) = 2A\,x\,,\quad y_p''(x) = 2A$$

und erhalten durch Einsetzen in die Differenzialgleichung

$$A\,x^2 = -1 \quad\Longrightarrow\quad A = -\frac{1}{2} \quad\Longrightarrow\quad y_p(x) = -\frac{1}{2}\,x^2\,.$$

Die allgemeine Lösung lautet demnach

$$y(x) = y_h(x) + y_p(x) = c_1 + c_2\,x - \frac{1}{2}\,x^2\,.$$

Zur Bestimmung der Lösung könnte man hier auch einfach y'' zweimal integrieren.

d) Diese Differenzialgleichung ist inhomogen. Auf der rechten Seite steht x, es ist also $\lambda_R = 0$. Für die homogene Lösung gilt

$$\lambda^2 = 0 \quad\Longrightarrow\quad \lambda_{1,2} = 0 \quad\Longrightarrow\quad y_h(x) = c_1 + c_2\,x\,.$$

Wegen des linearen Polynoms auf der rechten Seite und der doppelten Resonanz machen wir für die partikuläre Lösung den Ansatz

$$y_p(x) = (A_0 + A_1 x)\,x^2\,,\quad y_p'(x) = (2A_0 + 3A_1 x)\,x\,,\quad y_p''(x) = 2A_0 + 6A_1\,x$$

und erhalten durch Einsetzen in die Differenzialgleichung und Koeffizientenvergleich

$$2A_0 + 6A_1 x = x \quad\Longrightarrow\quad A_0 = 0\,,\ A_1 = \frac{1}{6} \quad\Longrightarrow\quad y_p(x) = -\frac{1}{2}\,x^3\,.$$

Die allgemeine Lösung lautet demnach

$$y(x) = y_h(x) + y_p(x) = c_1 + c_2\,x + \frac{1}{6}\,x^3\,.$$

Zur Bestimmung der Lösung könnte man hier auch einfach y'' zweimal integrieren.

e) Die Differenzialgleichung ist homogen:

$$\lambda^2 = 1 \quad\Longrightarrow\quad \lambda_{1,2} = \pm 1 \quad\Longrightarrow\quad y(x) = c_1\,\mathrm{e}^{x} + c_2\,\mathrm{e}^{-x}\,.$$

Die allgemeine Lösung setzt sich aus zwei Exponentialfunktionen zusammen.

f) Die Differenzialgleichung ist homogen:

$$\lambda^2 = -1 \quad\Longrightarrow\quad \lambda_{1,2} = \pm\mathrm{i} \quad\Longrightarrow\quad y(x) = c_1\,\sin x + c_2\,\cos x\,.$$

Die allgemeine Lösung setzt sich aus Sinus- und Kosinusfunktionen zusammen.

Lösung 14.4 (Differenzialgleichung aus Fundamentallösungen)

Aus den Fundamentallösungen lassen sich die Eigenwerte ablesen. Diese sind die Nullstellen des charakteristischen Polynoms. Setzt man Linearfaktoren mit diesen Nullstellen an, so entsteht daraus das charakteristische Polynom. Aus dem charakteristischen Polynom schließlich kann man a_0 und a_1 direkt ablesen.

a) Das charakteristische Polynom ergibt sich aus

$$\mathrm{e}^{2x}\,,\ \mathrm{e}^{-4x} \quad\Longrightarrow\quad \lambda_1 = 2\,,\ \lambda_2 = -4 \quad\Longrightarrow\quad p(\lambda) = (\lambda - 2)(\lambda + 4) = \lambda^2 + 2\lambda - 8\,.$$

Wir lesen $a_1 = 2$ und $a_0 = -8$ ab.

b) Das charakteristische Polynom ergibt sich aus

$$\cos(4x)\,,\ \sin(4x) \quad\Longrightarrow\quad \lambda_{1,2} = \pm 4\,\mathrm{i} \quad\Longrightarrow\quad p(\lambda) = (\lambda - 4\,\mathrm{i})(\lambda + 4\,\mathrm{i}) = \lambda^2 + 16\,.$$

Wir lesen $a_1 = 0$ und $a_0 = 16$ ab.

c) Das charakteristische Polynom ergibt sich aus

$$\mathrm{e}^{2x}\,,\ x\mathrm{e}^{2x} \quad\Longrightarrow\quad \lambda_{1,2} = 2 \quad\Longrightarrow\quad p(\lambda) = (\lambda - 2)^2 = \lambda^2 - 4\lambda + 4\,.$$

Wir lesen $a_1 = -4$ und $a_0 = 4$ ab.

d) Das charakteristische Polynom ergibt sich aus

$$\mathrm{e}^{-x}\cos(3x)\,,\ \mathrm{e}^{-x}\sin(3x) \quad\Longrightarrow\quad \lambda_{1,2} = -1 \pm 3\,\mathrm{i} \quad\Longrightarrow\quad p(\lambda) = (\lambda + 1 - 3\,\mathrm{i})(\lambda + 1 + 3\,\mathrm{i})\,.$$

Diesen Ausdruck vereinfacht man durch

$$p(\lambda) = \big((\lambda + 1) - 3\,\mathrm{i}\big)\big((\lambda + 1) + 3\,\mathrm{i}\big) = (\lambda + 1)^2 - (3\,\mathrm{i})^2 = \lambda^2 + 2\lambda + 1 + 9\,.$$

Wir lesen $a_1 = 2$ und $a_0 = 10$ ab.

e) Das charakteristische Polynom ergibt sich aus

$$1\,,\ \mathrm{e}^{-3x} \quad\Longrightarrow\quad \lambda_1 = 0\,,\ \lambda_2 = -3 \quad\Longrightarrow\quad p(\lambda) = (\lambda - 0)(\lambda + 3) = \lambda^2 + 3\lambda\,.$$

Wir lesen $a_1 = 3$ und $a_0 = 0$ ab.

f) Das charakteristische Polynom ergibt sich aus

$$1\,,\ x \quad\Longrightarrow\quad \lambda_{1,2} = 0 \quad\Longrightarrow\quad p(\lambda) = (\lambda - 0)(\lambda - 0) = \lambda^2\,.$$

Wir lesen $a_1 = 0$ und $a_0 = 0$ ab.

Lösung 14.5 (Ansätze für partikuläre Lösungen)

Zunächst ermitteln wir die Eigenwerte der homogenen Differenzialgleichung mithilfe des charakteristischen Polynoms. Dazu ersetzen wir die Funktion y und ihre zweite Ableitung y'' durch entsprechende Potenzen von λ:

$$\lambda^2 + 16 = 0 \quad\Longrightarrow\quad \lambda_{1,2} = \pm 4\,\mathrm{i}\,.$$

Die beiden Nullstellen sind komplex.

a) Der zugeordnete Eigenwert der rechten Seite $r(x) = \sin(4x)$ lautet $\lambda_R = \pm 4\,\mathrm{i}$. Somit liegt Resonanz vor:

$$y_p(x) = x\left(A_1\cos(4x) + A_2\sin(4x)\right).$$

Der normale Störansatz wird mit x multipliziert.

b) Der zugeordnete Eigenwert der rechten Seite $r(x) = \cos(4x)$ lautet $\lambda_R = \pm 4\,\mathrm{i}$. Somit liegt Resonanz vor:

$$y_p(x) = x\left(A_1\cos(4x) + A_2\sin(4x)\right).$$

Der normale Störansatz wird mit x multipliziert.

c) Der zugeordnete Eigenwert der rechten Seite $r(x) = \mathrm{e}^{4x}\cos(4x)$ lautet $\lambda_R = 4 \pm 4\,\mathrm{i}$. Somit liegt keine Resonanz vor:

$$y_p(x) = \mathrm{e}^{4x}\left(A_1\cos(4x) + A_2\sin(4x)\right).$$

Es genügt der normale Störansatz.

Lösung 14.6 (Lösungsansätze)

a) Die Differenzialgleichung ist nicht linear. Aus diesem Grund ist der Exponentialansatz als Lösungsweg nicht geeignet. Setzt man dennoch diesen Ansatz ein, so folgt:

$$\lambda^2\,\mathrm{e}^{\lambda x} + 5\,\mathrm{e}^{\lambda x}\,\lambda\,\mathrm{e}^{\lambda x} + 6\,\mathrm{e}^{\lambda x} = 0 \quad\Longrightarrow\quad \lambda^2 + 5\,\lambda\,\mathrm{e}^{\lambda x} + 6 = 0\,.$$

Es gibt kein λ so, dass diese Gleichung für $x \in \mathbb{R}$ gilt.

b) Nein. Die Ordnung der Differenzialgleichung ist nicht eins.

Lösung 14.7 (Homogene Normalform)

Wir verwenden die Zustandsvariablen

$$x_1(t) = y(t)\,,\quad x_2(t) = y'(t)\,,\quad x_3(t) = y''(t)$$

und transformieren das System in die Normalform:

$$\begin{pmatrix} \dot{x}_1(t)\\ \dot{x}_2(t)\\ \dot{x}_3(t)\end{pmatrix} = \underbrace{\begin{pmatrix} 0 & 1 & 0\\ 0 & 0 & 1\\ 1 & -3 & 2\end{pmatrix}}_{\boldsymbol{A}}\begin{pmatrix} x_1(t)\\ x_2(t)\\ x_3(t)\end{pmatrix}.$$

Die charakteristische Gleichung erhalten wir aus der Determinante von $\boldsymbol{A} - \lambda\boldsymbol{E}$:

$$\det(\boldsymbol{A} - \lambda\boldsymbol{E}) = \begin{vmatrix} -\lambda & 1 & 0\\ 0 & -\lambda & 1\\ 1 & -3 & 2-\lambda\end{vmatrix} = -\lambda\begin{vmatrix} -\lambda & 1\\ -3 & 2-\lambda\end{vmatrix} - \begin{vmatrix} 0 & 1\\ 1 & 2-\lambda\end{vmatrix}.$$

Dabei haben wir nach der ersten Zeile entwickelt. Wir berechnen die beiden entstandenen Determinanten, fassen zusammen und setzen die Determinante gleich null:

$$\det(\boldsymbol{A} - \lambda\boldsymbol{E}) = -\lambda(-\lambda(2-\lambda) + 3) + 1 = -\lambda^3 + 2\lambda^2 - 3\lambda + 1 = 0\,.$$

Man erkennt, dass die charakteristische Gleichung der Normalform

$$\begin{aligned} y''' \; -2\,y'' \; +3\,y' \; -y &= 0\\ \lambda^3 \; -2\,\lambda^2 \; +3\,\lambda \; -1 &= 0 \end{aligned}$$

mit der charakteristischen Gleichung der Differenzialgleichung, die man direkt ablesen kann, übereinstimmt.

Lösung 14.8 (Inhomogene Normalform)

Mit den Zustandsvariablen

$$z_1 = x_1\,, \quad z_2 = x_2\,, \quad z_3 = \dot{x}_1\,, \quad z_4 = \dot{x}_2\,, \quad \boldsymbol{z} = (z_1, z_2, z_3, z_4)^T$$

folgt durch Umschreiben

$$\dot{\boldsymbol{z}} = \underbrace{\begin{pmatrix} 0 & 0 & 1 & 0 \\ 0 & 0 & 0 & 1 \\ -2a & -a & -b & 0 \\ -a & -2a & 0 & -b \end{pmatrix}}_{\boldsymbol{A}} \boldsymbol{z} + \underbrace{\begin{pmatrix} 0 \\ 0 \\ \cos(\omega t) \\ 0 \end{pmatrix}}_{\boldsymbol{r}(t)}\,.$$

Die ersten beiden Zeilen beschreiben den Zusammenhang zwischen x_1 und $\dot{x}_1$ bzw. zwischen x_2 und $\dot{x}_2$. Hätten wir eine andere Reihenfolge für die Zustandsvariablen gewählt, so würde die Systemmatrix anders lauten. Das Verhalten der Lösungen wird durch die Reihenfolge natürlich nicht beeinflusst.

Lösung 14.9 (Stabilität)

Man bestimmt zunächst das charakteristische Polynom der Systemmatrix

$$\begin{vmatrix} 1-\lambda & -1 \\ \alpha & -3-\lambda \end{vmatrix} = \lambda^2 + 2\lambda - 3 + \alpha = 0\,.$$

Hieraus folgen die Eigenwerte der Systemmatrix

$$\lambda_{1,2} = \frac{-2 \pm \sqrt{4 + 12 - 4\alpha}}{2} = -1 \pm \sqrt{4-\alpha}\,.$$

Für $\alpha \leq 4$ sind beide Eigenwerte reell, für $\alpha > 4$ komplex. Alle Lösungen sind genau dann asymptotisch stabil, wenn die Realteile aller Eigenwerte negativ sind. Für $\alpha > 4$ sind die Realteile beider Eigenwerte -1. Für $\alpha \leq 4$ muss der Wert unter der Wurzel kleiner als 1 sein, ansonsten ist der Eigenwert $-1 + \sqrt{4-\alpha}$ nicht negativ. Das bedeutet $3 < \alpha \leq 4$. Insgesamt sind also alle Lösungen für $\alpha > 3$ asymptotisch stabil.

Lösung 14.10 (Eigenwerte und Stabilität)

a) Der übliche Ansatz zur Bestimmung der Eigenwerte lautet

$$\begin{vmatrix} -2-\lambda & 4 & 0 \\ 0 & -2-\lambda & -c \\ 0 & c & -2-\lambda \end{vmatrix} = (-2-\lambda)(\lambda^2 + 4\lambda + 4 + c^2) = 0\,.$$

Dabei kann man die Determinante mit der Regel von Sarrus oder durch Entwicklung etwa nach der ersten Spalte bestimmen. Die Eigenwerte lauten

$$\lambda_1 = -2\,, \quad \lambda_{2,3} = \frac{-4 \pm \sqrt{16 - 16 - 4c^2}}{2} = -2 \pm c\,\mathrm{i}\,.$$

Dabei sind λ_2 und λ_3 vom Parameter c abhängig.

b) Das Differenzialgleichungssystem ist für alle Parameterwerte c asymptotisch stabil, da alle Eigenwerte immer einen negativen Realteil besitzen.

Lösung 14.11 ([Lineare Unabhängigkeit)

a) Wir bestimmen die Wronski-Determinante der Matrix, die aus den beiden Funktionen und deren Ableitungen gebildet wird:

$$\begin{vmatrix} \sin x & \sin\left(x+\frac{\pi}{2}\right) \\ \cos x & \cos\left(x+\frac{\pi}{2}\right) \end{vmatrix} = \begin{vmatrix} \sin x & \cos x \\ \cos x & -\sin x \end{vmatrix} = -\sin^2 x - \cos^2 x = -1\,.$$

Die Determinante ist also für alle $x \in \mathbb{R}$ von null verschieden. Daher sind die beiden Funktionen y_1 und y_2 linear unabhängig.

b) Wir bestimmen die Wronski-Determinante der Matrix, die aus den beiden Funktionen und deren Ableitungen gebildet wird:

$$\begin{vmatrix} \sin x & \sin(x+\pi) \\ \cos x & \cos(x+\pi) \end{vmatrix} = \begin{vmatrix} \sin x & -\sin x \\ \cos x & -\cos x \end{vmatrix} = -\sin x\,\cos x + \sin x\,\cos x = 0\,.$$

Die Determinante ist also überall null. Daher sind die beiden Funktionen y_1 und y_2 linear abhängig. Wegen

$$\sin(x+\pi) = -\sin x \quad\Longrightarrow\quad y_2 = -y_1$$

hätte man die lineare Abhängigkeit auch gleich ohne größere Rechnung sehen können.

Lösung 14.12 (Schwingungen und Stabilität)

a) Die Matrix $\boldsymbol{A}$ ergibt sich aus den beiden Differenzialgleichungen:

$$\boldsymbol{A} = \begin{pmatrix} 0 & a \\ -a & -2 \end{pmatrix}.$$

Die Matrixelemente sind die Koeffizienten in den Differenzialgleichungen.

b) Berechnet man die Determinante von $\boldsymbol{A} - \lambda\boldsymbol{E}$, so erhält man die Eigenwerte von $\boldsymbol{A}$:

$$\begin{vmatrix} -\lambda & a \\ -a & -2-\lambda \end{vmatrix} = \lambda^2 + 2\lambda + a^2 = 0 \quad\Longrightarrow\quad \lambda_{1,2} = -1 \pm \sqrt{1-a^2}\,.$$

c) Für $|a| > 1$ ist bei $\lambda_{1,2}$ die Diskriminante der Wurzel negativ und es gibt zwei komplexe Eigenwerte, die Lösungen in Form von Schwingungen erzeugen.

d) Für $a = 0$ folgt $\lambda_1 = -2$ und $\lambda_2 = 0$. Damit ist das System für $a = 0$ stabil, aber nicht asymptotisch stabil. Für $0 < |a| < 1$ sind beide Eigenwerte negativ. Für $|a| = 1$ ist $\lambda_1 = -1$ doppelter Eigenwert. Für $|a| > 1$ haben beide Eigenwerte einen negativen Realteil. Damit ist das System für $a \neq 0$ asymptotisch stabil.

e) Eine Differenzialgleichung mit denselben Eigenwerten erhalten wir, wenn wir dieselbe charakteristische Gleichung

$$\lambda^2 + 2\lambda + a^2 = 0$$

verwenden. Wir erhalten

$$y'' + 2\,y' + a^2 = 0$$

für die zugehörige Differenzialgleichung.

14.2.2 Rechnung und Training

Lösung 14.13 (Separation und Variation der Konstanten)

a) Die Differenzialgleichung ist für $x = 0$ nicht definiert. Keine Lösungskurve schneidet daher die y-Achse. Wir bestimmen die Lösung der homogenen Differenzialgleichung

$$y' - \frac{y}{x} = 0$$

durch Separation. Dazu schreiben wir die Ableitung y' als Differenzial:

$$\frac{\mathrm{d}y}{\mathrm{d}x} = \frac{y}{x} \quad \Longrightarrow \quad \int \frac{1}{y}\,\mathrm{d}y = \int \frac{1}{x}\,\mathrm{d}x \quad \Longrightarrow \quad \ln|y| = \ln|x| + C\,.$$

Die beiden Integrale haben die gleichen Stammfunktionen. Weiter gilt

$$\mathrm{e}^{\ln|y|} = \mathrm{e}^{\ln|x|+C} \quad \Longrightarrow \quad |y| = \mathrm{e}^{C}\,|x| \quad \Longrightarrow \quad y = \pm\mathrm{e}^{C}\,|x| \quad \Longrightarrow \quad y_h(x) = C\,x\,.$$

Den entstehenden Faktor $\pm\mathrm{e}^{C}$ haben wir einfach wieder durch C ersetzt.

b) Dann bestimmt man eine partikuläre Lösung durch Variation der Konstanten:

$$y_p(x) = C(x)\,x \quad \Longrightarrow \quad y_p'(x) = C'(x)\,x + C(x)\,.$$

Einsetzen in die Differenzialgleichung ergibt

$$C'(x)\,x + C(x) - \frac{C(x)\,x}{x} = x \quad \Longleftrightarrow \quad C'(x)\,x = x$$

und damit die partikuläre Lösung

$$C'(x) = 1 \quad \Longrightarrow \quad C(x) = x \quad \Longrightarrow \quad y_p(x) = x \cdot x = x^2\,.$$

Die allgemeine Lösung erhält man aus der allgemeinen Lösung der homogenen Differenzialgleichung und einer partikulären Lösung

$$y(x) = y_h(x) + y_p(x) = C\,x + x^2 = x\,(C + x)\,.$$

Die Lösungskurven sind nach oben geöffnete Parabelabschnitte, die alle im Ursprung enden und beginnen.

c) Die Extrempunkte sind durch die Bedingung $y'(x) = 0$ gekennzeichnet. Aus der Differenzialgleichung ergibt sich

$$-\frac{y(x)}{x} = x \quad \Longrightarrow \quad y(x) = -x^2\,.$$

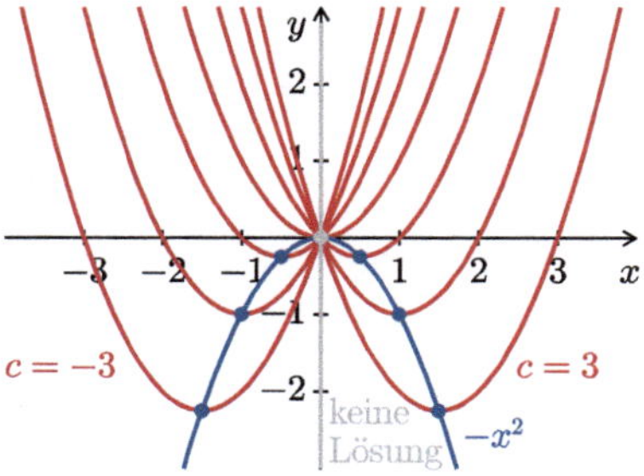

Also liegen alle Extremwerte auf der nach unten geöffneten Normalparabel durch den Ursprung. Die Extremwerte der Lösungskurven

$$y(x) = x\,(C + x)$$

aus Aufgabenteil a) sind die Scheitelpunkte

$$S\left(-\frac{C}{2}\,\middle|\,-\frac{C^2}{4}\right)$$

dieser nach oben geöffneten Parabeln.

Lösung 14.14 (Separationsansatz)

a) Durch Separation ergibt sich

$$y\,\frac{\mathrm{d}y}{\mathrm{d}x} = \mathrm{e}^{2x} \quad\Longrightarrow\quad \int y\,\mathrm{d}y = \int \mathrm{e}^{2x}\,\mathrm{d}x\,.$$

Die beiden auftretenden Integrale sind einfach zu lösen:

$$\frac{1}{2}\,y^2 = \frac{1}{2}\,\mathrm{e}^{2x} + C \quad\Longrightarrow\quad y(x) = \pm\sqrt{\mathrm{e}^{2x} + 2C}\,.$$

Wir erhalten eine Schar von Lösungsfunktionen.

b) Die Differenzialgleichung

$$y'\,\tan x - 2\sqrt{y} = 0 \quad\Longleftrightarrow\quad y'\,\tan x = 2\sqrt{y}$$

lässt sich durch Separation lösen:

$$\frac{\mathrm{d}y}{\mathrm{d}x}\,\tan x = 2\sqrt{y} \quad\Longrightarrow\quad \int \frac{1}{2\sqrt{y}}\,\mathrm{d}y = \int \frac{1}{\tan x}\,\mathrm{d}x = \int \frac{\cos x}{\sin x}\,\mathrm{d}x\,.$$

Das Integral auf der rechten Seite ist nun vom Typ $\int \frac{f'(x)}{f(x)}\,\mathrm{d}x$, deshalb ergibt sich

$$\sqrt{y} = \ln|\sin x| + C \quad\Longrightarrow\quad y(x) = \big(\ln|\sin x| + C\big)^2\,.$$

Dabei ist C eine beliebige reelle Konstante.

c) Auch bei dieser Differenzialgleichung führt Separation zum Erfolg:

$$\int x^3\,\mathrm{d}x = -\int (y+1)^2\,\mathrm{d}y \quad\Longrightarrow\quad \frac{1}{4}\,x^4 + C = -\frac{1}{3}\,(y+1)^3\,.$$

Dabei ist es geschickt, den Klammerausdruck $(y+1)^2$ bei der Integration nicht aufzulösen, damit man am Schluss nach $y(x)$ auflösen kann:

$$y(x) = -1 + \sqrt[3]{-\frac{3}{4}\,x^4 + C}\,.$$

Wegen der dritten Wurzel, die auch für negative Werte definiert ist, gibt es tatsächlich für alle $C \in \mathbb{R}$ auch Lösungen.

d) Die Trennung der Variablen liefert die Integrale

$$y\,y' = \ln x \quad\Longrightarrow\quad \int y\,\mathrm{d}y = \int \ln x\,\mathrm{d}x\,.$$

Die Stammfunktion von $\ln x$ kann man entweder trickreich durch partielle Integration mithilfe des Faktors 1 bestimmen

$$\int \underbrace{\ln x}_{f(x)} \cdot \underbrace{1}_{g'(x)}\,\mathrm{d}x = \underbrace{\ln x}_{f(x)} \cdot \underbrace{x}_{g(x)} - \int \underbrace{\frac{1}{x}}_{f'(x)} \cdot \underbrace{x}_{g(x)}\,\mathrm{d}x = x\ln x - x + C$$

oder in einer Formelsammlung nachschlagen. Insgesamt ergibt sich

$$\frac{1}{2}\,y^2 = x\ln x - x + C \quad\Longrightarrow\quad y(x) = \pm\sqrt{2x\ln x - 2x + C}$$

für die gesuchten Lösungen.

Lösung 14.15 (Lineare Differenzialgleichung mit Parameter)

Die allgemeine Lösung der homogenen linearen Differenzialgleichung mit konstanten Koeffizienten bestimmt man mithilfe der charakteristischen Gleichung:

$$\lambda^2 + 6\,\lambda + c = 0 \quad \Longrightarrow \quad \lambda_{1,2} = \frac{-6 \pm \sqrt{36 - 4c}}{2} = -3 \pm \sqrt{9 - c}\,.$$

Die Nullstellen, auch Eigenwerte genannt, hängen hier vom Parameters c ab.

a) Für $c = 5$ erhalten wir zwei verschiedene Eigenwerte

$$\lambda_{1,2} = -3 \pm \sqrt{4} = -1, -5 \quad \Longrightarrow \quad y(x) = C_1\,\mathrm{e}^{-x} + C_2\,\mathrm{e}^{-5x}$$

und damit zwei verschiedene Exponentialausdrücke in der allgemeinen Lösung.

b) Für $c = 9$ erhalten wir einen doppelten Eigenwert

$$\lambda_{1,2} = -3 \pm \sqrt{0} = -3 \quad \Longrightarrow \quad y(x) = C_1\,\mathrm{e}^{-3x} + C_2\,x\,\mathrm{e}^{-3x}$$

und damit einen zusätzlichen Faktor x beim zweiten Exponentialausdruck.

c) Für $c = 13$ erhalten wir ein Paar konjugiert komplexer Eigenwerte

$$\lambda_{1,2} = -3 \pm \sqrt{-4} = -3 \pm 2\,\mathrm{i} \quad \Longrightarrow \quad y(x) = \mathrm{e}^{-3x}\big(C_1 \cos(2\,x) + C_2 \sin(2\,x)\big)$$

und damit eine gedämpfte Schwingungslösung.

Lösung 14.16 (Spezielle Lösungen)

Diese Aufgabe kann durch ganz unterschiedliche Methoden gelöst werden.

1) Man berechnet die Ableitungen

$$\begin{aligned} y(x) &= e^{-x}\cos(2x) \\ y'(x) &= -e^{-x}\cos(2x) - 2\,e^{-x}\sin(2x) \\ y''(x) &= -3\,e^{-x}\cos(2x) + 4\,e^{-x}\sin(2x) \\ y'''(x) &= 11\,e^{-x}\cos(2x) + 2\,e^{-x}\sin(2x) \end{aligned}$$

und setzt diese in die Differenzialgleichung ein:

$$11\,e^{-x}\cos(2x) + 2\,e^{-x}\sin(2x) - e^{-x}\cos(2x) - 2\,e^{-x}\sin(2x) - 10e^{-x}\cos(2x) = 0\,.$$

Damit ist der Nachweis erbracht, dass $y(x) = \mathrm{e}^{-x}\cos(2x)$ eine Lösung ist.

2) Die Lösung $y(x) = \mathrm{e}^{-x}\cos(2x)$ wird durch die Eigenwerte

$$\lambda_{1,2} = -1 \pm 2\,\mathrm{i}$$

erzeugt. Man zeigt also, dass $\lambda_{1,2}$ Nullstellen der charakteristischen Gleichung der Differenzialgleichung sind:

$$\lambda^3 + \lambda - 10 = \lambda\,(\lambda^2 + 1) - 10 = 0\,.$$

Da $\lambda_{1,2}$ konjugiert komplex sind, genügt es, einen der beiden Werte zu testen:

$$(-1 + 2\,\mathrm{i})\big((-1 + 2\,\mathrm{i})^2 + 1\big) - 10 = (-1 + 2\,\mathrm{i})(-2 - 4\,\mathrm{i}) - 10 = 0\,.$$

Damit ist ebenfalls der Nachweis erbracht, dass $y(x) = \mathrm{e}^{-x}\cos(2x)$ eine Lösung ist.

3) Man berechnet die allgemeine Lösung mithilfe der charakteristischen Gleichung

$$\lambda^3 + \lambda - 10 = 0\,.$$

Die Lösung $\lambda_3 = 2$ kann man erraten und dann durch Polynomdivision abspalten:

$$(\lambda^3 + \lambda - 10) : (\lambda - 2) = \lambda^2 + 2\,\lambda + 5\,.$$

Die restlichen Eigenwerte sind

$$\lambda_{1,2} = \frac{-2 \pm \sqrt{4-20}}{2} = -1 \pm 2\,\mathrm{i}\,.$$

Man erhält die allgemeine Lösung

$$y(x) = C_1\,\mathrm{e}^{2x} + \mathrm{e}^{-x}\big(C_2\cos(2\,x) + C_3\sin(2\,x)\big)\,.$$

Diese Methode enthält auch die Bestimmung der allgemeinen Lösung.

Lösung 14.17 (Anfangswertprobleme)

Wir diskutieren jeweils zwei unterschiedliche Lösungswege:

1) Bei allen Aufgabenteilen handelt es sich um homogene lineare Differenzialgleichungen mit konstanten Koeffizienten, die man durch Berechnung der Eigenwerte mithilfe der charakteristischen Gleichung lösen kann.

2) Alle Aufgabenteile sind Spezialfälle der homogenen Schwingungsdifferenzialgleichung

$$y'' + 2\,\delta\,y' + \omega_0^2\,y = 0\,.$$

a) Wir lösen das Anfangswertproblem

$$\frac{\mathrm{d}^2 s}{\mathrm{d}t^2} + 2\,\frac{\mathrm{d}s}{\mathrm{d}t} + 2\,s = 0, \quad s(0) = 1, \quad s'(0) = 1\,.$$

1) Die charakteristische Gleichung und ihre Lösungen lauten

$$\lambda^2 + 2\lambda + 2 = 0 \quad\Longrightarrow\quad \lambda_{1,2} = \frac{-2 \pm \sqrt{4-8}}{2} = -1 \pm \mathrm{i}\,.$$

Damit lässt sich die allgemeine Lösung aufbauen:

$$s(t) = \mathrm{e}^{-t}(C_1\cos t + C_2\sin t)\,.$$

Die Konstanten C_1 und C_2 berechnet man mithilfe der Ableitung

$$s'(t) = -\mathrm{e}^{-t}(C_1\cos t + C_2\sin t) + \mathrm{e}^{-t}(-C_1\sin t + C_2\cos t)$$

aus den Anfangswerten

$$1 = s(0) = C_1 \quad\Longrightarrow\quad C_1 = 1\,, \quad 1 = s'(0) = -C_1 + C_2 \quad\Longrightarrow\quad C_2 = 2\,.$$

Damit erhalten wir als Lösung die abklingende Schwingungsfunktion

$$s(t) = \mathrm{e}^{-t}(\cos t + 2\sin t)\,.$$

2) Mithilfe der Dämpfung δ und der Kreisfrequenz ω_0 erhalten wir unmittelbar

$$\delta = 1\,, \omega_0^2 = 2 \quad\Longrightarrow\quad \omega_\delta = \sqrt{\omega_0^2 - \delta^2} = 1 \quad\Longrightarrow\quad s(t) = \mathrm{e}^{-t}(C_1\cos t + C_2\sin t)\,.$$

Die Konstanten C_1 und C_2 berechnet man wie bei der ersten Methode.

b) Wir lösen das Anfangswertproblem

$$y'' + 4y' + (4+\omega^2)y = 0, \quad y(0) = 1, \quad y'(0) = \omega - 2\,.$$

1) Die charakteristische Gleichung und ihre Lösungen lauten

$$\lambda^2 + 4\lambda + (4+\omega^2) = 0 \quad \Longrightarrow \quad \lambda_{1,2} = -2 \pm \omega\,\mathrm{i}\,.$$

Damit lässt sich die allgemeine Lösung aufbauen:

$$y(x) = \mathrm{e}^{-2x}\big(C_1\cos(\omega x) + C_2\sin(\omega x)\big)\,.$$

Die Konstanten C_1 und C_2 berechnet man mithilfe der Ableitung

$$y'(x) = -2\mathrm{e}^{-2x}\big(C_1\cos(\omega x) + C_2\sin(\omega x)\big) + \mathrm{e}^{-2x}\big(-C_1\omega\sin(\omega x) + C_2\omega\cos(\omega x)\big)$$

aus den Anfangswerten

$$1 = y(0) = C_1 \quad \Longrightarrow \quad C_1 = 1\,, \quad \omega - 2 = y'(0) = -2C_1 + \omega C_2 \quad \Longrightarrow \quad C_2 = 1\,.$$

Die Lösung des AWP lautet also

$$y(x) = \mathrm{e}^{-2x}\big(\cos(\omega x) + \sin(\omega x)\big)\,.$$

2) Mithilfe der Dämpfung δ und der Kreisfrequenz ω_0 erhalten wir unmittelbar

$$\delta = 2\,,\ \omega_0^2 = 4+\omega^2 \quad \Longrightarrow \quad \omega_\delta = \sqrt{w_0^2 - \delta^2} = \sqrt{4+\omega^2-4} = \omega$$

und damit

$$y(x) = \mathrm{e}^{-2x}\big(C_1\cos(\omega x) + C_2\sin(\omega x)\big)\,.$$

Die Konstanten C_1 und C_2 berechnet man wie bei der ersten Methode.

c) Wir lösen das Anfangswertproblem

$$y'' - 2k\,y' + k^2\,y = 0, \quad y(0) = \sqrt{2}, \quad y'(0) = k\sqrt{2}\,.$$

1) Die charakteristische Gleichung und ihre Lösungen lauten

$$\lambda^2 - 2k\lambda + k^2 = 0 \quad \Longrightarrow \quad \lambda_{1,2} = \frac{2k \pm \sqrt{4k^2 - 4k^2}}{2} = k\,.$$

Damit lässt sich die allgemeine Lösung aufbauen:

$$y(x) = \mathrm{e}^{kx}(C_1 + C_2\,x)\,, \quad y'(x) = k\,\mathrm{e}^{kx}(C_1 + C_2\,x) + \mathrm{e}^{kx}\,C_2\,.$$

Die Konstanten C_1 und C_2 berechnet man aus den Anfangswerten

$$\sqrt{2} = y(0) = C_1 \quad \Longrightarrow \quad C_1 = \sqrt{2}\,, \quad k\sqrt{2} = y'(0) = k\,C_1 + C_2 \quad \Longrightarrow \quad C_2 = 0\,.$$

Die Lösung des AWP lautet also

$$y(x) = \sqrt{2}\,\mathrm{e}^{kx}.$$

2) Mithilfe der Dämpfung δ und der Kreisfrequenz ω_0 erhalten wir unmittelbar

$$\delta = -k\,,\ \omega_0^2 = k^2 \quad \Longrightarrow \quad \omega_\delta = \sqrt{\omega_0^2 - \delta^2} = \sqrt{k^2 - k^2} = 0$$

und damit

$$y(x) = \mathrm{e}^{kx}(C_1 + C_2\,x)\,.$$

Die Konstanten C_1 und C_2 berechnet man wie bei der ersten Methode.

Lösung 14.18 (Lineare Differenzialgleichungen erster Ordnung)

Alle Teilaufgaben sind vom Typ

$$y'(x) + g(x)\, y(x) = r(x)\,.$$

Die allgemeine Lösung der homogenen Differenzialgleichung erhält man durch einen Ansatz mit einer Exponentialfunktion, wobei $G(x)$ eine Stammfunktion von $g(x)$ ist:

$$y_h(x) = C\, \mathrm{e}^{-G(x)}\,.$$

Eine partikuläre Lösung der inhomogenen Gleichung berechnet man dann durch Variation der Konstanten C. Die allgemeine Lösung der inhomogenen Differenzialgleichung ist dann die Summe aus homogener und partieller Lösung.

a) Für $x = -1$ ist die Differenzialgleichung nicht definiert. An dieser Stelle gibt es daher auch keine Lösungen. Aus der Koeffizientenfunktion g erhalten wir

$$g(x) = \frac{1}{1+x} \quad\Longrightarrow\quad -G(x) = -\int \frac{1}{1+x}\,\mathrm{d}x = -\ln|1+x| = \ln\left(\frac{1}{|1+x|}\right)$$

und somit

$$y_h(x) = C\,\mathrm{e}^{\ln\left(\frac{1}{|1+x|}\right)} = \frac{C}{1+x}\,.$$

Bei der Variation der Konstanten setzt man

$$y_p(x) = \frac{C(x)}{1+x} \quad\text{und}\quad y_p'(x) = \frac{C'(x)(1+x) - C(x)}{(1+x)^2}$$

in die Differenzialgleichung ein

$$\frac{C'(x)(1+x) - C(x)}{(1+x)^2} + \frac{1}{1+x}\cdot\frac{C(x)}{1+x} = -6\,x \quad\Longrightarrow\quad \frac{C'(x)}{1+x} = -6\,x$$

und erhält damit

$$C'(x) = -6\,x - 6\,x^2 \quad\Longrightarrow\quad C(x) = -3\,x^2 - 2\,x^3 \quad\Longrightarrow\quad y_p(x) = \frac{-3\,x^2 - 2\,x^3}{1+x}\,.$$

Somit lautet die allgemeine Lösung

$$y(x) = y_h(x) + y_p(x) = \frac{C}{1+x} + \frac{-3\,x^2 - 2\,x^3}{1+x}\,, \qquad x \neq -1\,.$$

Die Konstante C bestimmt man aus dem Anfangswert

$$3 = y(0) = \frac{C}{1+0} \quad\Longrightarrow\quad C = 3 \quad\Longrightarrow\quad y(x) = \frac{3 - 3\,x^2 - 2\,x^3}{1+x}.$$

Einen Näherungswert $\tilde{y}_1$ für die Lösung zum Wert $x = 0.1$ erhalten wir mit dem Euler-Verfahren:

$$\tilde{y}_1 = 3 + 0.1\left(-\frac{3}{1} - 0\right) = 3 - 0.3 = 2.7\,.$$

Die Abweichung des Näherungswertes von der exakten Lösung

$$|\tilde{y}_1 - y(0.1)| = \left|2.7 - \frac{3 - 0.01 - 0.002}{1.1}\right| \approx |2.7 - 2.7164| = 0.0164$$

ist hier relativ gering.

b) Aus der Koeffizientenfunktion g erhalten wir

$$g(x) = -\frac{\cos x}{\sin x} \quad \Longrightarrow \quad -G(x) = \int \frac{\cos x}{\sin x}\,\mathrm{d}x = \ln|\sin x|$$

und somit die homogene und zugleich auch die allgemeine Lösung

$$y_h(x) = y(x) = C\,\mathrm{e}^{\ln|\sin x|} = C\,\sin x\,.$$

Die Konstante C bestimmt man aus dem Anfangswert

$$1 = y\left(\frac{\pi}{6}\right) = C\,\sin\left(\frac{\pi}{6}\right) = C\,\frac{1}{2} \quad \Longrightarrow \quad C = 2 \quad \Longrightarrow \quad y(x) = 2\sin x\,.$$

Ein Schritt mit dem Euler-Verfahren mit Schrittweite $h = 0.1$ lautet

$$\tilde{y}_1 = 1 + 0.1\cdot 1\cdot\frac{\cos\left(\frac{\pi}{6}\right)}{\sin\left(\frac{\pi}{6}\right)} = 1 + \frac{\sqrt{3}}{10} \approx 1.1732\,.$$

Die Abweichung des Näherungswertes von der exakten Lösung beträgt

$$\left|\tilde{y}_1 - y\left(\frac{\pi}{6} + 0.1\right)\right| = \left|1 + \frac{\sqrt{3}}{10} - 2\,\sin\left(\frac{\pi}{6} + 0.1\right)\right| \approx 1.1732 - 1.1679 = 0.0053$$

und liegt damit in der dritten Nachkommastelle.

c) Aus der Koeffizientenfunktion g erhalten wir

$$g(x) = 2\,x \quad \Longrightarrow \quad -G(x) = -\int 2\,x\,\mathrm{d}x = -x^2$$

und somit

$$y_h(x) = C\,\mathrm{e}^{-x^2}\,.$$

Bei der Variation der Konstanten setzt man

$$y_p(x) = C(x)\,\mathrm{e}^{-x^2} \quad \text{und} \quad y_p'(x) = C'(x)\,\mathrm{e}^{-x^2} + C(x)\,(-2\,x)\,\mathrm{e}^{-x^2}$$

in die Differenzialgleichung ein

$$C'(x)\,\mathrm{e}^{-x^2} + C(x)\,(-2\,x)\,\mathrm{e}^{-x^2} + 2\,x\,C(x)\,\mathrm{e}^{-x^2} = 2\,x$$

und erhält damit

$$C'(x)\,\mathrm{e}^{-x^2} = 2\,x \quad \Longrightarrow \quad C'(x) = 2\,x\,\mathrm{e}^{x^2} \quad \Longrightarrow \quad C(x) = \int 2\,x\,\mathrm{e}^{x^2}\,\mathrm{d}x = \mathrm{e}^{x^2}\,.$$

Somit lautet die allgemeine Lösung

$$y(x) = y_h(x) + y_p(x) = C\,\mathrm{e}^{-x^2} + 1\,.$$

Die Konstante C bestimmt man aus dem Anfangswert

$$2 = y(0) = C\cdot 1 + 1 \quad \Longrightarrow \quad C = 1 \quad \Longrightarrow \quad y(x) = \mathrm{e}^{-x^2} + 1\,.$$

Ein Schritt mit dem Euler-Verfahren mit Schrittweite $h = 0.1$ lautet

$$\tilde{y}_1 = 2 + 0.1\,(0 - 0) = 2 + 0 = 2\,.$$

Die Abweichung des Näherungswertes von der exakten Lösung beträgt

$$|\tilde{y}_1 - y(0.1)| = \left|2 - \left(\mathrm{e}^{-0.1^2} + 1\right)\right| \approx 2 - 1.9900 = 0.0100$$

und ist damit relativ klein.

d) Die Differenzialgleichung ist nur für $x > 0$ definiert. Aus der Koeffizientenfunktion g erhalten wir mit etwas Probieren

$$g(x) = -\frac{1}{x\ln x} \quad\Longrightarrow\quad -G(x) = \int \frac{1}{x\ln x}\,\mathrm{d}x = \ln\big|\ln x\big|.$$

Beim Auflösen des Betrags $|\ln x|$ können wir das Vorzeichen in die Konstante packen:

$$y_h(x) = x(x) = \tilde{C}\,\mathrm{e}^{\ln|\ln x|} = \tilde{C}\,|\ln x| = \pm\tilde{C}\,\ln x = C\,\ln x\,.$$

Da die Differenzialgleichung homogen ist, ist die homogene Lösung zugleich die allgemeine Lösung. Die Konstante C bestimmt man aus dem Anfangswert

$$2 = y(\mathrm{e}^2) = C\,\ln(\mathrm{e}^2) = C\cdot 2 \quad\Longrightarrow\quad C = 1 \quad\Longrightarrow\quad y(x) = \ln x\,.$$

Einen Näherungswert $\tilde{y}_1$ für die Lösung zum Wert $x = \mathrm{e}^2 + 0.1$ erhalten wir mit dem Euler-Verfahren:

$$\tilde{y}_1 = 2 + 0.1\,\frac{2}{\mathrm{e}^2\,\ln(\mathrm{e}^2)} = 2 + 0.1\,\frac{1}{\mathrm{e}^2} \approx 2 + 0.0135 \approx 2.0135\,.$$

Die Abweichung des Näherungswertes von der exakten Lösung beträgt

$$\left|\tilde{y}_1 - y\left(\mathrm{e}^2 + 0.1\right)\right| = \left|2 + \frac{0.1}{\mathrm{e}^2} - \ln(\mathrm{e}^2 + 0.1)\right| \approx 2.0135 - 2.0134 = 0.0001$$

und ist damit sehr gering.

Lösung 14.19 (Inhomogene lineare Differenzialgleichungen)

a) Zunächst berechnet man mithilfe der charakteristischen Gleichung

$$\lambda^2 + 2\,\lambda + 5 = 0 \quad\Longrightarrow\quad \lambda_{1,2} = \frac{-2 \pm \sqrt{4-20}}{2} = -1 \pm 2\,\mathrm{i}$$

die allgemeine Lösung der homogenen Differenzialgleichung

$$y_h(x) = \mathrm{e}^{-x}\big(C_1\cos(2\,x) + C_2\sin(2\,x)\big)\,.$$

Auf die beiden Teile $r_1(x) = 50\,x$ und $r_2(x) = 8\,\mathrm{e}^{-x}$ der Störfunktion kann man das Superpositionsprinzip anwenden. Für r_1 macht man den Ansatz ohne Resonanz

$$y_{p_1}(x) = A + B\,x \quad\Longrightarrow\quad y_{p_1}'(x) = B \quad\Longrightarrow\quad y_{p_1}''(x) = 0\,.$$

Durch Einsetzen ergibt sich die erste partikuläre Lösung

$$0 + 2\,B + 5\,(A + B\,x) = 50\,x \quad\Longrightarrow\quad B = 10\,,\ A = -4 \quad\Longrightarrow\quad y_{p_1}(x) = -4 + 10\,x\,.$$

Für r_2 liegt auch keine Resonanz vor und man macht den Ansatz

$$y_{p_2}(x) = D\,\mathrm{e}^{-x} \quad\Longrightarrow\quad y_{p_2}'(x) = -D\,\mathrm{e}^{-x} \quad\Longrightarrow\quad y_{p_2}''(x) = D\,\mathrm{e}^{-x}\,.$$

Durch Einsetzen ergibt sich die zweite partikuläre Lösung

$$\mathrm{e}^{-x}(D - 2\,D + 5\,D) = 8\,\mathrm{e}^{-x} \quad\Longrightarrow\quad D = 2 \quad\Longrightarrow\quad y_{p_2}(x) = 2\,\mathrm{e}^{-x}\,.$$

Die allgemeine Lösung lautet also

$$y(x) = \mathrm{e}^{-x}\big(C_1\cos(2\,x) + C_2\sin(2\,x)\big) - 4 + 10\,x + 2\,\mathrm{e}^{-x}\,.$$

Dabei haben wir die Lösungskomponenten y_h, y_{p_1} und y_{p_2} addiert.

b) Zunächst berechnet man die allgemeine Lösung der homogenen Differenzialgleichung mithilfe der charakteristischen Gleichung wie in Aufgabenteil a):

$$y_h(x) = e^{-x}\big(C_1\cos(2x) + C_2\sin(2x)\big).$$

Für $r(x) = \cos(2x)$ liegt keine Resonanz vor und man macht den Ansatz

$$\begin{aligned} y_p(x) &= A\cos(2x) + B\sin(2x)\\ y_p'(x) &= -2A\sin(2x) + 2B\cos(2x)\\ y_p''(x) &= -4A\cos(2x) - 4B\sin(2x)\,. \end{aligned}$$

Durch Einsetzen ergibt sich

$$\begin{aligned} &-4A\cos(2x) - 4B\sin(2x)\\ &+ 2(-2A\sin(2x) + 2B\cos(2x))\\ &+ 5(A\cos(2x) + B\sin(2x)) = \cos(2x) \end{aligned}$$

und durch Zusammenfassen der Terme mit $\sin(2x)$ und $\cos(2x)$ die Gleichung

$$(-4B - 4A + 5B)\sin(2x) + (-4A + 4B + 5A)\cos(2x) = \cos(2x)\,.$$

Ein Koeffizientenvergleich resultiert in einem linearen Gleichungssystem für A und B:

$$\begin{array}{rr|l} -4 & 1 & 0\\ 1 & 4 & 1 \end{array} \quad\Longrightarrow\quad A = \frac{1}{17}\,,\; B = \frac{4}{17}\,.$$

Eine partikuläre Lösung ist somit

$$y_p(x) = \frac{1}{17}\cos(2x) + \frac{4}{17}\sin(2x)\,.$$

Die allgemeine Lösung lautet also

$$y(x) = e^{-x}\big(C_1\cos(2x) + C_2\sin(2x)\big) + \frac{1}{17}\cos(2x) + \frac{4}{17}\sin(2x)\,.$$

Sie besteht aus der Summe der Lösungskomponenten y_h und y_p.

c) Zunächst berechnet man die allgemeine Lösung der homogenen Differenzialgleichung mithilfe der charakteristischen Gleichung

$$\lambda^3 + 1 = 0 \quad\Longrightarrow\quad \lambda_1 = -1\,,\quad \lambda_{2,3} = e^{\pm i\frac{\pi}{3}} = \cos\left(\frac{\pi}{3}\right) \pm i\sin\left(\frac{\pi}{3}\right) = \frac{1}{2} \pm i\,\frac{\sqrt{3}}{2}\,.$$

Die drei Eigenwerte sind die dritten komplexen Wurzeln aus -1. Für die allgemeine Lösung der homogenen Differenzialgleichung erhält man

$$y_h(x) = C_1 e^{-x} + e^{\frac{1}{2}x}\left(C_2\cos\left(\frac{\sqrt{3}}{2}x\right) + C_3\sin\left(\frac{\sqrt{3}}{2}x\right)\right).$$

Die Störfunktion kann man zerlegen und das Superpositionsprinzip anwenden:

$$12\cosh x = 12\,\frac{e^{x} + e^{-x}}{2} = 6\,e^{x} + 6\,e^{-x}\,.$$

Für $r_1(x) = 6e^{x}$ liegt keine Resonanz vor und wir machen den Ansatz

$$y_{p_1}(x) = Ae^{x}\,,\quad y_{p_1}'(x) = Ae^{x}\,,\quad y_{p_1}''(x) = Ae^{x}\,,\quad y_{p_1}'''(x) = Ae^{x}$$

für die erste partikuläre Lösung.

Durch Einsetzen ergibt sich die erste partikuläre Lösung

$$e^x(A+A)=6\,e^x \quad\Longrightarrow\quad A=3 \quad\Longrightarrow\quad y_{p_1}(x)=3\,e^x\,.$$

Für $r_2(x)=6e^{-x}$ liegt Resonanz vor und man macht den Ansatz

$$\begin{aligned} y_{p_2}(x) &= B\,x\,e^{-x} \quad, & y'_{p_2}(x) &= B\,e^{-x}-B\,x\,e^{-x} \\ y''_{p_2}(x) &= -2B\,e^{-x}+B\,x\,e^{-x} \quad, & y'''_{p_2}(x) &= 3B\,e^{-x}-B\,x\,e^{-x}\,. \end{aligned}$$

Durch Einsetzen ergibt sich die zweite partikuläre Lösung

$$e^{-x}(3B-B\,x+B\,x)=6e^{-x} \quad\Longrightarrow\quad B=2 \quad\Longrightarrow\quad y_{p_2}(x)=2\,x\,e^{-x}\,.$$

Die allgemeine Lösung lautet also

$$y(x)=C_1\,e^{-x}+e^{\frac{1}{2}x}\left(C_2\cos\left(\frac{\sqrt{3}}{2}x\right)+C_3\sin\left(\frac{\sqrt{3}}{2}x\right)\right)+3\,e^x+2\,x\,e^{-x}\,.$$

Sie besteht aus der Summe der Lösungskomponenten y_h, y_{p_1} und y_{p_2}.

d) Zunächst berechnet man die allgemeine Lösung der homogenen Differenzialgleichung mithilfe der charakteristischen Gleichung

$$\lambda^4-3\,\lambda^2-4=0\,.$$

Man löst diese biquadratische Gleichung durch die Substitution $u=\lambda^2$:

$$u^2-3u-4=0 \quad\Longrightarrow\quad u_{1,2}=\frac{3\pm\sqrt{9+16}}{2}=4\,,-1 \quad\Longrightarrow\quad \lambda_{1,2}=\pm2\,,\ \lambda_{3,4}=\pm\mathrm{i}\,.$$

Für die allgemeine Lösung der homogenen Differenzialgleichung erhält man

$$y_h(x)=C_1\,e^{2x}+C_2\,e^{-2x}+C_3\,\cos x+C_4\,\sin x\,.$$

Für die Störfunktion kann man das Superpositionsprinzip anwenden.
Für $r_1(x)=x^2$ liegt keine Resonanz vor und man macht den Ansatz

$$y_{p_1}(x)=A+Bx+Cx^2\,,\quad y'_{p_1}(x)=B+2Cx\,,\quad y''_{p_1}(x)=2C\,,\quad y'''_{p_1}(x)=y^{(4)}_{p_1}(x)=0\,.$$

Durch Einsetzen in die Differenzialgleichung ergibt sich

$$-6\,C-4\,A-4\,B\,x-4\,C\,x^2=x^2 \quad\Longrightarrow\quad C=-\frac{1}{4},\ B=0,\ A=\frac{3}{8}\,.$$

Die erste partikuläre Lösung ist somit

$$y_{p_1}(x)=\frac{3}{8}-\frac{1}{4}x^2\,.$$

Für $r_2(x)=e^{-x}$ liegt keine Resonanz vor und man macht den Ansatz

$$y_{p_2}(x)=y''_{p_2}(x)=y^{(4)}_{p_2}(x)=De^{-x}\,,\quad y'_{p_2}(x)=y'''_{p_2}(x)=-De^{-x}\,.$$

Durch Einsetzen ergibt sich die zweite partikuläre Lösung

$$e^{-x}(D-3\,D-4\,D)=e^{-x} \quad\Longrightarrow\quad D=-\frac{1}{6} \quad\Longrightarrow\quad y_{p_2}(x)=-\frac{1}{6}\,e^{-x}\,.$$

Die allgemeine Lösung lautet also

$$y(x)=C_1\,e^{2x}+C_2\,e^{-2x}+C_3\,\cos x+C_4\,\sin x+\frac{3}{8}-\frac{1}{4}x^2-\frac{1}{6}\,e^{-x}\,.$$

Sie besteht aus den vier homogenen und den beiden partikulären Lösungsanteilen.

Lösung 14.20 (Spezielle Anfangsbedingungen)

a) Zunächst berechnet man die allgemeine Lösung der homogenen Differenzialgleichung mithilfe der charakteristischen Gleichung

$$\lambda^2 + 2\lambda - 3 = 0 \implies \lambda_{1,2} = \frac{-2 \pm \sqrt{4+12}}{2} = 1\,,\,-3 \implies y_h(x) = C_1\,\mathrm{e}^{x} + C_2\,\mathrm{e}^{-3x}\,.$$

Bei der Störfunktion $r(x) = 2\sin x$ liegt keine Resonanz vor und man macht den Ansatz

$$y_p(x) = A\cos x + B\sin x\,,\; y_p'(x) = -A\sin x + B\cos x\,,\; y_p''(x) = -A\cos x - B\sin x\,.$$

Durch Einsetzen in die Differenzialgleichung ergibt sich

$$-A\cos x - B\sin x + 2(-A\sin x + B\cos x) - 3(A\cos x + B\sin x) = 2\sin x$$

und nach Zusammenfassen der Terme mit $\sin x$ und $\cos x$ die Gleichung

$$(-B - 2A - 3B)\,\sin x + (-A + 2B - 3A)\,\cos x = 2\,\sin x\,.$$

Aus dem Koeffizientenvergleich resultiert ein lineares Gleichungssystem für A und B:

$$\begin{array}{rr|r} -2 & -4 & 2 \\ -4 & 2 & 0 \end{array} \implies A = -\frac{1}{5}\,,\, B = -\frac{2}{5}\,.$$

Die allgemeine Lösung ist also

$$y(x) = C_1\,\mathrm{e}^{x} + C_2\,\mathrm{e}^{-3x} - \frac{1}{5}\,\cos x - \frac{2}{5}\,\sin x\,.$$

Hinter der Bedingung „mit Steigung 1 durch den Nullpunkt" verbergen sich die Anfangsbedingungen $y(0) = 0$ und $y'(0) = 1$:

$$0 = y(0) = C_1 + C_2 - \frac{1}{5}\,,\quad 1 = y'(0) = C_1 - 3\,C_2 - \frac{2}{5} \implies C_2 = -\frac{3}{10}\,,\; C_1 = \frac{1}{2}\,.$$

Die gesuchte Lösungskurve ist also

$$y(x) = \frac{1}{2}\,\mathrm{e}^{x} - \frac{3}{10}\,\mathrm{e}^{-3x} - \frac{1}{5}\,\cos x - \frac{2}{5}\,\sin x\,.$$

Diese Funktion erfüllt die Differenzialgleichung sowie die Anfangsbedingungen.

b) Zunächst berechnet man mithilfe der charakteristischen Gleichung

$$\lambda^2 + 6\lambda + 25 = 0 \implies \lambda_{1,2} = \frac{-6 \pm \sqrt{36-100}}{2} = -3 \pm 4\,\mathrm{i}$$

die allgemeine Lösung der homogenen Differenzialgleichung

$$y_h(x) = \mathrm{e}^{-3x}\big(C_1\cos(4x) + C_2\sin(4x)\big)\,.$$

Bei der Störfunktion $r(x) = 50\,x - 13$ liegt keine Resonanz vor. Der Ansatz lautet

$$y_p(x) = A + Bx\,,\quad y_p'(x) = B\,,\quad y_p''(x) = 0\,.$$

Durch Einsetzen in die Differenzialgleichung ergibt sich

$$6\,B + 25\,A + 25\,B\,x = 50\,x - 13 \implies B = 2\,,\; A = -1\,.$$

Die allgemeine Lösung ist also

$$y(x) = \mathrm{e}^{-3x}\big(C_1\cos(4x) + C_2\sin(4x)\big) - 1 + 2\,x\,.$$

Dabei sind C_1 und C_2 beliebige reelle Konstanten.

Die Bedingung „hat in $P(0\,|\,1)$ eine waagrechte Tangente" bedeutet $y(0) = 1$ und $y'(0) = 0$:

$$1 = y(0) = C_1 - 1\,, \quad 0 = y'(0) = -3\,C_1 + 4\,C_2 + 2 \implies C_1 = 2\,,\ C_2 = 1\,.$$

Die gesuchte Lösungskurve ist also

$$y(x) = \mathrm{e}^{-3x}\big(2\,\cos(4x) + \sin(4x)\big) - 1 + 2\,x.$$

Diese Funktion erfüllt die Differenzialgleichung sowie die Anfangsbedingungen.

Lösung 14.21 (Richtungsfeld und Euler-Verfahren)

a) Durch Separation der Variablen erhält man

$$t\,\frac{\mathrm{d}x}{\mathrm{d}t} = (1-t)x \implies \frac{1}{x}\,\mathrm{d}x = \frac{1-t}{t}\,\mathrm{d}t\,.$$

Integriert man beide Seiten, so folgt

$$\int \frac{1}{x}\,\mathrm{d}x = \int \frac{1}{t}\,\mathrm{d}t - \int 1\mathrm{d}t \implies \ln|x| = \ln|t| - t + C\,.$$

Durch Einsetzen des Anfangswerts ergibt sich $C = 1$ und damit

$$\ln|x| = \ln|t| - t + 1 \implies |x| = |t|\,\mathrm{e}^{1-t} \implies x(t) = t\,\mathrm{e}^{1-t}\,.$$

Der Ursprung ist eine sogenannte Singularität. Dort treffen sich alle Lösungen. Die Lösungen sind auch für negative t-Werte definiert.

b) Die Differenzialgleichung in expliziter Form ist

$$\dot{x} = \frac{1-t}{t}\,x\,.$$

Damit lauten die Steigungen

$$m(1,3) = 0, m(2,3) = -\tfrac{3}{2}, m(3,3) = -2$$

$$m(1,2) = 0, m(2,2) = -1, m(3,2) = -\tfrac{4}{3}$$

$$m(1,1) = 0, m(2,1) = -\tfrac{1}{2}, m(3,1) = -\tfrac{2}{3}.$$

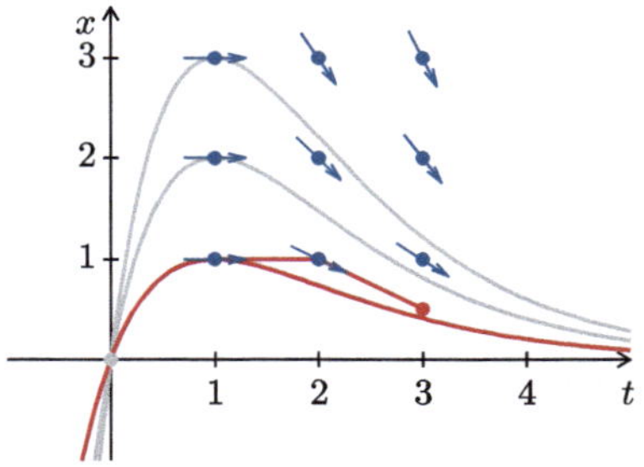

c) Das Euler-Verfahren liefert im ersten und zweiten Schritt

$$x_1 = x_0 + h\,\frac{1-t_0}{t_0}\,x_0 = 1\,, \quad t_1 = 2\,, \quad x_2 = x_1 + h\,\frac{1-t_1}{t_1}\,x_1 = \frac{1}{2}\,, \quad t_2 = 3\,.$$

Der exakte Wert an der Stelle $t = 3$ ist etwa 0.4060.

Lösung 14.22 (Allgemeine Lösung und Euler-Verfahren)

a) Die Lösung der homogenen Differenzialgleichung $y' = y$ ist einfach:

$$y_h(x) = C\,\mathrm{e}^{x}\,.$$

Die Lösung der inhomogenen Differenzialgleichung $y' = y - x^2 + 1$ erhält man durch den Störansatz $y_p(x) = A + B\,x + C\,x^2$ oder durch Variation der Konstanten C:

$$y_p(x) = C(x)\,\mathrm{e}^{x} \implies y_p'(x) = C'(x)\,\mathrm{e}^{x} + C(x)\,\mathrm{e}^{x}\,.$$

Dabei haben wir gleich auch die Ableitung y_p' von y_p bestimmt.

Durch Einsetzen in die Differenzialgleichung erhält man

$$C'(x)\,\mathrm{e}^x = -x^2 + 1 \quad\Longrightarrow\quad C'(x) = (1-x^2)\,\mathrm{e}^{-x}\,.$$

Integriert man nun zweimal partiell, so gelangt man zur Lösung

$$C(x) = (1+2x+x^2)\,\mathrm{e}^{-x} \quad\Longrightarrow\quad y_p(x) = C(x)\,\mathrm{e}^x = 1+2\,x+x^2\,.$$

Die allgemeine Lösung lautet

$$y(x) = y_h(x) + y_p(x) = 1+2\,x+x^2+C\,\mathrm{e}^x\,.$$

b) Durch Einsetzen des Anfangswerts $y(0) = \frac{1}{2}$ erhält man die Lösung für $C = -\frac{1}{2}$:

$$y(x) = 1+2\,x+x^2-\frac{1}{2}\,\mathrm{e}^x\,.$$

c) Die Steigungen erhält man durch Auswerten der rechten Seite der Differenzialgleichung in expliziter Form. Folgende Werte ergeben sich:

y \ x	0	1	2	3	4
6	7	6	3	−2	−9
4	5	4	1	−4	−11
2	3	2	−1	−6	−13
0	1	0	−3	−8	−15

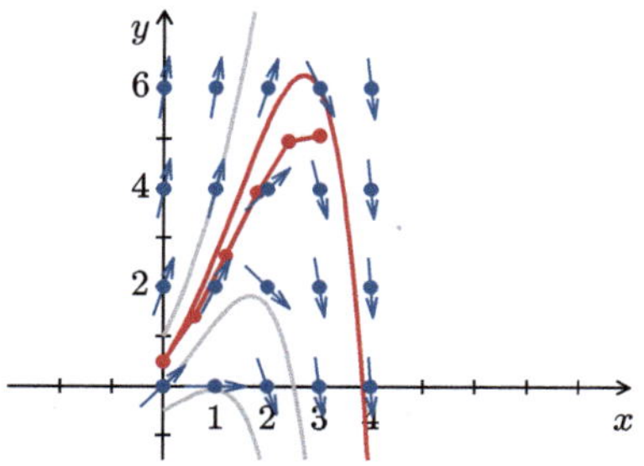

d) Das Euler-Verfahren liefert im ersten Schritt

$$y_1 = y_0 + h\,(y_0 - x_0^2 + 1) = 1.4\,, \qquad x_1 = 0.6$$

und im zweiten Schritt

$$y_2 = y_1 + h\,(y_1 - x_1^2 + 1) = 2.624\,, \qquad x_2 = 1.2$$

und im dritten Schritt

$$y_3 = y_2 + h\,(y_2 - x_2^2 + 1) \approx 3.9344\,, \qquad x_3 = 1.8$$

und im vierten Schritt

$$y_4 = y_3 + h\,(y_3 - x_3^2 + 1) \approx 4.9510,\,, \qquad x_4 = 2.4$$

und im fünften Schritt

$$y_5 = y_4 + h\,(y_4 - x_4^2 + 1) \approx 5.0657\,, \qquad x_5 = 3.0\,.$$

Der exakte Wert ist $y(3) = 16 - 0.5\,\mathrm{e}^3 \approx 5.9572$.

Lösung 14.23 (Substitution)

a) Die lineare Substitution $u = x + y$ mit $u' = 1 + y'$ ergibt

$$\frac{\mathrm{d}u}{\mathrm{d}x} = u^2+1 \quad\Longrightarrow\quad \int \frac{1}{u^2+1}\,\mathrm{d}u = \int 1\,\mathrm{d}x \quad\Longrightarrow\quad \arctan u = x + C\,.$$

Die Rücksubstitution liefert

$$\arctan(x+y) = x + C \quad\Longrightarrow\quad x+y = \tan\,(x+C) \quad\Longrightarrow\quad y(x) = \tan\,(x+C) - x$$

und damit die gesuchten Lösungsfunktionen.

b) Die lineare Substitution $u = 2x - y + 3$ mit $u' = 2 - y'$ ergibt

$$u(2 - u') = 1 \quad \Longrightarrow \quad \frac{\mathrm{d}u}{\mathrm{d}x} = 2 - \frac{1}{u} \quad \Longrightarrow \quad \int \frac{u}{2u-1}\,\mathrm{d}u = \int 1\,\mathrm{d}x\,.$$

Das linke Integral löst man durch Polynomdivision:

$$u : (2u - 1) = \frac{1}{2} + \frac{1}{4u-2} = \frac{1}{2} + \frac{1}{4}\,\frac{1}{u - \frac{1}{2}}\,.$$

Dadurch ergibt sich nach der Integration

$$\frac{1}{2}u + \frac{1}{4}\ln\left|u - \frac{1}{2}\right| = x + C\,.$$

Die Rücksubstitution liefert

$$x - \frac{1}{2}y + \frac{3}{2} + \frac{1}{4}\ln\left|2x - y + \frac{5}{2}\right| = x + C \quad \Longrightarrow \quad \ln\left|2x - y + \frac{5}{2}\right| = 2y + C\,.$$

Die Gleichung lässt sich zwar nicht nach y, dafür aber nach x auflösen:

$$2x - y + \frac{5}{2} = C\,\mathrm{e}^{2y} \quad \Longrightarrow \quad x(y) = \frac{1}{2}y - \frac{5}{4} + C\,\mathrm{e}^{2y}\,.$$

Die Funktion $x(y)$ ist quasi die Umkehrfunktion der gesuchten Funktion.

c) Wir führen die Gleichung auf eine Ähnlichkeitsdifferenzialgleichung zurück:

$$y' = \frac{y^2 - x^2}{2xy} = \frac{1}{2}\left(\frac{y}{x} - \frac{x}{y}\right).$$

Die Substitution $u = \frac{y}{x}$ mit $y = ux$ und $y' = u'x + u$ setzen wir ein:

$$u + xu' = \frac{1}{2}\left(u - \frac{1}{u}\right) \quad \Longrightarrow \quad xu' = -\frac{u}{2} - \frac{1}{2u} = -\frac{u^2+1}{2u}\,.$$

Durch Separation kann man diese Differenzialgleichung dann lösen:

$$-\int \frac{2u}{u^2+1}\,\mathrm{d}u = \int \frac{1}{x}\,\mathrm{d}x \quad \Longrightarrow \quad -\ln(u^2+1) = \ln|x| + C \quad \Longrightarrow \quad \frac{1}{u^2+1} = Cx\,.$$

Wir bilden den Kehrwert der letzten Gleichung und substituieren zurück:

$$\frac{y^2}{x^2} = \frac{1}{Cx} - 1 \quad \Longrightarrow \quad y^2 = Cx - x^2 \quad \Longrightarrow \quad y(x) = \pm\sqrt{Cx - x^2}\,.$$

d) Bei der Division der Gleichung durch x entsteht eine Ähnlichkeitsdifferenzialgleichung:

$$xy' + \sqrt{x^2+y^2} = y \quad \Longrightarrow \quad y' + \sqrt{\frac{x^2+y^2}{x^2}} = \frac{y}{x} \quad \Longrightarrow \quad y' + \sqrt{1 + \frac{y^2}{x^2}} = \frac{y}{x}\,.$$

Die Substitution $u = \frac{y}{x}$ mit $y = ux$ und $y' = u'x + u$ setzen wir ein:

$$u'x + u + \sqrt{1+u^2} = u \Longrightarrow \frac{\mathrm{d}u}{\mathrm{d}x}x = -\sqrt{1+u^2} \Longrightarrow -\int \frac{1}{\sqrt{1+u^2}}\,\mathrm{d}u = \int \frac{1}{x}\,\mathrm{d}x\,.$$

Eine Stammfunktion auf der linken Seite ist $\operatorname{arsinh} u$:

$$-\operatorname{arsinh} u = \ln|x| + C \Longrightarrow u = \sinh\big(-\ln|x| + C\big) \Longrightarrow y(x) = x\,\sinh\big(-\ln|x| + C\big).$$

Die Rücksubstitution ergibt schließlich die Lösungsfunktionen.

Lösung 14.24 (Einfache Differenzialgleichungssysteme)

a) Die Eigenwerte $\lambda_{1,2} = 1, 2$ der Systemmatrix $\boldsymbol{A}$ in Dreiecksform lesen wir direkt in der Diagonalen ab. Für die Eigenvektoren betrachten wir jeweils das lineare homogene Gleichungssystem $(\boldsymbol{A} - \lambda\,\boldsymbol{E})\,\boldsymbol{v} = \boldsymbol{0}$:

$$\lambda_1 = 1: \begin{array}{cc|c} 0 & 0 & 0 \\ 8 & 1 & 0 \end{array} \implies \boldsymbol{v}_1 = \begin{pmatrix} 1 \\ -8 \end{pmatrix}, \quad \lambda_2 = 2: \begin{array}{cc|c} -1 & 0 & 0 \\ 8 & 0 & 0 \end{array} \implies \boldsymbol{v}_2 = \begin{pmatrix} 0 \\ 1 \end{pmatrix}.$$

Daraus wird die reelle Lösung aufgebaut:

$$\boldsymbol{x}(t) = C_1\,\mathrm{e}^t \begin{pmatrix} 1 \\ -8 \end{pmatrix} + C_2\,\mathrm{e}^{2t} \begin{pmatrix} 0 \\ 1 \end{pmatrix}.$$

Dabei haben wir eine Linearkombination der Fundamentallösungen gebildet.

b) Die Eigenwerte erhalten wir aus

$$\begin{vmatrix} 2-\lambda & 1 \\ -4 & 2-\lambda \end{vmatrix} = (2-\lambda)^2 - (-4) = \lambda^2 - 4\,\lambda + 8 = 0 \implies \lambda_{1,2} = 2 \pm 2\,\mathrm{i}\,.$$

Wir bestimmen nur einen Eigenvektor mit einer Eins in der ersten Komponente:

$$\lambda_1 = 2 + 2\,\mathrm{i}: \begin{array}{cc|c} -2\,\mathrm{i} & 1 & 0 \\ -4 & -2\,\mathrm{i} & 0 \end{array} \implies \boldsymbol{v}_1 = \begin{pmatrix} 1 \\ 2\,\mathrm{i} \end{pmatrix}, \quad \boldsymbol{v}_2 = \begin{pmatrix} 1 \\ -2\,\mathrm{i} \end{pmatrix}.$$

Die Eigenvektoren sind konjugiert komplex zueinander. Mit der Zerlegung

$$\boldsymbol{v}_1 = \begin{pmatrix} 1 \\ 0 \end{pmatrix} + \begin{pmatrix} 0 \\ 2 \end{pmatrix}\mathrm{i}$$

bilden wir die reelle Lösung:

$$\boldsymbol{x}(t) = C_1\,\mathrm{e}^{2t}\left(\begin{pmatrix} 1 \\ 0 \end{pmatrix}\cos(2t) - \begin{pmatrix} 0 \\ 2 \end{pmatrix}\sin(2t)\right) + C_2\,\mathrm{e}^{2t}\left(\begin{pmatrix} 1 \\ 0 \end{pmatrix}\sin(2t) + \begin{pmatrix} 0 \\ 2 \end{pmatrix}\cos(2t)\right).$$

Diese kann man noch vereinfachen:

$$\boldsymbol{x}(t) = C_1\,\mathrm{e}^{2t}\begin{pmatrix} \cos(2t) \\ -2\sin(2t) \end{pmatrix} + C_2\,\mathrm{e}^{2t}\begin{pmatrix} \sin(2t) \\ 2\cos(2t) \end{pmatrix}.$$

Die Lösungskurven bestehen in allen Komponenten aus exponentiell wachsenden Schwingungen. Die Konstanten C_1 und C_2 sind beliebige reelle Zahlen.

Lösung 14.25 (Differenzialgleichungssystem mit Anfangswerten)

In Matrixform lautet das System

$$\begin{pmatrix} \dot{x} \\ \dot{y} \end{pmatrix} = \underbrace{\begin{pmatrix} -1 & 1 \\ -2 & 1 \end{pmatrix}}_{\boldsymbol{A}} \begin{pmatrix} x \\ y \end{pmatrix}.$$

Man bestimmt zunächst die Eigenwerte der Matrix $\boldsymbol{A}$:

$$\begin{vmatrix} -1-\lambda & 1 \\ -2 & 1-\lambda \end{vmatrix} = \lambda^2 - 1 + 2 = \lambda^2 + 1 = 0 \implies \lambda_{1,2} = \pm\mathrm{i}\,.$$

Es genügt, nur einen komplexen Eigenvektor zu bestimmen.

Dazu löst man das homogene lineare Gleichungssystem

$$\begin{array}{cc|c} -1-\mathrm{i} & 1 & 0 \\ -2 & 1-\mathrm{i} & 0 \end{array} \implies \boldsymbol{v} = \begin{pmatrix} 1 \\ 1+\mathrm{i} \end{pmatrix}.$$

Die reellen Fundamentallösungen ergeben sich aus dem Realteil und dem Imaginärteil der komplexen Basislösung

$$\begin{aligned} \boldsymbol{z}(t) &= \mathrm{e}^{\mathrm{i}t}\begin{pmatrix} 1 \\ 1+\mathrm{i} \end{pmatrix} = (\cos t + \mathrm{i}\,\sin t)\begin{pmatrix} 1 \\ 1+\mathrm{i} \end{pmatrix} = \begin{pmatrix} \cos t + \mathrm{i}\,\sin t \\ \cos t + \mathrm{i}\,\sin t + \mathrm{i}\,\cos t - \sin t \end{pmatrix} \\ &= \begin{pmatrix} \cos t \\ \cos t - \sin t \end{pmatrix} + \mathrm{i}\begin{pmatrix} \sin t \\ \sin t + \cos t \end{pmatrix}. \end{aligned}$$

Die allgemeine Lösung der homogenen Gleichung ist also

$$\boldsymbol{x}(t) = C_1\begin{pmatrix} \cos t \\ \cos t - \sin t \end{pmatrix} + C_2\begin{pmatrix} \sin t \\ \sin t + \cos t \end{pmatrix}.$$

Die Konstanten C_1 und C_2 ergeben sich aus den Anfangswerten

$$\begin{pmatrix} 1 \\ 0 \end{pmatrix} = \boldsymbol{x}(0) = C_1\begin{pmatrix} 1 \\ 1 \end{pmatrix} + C_2\begin{pmatrix} 0 \\ 1 \end{pmatrix} \implies C_1 = 1\,,\ C_2 = -1\,.$$

Die Lösung des Anfangswertproblems lautet also

$$\boldsymbol{x}(t) = \begin{pmatrix} \cos t \\ \cos t - \sin t \end{pmatrix} - \begin{pmatrix} \sin t \\ \sin t + \cos t \end{pmatrix} = \begin{pmatrix} \cos t - \sin t \\ -2\sin t \end{pmatrix}.$$

Der Lösungsweg hier war etwas ausladender, die Lösung selbst ist dafür kompakt.

Lösung 14.26 (Differenzialgleichungssysteme)

a) Zunächst bestimmt man die Eigenwerte aus der Bedingung $|\boldsymbol{A} - \lambda\boldsymbol{E}| = 0$:

$$\begin{aligned} \begin{vmatrix} -1-\lambda & 1 & 1 \\ 1 & -1-\lambda & 1 \\ 1 & 1 & 1-\lambda \end{vmatrix} &= (-1-\lambda)\begin{vmatrix} -1-\lambda & 1 \\ 1 & 1-\lambda \end{vmatrix} - \begin{vmatrix} 1 & 1 \\ 1 & 1-\lambda \end{vmatrix} + \begin{vmatrix} 1 & -1-\lambda \\ 1 & 1 \end{vmatrix} \\ &= (-1-\lambda)(\lambda^2-1-1) - (1-\lambda-1) + 1 + 1 + \lambda = -\lambda^3 - \lambda^2 + 4\lambda + 4 = 0\,. \end{aligned}$$

Die Lösungen kann man alle erraten

$$\lambda_1 = 2\,, \quad \lambda_2 = -1\,, \quad \lambda_3 = -2\,,$$

oder nur eine erraten und den quadratischen Rest durch Polynomdivision abspalten. Wir bestimmen einen Eigenvektor $\boldsymbol{v}_1$ zum Eigenwert $\lambda_1 = 2$:

$$\begin{array}{ccc|c} -3 & 1 & 1 & 0 \\ 1 & -3 & 1 & 0 \\ 1 & 1 & -1 & 0 \end{array}\,,\quad \begin{array}{ccc|c} -3 & 1 & 1 & 0 \\ 0 & -8 & 4 & 0 \\ 0 & 4 & -2 & 0 \end{array} \implies \boldsymbol{v}_1 = \begin{pmatrix} 1 \\ 1 \\ 2 \end{pmatrix}.$$

Ein bruchfreier Eigenvektor entsteht mit 2 in der dritten Komponente. Nun zu $\lambda_2 = -1$:

$$\begin{array}{ccc|c} 0 & 1 & 1 & 0 \\ 1 & 0 & 1 & 0 \\ 1 & 1 & 2 & 0 \end{array}\,,\quad \begin{array}{ccc|c} 1 & 0 & 1 & 0 \\ 0 & 1 & 1 & 0 \\ 0 & -1 & -1 & 0 \end{array} \implies \boldsymbol{v}_2 = \begin{pmatrix} 1 \\ 1 \\ -1 \end{pmatrix}.$$

Hier haben wir die dritte Komponente gleich -1 gesetzt.

Wir bestimmen einen Eigenvektor $\boldsymbol{v}_3$ zum Eigenwert $\lambda_3 = -2$:

$$\begin{array}{ccc|c} 1 & 1 & 1 & 0 \\ 1 & 1 & 1 & 0 \\ 1 & 1 & 3 & 0 \end{array} \;, \quad \begin{array}{ccc|c} 1 & 1 & 1 & 0 \\ 0 & 0 & 0 & 0 \\ 0 & 0 & -2 & 0 \end{array} \quad \Longrightarrow \quad \boldsymbol{v}_3 = \begin{pmatrix} -1 \\ 1 \\ 0 \end{pmatrix}.$$

Die allgemeine Lösung lautet

$$\boldsymbol{x}(t) = C_1\,\mathrm{e}^{2t}\begin{pmatrix} 1 \\ 1 \\ 2 \end{pmatrix} + C_2\,\mathrm{e}^{-t}\begin{pmatrix} 1 \\ 1 \\ -1 \end{pmatrix} + C_3\,\mathrm{e}^{-2t}\begin{pmatrix} -1 \\ 1 \\ 0 \end{pmatrix}.$$

Sie besteht aus drei Fundamentallösungen.

b) Zunächst bestimmt man die Eigenwerte aus der Bedingung $|\boldsymbol{A} - \lambda\boldsymbol{E}| = 0$. Für die Determinante gilt also

$$\begin{vmatrix} -\lambda & 1 & 0 \\ 0 & -\lambda & 1 \\ -1 & -1 & -1-\lambda \end{vmatrix} = -\lambda\begin{vmatrix} -\lambda & 1 \\ -1 & -1-\lambda \end{vmatrix} - \begin{vmatrix} 0 & 1 \\ -1 & -1-\lambda \end{vmatrix}$$
$$= -\lambda(\lambda + \lambda^2 + 1) - 1 = -\lambda^3 - \lambda^2 - \lambda - 1 = 0\,.$$

Die Lösung $\lambda_1 = -1$ kann man erraten und den quadratischen Rest durch Polynomdivision abspalten

$$(-\lambda^3 - \lambda^2 - \lambda - 1) : (\lambda + 1) = -\lambda^2 - 1\,.$$

Insgesamt erhalten wir drei Eigenwerte:

$$\lambda_1 = -1\,, \quad \lambda_{2,3} = \pm\mathrm{i}\,.$$

Wir bestimmen einen Eigenvektor $\boldsymbol{v}_1$ zum Eigenwert $\lambda_1 = -1$:

$$\begin{array}{ccc|c} 1 & 1 & 0 & 0 \\ 0 & 1 & 1 & 0 \\ -1 & -1 & 0 & 0 \end{array} \;, \quad \begin{array}{ccc|c} 1 & 1 & 0 & 0 \\ 0 & 1 & 1 & 0 \\ 0 & 0 & 0 & 0 \end{array} \quad \Longrightarrow \quad \boldsymbol{v}_1 = \begin{pmatrix} -1 \\ 1 \\ -1 \end{pmatrix}.$$

Wir bestimmen einen Eigenvektor $\boldsymbol{v}_2$ zum Eigenwert $\lambda_2 = \mathrm{i}$:

$$\begin{array}{ccc|c} -\mathrm{i} & 1 & 0 & 0 \\ 0 & -\mathrm{i} & 1 & 0 \\ -1 & -1 & -1-\mathrm{i} & 0 \end{array} \;, \quad \begin{array}{ccc|c} -1 & -1 & -1-\mathrm{i} & 0 \\ 0 & -\mathrm{i} & 1 & 0 \\ 0 & -1+\mathrm{i} & -1-\mathrm{i} & 0 \end{array} \quad \Longrightarrow \quad \boldsymbol{v}_2 = \begin{pmatrix} 1 \\ \mathrm{i} \\ -1 \end{pmatrix}.$$

Den dritten Eigenvektor braucht man nicht zu berechnen, denn der komplexe Eigenwert λ_2 und Eigenvektor $\boldsymbol{v}_2$ erzeugt durch Realteil und Imaginärteil zwei reelle Fundamentallösungen:

$$\boldsymbol{z}(t) = \mathrm{e}^{\mathrm{i}t}\begin{pmatrix} 1 \\ \mathrm{i} \\ -1 \end{pmatrix} = (\cos t + \mathrm{i}\sin t)\begin{pmatrix} 1 \\ \mathrm{i} \\ -1 \end{pmatrix} = \begin{pmatrix} \cos t \\ -\sin t \\ -\cos t \end{pmatrix} + \mathrm{i}\begin{pmatrix} \sin t \\ \cos t \\ -\sin t \end{pmatrix}.$$

Die allgemeine Lösung lautet

$$\boldsymbol{x}(t) = C_1\,\mathrm{e}^{-t}\begin{pmatrix} -1 \\ 1 \\ -1 \end{pmatrix} + C_2\begin{pmatrix} \cos t \\ -\sin t \\ -\cos t \end{pmatrix} + C_3\begin{pmatrix} \sin t \\ \cos t \\ -\sin t \end{pmatrix}.$$

Sie besteht aus drei Fundamentallösungen.

Lösung 14.27 (Inhomogenes Differenzialgleichungssystem)

In Matrixform lautet das System

$$\begin{pmatrix} \dot{x} \\ \dot{y} \end{pmatrix} = \underbrace{\begin{pmatrix} 0 & -1 \\ 1 & 0 \end{pmatrix}}_{\boldsymbol{A}} \begin{pmatrix} x \\ y \end{pmatrix} + \begin{pmatrix} \sin(2t) \\ \cos(2t) \end{pmatrix}.$$

Wir bestimmen zunächst die Eigenwerte der Matrix $\boldsymbol{A}$. Dazu muss die Determinante von $\boldsymbol{A} - \lambda\boldsymbol{E}$ null sein:

$$\begin{vmatrix} -\lambda & -1 \\ 1 & -\lambda \end{vmatrix} = \lambda^2 + 1 = 0 \quad \Longrightarrow \quad \lambda_{1,2} = \pm\mathrm{i}.$$

Bei einem Paar konjugiert komplexer Eigenwerte genügt es, nur einen komplexen Eigenvektor zu bestimmen, denn die Eigenvektoren sind konjugiert komplex zueinander. Dazu löst man das homogene lineare Gleichungssystem $(\boldsymbol{A} - \mathrm{i}\boldsymbol{E})\,\boldsymbol{v} = \boldsymbol{0}$:

$$\left.\begin{matrix} -\mathrm{i} & -1 \\ 1 & -\mathrm{i} \end{matrix}\,\right|\,\begin{matrix} 0 \\ 0 \end{matrix} \quad \Longrightarrow \quad \boldsymbol{v} = \begin{pmatrix} \mathrm{i} \\ 1 \end{pmatrix}.$$

Die reellen Fundamentallösungen ergeben sich aus dem Realteil und dem Imaginärteil der komplexen Basislösung

$$\boldsymbol{z}(t) = \mathrm{e}^{\mathrm{i}t}\begin{pmatrix} \mathrm{i} \\ 1 \end{pmatrix} = (\cos t + \mathrm{i}\,\sin t)\begin{pmatrix} \mathrm{i} \\ 1 \end{pmatrix} = \begin{pmatrix} \mathrm{i}\cos t - \sin t \\ \cos t + \mathrm{i}\sin t \end{pmatrix} = \begin{pmatrix} -\sin t \\ \cos t \end{pmatrix} + \mathrm{i}\begin{pmatrix} \cos t \\ \sin t \end{pmatrix}.$$

Die allgemeine Lösung der homogenen Gleichung ist also

$$\boldsymbol{x}_h(t) = C_1\begin{pmatrix} -\sin t \\ \cos t \end{pmatrix} + C_2\begin{pmatrix} \cos t \\ \sin t \end{pmatrix}.$$

Man bestimmt nun noch eine partikuläre Lösung durch den Ansatz

$$\boldsymbol{x}_p(t) = \begin{pmatrix} A\sin(2t) + B\cos(2t) \\ C\sin(2t) + D\cos(2t) \end{pmatrix}, \quad \dot{\boldsymbol{x}}_p(t) = \begin{pmatrix} 2A\cos(2t) - 2B\sin(2t) \\ 2C\cos(2t) - 2D\sin(2t) \end{pmatrix}.$$

Wir setzen diesen Ansatz in die Differenzialgleichung ein und erhalten

$$\begin{pmatrix} 2A\cos(2t) - 2B\sin(2t) \\ 2C\cos(2t) - 2D\sin(2t) \end{pmatrix} = \begin{pmatrix} 0 & -1 \\ 1 & 0 \end{pmatrix}\begin{pmatrix} A\sin(2t) + B\cos(2t) \\ C\sin(2t) + D\cos(2t) \end{pmatrix} + \begin{pmatrix} \sin(2t) \\ \cos(2t) \end{pmatrix}.$$

Nun multiplizieren wir die beiden Matrizen miteinander und fassen zusammen:

$$\begin{pmatrix} 2A\cos(2t) - 2B\sin(2t) \\ 2C\cos(2t) - 2D\sin(2t) \end{pmatrix} = \begin{pmatrix} -D\cos(2t) + (1 - C)\sin(2t) \\ (1 + B)\cos(2t) + A\sin(2t) \end{pmatrix}.$$

Durch Vergleich der linken und rechten Seite erhalten wir die Gleichungen

$$2A = -D, \quad -2B = 1 - C, \quad 2C = 1 + B, \quad -2D = A$$

mit der Lösung $A = 0$, $B = -\frac{1}{3}$, $C = \frac{1}{3}$ und $D = 0$. Die allgemeine Lösung lautet also

$$\boldsymbol{x}(t) = C_1\begin{pmatrix} -\sin t \\ \cos t \end{pmatrix} + C_2\begin{pmatrix} \cos t \\ \sin t \end{pmatrix} + \frac{1}{3}\begin{pmatrix} -\cos(2t) \\ \sin(2t) \end{pmatrix}.$$

Dabei sind die Konstanten C_1 und C_2 zunächst beliebige reelle Zahlen.

Die Konstanten C_1 und C_2 ergeben sich aus den Anfangswerten

$$\begin{pmatrix} 1 \\ 0 \end{pmatrix} = \boldsymbol{x}(0) = C_1 \begin{pmatrix} 0 \\ 1 \end{pmatrix} + C_2 \begin{pmatrix} 1 \\ 0 \end{pmatrix} + \frac{1}{3} \begin{pmatrix} -1 \\ 0 \end{pmatrix} \quad \Longrightarrow \quad C_1 = 0\,, \quad C_2 = \frac{4}{3}\,.$$

Die Lösung des Anfangswertproblems lautet also

$$\boldsymbol{x}(t) = \frac{4}{3} \begin{pmatrix} \cos t \\ \sin t \end{pmatrix} + \frac{1}{3} \begin{pmatrix} -\cos(2t) \\ \sin(2t) \end{pmatrix}.$$

Wir erhalten eine Schwingungslösung mit zwei verschiedenen Frequenzen.

Lösung 14.28 (Differenzialgleichungssystem mit Anfangswerten)

a) Zunächst bestimmt man die Eigenwerte aus der Bedingung $|\boldsymbol{A} - \lambda \boldsymbol{E}| = 0$. Dies gelingt am besten durch Entwicklung der Determinante nach der ersten Spalte:

$$\begin{vmatrix} -2-\lambda & 4 & 0 \\ 0 & -2-\lambda & -1 \\ 0 & 1 & -2-\lambda \end{vmatrix} = (-2-\lambda) \begin{vmatrix} -2-\lambda & -1 \\ 1 & 2-\lambda \end{vmatrix}$$

$$= (-2-\lambda)\big((-2-\lambda)^2 - (-1)\big) = (-2-\lambda)(\lambda^2 + 4\,\lambda + 5) = 0\,.$$

Die Eigenwerte der Systemmatrix lauten

$$\lambda_1 = -2\,, \quad \lambda_{2,3} = -2 \pm \mathrm{i}\,.$$

Damit berechnet man Eigenvektoren zu $\lambda_1 = -2$ und $\lambda_2 = -2 + \mathrm{i}$. Ein Eigenvektor zu $\lambda_3 = -2 - \mathrm{i}$ ist automatisch ein konjugiert komplexer Eigenvektor zu λ_2:

$$\boldsymbol{v}_1 = \begin{pmatrix} 1 \\ 0 \\ 0 \end{pmatrix}, \quad \boldsymbol{v}_2 = \begin{pmatrix} 4 \\ \mathrm{i} \\ 1 \end{pmatrix} = \begin{pmatrix} 4 \\ 0 \\ 1 \end{pmatrix} + \begin{pmatrix} 0 \\ 1 \\ 0 \end{pmatrix} \mathrm{i}\,, \quad \boldsymbol{v}_3 = \begin{pmatrix} 4 \\ -\mathrm{i} \\ 1 \end{pmatrix}.$$

Die erste Fundamentallösung ergibt sich aus λ_1 und $\boldsymbol{v}_1$. Die zweite aus dem Realteil der komplexen Fundamentallösung aus λ_2 und $\boldsymbol{v}_2$, die dritte aus dem Imaginärteil. Man könnte nun meinen, λ_3 und $\boldsymbol{v}_3$ spielen gar keine Rolle. Das ist aber nicht der Fall, denn sowohl Real- als auch Imaginärteil entstehen aus den beiden konjugiert komplexen Fundamentallösungen. Mit

$$\boldsymbol{x}(t) = C_1\,\mathrm{e}^{-2t} \begin{pmatrix} 1 \\ 0 \\ 0 \end{pmatrix} + C_2\,\mathrm{e}^{-2t} \begin{pmatrix} 4\cos t \\ -\sin t \\ \cos t \end{pmatrix} + C_3\,\mathrm{e}^{-2t} \begin{pmatrix} 4\sin t \\ \cos t \\ \sin t \end{pmatrix}$$

erhalten wir die allgemeine Lösung.

b) Durch Einsetzen der gegebenen Anfangswerte

$$-3 = C_1 + 4\,C_2\,, \quad 4 = C_3\,, \quad -2 = C_2 \quad \Longrightarrow \quad C_1 = 5\,,\ C_2 = -2\,,\ C_3 = 4$$

ergibt sich die spezielle Lösung:

$$\boldsymbol{x}(t) = 5\,\mathrm{e}^{-2t} \begin{pmatrix} 1 \\ 0 \\ 0 \end{pmatrix} - 2\,\mathrm{e}^{-2t} \begin{pmatrix} 4\cos t \\ -\sin t \\ \cos t \end{pmatrix} + 4\,\mathrm{e}^{-2t} \begin{pmatrix} 4\sin t \\ \cos t \\ \sin t \end{pmatrix}.$$

Diese besteht aus exponentiell abklingenden und schwingenden Lösungsanteilen.

Lösung 14.29 (Anfangswertproblem mit Zusatzbedingungen)

a) Die Systemmatrix und die drei verschiedenen Eigenwerte lauten

$$\boldsymbol{A} = \begin{pmatrix} -2 & 0 & 0 \\ 2 & -1 & 0 \\ 0 & 1 & 0 \end{pmatrix} \implies \lambda_1 = 0\,, \quad \lambda_2 = -1\,, \quad \lambda_3 = -2\,.$$

Damit kann man Eigenvektoren bestimmen:

$$\boldsymbol{v}_1 = \begin{pmatrix} 0 \\ 0 \\ 1 \end{pmatrix}, \quad \boldsymbol{v}_2 = \begin{pmatrix} 0 \\ 1 \\ -1 \end{pmatrix}, \quad \boldsymbol{v}_3 = \begin{pmatrix} 1 \\ -2 \\ 1 \end{pmatrix}.$$

Die allgemeine Lösung lautet also

$$\begin{pmatrix} x(t) \\ y(t) \\ z(t) \end{pmatrix} = C_1 \begin{pmatrix} 0 \\ 0 \\ 1 \end{pmatrix} + C_2\,\mathrm{e}^{-t} \begin{pmatrix} 0 \\ 1 \\ -1 \end{pmatrix} + C_3\,\mathrm{e}^{-2t} \begin{pmatrix} 1 \\ -2 \\ 1 \end{pmatrix}.$$

Durch Einsetzen der gegebenen Anfangswerte ergibt sich die Lösung

$$\begin{pmatrix} x(t) \\ y(t) \\ z(t) \end{pmatrix} = \begin{pmatrix} 0 \\ 0 \\ 1 \end{pmatrix} + 2\,\mathrm{e}^{-t} \begin{pmatrix} 0 \\ 1 \\ -1 \end{pmatrix} + \mathrm{e}^{-2t} \begin{pmatrix} 1 \\ -2 \\ 1 \end{pmatrix}.$$

Die Lösungen bestehen aus konstanten und exponentiell abklingenden Funktionen.

b) Durch Gleichsetzen von x und z ergibt sich

$$\mathrm{e}^{-2t} = 1 - 2\,\mathrm{e}^{-t} + \mathrm{e}^{-2t} \iff 1 = 2\,\mathrm{e}^{-t} \iff \ln\left(\frac{1}{2}\right) = -t \implies t_1 = \ln 2\,.$$

Für $t_1 = \ln 2$ stimmt also der erste mit dem dritten Zustand überein.

c) Da es nur einen Zeitpunkt t_1 gibt mit

$$z(t_1) = x(t_1) = \mathrm{e}^{-2\ln 2} = \mathrm{e}^{\ln(2^{-2})} = 2^{-2} = \frac{1}{4}\,,$$

muss nur dieser Zeitpunkt auch für y geprüft werden:

$$y(t_1) = 2\,\mathrm{e}^{-\ln 2} - 2\,\mathrm{e}^{-2\ln 2} = 2\,\mathrm{e}^{\ln(2^{-1})} - 2\,\mathrm{e}^{\ln(2^{-2})} = 2\cdot 2^{-1} - 2\cdot 2^{-2} = \frac{1}{2} \neq \frac{1}{4}\,.$$

Es gibt also keinen Zeitpunkt t_2, zu dem alle drei Zustände gleich sind.

Lösung 14.30 (Euler-Verfahren für Differenzialgleichungssystem)

a) Mit $z_1 = x$ und $z_2 = \dot{x}$ lautet das nichtlineare System

$$\begin{aligned} \dot{z}_1 &= z_2 &&, \quad z_1(0) = 0 \\ \dot{z}_2 &= -2\,(1 + z_1^2)\,z_2 + 4\,z_1 + \cos(3t) &&, \quad z_2(0) = 1 \end{aligned}$$

Dabei beschreibt die erste Gleichung den Zusammenhang zwischen z_1 und z_2.

b) Das Euler-Verfahren liefert mit der Schrittweite $h = 0.1$

$$\begin{aligned} x(0.1) &= z_1(0.1) \approx 0 + 0.1\cdot 1 = 0.1 \\ \dot{x}(0.1) &= z_2(0.1) \approx 1 + 0.1\cdot(-2(1+0^2)\cdot 1 + 4\cdot 0 + 1) = 0.9\,. \end{aligned}$$

Nach einem Schritt erhalten wir Näherungswerte für $z_1(0.1)$ und $z_2(0.1)$.

14.2.3 Anwendung

Lösung 14.31 (Flüssigkeit in einem Behälter)

a) Die nichtlineare Differenzialgleichung löst man durch Separation:

$$\frac{\mathrm{d}h}{\mathrm{d}t} = -K\sqrt{h} \quad \Longleftrightarrow \quad \frac{1}{K\sqrt{h}}\,\mathrm{d}h = -1\,\mathrm{d}t\,.$$

Integration auf beiden Seiten liefert

$$\frac{2}{K}\sqrt{h} = -t + C \quad \Longrightarrow \quad h(t) = \left(\frac{K(C-t)}{2}\right)^2 = \frac{K^2(C-t)^2}{4}\,.$$

Aus der linken Gleichung mit der Wurzel folgt $C > 0$. Mit dem Anfangswert ergibt sich

$$64 = \frac{K^2(C-0)^2}{4} \quad \Longrightarrow \quad C = \frac{16}{K} \quad \Longrightarrow \quad h(t) = \frac{K\left(\frac{16}{K} - t\right)}{4} = \frac{(16-Kt)^2}{4}\,.$$

b) Durch Einsetzen der speziellen Werte erhalten wir

$$K = 0.1 \cdot 5 = 0.5 = \frac{1}{2} \quad \Longrightarrow \quad h(t) = \frac{(16-8t)^2}{4} = \frac{(32-t)^2}{16}\,.$$

c) Die Lösungsfunktion ist eine nach oben geöffnete Parabel. Die Nullstelle liegt bei $T = 32$. Der Punkt $(32\,|\,0)$ ist zugleich der Scheitelpunkt der Parabel.

d) Das Schaubild der Funktion für die Füllhöhe ist ein Teil einer Parabel. Bei gleicher Skala bzgl. t und h kann man die Steigung für $t = 0$, also die Anfangsfließgeschwindigkeit, direkt aus der Skizze ablesen.

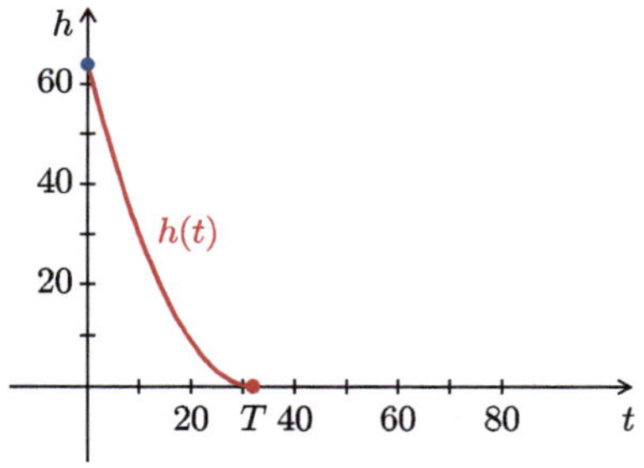

Lösung 14.32 (Sinkende Kugel)

a) Die allgemeine Lösung der homogenen Differenzialgleichung $\dot{v} = -\frac{k}{m}\,v$ ist

$$v_h(t) = C\,\mathrm{e}^{-\frac{k}{m}t}\,.$$

b) Eine partikuläre Lösung ist konstant:

$$v_p(t) = \frac{mg}{k}\,.$$

c) Die allgemeine Lösung lautet

$$v(t) = v_h(t) + v_p(t) = \frac{mg}{k} + C\mathrm{e}^{-\frac{k}{m}t}\,.$$

d) Berücksichtigt man den Anfangswert so folgt

$$v(t) = \frac{mg}{k}\left(1 - \mathrm{e}^{-\frac{k}{m}t}\right)\,.$$

Die Lösung verläuft asymptotisch gegen v_p.

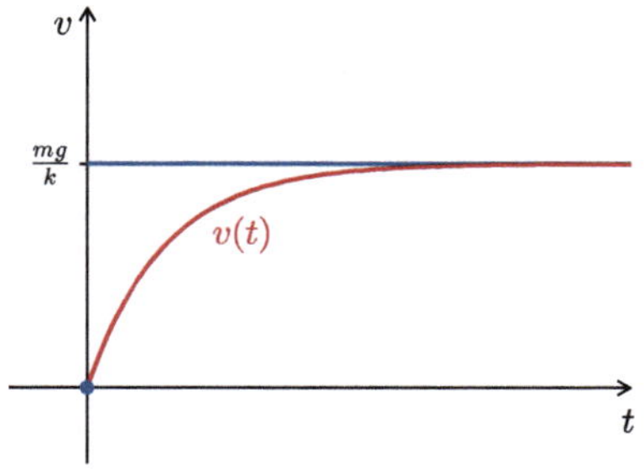

Lösung 14.33 (Fallschirmspringer)

Bevor wir uns mit dem Lösen der Differenzialgleichung beschäftigen, betrachten wir das Modell noch etwas genauer. Die Differenzialgleichung berüchsichtigt, dass die Gravitation eine konstante Beschleunigung erzeugt, dabei wurde der Einfachheit halber $g \approx 10$ gewählt. Ausserdem ist die Beschleunigung negativ proportional zum Quadrat der Geschwindigkeit. Dieses Verhalten kennt man vom cw-Wert. Der Proportionalitätsfaktor hängt im Wesentlichen von der Beschaffenheit des Fallschirms ab. Auch der Wert $\frac{10}{49}$ wurde so gewählt, dass sich die Zahlenwerte bei der Berechnung vereinfachen. Das Vorzeichen der Geschwindigkeit wurden so gewählt, dass einer Fallbewegung eine positive Geschwindigkeiten entspricht.

a) Die Differenzialgleichung ist nichtlinear, lässt sich aber mit Separation lösen

$$\frac{\mathrm{d}v}{\mathrm{d}t} = 10\left(1 - \frac{v^2}{49}\right) \quad \Longrightarrow \quad -49\int \frac{1}{v^2 - 7^2}\,\mathrm{d}v = 10\int 1\mathrm{d}t\,.$$

Das linke Integral kann man mithilfe der angegebenen Formel lösen:

$$-\frac{49}{14}\ln\left(\frac{v-7}{v+7}\right) = 10t + C\,.$$

Die Konstante C bestimmt man aus der Anfansgeschwindigkeit $v(0) = 21$:

$$-\frac{7}{2}\ln\left(\frac{21-7}{21+7}\right) = C \quad \Longrightarrow \quad C = -\frac{7}{2}\ln\left(\frac{1}{2}\right) = \frac{7}{2}\ln 2.$$

Wir setzen C in die Gleichung ein

$$\ln\left(\frac{v-7}{v+7}\right) = -\frac{20}{7}t - \ln 2\,,$$

wenden die Exponentialfunktion an

$$\frac{v-7}{v+7} = \frac{1}{2}\mathrm{e}^{-\frac{20}{7}t} \Longrightarrow 2v - 14 = (v+7)\mathrm{e}^{-\frac{20}{7}t}$$

und erhalten schließlich

$$v(t) = 7\,\frac{2 + \mathrm{e}^{-\frac{20}{7}t}}{2 - \mathrm{e}^{-\frac{20}{7}t}}\,.$$

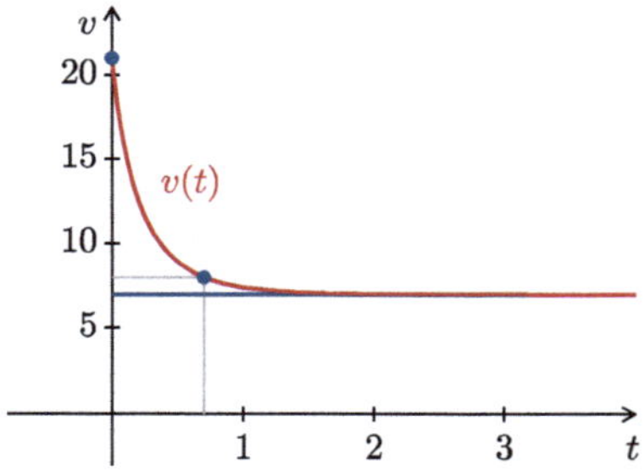

b) Die Grenzgeschwindigkeit erhalten wir durch die Grenzwertbetrachtung

$$\lim_{t\to\infty} v(t) = 7\,\frac{2+0}{2-0} = 7\,.$$

c) Die Bedingung $v(t) = 8$ liefert den gesuchten Zeitpunkt:

$$\frac{8-7}{8+7} = \frac{1}{2}\mathrm{e}^{-\frac{20}{7}t} \Longrightarrow t = -\frac{7}{20}\log\left(\frac{2}{15}\right) \approx 0.7\,.$$

d) Das Euler-Verfahren mit der Schrittweite $h = 0.01$ liefert den Näherungswert

$$v_1 = v_0 + h\left(10 - \frac{10}{49}v_0^2\right) = 21 - 0.8 = 20.2 \quad , \quad v(0.01) = 7\,\frac{2 + \mathrm{e}^{-\frac{0.2}{7}}}{2 - \mathrm{e}^{-\frac{0.2}{7}}} \approx 20.2329\,.$$

Der exakte Wert ist etwa 20.2329. Also liegt der Fehler bei ungefähr 0.0329.

15 Differenzengleichungen

Differenzengleichungen sind das diskrete Gegenstück zu Differenzialgleichungen, siehe Kapitel 14. An die Stelle der kontinuierlichen Variablen tritt ein diskreter Index. Differenzengleichungen beschreiben Folgen mithilfe von Rekursionsvorschriften. Aus gegebenen Folgegliedern werden die jeweils nächsten Folgeglieder bestimmt. Ganz analog zu Differenzialgleichungen beschreiben Differenzengleichungen also das lokale Änderungsverhalten. Lösungen von Differenzengleichungen geben Folgen dann in expliziter Form an. Man kann damit etwa das hundertste Folgenglied direkt berechnen, ohne sich mühsam vom Startwert ausgehend von Folgenglied zu Folgenglied zu hangeln. Auch bei Differenzengleichungen gibt es Systeme, die aus mehreren Gleichungen bestehen. Diese enthalten gekoppelte Rekursionsvorschriften für mehrere Folgen.

Fixpunkte von Differenzengleichungen haben eine besondere Bedeutung. Sie verändern sich beim Einsetzen in die jeweilige Differenzengleichung nicht. Man kann das Verhalten von Folgen in der Nähe von Fixpunkten untersuchen und gelangt so zum Begriff der Stabilität. Im Unterschied zu Differenzialgleichungen werden wir diesen Aspekt bei Differenzengleichungen allerdings nicht vertiefen.

Lineare Gleichungen spielen auch bei Differenzengleichungen und Systemen eine zentrale Rolle. Zum einen können lineare Probleme übersichtlich und in einer klaren Struktur beschrieben werden. Zum anderen ist ihre Lösung durch systematisches Vorgehen möglich. Demnach sind hier eher handwerkliche Fertigkeiten gefragt. Bei linearen Differenzengleichungen ist das Lösungsverhalten von den Eigenwerten und Eigenvektoren abhängig. Erneut zeigt sich hier, ob die Grundlagen der linearen Algebra aus Kapitel 3 und Kapitel 4 beherrscht werden.

Das Heron-Verfahren ist ein Klassiker unter den Anwendungen zu Differenzengleichungen. Nur mithilfe der vier Grundrechenarten können in einem iterativen Prozess Wurzelwerte näherungsweise berechnet werden. Man mag einwenden, dass die Berechnung von Wurzeln eine Aufgabe für Taschenrechner ist. Führt man die ersten Näherungsschritte jedoch von Hand aus, so führt dies meist zu einem positiven Erlebnis – kann man doch beobachten, wie rationale Brüche sehr schnell gegen die irrationalen Wurzelwerte konvergieren. Dies lässt sich auch hervorragend in kleinen Computerprogrammen realisieren. Ein motivierender Lerneffekt ist hier garantiert!

Auch viele Anwendungen in der Finanzmathematik lassen sich durch Differenzengleichungen modellieren. Verzinsung von Kapitel geschieht in der Regel diskret in festen Zeitabständen. Hieraus ergeben sich Differenzengleichungen zur lokalen Beschreibung der Veränderungen.

15.1 Aufgaben

15.1.1 Rechnung und Training

Aufgabe 15.1 (Inhomogene Differenzengleichung der Ordnung 1) ★★☆☆☆

Geben Sie die Folgenglieder x_1, x_2, x_3, x_4 der Differenzengleichung

$$x_{k+1} = 2\,x_k + 4, \quad k = 0, 1, 2, \ldots$$

zum Anfangswert $x_0 = 3$ an. Bestimmen Sie eine Formel, mit der man x_k direkt für jeden Index k berechnen kann.

Aufgabe 15.2 (Homogene Differenzengleichung der Ordnung 2) ★★★☆☆

Geben Sie für die Differenzengleichung

$$x_{k+2} = \frac{3}{2}\,x_{k+1} - \frac{1}{2}\,x_k, \quad k = 0, 1, 2, \ldots$$

die Folgenglieder x_2, x_3, x_4 zu den Anfangswerten $x_0 = 1$ und $x_1 = 2$ an. Bestimmen Sie eine Formel, mit der man x_k direkt für jeden Index k berechnen kann.

Aufgabe 15.3 (Differenzengleichungssystem der Ordnung 2) ★★★★☆

Gegeben ist das lineare Differenzengleichungssystem

$$\begin{array}{rcrcrcr} x_{k+1} & = & x_k & + & 3\,y_k & - & 6 \\ y_{k+1} & = & x_k & + & \frac{3}{2}\,y_k & + & 5 \end{array} \qquad k = 0, 1, 2, \ldots$$

a) Berechnen Sie die allgemeine Lösung des homogenen Differenzengleichungssystems.

b) Bestimmen Sie den Fixpunkt des Systems.

c) Für welche Anfangswerte x_0 und y_0 konvergiert die Lösung des Differenzengleichungssystems gegen den Fixpunkt?

15.1.2 Anwendung

Aufgabe 15.4 (Heron-Verfahren) ★★★☆☆

Geben Sie die Folgenglieder x_1 und x_2 der Differenzengleichung

$$x_{k+1} = \frac{2\,x_k^3 + 5}{3\,x_k^2}, \quad k = 0, 1, 2, \ldots$$

zum Anfangswert $x_0 = 1$ an. Gegen welchen Wert konvergiert die Folge?

Aufgabe 15.5 (Darlehen) ★★★☆☆

Eine Kreditsumme $S_0 = 100\,000$ € wird in jährlich konstanten Raten abbezahlt. Der jährliche Zinssatz beträgt 5 %. Wie hoch muss man die jährliche Rate R ansetzen, damit der Kredit nach genau 10 Jahren vollständig zurückbezahlt ist?

15.2 Lösungen

15.2.1 Rechnung und Training

Lösung 15.1 (Inhomogene Differenzengleichung der Ordnung 1)
Die Folgenglieder der linearen inhomogenen Differenzengleichung erster Ordnung sind

$$(x_k) = 3\,,\ 10\,,\ 24\,,\ 52\,,\ 108\,,\ \ldots$$

Die charakteristische Gleichung der homogenen Differenzengleichung ist

$$\lambda - 2 = 0 \quad\Longrightarrow\quad \lambda_1 = 2\,.$$

Somit lautet die homogene Lösung

$$x_k^h = C\,2^k\,.$$

Die Störfunktion ist konstant. Für eine partikuläre Lösung wählen wir daher ebenfalls einen Ansatz mit einer Konstanten:

$$x_k^p = A \quad\Longrightarrow\quad A = 2\,A + 4 \quad\Longrightarrow\quad A = -4\,.$$

Die Konstante C ermittelt man aus dem Anfangswert

$$k = 0: \quad C - 4 = 3 \quad\Longrightarrow\quad C = 7 \quad\Longrightarrow\quad x_k = x_k^h + x_k^p = 7\cdot 2^k - 4$$

und erhält so die gesuchte Formel.

Lösung 15.2 (Homogene Differenzengleichung der Ordnung 2)
Die ersten Folgenglieder sind

$$(x_k) = 1\,,\ 2\,,\ \frac{5}{2}\,,\ \frac{11}{4}\,,\ \frac{23}{8}\,,\ \ldots$$

Es handelt sich um eine lineare homogene Differenzengleichung zweiter Ordnung mit der charakteristischen Gleichung

$$\lambda^2 - \frac{3}{2}\lambda + \frac{1}{2} = 0 \quad\Longrightarrow\quad \lambda_1 = 1\,,\ \lambda_2 = \frac{1}{2}\,.$$

Somit lautet die homogene Lösung

$$x_k^h = C_1 + C_2\left(\frac{1}{2}\right)^k\,.$$

Die beiden Konstanten C_1 und C_2 ermittelt man aus den Anfangswerten:

$$\begin{array}{llcll} k = 0: & C_1 & + & C_2 & = 1 \\ k = 1: & C_1 & + & \frac{1}{2}C_2 & = 2 \end{array} \quad\Longrightarrow\quad C_1 = 3\,,\ C_2 = -2\,.$$

Die gesuchte Formel ist

$$x_k = 3 - 2\left(\frac{1}{2}\right)^k = 3 - \left(\frac{1}{2}\right)^{k-1}\,.$$

Sie gilt insbesondere auch für $k = 0$ und $k = 1$. Dies erkennt man durch Einsetzen der beiden Startindices in die explizite Formel.

Lösung 15.3 (Differenzengleichungssystem der Ordnung 2)

a) Wir stellen die Vektor-Matrix-Form des Differenzengleichungssystems auf:

$$\begin{pmatrix} x_{k+1} \\ y_{k+1} \end{pmatrix} = \underbrace{\begin{pmatrix} 1 & 3 \\ 1 & \frac{3}{2} \end{pmatrix}}_{\boldsymbol{A}} \begin{pmatrix} x_k \\ y_k \end{pmatrix} + \underbrace{\begin{pmatrix} -6 \\ 5 \end{pmatrix}}_{\boldsymbol{b}} .$$

Die charakteristische Gleichung samt Eigenwerten und Eigenvektoren lautet

$$\begin{vmatrix} 1-\lambda & 3 \\ 1 & \frac{3}{2}-\lambda \end{vmatrix} = \lambda^2 - \frac{5}{2}\lambda - \frac{3}{2} = 0 \implies \lambda_1 = 3\,,\ \lambda_2 = -\frac{1}{2}\,,\ \boldsymbol{v}_1 = \begin{pmatrix} 3 \\ 2 \end{pmatrix},\ \boldsymbol{v}_2 = \begin{pmatrix} 2 \\ -1 \end{pmatrix}.$$

Damit können wir die allgemeine Lösung für das homogene System aufstellen:

$$\begin{pmatrix} x_k \\ y_k \end{pmatrix} = C_1\, 3^k \begin{pmatrix} 3 \\ 2 \end{pmatrix} + C_2 \left(-\frac{1}{2}\right)^k \begin{pmatrix} 2 \\ -1 \end{pmatrix}.$$

b) Die Bedingung für einen Fixpunkt lautet $\boldsymbol{x}^* = \boldsymbol{A}\,\boldsymbol{x}^* + \boldsymbol{b}$ und damit $(\boldsymbol{E} - \boldsymbol{A})\boldsymbol{x}^* = \boldsymbol{b}$:

$$\begin{array}{cc|c} 0 & -3 & -6 \\ -1 & -\frac{1}{2} & 5 \end{array} \implies \boldsymbol{x}^* = \begin{pmatrix} -6 \\ 2 \end{pmatrix}.$$

c) Jeder Startwert hat die Form $\boldsymbol{x}^{(0)} = \boldsymbol{x}^* + C_1\boldsymbol{v}_1 + C_2\boldsymbol{v}_2$, da $\boldsymbol{v}_1, \boldsymbol{v}_2$ linear unabhängig sind:

$$\boldsymbol{x}^{(1)} = \boldsymbol{A}\big(\boldsymbol{x}^* + C_1\boldsymbol{v}_1 + C_2\boldsymbol{v}_2\big) + b = \boldsymbol{A}\,\boldsymbol{x}^* + b + C_1\boldsymbol{A}\boldsymbol{v}_1 + C_2\boldsymbol{A}\boldsymbol{v}_2.$$

Wir können $\boldsymbol{x}^{(1)}$ vereinfachen und die weiteren Glieder bestimmen:

$$\boldsymbol{x}^{(1)} = \boldsymbol{x}^* + 3\,C_1\boldsymbol{v}_1 - \frac{1}{2}C_2\boldsymbol{v}_2 \implies \boldsymbol{x}^{(k+1)} = \boldsymbol{x}^* + 3^k\,C_1\boldsymbol{v}_1 - \left(\frac{1}{2}\right)^k C_2\boldsymbol{v}_2 .$$

Für $C_1 = 0$ konvergiert $\boldsymbol{x}^{(k+1)}$ gegen $\boldsymbol{x}^*$. Für $C_1 \neq 0$ existiert kein Grenzwert. Mögliche Anfangswerte dürfen also nur in Richtung $\boldsymbol{v}_2$ vom Fixpunkt abweichen.

15.2.2 Anwendung

Lösung 15.4 (Heron-Verfahren)

Wenn die Folge gegen einen Grenzwert x konvergiert, dann gilt:

$$(x_k) = 1\,,\ \frac{7}{3}\,,\ \frac{821}{441}\,,\ \ldots \qquad x = \frac{2\,x^3 + 5}{3\,x^2} \implies x^3 = 5 \implies x = \sqrt[3]{5} \approx 1.7099759\,.$$

Die Zahlenfolge stellt also eine Möglichkeit dar, $\sqrt[3]{5}$ durch rationale Zahlen anzunähern.

Lösung 15.5 (Darlehen)

Es handelt sich um ein Annuitätendarlehen mit einer Kreditsumme $S_0 = 100\,000$ und Zinsfaktor $q = 1.05$. Nach $k = 10$ Jahren soll die Restschuld S_{10} gleich null sein:

$$S_{10} = q^{10}\,S_0 - \frac{1-q^{10}}{1-q}R \implies R = q^{10}\,S_0\,\frac{1-q}{1-q^{10}} \approx 12\,950.46\,.$$

Damit ergibt sich eine jährliche Rate von $12\,950.46$ €.

16 Fourier-Reihen

Dieses Kapitel enthält Aufgaben zu Fourier-Reihen. Periodische Vorgänge sind bedeutend in den Naturwissenschaften und in der Technik. Sie können mithilfe von Fourier-Reihen beschrieben werden. Durch die Überlagerung von Sinus- und Kosinusschwingungen mit unterschiedlichen Amplituden und Kreisfrequenzen können beliebige periodische Funktionen sehr gut nachgebildet werden.

Bei Fourier-Reihen unterscheidet man eine Darstellung mit reellen und eine mit komplexen Fourier-Koeffizienten. Wie so oft in der Mathematik haben beide Varianten Vor- und Nachteile. Insbesondere im Hinblick auf die Fourier-Transformation, siehe Kapitel 18, ist die komplexe Darstellung eine gute Vorbereitung.

Das Aufstellen von Fourier-Reihen ist manchmal eine trickreiche Sache. Oft wird mit einem Mix aus Additionstheoremen, der Kreisgleichung, bereits bekannten Fourier-Reihen und Symmetrieeigenschaften gearbeitet, um die Fourier-Reihe einer gegebenen Funktion zu ermitteln. Um hier erfolgreich zu sein, muss man den methodischen Werkzeugkasten gut kennen. Gerade für Studierende in den unteren Semestern sind die Hürden deshalb manchmal recht hoch. Systematische Ansätze, wie wir sie etwa für lineare Gleichungen bzw. lineare Probleme generell kennen, sucht man hier vergebens.

Zu den Standardaufgaben in diesem Kapitel gehört das Aufstellen von Fourier-Reihen für elementare periodische Funktionen. Dazu zählen vor allem Rechteckfunktionen, Dreieckfunktionen, Treppenfunktionen, Sägezahnfunktionen und daraus zusammengesetzte Funktionen. In der Technik entstehen diese Funktionen beispielsweise bei Sensoren, die Signale periodisch abtasten, wie etwa bei einem Drehzahlsensor.

Geht man bei der Berechnung der Fourier-Koeffizienten streng nach Definition vor, so sind jede Menge Integrale zu berechnen. Diese sind oft kompliziert, da dabei Sinus- oder Kosinusschwingungen mit anderen Funktion verbunden werden. Möchte man sich nicht auf den mühsamen Weg machen und die Integrale etwa mittels partieller Integration selbst lösen, so hilft hier oft ein Blick in eine Formelsammlung mit Integraltabellen, siehe Anhang A.4 und Anhang A.7. Der Umgang mit diesen Tabellen sollte routiniert erfolgen, denn meist sind die Integrale mit Parametern in allgemeiner Form angegeben und man muss diese dann auf die jeweils konkrete Situation anwenden.

Auch für Funktionen, die an einigen Stellen unstetig sind, können Fourier-Reihen erstellt werden. Hier spielt das Gibbssche Phänomen eine zentrale Rolle. An den Sprungstellen entstehen Über- und Unterschwingungen. Diese sind unabhängig vom Grad der Approximation und betragen immer etwa 9% der Sprunghöhe. Erstaunlich!

16.1 Aufgaben

16.1.1 Verständnis und Kompetenz

Aufgabe 16.1 (Fourier-Reihen von trigonometrischen Funktionen) ★★★☆☆

Welche Fourier-Reihen haben die Funktionen?

$$f(t) = \sin^2 t\,, \quad g(t) = \cos^2 t\,, \quad h(t) = \sin^3 t\,.$$

Aufgabe 16.2 (Fourier-Koeffizienten und Reihenwert) ★★☆☆☆

Eine 2π-periodische Funktion f hat die komplexen Fourier-Koeffizienten

$$c_0 = 0, \quad c_k = (-1)^k \frac{\mathrm{i}}{k}, \quad k = \pm 1, \pm 2, \pm 3, \ldots$$

a) Geben Sie die reelle Darstellung der Fourier-Reihe an.

b) Welche Eigenschaften der Funktion f kann man aus den Koeffizienten ablesen?

c) Berechnen Sie mithilfe der Parsevalschen Gleichung den Reihenwert $\sum\limits_{k=0}^{\infty} |c_k|^2$, wenn bekannt ist, dass $f(t) = t$ für $-\pi \leq t < \pi$ und $f(t + 2\pi) = f(t)$.

Aufgabe 16.3 (Komplexe und reelle Fourier-Koeffizienten) ★★★☆☆

Die komplexen Fourier-Koeffizienten einer 2π-periodische Funktion f sind

$$c_k = \begin{cases} (-1)^{\frac{1}{2}(k+1)} \dfrac{\mathrm{i}}{2\,k^2}, & k = \pm 1, \pm 3, \pm 5, \ldots \\ 0, & k = \;\; 0, \pm 2, \pm 4, \ldots \end{cases}$$

Wie lautet die reelle Darstellung der Fourier-Reihe von f? Ist die Funktion f stetig? Welche Symmetrieeigenschaften hat die Funktion f?

Aufgabe 16.4 (Periodische Funktionen) ★★☆☆☆

Wodurch unterscheiden sich die Fourier-Reihen der 2-periodischen Funktion

$$f(t) = -t(t-2) \quad \text{für} \quad 0 \leq t < 2\,, \quad f(t+2) = f(t)$$

und der π-periodischen Funktion

$$g(x) = -x(x-\pi) \quad \text{für} \quad 0 \leq x < \pi\,, \quad g(x+\pi) = g(x)?$$

16.1.2 Rechnung und Training

Aufgabe 16.5 (Fourier-Reihe einer quadratischen Funktion) ★★☆☆☆

Bestimmen Sie die Fourier-Reihe der Funktion f mit quadratischen Prototyp:

$$f(t) = -t(t-2) \quad \text{für} \quad 0 \leq t < 2\,, \quad f(t+2) = f(t).$$

Aufgabe 16.6 (Fourier-Reihe einer Sinusfunktion) ★★★

Bestimmen Sie die Fourier-Reihe der Funktion

$$f(t) = \begin{cases} \sin t & \text{für} \quad 0 \le t \le \pi \\ 0 & \text{für} \quad \pi < t < 2\pi \end{cases}, \quad f(t+2\pi) = f(t).$$

Aufgabe 16.7 (Fourier-Reihe einer Rechteckfunktion) ★★★★

Bestimmen Sie die Fourier-Reihe der Funktion

$$f(t) = \begin{cases} 1 & \text{für} \quad 0 \le t < \pi \\ 2 & \text{für} \quad \pi \le t < 2\pi \end{cases}, \quad f(t+2\pi) = f(t)$$

a) mithilfe der bekannten Fourier-Reihe des Standardrechtecks,

b) mithilfe der Definition und ohne Verwendung weiterer bekannter Fourier-Reihen.

Aufgabe 16.8 (Fourier-Reihe einer Dreieckfunktion) ★★★★

Bestimmen Sie die Fourier-Reihe der Funktion

$$f(t) = \begin{cases} t & \text{für} \quad 0 \le t < \frac{T}{2} \\ T - t & \text{für} \quad \frac{T}{2} \le t < T \end{cases}, \quad f(t+T) = f(t).$$

a) mithilfe der bekannten Fourier-Reihe des Standarddreiecks,

b) mithilfe der Definition und ohne Verwendung weiterer bekannter Fourier-Reihen.

Aufgabe 16.9 (Fourier-Reihe einer Exponentialfunktion) ★★★

Bestimmen Sie die Fourier-Reihe der 2π-periodischen Funktion

$$f(t) = \mathrm{e}^{-|t|} \text{ für } -\pi \le t < \pi, \quad f(t+2\pi) = f(t).$$

Aufgabe 16.10 (Fourier-Reihe einer zusammengesetzten Kosinusfunktion) ★★★★

Bestimmen Sie die Fourier-Reihe der Funktion

$$f(t) = \begin{cases} 0 & \text{für} \quad -\pi \le t < -\frac{\pi}{2} \\ 1 + \cos(2t) & \text{für} \quad -\frac{\pi}{2} \le t \le \frac{\pi}{2} \\ 0 & \text{für} \quad \frac{\pi}{2} < t < \pi \end{cases}, \quad f(t+2\pi) = f(t).$$

Aufgabe 16.11 (Fourier-Reihe einer zusammengesetzten Sinusfunktion) ★★

Bestimen Sie die Fourier-Reihe der 2π-periodischen Funktion

$$g(t) = \begin{cases} 0 & \text{für} \quad -\pi \le t < -\frac{\pi}{2} \\ \sin(2t) & \text{für} \quad -\frac{\pi}{2} \le t \le \frac{\pi}{2} \\ 0 & \text{für} \quad \frac{\pi}{2} < t < \pi \end{cases}, \quad g(t+2\pi) = g(t)$$

mithilfe des Ergebnisses aus Aufgabe 16.10.

16.2 Lösungen

16.2.1 Verständnis und Kompetenz

Lösung 16.1 (Fourier-Reihen von trigonometrischen Funktionen)

Die Funktion $f(t) = \sin^2 t$ ist gerade und hat die Periode π. Somit besteht ihre Fourier-Reihe nur aus Kosinusanteilen:

$$f(t) = \frac{a_0}{2} + a_1 \cos(2t) + a_2 \cos(4t) + \ldots$$

Da f ein trigonometrisches Polynom vom Grad 2 ist, müssen wir nur a_0 und a_1 bestimmen, die restlichen Koeffizienten a_k sind alle null. Eine Alternative zur Berechnung der Fourier-Koeffizienten mithilfe von Integralen stellt die Doppelwinkelformel dar:

$$\cos(2t) = \cos^2 t - \sin^2 t = \cos^2 t + \sin^2 t - \sin^2 t - \sin^2 t = 1 - 2\sin^2 t\,.$$

Denn damit gilt

$$f(t) = \sin^2 t = \frac{1}{2} - \frac{1}{2}\cos(2t) \quad\Longrightarrow\quad a_0 = 1\,, \quad a_1 = -\frac{1}{2}\,.$$

Eine Berechnung mit den Integralformeln

$$\begin{aligned} a_0 &= \frac{2}{\pi}\int_0^\pi \sin^2 t \,\mathrm{d}t = \frac{2}{2\pi}\left(t - \cos t\,\sin t\right)\Big|_0^\pi = 1 \\ a_1 &= \frac{2}{\pi}\int_0^\pi \sin^2 t\,\cos(2t)\,\mathrm{d}t = \frac{2}{16\pi}\left(4\sin(2t) - \sin(4t) - t\right)\Big|_0^\pi = -\frac{1}{2} \end{aligned}$$

liefert dasselbe Ergebnis. Die Fourier-Reihe der Funktion $g(t) = \cos^2 t$ lässt sich direkt aus der Fourier-Reihe der Funktion $f(t) = \sin^2 t$ herleiten:

$$g(t) = \cos^2 t = 1 - \sin^2 t = -\frac{1}{2} + \frac{1}{2}\cos(2t)\,.$$

Die Funktion $h(t) = \sin^3 t$ ist ungerade und hat die Periode 2π . Somit besteht ihre Fourier-Reihe nur aus Sinusanteilen und ist ein trigonometrisches Polynom vom Grad 3:

$$h(t) = b_1\,\sin t + b_2\,\sin(2t) + b_3\,\sin(3t)\,.$$

Mithilfe der Integralformeln kann man b_1, b_2 und b_3 berechnen. Allerdings gibt es auch hier eine einfachere Lösung. Setzt man die t-Werte $\frac{\pi}{2}$, $\frac{\pi}{3}$ und $\frac{\pi}{4}$ in die Gleichung

$$\sin^3 t = b_1\,\sin t + b_2\,\sin(2t) + b_3\,\sin(3t)$$

ein, so ergibt sich ein lineares Gleichungssystem für die Koeffizienten b_1, b_2 und b_3:

$$\begin{array}{lcccccccc} t = \frac{\pi}{2}: & 1 & = & b_1 & & & - & b_3 \\ t = \frac{\pi}{3}: & \frac{3\sqrt{3}}{8} & = & \frac{1}{2}\sqrt{3}\,b_1 & + & \frac{1}{2}\sqrt{3}\,b_2 & & \\ t = \frac{\pi}{4}: & \frac{2\sqrt{2}}{8} & = & \frac{1}{2}\sqrt{2}\,b_1 & + & b_2 & + & \frac{1}{2}\sqrt{2}\,b_3 \end{array}$$

mit der eindeutigen Lösung $b_1 = \frac{3}{4}$, $b_2 = 0$ und $b_3 = -\frac{1}{4}$. Die Funktion

$$h(t) = \frac{3}{4}\,\sin t - \frac{1}{4}\,\sin(3t)$$

ist also die gesuchte Fourier-Reihe.

Lösung 16.2 (Fourier-Koeffizienten und Reihenwert)

a) Die reellen Koeffizienten lauten

$$a_k = 2\,\mathrm{Re}(c_k) = 0$$
$$b_k = -2\,\mathrm{Im}(c_k) = (-1)^{k+1}\,\frac{2}{k}\,.$$

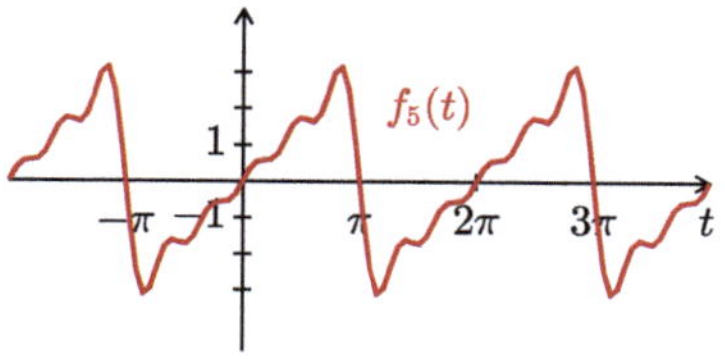

Damit kann die Fourier-Reihe in der reellen Darstellung formuliert werden.

b) Die reelle Fourier-Reihe ist gegeben durch

$$f(t) = 2\left(\sin t - \frac{1}{2}\,\sin(2t) + \frac{1}{3}\,\sin(3t) - \frac{1}{4}\,\sin(4t) + \frac{1}{5}\,\sin(5t)\ldots\right).$$

Die Funktion f ist ungerade und unstetig. Die Unstetigkeit erkennt man aus $b_k \sim \frac{1}{k}$. Aus der Skizze erkennt man, dass es sich um eine „Sägezahn"-Funktion handelt:

$$f(t) = t\,, \quad -\pi \le t < \pi\,, \quad f(t + 2\pi) = f(t)\,.$$

Diese besteht aus parallel verschobenen Geradenstücken in Richtung der ersten Winkelhalbierenden.

c) Wir setzen $T = 2\pi$ in die Parsevalsche Gleichung ein. Das Integral lässt sich berechnen:

$$\frac{1}{2\pi}\int_{-\pi}^{\pi} t^2\,\mathrm{d}t = \sum_{k=-\infty}^{\infty} |c_k|^2 \quad , \quad \frac{1}{2\pi}\int_{-\pi}^{\pi} t^2\,\mathrm{d}t = \frac{1}{2\pi}\cdot\frac{1}{3}\,t^3\Big|_{-\pi}^{\pi} = \frac{1}{3}\,\pi^2\,.$$

Durch Gleichsetzen der beiden rechten Seiten folgt

$$\frac{1}{3}\,\pi^2 = \sum_{k=-\infty}^{\infty} |c_k|^2 = 2\sum_{k=0}^{\infty} |c_k|^2 = 2\sum_{k=1}^{\infty} |c_k|^2\,.$$

Bei den Umformungen haben wir $|c_k| = |c_{-k}|$ und $c_0 = 0$ verwendet. Wir erhalten

$$\sum_{k=1}^{\infty} \frac{1}{k^2} = \frac{1}{6}\,\pi^2$$

durch Einsetzen von $|c_k| = \frac{1}{k}$. Dies ist ein sehr schönes Ergebnis!

Lösung 16.3 (Komplexe und reelle Fourier-Koeffizienten)

Die reellen Koeffizienten lauten

$$a_k = 2\,\mathrm{Re}(c_k) = 0$$
$$b_k = -2\,\mathrm{Im}(c_k) = \begin{cases} \frac{1}{k^2}\,(-1)^{\frac{1}{2}(k-1)}, & k \text{ ung.} \\ 0 & , k \text{ gerade}. \end{cases}$$

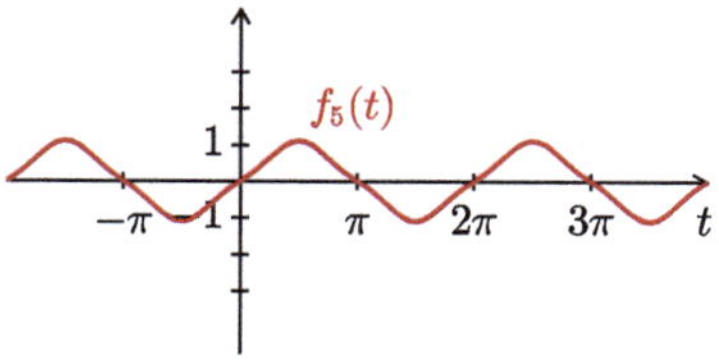

Damit kann die Fourier-Reihe in der reellen Darstellung formuliert werden:

$$f(t) = \sin t - \frac{1}{9}\,\sin(3t) + \frac{1}{25}\,\sin(5t) - \frac{1}{49}\,\sin(7t) + \frac{1}{81}\,\sin(9t)\ldots$$

Die Fourier-Reihe konvergiert gegen eine ungerade Funktion f. Aufgrund der schnellen Konvergenz $b_k \sim \frac{1}{k^2}$ ist die Funktion f stetig. Aus dem Schaubild erkennt man, dass es sich bei f um eine Dreieckfunktion handelt.

Lösung 16.4 (Periodische Funktionen)

Die Fourier-Reihe von $g(x)$ ist laut Tabelle

$$g(x) = \frac{\pi^2}{6} - \left(\cos(2x) + \frac{1}{4}\cos(4x) + \frac{1}{9}\cos(6x) + \ldots\right).$$

Die Transformation $x = t\,\frac{\pi}{2}$ bildet den t-Bereich zwischen 0 und 2 auf das Intervall $[0, \pi]$ für x ab. Da $f(t)$ die Amplitude 1 hat und $g(x)$ die Amplitude $\frac{\pi^2}{4}$, muss die Amplitude mit dem Faktor $\frac{4}{\pi^2}$ skaliert werden. Zwischen $f(t)$ und $g(x)$ besteht der Zusammenhang

$$f(t) = \frac{4}{\pi^2}\, g\left(t\,\frac{\pi}{2}\right).$$

Wir setzen die Amplitude und die Beziehung zwischen x und t ein und erhalten

$$\begin{aligned} f(t) &= \frac{2}{3} - \frac{4}{\pi^2}\left(\cos\left(2t\,\frac{\pi}{2}\right) + \frac{1}{4}\cos\left(4t\,\frac{\pi}{2}\right) + \frac{1}{9}\cos\left(6t\,\frac{\pi}{2}\right) + \ldots\right) \\ &= \frac{2}{3} - \frac{4}{\pi^2}\left(\cos(\pi t) + \frac{1}{4}\cos(2\pi t) + \frac{1}{9}\cos(3\pi t) + \ldots\right) \end{aligned}$$

für die Reihendarstellung von $f(t)$.

16.2.2 Rechnung und Training

Lösung 16.5 (Fourier-Reihe einer quadratischen Funktion)

Die Funktion f hat die Periode $T = 2$ und die Kreisfrequenz $\omega = \pi$. Für t-Werte zwischen 0 und 2 handelt es sich um eine nach unten geöffnete Parabel. Den Mittelwert $m = \frac{a_0}{2}$ berechnet man aus der Integralformel

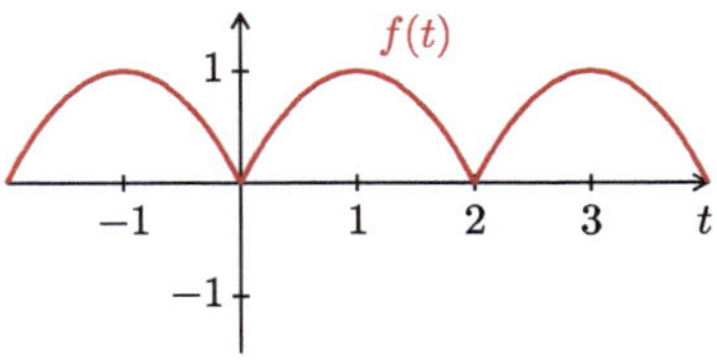

$$a_0 = \frac{2}{2}\int_0^2 -t(t-2)\,\mathrm{d}t = \frac{4}{3}.$$

Die Funktion f ist gerade, deshalb sind alle b_k null. Die a_k berechnet man für $k > 0$ am besten mithilfe von Integralformeln:

$$\begin{aligned} a_k &= \frac{2}{T}\int_{-\frac{T}{2}}^{\frac{T}{2}} f(t)\,\cos(k\omega t)\,\mathrm{d}t \\ &= \int_0^2 -t(t-2)\,\cos(k\pi t)\,\mathrm{d}t = \frac{-4}{\pi^2 k^2}. \end{aligned}$$

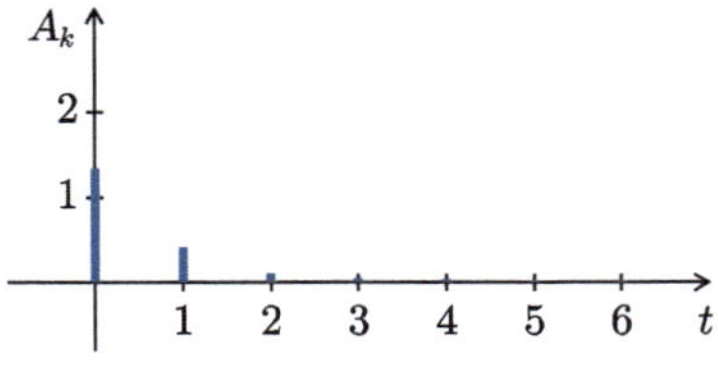

Es ist $A_0 = |a_0| = \frac{4}{3}$ und für $k > 0$ ist a_k negativ. Die Amplitude klingt proportional zu $\frac{1}{k^2}$ ab:

$$A_k = |a_k| = \frac{4}{\pi^2 k^2}.$$

Wegen $a_k < 0$ gilt für die Phasenwinkel

$$\varphi_k = \pi.$$

Die Phasenwinkel sind also alle gleich.

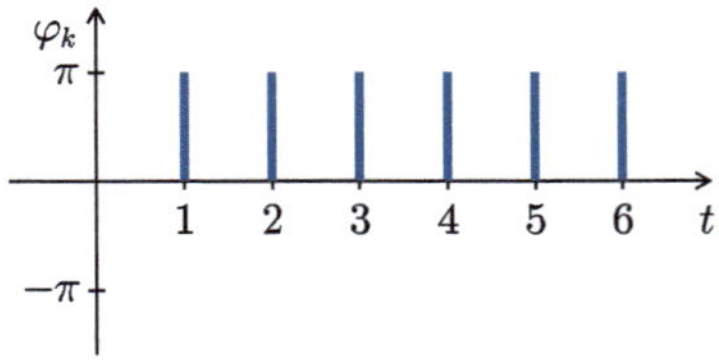

Lösung 16.6 (Fourier-Reihe einer Sinusfunktion)

Die gegebene Funktion f hat die Periode $T = 2\pi$ und die Kreisfrequenz $\omega = 1$. Den Mittelwert $m = \frac{a_0}{2}$ berechnet man mit der Integralformel

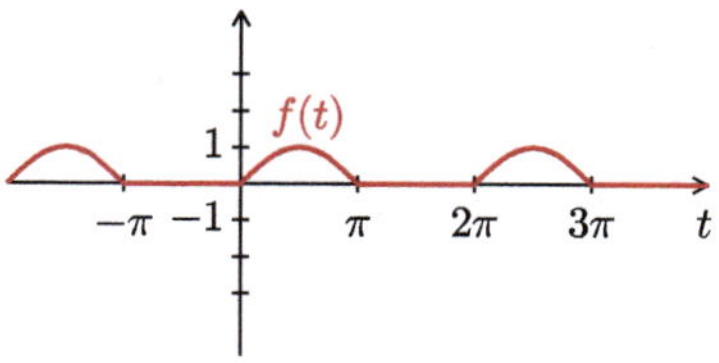

$$a_0 = \frac{2}{2\pi}\int_0^{\pi} \sin t \,\mathrm{d}t = \frac{2}{\pi}\,.$$

Die Funktion f hat keine Symmetrie, daher müssen wir alle Koeffizienten explizit berechnen. Die a_k berechnet man für $k > 0$ aus der Integralformel

$$a_k = \frac{2}{T}\int_{-\frac{T}{2}}^{\frac{T}{2}} f(t)\,\cos(k\omega t)\,\mathrm{d}t = \frac{2}{2\pi}\int_0^{\pi} \sin t\,\cos(kt)\,\mathrm{d}t\,.$$

Für $k = 1$ folgt aus der Symmetrie der Sinus- und Kosinusfunktion bezüglich $\frac{\pi}{2}$:

$$a_1 = \frac{2}{2\pi}\int_0^{\pi} \sin t\,\cos t\,\mathrm{d}t = 0\,.$$

Mithilfe einiger Tricks lässt sich das Integral für $k > 1$ durch partielle Integration berechnen:

$$I = \int \underbrace{\sin t}_{g'}\,\underbrace{\cos(kt)}_{f}\,\mathrm{d}t = \underbrace{(-\cos t)}_{g}\,\underbrace{\cos(kt)}_{f} - \int \underbrace{(-\cos t)}_{g}\,\underbrace{(-k\sin(kt))}_{f'}\,\mathrm{d}t\,.$$

Der erste Trick besteht darin, hartnäckig zu bleiben und auf das Integral im Zwischenergebnis nochmals die Regel der partiellen Integration anzuwenden:

$$\int \underbrace{\cos t}_{g'}\,\underbrace{\sin(kt)}_{f}\,\mathrm{d}t = \underbrace{\sin t}_{g}\,\underbrace{\sin(kt)}_{f} - \int \underbrace{\sin t}_{g}\,\underbrace{k\cos(kt)}_{f'}\,\mathrm{d}t = \sin t\,\sin(kt) - k\,I\,.$$

Dadurch, dass nach zweimaliger partieller Integration wieder das ursprüngliche Integral I auftaucht, hat man den Eindruck, dass man ergebnislos im Kreis gerechnet hat. Dieser Eindruck täuscht jedoch, denn insgesamt erhält man:

$$I = -\cos t\,\cos(kt) - k\,\sin t\,\sin(kt) + k^2\,I\,.$$

Die resultierende Gleichung

$$(1 - k^2)I = -\cos t\,\cos(kt) - k\,\sin t\,\sin(kt)$$

lösen wir nach I auf:

$$I = \int \sin t\,\cos(kt)\,\mathrm{d}t = \frac{\cos t\,\cos(kt) + k\,\sin t\,\sin(kt)}{k^2 - 1}\,.$$

Damit können wir die Koeffizienten a_k für $k > 1$ ermitteln:

$$a_k = \frac{2}{2\pi}\int_0^{\pi} \sin t\,\cos(kt)\,\mathrm{d}t = \left.\frac{\cos t\,\cos(kt) + k\,\sin t\,\sin(kt)}{k^2 - 1}\right|_0^{\pi} = \frac{(-1)^{k+1} - 1}{\pi(k^2 - 1)}\,.$$

Die Koeffizienten b_k für $k > 0$

$$b_k = \frac{2}{T}\int_{-\frac{T}{2}}^{\frac{T}{2}} f(t)\,\sin(k\omega t)\,\mathrm{d}t = \frac{2}{2\pi}\int_0^{\pi} \sin t\,\sin(kt)\,\mathrm{d}t = \begin{cases} \frac{1}{2} & \text{für } k = 1 \\ 0 & \text{für } k > 1 \end{cases}$$

erhalten wir mit einer ähnlichen Rechnung.

Dazu verwenden wir die Formel

$$\int \sin t \, \sin(kt) \, \mathrm{d}t = \frac{\cos t \, \sin(kt) - k \, \sin t \, \cos(kt)}{k^2 - 1},$$

die sich analog zu der oben beschriebenen Vorgehensweise durch zweimaliges partielles Integrieren herleiten lässt. Es ist also nur b_1 von null verschieden und

$$f(t) - \frac{1}{2} \sin t = \frac{1}{2} |\sin t|$$

ist eine gerade Funktion.

Es ist $A_0 = |a_0| = \frac{2}{\pi}$, $A_1 = |b_1| = \frac{1}{2}$ und für $k > 1$ erhalten wir

$$A_k = |a_k| = \begin{cases} 0 & \text{für } k = 3, 5, 7, \dots \\ \frac{2}{\pi(k^2-1)} & \text{für } k = 2, 4, 6, \dots \end{cases}$$

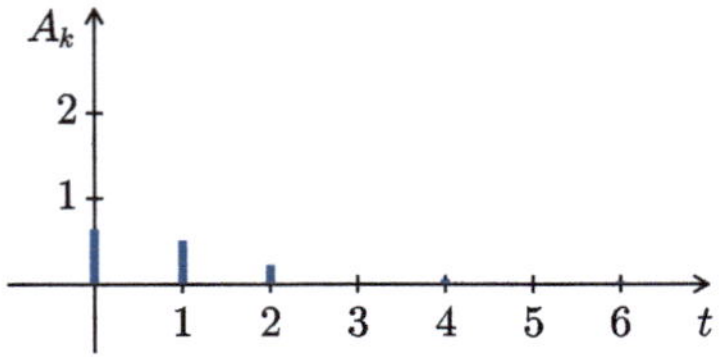

Die Amplitude klingt proportional zu $\frac{1}{k^2}$ ab.

Außerdem ist $\varphi_1 = -\frac{\pi}{2}$ und für $k > 1$ gilt

$$\varphi_k = \begin{cases} 0 & \text{für } k = 3, 5, 7, \dots \\ \pi & \text{für } k = 2, 4, 6, \dots \end{cases}$$

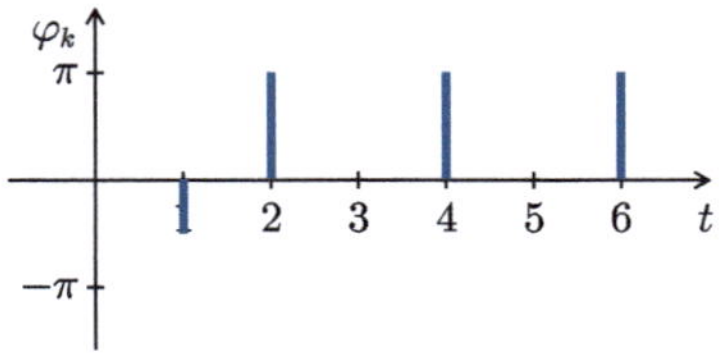

Die Phasenwinkel sind hier außer für $k = 1$ immer 0 oder π.

Lösung 16.7 (Fourier-Reihe einer Rechteckfunktion)

a) Wenn man die Funktion f um den Mittelwert $m = \frac{3}{2}$ nach unten verschiebt ergibt sich eine Rechteckfunktion

$$h_1(t) = \begin{cases} -\frac{1}{2} & \text{für} \quad 0 < t \le \pi \\ \frac{1}{2} & \text{für} \quad \pi < t \le 2\pi \end{cases}$$

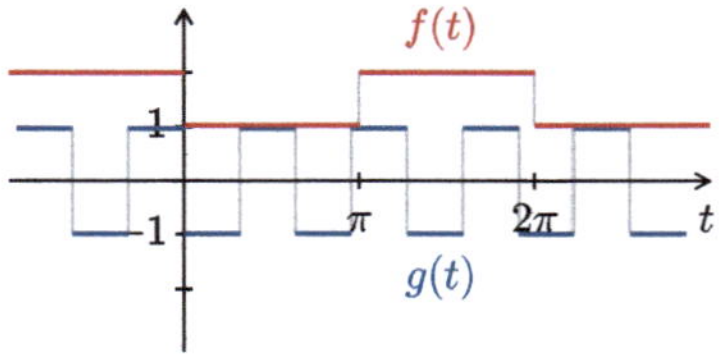

mit der periodischen Fortsetzung

$$h_1(t + 2\pi) = h_1(t).$$

Zwischen dieser Hilfsfunktion h_1 und der Funktion f besteht der Zusammenhang

$$h_1(t) = f(t) - \frac{3}{2} \implies f(t) = \frac{3}{2} + h_1(t).$$

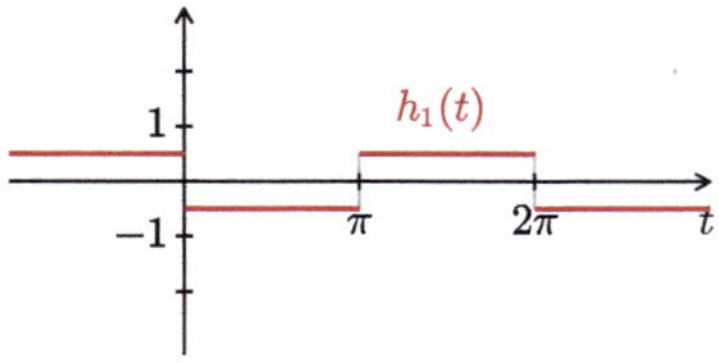

Nun verschieben wir h_1 um π:

$$h_2(t) = h_1(t - \pi) \implies h_1(t) = h_2(t + \pi).$$

Die zweite Hilfsfunktion h_2 skalieren wir mit dem Faktor 2 und ersetzen t durch πt:

$$g(t) = 2\, h_2(\pi t) \implies h_2(t) = \frac{1}{2} g\left(\frac{t}{\pi}\right).$$

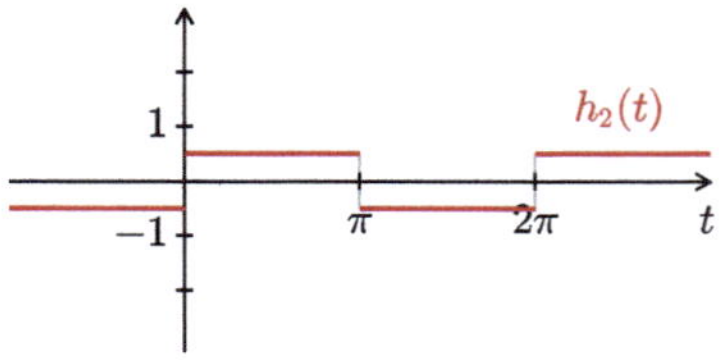

Wir haben g durch h_2 ausgedrückt.

Der Zusammenhang zwischen f und g lautet also

$$f(t) = \frac{3}{2} + h_1(t) = \frac{3}{2} + h_2(t+\pi) = \frac{3}{2} + \frac{1}{2} g\left(\frac{t+\pi}{\pi}\right).$$

Für g kennen wir die Fourier-Reihe:

$$g(t) = \frac{4}{\pi}\left(\sin(\pi t) + \frac{1}{3}\sin(3\pi t) + \frac{1}{5}\sin(5\pi t) + \dots\right).$$

Somit ist

$$f(t) = \frac{3}{2} + \frac{2}{\pi}\left(\sin(t+\pi) + \frac{1}{3}\sin(3t+3\pi) + \frac{1}{5}\sin(5t+5\pi) + \dots\right).$$

Um zu einer gültigen Darstellung für eine Fourier-Reihe zu gelangen, müssen wir noch die Verschiebungen in t-Richtung eliminieren. Da diese Verschiebungen alle Vielfache von π sind, gelingt dies mit einem führenden Minuszeichen. Wir erhalten schließlich die Fourier-Reihe in der Darstellung

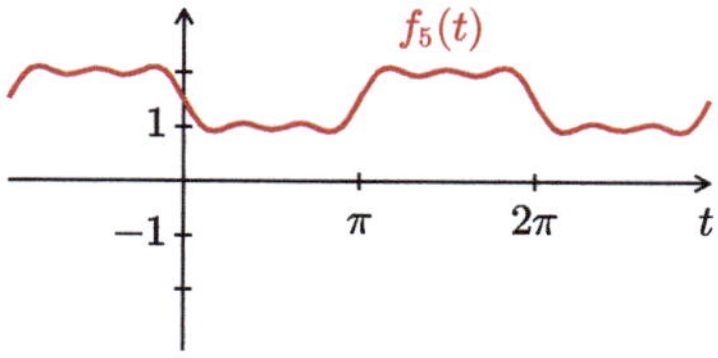

$$f(t) = \frac{3}{2} - \frac{2}{\pi}\left(\sin t + \frac{1}{3}\sin(3t) + \frac{1}{5}\sin(5t) + \dots\right).$$

Abgesehen von der Verschiebung in y-Richtung besteht die Fourier-Reihe ausschließlich aus Sinusanteilen mit ungeraden Kreisfrequenzen.

b) Den Mittelwert m kann man direkt aus der Abbildung ablesen. Es ergibt sich $a_0 = 2m = 3$. Die um den Mittelwert m nach unten verschobene Funktion ist ungerade, deshalb sind alle Koeffizienten a_k null. Die Koeffizienten b_k berechnet man aus der Integralformel und spaltet dazu das Integral in zwei Teile auf:

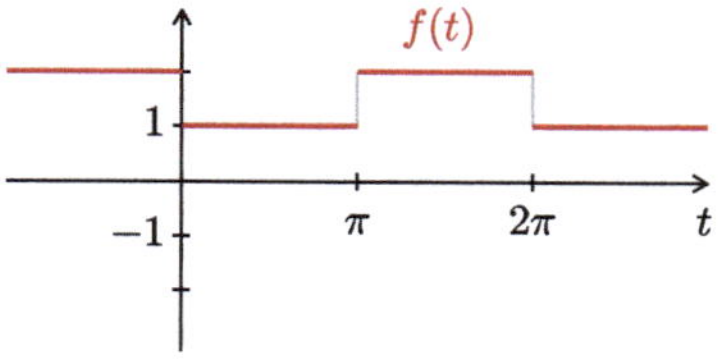

$$b_k = \frac{1}{\pi}\left(\int_0^{\pi} 1\cdot\sin(kt)\,\mathrm{d}t + \int_{\pi}^{2\pi} 2\cdot\sin(kt)\,\mathrm{d}t\right) = \frac{(-1)^k - 1}{\pi k}.$$

Es ist $A_0 = |a_0| = 3$. Für gerades k ist b_k stets null und für ungerades k ist $b_k = \frac{-2}{\pi k}$. Somit gilt für die Amplitude

$$A_k = |b_k| = \begin{cases} 0 & \text{für } k = 2,4,6,\dots \\ \frac{2}{\pi k} & \text{für } k = 1,3,5,\dots \end{cases}$$

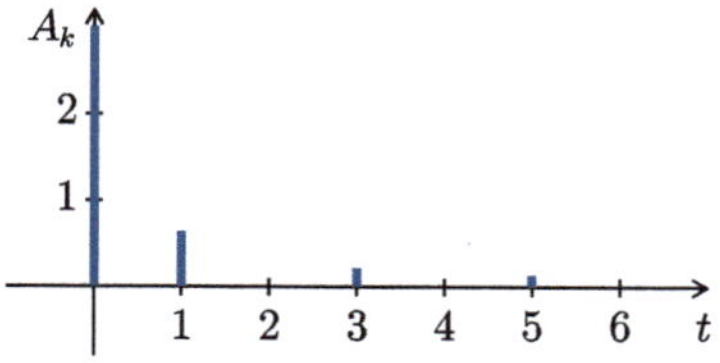

Die Amplitude klingt wegen der Unstetigkeit nur proportional zu $\frac{1}{k}$ ab. Die Phasenwinkel

$$\varphi_k = \begin{cases} 0 & \text{für } k = 2,4,6,\dots \\ \frac{\pi}{2} & \text{für } k = 1,3,5,\dots \end{cases}$$

sind abwechselnd 0 bzw. $\frac{\pi}{2}$, da die Reihe nur Sinusanteile mit negativem Vorzeichen hat und nur ungerade Kreisfrequenzen auftreten.

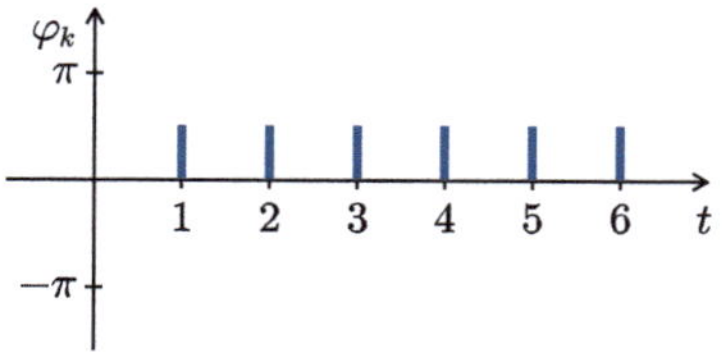

Lösung 16.8 (Fourier-Reihe einer Dreieckfunktion)

a) Wir ersetzen in der Fourier-Reihe des Standdarddreiecks

$$g(x) = |x| \quad \text{für} \quad -\pi \leq x < \pi$$

die Variable x durch $\frac{2\pi}{T}\,t = \omega t$:

$$g(\omega t) = \frac{\pi}{2} - \frac{4}{\pi}\left(\cos(\omega t) + \frac{1}{9}\cos(3\omega t) + \frac{1}{25}\cos(5\omega t) + \ldots\right).$$

Da f die Amplitude $\frac{T}{2}$ hat und g die Amplitude π muss die Amplitude mit dem Faktor $\frac{T}{2\pi}$ skaliert werden. Zwischen f und g besteht also der Zusammenhang

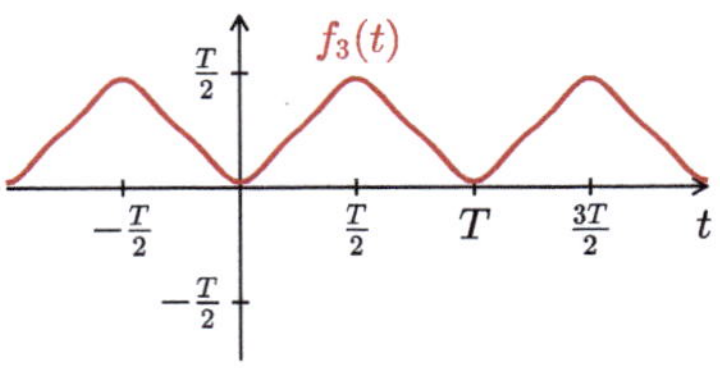

$$f(t) = \frac{T}{2\pi}\,g(\omega t) \quad \text{mit} \quad \omega = \frac{2\pi}{T}$$

und es folgt

$$f(t) = \frac{T}{4} - \frac{2T}{\pi^2}\left(\cos(\omega t) + \frac{1}{9}\cos(3\omega t) + \frac{1}{25}\cos(5\omega t) + \ldots\right)$$

für die gesuchte Fourier-Reihe.

b) Den Mittelwert kann man leicht aus dem Verhältnis der Dreiecksfläche zur Periode T berechnen:

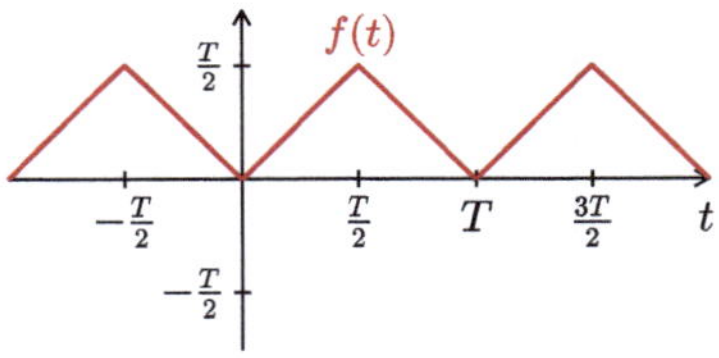

$$m = \frac{\frac{1}{2}\,T\,\frac{T}{2}}{T} = \frac{\frac{T^2}{4}}{T} = \frac{T}{4}.$$

Daraus ergibt sich $a_0 = 2m = \frac{T}{2}$. Die Funktion ist gerade, deshalb sind alle b_k null. Die a_k berechnet man für $k > 0$ wegen der Symmetrie aus der Integralformel

$$a_k = \frac{2}{T}\int_{-\frac{T}{2}}^{\frac{T}{2}} f(t)\,\cos(k\omega t)\,\mathrm{d}t = \frac{2}{T}\,2\int_{0}^{\frac{T}{2}} t\,\cos(k\omega t)\,\mathrm{d}t = \frac{T((-1)^k - 1)}{\pi^2 k^2}.$$

Es ist $A_0 = |a_0| = \frac{T}{2}$ und für $k > 0$ ist a_k abwechselnd negativ und null, deshalb gilt:

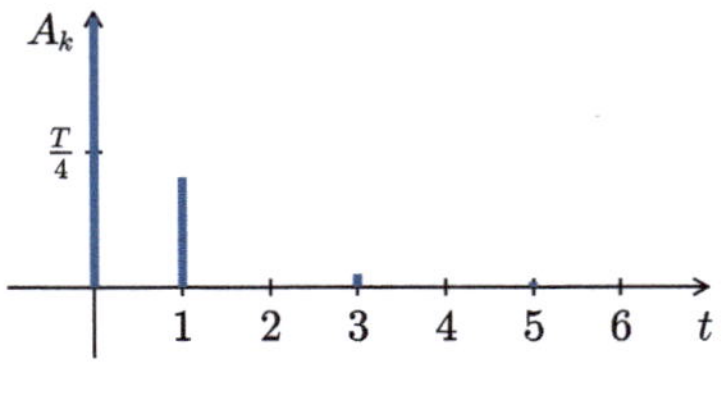

$$A_k = |a_k| = \begin{cases} 0 & \text{für } k = 2, 4, 6, \ldots \\ \frac{2T}{\pi^2 k^2} & \text{für } k = 1, 3, 5, \ldots \end{cases}$$

Die Amplitude klingt proportional zu $\frac{1}{k^2}$ ab. Die Phasenwinkel

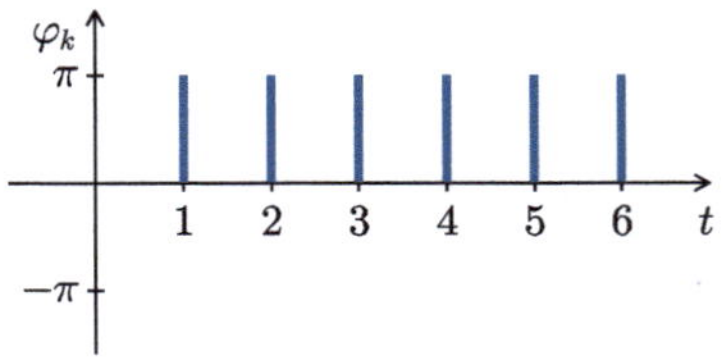

$$\varphi_k = \begin{cases} 0 & \text{für } k = 2, 4, 6, \ldots \\ \pi & \text{für } k = 1, 3, 5, \ldots \end{cases}$$

sind abwechselnd 0 bzw. π, da die Reihe nur Kosinusanteile mit negativem Vorzeichen hat und nur ungerade Kreisfrequenzen auftreten.

Lösung 16.9 (Fourier-Reihe einer Exponentialfunktion)

Die gegebene Funktion f hat die Periode $T = 2\pi$ und die Kreisfrequenz $\omega = 1$. Die Funktion ist wegen des Betrags $|t|$ gerade. Die Funktionswerte liegen zwischen 0 und 1. Da die Funktion f eine Exponentialfunktion ist, liegt es nahe, zunächst die komplexen Fourier-Koeffizienten zu berechnen. Diese erhalten wir aus der Integralformel. Um den Betrag aufzulösen, zerlegen wir das Integral:

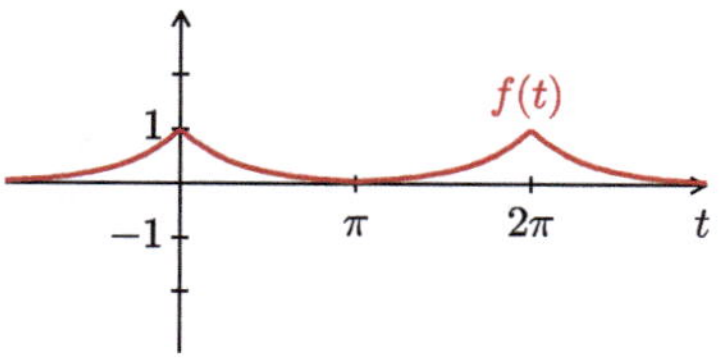

$$c_k = \frac{1}{T}\int_{-\frac{T}{2}}^{\frac{T}{2}} f(t)\mathrm{e}^{-\mathrm{i}\omega kt}\,\mathrm{d}t = \frac{1}{2\pi}\left(\int_{-\pi}^{0} \mathrm{e}^{t}\mathrm{e}^{-\mathrm{i}kt}\,\mathrm{d}t + \int_{0}^{\pi} \mathrm{e}^{-t}\mathrm{e}^{-\mathrm{i}kt}\,\mathrm{d}t\right).$$

Wir fassen die Exponentialausdrücke zusammen und bilden Stammfunktionen:

$$c_k = \frac{1}{2\pi}\left(\int_{-\pi}^{0} \mathrm{e}^{(1-\mathrm{i}k)t}\,\mathrm{d}t + \int_{0}^{\pi} \mathrm{e}^{(-1-\mathrm{i}k)t}\,\mathrm{d}t\right) = \frac{1}{2\pi}\left(\left.\frac{\mathrm{e}^{(1-\mathrm{i}k)t}}{1-\mathrm{i}k}\right|_{-\pi}^{0} + \left.\frac{\mathrm{e}^{(-1-\mathrm{i}k)t}}{-1-\mathrm{i}k}\right|_{0}^{\pi}\right).$$

Schließlich setzen wir die Grenzen ein

$$c_k = \frac{1}{2\pi}\left(\frac{1-\mathrm{e}^{-(1-\mathrm{i}k)\pi}}{1-\mathrm{i}k} + \frac{\mathrm{e}^{(-1-\mathrm{i}k)\pi}-1}{-1-\mathrm{i}k}\right) = \frac{1}{2\pi}\left(\frac{1-\mathrm{e}^{-\pi}(-1)^k}{1-\mathrm{i}k} + \frac{-\mathrm{e}^{-\pi}(-1)^k+1}{1+\mathrm{i}k}\right)$$

und erhalten nach dem Zusammenfassen der beiden Brüche die komplexen Koeffizienten

$$c_k = \frac{1-(-1)^k\mathrm{e}^{-\pi}}{\pi(1+k^2)}.$$

Daraus ergeben sich für $k \geq 0$ die reellen Koeffizienten

$$a_k = 2\,\mathrm{Re}(c_k) = \frac{2\left(1-(-1)^k\mathrm{e}^{-\pi}\right)}{\pi(1+k^2)}.$$

Da f gerade ist, muss c_k rein reell sein und b_k ist für alle k null. Die Fourier-Reihe lautet

$$f(t) = \frac{2}{\pi}\left(\frac{1-\mathrm{e}^{-\pi}}{1} + \frac{1+\mathrm{e}^{-\pi}}{2}\cos t + \frac{1-\mathrm{e}^{-\pi}}{5}\cos(2t) + \frac{1+\mathrm{e}^{-\pi}}{10}\cos(3t) + \ldots\right).$$

Für die Amplitude gilt die Formel

$$A_k = 2\,|c_k| = \frac{2\left(1-(-1)^k\mathrm{e}^{-\pi}\right)}{\pi(1+k^2)},$$

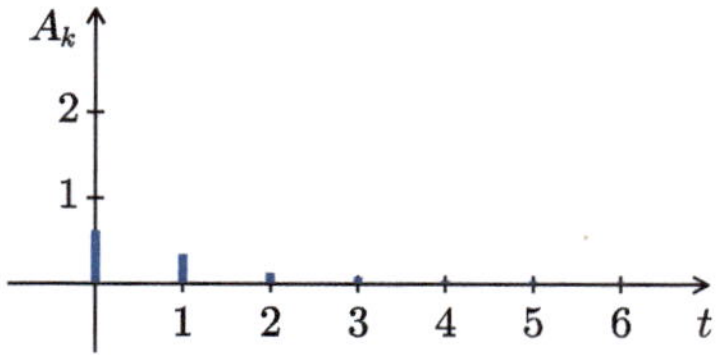

denn die komplexen Koeffizienten c_k sind alle rein reell und positiv. Aufgrund der Stetigkeit der Funktion klingt die Amplitude A_k proportional zu $\frac{1}{k^2}$ ab. Die Phasenwinkel

$$\varphi_k = 0$$

sind immer null. Dies folgt aus der Situation, dass alle Kosinusschwingungen in der Fourier-Reihe vertreten sind und kein negatives Vorzeichen auftritt.

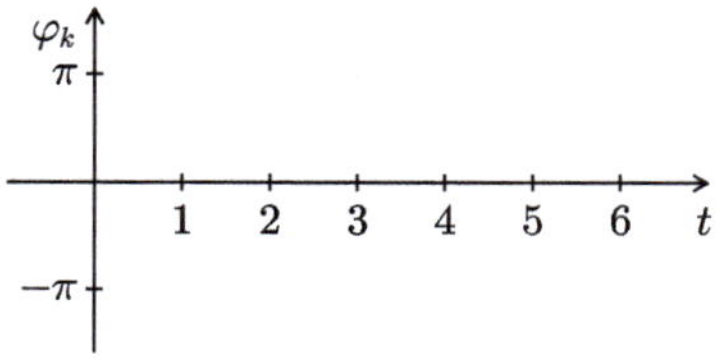

Lösung 16.10 (Fourier-Reihe einer zusammengesetzten Kosinusfunktion)

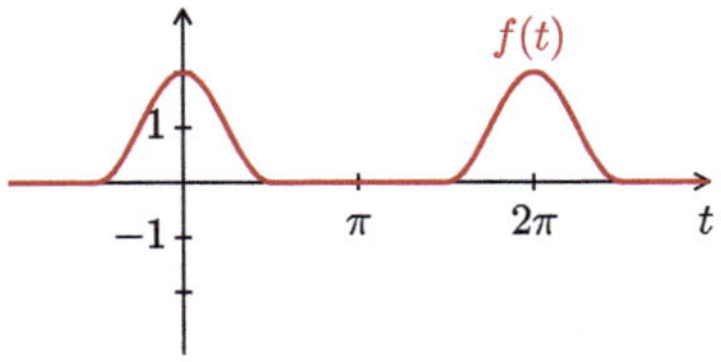

Die gegebene Funktion f hat die Periode $T = 2\pi$ und die Kreisfrequenz $\omega = 1$. Die Funktion ist gerade. Den Mittelwert berechnet man wegen der Symmetrie aus der Integralformel

$$a_0 = \frac{1}{\pi} 2 \int_0^{\frac{\pi}{2}} \big(1 + \cos(2t)\big) \, \mathrm{d}t = 1 \, .$$

Die a_k berechnet man für $k > 0$ aus der Integralformel

$$a_k = \frac{2}{T} \int_{-\frac{T}{2}}^{\frac{T}{2}} f(t) \, \cos(k\omega t) \, \mathrm{d}t = \frac{1}{\pi} 2 \int_0^{\frac{\pi}{2}} \big(1 + \cos(2t)\big) \cos(kt) \, \mathrm{d}t = \frac{-8 \sin(k\frac{\pi}{2})}{\pi k(k^2 - 4)} \, .$$

Dabei gilt diese Formel nur für $k \neq 2$. Für $k = 2$ ergibt sich $a_2 = \frac{1}{2}$. Alle b_k sind null, da die Funktion gerade ist. Die Fourier-Reihe lautet damit

$$f(t) = \frac{1}{2} + \frac{8}{3\pi} \cos t + \frac{1}{2} \cos(2t) + \frac{8}{15\pi} \cos(3t) - \frac{8}{105\pi} \cos(5t) + \ldots$$

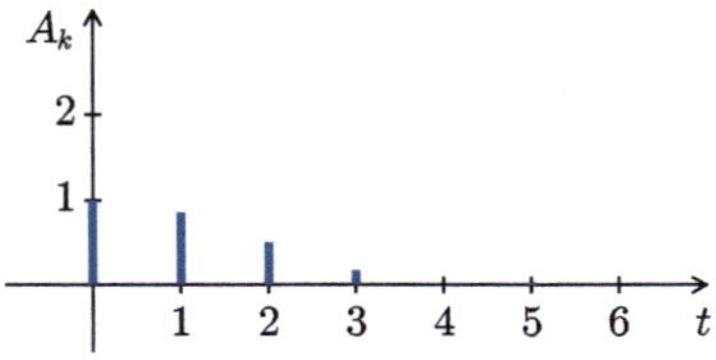

Es ist $A_0 = |a_0| = 1$, $A_2 = |a_2| = \frac{1}{2}$,

$$A_k = |a_k| = \begin{cases} \frac{8}{\pi k(k^2-4)} & \text{für } k = 1, 3, 5, \ldots \\ 0 & \text{für } k = 4, 6, 8, \ldots \end{cases}$$

Die Amplitude klingt hier sogar proportional zu $\frac{1}{k^3}$ ab. Auf Grund des Sinusanteils bei a_k ist jeder zweite Koeffizient null. Die Phasenwinkel

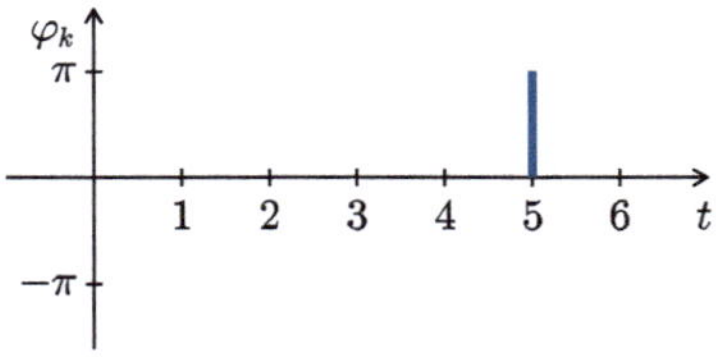

$$\varphi_k = \begin{cases} \pi & \text{für } k = 5, 9, 13, \ldots \\ 0 & \text{für } k = 0, 1, 2, 3, 4, 6, \ldots \end{cases}$$

sind für $k = 5, 9, 13, \ldots$ gleich π. Das bedeutet, dass der Kosinusanteil dann ein negatives Vorzeichen hat. Ansonsten sind die φ_k immer null.

Lösung 16.11 (Fourier-Reihe einer zusammengesetzten Sinusfunktion)

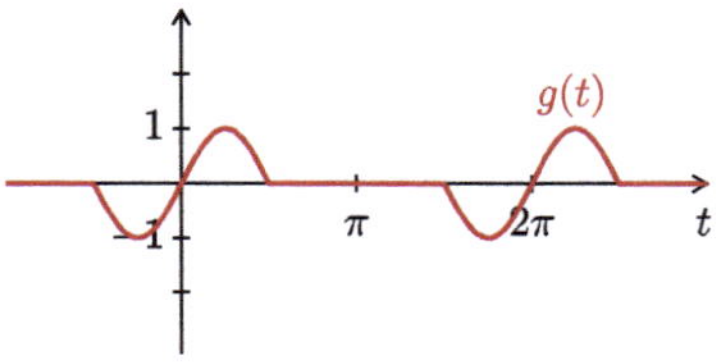

Die Funktion g in dieser Aufgabe ist die negative Ableitung von f aus Aufgabe 16.10, multipliziert mit dem Faktor $\frac{1}{2}$. An den Nahtstellen $-\frac{\pi}{2} \pm \pi k$ ist die Funktion nicht differenzierbar. Das ist für die Fourier-Reihe jedoch unwesentlich. Die Fourier-Reihe von g

$$\begin{aligned} g(t) &= -\frac{1}{2} f'(t) \\ &= -\frac{1}{2} \frac{\mathrm{d}}{\mathrm{d}t} \left(\frac{1}{2} + \frac{8}{3\pi} \cos t + \frac{1}{2} \cos(2t) + \frac{8}{15\pi} \cos(3t) - \frac{8}{105\pi} \cos(5t) \ldots \right) \\ &= \frac{4}{3\pi} \sin t + \frac{1}{2} \sin(2t) + \frac{4}{5\pi} \sin(3t) - \frac{4}{21\pi} \sin(5t) \ldots \end{aligned}$$

erhalten wir ganz einfach durch gliedweises Ableiten der Fourierreihe von f.

17 Verallgemeinerte Funktionen

Dieses Kapitel ist für Studierende vermutlich sehr gewöhnungsbedürftig. Vorkenntnisse aus der Schule sind hier in aller Regel überhaupt keine vorhanden. Der Zugang zu diesem ungewohnten Terrain beginnt mit der Heaviside-Funktion, die zwar abschnittsweise konstant ist, aber eine Sprungstelle aufweist und damit dort nicht differenzierbar ist. Nun sind Sprung- oder Knickstellen im Sinne einer durchgängigen Behandlung von Funktionen ohne Ausnahmeregelungen eher störend. Diesen Defekt möchte man mit dem verallgemeinerten Funktionsbegriff beheben. Die sogenannte Dirac-Distribution ist die Antwort auf die Frage, wie man die Heaviside-Funktion ableiten kann.

Das Erstellen von Schaubildern von verallgemeinerten Funktionen bei jeder sich bietenden Gelegenheit ist sehr zu empfehlen. Insbesondere die Visualisierung eines Dirac-Stoßes für die Ableitung an einer Sprungstelle trägt erfahrungsgemäß zum Verständnis bei. Zum Trainieren der Rechentechnik gibt es einige Aufgaben, die sich mit aus Rechteck- und Dreieckfunktionen zusammengesetzten Funktionen beschäftigen. Aus zwei Heaviside-Funktionen etwa kann man ein Rechtecksignal generieren, aus zwei Dreieckfunktionen eine Funktion mit trapezförmigem Verlauf.

Die Faltung ist ein weiteres Thema, das anfangs ziemlich gewöhnungsbedürftig ist. Dabei werden zwei Funktionen versetzt miteinander multipliziert. Die resultierende Funktion wird dann über ein Intervall integriert. In der Technik hat die Faltung durchaus ihre Anwendungsfelder. Man kann damit etwa sehr elegant Funktionsabschnitte aus einer kontinuierlichen Funktion herausschneiden. Filter wenden diese sogenannte Fenstertechnik oft an. Dabei wird ein Fenster von beschränkter Größe festgelegt und sukzessive über den gesamten Definitionsbereich hinweg von links nach rechts durchgeschoben.

B-Splines sind ein schönes Beispiel für die Anwendung der Faltung. In einem iterativen Prozess können B-Splines höheren Grades jeweils aus B-Splines mit niedrigerem Grad hergeleitet werden. Die Definition dazu ist schnell hingeschrieben, die rechentechnische Ausführung erfordert Geduld und Durchhaltevermögen. Durch die charakteristische Eigenschaft, dass Splines abschnittsweise definiert sind, entstehen viele Fälle und jede Menge Integrale. Erfolgreich ist hier nur, wer Kapitel 9 gut beherrscht. Fallstricke lauern auch wegen der Vielzahl von Vorzeichen, die sich ergeben und miteinander verrechnet werden müssen. Hier wird schnell mal ein Minuszeichen übersehen.

Weitere praxisnahe Aufgaben zu diesem Thema sind eher schwer zu finden. Daher ist der Aufgabenumfang in diesem Kapitel kurz und knapp und konzentriert sich auf die Rechentechnik. Ziel ist es, ein grundlegendes Verständnis für allgemeine Ableitungen aufzubauen. Auch hier gilt: Übung macht den Meister!

17.1 Aufgaben

17.1.1 Verständnis und Kompetenz

Aufgabe 17.1 (Rampenfunktion) ★★★

Gegeben ist die skizzierte Funktion f.

a) An welchen Stellen ist f unstetig und an welchen Stellen ist f nicht differenzierbar?

b) Wie lautet f mithilfe der Heaviside-Funktion?

c) Drücken Sie die verallgemeinerte Ableitung $\dot{f}$ von f mithilfe der Heaviside-Funktion und der Dirac-Distribution aus und skizzieren Sie $\dot{f}$.

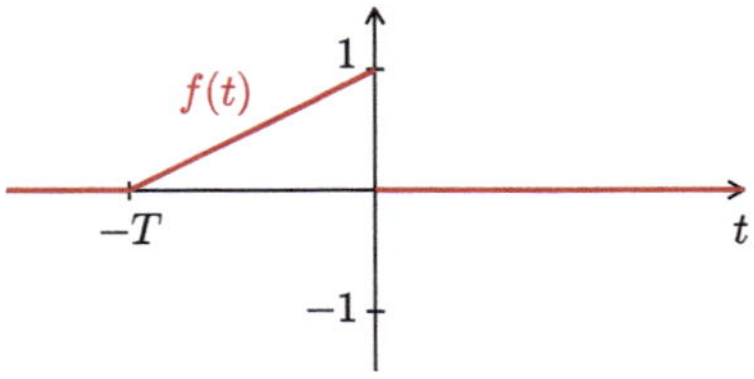

Aufgabe 17.2 (Exponentialfunktion) ★★★★

Gegeben ist die Funktion

$$f(t) = \begin{cases} 1 & \text{für} \quad t \leq 0 \\ \mathrm{e}^{-t} & \text{für} \quad 0 < t \leq 1 \\ 0 & \text{für} \quad t > 1\,. \end{cases}$$

a) Skizzieren Sie den Verlauf von f. Wo ist f unstetig oder nicht differenzierbar?

b) Stellen Sie f mithilfe der Heaviside-Funktion dar.

c) Drücken Sie die verallgemeinerte Ableitung $\dot{f}$ von f mithilfe der Heaviside-Funktion und der Dirac-Distribution aus und skizzieren Sie $\dot{f}$.

17.1.2 Rechnung und Training

Aufgabe 17.3 (Integral) ★★

Welchen Wert hat das Integral $\int_{-\infty}^{\infty} \delta(\tau - 1)\, \mathrm{e}^{-|\tau|}\, \mathrm{d}\tau$?

Aufgabe 17.4 (Faltung Exponentialfunktion mit Rechteck) ★★★

Gegeben sind die beiden Funktionen $g(t) = \mathrm{e}^{-|t|}$ und $r(t) = \sigma(t+1) - \sigma(t-1)$.

a) Skizzieren Sie die beiden Funktionen.

b) Berechnen Sie die Faltung $f(t) = g(t) \star r(t)$ und skizzieren Sie f.

Aufgabe 17.5 (Faltung Sinusfunktion mit Rechteck) ★★★★★

Gegeben sind die beiden Funktionen $g(t) = \sigma(t) \sin t$ und $h(t) = 4t\,\sigma(t) \sin t$.

a) Skizzieren Sie die beiden Funktionen.

b) Berechnen Sie die Faltung $f(t) = g(t) \star h(t)$ und skizzieren Sie f.

Aufgabe 17.6 (Faltung und B-Splines) ★★★★

Berechnen und skizzieren Sie den B-Spline B_3 vom Grad 3, der durch die Faltung der beiden B-Splines B_0 vom Grad 0 und B_2 vom Grad 2 entsteht. Welche Knoten hat B_3?

17.2 Lösungen

17.2.1 Verständnis und Kompetenz

Lösung 17.1 (Rampenfunktion)

a) Die Funktion f ist für $t = 0$ unstetig und für $t = 0$ und $t = -T$ nicht differenzierbar.

b) Die Funktion f kann man als Produkt einer Geraden

$$g(t) = \frac{1}{T}(t+T)$$

mit einem Rechteck, das bei $-T$ beginnt und bei 0 endet

$$r(t) = \sigma(t+T) - \sigma(t),$$

darstellen. Somit gilt

$$f(t) = g(t)\,r(t) = \frac{1}{T}(t+T)\big(\sigma(t+T) - \sigma(t)\big).$$

c) Nach der Produktregel gilt

$$\dot{f}(t) = \dot{g}(t)\,r(t) + g(t)\,\dot{r}(t) = \frac{1}{T}\big(\sigma(t+T) - \sigma(t)\big) + \frac{1}{T}(t+T)\big(\delta(t+T) - \delta(t)\big).$$

Aufgrund der Eigenschaften der δ-Distribution ergeben sich weitere Vereinfachungen. Mit den Umformungen

$$\frac{1}{T}(t+T)\delta(t+T) = \frac{1}{T}(-T+T)\delta(t+T) = 0$$

und

$$-\frac{1}{T}(t+T)\delta(t) = -\frac{1}{T}(0+T)\delta(t) = -\delta(t)$$

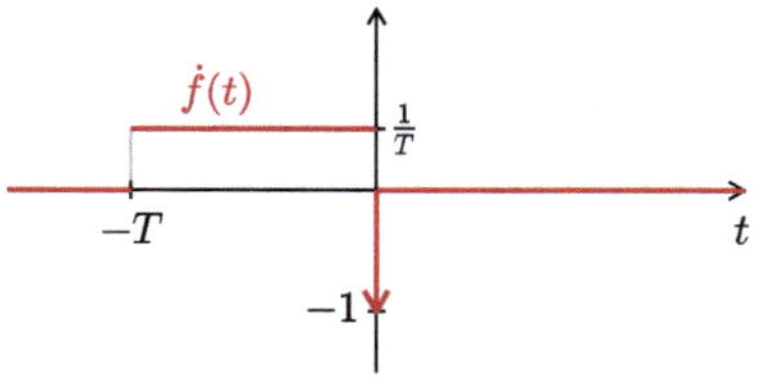

können wir die Ableitung vereinfachen

$$\dot{f}(t) = \frac{1}{T}\big(\sigma(t+T) - \sigma(t)\big) - \delta(t).$$

Für t-Werte, die kleiner als $-T$ oder größer als 0 sind, ist die Funktion f null. Somit ist dort auch die Ableitung null. Zwischen $-T$ und 0 hat die Funktion f die konstante Steigung $\frac{1}{T}$. Somit hat die Ableitung dort auch den konstanten Wert $\frac{1}{T}$. An der Stelle 0 springt die Funktion f um den Wert 1 nach unten. Dieser Sprung erzeugt einen Impuls der Länge -1 bei der Ableitung.

Lösung 17.2 (Exponentialfunktion)

a) Die Funktion f ist eine abschnittsweise definierte Funktion. Die Nahtstellen sind bei $t = 0$ und $t = 1$. Bei $t = 0$ hat die Funktion eine Knickstelle und bei $t = 1$ hat sie eine Sprungstelle. Sie ist bis auf $t = 1$ überall stetig. Bis auf die beiden Stellen $t = 0$ und $t = 1$ ist die Funktion f überall differenzierbar.

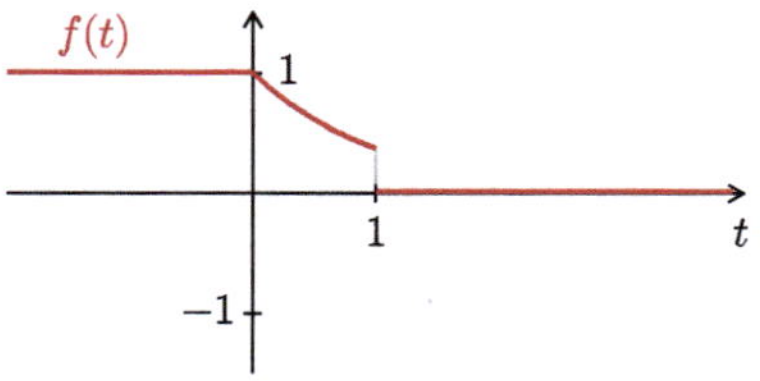

b) Die Funktion f kann man aus zwei Teilen zusammensetzen. Der erste Teil erzeugt f für negative t-Werte. Hier kann man f mit $\sigma(-t)$ darstellen. Der zweite Teil erzeugt f für positive t-Werte. Hier kann man f als Produkt einer Exponentialfunktion $g(t) = \mathrm{e}^{-t}$ mit einem Rechteck, das bei 0 beginnt und bei 1 endet

$$r(t) = \sigma(t) - \sigma(t-1)\,,$$

darstellen. Somit gilt

$$f(t) = \sigma(-t) + g(t)\,r(t) = \sigma(-t) + \mathrm{e}^{-t}\big(\sigma(t) - \sigma(t-1)\big)\,.$$

c) Nach der Produktregel gilt

$$\begin{aligned}\dot{f}(t) &= -\delta(-t) + \dot{g}(t)\,r(t) + g(t)\,\dot{r}(t)\\ &= -\delta(t) - \mathrm{e}^{-t}\big(\sigma(t) - \sigma(t-1)\big) + \mathrm{e}^{-t}\big(\delta(t) - \delta(t-1)\big)\,.\end{aligned}$$

Aufgrund der Eigenschaften der δ-Distribution ergeben sich weitere Vereinfachungen. Mit den Umformungen

$$\mathrm{e}^{-t}\delta(t) = \mathrm{e}^{-0}\delta(t) = \delta(t)$$

und

$$-\mathrm{e}^{-t}\delta(t-1) = -\mathrm{e}^{-1}\delta(t-1)$$

entsteht die Ableitung in einfacherer Form:

$$\dot{f}(t) = -\mathrm{e}^{-t}\big(\sigma(t) - \sigma(t-1)\big) - \mathrm{e}^{-1}\delta(t-1)\,.$$

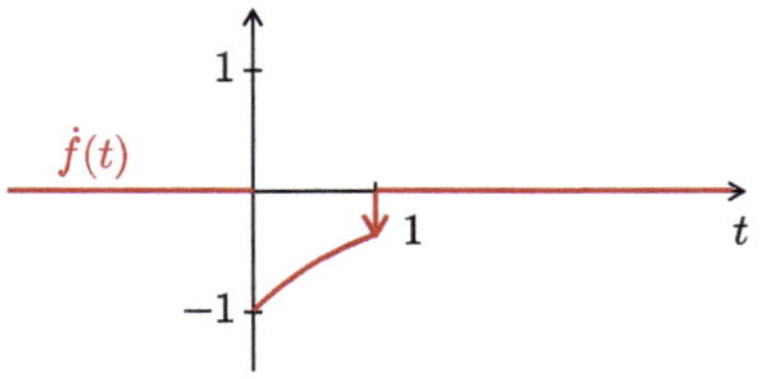

Es ergibt sich bei der Ableitung $\dot{f}$ der Funktion f nur ein einziger Dirac-Impuls der Länge $-\mathrm{e}^{-1}$ an der Stelle $t = 1$.

17.2.2 Rechnung und Training

Lösung 17.3 (Integral)

Für das Integral gilt

$$\int_{-\infty}^{\infty} \delta(\tau - 1)\,\mathrm{e}^{-|\tau|}\,\mathrm{d}\tau = \int_{-\infty}^{\infty} \delta(\tau - 1)\,\mathrm{e}^{-1}\,\mathrm{d}\tau = \mathrm{e}^{-1}\int_{-\infty}^{\infty} \delta(\tau - 1)\,\mathrm{d}\tau = \mathrm{e}^{-1}\,.$$

Dabei haben wir die Ausblendeigenschaft bei einer Multiplikation mit der Dirac-Distribution ausgenutzt.

Lösung 17.4 (Faltung Exponentialfunktion mit Rechteck)

a) Die Exponentialfunktion $g(t) = \mathrm{e}^{-|t|}$ ist eine gerade Funktion. Sie ist auf ganz $\mathbb{R}$ definiert. Ihr Wertebereich ist das Intervall $(0, 1]$. Die Funktion

$$r(t) = \sigma(t+1) - \sigma(t-1)$$

beschreibt einen Rechteckverlauf. Sie ist bei $t = -1$ und $t = 1$ unstetig.

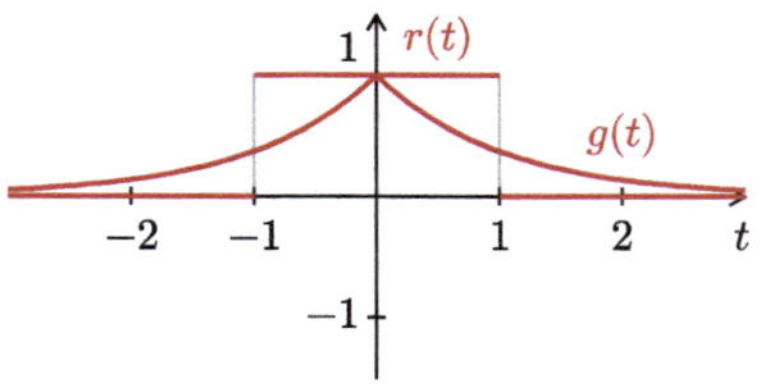

b) Die Faltung ist definiert durch

$$f(t) = g(t) \star r(t) = \int_{-\infty}^{\infty} \mathrm{e}^{-|\tau|}\, r(t-\tau)\,\mathrm{d}\tau.$$

Um das Problem mit dem Betrag zu umgehen, zerlegen wir das Integral in zwei Teile

$$f(t) = \int_{-\infty}^{0} \mathrm{e}^{\tau}\, r(t-\tau)\,\mathrm{d}\tau + \int_{0}^{\infty} \mathrm{e}^{-\tau}\, r(t-\tau)\,\mathrm{d}\tau.$$

Für einen festen t-Wert betrachten wir die Funktion $r(t-\tau)$ als Funktion der Variablen τ. Durch $r(\tau) \to r(t+\tau)$ wird das Rechteck dabei zunächst um den Wert t nach links verschoben und dann durch $r(t+\tau) \to r(t-\tau)$ an der y-Achse gespiegelt. Die Rechteckfunktion $r(t-\tau)$ hat also für τ-Werte zwischen $t-1$ und $t+1$ den Wert 1 und ist sonst überall null. Somit sind insgesamt drei Fälle zu betrachten. Für $-1 \le t \le 1$ gilt

$$f(t) = \int_{t-1}^{0} \mathrm{e}^{\tau}\mathrm{d}\tau + \int_{0}^{t+1} \mathrm{e}^{-\tau}\mathrm{d}\tau = 1 - \mathrm{e}^{t-1} - \mathrm{e}^{-t-1} + 1 = 2 - \mathrm{e}^{t-1} - \mathrm{e}^{-t-1}.$$

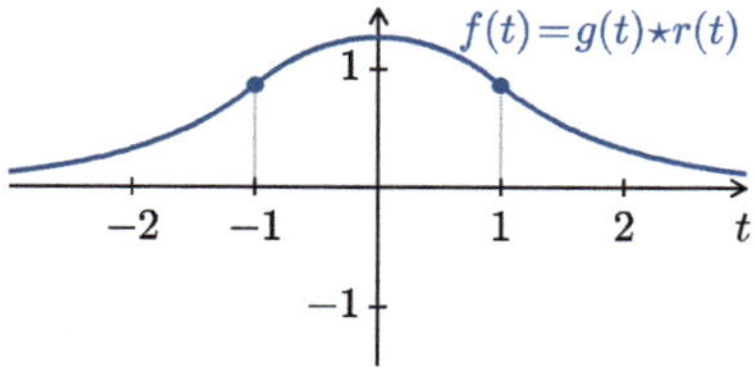

Für $t < -1$ gilt

$$f(t) = \int_{t-1}^{t+1} \mathrm{e}^{\tau}\mathrm{d}\tau = \mathrm{e}^{t+1} - \mathrm{e}^{t-1}$$

und für $t > 1$ gilt

$$f(t) = \int_{t-1}^{t+1} \mathrm{e}^{-\tau}\mathrm{d}\tau = -\mathrm{e}^{-t-1} + \mathrm{e}^{-t+1}.$$

Die Faltung ist also eine abschnittsweise definierte Funktion.

Lösung 17.5 (Faltung Sinusfunktion mit Rechteck)

a) Die erste Funktion

$$g(t) = \sigma(t)\, \sin t$$

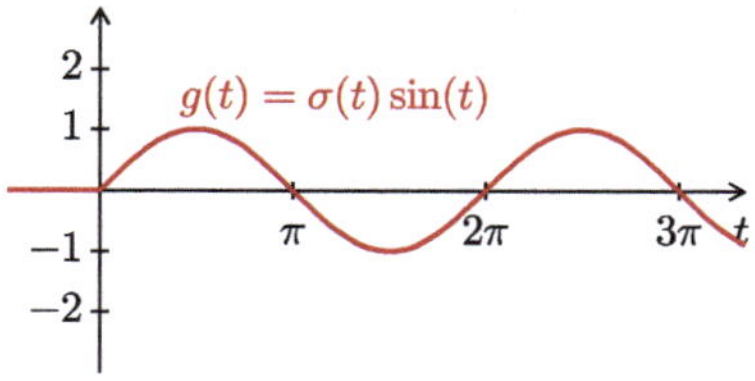

ist für $t \ge 0$ die Sinusfunktion. Für $t < 0$ ist die Funktion g identisch null. Dafür sorgt die Heaviside-Funktion $\sigma(t)$. Der Wertebereich von g ist $[0,1]$. Die zweite Funktion

$$h(t) = 4\,t\,\sigma(t)\, \sin t$$

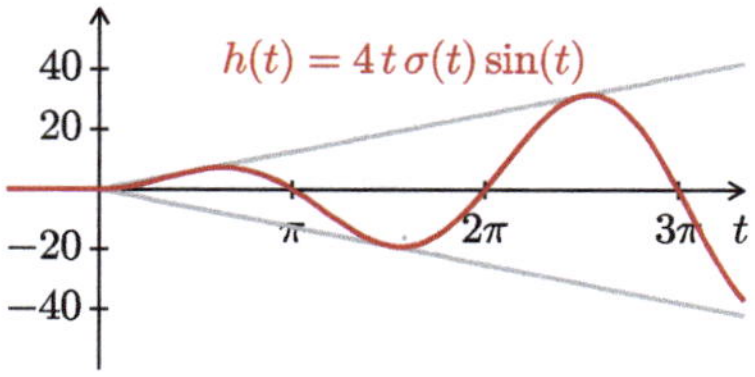

ist für $t \ge 0$ eine Sinusfunktion mit linear wachsender Amplitude. Die sogenannten Einhüllenden sind die beiden Ursprungsgeraden $y(t) = \pm 4\,t$.

b) Die Faltung berechnet man aus dem Integral

$$f(t) = \int_{0}^{t} 4\,\tau\, \sin\tau\, \sin(t-\tau)\,\mathrm{d}\tau.$$

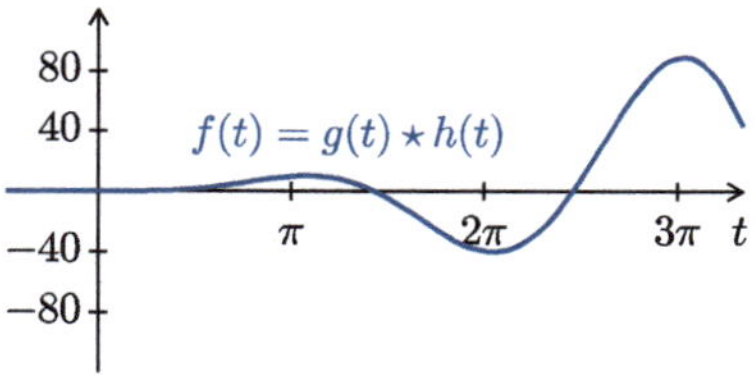

Dabei verwenden wir die Kommutativität der Faltung. Das einzige Problem stellt nur noch die Berechnung dieses Integrals dar.

Der Integrand lässt sich mit dem Additionstheorem für den Sinus

$$\sin(t-\tau) = \sin t\, \cos\tau - \cos t\, \sin\tau$$

umformen. Dann kann man das Integral in die Summe aus zwei Teilintegralen zerlegen und die Faktoren, die nicht von τ abhängen, vor das Integral ziehen. Wir erhalten die Darstellung

$$f(t) = 4\, \sin t \int_0^t \tau\, \sin\tau\, \cos\tau\, \mathrm{d}\tau - 4\, \cos t \int_0^t \tau\, \sin^2\tau\, \mathrm{d}\tau\,.$$

Die Ausdrücke $\sin\tau\, \cos\tau$ und $\sin^2\tau$ lassen sich mithilfe der Doppelwinkelformeln weiter umformen:

$$\sin\tau\, \cos\tau = \frac{1}{2}\, \sin(2\tau)\,, \qquad \sin^2\tau = \frac{1}{2}\big(1-\cos(2\tau)\big)\,.$$

Dadurch ergibt sich

$$f(t) = 2\, \sin t \int_0^t \tau\, \sin(2\tau)\, \mathrm{d}\tau - 2\, \cos t \left(\int_0^t \tau\, \mathrm{d}\tau - \int_0^t \tau \cos(2\tau)\, \mathrm{d}\tau\right).$$

Wir ziehen den Faktor 2 jeweils unter die Integrale

$$f(t) = \sin t \int_0^t 2\,\tau\, \sin(2\tau)\, \mathrm{d}\tau - \cos t \left(\int_0^t 2\,\tau\, \mathrm{d}\tau - \int_0^t 2\,\tau\, \cos(2\tau)\, \mathrm{d}\tau\right)$$

und wenden zweimal die partielle Integration an:

$$\int_0^t \tau \cdot 2\, \sin(2\tau)\, \mathrm{d}\tau = \tau \cdot \big(-\cos(2\tau)\big)\Big|_0^t - \int_0^t 1 \cdot \big(-\cos(2\tau)\big)\, \mathrm{d}\tau$$

$$\int_0^t \tau \cdot 2\, \cos(2\tau)\, \mathrm{d}\tau = \tau \cdot \big(\sin(2\tau)\big)\Big|_0^t - \int_0^t 1 \cdot \big(\sin(2\tau)\big)\, \mathrm{d}\tau\,.$$

Damit erhalten wir

$$f(t) = \sin t \left(-\tau \cos(2\tau) + \frac{1}{2}\, \sin(2\tau)\right)\Bigg|_0^t - \cos t \left(\tau^2 - \tau \sin(2\tau) - \frac{1}{2}\, \cos(2\tau)\right)\Bigg|_0^t\,.$$

Einsetzen der Grenzen liefert

$$\begin{aligned} f(t) &= \frac{1}{2}\, \sin t\, \sin(2t) - t\, \sin t\, \cos(2t) \\ &- t^2\, \cos t + \frac{1}{2}\, \cos t\, \cos(2t) + t\, \cos t\, \sin(2t) - \frac{1}{2}\, \cos t\,. \end{aligned}$$

Mithilfe der Doppelwinkelformeln ergeben sich weitere Vereinfachungen

$$\begin{aligned} f(t) &= \sin^2 t\, \cos t - t \sin t \left(\cos^2 t - \sin^2 t\right) \\ &- t^2\, \cos t + \frac{1}{2}\, \cos t \left(\cos^2 t - \sin^2 t\right) + 2\, t\, \cos^2 t\, \sin t - \frac{1}{2}\, \cos t \\ &= t\, \sin t\,(\underbrace{\sin^2 t - \cos^2 t + 2\, \cos^2 t}_{1}) + \frac{1}{2}\, \cos t\,(\underbrace{2 \sin^2 t + \cos^2 t - \sin^2 t}_{1} - 1) \\ &- t^2\, \cos t \\ &= t\, \sin t - t^2\, \cos t. \end{aligned}$$

Die Rechnung ist etwas mühsam, aber das Ergebnis kann sich sehen lassen!

Lösung 17.6 (Faltung und B-Splines)

Der B-Spline B_0 hat die Form eines Rechtecks der Höhe 1 und der Breite 1 symmetrisch zum Ursprung. Aus diesem B-Spline werden durch Faltung alle B-Splines höherer Ordnung erzeugt. Er hat die Knoten $-\frac{1}{2}, \frac{1}{2}$ als Nahtstellen zwischen den Abschnitten:

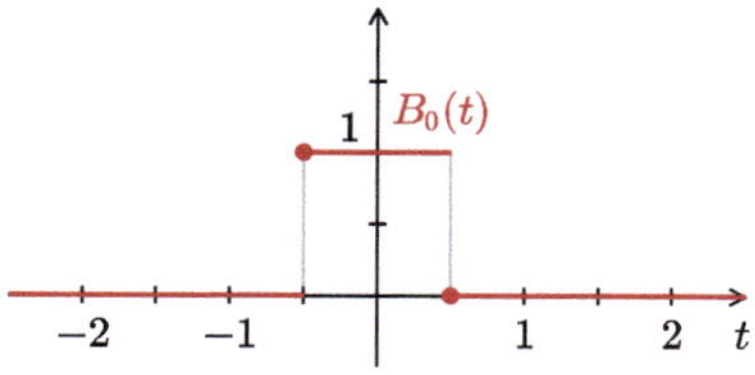

$$B_0(t) = \begin{cases} 0 & \text{für} \quad t < -\frac{1}{2} \\ 1 & \text{für} \ -\frac{1}{2} \le t < \frac{1}{2} \\ 0 & \text{für} \quad \frac{1}{2} \le t \ . \end{cases}$$

Der B-Spline B_1 entsteht durch die Faltung

$$\begin{aligned} B_1(t) &= B_0(t) \star B_0(t) \\ &= \int_{-\infty}^{\infty} B_0(\tau)\, B_0(t-\tau)\, \mathrm{d}\tau \end{aligned}$$

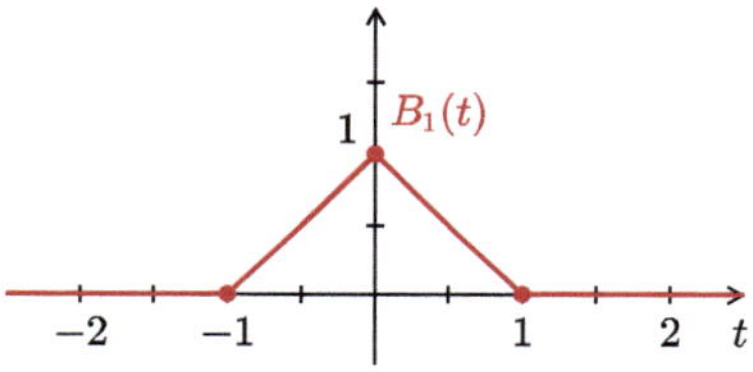

und hat die Knoten $t = -1, 0, 1$ als Nahtstellen zwischen den Abschnitten:

$$B_1(t) = \begin{cases} 0 & \text{für} \quad t < -1 \\ 1+t & \text{für} \ -1 \le t < 0 \\ 1-t & \text{für} \quad 0 \le t < 1 \\ 0 & \text{für} \quad 1 \le t \ . \end{cases}$$

Der B-Spline B_2 entsteht durch die Faltung

$$\begin{aligned} B_2(t) &= B_1(t) \star B_0(t) \\ &= \int_{-\infty}^{\infty} B_1(\tau)\, B_0(t-\tau)\, \mathrm{d}\tau \end{aligned}$$

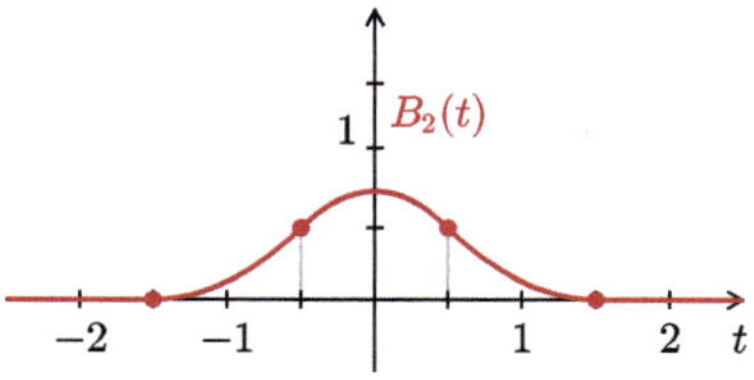

und hat die Knoten $t = -\frac{3}{2}, -\frac{1}{2}, \frac{1}{2}, -\frac{3}{2}$ als Nahtstellen zwischen den Abschnitten:

$$B_2(t) = \begin{cases} 0 & \text{für} \quad t < -\frac{3}{2} \\ \frac{1}{8}(3+2t)^2 & \text{für} \ -\frac{3}{2} \le t < -\frac{1}{2} \\ \frac{3}{4} - t^2 & \text{für} \ -\frac{1}{2} \le t < \frac{1}{2} \\ \frac{1}{8}(3-2t)^2 & \text{für} \quad \frac{1}{2} \le t < \frac{3}{2} \\ 0 & \text{für} \quad \frac{3}{2} \le t \ . \end{cases}$$

Der B-Spline B_3 entsteht durch die Faltung

$$\begin{aligned} B_3(t) &= B_2(t) \star B_0(t) \\ &= \int_{-\infty}^{\infty} B_2(\tau)\, B_0(t-\tau)\, \mathrm{d}\tau \end{aligned}$$

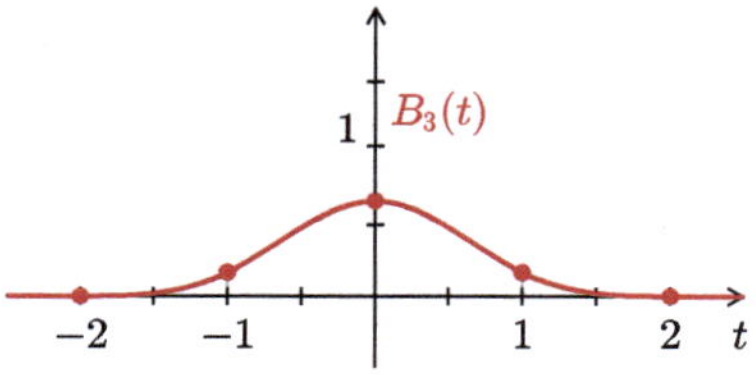

und hat die Knoten $t = -2, -1, 0, 1, 2$ als Nahtstellen zwischen den Abschnitten.

Der B-Spline B_3 besteht aus 6 verschiedenen Teilfunktionen:

$$B_3(t) = \begin{cases} 0 & \text{für} \quad t < -2 \\ \frac{1}{6}(2+t)^3 & \text{für} \ -2 \le t < -1 \\ \frac{1}{6}\left(4-3t^2(2+t)\right) & \text{für} \ -1 \le t < \ 0 \\ \frac{1}{6}\left(4-3t^2(2-t)\right) & \text{für} \ \ 0 \le t < \ 1 \\ \frac{1}{6}(2-t)^3 & \text{für} \ \ 1 \le t < \ 2 \\ 0 & \text{für} \ \ 2 \le t \ . \end{cases}$$

Die Berechnung der Faltungen erfolgt systematisch, ist aber mühsam. Die erste Faltung

$$B_1(t) = \int_{-\frac{1}{2}}^{t+\frac{1}{2}} 1 \cdot 1 \, \mathrm{d}\tau = \tau \Big|_{-\frac{1}{2}}^{t+\frac{1}{2}} = \left(t + \frac{1}{2}\right) - \left(-\frac{1}{2}\right) = 1 + t$$

gilt für $-1 \le t < 0$ und für $0 \le t < 1$ erhalten wir

$$B_1(t) = \int_{t-\frac{1}{2}}^{\frac{1}{2}} 1 \cdot 1 \, \mathrm{d}\tau = \tau \Big|_{t-\frac{1}{2}}^{\frac{1}{2}} = \left(\frac{1}{2}\right) - \left(t - \frac{1}{2}\right) = 1 - t \, .$$

Die zweite Faltung lautet für $-\frac{3}{2} \le t < -\frac{1}{2}$

$$B_2(t) = \int_{-1}^{t+\frac{1}{2}} (1+\tau) \cdot 1 \, \mathrm{d}\tau = \frac{1}{2}(1+\tau)^2 \Big|_{-1}^{t+\frac{1}{2}} = \frac{1}{8}(3+2t)^2$$

und für $-\frac{1}{2} \le t < \frac{1}{2}$

$$B_2(t) = \int_{t-\frac{1}{2}}^{0} (1+\tau) \cdot 1 \, \mathrm{d}\tau + \int_{0}^{t+\frac{1}{2}} (1-\tau) \cdot 1 \, \mathrm{d}\tau = \ldots = \frac{3}{4} - t^2$$

und für $\frac{1}{2} \le t < \frac{3}{2}$

$$B_2(t) = \int_{t-\frac{1}{2}}^{1} (1-\tau) \cdot 1 \, \mathrm{d}\tau = -\frac{1}{2}(1-\tau)^2 \Big|_{t-\frac{1}{2}}^{1} = \frac{1}{8}(3-2t)^2 \, .$$

Die dritte Faltung schließlich lautet für $-2 \le t < -1$

$$B_3(t) = \int_{-\frac{3}{2}}^{t+\frac{1}{2}} \frac{1}{8}(3+2\tau)^2 \cdot 1 \, \mathrm{d}\tau = \frac{1}{48}(3+2\tau)^3 \Big|_{-\frac{3}{2}}^{t+\frac{1}{2}} = \frac{1}{6}(2+t)^3$$

und für $-1 \le t < 0$

$$B_3(t) = \int_{t-\frac{1}{2}}^{-\frac{1}{2}} \frac{1}{8}(3+2\tau)^2 \cdot 1 \, \mathrm{d}\tau + \int_{-\frac{1}{2}}^{t+\frac{1}{2}} \left(\frac{3}{4} - \tau^2\right) \cdot 1 \, \mathrm{d}\tau = \ldots = \frac{1}{6}\left(4 - 3t^2(2+t)\right)$$

und für $0 \le t < 1$

$$B_3(t) = \int_{t-\frac{1}{2}}^{\frac{1}{2}} \left(\frac{3}{4} - \tau^2\right) \cdot 1 \, \mathrm{d}\tau + \int_{\frac{1}{2}}^{t+\frac{1}{2}} \frac{1}{8}(3-2\tau)^2 \cdot 1 \, \mathrm{d}\tau = \ldots = \frac{1}{6}\left(4 - 3t^2(2-t)\right)$$

und für $1 \le t < -2$

$$B_3(t) = \int_{t-\frac{1}{2}}^{\frac{3}{2}} \frac{1}{8}(3-2\tau)^2 \cdot 1 \, \mathrm{d}\tau = -\frac{1}{48}(3-2\tau)^3 \Big|_{t-\frac{1}{2}}^{\frac{3}{2}} = \frac{1}{6}(2-t)^3 \, .$$

Bei t-Werten, die weiter links und rechts liegen, ergeben die Faltungen jeweils null.

18 Fourier-Transformation

Dieses Kapitel enthält Aufgaben zur Fourier-Transformation. Die Fourier-Transformation ist, wie auch die Laplace-Transformation, siehe Kapitel 19, eine sogenannte Integraltransformation. Bereits aus der Definition der Fourier-Transformation wird der enge Zusammenhang mit dem Integralbegriff deutlich.

Eine Fourier-Transformation ist mithilfe der komplexen Zahlen definiert, sie besteht aus einem Real- und einem Imaginärteil. Eng verwandt damit ist die Kosinustransformation, die direkt den Realteil einer Fourier-Transformation liefert, und die Sinustransformation, die entsprechend den Imaginärteil generiert. Das Erkennen von Symmetrieeigenschaften hilft bei der Durchführung von Fourier-Transformationen teilweise erheblich. Alternativ ist eine Darstellung mithilfe von Amplitude und Phase möglich.

Sehr schnell sind wir bei den meisten Aufgaben in diesem Kapitel bei Integralausdrücken, und wir müssen deshalb tief in die Werkzeugkiste der Integrationstechnik greifen, siehe Kapitel 9. Von Integraltabellen in Formelsammlungen, siehe auch Anhang A.4, können wir in diesem Kapitel besonders profitieren. Häufig ist der Integrand ein Produkt aus Exponentialfunktionen und Sinus- oder Kosinusfunktionen. Auch Polynome können als Faktoren auftreten.

Der Umgang mit komplexen Zahlen ist in diesem Kapitel essenziell. Hier zeigt sich, ob die Rechenregeln für komplexe Zahlen beherrscht werden, siehe Kapitel 13. Je weiter wir in den Kapiteln voranschreiten, desto umfangreicher wird der Einsatz von Rechentechniken aus zurückliegenden Kapiteln. Nach und nach wächst das mathematische Gebäude, und in den oberen Stockwerken wird die Luft dünner.

Ähnlich wie schon bei Fourier-Reihen, siehe Kapitel 16, lassen sich viele gesuchte Fourier-Transformationen auf bereits bekannte Fourier-Transformationen zurückführen, siehe dazu auch Anhang A.8. Dies erleichtert die Rechnung teilweise enorm. Nicht bei jeder weiteren Transformation muss das Rad komplett neu erfunden werden. Eigenschaften wie Linearität, Zeitverschiebung, Ähnlichkeit und Zeitumkehr, Integration und Differenziation, siehe Anhang A.9, lassen sich vorteilhaft ausnutzen.

Bei der Berechnung einer Fourier-Transformation wechselt man vom Zeitbereich in den Frequenzbereich. Aber auch die Rückrichtung ist in manchen Anwendungen gesucht. Dabei hilft der Vertauschungssatz. Im Zusammenhang mit Filtern und Übertragungsfunktionen in der Elektro- und Regelungstechnik spielt die Fourier-Transformation eine wichtige Rolle. Hier kann der Umgang mit Signalen im Zeit- und Frequenzbereich besonders anschaulich und anwendungsnah erlebt werden.

18.1 Aufgaben

18.1.1 Verständnis und Kompetenz

Aufgabe 18.1 (Rechtecksignal mit Zeitverschiebung) ★★☆☆☆

Die skizzierte Funktion s im Zeitbereich besteht aus einem nach rechts verschobenen Rechteck. Verwenden Sie die Formel für die Fourier-Transformation des Standardrechtecks

$$r(t) \quad \circ\!\!-\!\!\bullet \quad \frac{\sin(2\pi f)}{\pi f}$$

und bestimmen Sie damit die Fourier-Transformierte von s.

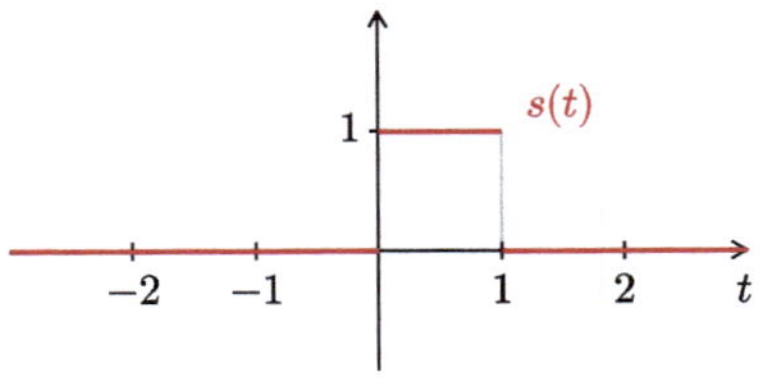

Aufgabe 18.2 (Überlagerung von Rechtecksignalen) ★★★☆☆

Die skizzierte Funktion s im Zeitbereich kann man entweder als Differenz von zwei Rechtecken oder durch Skalieren und Verschieben des Standardrechtecks r erzeugen. Bestimmen Sie mit

$$r(t) \quad \circ\!\!-\!\!\bullet \quad \frac{\sin(2\pi f)}{\pi f}$$

die Fourier-Transformierte von s auf zwei unterschiedliche Arten.

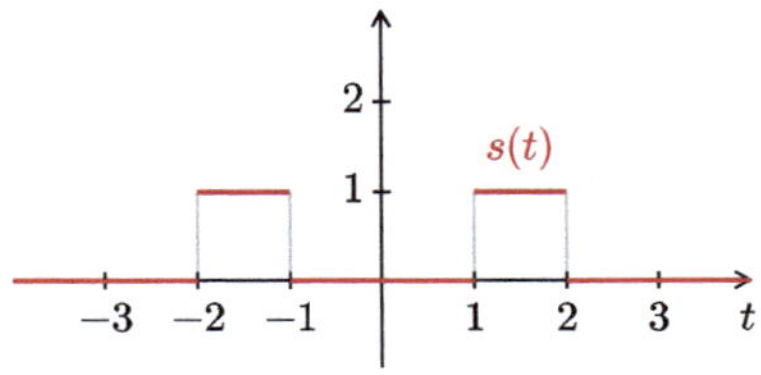

Aufgabe 18.3 (Fourier-Transformation durch Integration) ★★★☆☆

a) Bestimmen Sie die verallgemeinerten Ableitungen $\dot{s}$ und $\ddot{s}$ der skizzierten Funktion s.

b) Berechnen Sie die Fourier-Transformierte von $\ddot{s}$ mithilfe der Korrespondenz $\delta(t) \quad \circ\!\!-\!\!\bullet \quad 1$.

c) Verwenden Sie den Integrationssatz zur Bestimmung der Fourier-Transformierten von s.

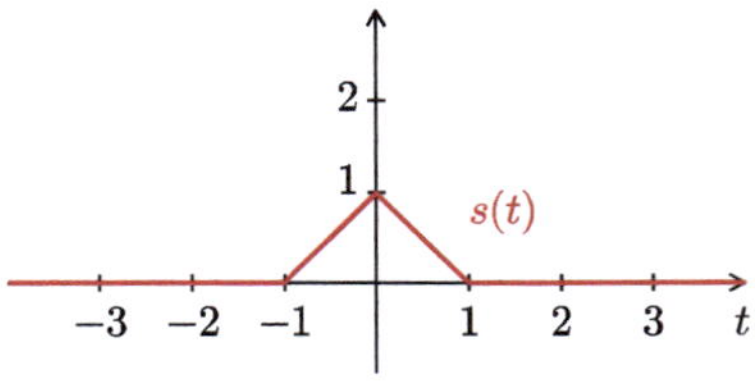

Aufgabe 18.4 (Überlagerung von Rechteck- und Dreieckfunktion) ★★★★☆

Gegeben ist die skizzierte Funktion s im Zeitbereich. Verwenden Sie die Korrespondenzen für Standardrechtecke r und Standarddreiecke d

$$r(t) \quad \circ\!\!-\!\!\bullet \quad \frac{\sin(2\pi f)}{\pi f}$$

$$d(t) \quad \circ\!\!-\!\!\bullet \quad \frac{\sin^2(\pi f)}{\pi^2 f^2}$$

und bestimmen Sie damit die Fourier-Transformierte von s.

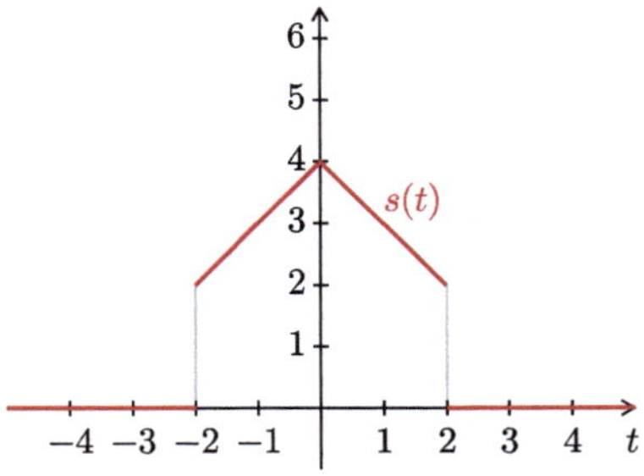

Aufgabe 18.5 (Fourier-Transformation und Differenziation) ★★★

Die Funktion s hat die Fourier-Transformierte S mit

$$s(t) = \begin{cases} 1+t & \text{für} \quad -1 \le t < 0 \\ 1-t & \text{für} \quad 0 \le t < 1 \\ 0 & \text{sonst} \end{cases} \quad \circ\!\!-\!\!\bullet \quad S(f) = \frac{\sin^2(\pi f)}{\pi^2 f^2}.$$

a) Stellen Sie die Funktion s mithilfe der Einheitssprungfunktion σ dar.

b) Bestimmen Sie die Fourier-Transformierten der verallgemeinerten Ableitungen $\dot{s}$ und $\ddot{s}$ mithilfe von S.

c) Skizzieren Sie das Schaubild der Funktion

$$s_1(t) = s\left(\frac{t}{2}\right)$$

und bestimmen Sie die Fourier-Transformierte S_1 der Funktion s_1.

d) Skizzieren Sie das Schaubild der Funktion

$$s_2(t) = s(t-1)$$

und bestimmen Sie die Fourier-Transformierte S_2 der Funktion s_2.

e) Skizzieren Sie das Schaubild der Funktion

$$s_3(t) = 4\,t\,s(t)$$

und bestimmen Sie die Fourier-Transformierte S_3 der Funktion s_3.

Aufgabe 18.6 (Fourier-Transformation einer Sprungfunktion) ★★★★

Wir untersuchen die skizzierte Funktion s.

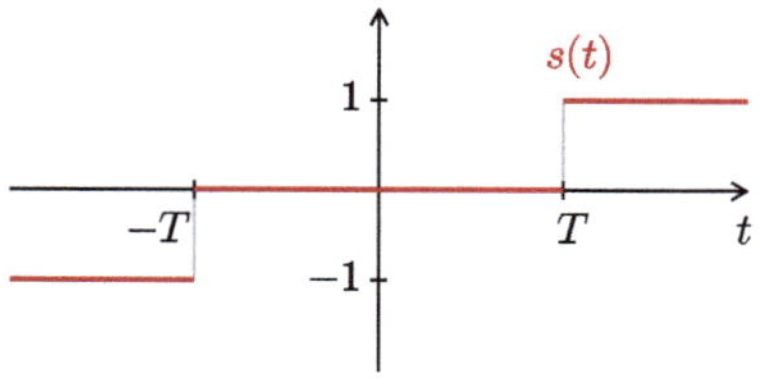

a) Stellen Sie die skizzierte Funktion s im Zeitbereich mithilfe der Heaviside-Funktion dar.

b) Bestimmen Sie die Fourier-Transformierte der Funktion s mithilfe der Fourier-Transformation der Heaviside-Funktion:

$$\sigma(t) \quad \circ\!\!-\!\!\bullet \quad \frac{1}{2\,\mathrm{i}\,\pi f} + \frac{1}{2}\delta(f).$$

c) Berechnen Sie die Fourier-Transformierte der verallgemeinerten Ableitung $\dot{s}$.

Aufgabe 18.7 (Rücktransformation) ★★★

Gegeben ist die skizzierte Fourier-Transformierte S im Frequenzbereich. Berechnen Sie die inverse Fourier-Transformation von S mit dem Vertauschungssatz. Bestimmen Sie dabei die Fourier-Transformierte der entsprechenden Zeitfunktion mithilfe der bekannten Korrespondenzen von Dreiecken.

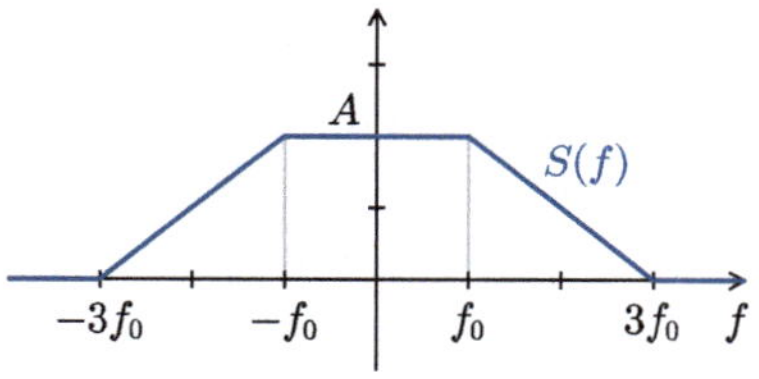

18.1.2 Rechnung und Training

Aufgabe 18.8 (Fourier-Transformation einer Rechteckfunktion) ★★★☆☆

Wir betrachten die skizzierte Funktion s.

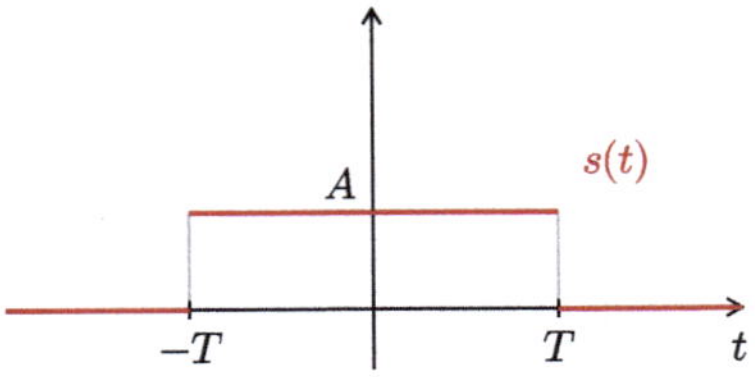

a) Welche Eigenschaften der Fourier-Transformierten S der Funktion s im Zeitbereich kann man ohne Berechnungen erkennen?

b) Berechnen Sie S mithilfe einer Integralformel.

c) Welchen Einfluss haben die Parameter T und A auf die Spektralfunktion S?

Aufgabe 18.9 (Fourier-Transformation einer Exponentialfunktion) ★★★★★

Wir betrachten die für alle reellen Zahlen definierte Funktion $s(t) = \mathrm{e}^{-|t|}$.

a) Skizzieren Sie die Funktion s.

b) Welche Eigenschaften der Fourier-Transformierten S von s kann man ohne Berechnungen unmittelbar vorhersagen?

c) Berechnen Sie S mithilfe einer Integralformel und skizzieren Sie S.

Aufgabe 18.10 (Fourier-Transformation einer Dreieckfunktion) ★★★★★

Wir untersuchen die skizzierte Funktion s.

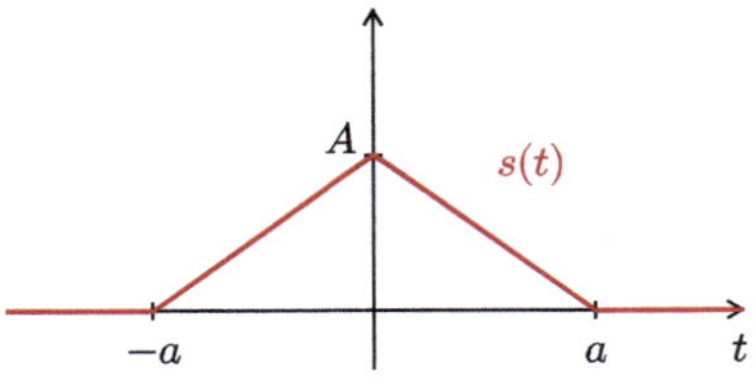

a) Berechnen Sie die Fourier-Transformierte S der Funktion s im Zeitbereich direkt mithilfe der Integralformel.

b) Skizzieren Sie für $A = 1$ und $a = 1$ die Amplitude der Spektralfunktion $|S(f)|$.

c) Was ergibt sich für $A = \frac{1}{a}$ im Grenzfall $a \to 0$?

18.1.3 Anwendung

Aufgabe 18.11 (Hochpassfilter) ★★★☆☆

Aus der Theorie elektrischer Schaltungen ist die Übertragungsfunktion des Hochpassfilters bekannt:

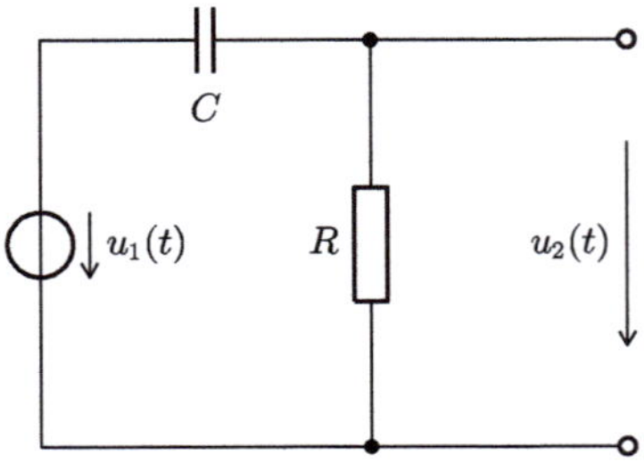

$$H(f) = \frac{\mathrm{i}2\pi f RC}{1+\mathrm{i}2\pi f RC}.$$

Bestimmen Sie die Impulsantwort h und damit die Ausgangsspannung u_2 zur Eingangsspannung

$$u_1(t) = \begin{cases} 0 & \text{für} \quad t < 0 \\ 1 & \text{für} \quad 0 \le t \le t_0 \\ 0 & \text{für} \quad t_0 < t \end{cases}.$$

18.2 Lösungen

18.2.1 Verständnis und Kompetenz

Lösung 18.1 (Rechtecksignal mit Zeitverschiebung)

Aus dem bekannten Standardrechteck

$$r(t) = \sigma(t+1) - \sigma(t-1)$$

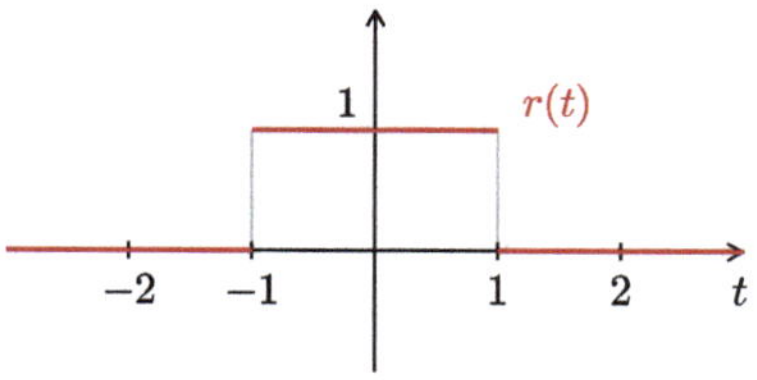

entsteht die Funktion s durch Stauchen

$$\tilde{r}(t) = r(2t)$$

und Verschieben um $\frac{1}{2}$ nach rechts:

$$s(t) = \tilde{r}\left(t - \frac{1}{2}\right) = r(2t-1)\,.$$

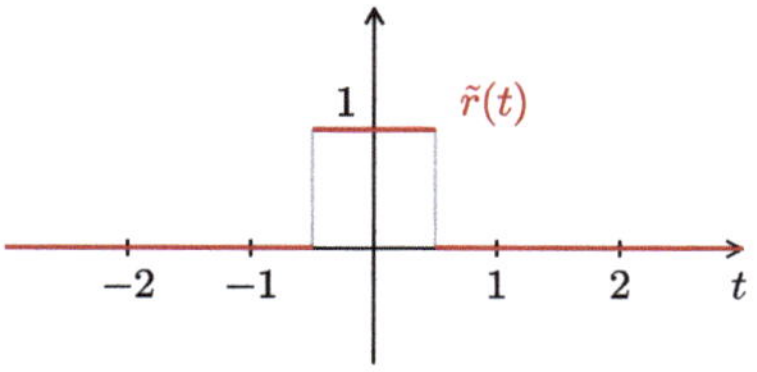

Wir wenden also zuerst den Zeitdehnungssatz und dann den Zeitverschiebungssatz an:

$$r(t) \circ\!\!-\!\!\bullet\; R(f) = \frac{\sin(2\pi f)}{\pi f}$$

$$\tilde{r}(t) \circ\!\!-\!\!\bullet\; \tilde{R}(f) = \frac{R\left(\frac{f}{2}\right)}{|2|} = \frac{\sin(\pi f)}{\pi f}$$

$$s(t) \circ\!\!-\!\!\bullet\; S(f) = \mathrm{e}^{-\mathrm{i}\pi f}\,\frac{\sin(\pi f)}{\pi f}\,.$$

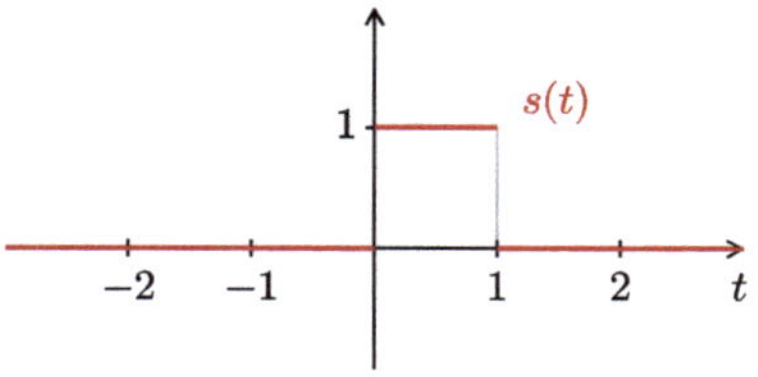

Dies ist die gesuchte Fourier-Transformierte.

Lösung 18.2 (Überlagerung von Rechtecksignalen)

Das Standardrechteck r hat die Fourier-Transformation R:

$$r(t) = \sigma(t+1) - \sigma(t-1) \quad \circ\!\!-\!\!\bullet \quad R(f) = \frac{\sin(2\pi f)}{\pi f}\,.$$

Wir bestimmen die Fourier-Transformierte von s auf zwei unterschiedliche Arten.

1) Mit dem Rechteck r_1, das bei -2 startet und bei 2 endet, und dem Standardrechteck kann man die Funktion s darstellen:

$$s(t) = r_1(t) - r(t)\,.$$

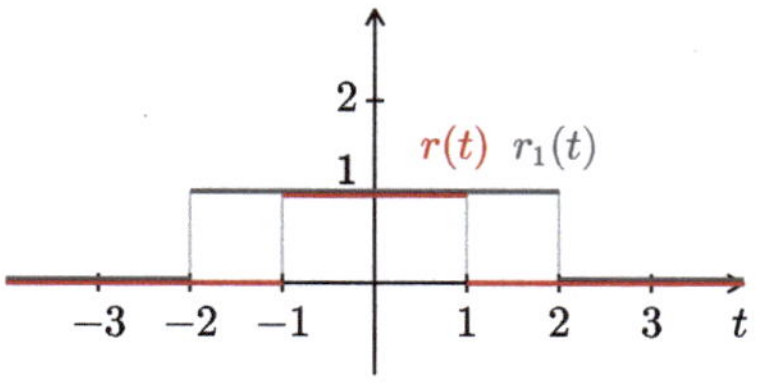

Die Fourier-Transformation von r_1

$$r_1(t) = \sigma(t+2) - \sigma(t-2) = r\left(\frac{t}{2}\right)$$

erhalten wir mithilfe des Zeitdehnungsatzes

$$r_1(t) \circ\!\!-\!\!\bullet\; R_1(f) = \frac{R(2f)}{\left|\frac{1}{2}\right|} = 2\,\frac{\sin(2\pi\,2f)}{\pi\,2f} = \frac{\sin(4\pi f)}{\pi f}$$

aus der Fourier-Transformation von r.

Aufgrund der Linearität gilt

$$S(f) = R_1(f) - R(f)\,.$$

Daraus erhalten wir

$$s(t) \circ\!\!-\!\!\bullet\; S(f) = \frac{\sin(4\pi f)}{\pi f} - \frac{\sin(2\pi f)}{\pi f} = \frac{\sin(4\pi f) - \sin(2\pi f)}{\pi f}$$

für die Fourier-Transformation von s.

2) Mit dem Rechteck r_2, das bei -2 startet und bei -1 endet, und dem Rechteck r_3, das bei 1 startet und bei 2 endet

$$r_2(t) = \sigma(t+2) - \sigma(t+1)$$
$$r_3(t) = \sigma(t-1) - \sigma(t-2)$$

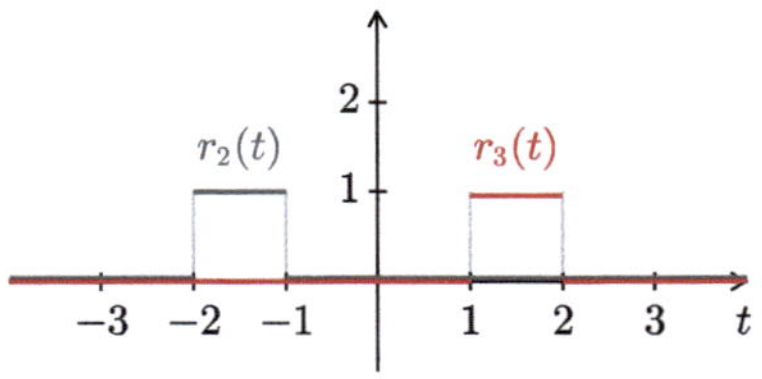

kann man die Funktion s ebenfalls darstellen:

$$s(t) = r_2(t) + r_3(t)\,.$$

Die Fourier-Transformationen von r_2 und r_3 erhalten wir wegen

$$r_2(t) = r\left(2\left(t + \frac{3}{2}\right)\right) = r(2t+3)$$
$$r_3(t) = r\left(2\left(t - \frac{3}{2}\right)\right) = r(2t-3)$$

aus dem Zeitdehnungsatz und dem Zeitverschiebungssatz als

$$r_2(t) \circ\!\!-\!\!\bullet\; R_2(f) = \mathrm{e}^{-\mathrm{i}\,2\pi f\,(-\frac{3}{2})}\,\frac{R\left(\frac{f}{2}\right)}{|2|} = \mathrm{e}^{\mathrm{i}\,3\pi f}\,\frac{\sin\left(2\pi\frac{f}{2}\right)}{2\pi\frac{f}{2}} = \mathrm{e}^{\mathrm{i}\,3\pi f}\,\frac{\sin(\pi f)}{\pi f}$$
$$r_3(t) \circ\!\!-\!\!\bullet\; R_3(f) = \mathrm{e}^{-\mathrm{i}\,2\pi f\,\frac{3}{2}}\,\frac{R\left(\frac{f}{2}\right)}{|2|} = \mathrm{e}^{-\mathrm{i}\,3\pi f}\,\frac{\sin\left(2\pi\frac{f}{2}\right)}{2\pi\frac{f}{2}} = \mathrm{e}^{-\mathrm{i}\,3\pi f}\,\frac{\sin(\pi f)}{\pi f}\,.$$

Aufgrund der Linearität gilt

$$S(f) = R_2(f) + R_3(f)\,.$$

Daraus folgt

$$s(t) \circ\!\!-\!\!\bullet\; S(f) = \left(\mathrm{e}^{\mathrm{i}\,3\pi f} + \mathrm{e}^{-\mathrm{i}\,3\pi f}\right)\frac{\sin(\pi f)}{\pi f} = \frac{2\cos(3\pi f)\,\sin(\pi f)}{\pi f}$$

für die gesuchte Fourier-Transformierte. Auf den ersten Blick scheinen die beiden Vorgehensweisen unterschiedliche Ergebnisse zu liefern. Subtrahieren wir die beiden mithilfe der Additionstheoreme erstellten Gleichungen

$$\sin(4\pi f) = \sin(3\pi f + \pi f) = \sin(3\pi f)\cos(\pi f) + \cos(3\pi f)\sin(\pi f)$$
$$\sin(2\pi f) = \sin(3\pi f - \pi f) = \sin(3\pi f)\cos(\pi f) - \cos(3\pi f)\sin(\pi f)$$

voneinander, so erhalten wir die gleichwertigen Darstellungen

$$s(t) \circ\!\!-\!\!\bullet\; S(f) = \frac{\sin(4\pi f) - \sin(2\pi f)}{\pi f} = \frac{2\cos(3\pi f)\,\sin(\pi f)}{\pi f}$$

für die Fourier-Transformierte.

Lösung 18.3 (Fourier-Transformation durch Differenziation)

a) Die verallgemeinerte erste Ableitung $\dot{s}$ kann man direkt aus der Grafik ablesen. Zwischen -1 und 0 hat s die Steigung 1 und zwischen 0 und 1 die Steigung 1, somit gilt

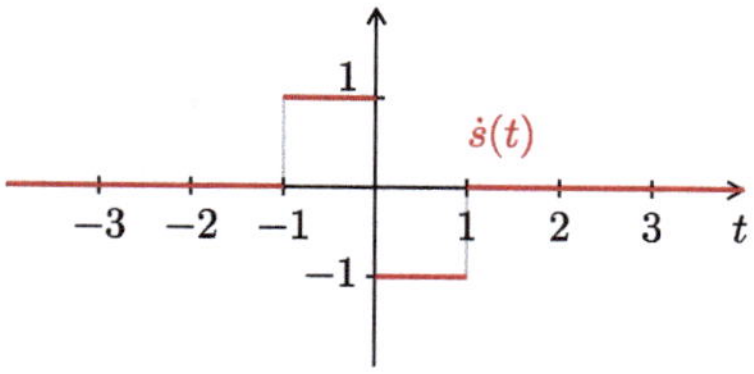

$$\dot{s}(t) = \big(\sigma(t+1) - \sigma(t)\big) - \big(\sigma(t) - \sigma(t-1)\big)$$
$$= \sigma(t+1) - 2\sigma(t) + \sigma(t-1)\,.$$

Die verallgemeinerte zweite Ableitung $\ddot{s}$ lässt sich direkt aus der verallgemeinerten ersten Ableitung $\dot{s}$ bestimmen:

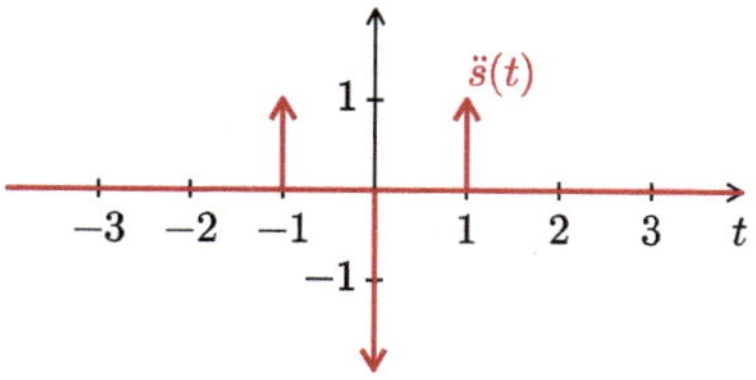

$$\ddot{s}(t) = \delta(t+1) - 2\delta(t) + \delta(t-1)\,.$$

An den Sprungstellen von $\dot{s}$ entstehen bei $\ddot{s}$ Dirac-Stöße.

b) Mithilfe der Korrespondenz $\delta(t) \circ\!\!-\!\!\bullet\ 1$, der Linearität und dem Zeitverschiebungssatz erhalten wir

$$\ddot{s}(t) \quad \circ\!\!-\!\!\bullet \quad \left(\mathrm{e}^{\mathrm{i}\,2\pi f}\cdot 1 - 2\cdot 1 + \mathrm{e}^{-\mathrm{i}\,2\pi f}\cdot 1\right).$$

Wir fassen die Exponentialausdrücke zusammen und ersetzen sie durch den Kosinus:

$$\ddot{s}(t) \quad \circ\!\!-\!\!\bullet \quad 2\left(\frac{\mathrm{e}^{\mathrm{i}\,2\pi f} + \mathrm{e}^{-\mathrm{i}\,2\pi f}}{2} - 1\right) = 2\left(\cos(2\pi f) - 1\right).$$

c) Der Differenziation in der Zeit entspricht die Multiplikation mit dem Faktor $\mathrm{i}\,2\pi f$ in der Frequenz. Umgekehrt müssen wir also die Fourier-Transformation von $\ddot{s}(t)$ zwei mal durch diesen Faktor teilen, um die Fourier-Transformation von $s(t)$ zu bestimmen:

$$s(t) \quad \circ\!\!-\!\!\bullet \quad 2\,\frac{\cos(2\pi f) - 1}{-4\pi^2 f^2} = \frac{1 - \cos(2\pi f)}{2\pi^2 f^2} = \frac{\sin^2(\pi f)}{\pi^2 f^2}\,.$$

Bei der letzten Umformung haben wir die Doppelwinkelformel verwendet.

Lösung 18.4 (Überlagerung von Rechteck- und Dreieckfunktion)

Das Standardrechteck und das Standarddreieck

$$r(t) = \sigma(t+1) - \sigma(t-1)\,,\quad d(t) = (1+t)\big(\sigma(t+1) - \sigma(t)\big) + (1-t)\big(\sigma(t) - \sigma(t-1)\big)$$

haben die Fourier-Transformationen

$$r(t) \circ\!\!-\!\!\bullet\ R(f) = \frac{\sin(2\pi f)}{\pi f}\,,\quad d(t) \circ\!\!-\!\!\bullet\ D(f) = \frac{1 - \cos(2\pi f)}{2\pi^2 f^2}\,.$$

Die Funktionen r und d werden jeweils mit dem Faktor 2 multipliziert und gedehnt:

$$s(t) = 2\,r\left(\frac{t}{2}\right) + 2\,d\left(\frac{t}{2}\right).$$

Die Fourier-Transformation $s(t) \circ\!\!-\!\!\bullet\ S(f)$ lautet damit

$$S(f) = 2\,\frac{\sin(2\pi(2f))}{\left|\frac{1}{2}\right|\pi(2f)} + 2\,\frac{1 - \cos(2\pi(2f))}{\left|\frac{1}{2}\right| 2\pi^2(2f)^2} = 2\,\frac{\sin(4\pi f)}{\pi f} + \frac{1 - \cos(4\pi f)}{2\pi^2 f^2}\,.$$

Dabei haben wir die Linearität und den Zeitdehnungssatz berücksichtigt.

Lösung 18.5 (Fourier-Transformation und Differenziation)

a) Für die Abschnitte, auf denen s nicht null ist, verwenden wir die Rechteckfunktion:

$$r_1(t) = \sigma(t+1) - \sigma(t), \quad r_2(t) = \sigma(t) - \sigma(t-1).$$

Damit können wir die Funktion s zusammensetzen. Es ist die Standarddreieckfunktion:

$$s(t) = (1+t)\, r_1(t) + (1-t)\, r_2(t).$$

Wir setzen die Rechteckfunktionen ein und erhalten

$$s(t) = (1+t)\big(\sigma(t+1) - \sigma(t)\big) + (1-t)\big(\sigma(t) - \sigma(t-1)\big).$$

b) Beim Ableiten im Frequenzbereich entsteht jeweils ein Faktor $\mathrm{i}\,2\,\pi\, f$:

$$\dot{S}(f) = \mathrm{i}\,2\,\pi\, f\, \frac{\sin^2(\pi\, f)}{\pi^2 f^2}, \quad \ddot{S}(f) = -4\,\pi^2\, f^2\, \frac{\sin^2(\pi\, f)}{\pi^2 f^2}.$$

c) Die Fourier-Transformierte von s_1 entsteht durch Ähnlichkeit aus der Fourier-Transformierten von s:

$$S_1(f) = \frac{1}{\left|\frac{1}{2}\right|}\, S\left(\frac{f}{\frac{1}{2}}\right) = \frac{\sin^2(2\,\pi\, f)}{2\,\pi^2\, f^2}.$$

Dabei ist der Faktor für die Ähnlichkeit $\frac{1}{2}$.

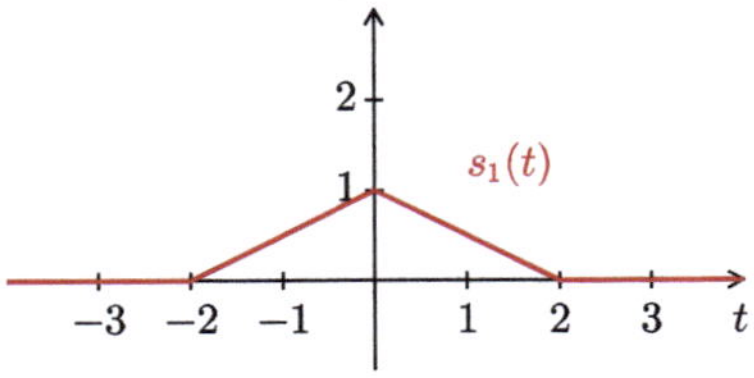

d) Die Fourier-Transformierte von s_2 entsteht durch Multiplikation mit einem Faktor aus der Fourier-Transformierten von s:

$$S_2(f) = \mathrm{e}^{-\mathrm{i}\,2\pi f\cdot 1}\, S(f) = \mathrm{e}^{-\mathrm{i}\,2\pi f}\, \frac{\sin^2(\pi\, f)}{\pi^2 f^2}.$$

Dabei ist der Faktor $\mathrm{e}^{-\mathrm{i}\,2\pi f}$.

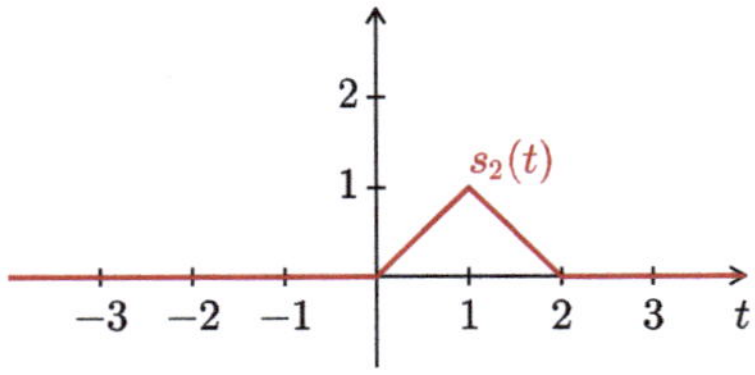

e) Durch die Multiplikation von $s(t)$ mit t entstehen aus den Geradenstücken Parabelstücke. Die Fourier-Transformierte von s_3 entsteht mithilfe der Linearität und dem Multiplikationssatz aus der Fourier-Transformierten von s:

$$S_3(f) = 4\, \frac{\dot{S}(f)}{-\mathrm{i}\,2\,\pi} = \frac{4\,\sin(\pi f)\,\cos(\pi f)}{-\mathrm{i}\,\pi^2\, f^2}.$$

Wenn man im Zeitbereich mit t multipliziert, dann muss man im Frequenzbereich ableiten und durch $-\mathrm{i}\,2\,\pi$ teilen.

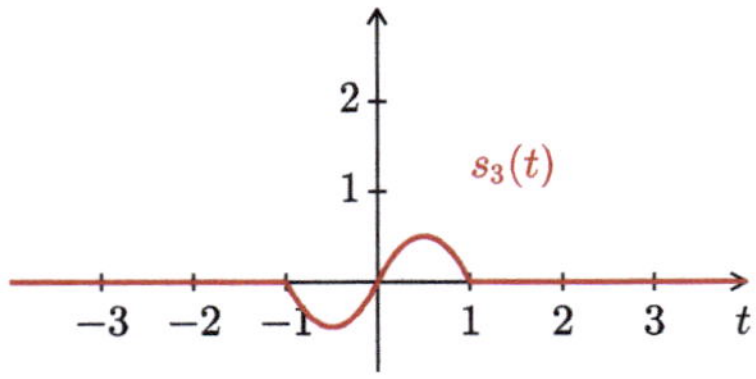

Lösung 18.6 (Fourier-Transformation einer Sprungfunktion)

a) Die Funktion $s(t)$ besteht aus zwei σ-Funktionen

$$s(t) = \sigma(t-T) - \sigma(-t-T).$$

Dabei entsteht die negative σ-Funktion aus der positiven σ-Funktion durch Zeitumkehr $t \to -t$ und durch Spiegeln an der t-Achse.

b) Wir verwenden die bekannte Korrespondenz

$$\sigma(t) \quad \circ\!\!-\!\!\bullet \quad \frac{1}{2\,\mathrm{i}\,\pi\,f} + \frac{1}{2}\,\delta(f)\,.$$

Die Fourier-Transformation von $\sigma(t-T)$ erhalten wir mit dem Zeitverschiebungssatz:

$$\sigma(t-T) \quad \circ\!\!-\!\!\bullet \quad \mathrm{e}^{-\mathrm{i}\,2\,\pi\,f\,T}\left(\frac{1}{2\,\mathrm{i}\,\pi\,f} + \frac{1}{2}\delta(f)\right) = \frac{\mathrm{e}^{-\mathrm{i}\,2\,\pi\,f\,T}}{2\,\mathrm{i}\,\pi\,f} + \frac{1}{2}\,\delta(f)\,.$$

Dabei erhalten wir die letzte Umformung wegen der Vereinfachung

$$\mathrm{e}^{-\mathrm{i}\,2\,\pi\,f\,T}\delta(f) = \mathrm{e}^{-\mathrm{i}\,2\,\pi\,0\,T}\delta(f) = \delta(f)\,.$$

Der Satz über die Zeitumkehr liefert die Fourier-Transformation von $\sigma(-t-T)$:

$$\sigma(-t-T) \quad \circ\!\!-\!\!\bullet \quad \frac{\mathrm{e}^{-\mathrm{i}\,2\,\pi\,(-f)\,T}}{2\,\mathrm{i}\,\pi\,(-f)} + \frac{1}{2}\,\delta(-f) = \frac{\mathrm{e}^{\mathrm{i}\,2\,\pi\,f\,T}}{-2\,\mathrm{i}\,\pi\,f} + \frac{1}{2}\,\delta(f)\,.$$

Insgesamt erhalten wir

$$s(t) \quad \circ\!\!-\!\!\bullet \quad \frac{\mathrm{e}^{-\mathrm{i}\,2\,\pi\,f\,T}}{2\,\mathrm{i}\,\pi\,f} + \frac{1}{2}\delta(f) - \frac{\mathrm{e}^{\mathrm{i}\,2\,\pi\,f\,T}}{-2\,\mathrm{i}\,\pi\,f} - \frac{1}{2}\delta(f) = \frac{\cos(2\,\pi\,f\,T)}{\mathrm{i}\,\pi\,f}\,.$$

Dabei schreiben wir die beiden Exponentialausdrücke in einen Kosinusausdruck um.

c) Die Fouriertransformation der verallgemeinerten Ableitung

$$\dot{s}(t) \quad \circ\!\!-\!\!\bullet \quad \mathrm{i}\,2\,\pi\,f\,\frac{\cos(2\,\pi\,f\,T)}{\mathrm{i}\,\pi\,f} = 2\cos(2\,\pi\,f\,T).$$

erhalten wir mit dem Differenziationssatz in der Zeit.

Lösung 18.7 (Rücktransformation)

Die entsprechende Zeitfunktion $d(t)$ lässt sich als Differenz von zwei Dreiecken darstellen:

$$d(t) = d_1(t) - d_2(t)\,.$$

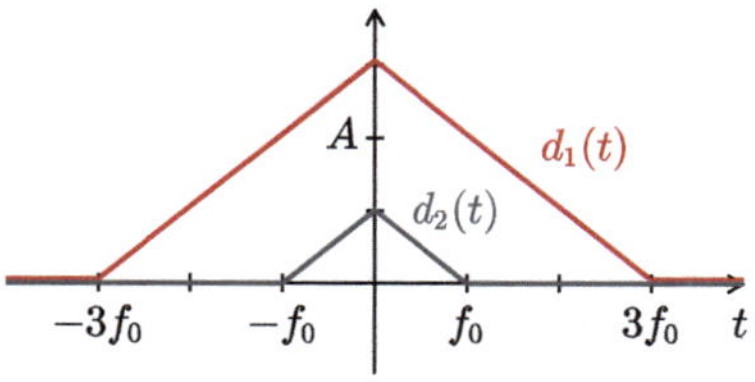

Die Transformation eines Dreiecks ist bekannt:

$$d_1(t) \circ\!\!-\!\!\bullet D_1(f) = 3\,\frac{A}{2}\,\frac{1-\cos(2\,\pi f(3f_0))}{2\,\pi^2\,f^2\,(3f_0)}$$

$$d_2(t) \circ\!\!-\!\!\bullet D_2(f) = \frac{A}{2}\,\frac{1-\cos(2\,\pi\,f\,f_0)}{2\,\pi^2\,f^2\,f_0}\,.$$

Aufgrund der Linearität erhalten wir

$$d(t) \quad \circ\!\!-\!\!\bullet \quad D(f) = D_1(f) - D_2(f) = A\,\frac{\cos(2\,\pi\,f\,f_0) - \cos(6\,\pi\,f\,f_0)}{4\,\pi^2\,f^2\,f_0}\,.$$

Nun wenden wir den Vertauschungssatz auf die Korrespondenz $d(t) \;\circ\!\!-\!\!\bullet\; D(f)$ an. Wegen $d(-f) = S(f)$ muss $D(t)$ die inverse Fourier-Transformation von $S(f)$ sein:

$$S(f) \bullet\!\!-\!\!\circ s(t) = D(t) = A\,\frac{\cos(2\,\pi\,t\,f_0) - \cos(6\,\pi\,t\,f_0)}{4\,\pi^2\,t^2\,f_0}\,.$$

Also ist D die Rücktransformation von S.

18.2.2 Rechnung und Training

Lösung 18.8 (Fourier-Transformation einer Rechteckfunktion)

a) Die Funktion s stellt eine allgemeine Rechteckfunktion dar. Die Breite des Rechtecks ist $2T$ und die Höhe ist A. Da die Zeitfunktion s gerade ist, ist die Fourier-Transformation S von s rein reell und gerade und lässt sich am einfachsten mit der Kosinustransformation berechnen.

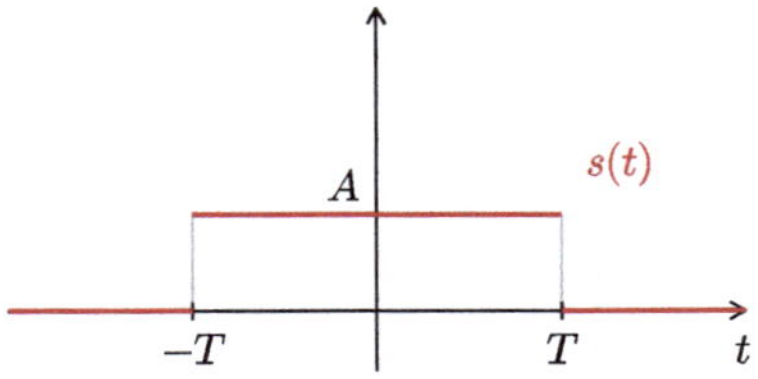

b) Die Fourier-Transformation lässt sich entweder mit der allgemeinen Integralformel

$$S(f) = \int_{-\infty}^{\infty} s(t) \mathrm{e}^{-\mathrm{i}\, 2\pi f t} \, \mathrm{d}t$$

oder mithilfe der Kosinustransformationsformel

$$S(f) = 2 \int_{0}^{\infty} s(t) \cos(2\pi f t) \, \mathrm{d}t$$

berechnen. In beiden Fällen verläuft die Berechnung ähnlich. Bei der Kosinustransformation betrachten wir die konstante Funktion $s(t) = A$ zwischen 0 und T und multiplizieren wegen der Symmetrie mit dem Faktor 2:

$$S(f) = 2 \int_{0}^{T} A \cos(2\pi f t) \, \mathrm{d}t\,.$$

Den konstanten Faktor A können wir vor das Integral ziehen:

$$S(f) = 2A \int_{0}^{T} \cos(2\pi f t) \, \mathrm{d}t\,.$$

Das Integral lösen wir mit der Stammfunktion

$$\int \cos(a x) \, \mathrm{d}x = \frac{\sin(a x)}{a} + C$$

mit $a = 2\pi f$. Anschließend setzen wir die Grenzen ein:

$$S(f) = 2A \left. \frac{\sin(2\pi f t)}{2\pi f} \right|_{0}^{T}.$$

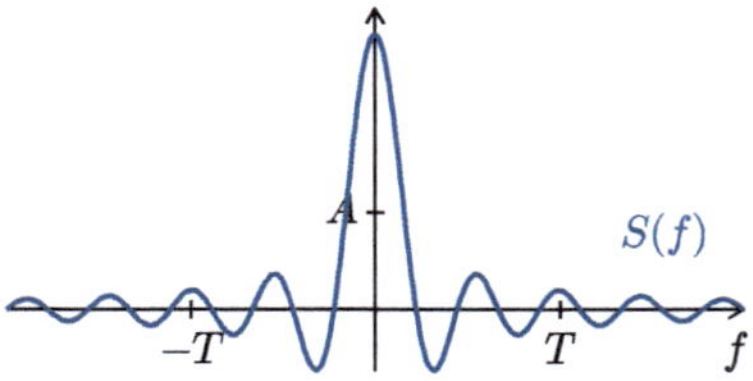

Damit ergibt sich

$$S(f) = A \frac{\sin(2\pi f T)}{\pi f}$$

für die gesuchte Fourier-Transformation.

c) Das Standardrechteck mit $A = 1$ und $T = 1$ hat die Fourier-Transformation

$$\frac{\sin(2\pi f)}{\pi f}.$$

Beim allgemeinen Rechteck beeinflusst T die Periode und A die Amplitude der Fourier-Transformation.

Lösung 18.9 (Fourier-Transformation einer Exponentialfunktion)

a) Die gegebene Funktion

$$s(t) = \mathrm{e}^{-|t|}$$

ist eine Exponentialfunktion, die bei $t = 0$ den Wert 1 besitzt und für $t \to \pm\infty$ asymptotisch gegen null geht. Die Funktion s ist achsensymmetrisch zur vertikalen Achse.

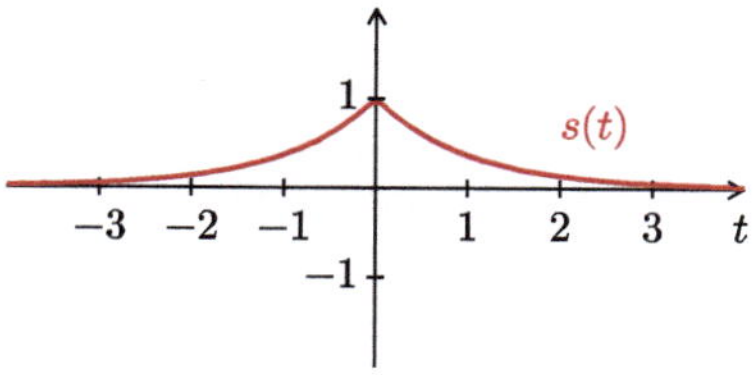

b) Da die Zeitfunktion s gerade ist, ist die Fourier-Transformation S von s rein reell und gerade und lässt sich mit der Kosinustransformation berechnen.

c) Die Berechnung mithilfe der der Kosinus-Transformation führt auf das Integral

$$S(f) = 2\int_0^\infty \mathrm{e}^{-t}\cos(2\pi f t)\mathrm{d}t,$$

das wir mit einer Stammfunktion lösen könnten. Wir wollen diesen Lösungsansatz nicht weiterverfolgen, da die Lösung mithilfe der allgemeinen Transformationsformel

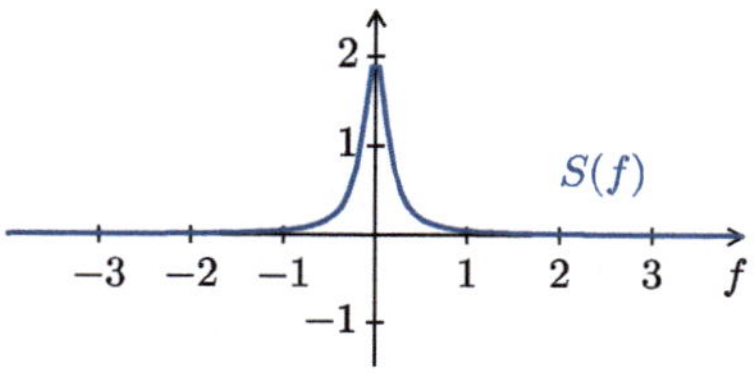

$$S(f) = \int_{-\infty}^{\infty} s(t)\mathrm{e}^{-\mathrm{i}\,2\pi f t}\mathrm{d}t = \int_{-\infty}^{0} \mathrm{e}^{-(-t)}\,\mathrm{e}^{-\mathrm{i}\,2\pi f t}\mathrm{d}t + \int_0^\infty \mathrm{e}^{-t}\,\mathrm{e}^{-\mathrm{i}\,2\pi f t}\mathrm{d}t$$

eleganter ist. Wir benötigen zwar zwei Integrale, dafür lassen sich die beiden Exponentialfunktionen im Integranden zusammenfassen

$$S(f) = \int_{-\infty}^{0} \mathrm{e}^{t-\mathrm{i}\,2\pi f t}\mathrm{d}t + \int_0^\infty \mathrm{e}^{-t-\mathrm{i}\,2\pi f t}\mathrm{d}t$$

und mithilfe der Stammfunktion lösen:

$$S(f) = \left.\frac{\mathrm{e}^{t-\mathrm{i}\,2\pi f t}}{1-\mathrm{i}\,2\pi f}\right|_{-\infty}^{0} + \left.\frac{\mathrm{e}^{-t-\mathrm{i}\,2\pi f t}}{-1-\mathrm{i}\,2\pi f}\right|_{0}^{\infty}.$$

Mit den beiden Grenzwerten

$$\lim_{t\to-\infty}\frac{\mathrm{e}^{t-\mathrm{i}\,2\pi f t}}{1-\mathrm{i}\,2\pi f} = \lim_{t\to-\infty}\mathrm{e}^{t}\frac{\mathrm{e}^{-\mathrm{i}\,2\pi f t}}{1-\mathrm{i}\,2\pi f} = \lim_{t\to-\infty}\underbrace{\mathrm{e}^{t}}_{\to 0}\underbrace{\frac{\cos(2\pi f t)-\mathrm{i}\sin(2\pi f t)}{1-\mathrm{i}\,2\pi f}}_{\text{beschränkt}} = 0$$

und

$$\lim_{t\to\infty}\frac{\mathrm{e}^{-t-\mathrm{i}\,2\pi f t}}{-1-\mathrm{i}\,2\pi f} = \lim_{t\to\infty}\mathrm{e}^{-t}\frac{\mathrm{e}^{-\mathrm{i}\,2\pi f t}}{-1-\mathrm{i}\,2\pi f} = \lim_{t\to\infty}\underbrace{\mathrm{e}^{-t}}_{\to 0}\underbrace{\frac{\cos(2\pi f t)-\mathrm{i}\sin(2\pi f t)}{-1-\mathrm{i}\,2\pi f}}_{\text{beschränkt}} = 0$$

ergibt sich

$$S(f) = \frac{1}{1-\mathrm{i}\,2\pi f} + \frac{-1}{-1-\mathrm{i}\,2\pi f} = \frac{1}{1-\mathrm{i}\,2\pi f} + \frac{1}{1+\mathrm{i}\,2\pi f} = \frac{2}{1+4\pi^2 f^2}$$

für die gesuchte Fourier-Transformierte.

Lösung 18.10 (Fourier-Transformation einer Dreieckfunktion)

a) Da die Zeitfunktion s gerade ist, ist die Fourier-Transformation S von s rein reell und gerade und lässt sich mit der Kosinus-Transformation berechnen:

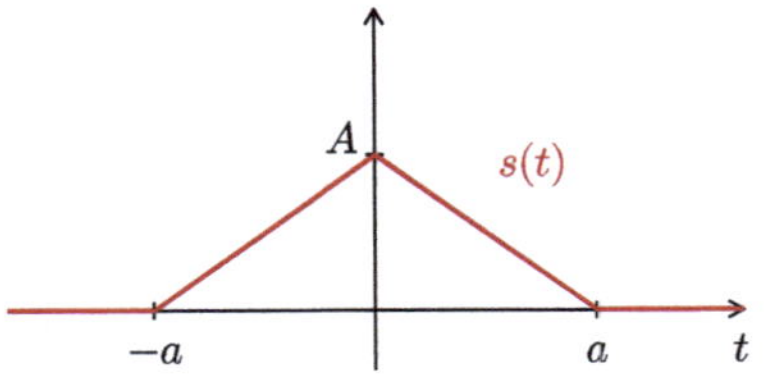

$$S(f) = 2\int_0^\infty s(t)\cos(2\pi f t)\,\mathrm{d}t = 2\int_0^a \left(A - \frac{A}{a}t\right)\cos(2\pi f t)\,\mathrm{d}t\,.$$

Dazu betrachten wir die Funktion $s(t) = A - \frac{A}{a}t$ zwischen 0 und a und multiplizieren aufgrund der Symmetrie mit dem Faktor 2. Das Integral zerlegen wir in zwei Teile und ziehen die konstanten Faktoren vor das Integral:

$$S_1(f) = 2A\int_0^a \cos(2\pi f t)\,\mathrm{d}t \quad \text{und} \quad S_2(f) = -\frac{2A}{a}\int_0^a t\cos(2\pi f t)\,\mathrm{d}t\,.$$

Mit den Stammfunktionen

$$\int \cos(a x)\,\mathrm{d}x = \frac{\sin(a x)}{a} \quad \text{und} \quad \int x\cos(a x)\,\mathrm{d}x = \frac{x\sin(a x)}{a} + \frac{\cos(a x)}{a^2}$$

erhalten wir

$$S_1(f) = 2A\,\frac{\sin(2\pi f t)}{2\pi f}\bigg|_0^a = 2A\,\frac{\sin(2\pi f a)}{2\pi f}$$

und

$$S_2(f) = -\frac{2A}{a}\left(\frac{t\sin(2\pi f t)}{2\pi f}\bigg|_0^a + \frac{\cos(2\pi f t)}{4\pi^2 f^2}\bigg|_0^a\right) = -\frac{2A}{a}\left(\frac{a\sin(2\pi f a)}{2\pi f} + \frac{\cos(2\pi f a)}{4\pi^2 f^2} - \frac{1}{4\pi^2 f^2}\right).$$

Wenn wir $S_1(f)$ und $S_2(f)$ zusammen fassen, dann kürzen sich die Sinusglieder weg:

$$S(f) = S_1(f) + S_2(f) = A\,\frac{1-\cos(2\pi f a)}{2\pi^2 f^2 a}\,.$$

Dies ist die gesuchte Fourier-Transformierte.

b) Da die Fourier-Transformierte

$$S(f) = A\,\frac{1-\cos(2\pi f a)}{2\pi^2 f^2 a}$$

rein reell und positiv ist, stimmen $|S(f)|$ und $S(f)$ überein. Die Fourier-Transformierte ist eine gerade Funktion.

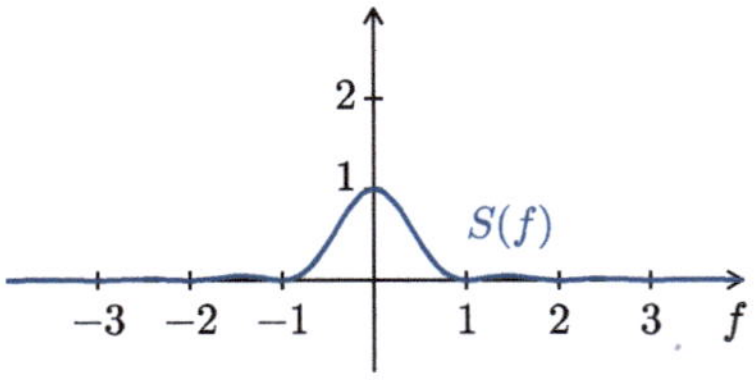

c) Den Grenzwert kann man mit der Regel von Bernoulli de L'Hospital berechnen:

$$\lim_{a\to 0}\frac{1-\cos(2\pi f a)}{2\pi^2 f^2 a^2} = \lim_{a\to 0}\frac{2\pi f\sin(2\pi f a)}{4\pi^2 f^2 a} = \lim_{a\to 0}\frac{4\pi^2 f^2\cos(2\pi f a)}{4\pi^2 f^2} = 1\,.$$

Da s im Grenzwert gegen δ strebt muss S gegen 1 gehen.

18.2.3 Anwendung

Lösung 18.11 (Hochpassfilter)

Die Übertragungsfunktion des Hochpassfilters ist

$$H(f) = \frac{i\,2\pi f RC}{1 + i\,2\pi f RC}.$$

Die Impulsantwort g ergibt sich aus der Standardkorrespondenz

$$e^{-t}\sigma(t) \quad \circ\!\!-\!\!\bullet \quad \frac{1}{1 + i\,2\pi f},$$

siehe auch Anhang A.8, und einer Ähnlichkeit mit dem Faktor $\frac{1}{RC}$:

$$e^{-\frac{1}{RC}t}\sigma(t) \quad \circ\!\!-\!\!\bullet \quad \frac{RC}{1 + i\,2\pi f RC}.$$

Beim Argument t der Funktion σ kann die Streckung mit $\frac{1}{RC}$ entfallen, da die Sprungstelle bei 0 liegt. Nun leiten wir die Zeitfunktion ab. Dies entspricht einer Multiplikation mit $i\,2\pi f$ im Frequenzbereich:

$$-\frac{1}{RC}e^{-\frac{1}{RC}t}\sigma(t) + e^{-\frac{1}{RC}t}\delta(t) \quad \circ\!\!-\!\!\bullet \quad \frac{i\,2\pi f RC}{1 + i\,2\pi f RC}.$$

Wir nutzen die Eigenschaft der Dirac-Distribution

$$e^{-\frac{1}{RC}t}\delta(t) = e^{-\frac{1}{RC}0}\delta(t) = 1\cdot\delta(t) = \delta(t)$$

und erhalten damit die Impulsantwort h:

$$h(t) = \delta(t) - \frac{1}{RC}e^{-\frac{1}{RC}t}\sigma(t) \quad \circ\!\!-\!\!\bullet \quad \frac{i\,2\pi f RC}{1 + i\,2\pi f RC} = H(f).$$

Wir berechnen nun, welche Ausgangsspannung u_2 sich ergibt, wenn man als Eingangsspannung u_1 eine Rechteckfunktion der Höhe 1 im Bereich zwischen 0 und t_0 anlegt. Das Ausgangssignal

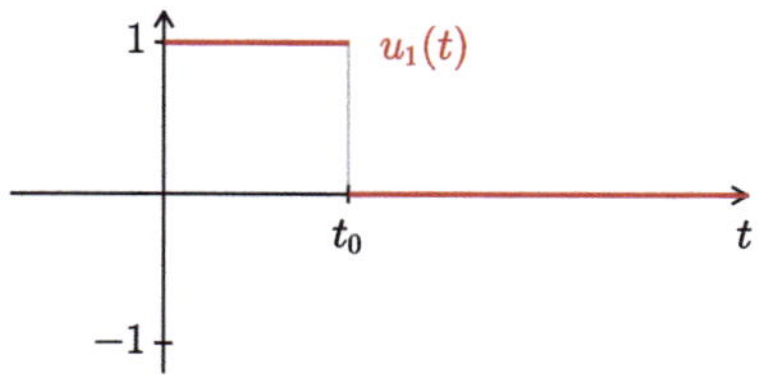

$$u_2(t) = h(t) \star u_1(t)$$

berechnet man durch Falten der Impulsantwort h mit dem Eingangssignal u_1. Für t zwischen 0 und t_0 müssen wir h von 0 bis t integrieren:

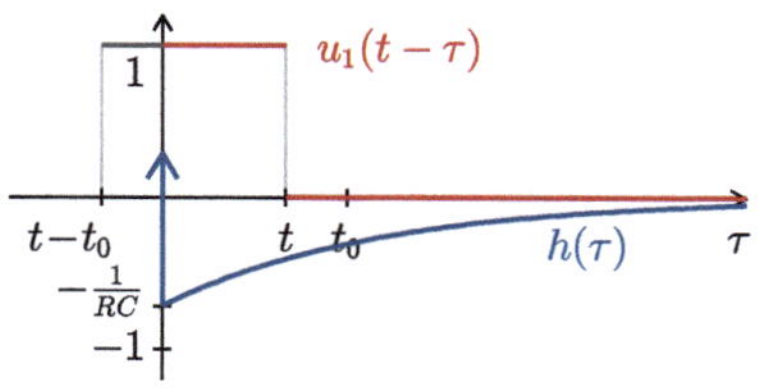

$$u_2(t) = \int_0^t \left(\delta(\tau) - \frac{1}{RC}e^{-\frac{1}{RC}\tau}\sigma(\tau)\right)\mathrm{d}\tau.$$

Wegen $\sigma(\tau) = 1$ für $\tau \geq 0$ und der Eigenschaft

$$\int_0^t \delta(\tau)\,\mathrm{d}\tau = 1$$

erhalten wir mithilfe einer Stammfunktion

$$u_2(t) = 1 + \left(e^{-\frac{1}{RC}\tau}\right)\Big|_0^t.$$

Damit sind das Integral von u_2 gelöst.

Wir setzen die Grenzen ein und erhalten

$$u_2(t) = \mathrm{e}^{-\frac{1}{RC}t} \quad \text{für} \quad 0 \le t \le t_0 \,.$$

Dies ist eine fallende Funktion, die bei 1 beginnt und sich der t-Achse annähert. Für t-Werte größer als t_0 erstreckt sich das Integrationsintervall von $t - t_0$ bis t:

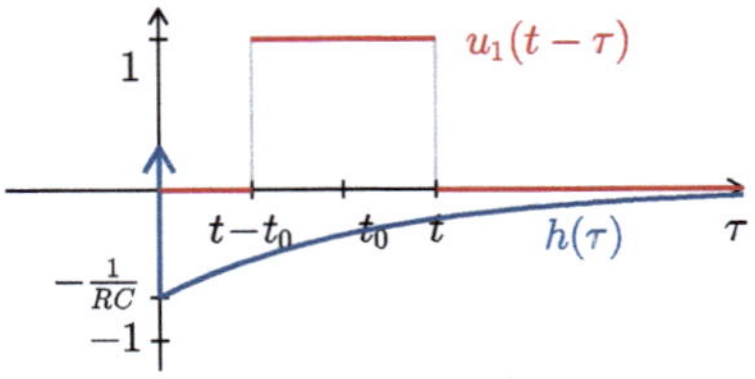

$$u_2(t) = \int_{t-t_0}^{t} \left(\delta(\tau) - \frac{1}{RC}\,\mathrm{e}^{-\frac{1}{RC}\tau}\sigma(\tau) \right) \mathrm{d}\tau.$$

Wegen $\sigma(\tau) = 1$ für $\tau \ge t - t_0$ und der Eigenschaft

$$\int_{t-t_0}^{t} \delta(\tau)\,\mathrm{d}\tau = 0$$

erhalten wir mit derselben Stammfunktion wie im ersten Fall

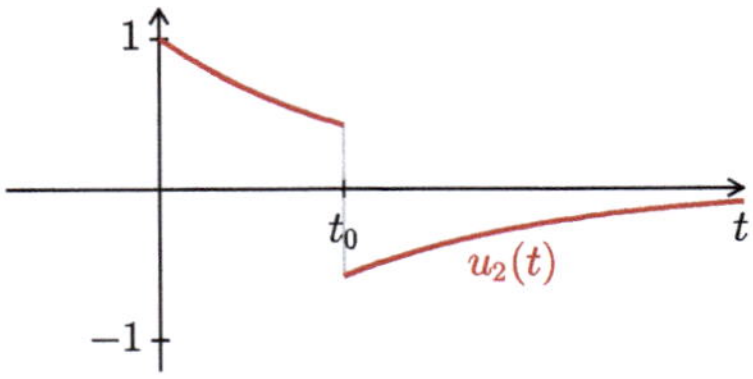

$$u_2(t) = 0 + \left(\mathrm{e}^{-\frac{1}{RC}\tau} \right) \Big|_{t-t_0}^{t} \,.$$

Das Einsetzen der Grenzen ergibt

$$u_2(t) = \mathrm{e}^{-\frac{1}{RC}t} - \mathrm{e}^{-\frac{1}{RC}(t-t_0)} \quad \text{für} \quad t > t_0 \,.$$

Klammern wir den Exponentialausdruck mit t aus, so erkennen wir wegen

$$\left(1 - \mathrm{e}^{\frac{1}{RC}t_0} \right) < 0 \,,$$

dass alle Funktionswerte negativ sind. Die Funktion steigt monoton. Insgesamt erhalten wir für die Ausgangsspannung eine abschnittsweise definierte Funktion:

$$u_2(t) = \begin{cases} \mathrm{e}^{-\frac{1}{RC}t} & \text{für} \quad 0 \le t \le t_0 \\ \mathrm{e}^{-\frac{1}{RC}t}\left(1 - \mathrm{e}^{\frac{1}{RC}t_0} \right) & \text{für} \quad t > t_0 \,. \end{cases}$$

Die Ausgangsspannung springt von 0 nach oben auf den Wert 1 und fällt dann, solange die Eingangsspannung angelegt ist, streng monoton. Beim Zeitpunkt t_0 wird der Wert 0 nicht ganz erreicht. Danach gibt es erneut einen Sprung um den Wert 1 nach unten und die Ausgangsspannung steigt dann monoton gegen null. Der Hochpass reagiert gewissermaßen impulsiv auf den Ein- und Ausschaltvorgang der Eingangsspannung.

19 Laplace-Transformation

Die Laplace-Transformation ist die zweite Transformation im Dreigestirn der Transformationen, nach der Fourier-Transformation und vor der z-Transformation. Eigenschaften wie Linearität, Ähnlichkeit, Zeitverschiebung und Dämpfung, aber auch Differenziation, Integration und Faltung treten bei allen Transformationen in ähnlicher Form auf, siehe Anhang A.11. So gesehen ermöglichen diese drei Kapitel hintereinander eine vermutlich willkommene Wiederholung des Stoffs in ähnlicher Form.

Zu den Einstiegsaufgaben in diesem Kapitel zählen Fragestellungen, bei denen Korrespondenzen gesucht sind. Aus bekannten Korrespondenzen können nach und nach weitere Korrespondenzen hergeleitet werden. Bei Sinus- oder Kosinusfunktionen etwa kann man die Kreisfrequenz oder die Amplitude variieren. Eine weitere Klasse von noch gut beherrschbaren Aufgaben befasst sich mit Laplace-Transformationen von elementaren Funktionen, bei denen mithilfe von Rechteckfunktionen ein kleiner Abschnitt herausgeschnitten wird. Alternativ kann auch direkt mit der Definition der Laplace-Transformation gearbeitet werden. Dabei sind Integraltabellen hilfreich, siehe Anhang A.4.

Rücktransformationen sind ein weiteres Feld mit vielfältigen Übungsmöglichkeiten. Man kann direkt mit der Definition arbeiten, man kann versuchen, aus bekannten Lösungen die gefragten herzuleiten, oder man kann Korrespondenztabellen verwenden. Der zuletzt genannte Weg klingt zunächst am einfachsten. Meist sind die Korrespondenzen jedoch in allgemeiner Form angegeben und enthalten Parameter. Das richtige Lesen dieser Korrespondenztabellen muss also geübt werden, siehe dazu auch Anhang A.10.

Vorsicht ist geboten, wenn Funktionen, die für negative Argumente null sind, nach rechts verschoben werden. Hierbei schieben sich die links stehenden Funktionswerte mit dem Wert null nach rechts. Die eigentliche Funktion beginnt dann erst weiter rechts. Fehlt das Verständnis für das richtige Vorgehen, kommt es schnell zu falschen Ergebnissen.

Eine sehr beliebte Anwendung der Laplace-Transformation ist das Lösen von Differenzialgleichungen und Systemen mit Anfangswerten, siehe auch Kapitel 14. Dabei überführt man eine gegebene Differenzialgleichung in den Bildbereich, löst die sich dort ergebenden einfacheren Gleichungen und transformiert anschließend das Ergebnis wieder zurück.

In der Mechanik und in der Elektrotechnik, speziell in der Regelungstechnik, werden Systeme durch sogenannte Übertragungsfunktionen beschrieben. Diese Übertragungsfunktionen beschreiben das Verhalten von Systemen. Im Rahmen der Laplace-Transformation kann mittels der Korrespondenzen beliebig zwischen Zeit- und Bildbereich hin- und hergeschaltet werden.

19.1 Aufgaben

19.1.1 Verständnis und Kompetenz

Aufgabe 19.1 (Laplace-Transformationen von Sinusfunktionen) ★★★

Verwenden Sie die Korrespondenz

$$\sin t \quad \circ\!\!-\!\!\bullet \quad \frac{1}{s^2+1}, \qquad \mathrm{Re}(s) > 0$$

und bestimmen Sie durch Anwendung von Sätzen die Laplace-Transformationen der folgenden Funktionen:

a) $f_1(t) = \sin(\omega\, t)$ b) $f_2(t) = \mathrm{e}^{-s_0\, t} \sin(\omega\, t)$ c) $f_3(t) = t\, \sin(\omega\, t)$

Aufgabe 19.2 (Laplace-Transformationen durch Ähnlichkeit) ★★★

Bestimmen Sie mithilfe der Korrespondenz

$$r(t) = \sigma(t) - \sigma(t-1) \quad \circ\!\!-\!\!\bullet \quad R(s) = \frac{1-\mathrm{e}^{-s}}{s}$$

und durch Anwenden geeigneter Sätze die Laplace-Transformationen der abgebildeten Funktionen:

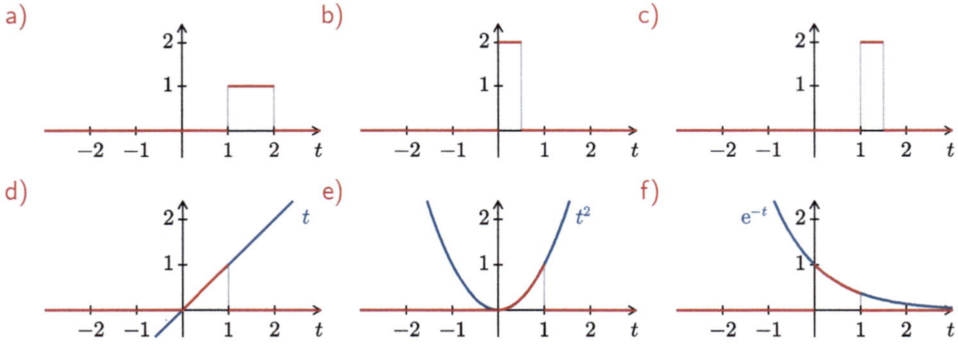

Aufgabe 19.3 (Zeitverschiebung) ★★

Für Sinus und Kosinus gelten die Korrespondenzen

$$\sin t \quad \circ\!\!-\!\!\bullet \quad \frac{1}{s^2+1}, \qquad \cos t \quad \circ\!\!-\!\!\bullet \quad \frac{s}{s^2+1}, \qquad \mathrm{Re}(s) > 0.$$

Andererseits lässt sich der Sinus als ein um $\frac{\pi}{2}$ verschobener Kosinus darstellen: $\sin t = \cos\left(t - \frac{\pi}{2}\right)$. Aufgrund des Zeitverschiebungssatzes müsste also gelten:

$$\sin t = \cos\left(t - \tfrac{\pi}{2}\right) \quad \circ\!\!-\!\!\bullet \quad \mathrm{e}^{-\frac{\pi}{2}\, s}\, \frac{s}{s^2+1}.$$

Erklären Sie, worin der Fehler bei dieser Argumentation liegt.

19.1.2 Rechnung und Training

Aufgabe 19.4 (Rücktransformation) ★★★

Bestimmen Sie für die folgenden Funktionen F im Bildbereich die zugehörigen Funktionen f im Zeitbereich. Dabei ist $a \neq 0$ eine reelle Konstante.

a) $F(s) = \dfrac{1}{s(s-1)}$ b) $F(s) = \dfrac{1}{s^3 - s^2}$ c) $F(s) = \dfrac{1}{s^2(s^2 + a^2)}$

d) $F(s) = \dfrac{s}{s^2 - 4\,s + 3}$ e) $F(s) = \dfrac{s+1}{s^2 + 4\,s + 8}$ f) $F(s) = \dfrac{a^2}{s^4 - a^4}$

Aufgabe 19.5 (Anfangswertproblem erster Ordnung) ★★★

Berechnen Sie die Lösung des Anfangswertproblems

$$\dot{x} + x = t\,(\sigma(t) - \sigma(t-1))\,, \quad x(0) = 0.$$

Aufgabe 19.6 (Anfangswertproblem zweiter Ordnung) ★★★★

Berechnen Sie die Lösung des Anfangswertproblems

$$\ddot{x} + \dot{x} = \mathrm{e}^{T-t}\,\sigma(t-T), \quad x(0) = 1, \quad \dot{x}(0) = 0, \quad T > 0.$$

Aufgabe 19.7 (Differenzialgleichungssystem mit Anfangswerten) ★★★★★

Berechnen Sie die Lösung des Anfangswertproblems

$$\begin{array}{rcl} \ddot{x} + 2\dot{x} - \dot{y} &=& 0, \qquad x(0) = 0, \quad \dot{x}(0) = 1, \\ \ddot{y} + \dot{x} &=& 0, \qquad y(0) = 0, \quad \dot{y}(0) = 0. \end{array}$$

19.1.3 Anwendung

Aufgabe 19.8 (Einweggleichrichter) ★★★★

Ein Einweggleichrichter blendet bei einer sinusförmigen Wechselspannung mit Kreisfrequenz $\omega > 0$ die negativen Halbwellen aus. Zeigen Sie, dass für die abgebildete Funktion f die folgende Korrespondenz gilt:

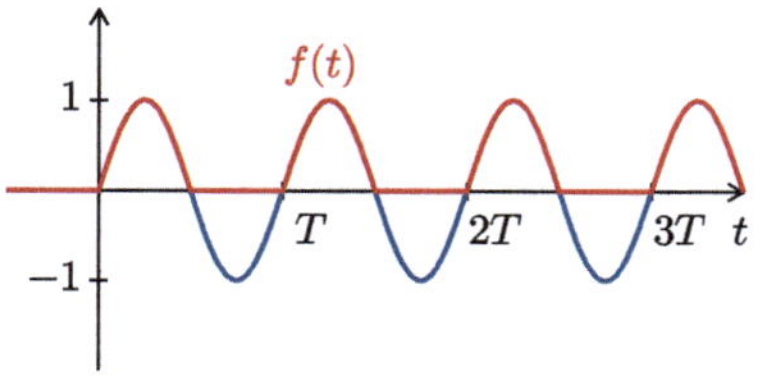

$$f(t) \quad \circ\!\!-\!\!\bullet \quad F(s) = \frac{1}{1 - \mathrm{e}^{-\frac{\pi}{\omega}s}}\,\frac{\omega}{s^2 + \omega^2}.$$

Aufgabe 19.9 (Übertragungsfunktion) ★★★★

Ein lineares, zeitinvariantes System besitzt die Übertragungsfunktion

$$G(s) = \frac{\mathrm{e}^{-T\,s}}{s^2 + s}, \quad T > 0.$$

Berechnen und skizzieren Sie die Impulsantwort g des Systems und ermitteln Sie das Ausgangssignal o für das Eingangssignal $i(t) = \sigma(t) - \sigma(t-T)$.

19.2 Lösungen

19.2.1 Verständnis und Kompetenz

Lösung 19.1 (Laplace-Transformationen von Sinusfunktionen)

a) Zur Bestimmung der Laplace-Transformation der Funktion f_1 verwendet man den Ähnlichkeitssatz:

$$\sin t \circ\!\!-\!\!\bullet \frac{1}{s^2+1} \quad\Longrightarrow\quad \sin(\omega\, t) \circ\!\!-\!\!\bullet \frac{1}{\omega}\,\frac{1}{\left(\frac{s}{\omega}\right)^2+1} = \frac{\omega}{s^2+\omega^2}\,.$$

Dabei haben wir den Ausdruck im Nenner des zweiten Bruchs auf den gemeinsamen Nenner ω^2 gebracht und dann mit dessen Kehrwert multipliziert.

b) Wendet man den Dämpfungssatz auf das Ergebnis von Aufgabenteil a) an, so erhält man die Laplace-Transformation der Funktion f_2:

$$\sin(\omega\, t) \circ\!\!-\!\!\bullet \frac{\omega}{s^2+\omega^2} \quad\Longrightarrow\quad \mathrm{e}^{-s_0\, t}\sin(\omega\, t) \circ\!\!-\!\!\bullet \frac{\omega}{(s+s_0)^2+\omega^2}\,.$$

Dabei wurde das Argument s durch $s+s_0$ ersetzt.

c) Zur Bestimmung der Laplace-Transformation der Funktion f_3 wendet man die Differenziation im Bildbereich auf das Ergebnis von Aufgabenteil a) an. Wir erhalten die Korrespondenz

$$\sin(\omega\, t) \circ\!\!-\!\!\bullet \frac{\omega}{s^2+\omega^2} \quad\Longrightarrow\quad t\,\sin(\omega\, t) \circ\!\!-\!\!\bullet -\frac{\mathrm{d}}{\mathrm{d}\,s}\left(\frac{\omega}{s^2+\omega^2}\right) = \frac{2\,\omega\, s}{(s^2+\omega^2)^2}\,.$$

Dabei ist es wegen der Eigenschaft der Linearität möglich, die Korrespondenz mit dem Faktor -1 zu multiplizieren.

Lösung 19.2 (Laplace-Transformationen durch Ähnlichkeit)

a) Bei der abgebildeten Funktion handelt es sich um ein nach rechts verschobenes Standardrechteck. Wir erhalten

$$f_1(t) = r(t-1) \quad \circ\!\!-\!\!\bullet \quad F_1(s) = \mathrm{e}^{-s}\, R(s) = \frac{\mathrm{e}^{-s}-\mathrm{e}^{-2\,s}}{s}$$

unter Anwendung des Zeitverschiebungssatzes.

b) Die abgebildete Funktion entsteht durch eine Skalierung der Funktionswerte und durch eine Skalierung der t-Werte aus dem Standardrechteck. Wir erhalten

$$f_2(t) = 2\,r(2\,t) \quad \circ\!\!-\!\!\bullet \quad F_2(s) = 2\,\frac{1}{2}\,R\left(\frac{s}{2}\right) = 2\,\frac{1-\mathrm{e}^{-\frac{s}{2}}}{s}$$

auf Grund der Linearität und des Ähnlichkeitssatzes.

c) Mit dem Ergebnis aus Aufgabenteil b) und einer Verschiebung um 1 nach rechts erhalten wir

$$f_3(t) = f_2(t-1) \quad \circ\!\!-\!\!\bullet \quad F_3(s) = \mathrm{e}^{-s}\, F_2(s) = 2\,\frac{\mathrm{e}^{-s}-\mathrm{e}^{-\frac{3\,s}{2}}}{s}\,.$$

Dieses Ergebnis basiert auf dem Zeitverschiebungssatz.

d) Die Laplace-Transformation dieser Funktion lautet

$$f_4(t) = t\,r(t) \quad \circ\!\!-\!\!\bullet \quad F_4(s) = -R'(s) = \frac{1 - e^{-s} - s\,e^{-s}}{s^2} = \frac{1-(1+s)\,e^{-s}}{s^2}\,.$$

Dabei wenden wir den Satz über die Differenziation im Bildbereich bzw. den Multiplikationssatz an.

e) Bei dieser Funktion können wir zur Bestimmung der Laplace-Transformation die Differenziation im Bildbereich bzw. den Multiplikationssatz auf das Ergebnis aus Aufgabenteil d) anwenden:

$$f_5(t) = t\,f_4(t) \quad \circ\!\!-\!\!\bullet \quad F_5(s) = -\frac{d}{ds}\left(\frac{1 - e^{-s} - s\,e^{-s}}{s^2}\right) = \frac{d}{ds}\left(\frac{e^{-s} + s\,e^{-s} - 1}{s^2}\right).$$

Die Ableitung bestimmen wir mit der Quotientenregel:

$$F_5(s) = \frac{(-e^{-s} + e^{-s} - s\,e^{-s})s^2 - (e^{-s} + s\,e^{-s} - 1)2s}{s^4} = \frac{2 - (2 + 2\,s + s^2)\,e^{-s}}{s^3}\,.$$

Zuletzt kann man zusammenfassen und mit s kürzen.

f) Zur Transformation der Funktion

$$f_6(t) = e^{-t}\,r(t) \quad \circ\!\!-\!\!\bullet \quad F_6(s) = R(s+1) = \frac{1 - e^{-s-1}}{s+1}\,.$$

wenden wir den Dämpfungssatz an.

Lösung 19.3 (Zeitverschiebung)

Bei der Laplace-Transformation müssen wir bei der Zeitverschiebung beachten, dass die Funktionswerte für negative Zeiten null sind. Die bekannte Beziehung

$$\sin t = \cos\left(t - \frac{\pi}{2}\right)$$

gilt also nur für $t \geq \frac{\pi}{2}$. Im Intervall $[0, \frac{\pi}{2})$ dagegen sind die Funktionenen unterschiedlich. Dies erklärt den Widerspruch bei den Korrespondenzen.

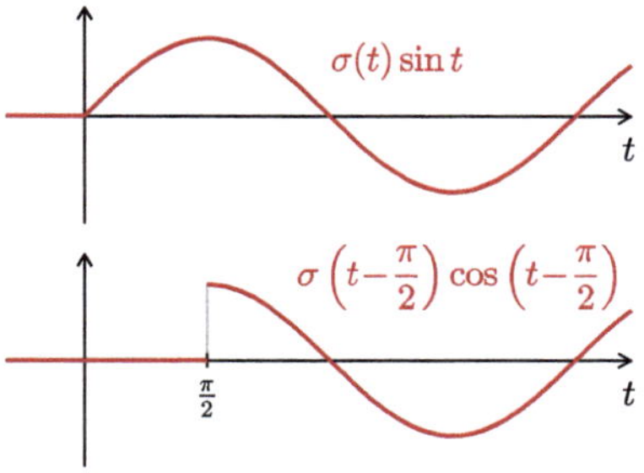

19.2.2 Rechnung und Training

Lösung 19.4 (Rücktransformation)

a) Wir betrachten im Bildbereich die Funktion

$$F(s) = \frac{1}{s(s-1)}$$

und führen die Rücktransformation auf zwei verschiedenen Lösungswegen durch.

1) Wir bestimmen die Lösung mit dem Integrationssatz im Zeitbereich. Wir zerlegen

$$F(s) = \frac{1}{s}\,\frac{1}{s-1}$$

und wenden den Satz für die Integration im Zeitbereich an. Mit der Korrespondenz

$$\mathrm{e}^{t} \quad ○\!\!-\!\!● \quad \frac{1}{s-1}$$

erhalten wir

$$F(s) = \frac{1}{s}\,\frac{1}{s-1} \quad ●\!\!-\!\!○ \quad \int_0^t \mathrm{e}^{\tau}\,\mathrm{d}\tau = \mathrm{e}^{\tau}\Big|_0^t = \mathrm{e}^{t} - 1\,.$$

2) Wir bestimmen die Lösung mit der Korrespondenztabelle, siehe Anhang A.10. Laut Korrespondenztabelle gilt

$$\mathrm{e}^{a\,t} - 1 \quad ○\!\!-\!\!● \quad \frac{a}{s(s-a)}\,.$$

Wir haben es hier mit dem Spezialfall $a = 1$ zu tun.

b) Wir betrachten im Bildbereich die Funktion

$$F(s) = \frac{1}{s^3 - s^2}\,.$$

1) Wir bestimmen die Lösung mit dem Integrationssatz im Zeitbereich. Wir können die Bildfunktion zerlegen in

$$F(s) = \frac{1}{s}\,\frac{1}{s(s-1)}$$

und dann den Satz für die Integration im Zeitbereich auf das Ergebnis von Aufgabenteil a) anwenden. Mit der Korrespondenz

$$\mathrm{e}^{t} - 1 \quad ○\!\!-\!\!● \quad \frac{1}{s(s-1)}$$

erhalten wir

$$F(s) = \frac{1}{s}\,\frac{1}{s(s-1)} \quad ●\!\!-\!\!○ \quad \int_0^t (\mathrm{e}^{\tau} - 1)\,\mathrm{d}\tau = (\mathrm{e}^{\tau} - \tau)\Big|_0^t = \mathrm{e}^{t} - t - 1\,.$$

2) Wir bestimmen die Lösung mit der Korrespondenztabelle, siehe Anhang A.10. Laut Korrespondenztabelle gilt

$$\mathrm{e}^{a\,t} - a\,t - 1 \quad ○\!\!-\!\!● \quad \frac{a^2}{s^2(s-a)}\,.$$

Wir haben es hier mit dem Spezialfall $a = 1$ zu tun.

c) Wir betrachten im Bildbereich die Funktion

$$F(s) = \frac{1}{s^2(s^2 + a^2)}\,.$$

Wir verwenden die bekannte Korrespondenz

$$\sin(a\,t) \quad ○\!\!-\!\!● \quad \frac{a}{s^2 + a^2}$$

zur Bestimmung der Rücktransformation.

1) Wir bestimmen die Lösung durch zweifaches Anwenden des Integrationssatzes im Zeitbereich. Mit dem Integrationssatz im Zeitbereich ergibt sich zunächst

$$\frac{1}{s}\,\frac{a}{s^2+a^2} \quad \bullet\!\!-\!\!\circ \quad \int_0^t \sin(a\,\tau)\,\mathrm{d}\tau = \frac{1}{a}\left(-\cos(a\,\tau)\right)\Big|_0^t = \frac{1}{a}\left(1-\cos(a\,t)\right).$$

Nun wenden wir den Integrationssatz im Zeitbereich auf das Zwischenergebnis nochmals an:

$$\frac{1}{s}\,\frac{a}{s(s^2+a^2)} \quad \bullet\!\!-\!\!\circ \quad \frac{1}{a}\int_0^t \left(1-\cos(a\,\tau)\right)\mathrm{d}\tau = \frac{1}{a}\left(t-\frac{1}{a}\sin(a\,t)\right).$$

Aus der Linearität folgt dann

$$F(s) = \frac{1}{a}\,\frac{a}{s^2(s^2+a^2)} = \frac{1}{s^2(s^2+a^2)} \quad \bullet\!\!-\!\!\circ \quad \frac{1}{a^2}\,t - \frac{1}{a^3}\sin(a\,t).$$

2) Wir bestimmen die Lösung mit einer Partialbruchzerlegung und verwenden den Ansatz

$$\frac{1}{s^2(s^2+a^2)} = \frac{A}{s} + \frac{B}{s^2} + \frac{C\,s+D}{s^2+a^2} = \frac{A\,s^3 + a^2\,A\,s + B\,s^2 + a^2\,B + C\,s^3 + D\,s^2}{s^2(s^2+a^2)}.$$

Der Koeffizientenvergleich ergibt das lineare Gleichungssystem

$$\begin{array}{llllll} s^0: & & a^2\,B & & & = 1 \\ s^1: & a^2\,A & & & & = 0 \\ s^2: & & B & & +\,D & = 0 \\ s^3: & A & & +\,C & & = 0 \end{array}$$

mit der eindeutigen Lösung $A=0$, $B=\frac{1}{a^2}$, $C=0$ und $D=-\frac{1}{a^2}$. Damit können wir die Rücktransformation bestimmen:

$$F(s) = \frac{1}{a^2}\,\frac{1}{s^2} - \frac{1}{a^3}\,\frac{a}{s^2+a^2} \quad \bullet\!\!-\!\!\circ \quad \frac{1}{a^2}\,t - \frac{1}{a^3}\sin(a\,t).$$

d) Wir betrachten im Bildbereich die Funktion

$$F(s) = \frac{s}{s^2-4\,s+3}.$$

Die Rücktransformation lässt sich durch Partialbruchzerlegung bestimmen. Dafür ermittelt man zunächst die Nullstellen des Nenners

$$s^2-4\,s+3=0 \quad \Rightarrow \quad s_1=1, \quad s_2=3$$

und verwendet dann den Ansatz

$$F(s) = \frac{s}{s^2-4\,s+3} = \frac{A}{s-1} + \frac{B}{s-3} = \frac{A\,s-3\,A+B\,s-B}{(s-1)(s-3)}.$$

Das lineare Gleichungssystem

$$\begin{array}{lllll} s^0: & -3\,A & -\;B & = 0 \\ s^1: & A & +\;B & = 1 \end{array}$$

mit der eindeutigen Lösung $A=-\frac{1}{2}$ und $B=\frac{3}{2}$ liefert

$$F(s) = -\frac{1}{2}\,\frac{1}{s-1} + \frac{3}{2}\,\frac{1}{s-3} \quad \bullet\!\!-\!\!\circ \quad -\frac{1}{2}\,\mathrm{e}^{t} + \frac{3}{2}\,\mathrm{e}^{3\,t}.$$

Damit haben wir die Rücktransformation durchgeführt.

e) Wir betrachten im Bildbereich die Funktion

$$F(s) = \frac{s+1}{s^2+4s+8}.$$

Der Nenner hat keine reellen Nulstellen und die Partialbruchzerlegung führt nicht zum Erfolg. Man kann F jedoch durch quadratisches Ergänzen und geschickte Umformungen so zerlegen, dass man die einzelnen Bestandteile mithilfe der Korrespondenzen

$$\frac{a}{(s-b)^2+a^2} \quad \bullet\!\!-\!\!\circ \quad \mathrm{e}^{b\,t}\sin(a\,t) \quad \text{und} \quad \frac{s-b}{(s-b)^2+a^2} \quad \bullet\!\!-\!\!\circ \quad \mathrm{e}^{b\,t}\cos(a\,t)$$

zurück transformieren kann. Es gilt

$$F(s) = \frac{s+1}{(s+2)^2+4} = \frac{s+2}{(s+2)^2+4} - \frac{1}{(s+2)^2+4} = \frac{s+2}{(s+2)^2+4} - \frac{1}{2}\,\frac{2}{(s+2)^2+4}$$

und somit

$$F(s) \quad \bullet\!\!-\!\!\circ \quad \mathrm{e}^{-2\,t}\cos(2\,t) - \frac{1}{2}\mathrm{e}^{-2\,t}\sin(2\,t).$$

f) Wir betrachten im Bildbereich die Funktion

$$F(s) = \frac{a^2}{s^4-a^4}.$$

Sie lässt sich in Partialbrüche zerlegen

$$\frac{a^2}{s^4-a^4} = \frac{A}{s-a} + \frac{B}{s+a} + \frac{C+D\,s}{s^2+a^2}.$$

Für einen Koeffizientenvergleich bringen wir alles auf einen großen Bruch

$$\frac{As^3+aAs^2+a^2As+a^3A+Bs^3+a^2Bs-aBs^2-a^3B+Cs^2+Ds^3-a^2C-a^2Ds}{(s-a)(s+a)(s^2+a^2)}$$

und erhalten das lineare Gleichungssystem

$$\begin{array}{rrrrrl} s^0: & a^3A & -\;a^3B & -\;a^2C & & = a^2 \\ s^1: & a^2A & +\;a^2B & & -\;a^2D & = 0 \\ s^2: & aA & -\;aB & +\;C & & = 0 \\ s^3: & A & +\;B & + & D & = 0 \end{array}$$

mit der eindeutigen Lösung $A = \frac{1}{4a}$, $B = -\frac{1}{4a}$, $C = -\frac{1}{2}$ und $D = 0$. Mit

$$F(s) = \frac{1}{4a}\,\frac{1}{s-a} - \frac{1}{4a}\,\frac{1}{s+a} - \frac{1}{2a}\,\frac{a}{s^2+a^2} \quad \bullet\!\!-\!\!\circ \quad \frac{1}{4a}\mathrm{e}^{a\,t} - \frac{1}{4a}\mathrm{e}^{-a\,t} - \frac{1}{2a}\sin(a\,t)$$

haben wir die gesuchte Rücktransformation bestimmt.

Lösung 19.5 (Anfangswertproblem erster Ordnung)

Für die Störfunktion verwenden wir die Bezeichnung

$$f(t) = t\big(\sigma(t) - \sigma(t-1)\big)$$

und transformieren die Differenzialgleichung in den Bildbereich:

$$\dot{x} + x = f(t) \quad \circ\!\!-\!\!\bullet \quad s\,X(s) - x(0) + X(s) = F(s).$$

Dabei verwenden wir die Linearität der Laplace-Transformation.

Mit dem Anfangswert $x(0) = 0$ ergibt sich

$$s\,X(s) + X(s) = F(s) \quad \Longrightarrow \quad X(s) = \frac{1}{s+1}\,F(s)\,.$$

Die Rücktransformation können wir nun entweder mit dem Faltungssatz lösen oder dadurch, dass wir die Laplace-Transformation von f explizit bestimmen.

1) Zur Lösung mit dem Faltungssatz benötigen wir die Rücktransformation

$$\frac{1}{s+1} \quad \circ\!\!-\!\!\bullet \quad \mathrm{e}^{-t}\,.$$

Zur Berechnung der Faltung haben wir zwei Möglichkeiten:

$$x(t) = \mathrm{e}^{-t} \star f(t) \quad \text{oder} \quad x(t) = f(t) \star \mathrm{e}^{-t}\,.$$

Die einzelnen Lösungsschritte für die zweite Variante illustrieren wir im Detail. Bei der ersten Variante verlaufen die Berechnungen in ähnlicher Weise. Die Faltung berechnen wir durch

$$x(t) = f(t) \star \mathrm{e}^{-t} = \int_0^t f(\tau)\,\mathrm{e}^{\tau-t}\,\mathrm{d}\tau\,.$$

Dabei sind zwei Fälle zu beachten. Für $0 \le t \le 1$ gilt:

$$x(t) = \int_0^t \tau\,\mathrm{e}^{\tau-t}\,\mathrm{d}\tau = \mathrm{e}^{-t}\int_0^t \tau\,\mathrm{e}^{\tau}\,\mathrm{d}\tau = \mathrm{e}^{-t}\big((\tau-1)\mathrm{e}^{\tau}\big)\Big|_0^t = t - 1 + \mathrm{e}^{-t}\,.$$

Dabei haben wir die Formel

$$\int x\,\mathrm{e}^{x}\mathrm{d}x = (x-1)\mathrm{e}^{x} + C$$

verwendet. Wenn t größer als 1 ist folgt

$$x(t) = \int_0^1 \tau\,\mathrm{e}^{\tau-t}\,\mathrm{d}\tau = \mathrm{e}^{-t}\int_0^1 \tau\,\mathrm{e}^{\tau}\,\mathrm{d}\tau = \mathrm{e}^{-t}\big((\tau-1)\mathrm{e}^{\tau}\big)\Big|_0^1 = \mathrm{e}^{-t}\,.$$

Insgesamt gilt also

$$x(t) = \begin{cases} t - 1 + \mathrm{e}^{-t} & \text{für} \quad 0 \le t \le 1 \\ \mathrm{e}^{-t} & \text{für} \quad t > 1\,. \end{cases}$$

Mithilfe der Einheitssprungfunktion σ erhalten wir die Darstellung

$$x(t) = \big(t - 1 + \mathrm{e}^{-t}\big)\big(\sigma(t) - \sigma(t-1)\big) + \mathrm{e}^{-t}\,\sigma(t-1) = -(t-1)\sigma(t-1) + t - 1 + \mathrm{e}^{-t}\,.$$

2) Die Laplace-Transformation von f lässt sich aus der Korrespondenz für das Rechteck

$$r(t) = \sigma(t) - \sigma(t-1) \quad \circ\!\!-\!\!\bullet \quad R(s) = \frac{1-\mathrm{e}^{-s}}{s}$$

mithilfe des Differenziationssatzes im Bildbereich ermitteln:

$$f(t) = t\,r(t) \quad \circ\!\!-\!\!\bullet \quad F(s) = -\frac{\mathrm{d}}{\mathrm{d}s}R(s) = -\frac{\mathrm{d}}{\mathrm{d}s}\left(\frac{1-\mathrm{e}^{-s}}{s}\right) = \frac{-s\,\mathrm{e}^{-s} + 1 - \mathrm{e}^{-s}}{s^2}\,.$$

Damit folgt

$$X(s) = \frac{1}{s+1}\,F(s) = \frac{1}{s+1}\left(-\mathrm{e}^{-s}\frac{s+1}{s^2} + \frac{1}{s^2}\right) = -\mathrm{e}^{-s}\frac{1}{s^2} + \frac{1}{s^2(s+1)}$$

für die Laplace-Transformation X von x.

Der erste Summand lässt sich mit dem Dämpfungssatz zurück transformieren:

$$\frac{1}{s^2} \quad \bullet\!\!-\!\!\circ \quad t \quad \Longrightarrow \quad \mathrm{e}^{-s}\frac{1}{s^2} \quad \bullet\!\!-\!\!\circ \quad (t-1)\sigma(t-1)\,.$$

Den zweiten Summanden zerlegen wir durch Partialbruchzerlegung mit dem Ansatz

$$\frac{1}{s^2(s+1)} = \frac{A+B\,s}{s^2} + \frac{C}{s+1} = \frac{A+A\,s+B\,s+B\,s^2+C\,s^2}{s^2(s+1)}\,.$$

Der Koeffizientenvergleich liefert das lineare Gleichungssystem

$$\begin{array}{lcl} s^2: & \quad B + C & = 0 \\ s^1: & A + B \quad & = 0 \\ s^0: & A \quad & = 1 \end{array}$$

mit der Lösung $A = 1$, $B = -1$ und $C = 1$. Somit erhalten wir im Zeitbereich

$$X(s) = -\mathrm{e}^{-s}\frac{1}{s^2} + \frac{1-s}{s^2} + \frac{1}{s+1} \quad \bullet\!\!-\!\!\circ \quad x(t) = -(t-1)\sigma(t-1) + t - 1 + \mathrm{e}^{-t}$$

unter Ausnutzung der Linearität durch Rücktransformation der einzelnen Summanden.

Lösung 19.6 (Anfangswertproblem zweiter Ordnung)

Für die Störfunktion verwenden wir die Bezeichnung

$$f(t) = \mathrm{e}^{T-t}\,\sigma(t-T)$$

und transformieren die Differenzialgleichung in den Bildbereich:

$$\ddot{x} + \dot{x} = f(t) \quad \circ\!\!-\!\!\bullet \quad s^2\,X(s) - s\,x(0) - \dot{x}(0) + s\,X(s) - x(0) = F(s)\,.$$

Mit den Anfangswerten $x(0) = 1$ und $\dot{x}(0) = 0$ ergibt sich

$$s^2\,X(s) - s + s\,X(s) - 1 = F(s) \quad \Longrightarrow \quad X(s) = \frac{s+1}{s^2+s} + F(s)\,\frac{1}{s^2+s}\,.$$

Es gilt die bekannte Korrespondenz

$$\frac{1}{s} \quad \bullet\!\!-\!\!\circ \quad 1\,.$$

Die Rücktransformation von $\frac{1}{s^2+s}$ lässt sich mit Hilf einer Partialbruchzerlegung ermitteln oder aus einer Korrespondenztabelle ablesen:

$$\frac{a}{s(s-a)} \quad \bullet\!\!-\!\!\circ \quad \mathrm{e}^{a\,t} - 1 \quad \Longrightarrow \quad \frac{1}{s(s+1)} \quad \bullet\!\!-\!\!\circ \quad -\,\mathrm{e}^{-t} + 1\,.$$

Die Rücktransformation von $F(s)\,\frac{1}{s^2+s}$ können wir nun entweder mit dem Faltungssatz lösen oder dadurch, dass wir die Laplace-Transformation von f explizit bestimmen.

1) Zur Berechnung der Faltung haben wir zwei Möglichkeiten:

$$\left(1-\mathrm{e}^{-t}\right) \star f(t) \quad \text{oder} \quad f(t) \star \left(1-\mathrm{e}^{-t}\right).$$

Mit der zweiten Variante folgt

$$f(t) \star \left(1-\mathrm{e}^{-t}\right) = \int_0^t f(\tau)\left(1-\mathrm{e}^{-t+\tau}\right)\mathrm{d}\tau.$$

Für $0 \le t \le T$ ist $f(\tau)$ für alle τ-Werte zwischen 0 und t null.

Es genügt somit t-Werte größer als T zu betrachten:

$$f(t) \star \left(1-\mathrm{e}^{-t}\right) = \int_T^t \mathrm{e}^{T-\tau}\left(1-\mathrm{e}^{-t+\tau}\right)\mathrm{d}\tau = \int_T^t \left(\mathrm{e}^{T-\tau}-\mathrm{e}^{T-t}\right)\mathrm{d}\tau = 1-(1+t-T)\mathrm{e}^{T-t}.$$

Insgesamt gilt also

$$x(t) = \begin{cases} 0 & \text{für} \quad 0 \le t \le T \\ 1+1-(1+t-T)\,\mathrm{e}^{T-t} & \text{für} \quad t > T. \end{cases}$$

Mithilfe der Einheitssprungfunktion σ erhalten wir schließlich die Darstellung

$$x(t) = 1 + \left(1-(1+t-T)\mathrm{e}^{T-t}\right)\sigma(t-T)$$

als Lösung des Anfangswertproblems.

2) Die Laplace-Transformation von f lässt sich aus der bekannten Korrespondenz für die Exponentialfunktion mithilfe des Zeitverschiebungssatzes ermitteln:

$$\mathrm{e}^{-t} \quad \circ\!\!-\!\!\bullet \quad \frac{1}{s+1} \quad \Longrightarrow \quad f(t) = \mathrm{e}^{-(t-T)}\,\sigma(t-T) \quad \circ\!\!-\!\!\bullet \quad F(s) = \mathrm{e}^{-Ts}\frac{1}{s+1}.$$

Damit folgt

$$X(s) = \frac{1}{s} + \mathrm{e}^{-Ts}\,\frac{1}{s(s+1)^2}.$$

Die Rücktransformation von $\frac{1}{s(s+1)^2}$ berechnen wir mithilfe einer Partialbruchzerlegung:

$$\frac{1}{s(s+1)^2} = \frac{A}{s} + \frac{B+Cs}{(s+1)^2} = \frac{As^2+2As+A+Bs+Cs^2}{s(s+1)^2}.$$

Der Koeffizientenvergleich liefert das lineare Gleichungssystem

$$\begin{array}{llcl} s^2: & A & + C & = 0 \\ s^1: & 2A + B & & = 0 \\ s^0: & A & & = 1 \end{array}$$

mit der eindeutigen Lösung

$$A = 1, \quad B = -2, \quad C = -1.$$

Dadurch erhalten wir wegen

$$\frac{1}{s} - 2\frac{1}{(s+1)^2} - \frac{s}{(s+1)^2} \quad \circ\!\!-\!\!\bullet \quad 1 - 2t\mathrm{e}^{-t} - (1-t)\mathrm{e}^{-t}$$

zusammengefasst die Rücktransformation

$$\frac{1}{s(s+1)^2} \quad \circ\!\!-\!\!\bullet \quad = 1-(1+t)\mathrm{e}^{-t}.$$

Der letzte Teil ergibt sich aus dem Verschiebungssatz

$$\mathrm{e}^{-Ts}\frac{1}{s(s+1)^2} \quad \circ\!\!-\!\!\bullet \quad \left(1-(1+t-T)\mathrm{e}^{T-t}\right)\sigma(t-T).$$

Insgesamt gilt somit

$$x(t) = 1 + \left(1-(1+t-T)\mathrm{e}^{T-t}\right)\sigma(t-T)$$

für die gesuchte Lösung des Anfangswertproblems.

Lösung 19.7 (Differenzialgleichungssystem mit Anfangswerten)

Wir transformieren die gesuchten Funktionen und ihre Ableitungen unter Berücksichtigung der Anfangswerte in den Bildbereich:

$$\begin{array}{lllllll} x(t) & \circ\!\!-\!\!\bullet & X(s) & , & y(t) & \circ\!\!-\!\!\bullet & Y(s) \\ \dot{x}(t) & \circ\!\!-\!\!\bullet & s\,X(s) & , & \dot{y}(t) & \circ\!\!-\!\!\bullet & s\,Y(s) \\ \ddot{x}(t) & \circ\!\!-\!\!\bullet & s^2\,X(s)-1 & , & \ddot{y}(t) & \circ\!\!-\!\!\bullet & s^2\,Y(s)\,. \end{array}$$

Aus dem Anfangswertproblem im Zeitbereich erhalten wir so ein lineares Gleichungssystem im Bildbereich:

$$\begin{aligned} s^2 X - 1 + 2\,s\,X - s\,Y &= 0 \\ s^2 Y + s\,X &= 0\,. \end{aligned}$$

Wir bringen das lineare Gleichungssystem in Normalform und eliminieren Y, indem wir die erste Gleichung mit s multiplizieren und zur zweiten Gleichung addieren:

$$\begin{aligned} (s^2+2\,s)X - s\,Y &= 1 \;|\cdot s \\ s\,X + s^2\,Y &= 0\;. \end{aligned}$$

Daraus ergibt sich zunächst die Lösung für X:

$$X(s) = \frac{s}{s^3+2\,s^2+s} = \frac{1}{s^2+2\,s+1} = \frac{1}{(s+1)^2}\,.$$

Durch Einsetzen von X in die zweite Gleichung erhalten wir auch die Lösung für Y:

$$Y(s) = -\frac{1}{s}\,X(s) = \frac{-1}{s(s+1)^2}\,.$$

Die Rücktransformation von $X(s)$ können wir direkt ermitteln:

$$X(s) = \frac{1}{(s+1)^2} \quad \bullet\!\!-\!\!\circ \quad x(t) = t\,\mathrm{e}^{-t}\,.$$

Für die Rücktransformation von $Y(s)$ verwenden wir eine Partialbruchzerlegung:

$$Y(s) = \frac{A}{s} + \frac{B}{s+1} + \frac{C}{(s+1)^2} = \frac{A\,s^2+2\,A\,s+A+B\,s^2+B\,s+C\,s}{s(s+1)^2}\,.$$

Der Koeffizientenvergleich liefert das lineare Gleichungssystem

$$\begin{aligned} s^2 &: \;A + B = 0 \\ s^1 &: \;2A + B + C = 0 \\ s^0 &: \;A = -1 \end{aligned}$$

mit der eindeutigen Lösung $A=-1$, $B=1$ und $C=1$. Schließlich folgt

$$Y(s) = -\frac{1}{s} + \frac{1}{s+1} + \frac{1}{(s+1)^2} \quad \bullet\!\!-\!\!\circ \quad y(t) = -1+\mathrm{e}^{-t}+t\,\mathrm{e}^{-t}\,.$$

Zusammengefasst erhalten wir

$$\begin{aligned} x(t) &= t\,\mathrm{e}^{-t} \\ y(t) &= -1+\mathrm{e}^{-t}+t\,\mathrm{e}^{-t} \end{aligned}$$

für die gesuchte Lösung des Differenzialgleichungssystems mit Anfangswerten.

19.2.3 Anwendung

Lösung 19.8 (Einweggleichrichter)

Für die Laplace-Transformation einer zumindest einseitig periodischen Funktion f mit Periode T gilt ganz allgemein die Formel

$$f(t) \quad \circ\!\!-\!\!\bullet \quad \frac{1}{1-\mathrm{e}^{-T\,s}} \underbrace{\int_0^T f(t)\,\mathrm{e}^{-s\,t}\,\mathrm{d}t}_{F_0(s)} .$$

Dabei entspricht das Integral der Laplace-Transformierten des auf dem Intervall $[0,T]$ definierten periodischen Prototyps

$$F_0(s) \quad \bullet\!\!-\!\!\circ \quad f_0(t) = \begin{cases} \sin(\omega\,t) & \text{für} \quad 0 \le t < \frac{T}{2} \\ 0 & \text{für} \quad \frac{T}{2} \le t \le T \end{cases} , \qquad \omega = \frac{2\,\pi}{T} .$$

Der periodische Prototyp f_0 lässt sich mithilfe der Einheitssprungfunktion σ darstellen:

$$f_0(t) = \sin(\omega\,t)\left(\sigma(t) - \sigma\left(t - \frac{T}{2}\right)\right) .$$

Der erste Teil lässt sich direkt transformieren

$$\sin(\omega\,t)\,\sigma(t) \quad \circ\!\!-\!\!\bullet \quad \frac{\omega}{s^2+\omega^2} .$$

Für den zweiten Teil verwenden wir

$$-\sin(\omega\,t)\,\sigma\left(t-\frac{T}{2}\right) = \sin(\omega\,t-\pi)\,\sigma\left(t-\frac{T}{2}\right) .$$

Wir klammern ω im Argument der Sinusfunktion aus und erhalten

$$-\sin(\omega\,t)\,\sigma\left(t-\frac{T}{2}\right) = \sin\left(\omega\left(t-\frac{\pi}{\omega}\right)\right)\sigma\left(t-\frac{T}{2}\right) .$$

Schließlich nutzen wir den Zusammenhang zwischen ω und T aus:

$$-\sin(\omega\,t)\,\sigma\left(t-\frac{T}{2}\right) = \sin\left(\omega\left(t-\frac{T}{2}\right)\right)\sigma\left(t-\frac{T}{2}\right) .$$

Dadurch lässt sich die Laplace-Transformation mit dem Zeitverschiebungssatz ermitteln und wir erhalten

$$\sin\left(\omega\left(t-\frac{T}{2}\right)\right)\sigma\left(t-\frac{T}{2}\right) \quad \circ\!\!-\!\!\bullet \quad \mathrm{e}^{-\frac{T}{2}\,s}\,\frac{\omega}{s^2+\omega^2} .$$

Wir setzen alle drei Komponenten der Korrespondenz zusammen und erhalten

$$f(t) \quad \circ\!\!-\!\!\bullet \quad F(s) = \frac{1}{1-\mathrm{e}^{-T\,s}}\left(\frac{\omega}{s^2+\omega^2} + \mathrm{e}^{-\frac{T}{2}\,s}\,\frac{\omega}{s^2+\omega^2}\right) = \frac{1+\mathrm{e}^{-\frac{T}{2}\,s}}{1-\mathrm{e}^{-T\,s}}\,\frac{\omega}{s^2+\omega^2} .$$

Durch die Vereinfachung

$$\frac{1+\mathrm{e}^{-\frac{T}{2}\,s}}{1-\mathrm{e}^{-T\,s}} = \frac{1+\mathrm{e}^{-\frac{T}{2}\,s}}{\left(1-\mathrm{e}^{-\frac{T}{2}\,s}\right)\left(1+\mathrm{e}^{-\frac{T}{2}\,s}\right)} = \frac{1}{1-\mathrm{e}^{-\frac{T}{2}\,s}} ,$$

die wir mittels der dritten binomischen Formel im Nenner erhalten haben, ergibt sich schließlich die gesuchte Formel für die Korrespondenz beim Einweggleichrichter.

Lösung 19.9 (Übertragungsfunktion)

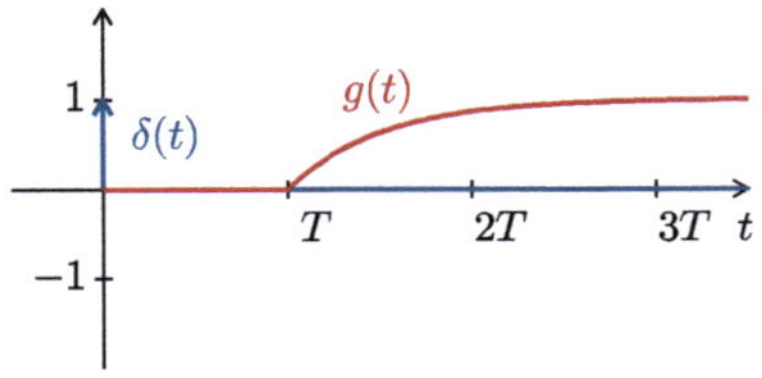

Die Laplace-Transformierte der Impulsantwort g ist die Übertragungsfunktion G

$$g(t) \quad ○\!\!-\!\!\bullet \quad G(s) = \frac{e^{-Ts}}{s^2+s}.$$

Durch Partialbruchzerlegung lässt sich die Rücktransformation durchführen. Dazu verwenden wir für den zweiten Faktor den Ansatz

$$\frac{1}{s^2+s} = \frac{A}{s} + \frac{B}{s+1} = \frac{A(s+1)+Bs}{s(s+1)}.$$

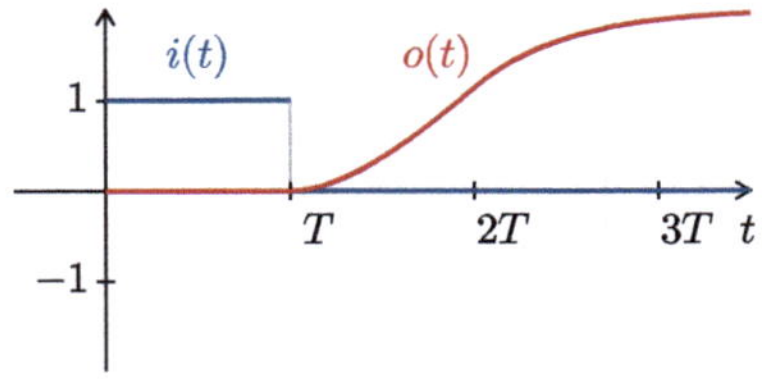

Der Koeffizientenvergleich liefert das lineare Gleichungssystem

$$\begin{aligned} s^1 &: A + B = 0 \\ s^0 &: A = 1 \end{aligned}$$

mit der eindeutigen Lösung $A = 1$ und $B = -1$. Die Rücktransformation ergibt

$$\frac{1}{s} - \frac{1}{s+1} \quad ○\!\!-\!\!\bullet \quad 1 - e^{-t}.$$

Zur Berechnung der Impulsantwort wenden wir den Zeitverschiebungssatz an:

$$G(s) = \frac{e^{-Ts}}{s^2+s} \quad ○\!\!-\!\!\bullet \quad g(t) = \left(1 - e^{-(t-T)}\right)\sigma(t-T).$$

Das Ausgangssignal o zum Eingangssignal i lässt sich durch Faltung mit g berechnen:

$$o(t) = g(t) \star i(t) = \int_0^t \left(1 - e^{-(\tau-T)}\right)\sigma(\tau-T)\big(\sigma(t-\tau) - \sigma(t-\tau-T)\big)\,d\tau.$$

Die Funktion g ist für alle τ-Werte kleiner als T null. Das Rechteck

$$\sigma(t-\tau) - \sigma(t-\tau-T)$$

ist für alle τ-Werte außerhalb des Intervalls $[t-T, t]$ null. Somit sind für die Faltung nur zwei Fälle zu berücksichtigen. Für $T \le t \le 2T$ gilt

$$o(t) = \int_T^t \left(1 - e^{-(\tau-T)}\right)d\tau = \left(\tau + e^{-(\tau-T)}\right)\Big|_T^t = t + e^{-(t-T)} - T - 1$$

und für $t > 2T$ ergibt sich

$$o(t) = \int_{t-T}^t \left(1 - e^{-(\tau-T)}\right)d\tau = \left(\tau + e^{-(\tau-T)}\right)\Big|_{t-T}^t = T + e^{-(t-T)} - e^{-(t-2T)}.$$

Insgesamt erhalten wir

$$o(t) = \begin{cases} 0 & \text{für} \quad 0 \le t < T \\ t + e^{-(t-T)} - T - 1 & \text{für} \quad T \le t < 2T \\ T + e^{-(t-T)} - e^{-(t-2T)} & \text{für} \quad 2T \le t \end{cases}$$

für die gesuchte Ausgangsfunktion.

20 z-Transformation

Die z-Transformation ist nach der Fourier-Transformation und der Laplace-Transformation die dritte Transformation. Sie ist das diskrete Gegenstück zur Laplace-Transformation. Anstelle von kontinuierlichen Funktionen im Zeitbereich werden bei der z-Transformation diskrete Folgen transfomiert.

Die Definition der z-Transformation besteht aus einer Summenbildung, bei der gegebene Folgenglieder mit Kehrwerten von Potenzen multipliziert werden. Grundsätzlich kann damit jede z-Transformation direkt berechnet werden. Alternativ besteht die Möglichkeit, eine gesuchte z-Transformation aus bekannten z-Transformationen herzuleiten, siehe Anhang A.12. Dabei greift man auf die gängigen Eigenschaften wie Linearität, Dämpfung und Verschiebung zuück, siehe dazu Anhang A.13. Aber auch mittels Multiplikation und Faltung können z-Transformationen hergeleitet werden.

Die Schwierigkeiten bei Aufgaben in diesem Kapitel liegen erfahrungsgemäß im Umgang mit Ausdrücken, in denen die Summenglieder mithilfe eines Index in allgemeiner Form dargestellt werden. Gewöhnungsbedürftig ist etwa, dass bei einer Indexerhöhung beim Summenzeichen die Summanden selbst dann einen niedrigeren Index erhalten. Index-Verschiebungen müssen also sorgfältig durchgeführt werden.

Zu den gängigen Anwendungen der z-Transformation gehört das Lösen von Differenzengleichungen. Dies erfolgt ganz analog zum Lösen von Differenzialgleichungen bzw. Anfangswertproblemen mithilfe der Laplace-Transformation. Eine Folge in rekursiver Form wird in den Bildbereich transformiert. Dort wird dann die entsprechend einfachere Gleichung gelöst und das Ergebnis anschließend zurück transformiert. Als Ergebnis erhält man eine explizite Darstellung der Folge.

Ein weiteres Anwendungsfeld sind Übertragungsfunktionen von zeitdiskreten linearen Systemen. Die Übertragungsfunktionen von Totzeitgliedern oder zeitdiskreten PT_1-Gliedern etwa können aufgestellt werden. Die Berechnung der sogenannten Impulsantwort ist dabei eine Standardaufgabe. Daraus und mittels der Übertragungsfunktion kann dann das Ausgangssignal zu einem gegebenen Eingangssignal bestimmt werden.

Auch in diesem Kapitel wird an vielen Stellen schnell klar, wie mathematische Methoden helfen, Probleme systematisch zu beschreiben, zu klassifizieren und dann auch zu lösen. Gerade die anwendungsnahen Aufgaben sollen motivieren, sich mit der Materie auseinanderzusetzen. Meist sind deren Ergebnisse besonders anschaulich und man wird für die Mühen entlang des Rechenwegs belohnt!

20.1 Aufgaben

20.1.1 Verständnis und Kompetenz

Aufgabe 20.1 (z-Transformation einer alternierenden Zahlenfolge) ★★☆☆☆

Berechnen Sie die z-Transformation der alternierenden Zahlenfolge

$$(f_k) = 1, -1, 1, -1, 1, -1, \ldots$$

Aufgabe 20.2 (z-Transformation einer binären Zahlenfolge) ★★★☆☆

Bei der folgenden Zahlenfolge haben die ersten $m+1$ Folgenglieder den Wert 1 und die restlichen Glieder sind null. Bestimmen Sie die z-Transformation für den Spezialfall $m = 5$ und für den allgemeinen Fall einer beliebigen natürlichen Zahl m. Welche Korrespondenz ergibt sich im Grenzwert für $m \to \infty$?

$$(f_k) = \begin{cases} 1 & \text{für } 0 \le k \le m \\ 0 & \text{sonst} \end{cases}$$

Aufgabe 20.3 (z-Transformation einer linearen Zahlenfolge) ★★★☆☆

Begründen Sie, wie man aus der Formel für die geometrische Reihe die Formel

$$1 + 2\,q + 3\,q^2 + \ldots + m\,q^{m-1} + \ldots = \frac{1}{(1-q)^2}$$

herleiten kann und berechnen Sie damit die z-Transformation der Zahlenfolge

$$(f_k) = 0,\ 1,\ 2,\ 3,\ 4,\ 5, \ldots$$

Aufgabe 20.4 (z-Transformation einer gedämpften Zahlenfolge) ★★☆☆☆

Für die konstante Zahlenfolge σ_k gilt die Korrespondenz

$$(\sigma_k) = 1,\ 1,\ 1, \ldots, 1, \ldots \quad \circ\!\!-\!\!\bullet \quad \frac{z}{z-1}.$$

Bestimmen Sie mit dieser Korrespondenz die z-Transformation der Zahlenfolge $(f_k) = \mathrm{e}^{-\lambda\,k}$ für $k = 0, 1, 2, 3, \ldots$

20.1.2 Rechnung und Training

Aufgabe 20.5 (z-Transformation der gewichteten Fibonacci-Folge) ★★★★☆

Bei der rekursiv definierten Folge

$$f_{k+2} = \alpha\, f_{k+1} + (1-\alpha) f_k, \qquad f_0 = 0, \quad f_1 = 1, \qquad 0 < \alpha < 1$$

berechnen sich die Folgenglieder aus dem gewichteten Mittel der beiden Vorgänger. Der Parameter α beschreibt dabei den Einfluss des unmittelbaren Vorgängers und des Vorvorgängers. Geben Sie die Werte der Folgenglieder f_2, f_3 und f_4 an und bestimmen Sie eine explizite Formel für f_k mithilfe der z-Transformation.

Aufgabe 20.6 (Differenzengleichung) ★★★★

Wir betrachten die lineare homogene Differenzengleichung

$$f_{k+2} - a^2 f_k = 0, \qquad f_0 = 1, \quad f_1 = 0$$

mit reellem Parameter a. Geben Sie die Werte der Folgenglieder f_2, f_3, f_4, f_5, f_6 und f_7 an und bestimmen Sie die Lösung der Differenzengleichung mithilfe der z-Transformation.

20.1.3 Anwendung

Aufgabe 20.7 (Übertragungsfunktion) ★★

Bei der linearen Differenzengleichung

$$3\,y_k - 2\,y_{k-1} = x_k$$

interpretieren wir die Folge (x_k) als Eingangsgröße und die Folge (y_k) als Ausgangsgröße eines linearen zeitinvarianten Systems. Bestimmen Sie die Übertragungsfunktion

$$G(z) = \frac{Y(z)}{X(z)},$$

wobei $X(z)$ bzw. $Y(z)$ die z-Transformationen der Folgen (x_k) bzw. (y_k) bezeichnen. Welche Impulsantwort $(x_k = \delta_k)$ besitzt dieses System?

Aufgabe 20.8 (Totzeitglied) ★★★

Bei einem Totzeitglied T_m wird einer Eingangsfolge (i_k) eine um m Nullen nach rechts verschobene Ausgangsfolge (o_k) zugeordnet:

$$(i_k) = a_0, a_1, a_2, a_3, \ldots \quad \overset{T_m}{\longrightarrow} \quad (o_k) = \underbrace{0, \ldots 0}_{m\text{-mal } 0}, a_0, a_1, a_2, a_3, \ldots$$

Bestimmen Sie die Übertragungsfunktion $G_m(z)$ des Totzeitgliedes.

Aufgabe 20.9 (PT_1-Glied) ★★★★★

Ein PT_1-Glied mit Eingangsgröße x und Ausgangsgröße y wird durch eine Differenzialgleichung beschrieben. $K > 0$ ist der Verstärkungsfaktor und $T > 0$ die Zeitkonstante:

$$T\,\dot{y}(t) + y(t) = K\,x(t)$$

Ersetzt man die Ableitung durch den Rückwärtsdifferenzenquotienten mit konstanter Abtastschrittweite Δt, erhält man die Differenzengleichung des zeitdiskreten PT_1-Gliedes:

$$\dot{y}(t) \approx \frac{y(t) - y(t - \Delta t)}{\Delta t} \quad \Longrightarrow \quad T\,\frac{y_k - y_{k-1}}{\Delta t} + y_k = K\,x_k.$$

a) Bestimmen Sie die Übertragungsfunktion $G(z) = \frac{Y(z)}{X(z)}$ des zeitdiskreten PT_1-Gliedes.

b) Wie lautet die Impulsantwort des zeitdiskreten PT_1-Gliedes? Welche Ausgangsfolge (y_k) gehört also zur Eingangsfolge $(x_k) = (\delta_k)$?

c) Bestimmen Sie die Ausgangsfolge (y_k) zur Eingangsfolge $(x_k) = (\sigma_k)$.

20.2 Lösungen

20.2.1 Verständnis und Kompetenz

Lösung 20.1 (z-Transformation einer alternierenden Zahlenfolge)

Es gibt verschiedene Möglichkeiten die z-Transformation der Folge (f_k) zu berechnen.

1) Für die Folge (σ_k) kennen wir bereits die Korrespondenz

$$(\sigma_k) \quad \circ\!\!-\!\!\bullet \quad \tilde{F}(z) = \frac{z}{z-1}.$$

Für unsere Folgenglieder gilt

$$f_k = (-1)^k = (-1)^{-k} \cdot \sigma_k .$$

Wir wenden den Dämpfungssatz mit $a = -1$ an. Da im Zeitbereich die Folgenglieder mit $(-1)^{-k}$ multipliziert werden, müssen wir im Bildbereich z durch $-z$ ersetzen:

$$(f_k) \quad \circ\!\!-\!\!\bullet \quad F(z) = \tilde{F}(-z) = \frac{-z}{-z-1} = \frac{z}{z+1}.$$

Dies ist bereits die z-Transformation von (f_k).

2) Laut Definition besitzt die alternierende Zahlenfolge $(f_k) = (-1)^k$ die z-Transformierte

$$F(z) = 1 - \frac{1}{z} + \frac{1}{z^2} - \frac{1}{z^3} + \frac{1}{z^4} - \frac{1}{z^5} + \frac{1}{z^6} - \ldots \pm \frac{1}{z^k} \pm \ldots$$

Wenn wir die Terme mit positivem und mit negativem Vorzeichen zusammenfassen

$$F(z) = 1 + \frac{1}{z^2} + \frac{1}{z^4} + \frac{1}{z^6} + \ldots - \frac{1}{z}\left(1 + \frac{1}{z^2} + \frac{1}{z^4} + \frac{1}{z^6} + \ldots\right)$$

dann lässt sich der Ausdruck mithilfe der geometrischen Reihe

$$1 + q + q^2 + q^3 + q^4 + q^5 + q^6 + \ldots = \frac{1}{1-q}$$

für $q = \frac{1}{z^2}$ weiter vereinfachen

$$F(z) = \frac{1}{1-\frac{1}{z^2}} - \frac{1}{z}\frac{1}{1-\frac{1}{z^2}} = \frac{z^2}{z^2-1}\left(1 - \frac{1}{z}\right) = \frac{z^2}{z^2-1}\frac{z-1}{z} = \frac{z}{z+1}$$

und wir erhalten die gesuchte z-Transformation.

Lösung 20.2 (z-Transformation einer binären Zahlenfolge)

Die z-Transformation der Zahlenfolge, bei der die ersten 6 Glieder den Wert 1 haben und alle anderen Glieder 0 sind, lautet

$$1,1,1,1,1,1,0,0,\ldots,0,\ldots \quad \circ\!\!-\!\!\bullet \quad F_5(z) = 1 + \frac{1}{z} + \frac{1}{z^2} + \frac{1}{z^3} + \frac{1}{z^4} + \frac{1}{z^5}.$$

Dieser Ausdruck lässt sich vereinfachen:

$$1 + q + q^2 + q^3 + q^4 + q^5 + \ldots + q^m = \frac{1-q^{m+1}}{1-q}.$$

Dabei haben wir die endliche geometrische Reihe verwendet.

Mit $q = \frac{1}{z}$ erhalten wir für $m = 5$ bzw. allgemeines m

$$F_5(z) = \frac{1 - \frac{1}{z^6}}{1 - \frac{1}{z}} = \frac{z^6 - 1}{z^6 - z^5}, \quad F_m(z) = \frac{1 - \frac{1}{z^{m+1}}}{1 - \frac{1}{z}} = \frac{z^{m+1} - 1}{z^{m+1} - z^m}.$$

Im Grenzfall für $m \to \infty$ erhalten wir die bekannte Korrespondenz für die Folge (σ_k):

$$1, 1, 1, 1, 1, 1, 1, 1, \ldots, 1, \ldots \quad \circ\!\!-\!\!\bullet \quad \lim_{m \to \infty} \frac{1 - \frac{1}{z^{m+1}}}{1 - \frac{1}{z}} = \frac{1}{1 - \frac{1}{z}} = \frac{z}{z - 1}.$$

Dabei müssen wir $|z| > 1$ voraussetzen.

Lösung 20.3 (z-Transformation einer linearen Zahlenfolge)

Für $|q| < 1$ lautet die Formel für die geometrische Reihe

$$1 + q + q^2 + q^3 + q^4 + q^5 + \ldots + q^m + \ldots = \frac{1}{1 - q}.$$

Durch Ableiten ergibt sich

$$1 + 2\,q + 3\,q^2 + \ldots + m\,q^{m-1} + \ldots = \frac{1}{(1 - q)^2}.$$

Die z-Transformation der Folge (f_k) ergibt

$$(f_k) = 0,\ 1,\ 2,\ 3,\ 4,\ 5, \ldots, m, \ldots \quad \circ\!\!-\!\!\bullet \quad F(z) = \frac{1}{z} + \frac{2}{z^2} + \frac{3}{z^3} + \frac{4}{z^4} + \frac{5}{z^5} + \ldots + \frac{m}{z^m} + \ldots$$

Um obige Formel anwenden zu können, verwenden wir die Umformung

$$F(z) = \frac{1}{z}\left(1 + 2\,\frac{1}{z} + 3\,\frac{1}{z^2} + 4\,\frac{1}{z^3} + 5\,\frac{1}{z^4} + \ldots + m\,\frac{1}{z^{m-1}} + \ldots\right).$$

Mit $q = \frac{1}{z}$ erhalten wir

$$F(z) = \frac{1}{z}\,\frac{1}{\left(1 - \frac{1}{z}\right)^2} = \frac{z}{(z - 1)^2}$$

für die z-Transformation der Folge (f_k).

Lösung 20.4 (z-Transformation einer gedämpften Zahlenfolge)

Für die Folge (σ_k) kennen wir bereits die Korrespondenz

$$(\sigma_k) = 1,\ 1,\ 1,\ 1,\ 1,\ 1, \ldots, 1, \ldots \quad \circ\!\!-\!\!\bullet \quad \tilde{F}(z) = \frac{z}{z - 1}.$$

Für unsere Folgenglieder gilt

$$f_k = \mathrm{e}^{-\lambda\,k} = \left(\mathrm{e}^{\lambda}\right)^{-k} \cdot \sigma_k.$$

Wir wenden den Dämpfungssatz mit $a = \mathrm{e}^{\lambda}$ an. Da im Zeitbereich die Folgenglieder mit $\left(\mathrm{e}^{\lambda}\right)^{-k}$ multipliziert werden, müssen wir im Bildbereich z durch $\mathrm{e}^{\lambda}\,z$ ersetzen:

$$(f_k) \quad \circ\!\!-\!\!\bullet \quad \tilde{F}(\mathrm{e}^{\lambda}\,z) = \frac{\mathrm{e}^{\lambda}\,z}{\mathrm{e}^{\lambda}\,z - 1} = \frac{z}{z - \mathrm{e}^{-\lambda}}.$$

Damit ist die z-Transformation der gedämpften Zahlenfolge bestimmt.

20.2.2 Rechnung und Training

Lösung 20.5 (z-Transformation der gewichteten Fibonacci-Folge)

Die ersten Folgenglieder lauten

$$f_0 = 0\,, \quad f_1 = 1\,, \quad f_2 = \alpha\,, \quad f_3 = \alpha^2 - \alpha + 1\,, \quad f_4 = \alpha^3 - 2\alpha^2 + 2\alpha\,.$$

Zur Bestimmung einer expliziten Lösungsformel transformieren wir die Folge und die um ein bzw. zwei Indizes verschobenen Folgen in den Bildbereich:

$$\begin{array}{lcrcl} f_k & \circ\!\!-\!\!\bullet & F(z) & & \\ f_{k+1} & \circ\!\!-\!\!\bullet & z\big(F(z) - f_0\big) & = & z\,F(z) \\ f_{k+2} & \circ\!\!-\!\!\bullet & z^2\left(F(z) - f_0 - \frac{f_1}{z}\right) & = & z^2\left(F(z) - \frac{1}{z}\right). \end{array}$$

Im Bildbereich ergibt sich aus der Differenzengleichung die Gleichung

$$f_{k+2} = \alpha\, f_{k+1} + (1-\alpha) f_k \quad \circ\!\!-\!\!\bullet \quad z^2\left(F(z) - \frac{1}{z}\right) = \alpha\, z\, F(z) + (1-\alpha) F(z)$$

mit der Lösung

$$F(z) = \frac{z}{z^2 - \alpha\, z - 1 + \alpha}\,.$$

Die Rücktransformation führen wir auf eine bekannte Korrespondenz zurück:

$$\left(a^k\right) \quad \circ\!\!-\!\!\bullet \quad \frac{z}{z-a}\,.$$

Dazu berechnen wir wie bei einer Partialbruchzerlegung die Nullstellen im Nenner:

$$z^2 - \alpha z - 1 + \alpha = 0 \quad \Longrightarrow \quad z_{1,2} = \frac{\alpha \pm \sqrt{\alpha^2 + 4(1-\alpha)}}{2} = \frac{\alpha \pm (\alpha - 2)}{2} = 1,\, \alpha - 1\,.$$

Es ist wichtig, bei folgendem Ansatz die z im Zähler der Brüche nicht zu vergessen:

$$\frac{z}{z^2 - \alpha z - 1 + \alpha} = \frac{A\,z}{z-1} + \frac{B\,z}{z+1-\alpha} = \frac{A\,z(z+1-\alpha) + B\,z(z-1)}{(z-1)(z+1-\alpha)}\,.$$

Bei einer Partialbruchzerlegung würden wir einen Ansatz ohne z wählen. Aus

$$\frac{z}{z^2 - \alpha z - 1 + \alpha} = \frac{A\,z^2 + A(1-\alpha)z + B\,z^2 - B\,z}{(z-1)(z+1-\alpha)}$$

folgt der Koeffizientenvergleich und das lineare Gleichungssystem

$$\begin{array}{rrcrcl} z^2: & A & + & B & = & 0 \\ z^1: & (1-\alpha)A & - & B & = & 1 \end{array}$$

mit der eindeutigen Lösung

$$A = \frac{1}{2-\alpha}\,, \quad B = -\frac{1}{2-\alpha}\,.$$

Durch eine Rücktransformation

$$F(z) = \frac{1}{2-\alpha}\left(\frac{z}{z-1} - \frac{z}{z-(\alpha-1)}\right) \quad \bullet\!\!-\!\!\circ \quad (f_k) = \frac{1}{2-\alpha}\left(1 - (\alpha-1)^k\right)$$

erhalten wir die gesuchte Formel.

Lösung 20.6 (Differenzengleichung)

Die Differenzengleichung lässt sich so auflösen, dass die Folgenglieder rekursiv berechnet werden können:

$$f_{k+2} = a^2 f_k \quad \Longrightarrow \quad f_2 = a^2\,, \quad f_3 = 0\,, \quad f_4 = a^4\,, \quad f_5 = 0\,, \quad f_6 = a^6\,, \quad f_7 = 0\,.$$

Daraus vermuten wir für ungerades k, dass f_k null ist und für gerades k die Formel $f_k = a^k$. Zur Herleitung dieser expliziten Lösungsformel transformieren wir die Folge (f_k) und die um zwei Indizes verschobene Folge (f_{k+2}) in den Bildbereich:

$$f_k \quad \circ\!\!-\!\!\bullet \quad F(z) \quad \Longrightarrow \quad f_{k+2} \quad \circ\!\!-\!\!\bullet \quad z^2\left(F(z) - f_0 - \frac{f_1}{z}\right) = z^2\big(F(z) - 1\big)\,.$$

Aus der Differenzengleichung ergibt sich eine Gleichung für $F(z)$ im Bildbereich:

$$f_{k+2} = a^2 f_k \quad \circ\!\!-\!\!\bullet \quad z^2\big(F(z) - 1\big) = a^2\,F(z)\,.$$

Die Lösung im Bildbereich lautet

$$F(z) = \frac{z^2}{z^2 - a^2}\,.$$

Bei der Rücktransformation versuchen wir auf die bekannte Korrespondenz

$$\left(a^k\right) \quad \circ\!\!-\!\!\bullet \quad \frac{z}{z-a}$$

zurückzugreifen. Dazu verwenden wir, abgesehen von z im Zähler, einen Ansatz wie bei der Partialbruchzerlegung und setzen folgendermaßen an:

$$\frac{z^2}{z^2 - a^2} = \frac{A\,z}{z-a} + \frac{B\,z}{z+a}\,.$$

Der Koeffizientenvergleich

$$\frac{z^2}{z^2 - a^2} = \frac{A\,z(z+a) + B\,z(z-a)}{(z-a)(z+a)} = \frac{A\,z^2 + a\,A + B\,z^2 - a\,B}{z^2 - a^2}$$

liefert das lineare Gleichungssystem

$$\begin{aligned} z^2 &: \quad A \;+\; B = 1 \\ z^0 &: \; a\,A \;-\; a\,B = 0 \end{aligned}$$

mit der eindeutigen Lösung

$$A = \frac{1}{2}\,, \quad B = \frac{1}{2}\,.$$

Somit folgt die Lösung der Differenzengleichung:

$$F(z) = \frac{1}{2}\left(\frac{z}{z-a} + \frac{z}{z+a}\right) \quad \bullet\!\!-\!\!\circ \quad (f_k) = \frac{1}{2}\left(a^k + (-a)^k\right)\,.$$

Wir können hier einmal die Probe machen und in die Formel von (f_k) nacheinander $k = 0, 1, 2, 3, 4, 5, 6, 7, \ldots$ einsetzen:

$$f_0 = a^0\,, \quad f_1 = 0\,, \quad f_2 = a^2\,, \quad f_3 = 0\,, \quad f_4 = a^4\,, \quad f_5 = 0\,, \quad f_6 = a^6\,, \quad f_7 = 0\,\ldots$$

Für ungerades k gilt also tatsächlich $f_k = 0$ und für gerades k ergibt sich wie vermutet der Folgenwert $f_k = a^k$.

20.2.3 Anwendung

Lösung 20.7 (Übertragungsfunktion)

Wir transformieren die lineare Differenzengleichung

$$3\,y_k - 2\,y_{k-1} = x_k$$

in den Bildbereich und erhalten wegen den Nullanfangsbedingungen

$$3\,Y(z) - 2\,\frac{Y(z)}{z} = X(z)\,.$$

Die Indexverschiebung von k nach $k-1$ erzeugt den Faktor $\frac{1}{z}$. Die Übertragungsfunktion G erhalten wir gemäß Definition zu

$$Y(z)\left(3 - \frac{2}{z}\right) = X(z) \quad\Longrightarrow\quad G(z) = \frac{Y(z)}{X(z)} = \frac{1}{3 - \frac{2}{z}} = \frac{z}{3\,z - 2}\,.$$

Die gesuchte Impulsantwort

$$G(z) = \frac{z}{3\,z-2} = \frac{1}{3}\cdot\frac{z}{z - \frac{2}{3}} \quad \bullet\!\!-\!\!\circ \quad (y_k) = \frac{1}{3}\cdot\left(\frac{2}{3}\right)^k$$

ergibt sich durch Rücktransformation der Übertragungsfunktion.

Lösung 20.8 (Totzeitglied)

Die Übertragungsfunktion ist das Verhältnis von Ausgangsgröße zu Eingangsgröße im Bildbereich. Die Transformation der Eingangsfolge ergibt

$$(i_k) = a_0,\, a_1,\, a_2,\, a_3,\, a_4,\, \ldots \quad \circ\!\!-\!\!\bullet \quad I(z) = a_0 + \frac{a_1}{z} + \frac{a_2}{z^2} + \frac{a_3}{z^3} + \frac{a_4}{z^4} + \ldots$$

und die Transformation der Ausgangsfolge liefert

$$(o_k) = \underbrace{0,\, 0,\, \ldots\, ,0}_{m\text{-mal } 0},\, a_0,\, a_1,\, a_2,\, \ldots \quad \circ\!\!-\!\!\bullet \quad O_m(z) = \frac{a_0}{z^m} + \frac{a_1}{z^{m+1}} + \frac{a_2}{z^{m+2}} + \frac{a_3}{z^{m+3}} + \ldots$$

Bei O_m können wir den gemeinsamen Faktor $\frac{1}{z^m}$ ausklammern:

$$O_m(z) = \frac{1}{z^m}\left(a_0 + \frac{a_1}{z} + \frac{a_2}{z^2} + \frac{a_3}{z^3} + \ldots\right).$$

Die Übertragungsfunktion ist definiert durch

$$G_m(z) = \frac{O_m(z)}{I(z)}\,.$$

Wir setzen I und O_m ein und erhalten

$$G_m(z) = \frac{\frac{1}{z^m}\left(a_0 + \frac{a_1}{z} + \frac{a_2}{z^2} + \frac{a_3}{z^3} + \ldots\right)}{a_0 + \frac{a_1}{z} + \frac{a_2}{z^2} + \frac{a_3}{z^3} + \frac{a_4}{z^4} + \ldots} = \frac{1}{z^m}\,.$$

Die Übertragungsfunktion ist also einfach eine Potenz von z. Wir erhalten

$$G_0(z) = 1\,, \quad G_1(z) = \frac{1}{z}\,, \quad G_2(z) = \frac{1}{z^2}$$

für die Spezialfälle $m = 0$, $m = 1$ und $m = 2$.

Lösung 20.9 (PT_1-Glied)

a) Die Übertragungsfunktion bestimmen wir durch Transformation der Differenzengleichung in den Bildbereich. Mit den Korrespondenzen

$$(x_k) \;\circ\!\!-\!\!\bullet\; X(z)\,, \quad (y_k) \;\circ\!\!-\!\!\bullet\; Y(z)\,, \quad (y_{k-1}) \;\circ\!\!-\!\!\bullet\; z^{-1}Y(z)$$

zusammen mit den Nullanfangsbedingungen erhalten wir

$$T\,\frac{Y(z)-\frac{1}{z}Y(z)}{\Delta t} + Y(z) = K\,X(z)\,.$$

Diese Beziehung lässt sich weiter vereinfachen zu

$$\frac{1}{\Delta t}\left(T - \frac{T}{z} + \Delta t\right)Y(z) = K\,X(z) \quad\Longrightarrow\quad \frac{(T+\Delta t)z - T}{\Delta t\, z}\,Y(z) = K\,X(z)\,.$$

Daraus lässt sich die Übertragungsfunktion ermitteln

$$G(z) = \frac{Y(z)}{X(z)} = K\,\frac{\Delta t\, z}{(T+\Delta t)z - T} = K\,\frac{\Delta t}{T+\Delta t}\left(\frac{z}{z-\frac{T}{T+\Delta t}}\right).$$

Dabei haben wir beim letzten Ausdruck bereits die Rücktransformation vorbereitet.

b) Die Transformation der Eingangsfolge ergibt

$$(x_k) = (\delta_k) \;\circ\!\!-\!\!\bullet\; X(z) = 1\,.$$

Somit folgt im Bildbereich

$$Y(z) = G(z)\,X(z) = G(z)\cdot 1 = K\,\frac{\Delta t}{T+\Delta t}\left(\frac{z}{z-\frac{T}{T+\Delta t}}\right).$$

Die Impulsantwort erhalten wir durch Rücktransformation der Übertragungsfunktion. Aus der bekannten Korrespondenz

$$\frac{z}{z-a} \;\bullet\!\!-\!\!\circ\; (a^k)$$

ergibt sich

$$Y(z) = K\,\frac{\Delta t}{T+\Delta t}\left(\frac{z}{z-\frac{T}{T+\Delta t}}\right) \;\bullet\!\!-\!\!\circ\; (y_k) = K\,\frac{\Delta t}{T+\Delta t}\left(\frac{T}{T+\Delta t}\right)^k.$$

Dieser Ausdruck lässt sich noch ein wenig vereinfachen zu

$$(y_k) = K\,\frac{\Delta t}{T}\left(\frac{T}{T+\Delta t}\right)^{k+1}.$$

Dies ist die gesuchte Impulsantwort.

c) Die Transformation der Eingangsfolge ergibt

$$(x_k) = (\sigma_k) \;\circ\!\!-\!\!\bullet\; X(z) = \frac{z}{z-1}\,.$$

Somit folgt im Bildbereich

$$Y(z) = G(z)\,X(z) = G(z)\,\frac{z}{z-1} = K\,\frac{\Delta t}{T+\Delta t}\left(\frac{z}{z-\frac{T}{T+\Delta t}}\right)\frac{z}{z-1}$$

für die z-Transformation der Ausgangsfolge (y_k).

Wir benötigen also die Rücktransformation einer Funktion der Bauart

$$\frac{z}{z-a} \cdot \frac{z}{z-1} \quad \text{mit} \quad a = \frac{T}{T + \Delta t}\,.$$

Wie bei einer Partialbruchzerlegung arbeiten wir mit dem Ansatz

$$\frac{z^2}{(z-a)(z-1)} = \frac{A\,z}{z-a} + \frac{B\,z}{z-1} = \frac{A\,z(z-1) + B\,z(z-a)}{(z-a)(z-1)}\,.$$

Im Unterschied zur Partialbruchzerlegung verwenden wir jeweils ein z im Zähler. Aus dem Koeffizientenvergleich

$$\frac{z^2}{(z-a)(z-1)} = \frac{A\,z^2 - A\,z + B\,z^2 - a\,B\,z}{(z-a)(z-1)}$$

ergibt sich das lineare Gleichungssystem

$$\begin{aligned} z^2 &: \quad A + \quad B = 1 \\ z^1 &: -A - a\,B = 0 \end{aligned}$$

mit der eindeutigen Lösung

$$A = \frac{a}{a-1}\,, \qquad B = -\frac{1}{a-1}\,.$$

Dadurch erhalten wir durch Rücktransformation von

$$Y(z) = K\,\frac{\Delta t}{T + \Delta t}\left(\frac{1}{a-1}\left(\frac{a\,z}{z-a} - \frac{z}{z-1}\right)\right)$$

die gesuchte Ausgangsfolge

$$(y_k) = K\,\frac{\Delta t}{T + \Delta t}\left(\frac{1}{a-1}\left(a^{k+1} - \sigma_k\right)\right).$$

Mit der Beziehung

$$\frac{1}{a-1} = \frac{1}{\frac{T}{T+\Delta t} - 1} = \frac{T + \Delta t}{-\Delta t}$$

ergibt sich schließlich

$$(y_k) = K\,\frac{\Delta t}{T + \Delta t}\left(\frac{T + \Delta t}{-\Delta t}\left(\left(\frac{T}{T + \Delta t}\right)^{k+1} - \sigma_k\right)\right) = -K\left(\left(\frac{T}{T + \Delta t}\right)^{k+1} - \sigma_k\right)$$

für die gesuchte Ausgangsfolge zur Eingangsfolge (σ_k).

21 Elementare Zahlentheorie

Dieses Kapitel enthält einige Aufgaben zur elementaren Zahlentheorie. Die Untersuchung von Teilbarkeitseigenschaften ist ein uraltes Thema. Man könnte denken, gerade deshalb ist vieles simpel und alles ist bereits erforscht und geklärt. An etlichen Stellen ist aber genau das Gegenteil der Fall. Bis heute gibt es knifflige Probleme, die wissenschaftlich noch nicht gelöst sind.

Ein Einstieg in die Welt der Zahlentheorie gelingt mit Aufgaben zur Modulo-Rechnung. Während die Division von ganzen Zahlen bereits Schulstoff in den unteren Klassen und damit vertraut ist, so ist der Umgang mit Resten und Moduln neu und ungewohnt. Das beginnt mit der Schreibweise von Kongruenzen mit drei Gleichheitsstrichen und setzt sich mit den Themen Restklassen und Restklassentabellen fort. Deutlich herausfordernder ist dann erfahrungsgemäß der Umgang mit multiplikativen Inversen. Das Lösen von simultanen Kongruenzen mithilfe des Chinesischen Restsatzes gehört schließlich zu den schwierigsten Aufgaben in diesem Kapitel.

Weitere typische Aufgabenstellungen sind die Berechnung von größten gemeinsamen Teilern und kleinsten gemeinsamen Vielfachen. Letztere werden dazu verwendet, um bei Brüchen möglichst kleine Hauptnenner zu finden. Sowohl Verständnis als auch Rechentechnik sind beim Euklidschen Algorithmus gefragt. Mit dessen Hilfe können größte gemeinsame Teiler konstruktiv berechnet werden. Mit dem erweiterten Euklidschen Algorithmus ist sogar die etwas sperrige Bestimmung von multiplikativen Inversen möglich.

Primzahlen spielen in der Zahlentheorie eine zentrale Rolle. Schnell ist erklärt, wie Primzahlen definiert sind und was eine Primzahlzerlegung ist. Das Sieb des Eratosthenes gehört gewissermaßen zur Allgemeinbildung. Die Bestimmung von großen Primzahlen ist jedoch eine Herausforderung. Die Faszination für Primzahlen rührt vermutlich daher, dass einerseits Problemstellungen selbst für mathematische Laien leicht verständlich und schnell erklärt sind und es andererseits immer noch etliche ungelöste Probleme von höchstem Schwierigkeitsgrad gibt.

Der kleine und große Satz von Fermat fallen ebenfalls in den Bereich der Zahlentheorie und haben einen hohen Bekanntheitsgrad erlangt. Während der kleine Fermat recht einfach zu beweisen ist, so ist der große Fermat eine extrem harte Nuss, die erst in der letzten Zeit vollständig geknackt wurde.

Anwendungen der Zahlentheorie finden sich häufig in der Kryptografie und beim Einsatz von Prüfziffern. Auch bei der Generierung von Pseudo-Zufallszahlen spielen Algorithmen, die auf großen Primzahlen basieren, eine wichtige Rolle.

21.1 Aufgaben

21.1.1 Verständnis und Kompetenz

Aufgabe 21.1 (Mersenne-Zahlen) ★☆☆☆☆

Richtig oder falsch? Für jede natürliche Zahl k ist $2^k - 1$ eine Primzahl.

Aufgabe 21.2 (Produkte von Primzahlen) ★★☆☆☆

Richtig oder falsch? Wenn $p_1, p_2, \ldots, p_n$ lauter Primzahlen sind, dann ist $p = p_1 \cdot p_2 \cdot \ldots \cdot p_n + 1$ auch eine Primzahl.

21.1.2 Rechnung und Training

Aufgabe 21.3 (Modulo-Rest) ★★☆☆☆

Bestimmen Sie für die Zahl 47110815007 den Modulo-Rest:

a) modulo 2 b) modulo 3 c) modulo 5
d) modulo 9 e) modulo 10 f) modulo 100

Aufgabe 21.4 (Modulo-Vereinfachungen) ★★☆☆☆

Vereinfachen Sie die folgenden Ausdrücke:

a) $2^{22} \mod 23$ b) $2^{110} \mod 23$ c) $2^{92} \mod 23$
d) $n+1 \mod n$ e) $n^2 \mod n$ f) $n^2 - 1 \mod n+1$

Aufgabe 21.5 (Teiler und Vielfache) ★★☆☆☆

Bestimmen Sie für die folgenden Zahlenpaare den ggT und das kgV:

a) 21 und 12 b) 2121 und 1212 c) 21021 und 12012

Aufgabe 21.6 (Primfaktorzerlegungen) ★★★☆☆

Bestimmen Sie die Primfaktorzerlegungen der beiden Zahlen 847 und 539. Ermitteln Sie daraus den größten gemeinsamen Teiler und das kleinste gemeinsame Vielfache.

Aufgabe 21.7 (Simultane Kongruenzen) ★★★★☆

Bestimmen Sie die Lösung der beiden simultanen Kongruenzen

$$x \equiv 1 \mod 11 \quad \text{und} \quad x \equiv 13 \mod 31\,.$$

Aufgabe 21.8 (Fakultäten und Primfaktoren) ★★★☆☆

Mit wie vielen Nullen endet die Zahl $\frac{100!}{50!}$?

Aufgabe 21.9 (Matrizen und Modulo) ★★★☆☆

Bestimmen Sie $\boldsymbol{A}^2$, $\boldsymbol{B}^2$, $\boldsymbol{C}^2$, $\boldsymbol{AB}$, $\boldsymbol{AC}$ und $\boldsymbol{BC}$ für die folgenden Matrizen:

$$\boldsymbol{A} = \begin{pmatrix} 1 & 0 & 0 \\ 0 & 1 & 0 \\ 0 & 0 & 1 \end{pmatrix}, \qquad \boldsymbol{B} = \begin{pmatrix} 1 & 1 & 1 \\ 1 & 1 & 1 \\ 1 & 1 & 1 \end{pmatrix}, \qquad \boldsymbol{C} = \begin{pmatrix} 1 & 0 & 1 \\ 0 & 1 & 0 \\ 1 & 0 & 1 \end{pmatrix}.$$

a) modulo 2 b) modulo 3 c) modulo 4

21.2 Lösungen

21.2.1 Verständnis und Kompetenz

Lösung 21.1 (Mersenne-Zahlen)

Richtig ist, dass einige Mersenne-Zahlen

$$2^k - 1 \quad \text{mit} \quad k \in \mathbb{N}$$

tatsächlich Primzahlen sind. Allerdings trifft dies nicht auf jede natürliche Zahl k zu. Ein einfaches Gegenbeispiel ist etwa

$$2^4 - 1 = 15 = 5 \cdot 3 .$$

Damit ist die Aussage falsch.

Lösung 21.2 (Produkte von Primzahlen)

Hier liegen richtige und falsche Aussagen dicht beieinander. Nimmt man die ersten k Primzahlen, fortlaufend ohne Lücke und Mehrfachverwendung, so kann man beweisen, dass dann auch die Zahl

$$p = p_1 \cdot p_2 \cdot \ldots \cdot p_n + 1$$

stets eine Primzahl ist. Nimmt man allerdings k beliebige Primzahlen, also gegebenfalls auch mehrfach, dann ist p nur manchmal eine Primzahl. Die Zahlen

$$16 = 3 \cdot 5 + 1 \quad \text{oder} \quad 9 = 2 \cdot 2 \cdot 2 + 1$$

etwa sind keine Primzahlen. Wir haben also Gegenbeispiele gefunden und somit ist die Aussage falsch.

21.2.2 Rechnung und Training

Lösung 21.3 (Modulo-Rest)

a) Es ist $47110815007 \mod 2 = 1$, denn die letzte Ziffer der Zahl 47110815007 ist 7 und damit ungerade.

b) Es ist $47110815007 \mod 3 = 1$, denn die Quersumme der Zahl 47110815007 ist 34 und 34 hat den Rest 1 bei der Division durch 3.

c) Es ist $47110815007 \mod 5 = 2$, denn die letzte Ziffer 7 hat den Rest 2 bei der Division durch 5.

d) Es ist $47110815007 \mod 9 = 7$, denn die Quersumme der Zahl 47110815007 ist 34 und 34 hat den Rest 7 bei der Division durch 9.

e) Es ist $47110815007 \mod 10 = 7$, denn die letzte Ziffer ist 7. Der Modulo-Rest steht in der letzten Ziffer.

f) Es ist $47110815007 \mod 100 = 7$, denn die letzten beiden Ziffern sind 07. Der Modulo-Rest steht in den letzten beiden Ziffern.

Lösung 21.4 (Modulo-Vereinfachungen)

a) Es ist $2^{22} \mod 23 = 1$ nach dem kleinen Satz von Fermat. Die Voraussetzungen sind erfüllt, denn die Hochzahl 22 ist um eins kleiner als der Divisor 23. Außerdem ist der Divisor 23 eine Primzahl.

b) Mit der Zerlegung $110 = 22 \cdot 5$ und dem kleinen Satz von Fermat gilt

$$2^{110} = \left(2^{22}\right)^5 \equiv 1^5 \equiv 1 \mod 23\,.$$

Es ist also $2^{110} \mod 23 = 1$.

c) Mit der Zerlegung $92 = 22 \cdot 4 + 4$ und dem kleinen Satz von Fermat gilt

$$2^{92} = \left(2^{22}\right)^4 \cdot 2^4 \equiv 1^4 \cdot 2^4 \equiv 1 \cdot 16 \equiv 16 \mod 23\,.$$

Es ist also $2^{92} \mod 23 = 16$.

d) Es ist $n + 1 \mod n = 1$.

e) Es ist $n^2 \mod n = 0$, denn die Division $n^2 : n = n$ geht ohne Rest auf.

f) Mit der dritten binomischen Formel erkennt man, dass die Division ohne Rest aufgeht:

$$(n^2 - 1) : (n + 1) = (n - 1)(n + 1) : (n + 1) = (n - 1)\,.$$

Es ist also $n^2 - 1 \mod n + 1 = 0$.

Lösung 21.5 (Teiler und Vielfache)

a) Die Primfaktorzerlegungen lauten

$$12 = 2 \cdot 2 \cdot 3\,, \quad 21 = 3 \cdot 7\,.$$

Es ist also $\mathrm{ggT}\,(12, 21) = 3$ und $\mathrm{kgV}\,(12, 21) = 84$.

b) Die Primfaktorzerlegungen lauten

$$1212 = 101 \cdot 12 = 101 \cdot 2 \cdot 2 \cdot 3\,, \quad 2121 = 101 \cdot 21 = 101 \cdot 3 \cdot 7\,.$$

Es ist also $\mathrm{ggT}\,(1212, 2121) = 303$ und $\mathrm{kgV}\,(1212, 2121) = 8484$.

c) Mögliche Zerlegungen lauten

$$12012 = 1001 \cdot 12 = 1001 \cdot 2 \cdot 2 \cdot 3\,, \quad 21021 = 1001 \cdot 21 = 1001 \cdot 3 \cdot 7\,.$$

Dabei ist 1001 keine Primzahl, sie kommt aber als Faktor in beiden Zahlen vor. Es ist also $\mathrm{ggT}\,(12012, 21021) = 3003$ und $\mathrm{kgV}\,(12012, 21021) = 84084$.

Lösung 21.6 (Primfaktorzerlegungen)

Wir erhalten die beiden Primfaktorzerlegungen

$$847 = 7 \cdot 11 \cdot 11\,, \quad 539 = 7 \cdot 11 \cdot 11$$

durch Probieren kleiner Primzahlen nacheinander als mögliche Teiler. Es sind

$$\mathrm{ggT}\,(847, 539) = 7 \cdot 11 = 77\,, \quad \mathrm{kgV}\,(847, 539) = 7^2 \cdot 11^2 = 5929$$

der größte gemeinsame Teiler und das kleinste gemeinsame Vielfache der beiden gegebenen Zahlen.

Lösung 21.7 (Simultane Kongruenzen)

Nach dem Chinesischen Restsatz benötigen wir die multiplikative Inverse von 11 modulo 31. Dazu zerlegen wir

$$31 = 2 \cdot 11 + 9 \quad \Longrightarrow \quad 11 = 1 \cdot 9 + 2 \quad \Longrightarrow \quad 9 = 4 \cdot 2 + 1\,.$$

Der Rest 1 signalisiert uns, dass der größte gemeinsame Teiler von 11 und 31 die 1 ist. Die beiden Zahlen sind also teilerfremd und es gibt eine multiplikative Inverse. Wir setzen die Gleichungen rückwärts ineinander ein:

$$1 = 9 - 4 \cdot 2 = 9 - 4(11 - 9) = 5 \cdot 9 - 4 \cdot 11 = 5(31 - 2 \cdot 11) - 4 \cdot 11 = 5 \cdot 31 - 14 \cdot 11\,.$$

Somit ist

$$[11]_{31}^{-1} = [-14]_{31} = [17]_{31}\,.$$

Außerdem benötigen wir noch die multiplikative Inverse von 31 modulo 11. Wegen der Gleichung

$$31 \mod 11 = 9 \mod 11$$

zerlegen wir

$$11 = 1 \cdot 9 + 2 \quad \Longrightarrow \quad 9 = 4 \cdot 2 + 1\,.$$

Rückwärts einsetzen ergibt

$$1 = 9 - 4 \cdot 2 = 9 - 4(11 - 9) = 5 \cdot 9 - 4 \cdot 11\,.$$

Somit ist

$$[31]_{11}^{-1} = [5]_{11}\,.$$

Jetzt bilden wir entsprechend dem Vorgehen gemäß des Chinesischen Restsatzes

$$y = 1 \cdot 31 \cdot 5 + 13 \cdot 11 \cdot 17 = 155 + 2431 = 2586$$

und daraus die eindeutige Lösung

$$x = 2586 \mod 11 \cdot 31 = 199 \mod 341\,.$$

Leicht können wir überprüfen, dass 199 beide Kongruenzen erfüllt.

Lösung 21.8 (Fakultäten und Primfaktoren)

Zunächst kürzen wir:

$$\frac{100!}{50!} = 100 \cdot 99 \cdot 98 \cdot 97 \cdot 96 \cdot 95 \cdot \ldots \cdot 90 \cdot \ldots \cdot 55 \cdot 54 \cdot 53 \cdot 52 \cdot 51\,.$$

Die Anzahl der Nullen bestimmen wir, indem wir die Anzahl der Primfaktoren 2 und 5 bestimmen. Die 5 ist als Primfaktor in den Zahlen

$$55,\ 60,\ 65,\ 70,\ 75,\ 80,\ 85,\ 90,\ 95,\ 100$$

enthalten. In 75 und 100 kommt die 5 sogar zweimal als Primfaktor vor. Insgesamt enthält die Primfaktorzerlegung somit 12 mal die 5. Der Primfaktor 2 steckt in jeder geraden Zahl mindestens einmal. Das sind sicherlich mehr als 12 Zahlen. Somit ist für die Anzahl der Nullen nur die Anzahl der Primfaktoren 5 entscheidend. Insgesamt endet die Zahl also mit 12 Nullen.

Lösung 21.9 (Matrizen und Modulo)

Zunächst berechnen wir die sechs Matrizen. Für die Quadrate erhalten wir

$$\boldsymbol{A}^2 = \begin{pmatrix} 1 & 0 & 0 \\ 0 & 1 & 0 \\ 0 & 0 & 1 \end{pmatrix}, \quad \boldsymbol{B}^2 = \begin{pmatrix} 3 & 3 & 3 \\ 3 & 3 & 3 \\ 3 & 3 & 3 \end{pmatrix}, \quad \boldsymbol{C}^2 = \begin{pmatrix} 2 & 0 & 2 \\ 0 & 1 & 0 \\ 2 & 0 & 2 \end{pmatrix}$$

und für die gemischten Produkte

$$\boldsymbol{AB} = \begin{pmatrix} 1 & 1 & 1 \\ 1 & 1 & 1 \\ 1 & 1 & 1 \end{pmatrix}, \quad \boldsymbol{AC} = \begin{pmatrix} 1 & 0 & 1 \\ 0 & 1 & 0 \\ 1 & 0 & 1 \end{pmatrix}, \quad \boldsymbol{BC} = \begin{pmatrix} 2 & 1 & 2 \\ 2 & 1 & 2 \\ 2 & 1 & 2 \end{pmatrix}.$$

Nun können wir bei allen sechs Matrizen den Modulo bestimmen.

a) Wir bilden die Matrizen modulo 2 und erhalten

$$\boldsymbol{A}^2 \bmod 2 = \begin{pmatrix} 1 & 0 & 0 \\ 0 & 1 & 0 \\ 0 & 0 & 1 \end{pmatrix}, \quad \boldsymbol{B}^2 \bmod 2 = \begin{pmatrix} 1 & 1 & 1 \\ 1 & 1 & 1 \\ 1 & 1 & 1 \end{pmatrix}, \quad \boldsymbol{C}^2 \bmod 2 = \begin{pmatrix} 0 & 0 & 0 \\ 0 & 1 & 0 \\ 0 & 0 & 0 \end{pmatrix}$$

und weiter

$$\boldsymbol{AB} \bmod 2 = \begin{pmatrix} 1 & 1 & 1 \\ 1 & 1 & 1 \\ 1 & 1 & 1 \end{pmatrix}, \quad \boldsymbol{AC} \bmod 2 = \begin{pmatrix} 1 & 0 & 1 \\ 0 & 1 & 0 \\ 1 & 0 & 1 \end{pmatrix}, \quad \boldsymbol{BC} \bmod 2 = \begin{pmatrix} 0 & 1 & 0 \\ 0 & 1 & 0 \\ 0 & 1 & 0 \end{pmatrix}.$$

b) Wir bilden die Matrizen modulo 3 und erhalten

$$\boldsymbol{A}^2 \bmod 3 = \begin{pmatrix} 1 & 0 & 0 \\ 0 & 1 & 0 \\ 0 & 0 & 1 \end{pmatrix}, \quad \boldsymbol{B}^2 \bmod 3 = \begin{pmatrix} 0 & 0 & 0 \\ 0 & 0 & 0 \\ 0 & 0 & 0 \end{pmatrix}, \quad \boldsymbol{C}^2 \bmod 3 = \begin{pmatrix} 2 & 0 & 2 \\ 0 & 1 & 0 \\ 2 & 0 & 2 \end{pmatrix}$$

und weiter

$$\boldsymbol{AB} \bmod 3 = \begin{pmatrix} 1 & 1 & 1 \\ 1 & 1 & 1 \\ 1 & 1 & 1 \end{pmatrix}, \quad \boldsymbol{AC} \bmod 3 = \begin{pmatrix} 1 & 0 & 1 \\ 0 & 1 & 0 \\ 1 & 0 & 1 \end{pmatrix}, \quad \boldsymbol{BC} \bmod 3 = \begin{pmatrix} 2 & 1 & 2 \\ 2 & 1 & 2 \\ 2 & 1 & 2 \end{pmatrix}.$$

c) Da die Matrixelemente der sechs Produktmatrizen nur aus den Zahlen $\{0, 1, 2, 3\}$ bestehen, ändern sich die Matrizen modulo 4 nicht.

A Anhang

A.1 Lineare Algebra

Regel	Formel	
Kommutativgesetz	$\boldsymbol{a} + \boldsymbol{b} = \boldsymbol{b} + \boldsymbol{a}$	
	$\boldsymbol{a} \cdot \boldsymbol{b} = \boldsymbol{b} \cdot \boldsymbol{a}$	
	$\boldsymbol{b} \times \boldsymbol{a} = -(\boldsymbol{a} \times \boldsymbol{b})$	
Assoziativgesetz	$\boldsymbol{a} + (\boldsymbol{b} + \boldsymbol{c}) = (\boldsymbol{a} + \boldsymbol{b}) + \boldsymbol{c}$	
	$\boldsymbol{a} \cdot (\boldsymbol{b} \cdot \boldsymbol{c}) \neq (\boldsymbol{a} \cdot \boldsymbol{b}) \cdot \boldsymbol{c}$	im Allgemeinen
Distributivgesetz	$(\lambda + \mu)\,\boldsymbol{a} = \lambda\boldsymbol{a} + \mu\boldsymbol{a}$	
	$\lambda(\boldsymbol{a} + \boldsymbol{b}) = \lambda\boldsymbol{a} + \lambda\boldsymbol{b}$	
	$\boldsymbol{a} \cdot (\boldsymbol{b} + \boldsymbol{c}) = \boldsymbol{a} \cdot \boldsymbol{b} + \boldsymbol{a} \cdot \boldsymbol{c}$	
	$\boldsymbol{a} \times (\boldsymbol{b} + \boldsymbol{c}) = \boldsymbol{a} \times \boldsymbol{b} + \boldsymbol{a} \times \boldsymbol{c}$	
Skalarpordukt	$\boldsymbol{a} \cdot \boldsymbol{b} = \lvert\boldsymbol{a}\rvert\,\lvert\boldsymbol{b}\rvert \cos \angle(\boldsymbol{a}, \boldsymbol{b})$	
	$\boldsymbol{a}^2 = \lvert\boldsymbol{a}\rvert^2$	
Vektorprodukt	$\lvert\boldsymbol{a} \times \boldsymbol{b}\rvert = \lvert\boldsymbol{a}\rvert\,\lvert\boldsymbol{b}\rvert \sin \angle(\boldsymbol{a}, \boldsymbol{b})$	

Regel	Formel	
Kommutativgesetz	$\boldsymbol{A} + \boldsymbol{B} = \boldsymbol{B} + \boldsymbol{A}$	
	$\boldsymbol{A} \cdot \boldsymbol{B} \neq \boldsymbol{B} \cdot \boldsymbol{A}$	im Allgemeinen
Assoziativgesetz	$\boldsymbol{A} + (\boldsymbol{B} + \boldsymbol{C}) = (\boldsymbol{A} + \boldsymbol{B}) + \boldsymbol{C}$	
	$\boldsymbol{A} \cdot (\boldsymbol{B} \cdot \boldsymbol{C}) = (\boldsymbol{A} \cdot \boldsymbol{B}) \cdot \boldsymbol{C}$	
Distributivgesetz	$(\lambda + \mu)\,\boldsymbol{A} = \lambda\boldsymbol{A} + \mu\boldsymbol{A}$	
	$\lambda(\boldsymbol{A} + \boldsymbol{B}) = \lambda\boldsymbol{A} + \lambda\boldsymbol{B}$	
	$\boldsymbol{A} \cdot (\boldsymbol{B} + \boldsymbol{C}) = \boldsymbol{A} \cdot \boldsymbol{B} + \boldsymbol{A} \cdot \boldsymbol{C}$	
	$(\boldsymbol{A} + \boldsymbol{B}) \cdot \boldsymbol{C} = \boldsymbol{A} \cdot \boldsymbol{C} + \boldsymbol{B} \cdot \boldsymbol{C}$	
Transposition	$(\boldsymbol{A} + \boldsymbol{B})^{\mathrm{T}} = \boldsymbol{A}^{\mathrm{T}} + \boldsymbol{B}^{\mathrm{T}}$	
	$(\boldsymbol{A} \cdot \boldsymbol{B})^{\mathrm{T}} = \boldsymbol{B}^{\mathrm{T}} \cdot \boldsymbol{A}^{\mathrm{T}}$	
Inverse	$(\boldsymbol{A} \cdot \boldsymbol{B})^{-1} = \boldsymbol{B}^{-1} \cdot \boldsymbol{A}^{-1}$	
	$(\boldsymbol{A}^{T})^{-1} = (\boldsymbol{A}^{-1})^{T}$	

A.2 Trigonometrische Funktionen

Quadrant	Gradmaß α		Bogenmaß x		$\sin x$	$\cos x$	$\tan x$	$\cot x$
	$0°$		0		0	1	0	
I	$30°$		$\frac{\pi}{6}$		$\frac{1}{2}$	$\frac{\sqrt{3}}{2}$	$\frac{\sqrt{3}}{3}$	$\sqrt{3}$
I	$45°$		$\frac{\pi}{4}$		$\frac{\sqrt{2}}{2}$	$\frac{\sqrt{2}}{2}$	1	1
I	$60°$		$\frac{\pi}{3}$		$\frac{\sqrt{3}}{2}$	$\frac{1}{2}$	$\sqrt{3}$	$\frac{\sqrt{3}}{3}$
	$90°$		$\frac{\pi}{2}$		1	0		0
II	$120°$		$\frac{2\pi}{3}$		$\frac{\sqrt{3}}{2}$	$-\frac{1}{2}$	$-\sqrt{3}$	$-\frac{\sqrt{3}}{3}$
II	$135°$		$\frac{3\pi}{4}$		$\frac{\sqrt{2}}{2}$	$-\frac{\sqrt{2}}{2}$	-1	-1
II	$150°$		$\frac{5\pi}{6}$		$\frac{1}{2}$	$-\frac{\sqrt{3}}{2}$	$-\frac{\sqrt{3}}{3}$	$-\sqrt{3}$
	$180°$		π		0	-1	0	
III	$210°$	$-150°$	$\frac{7\pi}{6}$	$-\frac{5\pi}{6}$	$-\frac{1}{2}$	$-\frac{\sqrt{3}}{2}$	$\frac{\sqrt{3}}{3}$	$\sqrt{3}$
III	$225°$	$-135°$	$\frac{5\pi}{4}$	$-\frac{3\pi}{4}$	$-\frac{\sqrt{2}}{2}$	$-\frac{\sqrt{2}}{2}$	1	1
III	$240°$	$-120°$	$\frac{4\pi}{3}$	$-\frac{2\pi}{3}$	$-\frac{\sqrt{3}}{2}$	$-\frac{1}{2}$	$\sqrt{3}$	$\frac{\sqrt{3}}{3}$
	$270°$	$-90°$	$\frac{3\pi}{2}$	$-\frac{\pi}{2}$	-1	0		0
IV	$300°$	$-60°$	$\frac{5\pi}{3}$	$-\frac{\pi}{3}$	$-\frac{\sqrt{3}}{2}$	$\frac{1}{2}$	$-\sqrt{3}$	$-\frac{\sqrt{3}}{3}$
IV	$315°$	$-45°$	$\frac{7\pi}{4}$	$-\frac{\pi}{4}$	$-\frac{\sqrt{2}}{2}$	$\frac{\sqrt{2}}{2}$	-1	-1
IV	$330°$	$-30°$	$\frac{11\pi}{6}$	$-\frac{\pi}{6}$	$-\frac{1}{2}$	$\frac{\sqrt{3}}{2}$	$-\frac{\sqrt{3}}{3}$	$-\sqrt{3}$
	$360°$		2π		0	1	0	

Verschiebung des Sinus

$$\sin\left(x+\tfrac{\pi}{2}\right) = \cos x$$
$$\sin\left(x-\tfrac{\pi}{2}\right) = -\cos x$$
$$\sin\left(\tfrac{\pi}{2}-x\right) = \cos x$$
$$\sin\left(-\tfrac{\pi}{2}-x\right) = -\cos x$$
$$\sin(x\pm\pi) = -\sin x$$
$$\sin(\pm\pi-x) = \sin x$$

Verschiebung des Kosinus

$$\cos\left(x+\tfrac{\pi}{2}\right) = -\sin x$$
$$\cos\left(x-\tfrac{\pi}{2}\right) = \sin x$$
$$\cos\left(\tfrac{\pi}{2}-x\right) = \sin x$$
$$\cos\left(-\tfrac{\pi}{2}-x\right) = -\sin x$$
$$\cos(x\pm\pi) = -\cos x$$
$$\cos(\pm\pi-x) = -\cos x$$

Additionstheoreme

$$\sin(x\pm y) = \sin x\cos y \pm \cos x\sin y$$
$$\cos(x\pm y) = \cos x\cos y \mp \sin x\sin y$$
$$\tan(x\pm y) = \frac{\tan x \pm \tan y}{1 \mp \tan x\tan y}$$
$$\cot(x\pm y) = \frac{\cot x\cot y \mp 1}{\cot y \pm \cot x}$$

Doppelwinkelformeln

$$\sin(2x) = 2\sin x\cos x$$
$$\cos(2x) = \cos^2 x - \sin^2 x$$
$$\tan(2x) = \frac{2\tan x}{1-\tan^2 x}$$
$$\cot(2x) = \frac{\cot^2 x - 1}{2\cot x}$$

Quadrant	$\sin x$	$\cos x$	$\tan x$	$\cot x$
I	+	+	+	+
II	+	–	–	–
III	–	+	+	+
IV	–	–	–	–

Euler-Formeln

$$\cos x = \frac{e^{ix}+e^{-ix}}{2}$$
$$\sin x = \frac{e^{ix}-e^{-ix}}{2i}$$
$$\cosh x = \frac{e^{x}+e^{-x}}{2}$$
$$\sinh x = \frac{e^{x}-e^{-x}}{2}$$

A.3 Ableitungen

Funktion $f(x)$	Ableitung $f'(x)$
x	1
x^2	$2x$
$\sqrt{x}$	$\dfrac{1}{2\sqrt{x}}$
$\sqrt[3]{x}$	$\dfrac{1}{3\sqrt[3]{x^2}}$
$\dfrac{1}{x}$	$-\dfrac{1}{x^2}$
$\dfrac{1}{x^2}$	$-\dfrac{2}{x^3}$
$\dfrac{1}{\sqrt{x}}$	$-\dfrac{1}{2x\sqrt{x}}$
x^a	$a\,x^{a-1}$ $(a \in \mathbb{R})$

Funktion $f(x)$	Ableitung $f'(x)$
e^x	e^x
e^{ax}	$a\,\mathrm{e}^{ax}$
b^x	$(\ln b)\,b^x$ $(b > 0)$
b^{ax}	$a\,(\ln b)\,b^{ax}$ $(b > 0)$
$\ln x$	$\dfrac{1}{x}$
$\ln(ax)$	$\dfrac{1}{x}$
$\log_b x$	$\dfrac{1}{(\ln b)\,x}$ $(b>0, b\neq 1)$
$\log_b(ax)$	$\dfrac{1}{(\ln b)\,x}$ $(b>0, b\neq 1)$

Funktion $f(x)$	Ableitung $f'(x)$
$\sin x$	$\cos x$
$\cos x$	$-\sin x$
$\tan x$	$1 + \tan^2 x$
$\cot x$	$-1 - \cot^2 x$
$\arcsin x$	$\dfrac{1}{\sqrt{1-x^2}}$
$\arccos x$	$-\dfrac{1}{\sqrt{1-x^2}}$
$\arctan x$	$\dfrac{1}{1+x^2}$
$\operatorname{arccot} x$	$-\dfrac{1}{1+x^2}$

Funktion $f(x)$	Ableitung $f'(x)$
$\sinh x$	$\cosh x$
$\cosh x$	$\sinh x$
$\tanh x$	$1 - \tanh^2 x$
$\coth x$	$1 - \coth^2 x$
$\operatorname{arsinh} x$	$\dfrac{1}{\sqrt{1+x^2}}$
$\operatorname{arcosh} x$	$\dfrac{1}{\sqrt{x^2-1}}$
$\operatorname{artanh} x$	$\dfrac{1}{1-x^2}$
$\operatorname{arcoth} x$	$-\dfrac{1}{x^2-1}$

A.4 Integrale

Funktion $f(x)$		Stammfunktion $F(x)$	
$\int x \, \mathrm{d}x$	=	$\frac{1}{2} x^2$	
$\int x^2 \, \mathrm{d}x$	=	$\frac{1}{3} x^3$	
$\int \sqrt{x} \, \mathrm{d}x$	=	$\frac{2}{3} x \sqrt{x}$	
$\int \sqrt[3]{x} \, \mathrm{d}x$	=	$\frac{3}{4} x \sqrt[3]{x}$	
$\int \frac{1}{x} \, \mathrm{d}x$	=	$\ln \lvert x \rvert$	
$\int \frac{1}{x^2} \, \mathrm{d}x$	=	$-\frac{1}{x}$	
$\int \frac{1}{\sqrt{x}} \, \mathrm{d}x$	=	$2\sqrt{x}$	
$\int x^a \, \mathrm{d}x$	=	$\frac{1}{a+1} x^{a+1}$	$(a \neq -1)$

Funktion $f(x)$		Stammfunktion $F(x)$	
$\int \mathrm{e}^x \, \mathrm{d}x$	=	e^x	
$\int \mathrm{e}^{ax} \, \mathrm{d}x$	=	$\frac{1}{a} \mathrm{e}^{ax}$	$(a \neq 0)$
$\int b^x \, \mathrm{d}x$	=	$\frac{1}{\ln b} b^x$	$(b > 0)$
$\int b^{ax} \, \mathrm{d}x$	=	$\frac{1}{a \ln b} b^{ax}$	$(a \neq 0, b > 0)$
$\int \ln x \, \mathrm{d}x$	=	$x (\ln x - 1)$	
$\int \ln(ax) \, \mathrm{d}x$	=	$x \left(\ln(ax) - 1 \right)$	$(a > 0)$
$\int \log_b x \, \mathrm{d}x$	=	$x \left(\log_b x - \log_b \mathrm{e} \right)$	$(b > 0, b \neq 1)$
$\int \log_b(ax) \, \mathrm{d}x$	=	$x \left(\log_b(ax) - \log_b \mathrm{e} \right)$	$(a > 0, b > 0, b \neq 1)$

Funktion $f(x)$		Stammfunktion $F(x)$
$\int \sin x \, \mathrm{d}x$	=	$-\cos x$
$\int \cos x \, \mathrm{d}x$	=	$\sin x$
$\int \tan x \, \mathrm{d}x$	=	$-\ln \lvert \cos x \rvert$
$\int \cot x \, \mathrm{d}x$	=	$\ln \lvert \sin x \rvert$
$\int \arcsin x \, \mathrm{d}x$	=	$x \arcsin x + \sqrt{1-x^2}$
$\int \arccos x \, \mathrm{d}x$	=	$x \arccos x - \sqrt{1-x^2}$
$\int \arctan x \, \mathrm{d}x$	=	$x \arctan x - \frac{\ln(1+x^2)}{2}$
$\int \operatorname{arccot} x \, \mathrm{d}x$	=	$x \operatorname{arccot} x + \frac{\ln(1+x^2)}{2}$

Funktion $f(x)$		Stammfunktion $F(x)$
$\int \sinh x \, \mathrm{d}x$	=	$\cosh x$
$\int \cosh x \, \mathrm{d}x$	=	$\sinh x$
$\int \tanh x \, \mathrm{d}x$	=	$\ln \lvert \cosh x \rvert$
$\int \coth x \, \mathrm{d}x$	=	$\ln \lvert \sinh x \rvert$
$\int \operatorname{arsinh} x \, \mathrm{d}x$	=	$x \operatorname{arsinh} x - \sqrt{x^2+1}$
$\int \operatorname{arcosh} x \, \mathrm{d}x$	=	$x \operatorname{arcosh} x - \sqrt{x^2-1}$
$\int \operatorname{artanh} x \, \mathrm{d}x$	=	$x \operatorname{artanh} x + \frac{\ln(1-x^2)}{2}$
$\int \operatorname{arcoth} x \, \mathrm{d}x$	=	$x \operatorname{arcoth} x + \frac{\ln(x^2-1)}{2}$

Funktion $f(x)$		Stammfunktion $F(x)$
$\int \frac{1}{x-a}\,\mathrm{d}x$	=	$\ln\lvert x-a\rvert$
$\int \frac{1}{(x-a)^n}\,\mathrm{d}x$	=	$-\frac{1}{(n-1)(x-a)^{n-1}} \quad (n \neq 1)$
$\int \frac{x}{x-a}\,\mathrm{d}x$	=	$x + a\ln\lvert x-a\rvert$
$\int \frac{1}{x^2+1}\,\mathrm{d}x$	=	$\arctan x$
$\int \frac{1}{x^2+a^2}\,\mathrm{d}x$	=	$\frac{1}{a}\arctan\left(\frac{x}{a}\right) \quad (a \neq 0)$
$\int \frac{2ax+b}{ax^2+bx+c}\,\mathrm{d}x$	=	$\ln\left\lvert ax^2+bx+c\right\rvert \quad (a \neq 0)$

Funktion $f(x)$		Stammfunktion $F(x)$
$\int x\,\mathrm{e}^{ax}\,\mathrm{d}x$	=	$\frac{ax-1}{a^2}\,\mathrm{e}^{ax}$
$\int x^2\,\mathrm{e}^{ax}\,\mathrm{d}x$	=	$\frac{a^2x^2-2ax+2}{a^3}\,\mathrm{e}^{ax}$
$\int x\sin(ax)\,\mathrm{d}x$	=	$\frac{1}{a^2}\sin(ax) - \frac{x}{a}\cos(ax)$
$\int x\cos(ax)\,\mathrm{d}x$	=	$\frac{1}{a^2}\cos(ax) + \frac{x}{a}\sin(ax)$
$\int x^2\sin(ax)\,\mathrm{d}x$	=	$\frac{2x}{a^2}\sin(ax) - \frac{a^2x^2-2}{a^3}\cos(ax)$
$\int x^2\cos(ax)\,\mathrm{d}x$	=	$\frac{2x}{a^2}\cos(ax) + \frac{a^2x^2-2}{a^3}\sin(ax)$
$\int \mathrm{e}^{ax}\sin(bx)\,\mathrm{d}x$	=	$\frac{\mathrm{e}^{ax}}{a^2+b^2}\big(a\sin(bx) - b\cos(bx)\big)$
$\int \mathrm{e}^{ax}\cos(bx)\,\mathrm{d}x$	=	$\frac{\mathrm{e}^{ax}}{a^2+b^2}\big(a\cos(bx) + b\sin(bx)\big)$
$\int \sin^2 x\,\mathrm{d}x$	=	$\frac{x}{2} - \frac{1}{2}\sin x\cos x$
$\int \cos^2 x\,\mathrm{d}x$	=	$\frac{x}{2} + \frac{1}{2}\sin x\cos x$

A.5 Ableitungsregeln und Integralregeln

Regel	Formel
Faktorregel	$(C\,f(x))' = C\,f'(x)$
Summenregel	$\big(f(x) \pm g(x)\big)' = f'(x) \pm g'(x)$
Produktregel	$\big(f(x) \cdot g(x)\big)' = f'(x) \cdot g(x) + f(x) \cdot g'(x)$
Quotientenregel	$\left(\dfrac{f(x)}{g(x)}\right)' = \dfrac{f'(x) \cdot g(x) - f(x) \cdot g'(x)}{g(x)^2}$
Kettenregel	$\big(f(u(x))\big)' = f'\big(u(x)\big) \cdot u'(x)$
Umkehrfunktion	$(f^{-1}(y))' = \dfrac{1}{f'(x)}$

Regel	Formel
Faktorregel	$\int C\,f(x)\,\mathrm{d}x = C \int f(x)\,\mathrm{d}x$
Summenregel	$\int f(x) \pm g(x)\,\mathrm{d}x = \int f(x)\,\mathrm{d}x \pm \int g(x)\,\mathrm{d}x$
Substitution	$\int f\big(u(x)\big) \cdot u'(x)\,\mathrm{d}x = \int f(u)\,\mathrm{d}u$
	$\int f(x) \cdot f'(x)\,\mathrm{d}x = \dfrac{1}{2} f^2(x)$
	$\int \dfrac{f'(x)}{f(x)}\,\mathrm{d}x = \ln\lvert f(x)\rvert$
Partielle Integration	$\int f(x) \cdot g'(x)\mathrm{d}x = f(x) \cdot g(x) - \int f'(x) \cdot g(x)\,\mathrm{d}x$
Vertauschen	$\int_a^b f(x)\,\mathrm{d}x = -\int_b^a f(x)\,\mathrm{d}x$
Integrationsbereich	$\int_a^b f(x)\,\mathrm{d}x = \int_a^c f(x)\,\mathrm{d}x + \int_c^b f(x)\,\mathrm{d}x$
Hauptsatz I	$\dfrac{\mathrm{d}}{\mathrm{d}t}\left(\int_a^t f(x)\,\mathrm{d}x\right) = f(t)$
Hauptsatz II	$\int_a^b f(x)\,\mathrm{d}x = F(b) - F(a)$

A.6 Potenzreihen

Funktion	Potenzreihe		Konvergenzradius
$\frac{1}{1-x}$	$= \sum_{k=0}^{\infty} x^k$	$= 1 + x + x^2 + x^3 + \ldots$	1
e^x	$= \sum_{k=0}^{\infty} \frac{1}{k!} x^k$	$= 1 + x + \frac{x^2}{2} + \frac{x^3}{3!} + \ldots$	∞
$\ln(1+x)$	$= \sum_{k=1}^{\infty} \frac{(-1)^{k-1}}{k} x^k$	$= x - \frac{x^2}{2} + \frac{x^3}{3} - \frac{x^4}{4} \pm \ldots$	1
$\arctan x$	$= \sum_{k=0}^{\infty} \frac{(-1)^k}{2k+1} x^{2k+1}$	$= x - \frac{x^3}{3} + \frac{x^5}{5} - \frac{x^7}{7} \pm \ldots$	1

Funktion	Potenzreihe		Konvergenzradius
$\sin x$	$= \sum_{k=0}^{\infty} \frac{(-1)^k}{(2k+1)!} x^{2k+1}$	$= x - \frac{x^3}{3!} + \frac{x^5}{5!} - \frac{x^7}{7!} \pm \ldots$	∞
$\cos x$	$= \sum_{k=0}^{\infty} \frac{(-1)^k}{(2k)!} x^{2k}$	$= 1 - \frac{x^2}{2} + \frac{x^4}{4!} - \frac{x^6}{6!} \pm \ldots$	∞
$\sinh x$	$= \sum_{k=0}^{\infty} \frac{1}{(2k+1)!} x^{2k+1}$	$= x + \frac{x^3}{3!} + \frac{x^5}{5!} + \frac{x^7}{7!} + \ldots$	∞
$\cosh x$	$= \sum_{k=0}^{\infty} \frac{1}{(2k)!} x^{2k}$	$= 1 + \frac{x^2}{2} + \frac{x^4}{4!} + \frac{x^6}{6!} + \ldots$	∞

Funktion	Potenzreihe		Konvergenzradius
$(1+x)^a$	$= \sum_{k=0}^{\infty} \binom{a}{k} x^k$	$= 1 + ax + \binom{a}{2} x^2 + \binom{a}{3} x^3 + \ldots$	1
$(1-x)^a$	$= \sum_{k=0}^{\infty} (-1)^k \binom{a}{k} x^k$	$= 1 - ax + \binom{a}{2} x^2 + \binom{a}{3} x^3 - \ldots$	1

A.7 Fourier-Reihen

Funktion	Fourier-Reihe
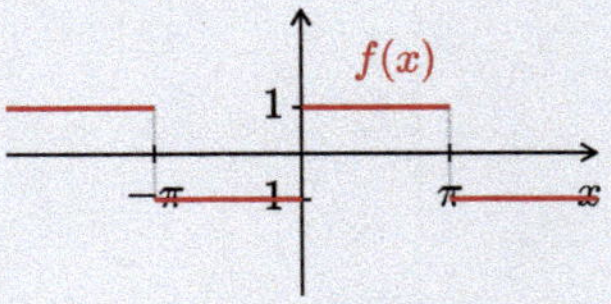	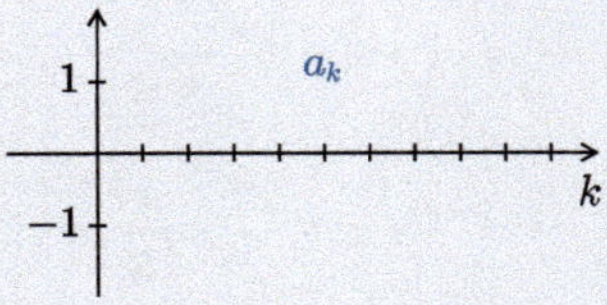 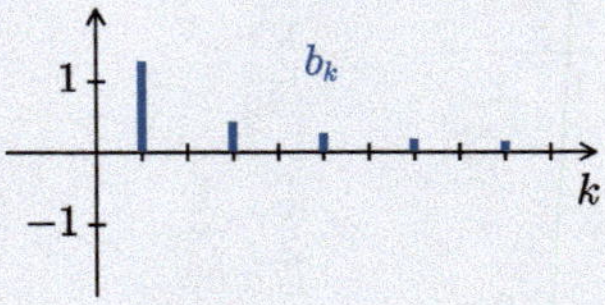
$f(x) = \begin{cases} -1 & -\pi \le x < 0 \\ 1 & 0 \le x < \pi \end{cases}$	$f(x) = \frac{4}{\pi}\left(\sin x + \frac{\sin(3x)}{3} + \frac{\sin(5x)}{5} + \ldots\right)$
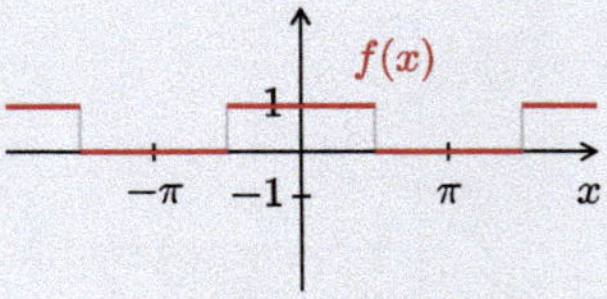	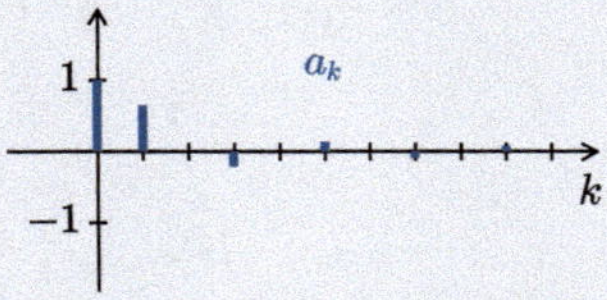 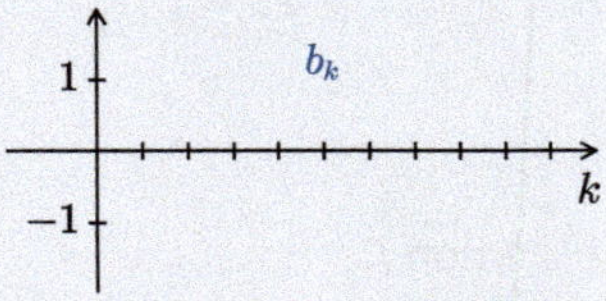
$f(x) = \begin{cases} 0 & -\pi \le x < -\frac{\pi}{2} \\ 1 & -\frac{\pi}{2} \le x < \frac{\pi}{2} \\ 0 & \frac{\pi}{2} \le x < \pi \end{cases}$	$f(x) = \frac{1}{2} + \frac{2}{\pi}\left(\cos x - \frac{\cos(3x)}{3} + \frac{\cos(5x)}{5} + \ldots\right)$
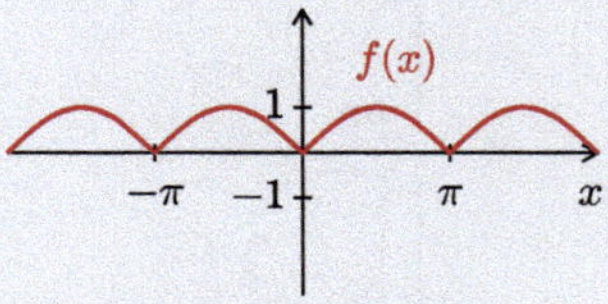	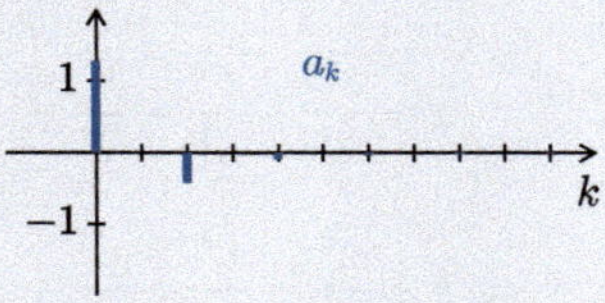 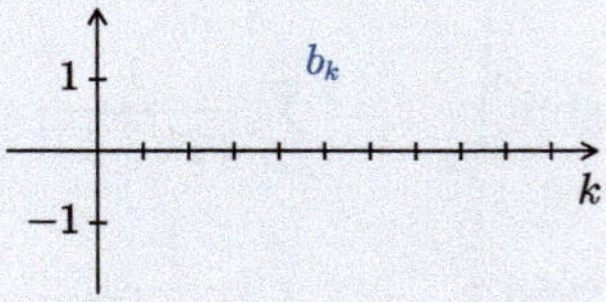
$f(x) = \lvert\sin x\rvert \quad -\pi \le x < \pi$	$f(x) = \frac{2}{\pi} - \frac{4}{\pi}\left(\frac{\cos(2x)}{1\cdot 3} + \frac{\cos(4x)}{3\cdot 5} + \frac{\cos(6x)}{5\cdot 7} + \ldots\right)$
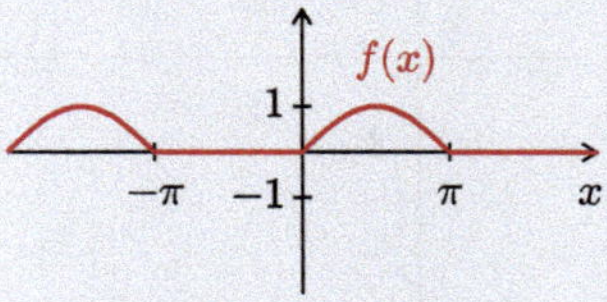	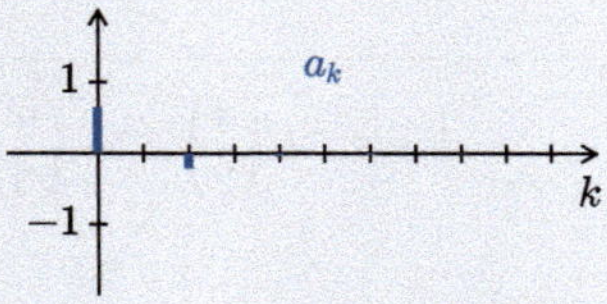 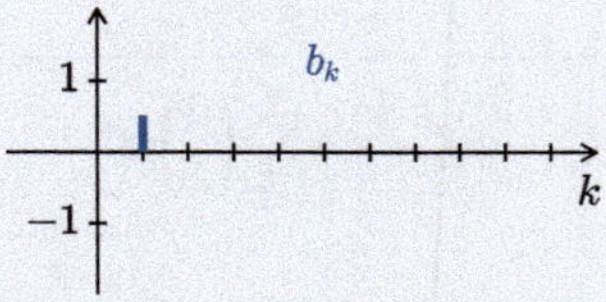
$f(x) = \begin{cases} 0 & -\pi \le x < 0 \\ \sin x & 0 \le x < \pi \end{cases}$	$f(x) = \frac{1}{\pi} - \frac{2}{\pi}\left(\frac{\cos(2x)}{1\cdot 3} + \frac{\cos(4x)}{3\cdot 5} + \frac{\cos(6x)}{5\cdot 7} + \ldots\right) + \frac{\sin x}{2}$

Funktion	Fourier-Reihe

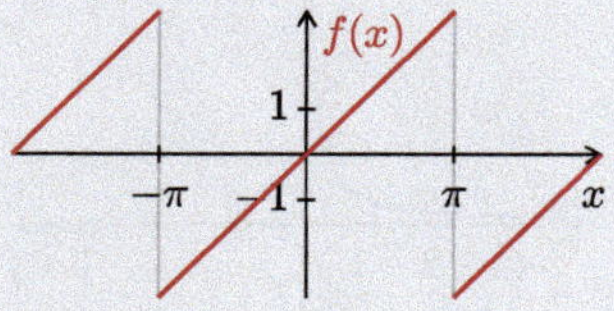

$f(x) = x \quad -\pi \le x < \pi$

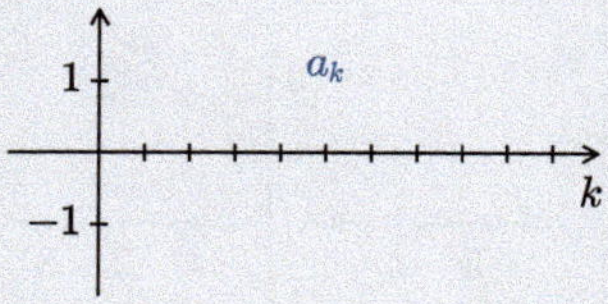

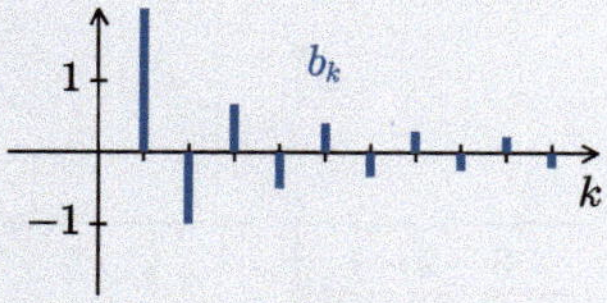

$$f(x) = 2\left(\sin x - \frac{\sin(2x)}{2} + \frac{\sin(3x)}{3} \mp \ldots\right)$$

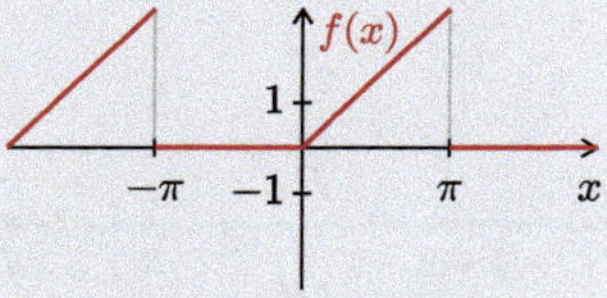

$$f(x) = \begin{cases} 0 & -\pi \le x < 0 \\ x & 0 \le x < \pi \end{cases}$$

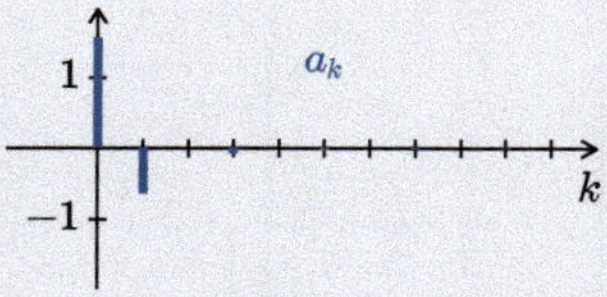

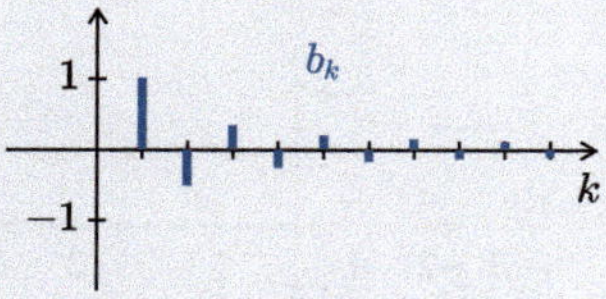

$$f(x) = \frac{\pi}{4} - \frac{2}{\pi}\left(\cos x + \frac{\cos(3x)}{3^2} + \frac{\cos(5x)}{5^2} + \ldots\right) + \sin x - \frac{\sin(2x)}{2} + \frac{\sin(3x)}{3} \mp \ldots$$

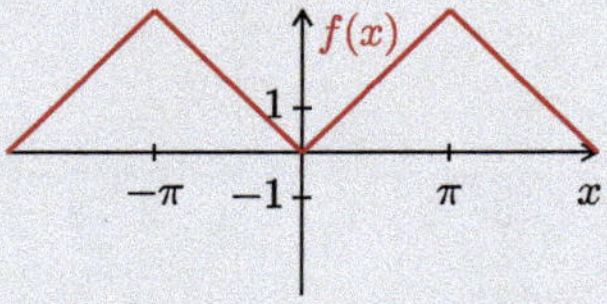

$f(x) = |x| \quad -\pi \le x < \pi$

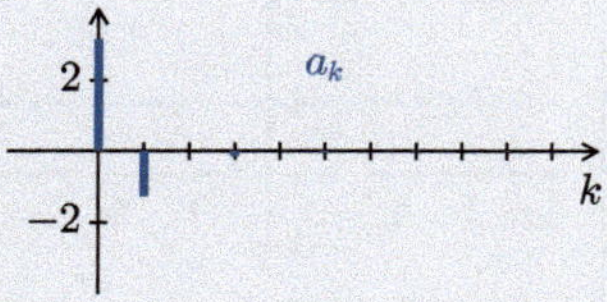

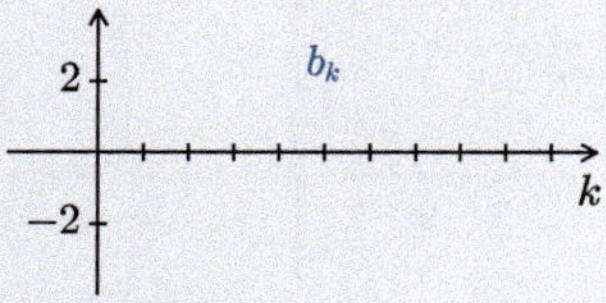

$$f(x) = \frac{\pi}{2} - \frac{4}{\pi}\left(\cos x + \frac{\cos(3x)}{3^2} + \frac{\cos(5x)}{5^2} + \ldots\right)$$

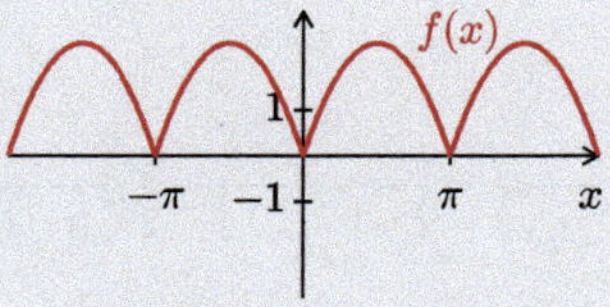

$$f(x) = \begin{cases} -x(x+\pi) & -\pi \le x < 0 \\ -x(x-\pi) & 0 \le x < \pi \end{cases}$$

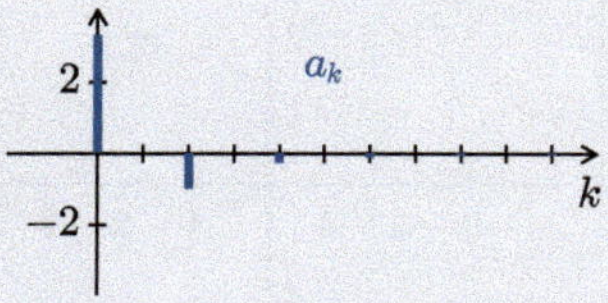

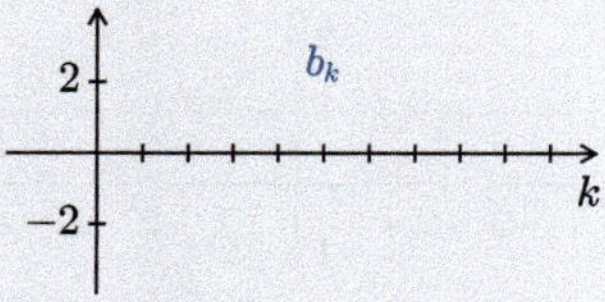

$$f(x) = \frac{\pi^2}{6} - \left(\cos(2x) + \frac{\cos(4x)}{2^2} + \frac{\cos(6x)}{3^2} + \ldots\right)$$

A.8 Korrespondenzen der Fourier-Transformation

Zeitfunktion $s(t)$	Fourier-Transformation $S(f) = R(f) + \mathrm{i}\, I(f)$
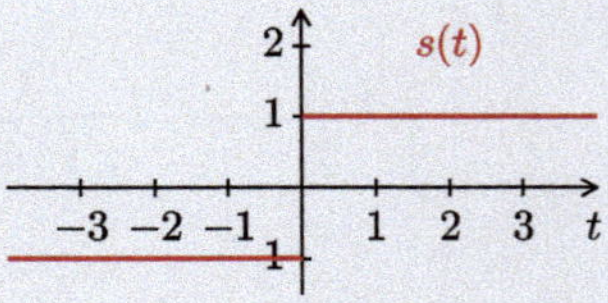 $s(t) = \operatorname{sgn}(t)$	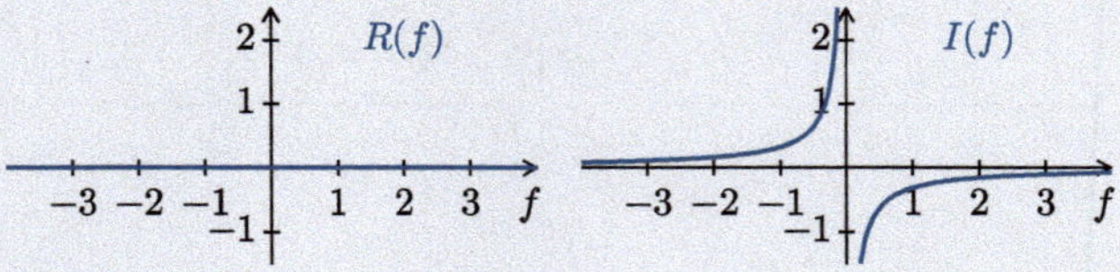 $S(f) = -\mathrm{i}\,\frac{1}{\pi f}$
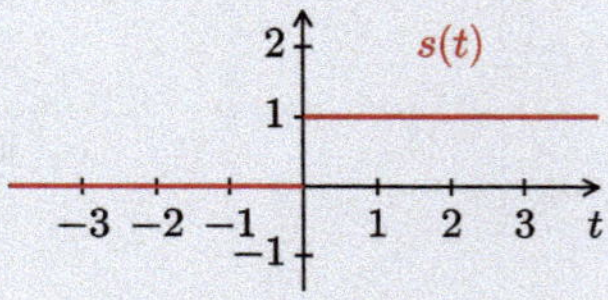 $s(t) = \sigma(t)$	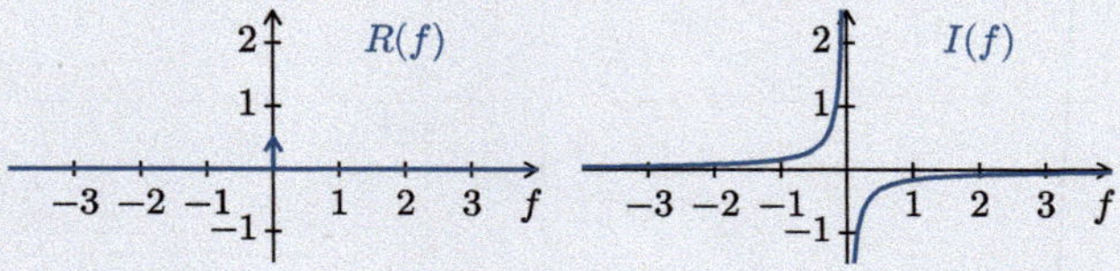 $S(f) = \frac{1}{2}\,\delta(f) - \mathrm{i}\,\frac{1}{2\pi f}$
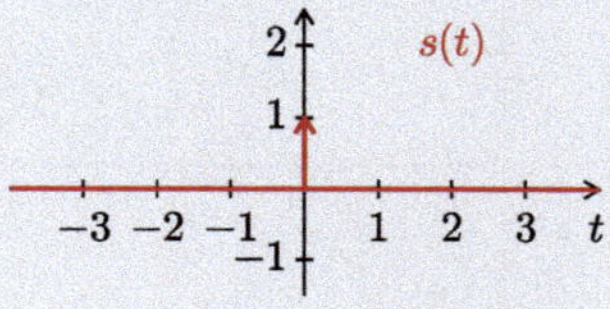 $s(t) = \delta(t)$	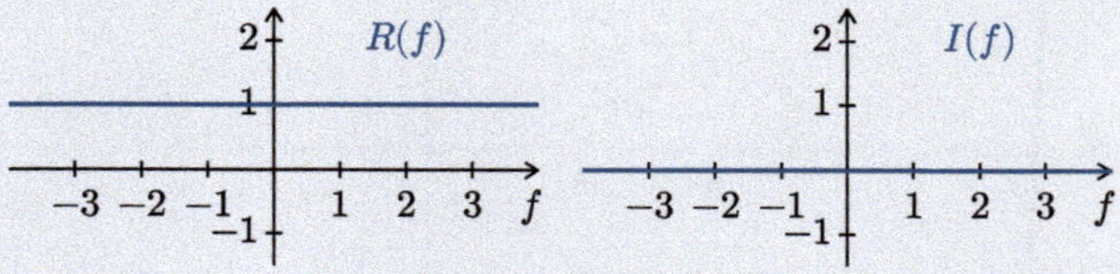 $S(f) = 1$
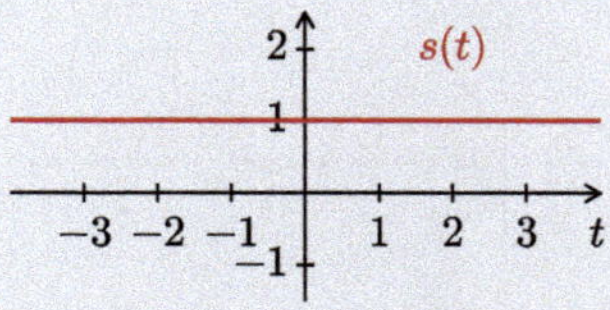 $s(t) = 1$	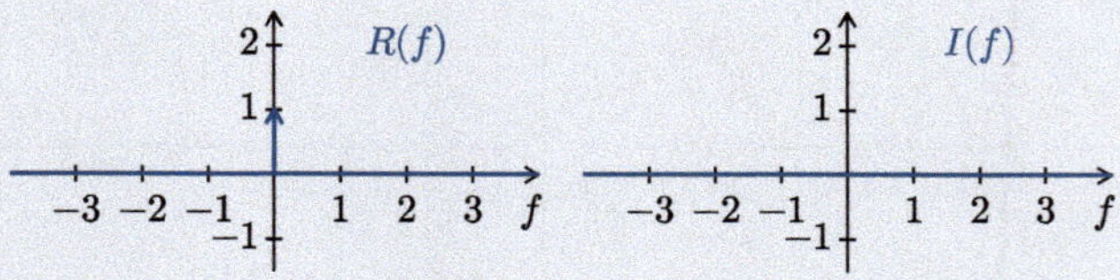 $S(f) = \delta(f)$

Zeitfunktion $s(t)$	Fourier-Transformation $S(f) = R(f) + \mathrm{i}\, I(f)$
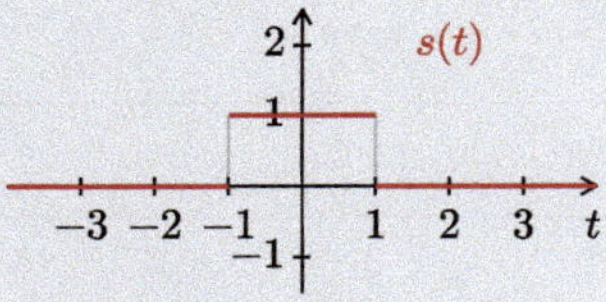 $s(t) = \sigma(t+1) - \sigma(t-1)$	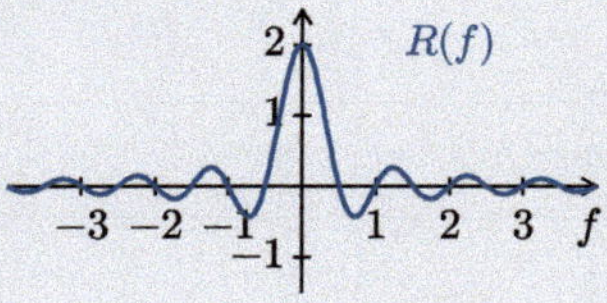 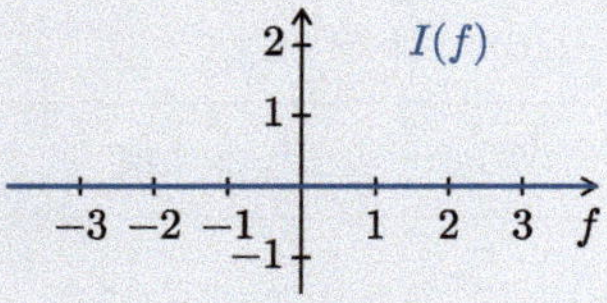 $S(f) = 2\,\dfrac{\sin(2\pi f)}{2\pi f}$
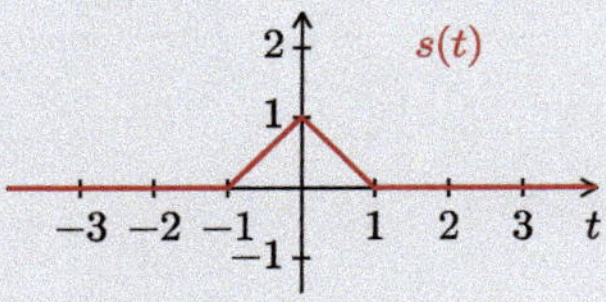 $s(t) = (1+t)\big(\sigma(t+1)-\sigma(t)\big) + (1-t)\big(\sigma(t)-\sigma(t-1)\big)$	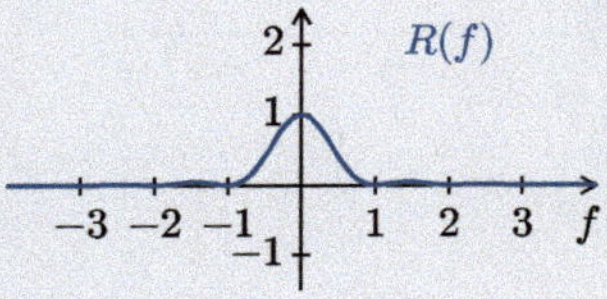 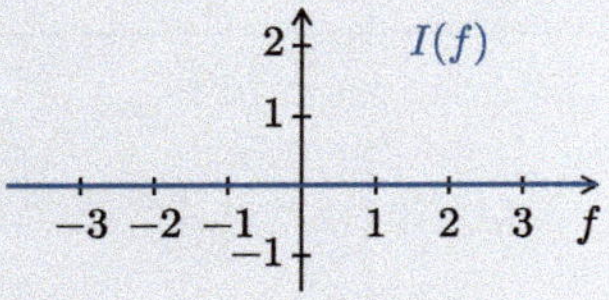 $S(f) = \dfrac{\sin^2(\pi f)}{\pi^2 f^2}$
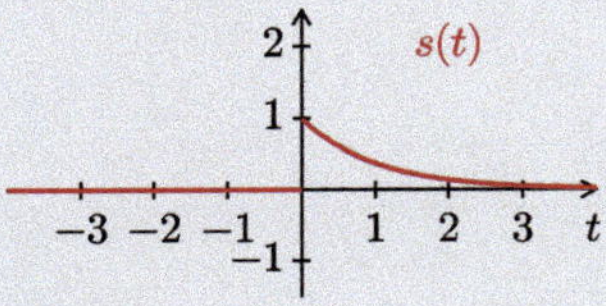 $s(t) = \mathrm{e}^{-t}\sigma(t)$	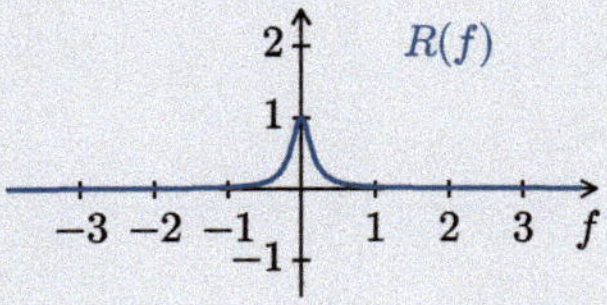 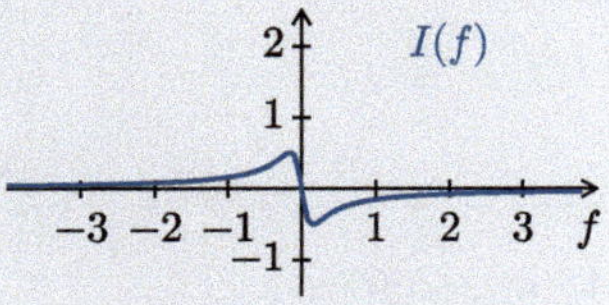 $S(f) = \dfrac{1}{1+\mathrm{i}\,2\pi f} = \dfrac{1}{1+4\pi^2 f^2} - \mathrm{i}\,\dfrac{2\pi f}{1+4\pi^2 f^2}$
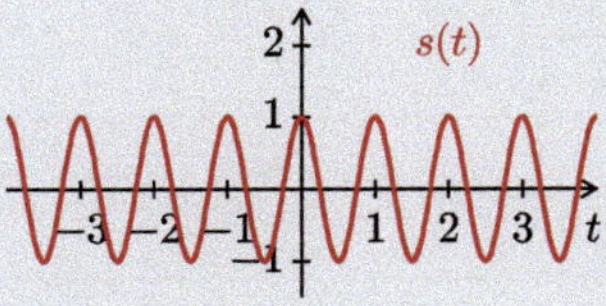 $s(t) = \cos(2\pi t)$	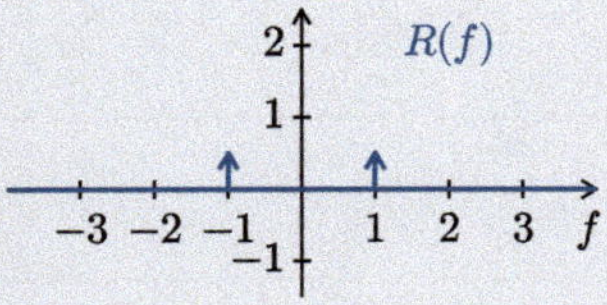 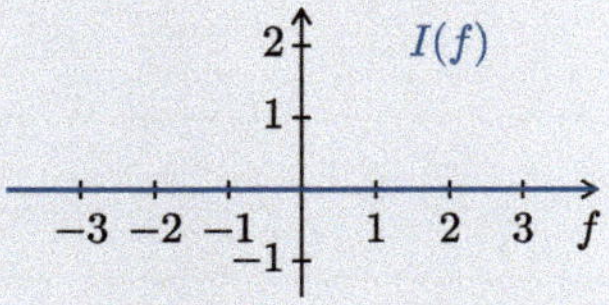 $S(f) = \dfrac{1}{2}\big(\delta(f-1) + \delta(f+1)\big)$

A.9 Eigenschaften der Fourier-Transformation

Eigenschaft	Zeitfunktion	Bildfunktion
Linearität	$C_1\, s_1(t) + C_2\, s_2(t)$	$C_1\, S_1(f) + C_2\, S_2(f)$
Zeitverschiebung	$s(t - t_0)$	$\mathrm{e}^{-\mathrm{i}\,2\,\pi\, f\, t_0}\, S(f)$
Frequenzverschiebung	$\mathrm{e}^{\mathrm{i}\,2\,\pi\, f_0\, t}\, s(t)$	$S(f - f_0)$
Amplitudenmodulation	$s(t)\, \cos(2\,\pi\, f_0\, t)$	$\frac{1}{2}\left(S(f - f_0) + S(f + f_0)\right)$
Ähnlichkeit	$s(a\, t)$	$\frac{1}{\lvert a \rvert}\, S\left(\frac{f}{a}\right)$
Zeitumkehr	$s(-t)$	$S(-f)$
Differenziation in t	$\dot{s}(t)$ $\ddot{s}(t)$ $\vdots$ $\frac{\mathrm{d}^n}{\mathrm{d}t^n} s(t)$	$\mathrm{i}\,2\,\pi\, f\, S(f)$ $-4\,\pi^2\, f^2\, S(f)$ $\vdots$ $(\mathrm{i}\,2\,\pi\, f)^n\, S(f)$
Differenziation in f	$-\mathrm{i}\,2\,\pi\, t\, s(t)$ $-4\,\pi^2\, t^2\, s(t)$ $\vdots$ $(-\mathrm{i}\,2\,\pi\, t)^n s(t)$	$S'(f)$ $S''(f)$ $\vdots$ $S^{(n)}(f)$
Multiplikation in t	$t\, s(t)$ $t^2\, s(t)$ $\vdots$ $t^n\, s(t)$	$\frac{S'(f)}{-\mathrm{i}\,2\,\pi}$ $\frac{S''(f)}{-4\,\pi^2}$ $\vdots$ $\frac{S^{(n)}(f)}{(-\mathrm{i}\,2\,\pi)^n}$
Integration	$\int_{-\infty}^{t} s(\tau)\, \mathrm{d}\,\tau$	$\frac{1}{\mathrm{i}\,2\,\pi\, f}\, S(f) + \frac{1}{2}\, S(0)\, \delta(f)$
Faltung in t	$s_1(t) \star s_2(t)$	$S_1(f) \cdot S_2(f)$
Faltung in f	$s_1(t) \cdot s_2(t)$	$S_1(f) \star S_2(f)$

A.10 Korrespondenzen der Laplace-Transformation

Bildfunktion $F(s)$	Zeitfunktion $f(t)$	Bildfunktion $F(s)$	Zeitfunktion $f(t)$
1	$\delta(t)$	$\frac{a}{s^2+a^2}$	$\sin(at)$
$\frac{1}{s}$	1	$\frac{s}{s^2+a^2}$	$\cos(at)$
$\frac{1}{s^2}$	t	$\frac{a}{s^2-a^2}$	$\sinh(at)$
$\frac{n!}{s^{n+1}}$	t^n	$\frac{s}{s^2-a^2}$	$\cosh(at)$
$\frac{1}{s-a}$	e^{at}	$\frac{a}{(s-b)^2+a^2}$	$e^{bt}\sin(at)$
$\frac{1}{(s-a)^2}$	$t\,e^{at}$	$\frac{s-b}{(s-b)^2+a^2}$	$e^{bt}\cos(at)$
$\frac{a}{s(s-a)}$	$e^{at}-1$	$\frac{a}{(s-b)^2-a^2}$	$e^{bt}\sinh(at)$
$\frac{a-b}{(s-a)(s-b)}$	$e^{at}-e^{bt}$	$\frac{s-b}{(s-b)^2-a^2}$	$e^{bt}\cosh(at)$
$\frac{a}{1+as}$	$e^{-\frac{t}{a}}\quad(a\neq 0)$	$\frac{2as}{(s^2+a^2)^2}$	$t\sin(at)$
$\frac{a^2}{(1+as)^2}$	$t\,e^{-\frac{t}{a}}\quad(a\neq 0)$	$\frac{s^2-a^2}{(s^2+a^2)^2}$	$t\cos(at)$
$\frac{1}{s(1+as)}$	$1-e^{-\frac{t}{a}}\quad(a\neq 0)$	$\frac{2as}{(s^2-a^2)^2}$	$t\sinh(at)$
$\frac{a-b}{(1+as)(1+bs)}$	$e^{-\frac{t}{a}}-e^{-\frac{t}{b}}\ (a,b\neq 0)$	$\frac{s^2+a^2}{(s^2-a^2)^2}$	$t\cosh(at)$
$\frac{s}{(s-a)^2}$	$(1+at)e^{at}$	$\frac{2}{(s-a)^3}$	$t^2\,e^{at}$
$\frac{(a-b)s}{(s-a)(s-b)}$	$a\,e^{at}-b\,e^{bt}$	$\frac{2s}{(s-a)^3}$	$(at^2+2t)e^{at}$
$\frac{a^3 s}{(1+as)^2}$	$(a-t)e^{-\frac{t}{a}}\quad(a\neq 0)$	$\frac{2s^2}{(s-a)^3}$	$(a^2t^2+4at+2)e^{at}$
$\frac{ab(a-b)s}{(1+as)(1+bs)}$	$ae^{-\frac{t}{b}}-be^{-\frac{t}{a}}\ (a,b\neq 0)$	$\frac{a^2}{s^2(s-a)}$	$e^{at}-at-1$

A.11 Eigenschaften der Laplace-Transformation

Eigenschaft	Zeitfunktion	Bildfunktion
Linearität	$C_1 f_1(t) + C_2 f_2(t)$	$C_1 F_1(s) + C_2 F_2(s)$
Ähnlichkeit $(a > 0)$	$f(a t)$	$\frac{1}{a} F\left(\frac{s}{a}\right)$
Zeitverschiebung	$\sigma(t - t_0) f(t - t_0)$	$\mathrm{e}^{-t_0 s} F(s)$
Dämpfung	$\mathrm{e}^{-s_0 t} f(t)$	$F(s + s_0)$
Differenziation in t	$f'(t)$	$s F(s) - f(0)$
	$f''(t)$	$s^2 F(s) - s f(0) - f'(0)$
	$\vdots$	$\vdots$
	$f^{(n)}(t)$	$s^n F(s) - \sum_{k=0}^{n-1} s^{n-k-1} f^{(k)}(0)$
Differenziation in s	$-t f(t)$	$F'(s)$
	$t^2 f(t)$	$F''(s)$
	$\vdots$	$\vdots$
	$(-t)^n f(t)$	$F^{(n)}(s)$
Multiplikation mit t	$t f(t)$	$-F'(s)$
	$t^2 f(t)$	$F''(s)$
	$\vdots$	$\vdots$
	$t^n f(t)$	$(-1)^n F^{(n)}(s)$
Integration im Zeitbereich	$\int_0^t f(\tau) \,\mathrm{d}\, \tau$	$\frac{1}{s} F(s)$
Integration im Bildbereich	$\frac{1}{t} f(t)$	$\int_s^\infty F(u) \,\mathrm{d}\, u$
Faltung im Zeitbereich	$f_1(t) \star f_2(t)$	$F_1(s) \cdot F_2(s)$
Periodische Funktion	$f(t + T) = f(t)$	$\frac{1}{1 - \mathrm{e}^{-T s}} \int_0^T f(t) \,\mathrm{e}^{-s t} \,\mathrm{d}t$

A.12 Korrespondenzen der z-Transformationen

Bildfunktion $F(z)$	Zeitfolge (f_k)
1	δ_k
$\frac{z}{z-1}$	1
$\frac{z}{z-a}$	a^k

Bildfunktion $F(z)$	Zeitfolge (f_k)
$\frac{1}{z^n}$	1 für $k=n$, 0 sonst
$\frac{z}{(z-1)^2}$	k
$\frac{az}{(z-a)^2}$	$k\,a^k$

A.13 Eigenschaften der z-Transformationen

Eigenschaft	Zeitfolge	Bildfunktion
Linearität	$C_1\,(f_k) + C_2\,(g_k)$	$C_1\,F(z) + C_2\,G(z)$
Dämpfung	$(a^{-k}\,f_k)$	$F(a\,z)$
Indexverschiebung	(f_{k-n})	$z^{-n}F(z)$
	(f_{k+1})	$z\big(F(z) - f_0\big)$
	(f_{k+2})	$z^2\big(F(z) - f_0 - f_1 z^{-1}\big)$
	$\vdots$	$\vdots$
	(f_{k+n})	$z^n\left(F(z) - \sum_{k=0}^{n-1} f_k z^{-k}\right)$
Differenzen	$(\Delta\,f_k)$	$(z-1)F(z) - z\,f_0$
	$(\Delta^2\,f_k)$	$(z-1)^2F(z) - z\big((z-1)f_0 + \Delta f_0\big)$
	$\vdots$	$\vdots$
	$(\Delta^n\,f_k)$	$(z-1)^nF(z) - z\sum_{k=0}^{n-1}(z-1)^{n-k-1}\Delta^k f_0$
Multiplikation mit k	$(k\,f_k)$	$-z\,F'(z)$
	$(k^2\,f_k)$	$z\,F'(z) - z^2\,F''(z)$
	$\vdots$	$\vdots$
Faltung im Zeitbereich	$(f_k) \star (g_k)$	$F(z)\cdot G(z)$

A.14 Griechisches Alphabet

Name	Großbuchstabe	Kleinbuchstabe
Alpha	A	α
Beta	B	β
Gamma	Γ	γ
Delta	Δ	δ
Epsilon	E	ϵ, ε
Zeta	Z	ζ
Eta	H	η
Theta	Θ	θ, ϑ
Iota	I	ι
Kappa	K	κ
Lambda	Λ	λ
My	M	μ
Ny	N	ν
Xi	Ξ	ξ
Omikron	O	o
Pi	Π	π
Rho	P	ρ, ϱ
Sigma	Σ	σ
Tau	T	τ
Ypsilon	Υ	υ
Phi	Φ	ϕ, φ
Chi	X	χ
Psi	Ψ	ψ
Omega	Ω	ω